楊精松・莊紹容

微積分
含數學複習
CALCULUS

東華書局

國家圖書館出版品預行編目資料

微積分:含數學複習 / 楊精松, 莊紹容編著. --
初版. -- 臺北市:臺灣東華, 2010.03

696 面;19x26 公分

ISBN 978-957-483-585-0 (平裝)

1. 微積分

314.1　　　　　　　　　　　　　99002743

微積分　含數學複習

編 著 者	楊精松 • 莊紹容
發 行 人	陳錦煌
出 版 者	臺灣東華書局股份有限公司
地　　址	臺北市重慶南路一段一四七號三樓
電　　話	(02) 2311-4027
傳　　眞	(02) 2311-6615
劃撥帳號	00064813
網　　址	www.tunghua.com.tw
讀者服務	service@tunghua.com.tw
門　　市	臺北市重慶南路一段一四七號一樓
電　　話	(02) 2371-9320
出版日期	2020 年 10 月 1 版 6 刷

ISBN　　978-957-483-585-0

版權所有 • 翻印必究

編輯大意

一、本書係專供技術學院(日、夜)及科技大學進修部等工業類科或相關科系的學生願學好微積分但數學基礎較差者所編著的完整教材.

二、本書共分四大篇合計十九章，第一篇共有九章，係複習與微積分有關的高中(職)數學部分，第二、三、四，三篇共計十章，係屬單變數函數與多變數函數之微分、積分與應用.

三、本書內容以實用為主，希望授課老師能用 8 週的時間替學生作一有系統的複習第一篇. 若因課程之需求或精減，本書亦可作為微積分入門的教材(只介紹一、二篇部分).

四、本書編排條理分明，循序漸進，易學易懂，旨在引導學生獲得微積分的基本知識. 尤其，在以後微積分教學當中，如遇到不懂的地方，可立即翻到第一篇所含相關章節，請老師再詳細講解一次.

五、本書各章均附有內容摘要，能幫助學生掌握學習要點，增強學習效果．

六、本書全部習題答案(證明題除外)及第19章無窮級數已置於東華書局網站，以供下載參考，另為了培養學生正確之解題方法，偶數題皆附有解題過程．

七、本書為增加教學績效，附有完整教師手冊置於光碟中以供教師參考．

八、本書若有未盡妥善之處，尚祈各界學者先進隨時提供改進意見，以做為修訂的參考．

九、本書得以順利出版，要感謝 東華書局董事長卓劉慶弟女士的鼓勵與支持，並承蒙產品全體同仁的鼎力相助，在此一併致謝．

目次

第一篇　高中（職）數學的回顧　　　　　　　　　　1

第 1 章　邏輯與集合 ……………………………………………3
1-1　邏　輯 ………………………………………………6
1-2　集合的定義與表示法 ……………………………11
1-3　集合的分類 ………………………………………13
1-4　集合的關係 ………………………………………13
1-5　集合的運算與圖示 ………………………………15

第 2 章　有理數與實數 ………………………………………23
2-1　有理數 ……………………………………………28
2-2　無理數 ……………………………………………33
2-3　數線與實數系 ……………………………………36
2-4　實數的絕對值 ……………………………………40

第 3 章　直線方程式 ·· 45

    3-1　平面直角坐標系、距離公式與分點坐標 ················ 48
    3-2　直線的斜率與方程式 ·· 56

第 4 章　函數與函數的圖形 ···································· 71

    4-1　函數的意義 ··· 75
    4-2　函數的運算與合成 ·· 81
    4-3　函數的圖形 ··· 87
    4-4　反函數 ·· 94

第 5 章　三角函數 ·· 101

    5-1　銳角的三角函數 ·· 112
    5-2　廣義角的三角函數 ·· 116
    5-3　弧　度 ·· 127
    5-4　三角函數的圖形 ·· 132
    5-5　正弦定理與餘弦定理 ·· 139
    5-6　和角公式 ·· 146
    5-7　倍角與半角公式、和與積互化公式 ····················· 153

第 6 章　反三角函數 ·· 161

    6-1　反三角函數（反正弦函數與反餘弦函數）的定義域與值域 ········· 166
    6-2　反正切函數與反餘切函數 ···································· 173
    6-3　反正割函數與反餘割函數 ···································· 178

第 7 章　指數與對數 ·· 183

    7-1　指數與其運算 ··· 191
    7-2　指數函數與其圖形 ·· 199
    7-3　對數與其運算 ··· 207
    7-4　對數函數與其圖形 ·· 215

第 8 章　數列與有限級數 · · · · · 221

 8-1　有限數列 · · · · · 226

 8-2　有限級數 · · · · · 236

第 9 章　圓錐曲線 · · · · · 243

 9-1　圓的方程式 · · · · · 250

 9-2　拋物線的方程式 · · · · · 257

 9-3　橢圓的方程式 · · · · · 263

 9-4　雙曲線的方程式 · · · · · 272

第二篇　單變數函數的導數及應用　287

第 10 章　函數的極限與連續 · · · · · 289

 10-1　極　限 · · · · · 292

 10-2　單邊極限 · · · · · 303

 10-3　連續性 · · · · · 308

 10-4　函數圖形的漸近線 · · · · · 318

第 11 章　代數函數的導函數 · · · · · 335

 11-1　導函數 · · · · · 339

 11-2　微分的法則 · · · · · 348

 11-3　視導函數為變化率 · · · · · 356

 11-4　連鎖法則 · · · · · 362

 11-5　隱微分法 · · · · · 365

 11-6　微　分 · · · · · 369

 11-7　反函數的導函數 · · · · · 378

第 12 章　超越函數的導函數 · · · · · 383

 12-1　三角函數的導函數 · · · · · 386

12-2　反三角函數的導函數 ··· 393
　　12-3　對數函數的導函數 ··· 396
　　12-4　指數函數的導函數 ··· 403

第 13 章　微分的應用 ·· 409

　　13-1　函數的極值 ··· 412
　　13-2　單調函數 ·· 417
　　13-3　凹　　性 ·· 426
　　13-4　函數圖形的描繪 ·· 432
　　13-5　極值的應用問題 ·· 436
　　13-6　不定型 ·· 443
　　13-7　相關變化率 ··· 451

第三篇　單變數函數的積分及應用　　　　　457

第 14 章　積　　分 ·· 459

　　14-1　面積與定積分 ·· 463
　　14-2　不定積分 ·· 481
　　14-3　微積分基本定理 ·· 491
　　14-4　利用代換求積分 ·· 497

第 15 章　積分的方法 ·· 507

　　15-1　不定積分的基本公式 ·· 511
　　15-2　分部積分法 ··· 514
　　15-3　三角函數乘冪積分法 ·· 520
　　15-4　三角代換法 ··· 527
　　15-5　部分分式法 ··· 532
　　15-6　瑕積分 ·· 539

第 16 章　積分的應用 · **549**

16-1　平面區域的面積 · 555
16-2　體　積 · 568
16-3　弧　長 · 583
16-4　旋轉曲面的面積 · 588
16-5　平面區域的力矩與形心 · 594

第四篇　多變數微積分與無窮級數　　605

第 17 章　偏導函數 · **607**

17-1　二變數函數的極限與連續 · 611
17-2　偏導函數 · 626
17-3　全微分 · 634
17-4　連鎖法則 · 642
17-5　二變數函數的極值 · 649

第 18 章　二重積分 · **657**

18-1　二重積分 · 660
18-2　二重積分的應用 · 680

第 19 章　無窮級數* · **687**

19-1　無窮數列 · 691
19-2　無窮級數 · 702
19-3　正項級數 · 708
19-4　交錯級數，絕對收斂，條件收斂 · 714
19-5　冪級數 · 718
19-6　泰勒級數及麥克勞林級數 · 726

＊本章已置於東華書局網站供讀者下載參考。

x ◐ 微積分(含數學複習)

第一篇

高中 (職) 數學的回顧

- 邏輯與集合
- 有理數與實數
- 直線方程式
- 函數與函數的圖形
- 三角函數
- 反三角函數
- 指數與對數
- 數列與有限級數
- 圓錐曲線

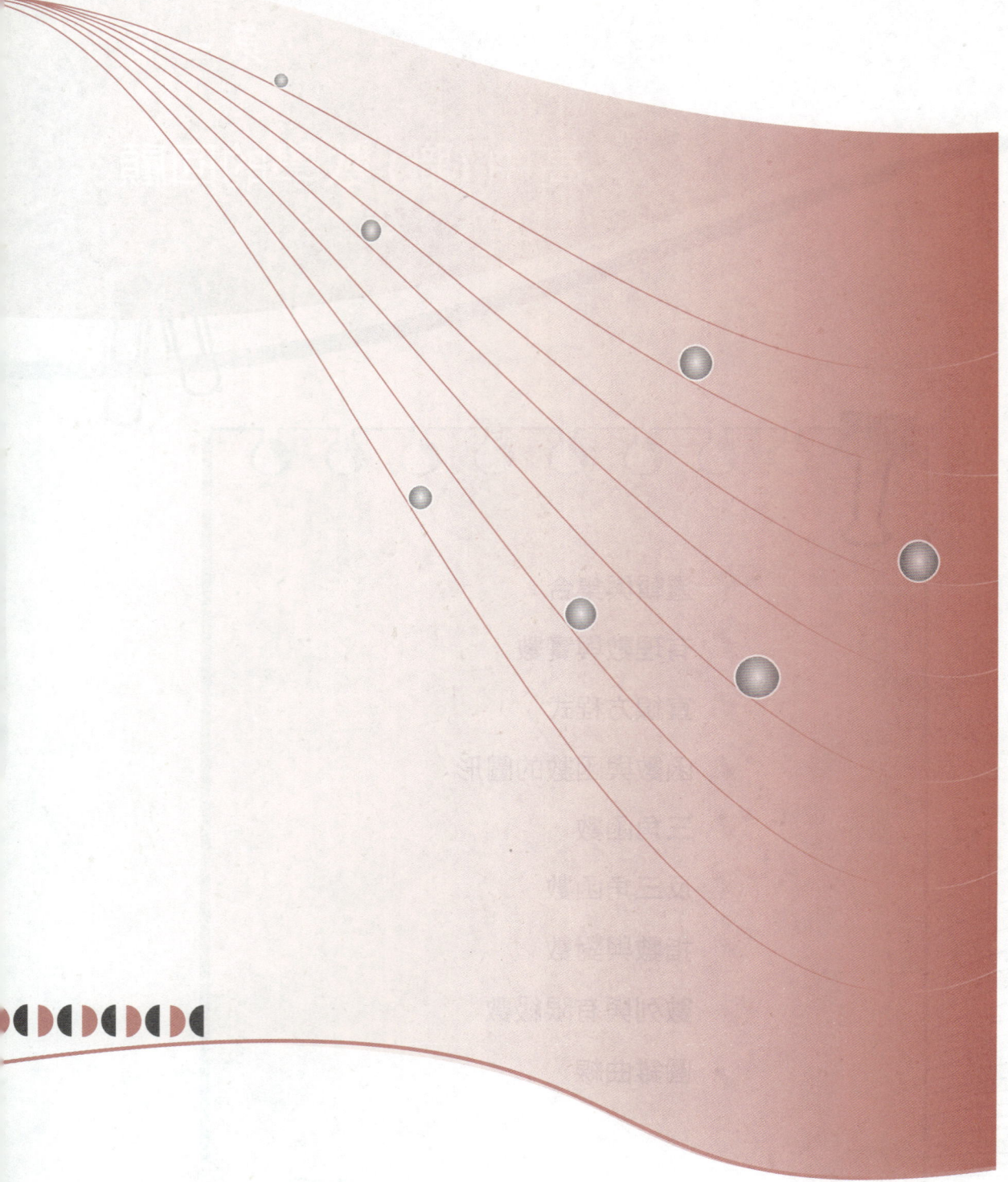

第 1 章

邏輯與集合

1-1　邏　輯

1-2　集合的定義與表示法

1-3　集合的分類

1-4　集合的關係

1-5　集合的運算與圖示

➪ 本章摘要 ⬅

1. 複合敘述可藉下列記號表示之.
   (1) p 且 q 記為 $p \wedge q$.
   (2) p 或 q 記為 $p \vee q$.
   (3) 若 p 則 q 記為 $p \Rightarrow q$.
   (4) 若 p 則 $q \wedge$ 若 q 則 p，記為 $p \Leftrightarrow q$.

2. 有關命題之形態可歸納為：
   (1) 原命題：若 p 則 q.
   (2) 逆命題：若 q 則 p.
   (3) 否命題：若非 p 則非 q.
   (4) 逆否命題：若非 q 則非 p，或說「若 p 則 q」與「若非 q 則非 p」是**對偶命題**.

3. 在命題 p、q 中，關於下列三點應予注意：
   (1) $p \xrightarrow[\text{不恒成立}]{\text{恒 成 立}} q$，則 p 為 q 的充分條件.
   (2) $p \xrightarrow[\text{恒 成 立}]{\text{不恒成立}} q$，則 p 為 q 的必要條件.
   (3) $p \xrightarrow[\text{恒 成 立}]{\text{恒 成 立}} q$，則 p、q 互為充要條件.

4. 以符號 $\{x \mid x$ 所滿足的性質$\}$ 來表示集合之所有元素，稱為**集合構式**.

5. 設 A、B 為任意二集合，若 A 中的每一元素也為 B 中的元素 (即，$x \in A \Rightarrow x \in B$)，則稱 A 為 B 的**部分集合** (或**子集合**)，記作 $A \subset B$ 或 $B \supset A$，讀作「A 包含於 B」或「B 包含 A」.

6. 定理：$A \subset B, B \subset A \Rightarrow A = B$.

7. 定理：$A \subset B, B \subset C \Rightarrow A \subset C$.

8. 二集合 A、B 的**聯集**，以 $A \cup B$ 表之，定義為
$$A \cup B = \{x \mid x \in A \text{ 或 } x \in B\}.$$

9. 二集合 A、B 的**交集**，以 $A \cap B$ 表示之，定義為

$$A \cap B = \{x \mid x \in A \text{ 且 } x \in B\}.$$

10. 二集合 A、B 的**差集**，以 $A-B$ (或 $A \setminus B$) 表示之，定義為

$$A - B = \{x \mid x \in A \text{ 且 } x \notin B\}.$$

11. 設集合 A 是宇集合 U 的子集合，則凡屬於 U 而不屬於 A 的元素所成的集合，稱為 A 的**餘集合**，以 A' 或 A^C 表示，定義為

$$A' = U - A = \{x \mid x \in U, x \notin A\}.$$

12. 狄摩根定律：

$$(A \cup B)' = A' \cap B'$$
$$(A \cap B)' = A' \cup B'$$

13. 設 A、B 為任意二集合，則所有**有序數對** (a, b) (其中 $a \in A$, $b \in B$) 所組成的集合，稱為 A 與 B 的**積集合**，記作 $A \times B$，即

$$A \times B = \{(a, b) \mid a \in A \text{ 且 } b \in B\}.$$

14. 公式：

(1) $n(A \cap B) = n(A) + n(B) - n(A \cup B)$

(2) $n(A \cap B \cap C) = n(A) + n(B) + n(C) - n(A \cap B) - n(B \cap C) - n(A \cap C)$
$\qquad + n(A \cap B \cap C)$

其中，$n(A)$、$n(B)$ 與 $n(C)$ 分別表示有限集合 A、B 與 C 之元素的個數。

§ 1-1 邏 輯

凡是數學上所用到的語句，不論是用語文說出或寫出，或是用符號表出的，均稱為**數學語句**．數學語句是一種敘述，或為真，或為偽，但不能既真又偽．例如：

1. 在平面上，任一三角形的三內角和為 180°．
2. 3 加 3 等於 5．

此兩者均為數學語句，只是前句的敘述為真，後句的敘述為偽．由單一敘述所組成的數學語句，稱為**簡單數學語句**；另外，由兩個或兩個以上的敘述藉「且」、「或」、「若…，則…」、「唯若…，則…」、「若且唯若…，則…」來連接而組成的數學語句，稱為**複合數學語句**．有時在一數學語句中，由於其敘述冗長而瑣碎，為書寫方便，可用下列之符號代表某些名詞，稱之為**定量化詞**．

1. ∃ (存在)

    意思是「至少有一個」，以符號 ∃ 表示之．常與「使得」(符號為 ∋) 連用．
    例如：$A=\{1, 2, 3, 4, 5, 6\}$，A 中存在一元素使得此元素小於或等於 5．亦可表為「$\exists x \in A \ni x \leq 5$」．

2. 唯一

    「至多有一個」的意思，即假如有的話最多只有一個，可能沒有．

3. ∃! (恰)

    「既存在且唯一」的意思，也就是正好一個．記號為「∃!」．

4. ∀ (所有的)

    亦可稱為「對每一個」，記號為「∀」．
    例如：$A=\{1, 2, 3, 4, 5, 6\}$，A 中每一元素均小於 7，亦可表為「$\forall x \in A, x < 7$」．

瞭解了數學語句及定量化詞的觀念之後，若將兩敘述 p、q，以「若 p 則 q」的形式結合而成的複合敘述稱為**命題**，記為「$p \Rightarrow q$」．此種形式的命題，稱為**條件命題**，p 稱為命題的**假設**，q 稱為命題的結論．例如：

p：天下雨，

q：我不外出，

$p \Rightarrow q$：若是天下雨，則我不外出.

複合敘述可藉下列記號表示之，

1. p 且 q 記為 $p \wedge q$.
2. p 或 q 記為 $p \vee q$.
3. 若 p 則 q 記為 $p \Rightarrow q$.
4. 若 p 則 $q \wedge$ 若 q 則 p，記為 $p \Leftrightarrow q$.

敘述之真假稱為真假值，以 T 表真，以 F 表假. 複合敘述「$p \wedge q$」僅於 p 真且 q 真時才真確；複合敘述「$p \wedge q$」只要 p、q 兩者中有一不真確則不真確；複合敘述「$p \vee q$」僅於 p、q 兩者均不真確時則不真確；複合敘述「$p \vee q$」只要 p、q 中至少有一個真確即真確；複合敘述「$p \Rightarrow q$」僅於 p 真且 q 偽時，不真確，其餘情況均真確.

複合敘述之真假值表規定如下：

p	q	$p \wedge q$	$p \vee q$	$p \Rightarrow q$	$p \Leftrightarrow q$
T	T	T	T	T	T
T	F	F	T	F	F
F	T	F	T	T	F
F	F	F	F	T	T

例 1 設 p 表敘述「$1+1=2$」，q 表敘述「$1>2$」，r 表敘述「$1<2$」. 試問下列敘述：(1) $p \wedge q$ (2) $q \vee r$ (3) $p \Rightarrow r$ (4) $(p \wedge q) \vee r$ 何者真確？

解答 作真假值表，

p	q	r	(1) $p \wedge q$	(2) $q \vee r$	(3) $p \Rightarrow r$	(4) $(p \wedge q) \vee r$
T	F	T	F	T	T	T

本題 (2)、(3)、(4) 均真確.

有關敘述之否定，若 p 為一敘述，則以 $\sim p$ 表 p 之否定敘述，當 p 為真時 $\sim p$ 為假，p 為假時 $\sim p$ 為真.

1. $\sim(p \wedge q) \equiv (\sim p) \vee (\sim q)$
2. $\sim(p \vee q) \equiv (\sim p) \wedge (\sim q)$
3. $\sim(p \Rightarrow q) \equiv p \wedge (\sim q)$
4. $\sim(p \Leftrightarrow q) \equiv \sim p \Leftrightarrow q \equiv p \Leftrightarrow \sim q$
5. $p \Rightarrow q \equiv \sim q \Rightarrow -p \equiv \sim p \vee q$

註：若兩敘述為同意，通常以 $p \equiv q$ 表示，或稱 p、q 同義.

例 2 試以真假值表證明：

$$\sim(p \wedge q) \equiv (\sim p) \vee (\sim q)$$

p	q	$p \wedge q$	$\sim p$	$\sim q$	$\sim(p \wedge q)$	$\sim p \vee \sim q$
T	T	T	F	F	F	F
T	F	F	F	T	T	T
F	T	F	T	F	T	T
F	F	F	T	T	T	T

$\therefore \sim(p \wedge q) \equiv \sim p \vee \sim q$

另有關命題之形態可歸納為：

1. 原命題：若 p 則 q.
2. 逆命題：若 q 則 p.
3. 否命題：若非 p 則非 q.
4. 逆否命題：若非 q 則非 p，或說「若 p 則 q」與「若非 q 則非 p」是**對偶命題**.

在**原命題**（或**條件命題**）$p \Rightarrow q$ 中，將結論作假設，假設作結論，可得另一條件命題 $q \Rightarrow p$，稱為 $p \Rightarrow q$ 的**逆命題**. 如果將命題 $p \Rightarrow q$ 與其逆命題 $q \Rightarrow p$，用「且」($\wedge$) 字聯接，則得 $(p \Rightarrow q) \wedge (q \Rightarrow p)$，記為 $p \Leftrightarrow q$，讀作「若且唯若 p 則 q」. 若命題「$p \Rightarrow q$」為真，則稱 **p 導致 q** 或 **p 蘊涵 q**，記為 $p \Rightarrow q$（讀作 p implies q），而稱

p 為 q 的充分條件，同時，q 是 p 的必要條件. 反之，若命題「$q \Rightarrow p$」為真，記為 $q \Rightarrow p$，稱 p 為 q 的必要條件，而 q 為 p 的充分條件，亦即，$(p \Rightarrow q) \wedge (q \Rightarrow p)$ 為真時，記為 $p \Leftrightarrow q$，稱 p、q 互為充要條件. 例如：

1. 命題「若 $a=0$，則 $a \cdot b=0$」，視 $a=0$ 為 p，$a \cdot b=0$ 為 q. 如果 $a=0$ 成立，則必可得到 $a \cdot b=0$，即 $p \Rightarrow q$ 成立，記為「$p \Rightarrow q$」，故 $a=0$ 為 $a \cdot b=0$ 的充分條件. 但如果 $a \cdot b=0$ 成立，未必 $a=0$ 成立，因可能 $b=0$. 於是，無法得到 $q \Rightarrow p$，即 $a=0$ 不為 $a \cdot b=0$ 的必要條件. 因必要條件未成立，故 $a=0$ 與 $a \cdot b=0$ 自然不互為充要條件.

2. 命題「設 a、$b \in \mathbb{R}$，若 $a=b=0$，則 $a^2+b^2=0$」，視 $a=b=0$ 為 p，$a^2+b^2=0$ 為 q. 如果 $a=b=0$，必可得到 $a^2+b^2=0$，故 $a=b=0$ 為 $a^2+b^2=0$ 的充分條件；如果 $a^2+b^2=0$，因 a、$b \in \mathbb{R}$，故必 $a=b=0$，即可得 $a^2+b^2=0$ 亦為 $a=b=0$ 的充分條件，p 為 q 的充分條件，q 又為 p 的充分條件，故 p、q 互為充要條件，即 $a=b=0$ 與 $a^2+b^2=0$ 互為充要條件.

最後，在命題 p、q 中，讀者對以下三點應予注意：

1. $p \xrightarrow[\text{不恒成立}]{\text{恒 成 立}} q$，則 p 為 q 的充分條件.

2. $p \xrightarrow[\text{恒 成 立}]{\text{不恒成立}} q$，則 p 為 q 的必要條件.

3. $p \xrightarrow[\text{恒 成 立}]{\text{恒 成 立}} q$，則 p、q 互為充要條件.

例 3 若 a、$b \in \mathbb{R}$，則 $a+b=0$ 為 $a=b=0$ 的什麼條件？

解答 若 $a+b=0$，則 $a=b=0$ 不一定成立. (例如：$a=1$，$b=-1$ 亦可.)
若 $a=b=0$，則 $a+b=0$ 顯然成立，故 $a+b=0$ 為 $a=b=0$ 的必要條件.

例 4 $x+2=x^2$ 為 $\sqrt{x+2}=x$ 的什麼條件？

解答 因 $\sqrt{x+2}=x \Rightarrow x+2=x^2$，但 $x^2=x+2 \Rightarrow x=\pm\sqrt{x+2}$

所以，$x^2=x+2 \Rightarrow x=\sqrt{x+2}$ 不成立，故 $x+2=x^2$ 為 $\sqrt{x+2}=x$ 之必要條件.

習題 1-1

1. 試寫出下列數學語句的否定語句.
   (1) $\triangle ABC$ 是等腰三角形.
   (2) $x \geq 10$
   (3) $x+5=10$
   (4) 直線 M 與直線 N 不平行.
   (5) 四邊形 $ABCD$ 不是平行四邊形.

2. 下列各命題，何者為真？何者為假？
   (1) 若 $x > 3$ 則 $x > 0$.
   (2) 若 $x > 10$ 則 $x < 15$.
   (3) 一個正整數，若是 6 的倍數，則是 3 的倍數.
   (4) 一個三角形，若三邊等長，則三內角相等.
   (5) 若 $\triangle ABC$ 是直角三角形，則 $\angle A = 90°$.
   (6) 若四邊形 $ABCD$ 是菱形，則 $\overline{AC}$ 與 $\overline{BD}$ 垂直.
   (7) 兩個三角形，若有兩邊及其夾角對應相等，則兩三角形全等. (SAS 全等性質)

在下列各題的空白內填入 (充分，必要，充要).

3. $\triangle ABC$，$\angle A > 90°$ 是 $\triangle ABC$ 為鈍角三角形的＿＿＿＿條件.

4. $x=6$ 或 $x=1$ 為 $\sqrt{x+3}=x-3$ 的＿＿＿＿條件.

5. $x=1$ 為 $x^2-x=0$ 的＿＿＿＿條件.

6. $(x+3)(x-3)=0$ 為 $x=3$ 的＿＿＿＿條件.

7. a、$b \in \mathbb{R}$，$a^2+b^2=0$ 是 $a=0$ 或 $b=0$ 的＿＿＿＿條件.

8. $\triangle ABC$ 中，$\angle A$ 為直角是 $\triangle ABC$ 為直角三角形的＿＿＿＿條件.

9. $\triangle ABC$ 中，$\angle B$ 為銳角是 $\triangle ABC$ 為銳角三角形的＿＿＿＿條件.

10. x、y 均為正數，則 $x>1$ 或 $y>1$ 為 $xy>1$ 的＿＿＿＿條件.
11. $x=0$ 是 $x^2=0$ 的＿＿＿＿條件.
12. "$x>9$" 為 "$x>25$" 的＿＿＿＿條件.
13. $\triangle ABC$ 中，"$\angle A=60°$" 為 "$\triangle ABC$" 是一個正三角形的＿＿＿＿條件.
14. $a=b=1$ 是 $2a-b=2b-a=1$ 的＿＿＿＿條件.
15. 設 a、b、$c \in \mathbb{R}$，"$a>b$" 為 "$a+c>b+c$" 的＿＿＿＿條件.
16. 設 a、b、$c \in \mathbb{R}$，則 $a \neq b$ 為 $a^2 \neq b^2$ 的＿＿＿＿條件.
17. 設 x、$y \in \mathbb{R}$，則 $x>y$ 為 $x^2>y^2$ 的＿＿＿＿條件.
18. 若 a、b、$c \in \mathbb{R}$，$a^2+b^2+c^2-ab-bc-ca=0$ 是 $a=b=c$ 的＿＿＿＿條件.
19. a、b、$c \in \mathbb{R}$，$a+b+c \neq 0$ 則 $a^3+b^3+c^3=3abc$ 為 $a=b=c$ 的＿＿＿＿條件.
20. 作下列敘述的真值表.

    (1) $(p \wedge q) \Leftrightarrow (p \vee q)$

    (2) $p \vee (\sim p \wedge q)$

    (3) $\sim(p \wedge q) \Rightarrow q$

21. 下列何者為真？

    (1) $(p \wedge q) \rightarrow p$

    (2) $(p \wedge \sim q) \rightarrow q$

    (3) $(\sim p \wedge q) \wedge (p \vee q)$

    (4) $(p \rightarrow q) \vee (q \rightarrow p)$

    (5) $(p \wedge \sim q) \wedge (\sim p \wedge q)$

22. 試以真假值表證明：$p \Rightarrow q \equiv \sim q \Rightarrow \sim p \equiv \sim p \vee q$.

§1-2　集合的定義與表示法

　　直覺地說，**集合**是由一些事物具體組成的，這些組成分子可以為任何東西，如數目、人、文字、河川等等，這些組成分子即稱為集合的**元素**. 為了簡單起見，我們用大寫的英文字母 A, B, C, D, … 等表示集合，而用小寫的英文字母 a, b, c, d, … 代表集合中的元素.

例 1 設自然數全體的集合是 $\mathbb{N}$，有理數全體之集合是 $\mathbb{Q}$，則 300 是 $\mathbb{N}$ 的元素；$\dfrac{2}{3}$ 不是 $\mathbb{N}$ 的元素；$\dfrac{1}{2}$ 是 $\mathbb{Q}$ 的元素；$\sqrt{2}$ 不是 $\mathbb{Q}$ 的元素.

一、表列法

將集合的元素列在一括號 {} 內，以代表這些元素所形成的集合.

1. 列舉法

若一集合僅含有少數的幾個元素，通常將這些元素，逐一列舉出來．例如：

$$\{2,\ 3,\ 5,\ 7,\ 9\}.$$

2. 定性法

所謂定性法是以「某一性質」去描述該集合，而其性質一定是絕對明確的．例如：

$$\{偶數\}=\{\pm 2,\ \pm 4,\ \pm 6,\ \cdots\}.$$

二、集合構式

若一集合所含元素具有某種共同的性質，則利用這集合的元素所具有的性質，以符號

$$\{x\,|\,x\ 所滿足的性質\}$$

來表示，稱為**集合構式**.

例 2 $B=\{x\,|\,x^2-5x+6=0\}$ 意指集合 B 是由方程式 $x^2-5x+6=0$ 的根所組成.

若 b 是集合 S 的一個元素，記作

$$b\in S$$

讀作「b 屬於 S」或「b 是 S 的一個元素」．

若 b 不是 S 的一個元素，記作

$$b\notin S$$

讀作「b 不屬於 S」或「b 不是 S 的一個元素」.

§ 1-3 集合的分類

1. 空集合
若一集合不含有任何元素，則此集合稱為空集合，通常以符號 ϕ 或 $\{\}$ 表示之.

例 1 令 $T=\{x\,|\,$滿足 $5+x=5$ 的自然數$\}$，則 $T=\phi$.

2. 有限集合
若一集合中所含有的元素個數為有限個，則稱此集合為有限集合.

例 2 令 $A=\{x\,|\,(x-1)(x-2)(x-3)=0\}$，則 $A=\{1, 2, 3\}$.

3. 無限集合
若一集合中所含有的元素個數為無限個，則稱此集合為無限集合.

例 3 $B=\{x\,|\,0<x<1,\ x\in \mathbb{R}\}$，則 $B=\{$所有在 0 與 1 之間的實數$\}$.

§ 1-4 集合的關係

若二集合 A、B 所含的元素完全相同，則稱 A 與 B 相等，即 A 中的任意元素都是 B 的元素，且 B 中的任意元素也是 A 的元素，記作 $A=B$，或 $B=A$. A 與 B 不相等時，記作 $A\neq B$，或 $B\neq A$.

例 1 設 $A=\{-4, 2\}$, $B=\{x\,|\,x^2+2x-8=0\}$，則 $A=B$.

例 2 在 $\dfrac{1}{3}$ 與 $\dfrac{9}{2}$ 之間所有整數所成的集合與 $\dfrac{3}{4}$ 至 $\dfrac{14}{3}$ 之間所有整數所成的集合，皆為 $\{1, 2, 3, 4\}$，故此二集合相等.

設 A、B 為任意二集合，若 A 中的每一元素也為 B 中的元素 (即，$x \in A \Rightarrow x \in B$)，則稱 A 為 B 的**部分集合** (或**子集合**)，記作 $A \subset B$ 或 $B \supset A$，讀作「A 包含於 B」或「B 包含 A」。

例 3 空集合 ϕ 為每一集合的子集合.

定理 1-4-1

$A \subset B, \ B \subset A \Rightarrow A = B.$

證：因 $A \subset B$，故 $\forall x \in A \Rightarrow x \in B$.
又 $B \subset A$，故 $\forall x \in B \Rightarrow x \in A$.
所以，$x \in A \Leftrightarrow x \in B$.
即，$A = B$.

定理 1-4-2

$A \subset B, \ B \subset C \Rightarrow A \subset C.$

證：因 $A \subset B$，故 $\forall x \in A \Rightarrow x \in B$.
因 $B \subset C$，故 $\forall x \in B \Rightarrow x \in C$.
可知 $\forall x \in A \Rightarrow x \in B \Rightarrow x \in C$.
所以，$A \subset C$.

若以集合的關係而論，今設 A 是所有滿足性質 p 的元素所組成的集合，B 是所有滿足性質 q 的元素所組成的集合。因為 $p \Rightarrow q$ 成立，任何一個滿足性質 p 的元素，應該具有性質 q，所以 $A \subset B$. 反過來說，若 $A \subset B$，則 A 是 B 的充分條件，且 B 是 A 的必要條件。因此，$p \Rightarrow q$ 與 $A \subset B$ 的意義是一致的. 又當 $p \Leftrightarrow q$ 為真時，p 是 q 的充要條件，q 是 p 的充要條件. 若以集合的關係而論，則有 $A \subset B \wedge B$

$\subset A$,所以 $A=B$. 反過來說,若 $A=B$,則 A 是 B 的充要條件,且 B 是 A 的充要條件. 因此,$p \Leftrightarrow q$ 與 $A=B$ 的意義是一致的.

§ 1-5 集合的運算與圖示

在集合性質及應用中,若每一集合皆為某一固定集合的子集合,則稱這固定集合為**宇集合**,通常以大寫的英文字母 U 代表.

例 1 在平面幾何中,平面內所有點所組成的集合即為宇集合.

二集合 A、B 的**聯集**,以 $A \cup B$ 表之,定義為

$$A \cup B = \{x \mid x \in A \text{ 或 } x \in B\}$$

$A \cup B$ 讀作「A 聯集 B」或「A 與 B 的聯集」.

A 與 B 的聯集,藉著**文氏圖**的表示,則顯而易見. 文氏圖在習慣上,以矩形區域表示宇集合,其內部的區域表示其子集合,如圖 1-5-1 所示.

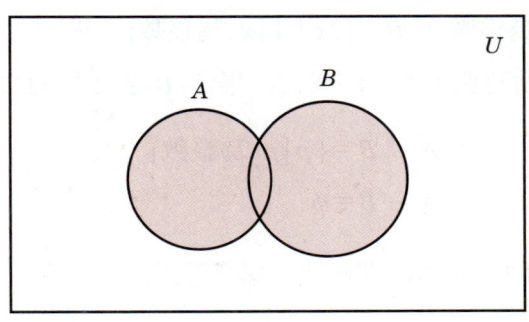

圖 1-5-1　顏色部分表示 $A \cup B$

例 2 設 $A=\{x \mid x(x-1)=0\}$,$B=\{x \mid x(x-2)=0\}$,
則 $A \cup B = \{x \mid x(x-1)(x-2)=0\}$.

二集合 A、B 的**交集**,以 $A \cap B$ 表示之,定義為

$$A \cap B = \{x \mid x \in A \text{ 且 } x \in B\}$$

$A \cap B$ 讀作「A 交集 B」或「A 與 B 的交集」.

以文氏圖表示 $A \cap B$, 如圖 1-5-2 所示.

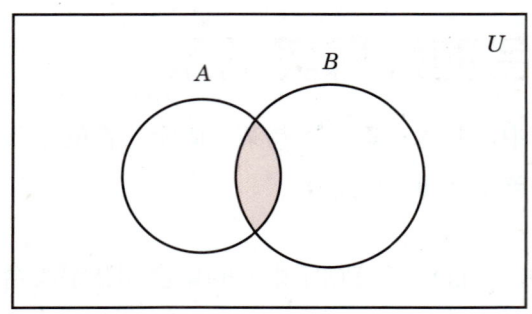

圖 1-5-2　顏色部分表示 $A \cap B$

例 3　設 $A = \{2n \mid n \in N\}$, $B = \{3m \mid m \in N\}$, ($\mathbb{N}$ 表自然數全體之集合).
則 $A \cap B = \{x \mid x$ 是 2 的正整數倍, 也是 3 的正整數倍$\}$
$= \{x \mid x$ 是 6 的正整數倍$\}$
$= \{6p \mid p \in \mathbb{N}\}$.

例 4　設 $A = \{2x \mid x$ 為整數$\}$, $B = \{2x+1 \mid x$ 為整數$\}$, 求 $A \cup B$ 與 $A \cap B$.
解答　集合 A 表示所有偶數所成的集合, 集合 B 表示所有奇數所成的集合, 故
$$A \cup B = \{p \mid p \text{ 為整數}\}$$
$$A \cap B = \phi$$

若二集合無共同的元素, 則稱此二集合<u>互斥</u>.

二集合 A、B 的差集, 以 $A - B$ (或 $A \setminus B$) 表示之, 定義為
$$A - B = \{x \mid x \in A \text{ 且 } x \notin B\}$$

(注意, 此定義並不要求 $A \supset B$). $A - B$ 讀作「A 減 B」.

以文氏圖表示 $A - B$, 如圖 1-5-3 所示.

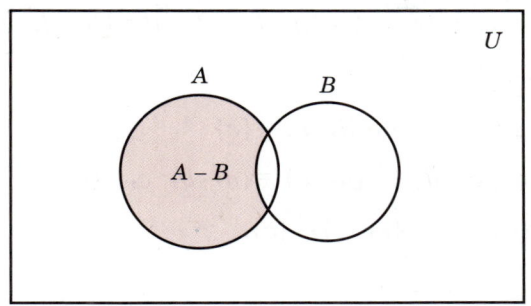

圖 **1-5-3**　顏色部分表示 $A-B$

例 5　設 $A=\{x\,|\,x\geq 4\}$，$B=\{x\,|\,x\leq 9\}$，$C=\{x\,|\,x\leq 3\}$，
求 (1) $A-B$　(2) $A-C$　(3) $(A-B)\cap(A-C)$.

解答　(1) $A-B=\{x\,|\,x>9\}$

(2) $A-C=A$，即 $A-C=\{x\,|\,x\geq 4\}$

(3) $(A-B)\cap(A-C)=\{x\,|\,x>9\}\cap\{x\,|\,x\geq 4\}=\{x\,|\,x>9\}$

　　設集合 A 是宇集合 U 的子集合，則凡屬於 U 而不屬於 A 的元素所成的集合，稱為 A 的 餘集合，以 A' 或 A^C 表示，定義為

$$A'=U-A=\{x\,|\,x\in U,\ x\notin A\}$$

由文氏圖 1-5-4 易知，$A'=U-A$，$A\cap A'=\phi$，$A\cup A'=U$.

註：$A-B=A\cap B'$

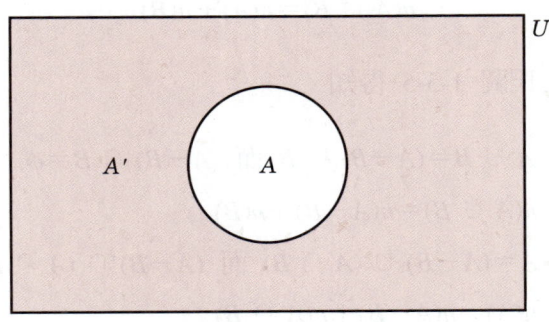

圖 **1-5-4**　顏色部分表示 A'

例 6 設 $U=\{a, b, c, d, e\}$，$A=\{a, b, d\}$，$B=\{b, d, e\}$，求
(1) $A' \cap B$　　(2) $A \cup B'$　　(3) $A' \cap B'$．

解答 (1) $A' \cap B = \{c, e\} \cap \{b, d, e\} = \{e\}$
(2) $A \cup B' = \{a, b, d\} \cup \{a, c\} = \{a, b, c, d\}$
(3) $A' \cap B' = \{c, e\} \cap \{a, c\} = \{c\}$．

例 7 狄摩根定律：
$$(A \cup B)' = A' \cap B'$$
$$(A \cap B)' = A' \cup B'$$

設 A、B 為任意二集合，所有**有序數對** (a, b) (其中 $a \in A$，$b \in B$) 所組成的集合，稱為 A 與 B 的**積集合**，記作 $A \times B$，即
$$A \times B = \{(a, b) \mid a \in A \text{ 且 } b \in B\}.$$

例 8 令 $A=\{1, 2, 3\}$，$B=\{a, b\}$，
則 $A \times B = \{(1, a), (2, a), (3, a), (1, b), (2, b), (3, b)\}$
$B \times A = \{(a, 1), (a, 2), (a, 3), (b, 1), (b, 2), (b, 3)\}$
顯然，$A \times B \neq B \times A$．

若以 $n(A)$ 與 $n(B)$ 分別表示有限集合 A 與 B 之元素的個數，則我們很容易瞭解，對於互斥的二有限集合 A 與 B，有下列之關係

$$n(A \cup B) = n(A) + n(B)$$

若 A、B 相交，則由文氏圖 1-5-5 得知

$$A \cup B = (A-B) \cup B \text{ 而 } (A-B) \cap B = \phi$$

故　　　　$n(A \cup B) = n(A-B) + n(B)$ 　　　　(1-5-1)

又　　　　$A = (A-B) \cup (A \cap B)$ 而 $(A-B) \cap (A \cap B) = \phi$

故　　　　$n(A) = n(A-B) + n(A \cap B)$ 　　　　(1-5-2)

由式 (1-5-1) 減 (1-5-2) 得知

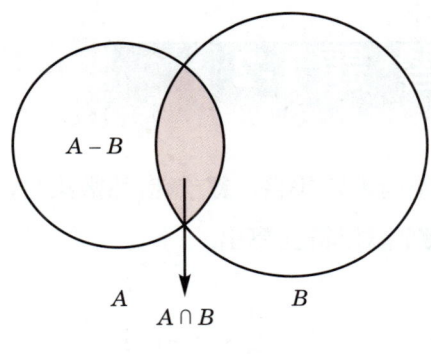

圖 1-5-5

$$n(A \cup B) = n(A) + n(B) - n(A \cap B) \tag{1-5-3}$$

事實上，當 A 與 B 兩集合互斥時，則 $n(A \cap B) = 0$，故式 (1-5-3) 對任意二集合 A、B 均成立. 若 $A \cap B \neq \phi$，由式 (1-5-3) 移項，得

$$n(A \cap B) = n(A) + n(B) - n(A \cup B) \tag{1-5-4}$$

式 (1-5-3) 亦可推廣如下式：

$$n(A \cup B \cup C)$$
$$= n(A) + n(B) + n(C) - n(A \cap B) - n(B \cap C) - n(A \cap C) + n(A \cap B \cap C) \tag{1-5-5}$$

例 9 試舉例說明公式 $n(A \cup B) = n(A) + n(B) - n(A \cap B)$ 成立.

解答 設 $A = \{1, 2, 5, 7, 9\}$，$B = \{2, 4, 5, 9\} \Rightarrow n(A) = 5$，$n(B) = 4$

$A \cup B = \{1, 2, 4, 5, 7, 9\}$，$A \cap B = \{2, 5, 9\}$

$\Rightarrow n(A \cup B) = 6 = n(A) + n(B) - n(A \cap B)$

故 $n(A \cup B) = n(A) + n(B) - n(A \cap B)$ 成立.

習 題 1-2

1. 設 $\mathbb{Z}$ 為整數集合，$\mathbb{Q}$ 為有理數集合，$\mathbb{N}$ 為自然數集合，下列各數哪些屬於 $\mathbb{Z}$？哪些屬於 $\mathbb{Q}$？哪些屬於 $\mathbb{N}$？試以符號寫出.

$$0,\ \frac{1}{2},\ \sqrt{2},\ 1,\ \pi$$

2. 設 $A = \{1,\ 2,\ 3,\ 5,\ 8,\ 9\}$，且設

$$B = \{x \mid x\ 為偶數,\ x \in A\}$$
$$C = \{x \mid x\ 為奇數,\ x \in A\}$$
$$D = \{x \mid x\ 為大於\ 4\ 的自然數,\ x \in A\}$$

試以列舉法表出 B、C、D 各集合.

3. 試將下列各集合用列舉法表出.
    (1) A 為所有一位正整數所成的集合.
    (2) S 為 number 一字之字母所成的集合.
    (3) B 為方程式 $x(x-2)(x^2-1)=0$ 之所有實根所成的集合.
    (4) C 為小於 25 且可被 3 整除之所有正整數的集合.

4. 試用集合構式寫出下列各集合.
    (1) $X = \{3,\ 6,\ 9\}$
    (2) $A = \{10,\ 100,\ 1000,\ 10000,\ \cdots\}$
    (3) A 為一切偶數所構成的集合.
    (4) $Y = \{-6,\ -5,\ -4,\ -3,\ -2,\ -1,\ 1,\ 2,\ 3,\ 4,\ 5,\ 6\}$

5. 設 $A = \{1,\ 3,\ 4\}$，$B = \{2,\ 4,\ 6\}$，$C = \{x \mid x\ 為偶數\}$，$D = \{x \mid x\ 為奇數\}$，則下列各式中，何者為真？何者為偽？
    (1) $A \subset B$ (2) $B \subset C$ (3) $C \subset D$ (4) $A \subset D$ (5) $A \subset C$ (6) $D \subset A$.

6. 設 $A = \{x \mid x\ 為實數,\ 0 \leq x \leq 2\}$，$B = \{x \mid x\ 為實數,\ 1 \leq x \leq 3\}$，求 $A \cup B$ 與 $A \cap B$.

7. 設 $A=\{x\,|\,x$ 為實數，$0<x<1\}$，$B=\{x\,|\,x$ 為實數，$1<x<2\}$，求 $A\cup B$ 與 $A\cap B$。

8. 設 $A=\{(x,\,y)\,|\,3x-2y=7,\,x,\,y\in\mathbb{R}\}$，$B=\{(x,\,y)\,|\,5x+3y=2,\,x,\,y\in\mathbb{R}\}$，試求 $A\cap B$。

9. 設 $U=\{1,\,2,\,3,\,4,\,5,\,6\}$，$A=\{1,\,2,\,3,\,4\}$，$B=\{3,\,4,\,5,\,6\}$，求
    (1) $A-B$ (2) $B-A$ (3) A'
    (4) B' (5) $A'\cap B'$ (6) $A'\cup B'$。

10. 設 $A=\{1,\,2,\,3,\,4\}$，$B=\{2,\,4,\,6,\,8\}$，$C=\{3,\,4,\,5,\,6\}$，試求
    (1) $A\cup B$ (2) $(A\cup B)\cup C$ (3) $A\cup(B\cup C)$。

11. 設 $A=\{1,\,2,\,3,\,4\}$，$B=\{2,\,4,\,6,\,8\}$，$C=\{3,\,4,\,5,\,6\}$，試求
    (1) $(A\cap B)\cap C$ (2) $A\cap(B\cap C)$。

12. 設 $U=\{a,\,b,\,c,\,d,\,e\}$，$A=\{a,\,b,\,d\}$，$B=\{b,\,d,\,e\}$，試求
    (1) $A'\cap B$ (2) $A\cup B'$ (3) $A'\cap B'$
    (4) $B'-A'$ (5) $(A\cap B)'$ (6) $(A\cup B)'$。

13. 設 $A=\{(x,\,y)\,|\,y=x\}$，$B=\{(x,\,y)\,|\,y=x+1\}$，$C=\{(x,\,y)\,|\,y=2x\}$，試求
    (1) $A\cap B$ (2) $A\cap C$ (3) $B\cap C$。

14. $A=\{1,\,2,\,5\}$，$B=\{x\,|\,(x-1)(x-3)(x-4)=0\}$，求 $A\cup B$。

15. 設 $A=\{a,\,b,\,c,\,d,\,e\}$，$B=\{b,\,c,\,e,\,f\}$，$C=\{a,\,b,\,d,\,f,\,g\}$，求證 $A\cap(B\cup C)=(A\cap B)\cup(A\cap C)$。

16. 設 $A=\{a,\,b,\,c,\,d,\,e\}$，$B=\{b,\,c,\,d\}$，$C=\{a,\,b,\,c,\,f\}$，下列各敘述何者為真？
    (1) $B\subset A$ (2) $B\cap C=\phi$ (3) $A\cup B\subset A$
    (4) $d\in A\cap C$ (5) $f\in B\cup C$ (6) $a\notin A\cap B$。

17. 設 $A=\{x\,|\,x<-1$ 或 $x>1\}$，$B=\{x\,|-2\leq x\leq 2\}$，試求 $A-B$，$B-A$。

18. 設 $A=\{a,\,b\}$，$B=\{1,\,3\}$ 試寫出
    (1) $A\times B$ (2) $B\times A$ (3) $A\times B$ 與 $B\times A$ 是否相等。

19. 設 $S=\{(x,\,y)\,|\,3x+y+2=0,\,x-y+6=0\}$，$T=\{(x,\,y)\,|\,2x+y=a,\,x-y=b\}$，若 $S=T$，求 $(a,\,b)$。

20. 設 $A=\{x\,|\,x^2-ax-4=0\}$，$B=\{x\,|\,x^2+ax+b=0\}$，若 $A\cap B=\{-1\}$，試求
    (1) $A\cup B$ (2) $A-B$。

第 2 章

有理數與實數

2-1 有理數

2-2 無理數

2-3 數線與實數系

2-4 實數的絕對值

⇦ 本章摘要 ⇨

1. 一整數 a 除以非零的整數 b，記作 $\dfrac{a}{b}$，$b \neq 0$，即稱為**分數**，a 稱為**分子**，b 稱為**分母**；當 $b=1$ 時，此分數即為一**整數**.

2. 由所有分數所組成的集合即為**有理數集合**，常記作 $\mathbb{Q}$，即

$$\mathbb{Q} = \left\{ \dfrac{q}{p} \,\middle|\, p \cdot q \in \mathbb{Z}, \text{ 且 } p \neq 0, (q, p) = 1 \right\}.$$

其中 $(q, p) = 1$ 表 q 與 p 互質.

3. 對於兩個有理數 $\dfrac{a}{b}$、$\dfrac{c}{d}$，其四則運算規則如下：

$$\dfrac{a}{b} \pm \dfrac{c}{d} = \dfrac{ad \pm bc}{bd}$$

$$\dfrac{a}{b} \cdot \dfrac{c}{d} = \dfrac{ac}{bd}$$

$$c \neq 0, \quad \dfrac{a}{b} \div \dfrac{c}{d} = \dfrac{a}{b} \cdot \dfrac{d}{c} = \dfrac{ad}{bc}$$

4. 對於兩個有理數 a、b，下列三個式子中，必有一個式子，而且只有一個式子成立：

$$a > b, \quad a = b, \quad a < b \quad (\text{三一律})$$

同理，對於一個有理數 $a-b$，下列三個式子中，必有一個式子，而且只有一個式子成立：

$$a - b > 0, \quad a - b = 0, \quad a - b < 0$$

由於上述的說明，若 a、b、$c \in \mathbb{Q}$，就有下面的運算性質：

(1) $a > 0, \ b > 0 \Rightarrow ab > 0$

(2) $a < 0, \ b < 0 \Rightarrow ab > 0$

於是
$$ab > 0 \Rightarrow \text{或} \begin{matrix} a > 0 \text{ 且 } b > 0 \\ a < 0 \text{ 且 } b < 0. \end{matrix}$$

(3) $a > 0, b < 0 \Rightarrow ab < 0$

(4) $a < 0, b > 0 \Rightarrow ab < 0$

於是
$$ab < 0 \Rightarrow \text{或} \begin{matrix} a > 0 \text{ 且 } b < 0 \\ a < 0 \text{ 且 } b > 0. \end{matrix}$$

(5) 若 $\dfrac{a}{b}$、$\dfrac{c}{d} \in \mathbb{Q}$，且 $bd > 0$ 則
$$ad < bc \Leftrightarrow \dfrac{a}{b} < \dfrac{c}{d}.$$

(6) $a > b$ 且 $b > c \Rightarrow a > c$.

(7) $a > b \Leftrightarrow a+c > b+c$.

(8) 已知 $a > b$，若 $c > 0$ 則 $ac > bc$；若 $c < 0$ 則 $ac < bc$.

(9) 設 $a、b \in \mathbb{Q}$，$a > b$，則存在一數 $c \in \mathbb{Q}$，滿足 $a > c > b$.

5. 凡不能化成分數的數，稱為**無理數**. 由有理數、無理數所組成的集合稱為**實數集合**，記作 **IR**.

6. 有關根數的運算規則：設 $m、n、r$ 為正整數，$p、q$ 為有理數.

(1) $\sqrt[n]{p} = \sqrt[nr]{p^r}$

(2) $\sqrt[n]{pq} = \sqrt[n]{p} \sqrt[n]{q}$

上式 n 為奇數. 如果 n 為偶數，就得要求 $p > 0$, $q > 0$.

(3) $(\sqrt[n]{p})^m = \sqrt[n]{p^m}$

(4) $\sqrt[nm]{p^m} = \sqrt[n]{p}$

上式若 $p < 0$，則不一定成立，例如 $\sqrt[4]{(-3)^2} \neq \sqrt{-3}$.

(5) $\sqrt[n]{\dfrac{p}{q}} = \dfrac{\sqrt[n]{p}}{\sqrt[n]{q}}$, $q \neq 0$

上式 n 為奇數. 如果 n 為偶數，就得要求 $p > 0$, $q > 0$.

(6) $\sqrt[n]{\sqrt[m]{p}} = \sqrt[nm]{p}$

上式若 $p<0$，此式不一定成立，例如 $\sqrt{\sqrt{-1}} \neq \sqrt[4]{-1}$.

7. 有關根數化簡常用的方法：

   (1) 自根號內提出因數

   $$\sqrt[n]{p^n q} = p\sqrt[n]{q}.$$

   (2) 化異次根數為同次根數

   $$\sqrt[n]{p} = \sqrt[nm]{p^m}, \quad \sqrt[m]{q} = \sqrt[nm]{q^n}.$$

   (3) 有理化分母：

   (i) $\sqrt[n]{\dfrac{p}{q}} = \sqrt[n]{\dfrac{pq^{n-1}}{qq^{n-1}}} = \sqrt[n]{\dfrac{pq^{n-1}}{q^n}} = \dfrac{\sqrt[n]{pq^{n-1}}}{q}$

   (ii) $\dfrac{A}{\sqrt{p}+\sqrt{q}} = \dfrac{A(\sqrt{p}-\sqrt{q})}{p-q}$

   (4) 二次根數的完全平方根

   $$\sqrt{p+2\sqrt{q}} = \sqrt{x}+\sqrt{y} \qquad (p=x+y,\ q=xy)$$

8. 區間的表示法：

   設 a、$b \in \mathbb{R}$，且 $a<b$，則稱下列四集合為 區間，且稱 a、b 為區間的端點.

   $S_1 = \{x \mid a<x<b\} = (a, b)$，稱為 開區間.

   $S_2 = \{x \mid a \leq x \leq b\} = [a, b]$，稱為 閉區間.

   $S_3 = \{x \mid a<x \leq b\} = (a, b]$，稱為 左半開區間.

   $S_4 = \{x \mid a \leq x<b\} = [a, b)$，稱為 右半開區間.

   仿此，以 (a, ∞) 表所有大於 a 的數所成的集合，即

   $$(a, \infty) = \{x \mid x>a\}$$

   且稱 (a, ∞) 為 無限區間.

   有關其他無限區間，分別定義如下：

   $$(-\infty, a) = \{x \mid x<a\}$$

$$(-\infty, a] = \{x \mid x \leq a\}$$
$$[a, \infty) = \{x \mid x \geq a\}$$
$$(-\infty, \infty) = \{x \mid x \in I\!R\}$$

9. 絕對值的定義：

   一實數 a 的絕對值以 $|a|$ 表之，其值不為負.

   $$|a| = \begin{cases} a, & \text{若 } a \geq 0 \\ -a, & \text{若 } a < 0 \end{cases}$$

   同理， $$|a-b| = \begin{cases} a-b, & \text{當 } a \geq b \text{ 時} \\ b-a, & \text{當 } a < b \text{ 時} \end{cases}$$

10. 實數的絕對值：

    (1) 若 $a \in I\!R$，則 $|a| = |-a|$.

    (2) 若 $a \in I\!R$，則 $-|a| \leq a \leq |a|$.

    (3) 設 $a \in I\!R$，且 $a > 0$，則 $|x| \leq a \Leftrightarrow -a \leq x \leq a$.

    (4) 設 $a \in I\!R$，且 $a > 0$，則 $|x| \geq a \Leftrightarrow x \geq a$ 或 $x \leq -a$.

    (5) 設 $a \geq 0$, $b \geq 0$, $x \in I\!R$，則 $a \leq |x| \leq b \Leftrightarrow |x| \geq a$ 且 $|x| \leq b \Leftrightarrow$
    ($x \geq a$ 或 $x \leq -a$) 且 ($-b \leq x \leq b$).

    (6) 若 a、$b \in I\!R$，則 $|a \cdot b| = |a| \cdot |b|$.

    (7) 若 a、$b \in I\!R$, $b \neq 0$，則 $\left|\dfrac{a}{b}\right| = \dfrac{|a|}{|b|}$.

    (8) 若 a、$b \in I\!R$，則 $|a+b| \leq |a| + |b|$ ($|a+b| = |a| + |b| \Rightarrow ab \geq 0$)，此不等式稱為三角不等式.

    (9) 若 a、$b \in I\!R$，則 $|a-b| \geq |a| - |b|$.

§2-1　有理數

在日常生活或工作中，隨時隨地會遇到許多不可比較性的問題，也就是說某一種類的事物，它並不可以按照自然的個別單位，一個一個地去數一數的．例如：這本書有多重？將一個西瓜分給 10 人，每人得到這個西瓜的多少？… 等等，當然，整數就不夠去處理這些問題，於是便產生了分數．

對於兩個整數 a、b，當 $b \neq 0$ 時，我們來討論形如

$$bx = a$$

的方程式在整數中有解的問題．

若 $b=1$，$a=2$，則 $x=2$．
若 $b=-3$，$a=3$，則 $x=-1$．
若 $b=2$，$a=3$，則 $x=$ ？

這時發現在整數中，就不一定有解；如果要使

$$bx = a$$

一定有解，則必須

$$x = \frac{a}{b}.$$

定義 2-1-1

一整數 a 除以非零的整數 b，記作 $\frac{a}{b}$，$b \neq 0$，即稱為**分數**，a 稱為**分子**，b 稱為**分母**；當 $b=1$ 時，此分數即為一**整數**．

定義 2-1-2

由所有分數所組成的集合即為**有理數集合**，常記作 $\mathbb{Q}$，即

$$\mathbb{Q}=\left\{\frac{q}{p}\,\middle|\, p \cdot q \in \mathbb{Z},\ \text{且}\ p \neq 0,\ (q, p)=1\right\}.$$

註：$\mathbb{N} \subset \mathbb{Z} \subset \mathbb{Q}.$

有理數除了用分數形式表示外，還有一種小數表示法，任一有理數均可化為有限小數或循環小數．反之，任一有限小數，或循環小數，均可化為一個有理數．

若 $c \neq 0,\ b \neq 0$，則

$$bx=a \Leftrightarrow c \cdot (bx) = c \cdot a$$
$$\Leftrightarrow (c \cdot b)x = c \cdot a$$
$$\Leftrightarrow x = \frac{c \cdot a}{c \cdot b}$$

所以，

$$\frac{a}{b} = \frac{c \cdot a}{c \cdot b}$$

上式由左式化為右式，稱為**擴分**；由右式化為左式，稱為**約分**．

已知整數 $a \cdot b \cdot c \cdot d$，且 $bd \neq 0$，若 $d \cdot a = b \cdot c$，則

$$\frac{d \cdot a}{d \cdot b} = \frac{b \cdot c}{d \cdot b}$$

即

$$\frac{a}{b} = \frac{c}{d}$$

又由約分與擴分，可以推出

$$\frac{a}{b} = \frac{(-1) \cdot a}{(-1) \cdot b} = \frac{-a}{-b}$$

$$\frac{-a}{b} = \frac{(-1)\cdot(-a)}{(-1)\cdot b} = \frac{a}{-b} = -\frac{a}{b}$$

對於兩個有理數 $\frac{a}{b}$、$\frac{c}{d}$，其四則運算規則如下：

$$\frac{a}{b} \pm \frac{c}{d} = \frac{ad \pm bc}{bd}$$

$$\frac{a}{b} \cdot \frac{c}{d} = \frac{ac}{bd}$$

$$c \neq 0, \quad \frac{a}{b} \div \frac{c}{d} = \frac{a}{b} \cdot \frac{d}{c} = \frac{ad}{bc}$$

所以，兩有理數的和、差、積、商，仍是有理數．

對於有理數 a、b，若有一個正有理數 x，滿足

$$x+b=a$$

則 $x=a-b$ 為正數，就說 a 大於 b，或 b 小於 a，以 $a>b$ 或 $b<a$ 表示之．

故 $\qquad a>b \Leftrightarrow a-b>0$ 或 $b-a<0$．

對於兩個有理數 a、b，下列三個式子中，必有一個式子，而且只有一個式子成立：

$$a>b, \quad a=b, \quad a<b \quad (三一律)$$

同理，對於一個有理數 $a-b$，下列三個式子中，必有一個式子，而且只有一個式子成立：

$$a-b>0, \quad a-b=0, \quad a-b<0$$

由於上述的說明，若 a、b、$c \in \mathbb{Q}$，就有下面的運算性質：

1. $a>0, \ b>0 \Rightarrow ab>0$
2. $a<0, \ b<0 \Rightarrow ab>0$

於是
$$ab > 0 \Rightarrow \text{或} \begin{array}{l} a > 0 \text{ 且 } b > 0 \\ a < 0 \text{ 且 } b < 0. \end{array}$$

3. $a > 0,\ b < 0 \Rightarrow ab < 0$
4. $a < 0,\ b > 0 \Rightarrow ab < 0$

於是
$$ab < 0 \Rightarrow \text{或} \begin{array}{l} a > 0 \text{ 且 } b < 0 \\ a < 0 \text{ 且 } b > 0. \end{array}$$

5. 若 $\dfrac{a}{b}$、$\dfrac{c}{d} \in \mathbb{Q}$，且 $bd > 0$ 則
$$ad < bc \Leftrightarrow \frac{a}{b} < \frac{c}{d}.$$

證：設 $bd > 0$，$ad < bc \Leftrightarrow bc - ad > 0$
$$\Leftrightarrow \frac{bc - ad}{bd} > 0$$
$$\Leftrightarrow \frac{bc}{bd} - \frac{ad}{bd} > 0$$
$$\Leftrightarrow \frac{c}{d} - \frac{a}{b} > 0$$
$$\Leftrightarrow \frac{a}{b} < \frac{c}{d}.$$

6. $a > b$ 且 $b > c \Rightarrow a > c.$
   證：$a > b$ 且 $b > c \Rightarrow a - b > 0$ 且 $b - c > 0$
   $$\Rightarrow (a-b)+(b-c) > 0$$
   $$\Rightarrow a - c > 0$$
   $$\Rightarrow a > c.$$

7. $a > b \Leftrightarrow a + c > b + c.$
8. 已知 $a > b$，若 $c > 0$ 則 $ac > bc$；若 $c < 0$ 則 $ac < bc$.
9. 設 $a,\ b \in \mathbb{Q}$，$a > b$，則存在一數 $c \in \mathbb{Q}$，滿足 $a > c > b$.

證：$a > b \Rightarrow a+a > a+b$ 且 $a+b > b+b$

$\Rightarrow 2a > a+b > 2b$

$\Rightarrow a > \dfrac{a+b}{2} > b$

$\Rightarrow a > c > b \left(\text{令 } c = \dfrac{a+b}{2}\right)$

此 c 為無限多個，此性質可推得有理數的**稠密性**．所謂有理數的稠密性即任二相異有理數之間至少有一個有理數存在，這個性質稱為有理數的稠密性．

例 1 化循環小數 $3.\overline{417}$ 為有理數．

解答 設 $x = 3.\overline{417}$，則 $1000x = 3417.\overline{417} = 3417 + 0.\overline{417} = 3417 + (x-3)$．

$$999x = 3414$$

即，$$x = \dfrac{3414}{999} = \dfrac{1138}{333}$$

故 $$3.\overline{417} = \dfrac{1138}{333}.$$

例 2 試比較 $\dfrac{17}{29}$，$\dfrac{47}{59}$，$\dfrac{31}{43}$ 的大小．

解答
$$\dfrac{47}{59} - \dfrac{31}{43} = \dfrac{2021 - 1829}{2537} = \dfrac{192}{2537} > 0$$

$$\dfrac{31}{43} - \dfrac{17}{29} = \dfrac{899 - 731}{1247} = \dfrac{168}{1247} > 0$$

故 $$\dfrac{47}{59} > \dfrac{31}{43} > \dfrac{17}{29}.$$

註：本題三個數均小於 1 且分子與分母均相差 12，則分母愈大者愈大．若三數均大於 1，且分子與分母差一定值，則分母愈小者愈大，如 $\dfrac{19}{12} > \dfrac{32}{25} > \dfrac{38}{31}$．

§ 2-2　無理數

我們得知在有理數系中，對於形如 $x^2=3$ 這一類的方程式在有理數系中無解．欲解決此問題，必須推廣數系．因此，我們將有理數推廣到實數．

定義 2-2-1

凡不能化成分數的數，稱為**無理數**．由有理數，無理數所組成的集合稱為**實數集合**，記作 $\mathbb{R}$．

註：$\mathbb{N} \subset \mathbb{Z} \subset \mathbb{Q} \subset \mathbb{R}$．

設 p 為任意數，n 為正整數（自然數），若有一數 q 使得 $q^n = p$，則我們稱「p 為 q 的 n 次方」或「q 為 p 的 n 次方根」．通常，當 n 為奇數時，p 的 n 次方根恰有一個，記為 $\sqrt[n]{p}$，即

$$(\sqrt[n]{p})^n = p$$

當 n 為偶數時，令 $n=2k$，$k \in \mathbb{N}$，此時

$$q^n = q^{2k} = p,\ \text{則}\ (-q)^n = (-q)^{2k} = (-1)^{2k}\, q^{2k}$$
$$= q^{2k} = q^n = p$$

即 q 與 $-q$ 均為 p 的 n 次方根．但習慣上，我們要求 $\sqrt[n]{p} = \sqrt[2k]{p} > 0$．記號「$\sqrt[n]{\ }$」稱為**根號**，$\sqrt[n]{p}$ 稱為**根數**，n 稱為根數次數．

另外關於根數的運算，讀者應注意下列一些規則：（其中 m、n、r 為正整數，p、q 為有理數．）

1. $\sqrt[n]{p} = \sqrt[nr]{p^r}$
2. $\sqrt[n]{pq} = \sqrt[n]{p}\,\sqrt[n]{q}$

上式 n 為奇數. 如果 n 為偶數, 就得要求 $p > 0, q > 0$.

3. $(\sqrt[n]{p})^m = \sqrt[n]{p^m}$

4. $\sqrt[nm]{p^m} = \sqrt[n]{p}$

上式若 $p < 0$, 則不一定成立, 例如, $\sqrt[4]{(-3)^2} \neq \sqrt{-3}$.

5. $\sqrt[n]{\dfrac{p}{q}} = \dfrac{\sqrt[n]{p}}{\sqrt[n]{q}}, \ q \neq 0$

上式 n 為奇數. 如果 n 為偶數, 就得要求 $p > 0, q > 0$.

6. $\sqrt[n]{\sqrt[m]{p}} = \sqrt[nm]{p}$

上式若 $p < 0$, 此式不一定成立, 例如 $\sqrt{\sqrt{-1}} \neq \sqrt[4]{-1}$.

在根數運算時, 通常應用到下列方法:

1. 自根號內提出因數

$$\sqrt[n]{p^n q} = p\sqrt[n]{q}.$$

2. 化異次根數為同次根數

$$\sqrt[n]{p} = \sqrt[nm]{p^m}, \ \sqrt[m]{q} = \sqrt[nm]{q^n}.$$

3. 有理化分母

(1) $\sqrt[n]{\dfrac{p}{q}} = \sqrt[n]{\dfrac{pq^{n-1}}{qq^{n-1}}} = \sqrt[n]{\dfrac{pq^{n-1}}{q^n}} = \dfrac{\sqrt[n]{pq^{n-1}}}{q}$

(2) $\dfrac{A}{\sqrt{p}+\sqrt{q}} = \dfrac{A(\sqrt{p}-\sqrt{q})}{p-q}$

4. 二次根數的完全平方根

$$\sqrt{p + 2\sqrt{q}} = \sqrt{x} + \sqrt{y} \qquad (p = x+y, \ q = xy)$$

第二章　有理數與實數 ➲ 35

令
$$\sqrt{p+2\sqrt{q}} = \sqrt{x} + \sqrt{y}$$
$$\Rightarrow (\sqrt{p+2\sqrt{q}})^2 = (\sqrt{x}+\sqrt{y})^2$$
$$\Rightarrow p+2\sqrt{q} = (\sqrt{x})^2 + 2\sqrt{x}\sqrt{y} + (\sqrt{y})^2$$
$$\Rightarrow p+2\sqrt{q} = (x+y) + 2\sqrt{xy}$$
$$\Rightarrow p = x+y,\ q = xy$$

例 1 利用上述規則，化簡下列各根數：

(1) $\sqrt[8]{16}$　　(2) $(\sqrt[3]{4})^2$　　(3) $\sqrt[3]{\dfrac{3\cdot 63}{2^3\cdot 4^3}}$　　(4) $\sqrt{\sqrt{81}}$

解答 (1) $\sqrt[8]{16} = \sqrt[8]{2^4} = \sqrt[4\times 2]{2^4} = \sqrt{2}$

(2) $(\sqrt[3]{4})^2 = \sqrt[3]{4^2} = \sqrt[3]{16}$

(3) $\sqrt[3]{\dfrac{3\cdot 63}{2^3\cdot 4^3}} = \dfrac{\sqrt[3]{3\cdot 63}}{\sqrt[3]{2^3\cdot 4^3}} = \dfrac{\sqrt[3]{3\cdot 3^2\cdot 7}}{\sqrt[3]{2^3}\cdot \sqrt[3]{4^3}} = \dfrac{\sqrt[3]{3^3}\cdot \sqrt[3]{7}}{\sqrt[3]{2^3}\cdot \sqrt[3]{4^3}}$

$= \dfrac{3\cdot \sqrt[3]{7}}{2\cdot 4} = \dfrac{3}{8}\sqrt[3]{7}$

(4) $\sqrt{\sqrt{81}} = \sqrt[2\times 2]{81} = \sqrt[4]{3^4} = 3$.

例 2 試將 $\dfrac{1}{\sqrt[3]{4}+1}$ 之分母的根號消除掉.

解答 利用 $a^3+a^3=(a+b)(a^2-ab+b^2)$ 的公式.

分子、分母同乘以 $(\sqrt[3]{4})^2 - \sqrt[3]{4} + 1$,

$$\dfrac{1}{\sqrt[3]{4}+1} = \dfrac{(\sqrt[3]{4})^2 - \sqrt[3]{4} + 1}{(\sqrt[3]{4}+1)[(\sqrt[3]{4})^2 - \sqrt[3]{4} + 1]} = \dfrac{\sqrt[3]{16} - \sqrt[3]{4} + 1}{(\sqrt[3]{4})^3 + 1}$$

$$= \dfrac{\sqrt[3]{16} - \sqrt[3]{4} + 1}{5}.$$

例 3 試比較 $\sqrt{3},\ \sqrt[3]{4},\ \sqrt[4]{5}$ 的大小.

解答

$\sqrt{3} = \sqrt[12]{3^6} = \sqrt[12]{729}$

$\sqrt[3]{4} = \sqrt[12]{4^4} = \sqrt[12]{256}$

$\sqrt[4]{5} = \sqrt[12]{5^3} = \sqrt[12]{125}$

因為 $125 < 256 < 729$，可得

$$\sqrt[12]{125} < \sqrt[12]{256} < \sqrt[12]{729}$$

即，$\sqrt[4]{5} < \sqrt[3]{4} < \sqrt{3}$．

§2-3　數線與實數系

在國民中學裡，已經講述過數線，也就是先作一條水平直線，在這直線上，任取一點 O 表示數 0，稱為原點；然後取一個固定長度的線段為一單位長，規定向右為正，向左為負．由 O 點開始，分別以單位長為間隔，向右順次取點，表示數 1, 2, 3, …；向左順次取點，表示數 $-1, -2, -3, …$；如下圖 2-3-1 所示．

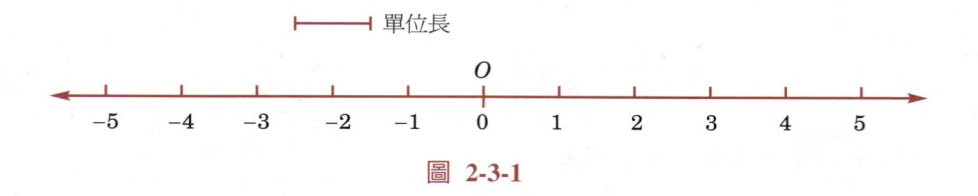

圖 2-3-1

再二等分上述的每一間隔，即可得表示數 $\frac{1}{2}, \frac{3}{2}, \frac{5}{2}, …$ 及數 $-\frac{1}{2}, -\frac{3}{2}, -\frac{5}{2}, …$ 等的點，如圖 2-3-2 所示．

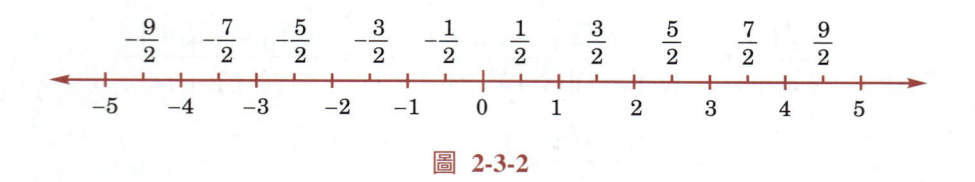

圖 2-3-2

對於其他的分數，依 n 等分 (n 為正整數) 一線段的作法，如圖 2-3-3 所示，均可

仿此畫出表示每一分數 $\dfrac{a}{n}$ 的點（a 為正整數），於是，在這直線上，均可畫出一點來表示每一個有理數．由於有理數的稠密性，所以，有理數在這直線上，是非常稠密的，但是仍不能把這直線完全填滿，也就是說，在這直線上還有很多的點，不能用有理數來表示它．例如，

$$\sqrt{2},\ \sqrt{3},\ \sqrt{5},\ \cdots$$

等等，均不是有理數，而稱為無理數．所有的有理數與無理數所成的集合稱為實數系，以 $\mathbb{R}$ 表示之．由上所述，對於每一個實數，在直線上均有一點來表示它；而直線上的每一點，必可表示一個實數，這直線稱為數線．實數對於加法與乘法的運算、不等關係，具有與有理數一樣的性質，讀者試著自行一一列出．

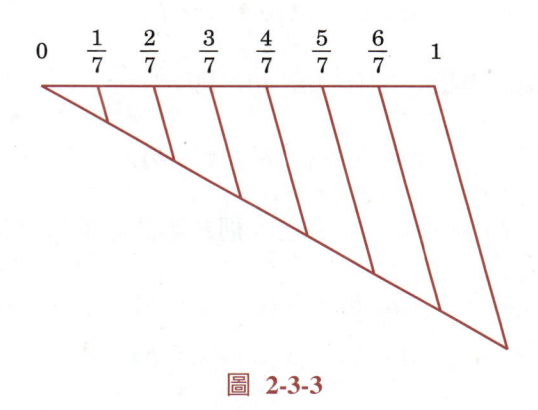

圖 2-3-3

對於實數也有大小關係，設 a、b 均屬於實數 $\mathbb{R}$，以 a、$b \in \mathbb{R}$ 表之，若 $b - a > 0$，則稱 b 大於 a，以 $b > a$ 或 $a < b$ 表之．當它們表示在數線上時，有下列的規定：

1. 若 $a < b$，則 b 在 a 的右邊．
2. 若 $0 < a < b$，則 a、b 均在 0 的右邊．
3. 若 $a < 0 < b$，則 a 在 0 的左邊，b 在 0 的右邊．
4. 若 $a < b < 0$，則 a 在 b 的左邊，b 在 0 的左邊．

定義 2-3-1

設 $a、b \in \mathbb{R}$，且 $a < b$，則稱下列四集合為 **區間**，且稱 $a、b$ 為區間的端點．

$$S_1 = \{x \mid a < x < b\}$$
$$S_2 = \{x \mid a \leq x \leq b\}$$
$$S_3 = \{x \mid a < x \leq b\}$$
$$S_4 = \{x \mid a \leq x < b\}$$

S_1 不含任一端點，稱為 **開區間**，記作 (a, b)，即

$$(a, b) = \{x \mid a < x < b\}.$$

S_2 含有二端點，稱為 **閉區間**，記作 $[a, b]$，即

$$[a, b] = \{x \mid a \leq x \leq b\}.$$

S_3 與 S_4 分別以 $(a, b]$ 與 $[a, b)$ 表之，稱為 **半開區間** 或 **半閉區間**，即

$$(a, b] = \{x \mid a < x \leq b\}$$
$$[a, b) = \{x \mid a \leq x < b\}$$

仿此，以 (a, ∞) 表所有大於 a 的實數所成的集合，即

$$(a, \infty) = \{x \mid x > a\}$$

且稱 (a, ∞) 為 **無限區間**．
其他無限區間，分別定義如下：

$$(-\infty, a) = \{x \mid x < a\}$$
$$(-\infty, a] = \{x \mid x \leq a\}$$
$$[a, \infty) = \{x \mid x \geq a\}$$
$$(-\infty, \infty) = \{x \mid x \in \mathbb{R}\}.$$

式中 ∞ 表正無窮大，$-\infty$ 表負無窮大，兩者均非實數．上述開區間、閉區間、半開或半閉區間及其他各無限區間，分別以圖形表之，如圖 2-3-4 至圖 2-3-12 所示．

圖 2-3-4　(a, b)

圖 2-3-5　$[a, b]$

圖 2-3-6　$(a, b]$

圖 2-3-7　$[a, b)$

圖 2-3-8　(a, ∞)

圖 2-3-9　$(-\infty, a)$

圖 2-3-10　$(-\infty, a]$

圖 2-3-11　$[a, \infty)$

圖 2-3-12　(∞, ∞)

例 1　求 $[-2, 6) \cap (-3, 3)$.

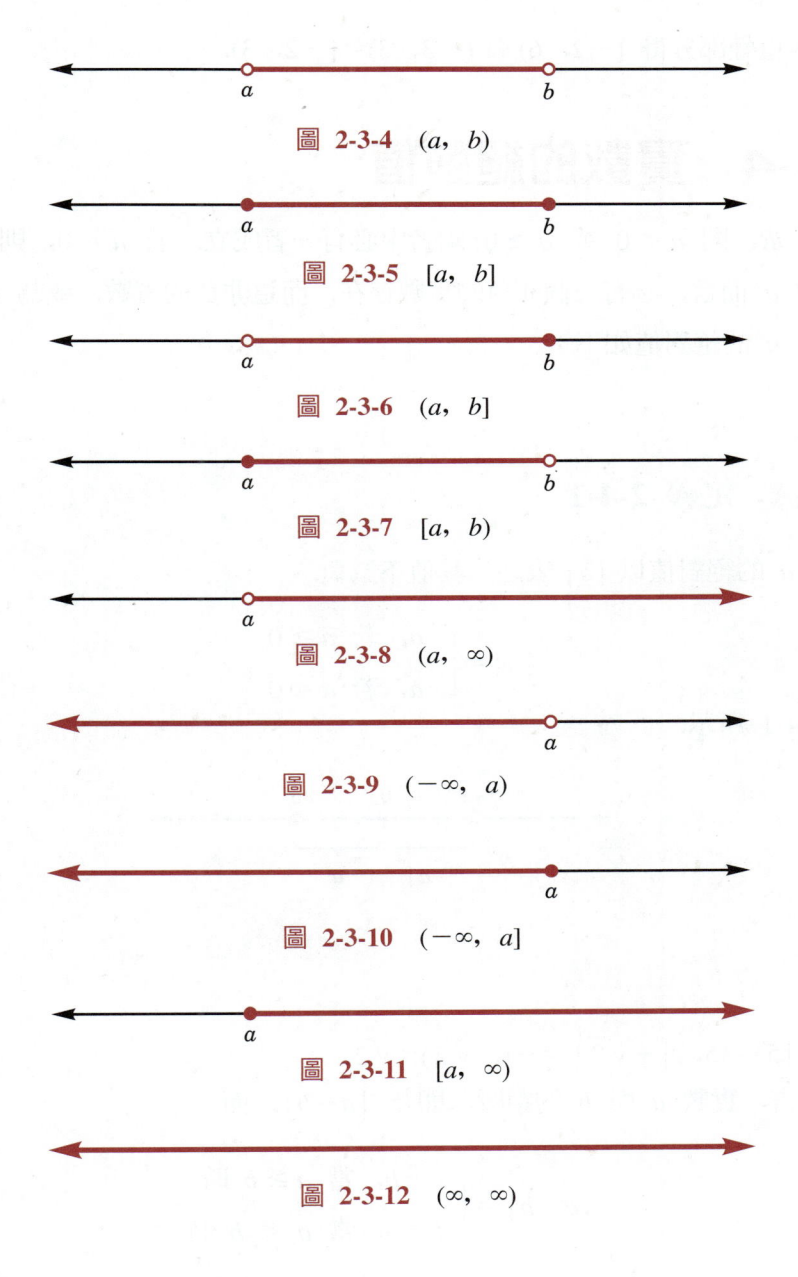

解答　由圖示

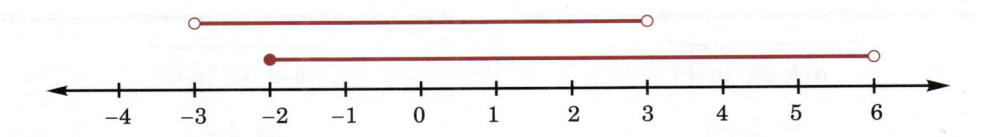

取重疊部分得 $[-2, 6) \cap (-3, 3) = [-2, 3)$.

§2-4　實數的絕對值

設 $a \in \mathbb{R}$，則 $a < 0$ 或 $a \geq 0$ 兩者中必有一者成立．若 $a < 0$，則 $-a > 0$，故對任意實數 a 而言，必有一個非負的實數存在，而這非負的實數，或為 a，或為 $-a$．依此，定義 a 的絕對值如下：

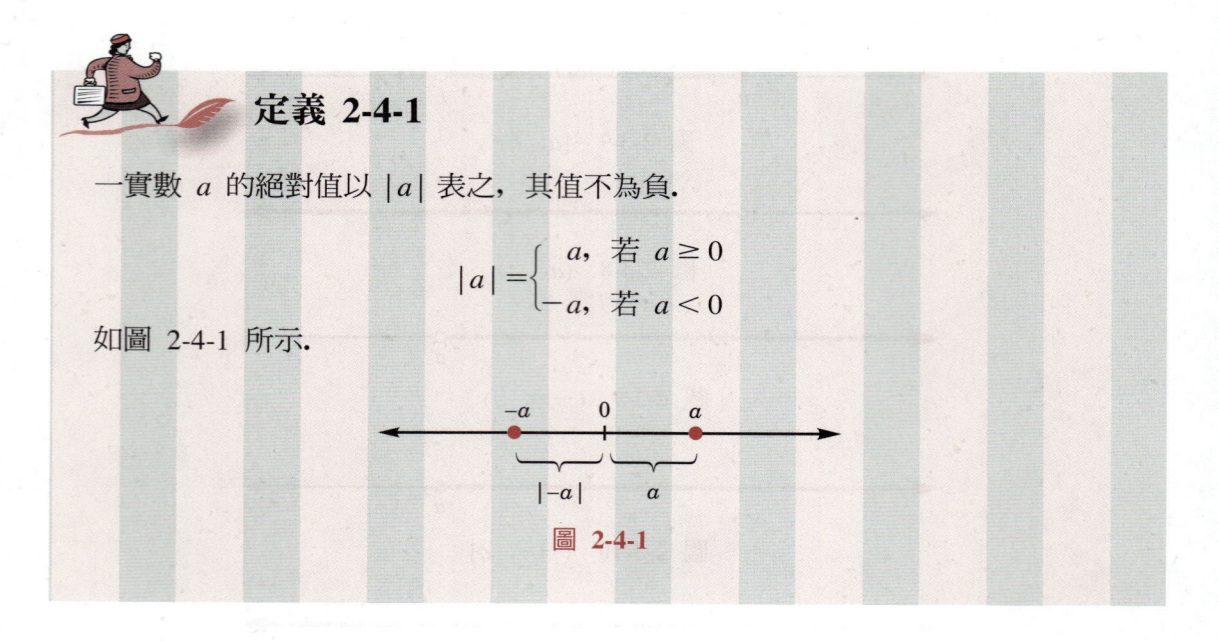

定義 2-4-1

一實數 a 的絕對值以 $|a|$ 表之，其值不為負．

$$|a| = \begin{cases} a, & \text{若 } a \geq 0 \\ -a, & \text{若 } a < 0 \end{cases}$$

如圖 2-4-1 所示．

圖 2-4-1

例如：$|5| = 5$，$|-\sqrt{2}| = -(-\sqrt{2}) = \sqrt{2}$．

一般而言，實數 a 與 b 的距離，即為 $|a-b|$．而

$$|a-b| = \begin{cases} a-b, & \text{當 } a \geq b \text{ 時} \\ b-a, & \text{當 } a < b \text{ 時} \end{cases}$$

如圖 2-4-2 與 2-4-3 所示．

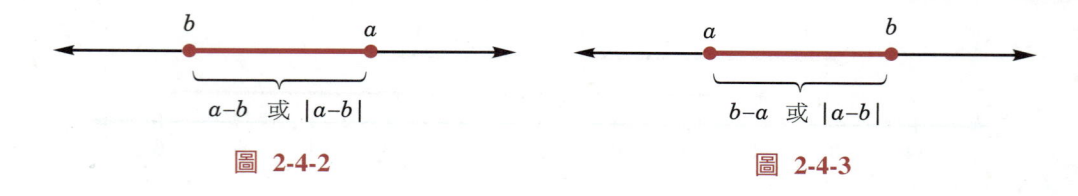

圖 2-4-2　　　　　　　　　　圖 2-4-3

例如：-5 與 7 的距離是 $|-5-7|=12$，$8\sqrt{2}$ 與 $3\sqrt{2}$ 的距離是 $|8\sqrt{2}-3\sqrt{2}|=5\sqrt{2}$．

定義 2-4-2

設 $p \in \mathbb{R}$，則稱 p 的平方根為一數 q，使

$$q^2 = p.$$

依定義 2-4-2，若 $p > 0$，則 p 的平方根有兩個，如 4 的平方根為 $+2$ 或 -2．一正實數 p 的一個正平方根以 $\sqrt{p}$ 表之，且稱為**主平方根**，如 4 的主平方根為 $\sqrt{4} = 2$．

例 1 設 $a \in \mathbb{R}$，試證 $\sqrt{a^2} = |a|$．

解答 當 $a \geq 0$ 時，$\sqrt{a^2} = a = |a|$．
當 $a < 0$ 時，$\sqrt{a^2} = -a = |a|$．
故 $\sqrt{a^2} = |a|$．

例 2 設 $a \in \mathbb{R}$，試證：$|a| = |-a|$．

解答 當 $a \geq 0$ 時，則 $-a \leq 0$，故 $|a| = a = -(-a) = |-a|$．
當 $a < 0$ 時，則 $-a > 0$，故 $|a| = -a = |-a|$．

關於實數的絕對值性質如下所述：

(1) 若 $a \in \mathbb{R}$，則 $|a| = |-a|$．
(2) 若 $a \in \mathbb{R}$，則 $-|a| \leq a \leq |a|$．
(3) 設 $a \in \mathbb{R}$，且 $a > 0$，則 $|x| \leq a \Leftrightarrow -a \leq x \leq a$．
(4) 設 $a \in \mathbb{R}$，且 $a > 0$，則 $|x| \geq a \Leftrightarrow x \geq a$ 或 $x \leq -a$．
(5) 設 $a \geq 0$，$b \geq 0$，$x \in \mathbb{R}$，則 $a \leq |x| \leq b \Leftrightarrow |x| \geq a$ 且 $|x| \leq b \Leftrightarrow$

$(x \geq a$ 或 $x \leq -a)$ 且 $(-b \leq x \leq b)$.

(6) 若 $a、b \in \mathbb{R}$, 則 $|a \cdot b| = |a| \cdot |b|$.

(7) 若 $a、b \in \mathbb{R}$, $b \neq 0$, 則 $\left|\dfrac{a}{b}\right| = \dfrac{|a|}{|b|}$.

(8) 若 $a、b \in \mathbb{R}$, 則 $|a+b| \leq |a|+|b|$ $(|a+b| = |a|+|b| \Rightarrow ab \geq 0)$, 此不等式稱為 三角不等式.

(9) 若 $a、b \in \mathbb{R}$, 則 $|a-b| \geq |a|-|b|$.

例 3 試將集合 $\{x \mid |x| \leq 2, x \in \mathbb{R}\} = \{x \mid -2 \leq x \leq 2, x \in \mathbb{R}\} = [-2, 2]$ 以數線表之.

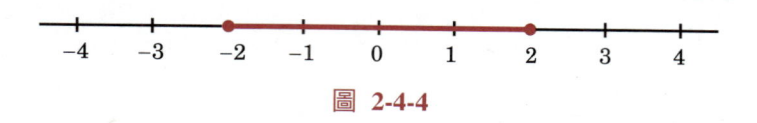

圖 2-4-4

註：不含端點時，以空心圓表之，包含端點則以實心圓塗黑表之.

例 4 試將集合 $\{x \mid |x+3| \leq 1, x \in \mathbb{R}\} = \{x \mid x \geq -2$ 或 $x \leq -4, x \in \mathbb{R}\}$
$= (-\infty, -4] \cup [-2, \infty)$ 以數線表之.

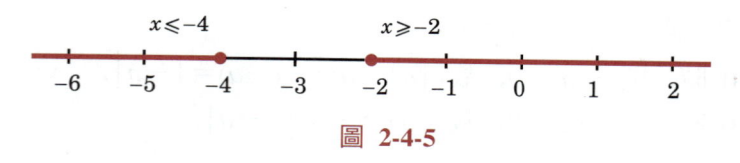

圖 2-4-5

例 5 設 $D_1 = \{x \mid |x+3| \geq 1\}$, $D_2 = \{x \mid |x-1| \leq 2\}$, 試求 $D_1 \cap D_2 = ?$

解答 $|x+3| \geq 1 \Leftrightarrow x+3 \geq 1$ 或 $x+3 \leq -1$
故 $D_1 = \{x \mid x \geq -2$ 或 $x \leq -4\}$
$|x-1| \leq 2 \Leftrightarrow -2 \leq x-1 \leq 2$
故 $D_2 = \{x \mid -1 \leq x \leq 3\}$
所以, $D_1 \cap D_2 = \{x \mid -1 \leq x \leq 3\} = [-1, 3]$.

習題 2-1

1. 化下列循環小數為有理數.
   (1) $0.\overline{23}$ (2) $0.0\overline{37}$ (3) $0.2\overline{31}$

2. $a \in \mathbb{N}$，二分數 $\dfrac{4}{5+a}$ 與 $\dfrac{a+2}{3a+1}$ 相等，試求 a 之值.

3. 設 x、$y \in \mathbb{Q}$，$3 \leq x \leq 5$，$\dfrac{1}{2} \leq y \leq \dfrac{2}{3}$，而 $\dfrac{x}{y}$ 之最大值為 a，最小值為 b，試求 a 與 b 之值.

4. 設 a、b、c、$d \in \mathbb{N}$，且 $a < b < c < d$，試比較有理數 $P = \dfrac{a}{b}$，$Q = \dfrac{a+c}{b+c}$，$T = \dfrac{a+d}{b+d}$ 之大小順序.

5. $x \in \mathbb{Q}$，試求 $\dfrac{1}{x - \dfrac{1}{x + \dfrac{1}{x}}} = 20x$ 之解集合.

6. 設 A、B、P 在數線上之坐標依次為 -7、5、x，且 $\overline{AP} = \dfrac{3}{5}\overline{BP}$，試求 x 之值？

7. 設 $x = 1 + \sqrt{2}$，則 $x^2 - 2x + 2$ 之值為何？

8. 試比較 $\sqrt[15]{16}$，$\sqrt[10]{6}$，$\sqrt[6]{3}$ 的大小.

9. 試化簡下列各式.
   (1) $\sqrt[5]{3^{20}} \cdot \sqrt{\sqrt{3^{12}}}$
   (2) $7\sqrt[3]{54} + 3\sqrt[3]{16} - 7\sqrt[3]{2} - 5\sqrt[3]{128}$
   (3) $\dfrac{3+\sqrt{2}}{1+\sqrt{2}}$
   (4) $\dfrac{4}{1+\sqrt{2}+\sqrt{3}}$
   (5) $\dfrac{1}{\sqrt{2}+\sqrt{3}} + \dfrac{1}{\sqrt{3}+2}$
   (6) $\sqrt{6-2\sqrt{8}}$

(7) $\sqrt{22+8\sqrt{6}}$

10. 試求下列各式 x 之範圍.

    (1) $|3x-2| > 3$ (2) $|3x-2| \leq 8$

11. 試證 $\sqrt{2}$ 為無理數.

12. 已知 $\sqrt{6}=2.44949$，求 $\dfrac{4\sqrt{2}-2\sqrt{3}}{\sqrt{3}+\sqrt{2}}$ 的近似值正確到小數第二位.

13. 試化簡下式：

$$\dfrac{2}{\sqrt{10-4\sqrt{6}}} - \dfrac{3}{\sqrt{7-2\sqrt{10}}} - \dfrac{4}{\sqrt{8+2\sqrt{12}}}$$

14. 若 $|ax+3| \geq b$ 之解為 $x \leq 2$ 或 $x \geq 6$，試求 a、b 之值.

15. 設 $x=\dfrac{2\sqrt{2}}{3}$，求 $\dfrac{\sqrt{1+x}-\sqrt{1-x}}{\sqrt{1+x}+\sqrt{1-x}}$.

16. 試解不等式 $||x-2|-5| \leq 4$.

17. 若 $\{x|-7 \leq x \leq 9\}=\{x||x-a| \leq b\}$，試求 a、b 之值.

18. 若 $\{x|x \geq 10 \text{ 或 } x \leq -2\}=\{x||x-a| \geq b\}$，試求 a、b 之值.

第 3 章

直線方程式

3-1 平面直角坐標系、距離公式與分點坐標

3-2 直線的斜率與方程式

➪ 本章摘要 ⬅

1. 定理：設 $P(x_1, y_1)$、$Q(x_2, y_2)$ 為平面上任意兩點，則此二點的距離為

$$\overline{PQ} = \sqrt{(x_1-x_2)^2 + (y_1-y_2)^2}.$$

2. 定理：分點坐標

   設 $P_1(x_1, y_1)$、$P_2(x_2, y_2)$、$P(x, y)$ 為一直線上相異的三點，且 P 介於 P_1、P_2 之間，

   以 $P_1 - P - P_2$ 表示之，則 P 點稱為 $\overline{P_1P_2}$ 的分點，且 $\dfrac{\overline{P_1P}}{\overline{PP_2}} = r$（$r$ 稱為「分點 P 分割自 P_1 至 P_2 的線段的比值」）則 $x = \dfrac{x_1 + rx_2}{1+r}$，$y = \dfrac{y_1 + ry_2}{1+r}$ 即

$$P\left(\dfrac{x_1 + rx_2}{1+r}, \dfrac{y_1 + ry_2}{1+r}\right).$$

3. 定義：若 $P_1(x_1, y_1)$ 與 $P_2(x_2, y_2)$ 為非垂直線 L 上的兩相異點，則 L 的斜率 m 定義為

$$m = \dfrac{縱距}{橫距} = \dfrac{y_2 - y_1}{x_2 - x_1}.$$

4. 定理：兩條非垂直線互相平行，若且唯若它們有相同的斜率．

5. 定理：兩條非垂直線互相垂直，若且唯若它們之斜率的乘積為 -1．

6. 有關直線方程式之類型：

   (1) 通過 $P_1(x_1, y_1)$ 且斜率為 m 之直線的方程式為

$$y - y_1 = m(x - x_1)$$

   此式稱為直線的點斜式．

   (2) 由兩點 $P_1(x_1, y_1)$ 與 $P_2(x_2, y_2)$ 所決定之非垂直線的方程式為

$$y - y_1 = \dfrac{y_1 - y_2}{x_1 - x_2}(x - x_1)$$

此式稱為直線的**兩點式**.

(3) y-截距為 b 且斜率為 m 之直線 L 的方程式為

$$y = mx + b$$

此式稱為直線的**斜截式**.

(4) 設直線 L 的 x-截距為 a，y-截距為 b，若 $ab \neq 0$，則 L 的方程式為

$$\frac{x}{a} + \frac{y}{b} = 1$$

此式稱為 L 的**截距式**.

7. 定理：設直線 L 之方程式為 $ax + by + c = 0$，且點 $P(h_0, k_0)$ 不在直線 L 上，則點 P 至直線 L 的垂直距離為

$$d(P, L) = \frac{|ah_0 + bk_0 + c|}{\sqrt{a^2 + b^2}}.$$

§3-1 平面直角坐標系、距離公式與分點坐標

在讀高中時，我們用實數來表示直線上的點，而構成直線坐標系．今對平面上的點，我們以直線坐標系為基礎來討論．

在一平面上，作互相垂直的二直線：其中一條為水平，另一條為垂直，它們相交於 O，以點 O 為原點，使每一直線成一數線 (即以點 O 為原點的直線坐標系)，這樣確定平面上一點之位置的坐標系，稱為平面直角坐標系，兩數線稱為坐標軸，水平線稱為橫軸，垂直線稱為縱軸，橫軸常簡稱為 x-軸，縱軸常簡稱為 y-軸．點 O 仍稱為原點，這坐標系所在的平面稱為坐標平面，規定 x-軸向右的方向為正，y-軸向上的方向為正．

對於坐標平面上不在軸上的任一點 P，過這點 P 分別作線段垂直於兩軸，交 x-軸於點 M，交 y-軸於點 N．若點 M 在 x-軸上對應的實數為 x，點 N 在 y-軸上對應的實數為 y，則以實數序對 (x, y) 表示點 P 在平面上的位置，而 (x, y) 稱為點 P 的坐標，x 稱為點 P 的橫坐標，或 x-坐標，y 稱為點 P 的縱坐標，或 y-坐標，如圖 3-1-1 所示．

在 x-軸上的點，其坐標為 $(x, 0)$，當 $x > 0$ 時，點在 y-軸的右方，當 $x < 0$ 時，點在 y-軸的左方．在 y-軸上的點，其坐標為 $(0, y)$，當 $y > 0$ 時，點在 x-軸的上方，當 $y < 0$ 時，點在 x-軸的下方，原點的坐標為 $(0, 0)$．

兩坐標軸將坐標平面分成四個區域，稱為象限，而以坐標軸為界，如圖 3-1-2 所

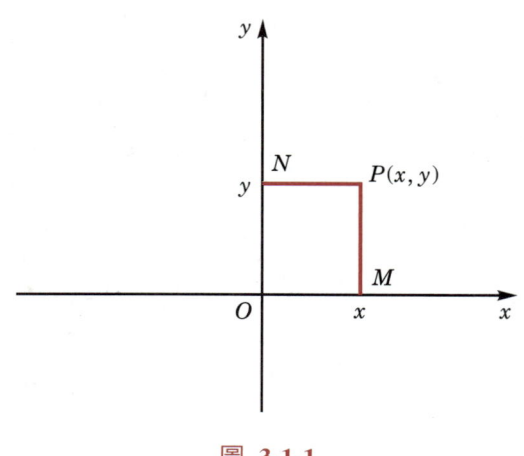

圖 3-1-1

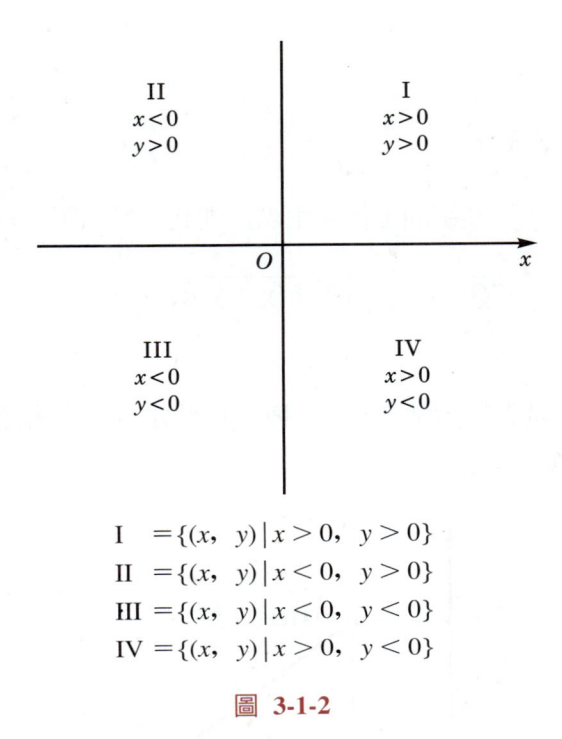

$$\text{I} = \{(x, y) \mid x > 0, y > 0\}$$
$$\text{II} = \{(x, y) \mid x < 0, y > 0\}$$
$$\text{III} = \{(x, y) \mid x < 0, y < 0\}$$
$$\text{IV} = \{(x, y) \mid x > 0, y < 0\}$$

圖 3-1-2

示，以 I、II、III、IV 分別表第一、第二、第三與第四象限．

坐標軸上的點不屬於任何一個象限．

例 1 試問下列各點分別在第幾象限？
(1) $(3, -2)$　(2) $(-2, 5)$　(3) $(-5, -3)$

解答 (1) $x = 3 > 0$，$y = -2 < 0$，故 $(3, -2)$ 在第 IV 象限
(2) $x = -2 < 0$，$y = 5 > 0$，故 $(-2, 5)$ 在第 II 象限
(3) $x = -5 < 0$，$y = -3 < 0$，故 $(-5, -3)$ 在第 III 象限．

直線坐標系上任意兩點 $P(x)$、$Q(y)$ 的距離為 $\overline{PQ} = |x - y|$，同理，對於平面上任意兩點的距離，我們可由下面定理得知．

定理 3-1-1

設 $P(x_1, y_1)$、$Q(x_2, y_2)$ 為平面上任意兩點，則此二點的距離為

$$\overline{PQ} = \sqrt{(x_1-x_2)^2+(y_1-y_2)^2}. \tag{3-1-1}$$

證：(a) 設直線 PQ 不垂直於兩軸，過 P 與 Q 點分別作 x-軸及 y-軸的垂線交於 R 點，如圖 3-1-3 所示.

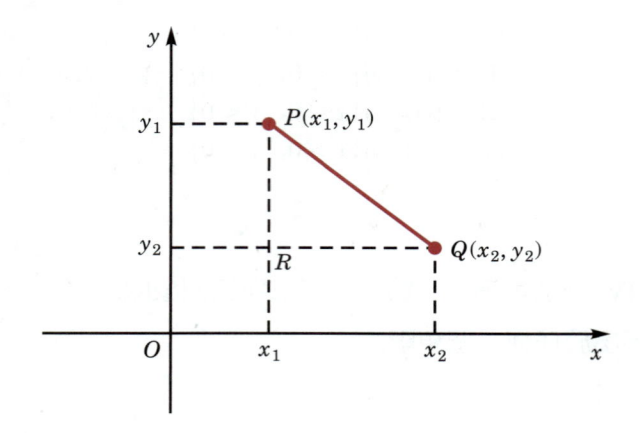

圖 3-1-3

由直角 $\triangle PQR$ 中得知 $\overline{RQ} = |x_1-x_2|$，$\overline{PR} = |y_1-y_2|$

故 $\overline{PQ}^2 = \overline{RQ}^2 + \overline{PR}^2 = |x_1-x_2|^2 + |y_1-y_2|^2$

$$\overline{PQ} = \sqrt{(x_1-x_2)^2+(y_1-y_2)^2}$$

(b) 若直線 PQ 平行於 x-軸，則 $y_1 = y_2$，如圖 3-1-4 所示，而

$$\begin{aligned}\overline{PQ} &= |x_2-x_1| = \sqrt{(x_2-x_1)^2} \\ &= \sqrt{(x_2-x_1)^2+0^2} \\ &= \sqrt{(x_1-x_2)^2+(y_1-y_2)^2}\end{aligned}$$

圖 3-1-4

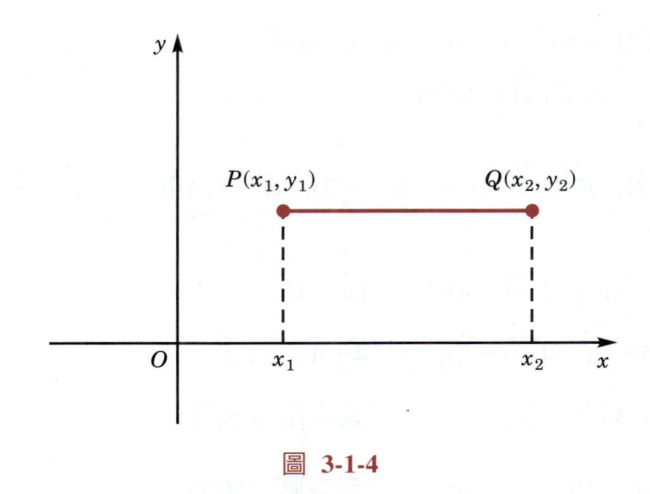

(c) 若直線 PQ 垂直於 x-軸，則 $x_1 = x_2$，如圖 3-1-5 所示，而

$$\overline{PQ} = |y_2 - y_1| = \sqrt{(y_2 - y_1)^2} = \sqrt{0^2 + (y_2 - y_1)^2}$$
$$= \sqrt{(x_2 - x_1)^2 + (y_2 - y_1)^2}$$

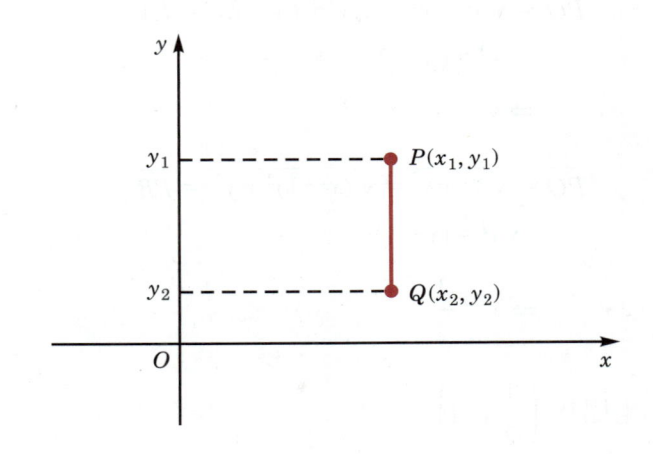

圖 3-1-5

由 (a)、(b)、(c) 之討論，故此定理得證.

例 2 求 $(-3, 4)$ 與 $(5, -6)$ 二點間的距離.

解答 設 P 的坐標為 $(-3, 4)$，Q 的坐標為 $(5, -6)$，則 P、Q 二點間的距離為

$$\overline{PQ} = \sqrt{(-3-5)^2 + (4-(-6))^2}$$
$$= \sqrt{164} = 2\sqrt{41}.$$

例 3 設 $A(-1, 2)$、$B(3, -4)$、$C(5, -2)$，求 $\triangle ABC$ 三邊之長，此三角形是何種三角形？

解答 $\overline{AB} = \sqrt{(-1-3)^2 + (2-(-4))^2} = \sqrt{16+36} = 2\sqrt{13}$

$\overline{BC} = \sqrt{(3-5)^2 + (-4-(-2))^2} = \sqrt{4+4} = 2\sqrt{2}$

$\overline{AC} = \sqrt{(-1-5)^2 + (2-(-2))^2} = \sqrt{36+16} = 2\sqrt{13}$

因為 $\overline{AB} = \overline{AC}$，所以 $\triangle ABC$ 是一個等腰三角形．

例 4 設點 $P(x, y)$ 與三點 $O(0, 0)$、$A(0, 2)$、$B(1, 0)$ 等距離，求 P 點的坐標．

解答 依定理 3-1-1 的距離公式，我們得到

$$\overline{PO} = \sqrt{x^2+y^2} = \sqrt{x^2+(y-2)^2} = \overline{PA}$$
$$\Rightarrow y^2 = (y-2)^2$$
$$\Rightarrow y = 1$$

$$\overline{PO} = \sqrt{x^2+y^2} = \sqrt{(x-1)^2+y^2} = \overline{PB}$$
$$\Rightarrow x^2 = (x-1)^2$$
$$\Rightarrow x = \frac{1}{2}$$

故 P 點的坐標為 $\left(\frac{1}{2}, 1\right)$．

定理 3-1-2　分點坐標

設 $P_1(x_1, y_1)$、$P_2(x_2, y_2)$、$P(x, y)$ 為一直線上相異的三點，且 P 介於 P_1、P_2 之間，以 $P_1 - P - P_2$ 表示之，則 P 點稱為 $\overline{P_1P_2}$ 的**分點**，且 $\dfrac{\overline{P_1P}}{\overline{PP_2}} = r$（$r$ 稱

為「分點 P 分割自 P_1 至 P_2 的線段的比值」）則

$$x=\frac{x_1+rx_2}{1+r},\ y=\frac{y_1+ry_2}{1+r}\ \text{即}$$

$$P\left(\frac{x_1+rx_2}{1+r},\ \frac{y_1+ry_2}{1+r}\right).\tag{3-1-2}$$

證：(a) 設直線 P_1P_2 不垂直於兩軸，過 P_1、P、P_2 作直線平行於 x-軸及 y-軸交於 $A(x,\ y_1)$、$B(x_2,\ y_1)$、$C(x_2,\ y)$，如圖 3-1-6 所示．

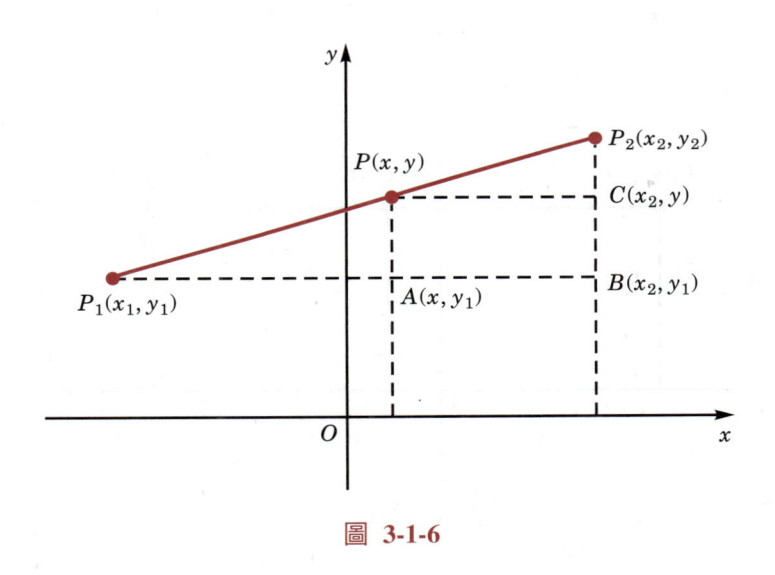

圖 3-1-6

$\because\ \overline{PA}\ \|\ \overline{P_2B}$

$\therefore\ \dfrac{\overline{P_1P}}{\overline{PP_2}}=\dfrac{\overline{P_1A}}{\overline{AB}}\Rightarrow r=\dfrac{x-x_1}{x_2-x}$

$\Rightarrow x-x_1=r(x_2-x)$

$\Rightarrow x=\dfrac{x_1+rx_2}{1+r}$

$\because\ \overline{PC}\ \|\ \overline{AB}$

$$\therefore \frac{\overline{P_1P}}{\overline{PP_2}} = \frac{\overline{BC}}{\overline{CP_2}} \Rightarrow r = \frac{y-y_1}{y_2-y}$$

$$\Rightarrow y - y_1 = r(y_2 - y)$$

$$\Rightarrow y = \frac{y_1 + ry_2}{1+r}$$

故 $P\left(\dfrac{x_1+rx_2}{1+r}, \dfrac{y_1+ry_2}{1+r}\right)$.

(b) 若直線 P_1P_2 垂直於任一軸（假設 y-軸，則 $y_1 = y = y_2$），如圖 3-1-7 所示，可自行證之.

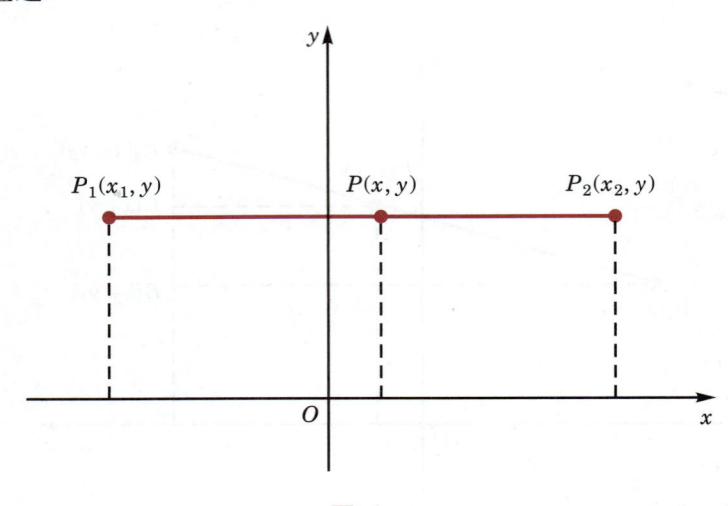

圖 3-1-7

由 (a)、(b) 得知，$x = \dfrac{x_1+rx_2}{1+r}$，$y = \dfrac{y_1+ry_2}{1+r}$，即 P 點之坐標為

$\left(\dfrac{x_1+rx_2}{1+r}, \dfrac{y_1+ry_2}{1+r}\right)$. 依據定理 3-1-2 得知，若 $r=1$，即 P 點為 $\overline{P_1P_2}$ 的中點，

故 $\overline{P_1P_2}$ 之中點 $P(x, y)$ 為 $x = \dfrac{x_1+x_2}{2}$，$y = \dfrac{y_1+y_2}{2}$. 又當 P 在 $\overline{P_1P_2}$ 之內時，則 $\overline{P_1P}$ 與 $\overline{PP_2}$ 為同一方向，r 為正數稱為**內分點**；在 $\overline{P_1P_2}$ 之外時，$\overline{P_1P}$ 與 $\overline{PP_2}$ 之方向相反，r 為負數，稱為**外分點**.

例 5 設平面坐標系兩點 $A(-3, 4)$、$B(5, -3)$，$C \in \overline{AB}$，且 $\overline{AC} = 2\overline{BC}$，求 C 點的坐標.

解答 $\because \overline{AC} = 2\overline{BC}$ $\therefore \dfrac{\overline{AC}}{\overline{BC}} = 2 = r$,

代入式 (3-1-2) 得 $x = \dfrac{x_1 + rx_2}{1+r}$, $y = \dfrac{y_1 + ry_2}{1+r}$

故 $x = \dfrac{-3 + 2 \cdot 5}{1+2} = \dfrac{7}{3}$, $y = \dfrac{4 + 2 \cdot (-3)}{1+2} = -\dfrac{2}{3}$,

故 C 點之坐標為 $C\left(\dfrac{7}{3}, -\dfrac{2}{3}\right)$.

習 題 3-1

試問下列各點分別在第幾象限？

1. $(3, -2)$
2. $(-2, 5)$
3. $(-5, -3)$
4. $(5, \sqrt{2})$
5. $(-\sqrt{2}, -\sqrt{5})$

求下列各點與原點的距離.

6. $P_1(3, 1)$
7. $P_2(5, -3)$
8. $P_3(4, -3)$

求下列兩點間的距離.

9. $(3, 4)$ 與 $(-1, 2)$
10. $(-7, 8)$ 與 $(3, -4)$
11. 試證：以 $A(2, 1)$、$B(7, 1)$、$C(9, 5)$、$D(4, 5)$ 為頂點的四邊形，為一平行四邊形.
12. 設平面坐標上 $P_1(x_1, y_1)$、$P_2(x_2, y_2)$，若 $P_1 - P_2 - P$，且 $\dfrac{\overline{P_1 P}}{\overline{PP_2}} = r$，試求 P 點之坐標.
13. 設平面上三點 $A(1, 5)$、$B(-3, 1)$、$C(6, -4)$，求 $\triangle ABC$ 三邊之長，此三角形是

何種三角形？

14. 坐標平面上，$ABCD$ 是一個矩形，已知 $A(-5, 6)$、$C(1, -2)$，求 $\overline{BD}$ 之長.

15. 於坐標平面上，$\triangle ABC$ 為正三角形，如右圖所示，A 點在第一象限，$B(-2, 0)$、$C(3, 0)$，求 A 點之坐標.

16. 已知 P 點的橫坐標為 -5，$\overline{OP}=13$，求 P 點之縱坐標.

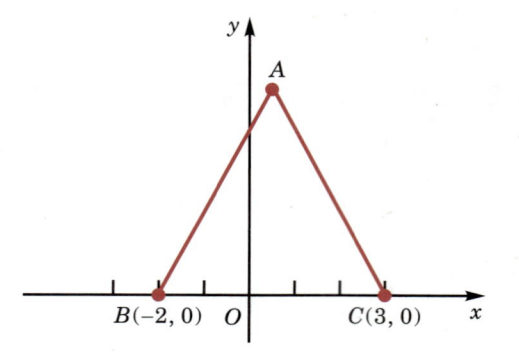

17. 已知 $\triangle ABC$，$A(4, 6)$、$B(0, 4)$、$C(2, -2)$，(1) 求各邊的中點坐標；(2) 求各中線長.

18. 於 xy-平面上，若 $A(-2, 3)$、$B(5, 1)$，P 點在 x 軸上，且滿足 $\overline{PA}=\overline{PB}$，則 P 點之坐標為何？

19. 三角形三中線的交點稱為重心. 設 $\triangle ABC$ 之三頂點坐標分別為 $A(x_1, y_1)$、$B(x_2, y_2)$、$C(x_3, y_3)$，試求其重心坐標.

20. $A(-1, 3)$、$B(0, 4)$、C 點在 x 軸上，$\triangle ABC$ 是一個等腰三角形，求 C 點之坐標.

§3-2　直線的斜率與方程式

一、直線的斜率

在測量術裡，有關一個斜坡的傾斜程度，我們可用水平方向每前進一個單位距離時，垂直方向上升或下降多少個單位距離來表示. 在 xy-平面上，我們也可以用這個概念來表示直線的傾斜程度.

考慮 xy-平面上的一條非垂直線 L，而 $P_1(x_1, y_1)$ 與 $P_2(x_2, y_2)$ 為 L 上的兩點，如圖 3-2-1 所示. 那麼，水平變化 x_2-x_1 與垂直變化 y_2-y_1 分別為從 P_1 到 P_2 的橫距與縱距. 利用比例的概念，比值 $m=\dfrac{y_2-y_1}{x_2-x_1}$ 表示直線 L 的傾斜程度. 如果我們在直線 L 上任取其他相異兩點 $P_3(x_3, y_3)$ 及 $P_4(x_4, y_4)$，如圖 3-2-2 所示，依相似三角

第三章　直線方程式　➲ 57

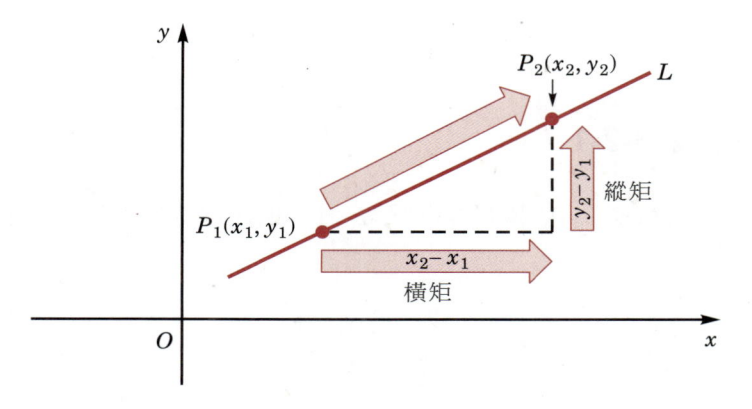

圖 3-2-1

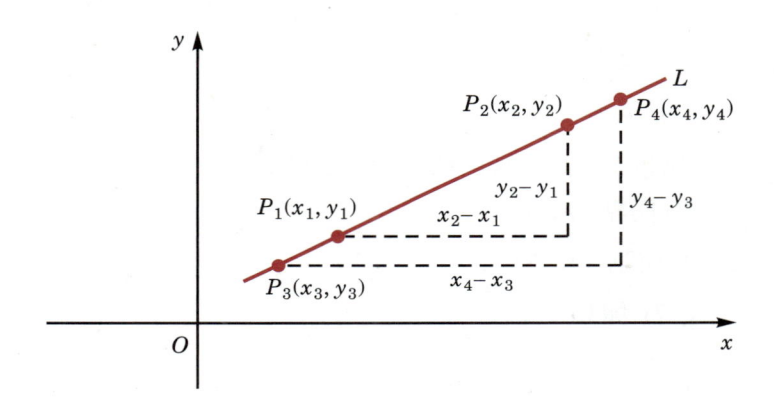

圖 3-2-2

形的關係，可得

$$m = \frac{y_2 - y_1}{x_2 - x_1} = \frac{y_4 - y_3}{x_4 - x_3}$$

又因為

$$\frac{y_1 - y_2}{x_1 - x_2} = \frac{y_2 - y_1}{x_2 - x_1}$$

$$\frac{y_3 - y_4}{x_3 - x_4} = \frac{y_4 - y_3}{x_4 - x_3}$$

所以比值 m 不會因所選取的兩點不同或順序不同而改變其值．只要 L 不是垂直線，則便可以決定一個比值 m，其為 L 的斜率，定義如下：

定義 3-2-1

若 $P_1(x_1, y_1)$ 與 $P_2(x_2, y_2)$ 為非垂直線 L 上的兩相異點，則 L 的斜率 m 定義為

$$m = \frac{縱距}{橫距} = \frac{y_2 - y_1}{x_2 - x_1}.$$

註：若直線 P_1P_2 為垂直線，則 $x_2 - x_1 = 0$，此時我們不規定它的斜率．(有些人稱垂直線有無限大的斜率，或無斜率．)

例 1 在下列每一部分中，求連接所給兩點之直線的斜率．
(1) 點 $(6, 2)$ 與點 $(8, 6)$
(2) 點 $(2, 9)$ 與點 $(4, 3)$
(3) 點 $(-2, 7)$ 與點 $(6, 7)$

解答 (1) 斜率為 $m = \dfrac{6-2}{8-6} = \dfrac{4}{2} = 2$

(2) 斜率為 $m = \dfrac{3-9}{4-2} = \dfrac{-6}{2} = -3$

(3) 斜率為 $m = \dfrac{7-7}{6-(-2)} = 0.$

非垂直線 L 在 xy-平面上傾斜的情形有下列三種 (如圖 3-2-3 所示)：

1. 當 L 由左下到右上傾斜時，其斜率為正．
2. 當 L 由左上到右下傾斜時，其斜率為負．
3. 當 L 為水平時，其斜率為 0．

直線的斜率既然是用來表示該直線的傾斜程度，那麼，直觀看來，平行直線的傾斜程度一樣，所以它們的斜率應該相等．現在，我們來證明這個事實．

(a) $m > 0$　　　　(b) $m < 0$　　　　(c) $m = 0$

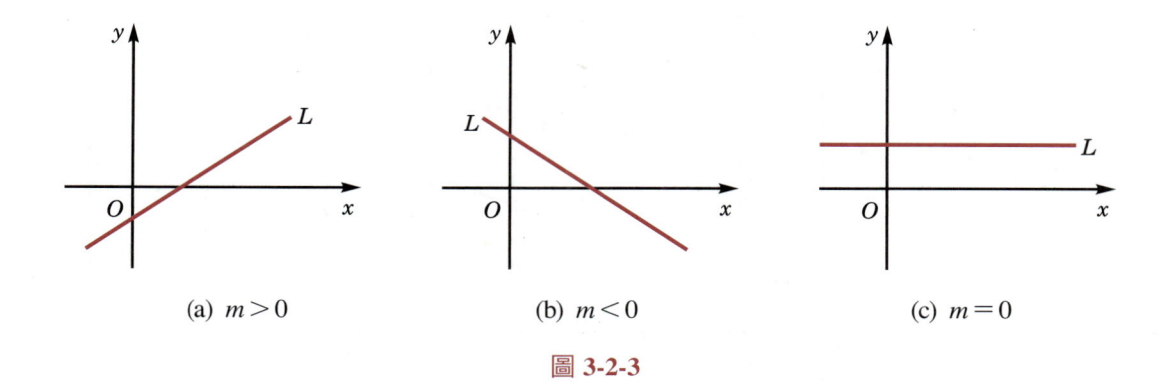

圖 3-2-3

定理 3-2-1

兩條非垂直線互相平行，若且唯若它們有相同的斜率．

證：設直線 L_1 與 L_2 均與 x-軸不垂直．通過 $(x_1, 0)$ 作 x-軸的垂線，與 L_1、L_2 分別交於 $A(x_1, y_1)$、$B(x_1, y_1')$．通過 $(x_2, 0)$ 作 x-軸的垂線，與 L_2、L_3 分別交於 $D(x_2, y_2)$、$C(x_2, y_2')$．

$$L_1 \parallel L_2 \Leftrightarrow ABCD \text{ 為平行四邊形}$$
$$\Leftrightarrow \overline{AB} = \overline{CD}$$
$$\Leftrightarrow y_1 - y_1' = y_2 - y_2'$$
$$\Leftrightarrow y_2 - y_1 = y_2' - y_1'$$

但 L_1 的斜率 $= \dfrac{y_2 - y_1}{x_2 - x_1}$，$L_2$ 的斜率 $= \dfrac{y_2' - y_1'}{x_2 - x_1}$．故 $L_1 \parallel L_2 \Rightarrow L_1$ 的斜率 $= L_2$ 的斜率．如圖 3-2-4 所示．

例 2　試證：以 $A(-4, -2)$、$B(2, 0)$、$C(8, 6)$ 及 $D(2, 4)$ 為頂點的四邊形是平行四邊形．

解答　我們以 m_{AB} 表示直線 AB 的斜率，則

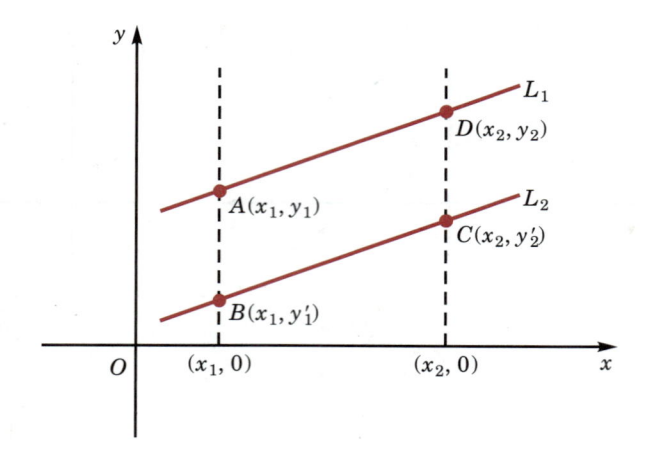

[圖 3-2-4]

$$m_{AB} = \frac{0-(-2)}{2-(-4)} = \frac{1}{3}$$

$$m_{CD} = \frac{4-6}{2-8} = \frac{1}{3}$$

$$m_{BC} = \frac{6-0}{8-2} = 1$$

$$m_{AD} = \frac{4-(-2)}{2-(-4)} = 1$$

因 $m_{AB} = m_{CD}$，$m_{BC} = m_{AD}$，故 $\overline{AB} \parallel \overline{CD}$，$\overline{BC} \parallel \overline{AD}$。因此，四邊形 ABCD 是平行四邊形。

斜率除了可以用來判斷兩直線是否平行外，還可以用來判斷它們是否垂直。

定理 3-2-2

兩條非垂直線互相垂直，若且唯若它們之斜率的乘積為 -1。

證：設 m_1 與 m_2 分別為 L_1 與 L_2 的斜率. 令 L_1 與 L_2 交於 $P(a, b)$, 通過 $(a+1, 0)$ 作一直線垂直於 x-軸, 分別與 L_1、L_2 交於 $P_1(a+1, y_1)$、$P_2(a+1, y_2)$, 如圖 3-2-5 所示, 則

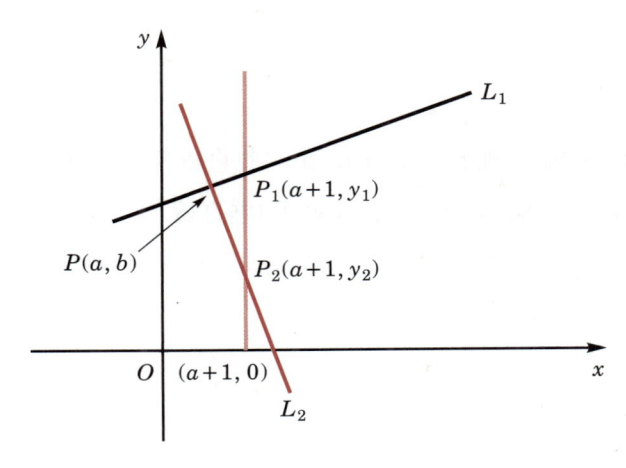

圖 3-2-5

$$m_1 = \frac{y_1-b}{(a+1)-a} = y_1-b$$

$$m_2 = \frac{y_2-b}{(a+1)-a} = y_2-b$$

於是, $\quad L_1 \perp L_2 \Leftrightarrow \triangle PP_1P_2$ 為直角三角形

$$\Leftrightarrow \overline{PP_1}^2 + \overline{PP_2}^2 = \overline{P_1P_2}^2$$
$$\Leftrightarrow (a+1-a)^2+(y_1-b)^2+(a+1-a)^2+(y_2-b)^2$$
$$= (a+1-a-1)^2+(y_1-y_2)^2$$
$$\Leftrightarrow 2+(y_1-b)^2+(y_2-b)^2 = (y_1-y_2)^2$$
$$\Leftrightarrow 2+m_1^2+m_2^2 = (m_1-m_2)^2$$
$$\Leftrightarrow m_1m_2 = -1.$$

例 3 設 $A(-5, 2)$、$B(1, 6)$ 及 $C(7, 4)$ 為三角形 ABC 的三頂點, 求通過 B 點之高的斜率.

解答 直線 AC 的斜率為 $m_{AC} = \dfrac{4-2}{7-(-5)} = \dfrac{1}{6}$. 設通過 B 點之高的斜率為 m,

則 $\dfrac{1}{6}m = -1$, 可得 $m = -6$.

二、直線的方程式

　　平行於 y-軸的直線交 x-軸於某點 $(a, 0)$, 此直線恰由 x-坐標是 a 的那些點所組成, 如圖 3-2-6(a) 所示, 因此, 通過 $(a, 0)$ 的垂直線為 $x = a$. 同理, 平行於 x-軸的直線交 y-軸於某點 $(0, b)$, 此直線恰由 y-坐標是 b 的那些點所組成, 如圖 3-2-6(b) 所示, 因此, 通過 $(0, b)$ 的水平線為 $y = b$.

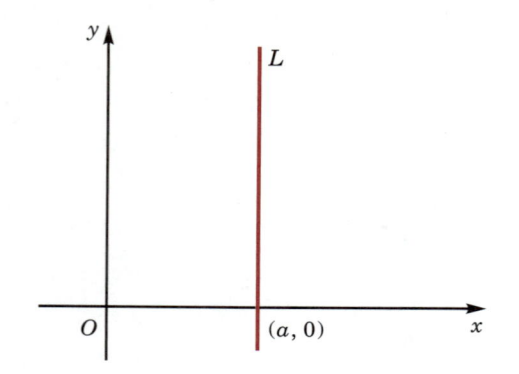

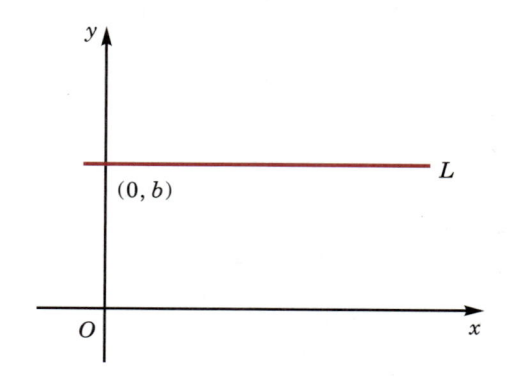

(a) 在直線 L 上的每一點具有 x-坐標 a　　(b) 在直線 L 上的每一點具有 y-坐標 b

圖 3-2-6

例 4 $x = -2$ 的圖形是通過 $(-2, 0)$ 的垂直線, 而 $y = 5$ 的圖形是通過 $(0, 5)$ 的水平線.

　　通過平面上任一點的直線有無限多條；然而, 若給定直線的斜率與直線上的一點, 則該點與斜率決定了唯一的一條直線.

　　現在, 我們考慮如何求通過 $P_1(x_1, y_1)$ 且斜率為 m 之非垂直線 L 的方程式. 若 $P(x, y)$ 是 L 上異於 P_1 的一點, 則 L 的斜率為 $m = \dfrac{y - y_1}{x - x_1}$, 此可改寫成

$$y - y_1 = m(x - x_1) \qquad (3\text{-}2\text{-}1)$$

除了點 (x_1, y_1) 之外，我們已指出 L 上的每一點均滿足式 (3-2-1)。但 $x = x_1$，$y = y_1$ 也滿足式 (3-2-1)，故 L 上的所有點均滿足式 (3-2-1)。滿足式 (3-2-1) 的每一點均位於 L 上的證明留給讀者。

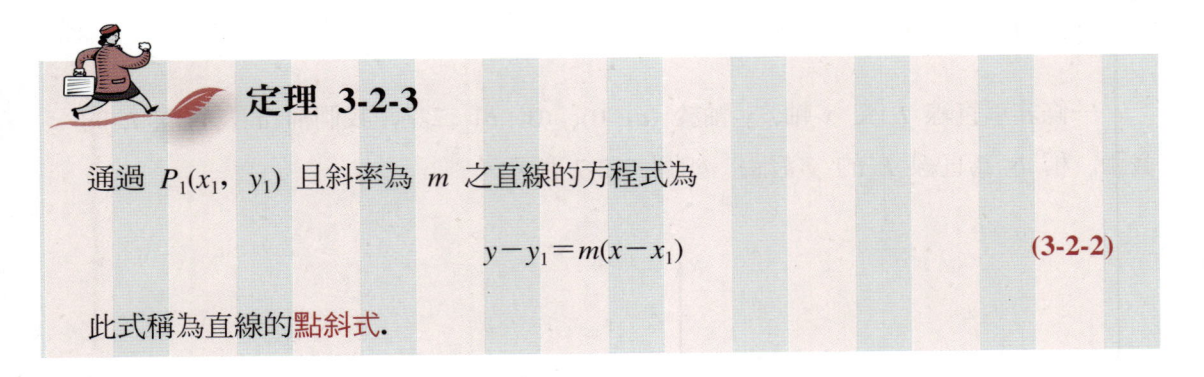

定理 3-2-3

通過 $P_1(x_1, y_1)$ 且斜率為 m 之直線的方程式為

$$y - y_1 = m(x - x_1) \qquad (3\text{-}2\text{-}2)$$

此式稱為直線的**點斜式**。

例 5 求通過點 $(4, -3)$ 且斜率為 2 之直線的方程式。

解答 設 $P(x, y)$ 為所求直線上的任意點，則由點斜式可得

$$y - (-3) = 2(x - 4)$$

化成

$$2x - y = 11$$

此即為所求的直線方程式。

若 $P_1(x_1, y_1)$ 與 $P_2(x_2, y_2)$ 為非垂直線上的兩相異點，則直線的斜率為 $m = \dfrac{y_2 - y_1}{x_2 - x_1} = \dfrac{y_1 - y_2}{x_1 - x_2}$。以此式代入式 (3-2-2)，可得下面的結果。

定理 3-2-4

由兩點 $P_1(x_1, y_1)$ 與 $P_2(x_2, y_2)$ 所決定之非垂直線的方程式為

$$y - y_1 = \frac{y_1 - y_2}{x_1 - x_2}(x - x_1) \qquad (3\text{-}2\text{-}3)$$

此式稱為直線的**兩點式**。

例 6 求通過點 $(3, 4)$ 與點 $(2, -1)$ 之直線的方程式.

解答 由兩點式可得直線的方程式為

$$y - 4 = \frac{4 - (-1)}{3 - 2}(x - 3) = 5(x - 3)$$

即, $5x - y = 11.$

一條非垂直線 L 交 x-軸、y-軸於 $(a, 0)$、$(0, b)$ 二點，我們稱 a 為直線 L 的 **x-截距**，稱 b 為直線 L 的 **y-截距**，如圖 3-2-7 所示.

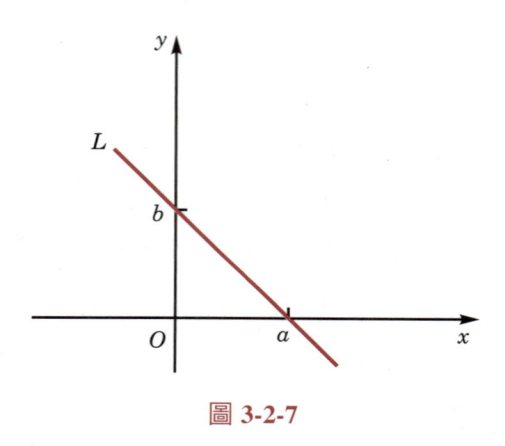

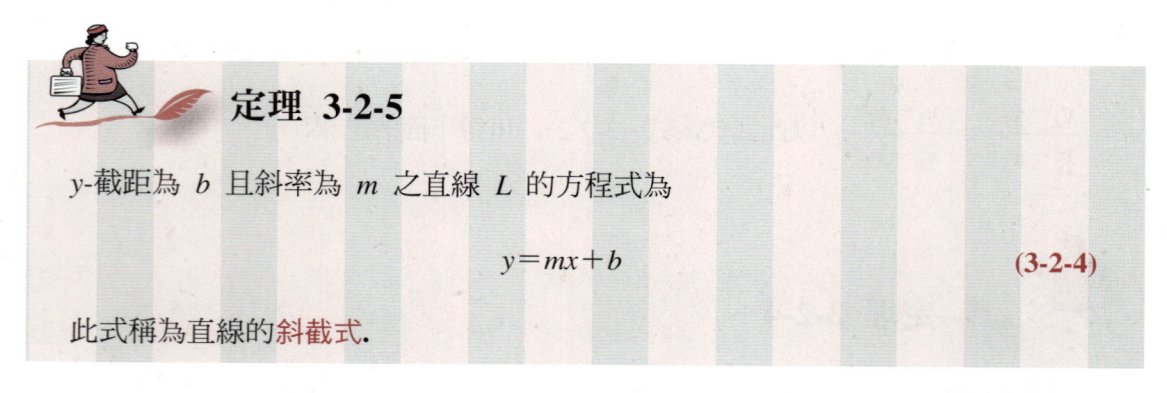

圖 3-2-7

定理 3-2-5

y-截距為 b 且斜率為 m 之直線 L 的方程式為

$$y = mx + b \qquad (3\text{-}2\text{-}4)$$

此式稱為直線的**斜截式**.

證：因為 L 的 y-截距為 b，所以，L 必過點 $(0, b)$，由式 (3-2-2)，得知直線 L 的方程式為

$$y - b = m(x - 0) \Rightarrow y = mx + b$$

第三章　直線方程式　➲ 65

註：注意方程式 (3-2-4) 的 y 單獨在一邊．當直線的方程式寫成這種形式時，直線的斜率與其 y-截距可藉方程式的觀察而確定：斜率是 x 的係數而 y-截距是常數項．

例 7　求滿足所述條件之直線的方程式．
(1) 斜率為 -3；交 y-軸於點 $(0, -4)$．
(2) 斜率為 2；通過原點．

解答　(1) 以 $m=-3$，$b=-4$ 代入式 (3-2-4)，可得 $y=-3x-4$，即，
$3x+y=-4$．
(2) 以 $m=2$，$b=0$ 代入式 (3-2-4)，可得 $y=2x+0$，即，$2x-y=0$．

定理 3-2-6

設直線 L 的 x-截距為 a，y-截距為 b，若 $ab \neq 0$，則 L 的方程式為

$$\frac{x}{a}+\frac{y}{b}=1 \tag{3-2-5}$$

此式稱為 L 的**截距式**．

證：直線 L 的 x-截距為 a，y-截距為 b，即，L 通過點 $(a, 0)$ 與點 $(0, b)$．由兩點式可得 L 的方程式為

$$y-0=\frac{0-b}{a-0}(x-a)=-\frac{b}{a}(x-a)$$

即，　　　　　　　　　　　$bx+ay=ab$

故　　　　　　　　　　　$\frac{x}{a}+\frac{y}{b}=1$．

形如 $ax+by=c$ 的方程式稱為二元一次方程式，此處 a、b 與 c 均為常數，且 a 與 b 不全為 0．我們在前面已經介紹了許多形式的直線方程式，它們均可以化成形如 $ax+by=c$ 的一般式．因此，在 xy-平面上，直線的方程式是二元一次方程式；反之，

二元一次方程式 $ax+by=c$ 的圖形是直線.

1. 當 $b=0$ 時, $x=\dfrac{c}{a}$, 表示垂直 x-軸於點 $\left(\dfrac{c}{a},\ 0\right)$ 的直線.

2. 當 $b\neq 0$ 時, $y=-\dfrac{a}{b}x+\dfrac{c}{b}$, 表示斜率為 $-\dfrac{a}{b}$ 且 y-截距為 $\dfrac{c}{b}$ 的直線.

　　坐標平面上的直線既然均可以用二元一次方程式來表示，那麼，求坐標平面上兩直線的交點坐標，就是要解兩直線方程式所成的一次方程組. 一般而言，假設兩直線 L_1 與 L_2 的方程式分別為 $a_1x+b_1y=c_1$ 與 $a_2x+b_2y=c_2$, 若 L_1 與 L_2 相交於點 $P(a, b)$, 則 $x=a$, $y=b$ 就是方程組

$$\begin{cases} a_1x+b_1y=c_1 \\ a_2x+b_2y=c_2 \end{cases}$$

的解.

例 8　化直線 $3x+5y=15$ 為截距式 $\dfrac{x}{a}+\dfrac{y}{b}=1$.

解答　$3x+5y=15 \Rightarrow \dfrac{3x}{15}+\dfrac{5y}{15}=1 \Rightarrow \dfrac{x}{5}+\dfrac{y}{3}=1.$

　　若已知一直線 L 之方程式為 $ax+by+c=0$, 點 $P(h_0, k_0)$ 不位於直線 L 上, 通過點 P 可作一直線 Q 垂直於 L, 並假設直線 Q 與直線 L 之交點為 K, 則 $\overline{PK}$ 之長度就稱之為點 P 到直線 L 的距離，記為 $d(P, L)$.

定理 3-2-7

設直線 L 之方程式為 $ax+by+c=0$, 且點 $P(h_0, k_0)$ 不在直線 L 上, 則點 P 至直線 L 的垂直距離為

$$d(P,\ L)=\dfrac{|ah_0+bk_0+c|}{\sqrt{a^2+b^2}}.$$

證：過點 P 作一直線 $Q \perp L$，設 Q 與 L 的交點為 $K(h_1, k_1)$，如圖 3-2-8 所示．

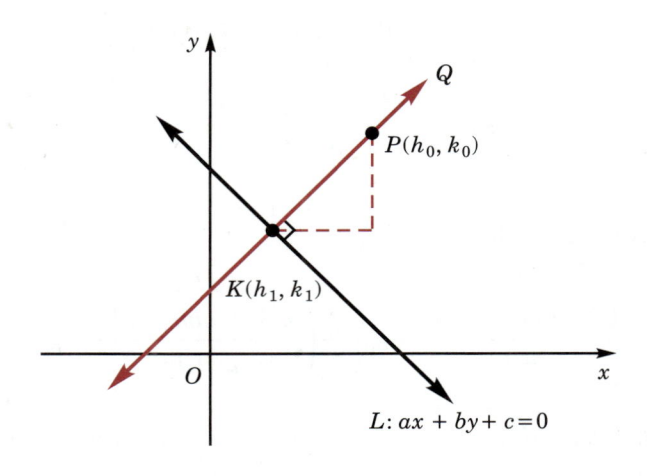

圖 3-2-8

因 L 的斜率 $m = -\dfrac{a}{b}$，所以 $\overline{KP}$ 之斜率 $m = \dfrac{k_1 - k_0}{h_1 - h_0} = \dfrac{b}{a}$

$$\Leftrightarrow bh_1 - bh_0 = ak_1 - ak_0$$
$$\Leftrightarrow bh_1 - ak_1 = bh_0 - ak_0$$

又因 K 在直線 L 上，所以

$$ah_1 + bk_1 + c = 0$$

解下列之聯立方程組：

$$\begin{cases} bh_1 - ak_1 = bh_0 - ak_0 & \cdots\cdots ① \\ ah_1 + bk_1 = -c & \cdots\cdots ② \end{cases}$$

①$\times b +$ ②$\times a$，可得：

$$(a^2 + b^2)h_1 = b^2 h_0 - abk_0 - ca$$

$$\Rightarrow h_1 = \dfrac{b^2 h_0 - abk_0 - ca}{a^2 + b^2}$$

①×a−②×b，可得：

$$-(a^2+b^2)k_1 = abh_0 - a^2k_0 + cb$$

$$\Rightarrow k_1 = \frac{a^2k_0 - abh_0 - cb}{a^2+b^2}$$

故 $d(P, L) = \overline{PK} = \sqrt{(h_1-h_0)^2 + (k_1-k_0)^2}$

$$= \sqrt{\left(\frac{b^2h_0 - abk_0 - ca}{a^2+b^2} - h_0\right)^2 + \left(\frac{a^2k_0 - abh_0 - cb}{a^2+b^2} - k_0\right)^2}$$

$$= \sqrt{\left(\frac{b^2h_0 - abk_0 - ca - a^2h_0 - b^2h_0}{a^2+b^2}\right)^2 + \left(\frac{a^2k_0 - abh_0 - cb - a^2k_0 - b^2k_0}{a^2+b^2}\right)^2}$$

$$= \sqrt{\left(\frac{-a^2h_0 - abk_0 - ca}{a^2+b^2}\right)^2 + \left(\frac{-b^2k_0 - abh_0 - cb}{a^2+b^2}\right)^2}$$

$$= \sqrt{\frac{[a(ah_0+bk_0+c)]^2}{(a^2+b^2)^2} + \frac{[b(ah_0+bk_0+c)]^2}{(a^2+b^2)^2}}$$

$$= \sqrt{\frac{a^2(ah_0+bk_0+c)^2 + b^2(ah_0+bk_0+c)^2}{(a^2+b^2)^2}}$$

$$= \sqrt{\frac{(a^2+b^2)(ah_0+bk_0+c)^2}{(a^2+b^2)^2}}$$

$$= \frac{|ah_0+bk_0+c|}{\sqrt{a^2+b^2}}$$

例 9 試求點 $P(1, -2)$ 到直線 $3x+4y-6=0$ 的距離．

解答 所求距離為

$$D = \frac{|(3)(1)+(4)(-2)-6|}{\sqrt{3^2+4^2}} = \frac{|-11|}{5} = \frac{11}{5}.$$

習題 3-2

1. 某質點在 $P(1, 2)$ 沿著斜率為 3 的直線到達 $Q(x, y)$.
   (1) 若 $x=5$，求 y.
   (2) 若 $y=-2$，求 x.

2. 已知點 $(k, 4)$ 位於通過點 $(1, 5)$ 與點 $(2, -3)$ 的直線上，求 k.

3. 已知點 $(3, k)$ 位於斜率為 5 且通過點 $(-2, 4)$ 的直線上，求 k.

4. 求頂點為 $(-1, 2)$、$(6, 5)$ 與 $(2, 7)$ 之三角形各邊的斜率.

5. 利用斜率判斷所給點是否共線？
   (1) $(1, 1)$、$(-2, -5)$、$(0, -1)$.
   (2) $(-2, 4)$、$(0, 2)$、$(1, 5)$.

6. 若通過點 $(0, 0)$ 及點 (x, y) 之直線的斜率為 $\frac{1}{2}$，而通過點 (x, y) 及點 $(7, 5)$ 之直線的斜率為 2，求 x 與 y.

7. 設三點 $(6, 6)$、$(4, 7)$ 與 $(k, 8)$ 共線，求 k 的值.

8. 求平行於直線 $3x+2y=5$ 且通過點 $(-1, 2)$ 之直線的方程式.

9. 求垂直於直線 $x-4y=7$ 且通過點 $(3, -4)$ 之直線的方程式.

10. 試求通過 $(3, 4)$ 與 $(-1, 2)$ 兩點之直線方程式.

11. 在下列每一部分中，求兩直線的交點.
    (1) $4x+3y=-2$，$5x-2y=9$.
    (2) $6x-2y=-3$，$-8x+3y=5$.

12. 利用斜率證明：$(3, 1)$、$(6, 3)$ 與 $(2, 9)$ 為直角三角形的三個頂點.

13. 求由兩坐標軸與通過點 $(1, 4)$ 及點 $(2, 1)$ 之直線所圍成三角形的面積.
    (提示：利用直線的點斜式求出直線方程式；再化成截距式.)

14. 若 $ab<0$，$bc>0$，則直線 $ax+by+c=0$ 經過第幾象限？

15. 直線 L 過點 $(2, 6)$，L 與 x-軸、y-軸截距和為 1，試求 L 之方程式.

16. 一直線過點 $(4, -4)$ 且與兩坐標軸所圍成之三角形面積為 4，試求此方程式.

17. 試求直線 $L：3x+5y+6=0$ 與 x-軸、y-軸所圍成之三角形面積.

18. 設兩直線 $L_1：x-2y-3=0$ 及直線 $L_2：2x+3y+1=0$ 相交於 P.

    (1) 求 P 點之坐標.

    (2) 求過 P 及原點之直線方程式.

19. 設一直線之截距和為 1，且與兩軸所圍成三角形面積為 3，求此直線之方程式.

20. 設一直線交 x-軸、y-軸於 P、Q ($P \neq Q$ 或 $P=Q$) 且過 $(1，3)$ 點，若 $\overline{OP}=\overline{OQ}$，求此直線方程式 ($O$ 表原點).

21. 試求點 $(2，6)$ 到直線 $2x+y-8=0$ 的距離.

第 4 章

函數與函數的圖形

4-1　函數的意義

4-2　函數的運算與合成

4-3　函數的圖形

4-4　反函數

➪ 本章摘要 ⬅

1. 定義：設 A、B 是兩個非空集合，若對每一個 $x \in A$，恰有一個 $y \in B$ 與之對應，將此對應方式表為

$$f : A \to B$$

則稱 f 為一個由 A 映到 B 的**函數**，集合 A 稱為函數 f 的**定義域**，記為 D_f，集合 B 稱為函數 f 的**對應域**. 元素 y 稱為 x 在 f 之下的**像**，以 $f(x)$ 表示之. 函數 f 的定義域 A 中之所有元素在 f 之下的像所成的集合，稱為 f 的**值域**，記為 R_f，即，

$$R_f = f(A) = \{f(x) \mid x \in A\}.$$

2. 常用的一些實值函數：

   (1) **多項式函數**

   若 $f(x) = a_0 x^n + a_1 x^{n-1} + a_2 x^{n-2} + \cdots + a_{n-1} x + a_n$ 為一多項式，則函數 $f : x \to f(x)$ 稱為**多項式函數**.

   (2) **恆等函數**

   若 $f(x) = x$，此時函數 $f : x \to x$ 將每一元素映至其本身，稱為**恆等函數**.

   (3) **常數函數**

   若 $f(x) = c$ $(c \in \mathbb{R})$，$\forall x \in \mathbb{R}$，此時函數 $f : x \to c$ 將每一元素映至一常數 c，稱為**常數函數**.

   (4) **零函數**

   $f(x) = 0$，$\forall x \in \mathbb{R}$，稱為**零函數**.

   (5) **線性函數**

   $f(x) = ax + b$ $(a \neq 0)$ 稱為**線性函數**.

   (6) **二次函數**

   $f(x) = ax^2 + bx + c$ $(a \neq 0)$ 稱為**二次函數**.

   (7) **平方根函數**

   若 $f(x) = \sqrt{x}$，則稱為**平方根函數**，其定義域為 $D_f = \{x \mid x \geq 0\}$，值域為 $R_f = \{y \mid y = f(x) \geq 0\}$.

(8) 有理函數

若 $p(x)$, $q(x)$ 均為多項式函數，則函數 $f: x \to \dfrac{p(x)}{q(x)}$ $\left(\text{亦即 } f(x) = \dfrac{p(x)}{q(x)}\right)$

稱為**有理函數**，其定義域為 $D_f = \{x \mid q(x) \neq 0\}$.

(9) 絕對值函數

$f(x) = |x|$ 或 $f(x) = \begin{cases} x, & \text{若 } x \geq 0 \\ -x, & \text{若 } x < 0 \end{cases}$，稱為**絕對值函數**.

其定義域為 $D_f = \{x \mid x \in \mathbb{R}\}$，值域為 $R_f = \{y \mid y = f(x) \geq 0\}$.

3. 函數的四則運算：

若 $f: A \to B$, $g: C \to D$,

則 $f+g: x \to f(x) + g(x)$, $\forall x \in A \cap C$

$f-g: x \to f(x) - g(x)$, $\forall x \in A \cap C$

$f \cdot g: x \to f(x) \cdot g(x)$, $\forall x \in A \cap C$

$\dfrac{f}{g}: x \to \dfrac{f(x)}{g(x)}$, $\forall x \in A \cap C \cap \{x \mid g(x) \neq 0\}$.

4. **合成函數**：給予二函數 f 與 g，則 g 與 f 的合成函數記作 $f \circ g$（讀作「f circle g」）定義為

$$(f \circ g)(x) = f(g(x))$$

此處 $f \circ g$ 的定義域為函數 g 定義域內所有 x 的集合，使得 $g(x)$ 在 f 的定義域內.

5. **函數 f 的圖形**：設 f 為定義於 A 的實值函數，則對任意 $x \in A$，坐標平面上恰有一點 $(x, f(x))$ 與之對應，所有這種點所成的集合

$$\{(x, f(x)) \mid x \in A\}$$

稱為函數 f 的圖形.

6. 定義：函數圖形之對稱，設 f 為實函數，若 $f(x) = f(-x)$, $\forall x \in D_f$，則稱 f 為**偶函數**；若 $-f(x) = f(-x)$, $\forall x \in D_f$，則稱 f 為**奇函數**. 奇函數之圖形對稱於**原點**，偶函數之圖形對稱於 **y-軸**.

7. 函數圖形之垂直平移：

　　$y=f(x)+c$ $(c>0)$ 的圖形位於 $y=f(x)$ 的圖形上方 c 個單位.

　　$y=f(x)-c$ $(c>0)$ 的圖形位於 $y=f(x)$ 的圖形下方 c 個單位.

8. 函數圖形之水平平移：

　　$y=f(x-c)$ $(c>0)$ 之圖形是在 $y=f(x)$ 之圖形右邊 c 個單位.

　　$y=f(x+c)$ $(c>0)$ 之圖形是在 $y=f(x)$ 之圖形左邊 c 個單位.

9. 設 f 為可逆函數，f^{-1} 為其反函數，則 f^{-1} 亦為可逆函數.

10. 設 f 為可逆函數，則 $(f^{-1})^{-1}=f$.

§4-1　函數的意義

函數在數學上是一個非常重要的概念，許多數學理論皆需用到函數的觀念．函數可以想成是兩個集合之間元素的對應，使集合 A 中的每一個元素對應至集合 B 中的一個且為唯一的元素．譬如，假設 A 代表書架中書的集合，B 為整數所成的集合，若將每一本書與其頁數對應，則可得出一個由 A 映到 B 的**函數**．但需注意，B 中有些元素並未與 A 的元素對應．例如，負整數即是，因圖書的頁數不可能是負數．

定義 4-1-1

設 A、B 是兩個非空集合，若對每一個 $x \in A$，恰有一個 $y \in B$ 與之對應，將此對應方式表為

$$f : A \to B$$

則稱 f 為一個由 A 映到 B 的函數，集合 A 稱為函數 f 的**定義域**，記為 D_f，集合 B 稱為函數 f 的**對應域**．元素 y 稱為 x 在 f 之下的**像**，以 $f(x)$ 表示之．函數 f 的定義域 A 中之所有元素在 f 之下的像所成的集合，稱為 f 的**值域**，記為 R_f，即，

$$R_f = f(A) = \{ f(x) \mid x \in A \}.$$

我們亦稱函數 f 將 A 映成 $f(A)$．所以，函數 $f : A \to B$ 的值域為其對應域的子集合，即

$$f(A) \subset B$$

如圖 4-1-1 所示．

在數學或其他科學中，有許多公式可改寫為函數，舉例來說，半徑為 r 的球體積公式 $V = \frac{4}{3}\pi r^3$，將每一正實數 r 與唯一的 V 值結合，故可決定一函數 f, $f(r) = \frac{4}{3}\pi r^3$，$r$ 表示 f 之定義域中的任意數，常被稱為**自變數**，V 表示 f 之值域中的數，

図 4-1-1

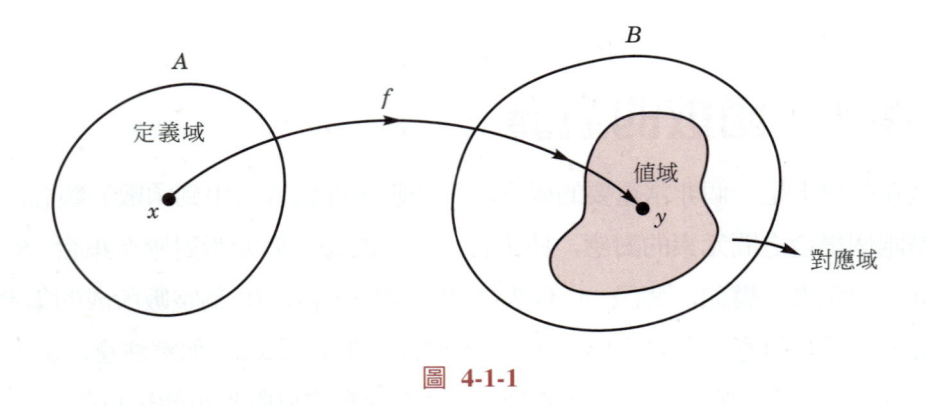

常被稱為因變數，因為其值是由 r 的數值而決定之．當變數 r 與 V 有上述之關係時，我們習慣上說 V 是 r 的函數．一般所討論函數的定義域及值域通常均是實數的子集合，這種函數稱為實值函數．

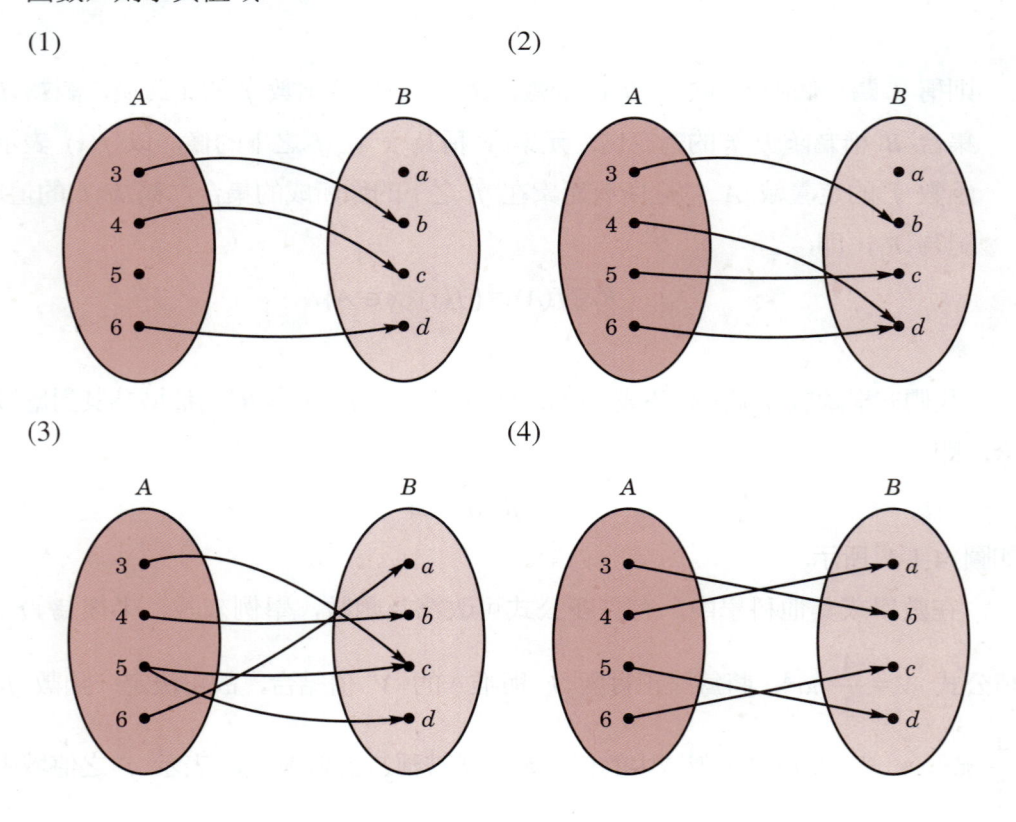

例 1 設 $A=\{3, 4, 5, 6\}$、$B=\{a, b, c, d\}$，下列各對應圖形是否為函數？若為函數，則求其值域．

(1)　　　　　　　　　　　(2)

(3)　　　　　　　　　　　(4)

解答 (1) 此對應不是函數，因為 A 中的元素 5，在 B 中無元素與之對應.
(2) 此對應為函數，且 $f(3)=b$, $f(4)=d$, $f(5)=c$, $f(6)=d$, 其值域為 $\{b, c, d\}$.
(3) 此對應不是函數，因為 A 中的元素 5，在 B 中有兩個元素 c 與 d 與其對應.
(4) 此對應為函數，且 $f(3)=b$, $f(4)=a$, $f(5)=d$, $f(6)=c$, 其值域為 $\{a, b, c, d\}$.

例 2 令函數 f 表示圓的半徑與圓面積之間的對應，則其定義域為

$$A=\{x \mid x>0\}=(0, \infty)$$

而其對應關係為

$$f: x \to \pi x^2, \text{記作 } f(x)=\pi x^2, x \in A \text{ 或 } f(x)=\pi x^2, x>0.$$

例 3 若 $f(x)=\sqrt{x^2-1}$，試求 $f(-2)$ 與 $f(2)$ 之值.

解答 $f(-2)=\sqrt{(-2)^2-1}=\sqrt{4-1}=\sqrt{3}$
$f(2)=\sqrt{2^2-1}=\sqrt{4-1}=\sqrt{3}$

例 4 試寫出下列各函數的定義域.

(1) $f(x)=\dfrac{1}{x^2-2}$

(2) $g(x)=\dfrac{3}{x(x-2)}$

(3) $h(x)=\sqrt{4-x}$

解答 (1) $D_f=\{x \mid x \in \mathbb{R}, x \neq \pm\sqrt{2}\}$
$=(-\infty, -\sqrt{2})\cup(-\sqrt{2}, \sqrt{2})\cup(\sqrt{2}, \infty)$
(2) $D_g=\{x \mid x(x-2) \neq 0\}=\mathbb{R}-\{0, 2\}$
(3) $D_h=\{x \mid 4-x \geq 0\}=(-\infty, 4]$.

在數學上有些常用的實值函數，敘述如下：

1. **多項式函數**

   若 $f(x)=a_0 x^n + a_1 x^{n-1} + a_2 x^{n-2} + \cdots + a_{n-1} x + a_n$ 為一多項式，則函數 $f: x \to f(x)$ 稱為**多項式函數**. 若 $a_0 \neq 0$，則 f 稱為 **n 次多項式函數**.

2. **恆等函數**

   若 $f(x)=x$，此時函數 $f: x \to x$ 將每一元素映至其本身，稱為**恆等函數**.

3. **常數函數**

   若 $f(x)=c$ $(c \in \mathbb{R})$，$\forall x \in \mathbb{R}$，此時函數 $f: x \to c$ 將每一元素映至一常數 c，稱為**常數函數**.

4. **零函數**

   $f(x)=0$，$\forall x \in \mathbb{R}$，稱為**零函數**.

5. **線性函數**

   $f(x)=ax+b$ $(a \neq 0)$ 稱為**線性函數**.

6. **二次函數**

   $f(x)=ax^2+bx+c$ $(a \neq 0)$ 稱為**二次函數**.

7. **平方根函數**

   若 $f(x)=\sqrt{x}$，則稱為**平方根函數**，其定義域為 $D_f = \{x \mid x \geq 0\}$，值域為 $R_f = \{y \mid y=f(x) \geq 0\}$.

8. **有理函數**

   若 $p(x)$、$q(x)$ 均為多項式函數，則函數 $f: x \to \dfrac{p(x)}{q(x)}$ （亦即 $f(x)=\dfrac{p(x)}{q(x)}$）

   稱為**有理函數**，其定義域為 $D_f = \{x \mid q(x) \neq 0\}$.

9. **絕對值函數**

   $f(x)=|x|$ 或 $f(x)=\begin{cases} x, & \text{若 } x \geq 0 \\ -x, & \text{若 } x < 0 \end{cases}$，稱為**絕對值函數**.

   其定義域為 $D_f = \{x \mid x \in \mathbb{R}\}$，值域為 $R_f = \{y \mid y=f(x) \geq 0\}$.

例 5 設 $f(x)=\sqrt{x^2+5x+6}$，試求 $f(2)$ 之值．

解答 當 $x=2$ 時，則 $f(2)=\sqrt{(2)^2+5\cdot 2+6}=\sqrt{20}=2\sqrt{5}$．

習題 4-1

1. 設 $A=\{1, 2, 3, 4\}$，$B=\{10, 15, 20, 25\}$，下列各對應圖形是否為函數？若為函數，則求其值域．

(1)

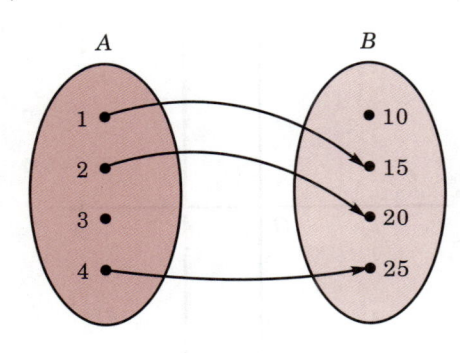

(2)

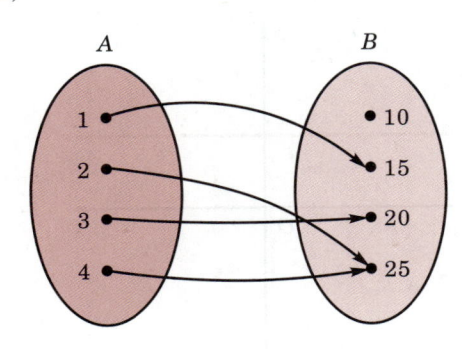

(3)

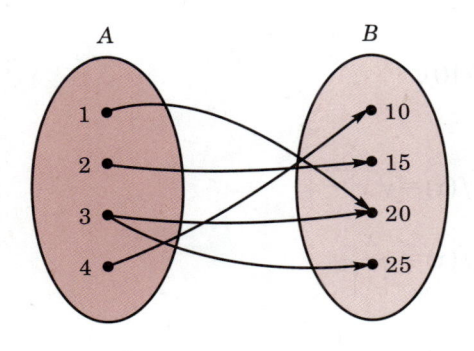

(4)

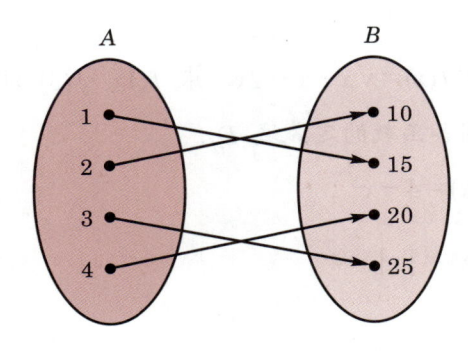

2. 下列圖形中，何者為函數圖形？

(1)

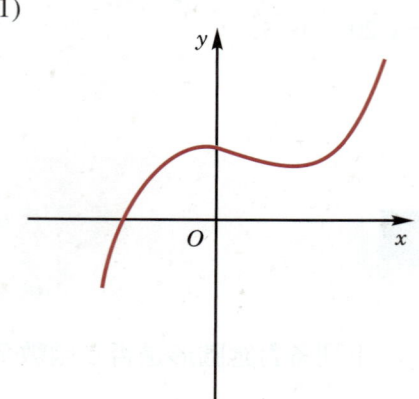

(2)

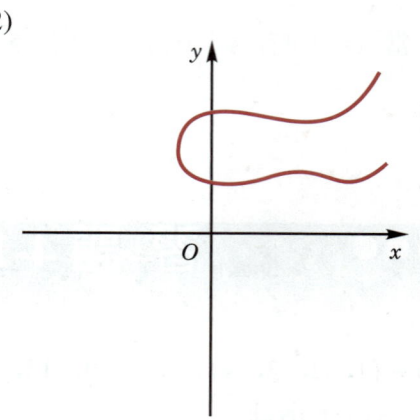

(3)

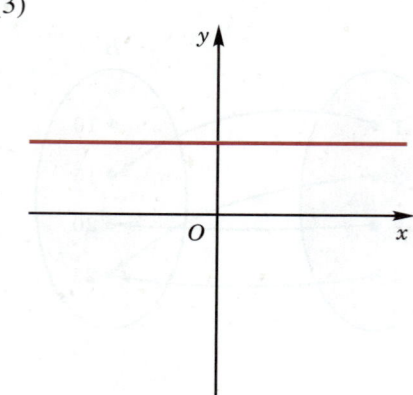

(4)

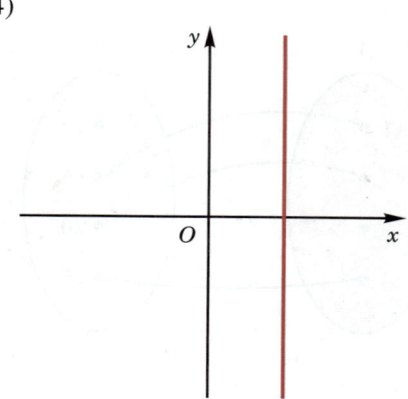

3. 若 $f(x)=\sqrt{x-1}+2x$，求 $f(1)$、$f(3)$ 與 $f(10)$．

求下列各函數的定義域 D_f．

4. $f(x)=4-x^2$

5. $f(x)=\sqrt{x^2-4}$

6. $f(x)=|x|-4$

7. $f(x)=\dfrac{x}{|x|}$

8. $f(x)=\sqrt{x-x^2}$

9. $g(x)=\dfrac{1}{\sqrt{3x-5}}$

10. $h(x)=\dfrac{2x+5}{\sqrt{(x-2)(x-1)^2}}$

11. 設函數 $f(x)=|x|+|x-1|+|x-2|$，求 $f\left(\dfrac{1}{2}\right)$ 與 $f\left(\dfrac{3}{2}\right)$．

12. 若 f 為線性函數，已知 $f(1)=-2$、$f(2)=3$，求 $f(x)=$？

13. 設 $f(x)$ 為二次多項式函數，且 $f(0)=1$、$f(-1)=3$、$f(1)=5$，求此多項式函數．

14. 設 $f(x)=\begin{cases} x+4, & \text{若 } x<-2 \\ x^2-2, & \text{若 } -2 \leq x \leq 2 \\ x^3-x^2-2, & \text{若 } 2<x \end{cases}$，試計算 $f(-3)$、$f(-2)$、$f(0)$ 與 $f(3)$．

15. 設函數 $f(x)=ax+b$，試證
$$f\left(\frac{p+q}{2}\right)=\frac{1}{2}[f(p)+f(q)].$$

16. 設 $f(x)=ax^2+bx+c$，已知 $f(0)=1$、$f(-1)=2$、$f(1)=3$，求 a、b 與 c 的值．

17. 已知函數 $f(x)$ 具有下列的性質：
    (i) $f(x+1)=f(x)$
    (ii) $f(-x)=-f(x)$
    求 (1) $f(0)$　(2) $f(11)$．

18. 設 $f(x)=2x^3-x^2+3x-5$，且 $g(x)=f(x-1)$，求 $g\left(\dfrac{1}{2}\right)=$？

19. 試求函數 $y=f(x)=\sqrt{x-x^2}$ 的值域 R_f．

20. 已知函數 $g(x)=\begin{cases} -3x^2+5, & \text{若 } x>2 \\ 4x-8, & \text{若 } -1<x \leq 2 \\ 3, & \text{若 } x \leq -1 \end{cases}$，求 $g(4)$、$g(0)$、$g(-3)$ 之值．

§4-2　函數的運算與合成

一個實數可經四則運算而得其和、差、積、商，同樣地，對於兩個實值函數 $f:A \to B$，$g:C \to D$，只要在兩者定義域的交集中，即 $A \cap C \neq \phi$，則我們可定義其和、差、積、商的函數，分別記為 $f+g$、$f-g$、$f \cdot g$、$\dfrac{f}{g}$，定義如下：

定義 4-2-1

若 $f: A \to B$、$g: C \to D$,
則 $f+g : x \to f(x)+g(x)$, $\forall x \in A \cap C$
$f-g : x \to f(x)-g(x)$, $\forall x \in A \cap C$
$f \cdot g : x \to f(x) \cdot g(x)$, $\forall x \in A \cap C$
$\dfrac{f}{g} : x \to \dfrac{f(x)}{g(x)}$, $\forall x \in A \cap C \cap \{x \mid g(x) \neq 0\}$.

例 1 設 $f(x)=\sqrt{x+3}$、$g(x)=\sqrt{9-x}$，求 $f+g$、$f-g$、$f \cdot g$ 及 $\dfrac{f}{g}$.

解答 f 的定義域為 $A=\{x \mid x+3 \geq 0\}=[-3, \infty)$,
 g 的定義域為 $C=\{x \mid 9-x \geq 0\}=(-\infty, 9]$,
 故 $A \cap C=\{x \mid -3 \leq x \leq 9\}=[-3, 9]$

$$(f+g)(x)=\sqrt{x+3}+\sqrt{9-x}, \ x \in [-3, 9]$$
$$(f-g)(x)=\sqrt{x+3}-\sqrt{9-x}, \ x \in [-3, 9]$$
$$(f \cdot g)(x)=\sqrt{x+3} \cdot \sqrt{9-x}$$
$$=\sqrt{(x+3)(9-x)}, \ x \in [-3, 9]$$
$$\left(\dfrac{f}{g}\right)(x)=\dfrac{\sqrt{x+3}}{\sqrt{9-x}}=\sqrt{\dfrac{x+3}{9-x}}, \ x \in [-3, 9).$$

二實值函數除了可作上述的結合外，兩者亦可作一種很有用的結合，稱其為**合成**. 現在我們考慮函數 $y=f(x)=(x^2+1)^3$，如果我們將它寫成下列的形式

$$y=f(u)=u^3$$

且

$$u=g(x)=x^2+1$$

則依取代的過程，我們可得到原來的函數，亦即，

$$y=f(u)=f(g(x))=(x^2+1)^3$$

此一過程稱為合成，故原來的函數可視為一合成函數.

一般而言，如果有二函數 $g：A \to B$、$f：B \to C$，且假設 x 為 g 函數定義域中之一元素，則可找到 x 在 g 之下的像 $g(x)$. 若 $g(x)$ 在 f 的定義內，我們又可在 f 之下找到 C 中的像 $f(g(x))$. 因此，就存在一個從 A 到 C 的函數：

$$f \circ g：A \to C$$

其對應於 $x \in A$ 的像為

$$(f \circ g)(x)=f(g(x))$$

此一函數稱為 g 與 f 的合成函數.

上述合成函數的作用，可以視為原料 x 經由工廠 g 製造出產品 $g(x)$，而 $g(x)$ 又是工廠 f 的原料，故可再經由工廠 f 製造出產品 $f(g(x))$，整個合起來，從 x 到 $f(g(x))$ 的過程就是合成函數 $f \circ g$ 的作用，可以圖解如下圖 4-2-1 所示：

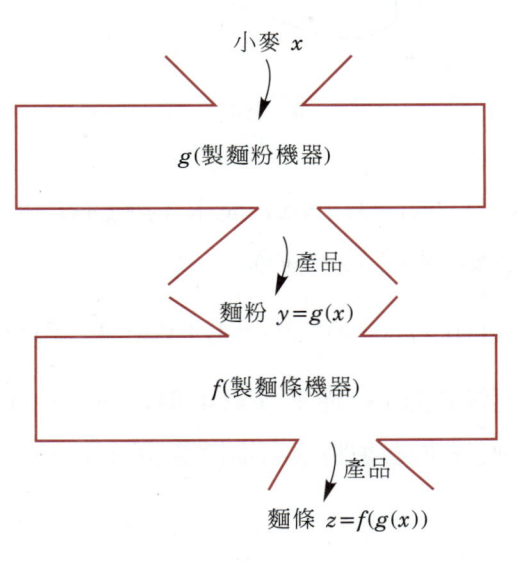

圖 4-2-1

定義 4-2-2

給予二函數 f 與 g，則 g 與 f 的合成函數記作 $f \circ g$（讀作「f circle g」）定義為

$$(f \circ g)(x) = f(g(x))$$

此處 $f \circ g$ 的定義域為函數 g 定義域內所有 x 的集合，使得 $g(x)$ 在 f 的定義域內，如圖 4-2-2 的深顏色部分。

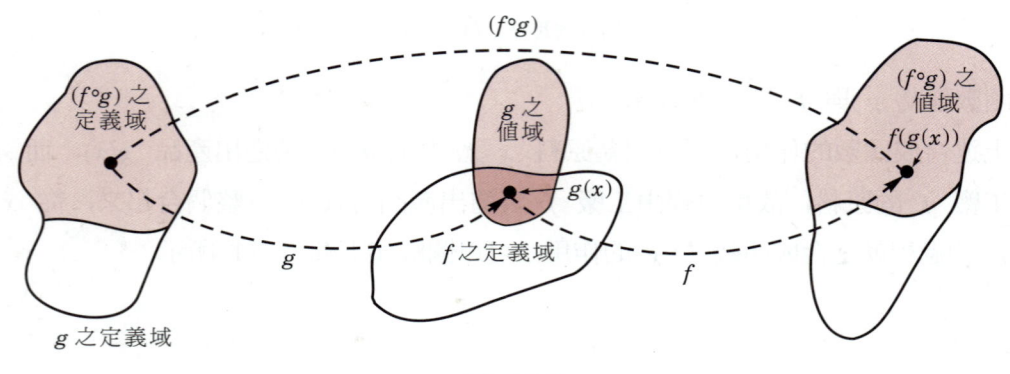

圖 4-2-2

例 2 若 $g(x) = x - 4$，且 $f(x) = 3x + \sqrt{x}$，試求 $(f \circ g)(x)$ 與 $(f \circ g)(x)$ 的定義域.

解答 依 g 與 f 的定義，求得 $(f \circ g)(x)$.

$$(f \circ g)(x) = f(g(x)) = f(x-4) = 3(x-4) + \sqrt{x-4} = 3x - 12 + \sqrt{x-4}$$

由上面最後一個等式顯示，僅當 $x \geq 4$ 時，$(f \circ g)(x)$ 始為實數，所以合成函數 $(f \circ g)(x)$ 的定義域必須將 x 限制在區間 $[4, \infty)$.

例 3 若 $f(x) = x^2 - 2$，且 $g(x) = 3x + 4$，求 $(f \circ g)(x)$ 與 $(g \circ f)(x)$.

解答
$(f \circ g)(x) = f(g(x)) = f(3x+4) = (3x+4)^2 - 2 = 9x^2 + 24x + 14$
$(g \circ f)(x) = g(f(x)) = g(x^2 - 2) = 3(x^2 - 2) + 4 = 3x^2 - 2.$

讀者應注意 $f \circ g$ 與 $g \circ f$ 並不相等，即函數的合成不具有**交換律**.

例 4 若 $H(x) = \sqrt[3]{2-3x}$，求 f 與 g 使得 $(f \circ g)(x) = H(x)$.

解答 令 $f(x) = \sqrt[3]{x}$，$g(x) = 2 - 3x$

∴ $(f \circ g)(x) = f(g(x)) = f(2-3x) = \sqrt[3]{2-3x} = H(x)$.

習題 4-2

1. 設 $f(x) = x^2 - 1$，$g(x) = \sqrt{2x-1}$，求 $(f+g)(x)$、$(f-g)(x)$、$(f \cdot g)(x)$、$\left(\dfrac{f}{g}\right)(x)$.

2. 設 $f(x) = \dfrac{x-3}{2}$，$g(x) = \sqrt{x}$，求 $(f+g)(x)$、$(f-g)(x)$、$(f \cdot g)(x)$、$\left(\dfrac{f}{g}\right)(x)$.

3. 設 $f(x) = x^2 + x$，且 $g(x) = \dfrac{2}{x+3}$，試求：

    (1) $(f-g)(2)$ (2) $\left(\dfrac{f}{g}\right)(1)$ (3) $g^2(3)$

4. 已知二函數 $f(x) = 2x+1$，$g(x) = x^2$，試問 $f \circ g$ 與 $g \circ f$ 是否存在？若存在，則求出.

5. 已知 $f(x)$ 與 $g(x)$ 的函數值如下：

x	1	2	3	4
$f(x)$	2	3	1	4

x	1	2	3	4
$g(x)$	4	3	2	1

    求 $(f \circ g)(2)$、$(f \circ g)(4)$、$(g \circ f)(1)$、$(g \circ f)(3)$.

6. 在下列各函數中，求 $(f \circ g)(x)$ 與 $(g \circ f)(x)$.

    (1) $f(x) = \sqrt{x^2+4}$，$g(x) = \sqrt{7x^2+1}$

    (2) $f(x) = 3x^2 + 2$，$g(x) = \dfrac{1}{3x^2+2}$

7. 設 $f(x)=x^2+1$ 且 $g(x)=x+1$，試證明 $(f\circ g)(x) \neq (g\circ f)(x)$。

8. 若 $H(x)=\left(\dfrac{1}{x+1}\right)^{10}$，求 f 與 g 使得 $(f\circ g)(x)=H(x)$。

9. 若 $H(x)=\sqrt[4]{x^2+2}$，求 f 與 g 使得 $(f\circ g)(x)=H(x)$。

10. 若 $H(x)=\sqrt{x^2+x-1}$，求 f 與 g 使得 $(f\circ g)(x)=H(x)$。

11. 設 $g(x)=\dfrac{ax+b}{cx-a}$，求 $g(g(x))(a^2+bc \neq 0)$。

12. 設函數 $f\left(\dfrac{1}{x}\right)=\dfrac{1-x}{1+x}$ (其中 $x \neq 0$、-1)，求 $f(x)$。

13. 若 $f\left(\dfrac{1+x}{1-x}\right)=\dfrac{2+x}{2-x}$，求 $f\left(\dfrac{1}{2}\right)$。

14. 設 $f(x)=\dfrac{x-3}{x+1}$，試證明 $f(f(f(x)))=x$，$x \neq \pm 1$。

若 $f(x)=\begin{cases} 1-x, & x \leq 1 \\ 2x-1, & x > 1 \end{cases}$，$g(x)=\begin{cases} 0, & x < 2 \\ -1, & x \geq 2 \end{cases}$ 求下列各函數，並求其定義域。

15. $(f+g)(x)$　　　　16. $(f-g)(x)$　　　　17. $(f \cdot g)(x)$

18. 若 $f(x)=\begin{cases} \vdots \\ -3 & -3 \leq x < -2 \\ -2 & -2 \leq x < -1 \\ -1 & -1 \leq x < 0 \\ 0 & 0 \leq x < 1 \\ 1 & 1 \leq x < 2 \\ 2 & 2 \leq x < 3 \\ 3 & 3 \leq x < 4 \\ \vdots \end{cases}$ 求 (1) $f(0.2)$，(2) $f(2.5)$，(3) $f(3)$ 之值。

19. 若 $f(x)=|x|$、$g(x)=x^2+1$，試證明 $(f\circ g)(x)=x^2+1$。

20. 試求 19 題 $(f\circ g)(x)$ 之定義域及值域。

§4-3 函數的圖形

設 f 為定義於 A 的實值函數，則對任意 $x \in A$，坐標平面上恰有一點 $(x, f(x))$ 與之對應，所有這種點所成的集合

$$\{(x, f(x)) \mid x \in A\}$$ 稱為函數 f 的圖形.

若 A 為有限集合，則其圖形亦為有限點的集合，故可於坐標平面上完全描出．若 A 為無限集合，則其圖形亦為無限點的集合，此時可描出更多點，再將這些點連接起來可得其概略圖形．

例 1 試作函數 $y = 3x - 6$ 的圖形．

解答 求出一串之 x 與 y 的對應值，列表如下：

x	$\cdots$	-1	0	1	2	3	$\cdots$
y	$\cdots$	-9	-6	-3	0	3	$\cdots$

描出表中各組對應數為坐標之點，並連接各點，可得所求的圖形為直線 $\overline{AB}$，凡是一次函數的圖形，均是直線，如圖 4-3-1 所示．

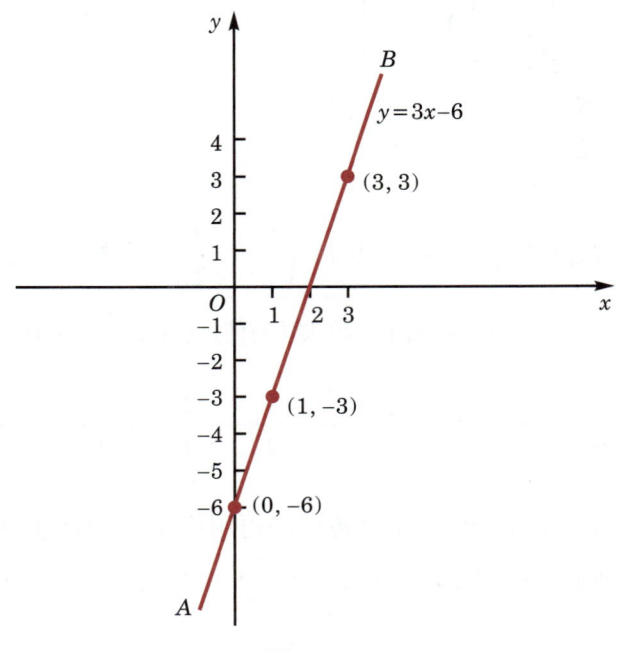

圖 4-3-1

例 2 試繪二次函數 $y=x^2$ 與 $y=x^2+3$ 的圖形.

解答 依據函數圖形的描繪，其圖形如圖 4-3-2 所示. 為一拋物線.

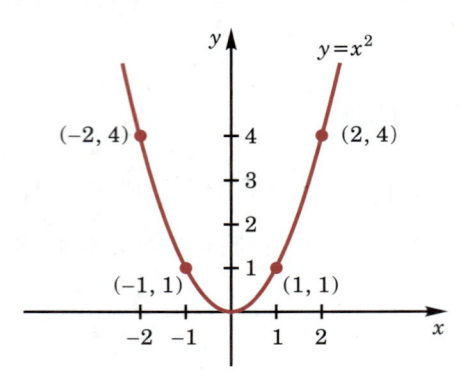

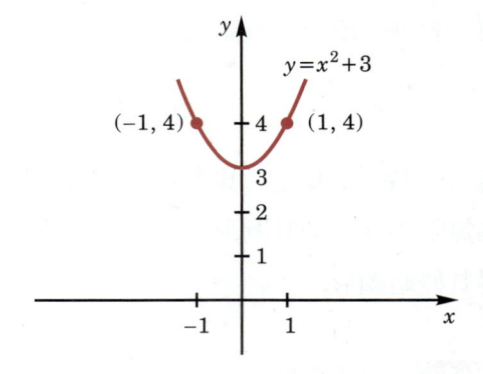

圖 4-3-2

例 3 試作函數 $y=6x-2x^2$ 的圖形.

解答
$$y=6x-2x^2 = -2(x^2-3x)$$
$$= -2\left[x^2-3x+\frac{9}{4}-\frac{9}{4}\right]$$
$$= -2\left[\left(x-\frac{3}{2}\right)^2-\frac{9}{4}\right]$$
$$= \frac{9}{2}-2\left(x-\frac{3}{2}\right)^2$$

故求得二次函數所表拋物線之頂點為 $\left(\dfrac{3}{2},\dfrac{9}{2}\right)$，且拋物線之開口向下．再依大小順序給予 x 一串的實數值，並求出函數 y 的各對應值，列表如下：

x	⋯	-2	-1	0	1	2	3	4	⋯
y	⋯	-20	-8	0	4	4	0	-8	⋯

用表中各組對應值為坐標，描出各點，再用平滑的曲線連接這些點，即得所求的圖形，如圖 4-3-3 所示的圖形.

圖 4-3-3

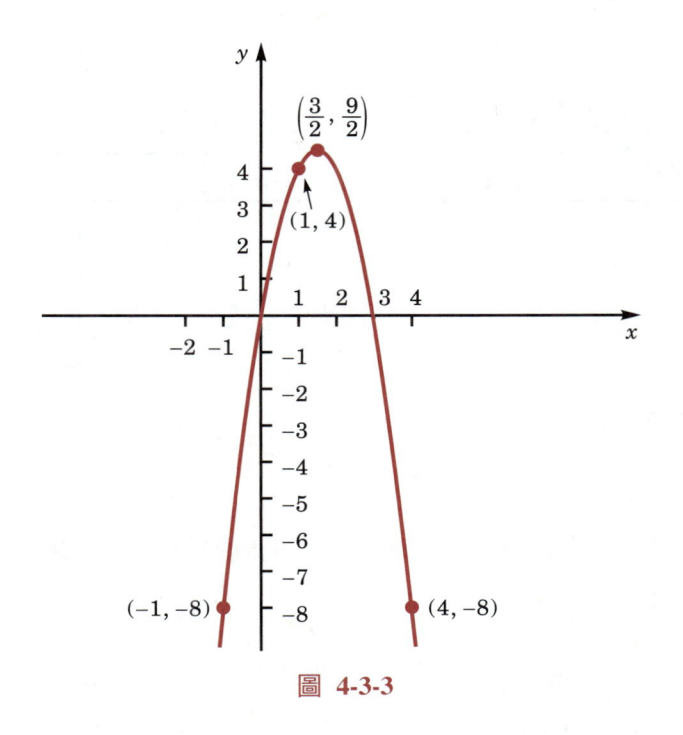

描繪函數圖形時，若知圖形的對稱性，則對於圖形的描繪，助益甚多.

定義 4-3-1

設 f 為實函數，若 $f(x)=f(-x)$, $\forall x \in D_f$，則稱 f 為偶函數；
若 $-f(x)=f(-x)$, $\forall x \in D_f$，則稱 f 為奇函數.

下面兩個圖形（圖 4-3-4），分別表奇函數與偶函數，奇函數之圖形對稱於原點，偶函數之圖形對稱於 y-軸.

由上述定義，我們可以考慮函數圖形的對稱性.

若 f 為偶函數，則

$$\text{點 } (x_0, y_0) \text{ 在 } f \text{ 的圖形上}$$
$$\Leftrightarrow y_0 = f(x_0) = f(-x_0)$$
$$\Leftrightarrow \text{點 } (-x_0, y_0) \text{ 在 } f \text{ 的圖形上}$$

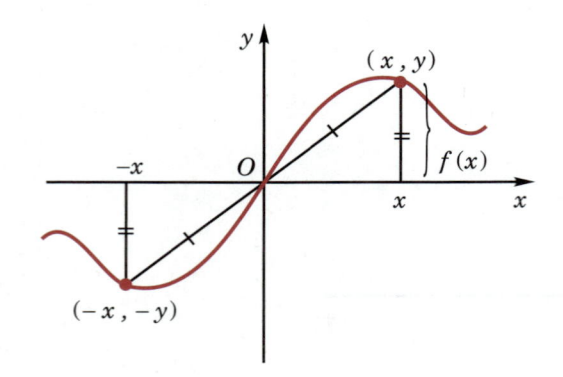

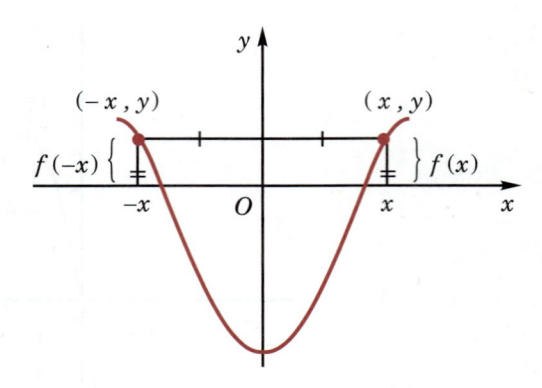

(a) 奇函數圖形對稱於原點　　　(b) 偶函數圖形對稱於 y-軸

圖 4-3-4

因 (x_0, y_0) 與 $(-x_0, y_0)$ 對 y-軸為對稱點，故 f 的圖形對稱於 y-軸.

若 f 為奇函數，則

$$\text{點 } (x_0, y_0) \text{ 在 } f \text{ 的圖形上}$$
$$\Leftrightarrow y_0 = f(x_0)$$
$$\Leftrightarrow -y_0 = -f(x_0) = f(-x_0)$$
$$\Leftrightarrow \text{點 } (-x_0, -y_0) \text{ 在 } f \text{ 的圖形上}$$

因 (x_0, y_0) 與 $(-x_0, -y_0)$ 對原點為對稱點，故 f 的圖形對稱於原點.

例 4 試繪出 $f(x) = |x|$ 的圖形.

解答 $f(x) = |x| = |-x| = f(-x), \forall x \in \mathbb{R}$

故 f 為偶函數，且 f 的圖形對稱於 y-軸，如圖 4-3-5 所示，
當 $x \geq 0$, $f(x) = |x| = x$.
當 $x < 0$, $f(x) = |x| = -x$.

例 5 試繪出 $f(x) = \dfrac{1}{x}$ 的圖形.

解答 $f(x) = \dfrac{1}{x}$, $-f(x) = -\dfrac{1}{x} = f(-x)$，故 f 為奇函數，且 f 的圖形對稱於原點，如圖 4-3-6 所示.

第四章　函數與函數的圖形　➲　**91**

$$f(x)=|x|$$

圖 **4-3-5**

$$f(x)=\frac{1}{x}>0$$

$$f(x)=\frac{1}{x}<0$$

圖 **4-3-6**

當 $x>0$ 時，$f(x)=\dfrac{1}{x}>0$；當 $x<0$ 時，$f(x)=\dfrac{1}{x}<0.$

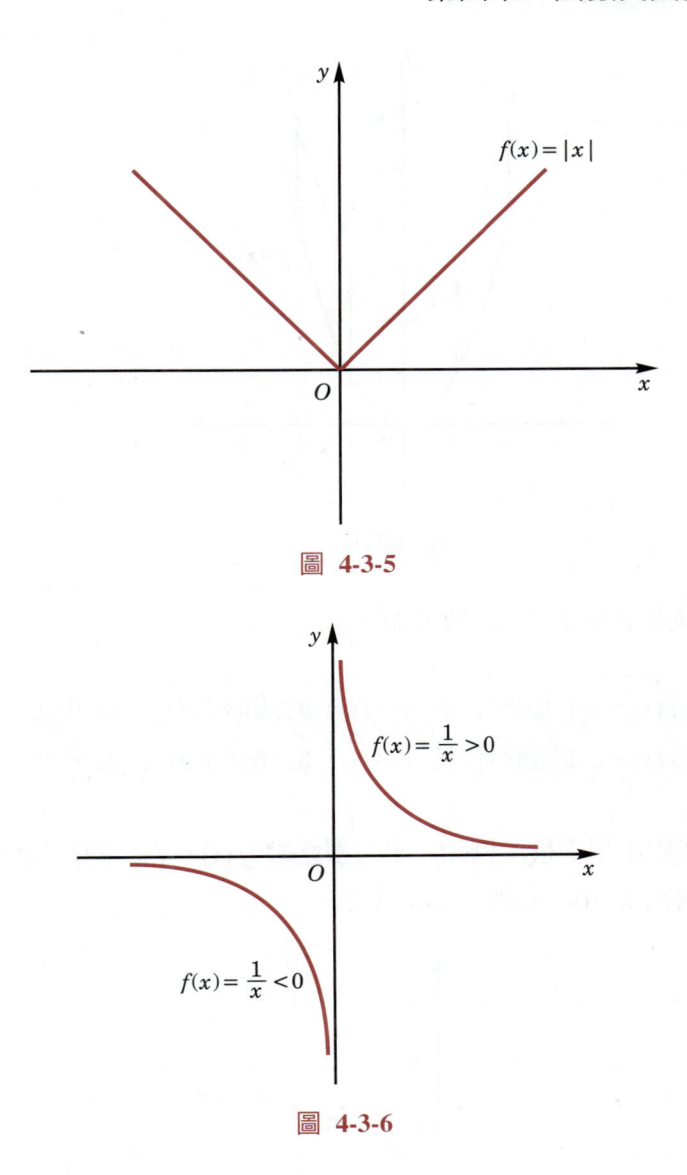

　　某些較複雜之函數圖形可由較簡單之函數圖形，利用平移之方法而得之. 例如，對相同的 x 值，$y=x^2+2$ 的 y 值較 $y=x^2$ 的 y 值多 2，故 $y=x^2+2$ 之圖形在形狀上與 $y=x^2$ 之圖形相同，但位於 $y=x^2$ 圖形上方 2 個單位，如圖 4-3-7 所示.

圖 4-3-7

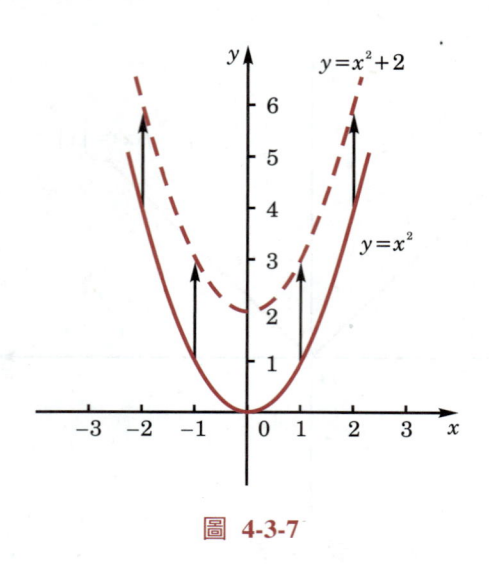

一般而言，垂直平移 $(c > 0)$ 敘述如下：

$y = f(x) + c$ 的圖形位於 $y = f(x)$ 的圖形上方 c 個單位.
$y = f(x) - c$ 的圖形位於 $y = f(x)$ 的圖形下方 c 個單位.

現在，我們考慮水平平移，例如，平方根函數 $f(x) = \sqrt{x}$ 的定義域為 $\{x \mid x \geq 0\}$，其圖形「開始」處在 $x = 0$，如圖 4-3-8 所示.

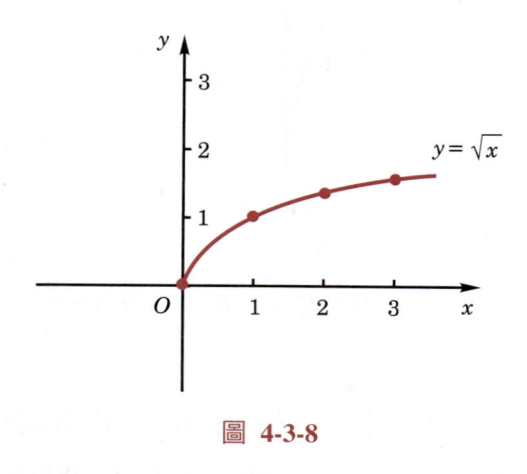

圖 4-3-8

考慮函數 $y = f(x) = \sqrt{x-1}$，其定義域為 $\{x \mid x \geq 1\}$，圖形的「開始」處在 $x = 1$，如圖 4-3-9 所示. $y = f(x) = \sqrt{x-1}$ 之圖形是將 $f(x) = \sqrt{x}$ 之圖形向右平移一個單位而得.

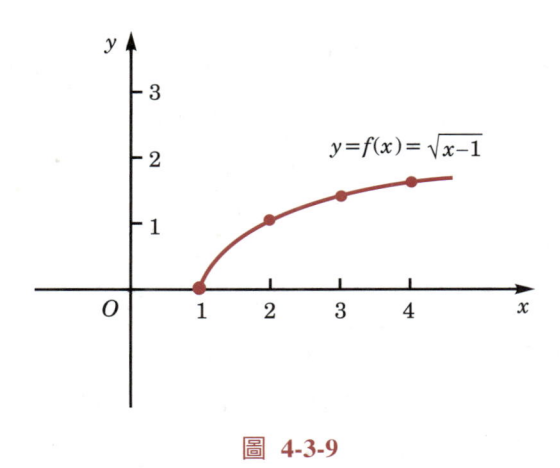

[圖 4-3-9]

一般而言，水平平移 $(c > 0)$ 敘述如下：

$y = f(x-c)$ 之圖形是在 $y = f(x)$ 之圖形右邊 c 個單位.
$y = f(x+c)$ 之圖形是在 $y = f(x)$ 之圖形左邊 c 個單位.

如圖 4-3-10 所示.

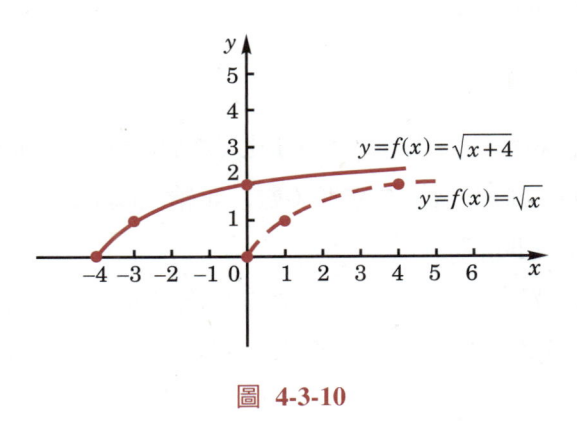

[圖 4-3-10]

習題 4-3

試決定下列各函數為偶函數抑或奇函數？

1. $f(x) = x^4 + 1$
2. $f(x) = \dfrac{3x}{x^2 + 1}$
3. $f(x) = x^3 + x$
4. $f(x) = \dfrac{2x^2}{x^4 + 2}$
5. $f(x) = x^3$
6. $f(x) = x^6 + x^4 + 1$
7. $f(x) = |x^2 - 4|$

試作下列各函數的圖形．

8. $f(x) = -x - 1$, $-2 \leq x \leq 1$
9. $y = f(x) = x^2 - 2$
10. $y = f(x) = -x^2$
11. $y = f(x) = |x + 1|$
12. $y = f(x) = \begin{cases} |x-1|, & \text{若 } x \neq 1 \\ 1, & \text{若 } x > 1 \end{cases}$
13. $y = f(x) = \dfrac{2}{x-1}$
14. $y = f(x) = \begin{cases} x^2, & \text{若 } x \leq 0 \\ 2x+1, & \text{若 } x > 0 \end{cases}$
15. $f(x) = \begin{cases} -x, & \text{若 } x < 0 \\ 2, & \text{若 } 0 \leq x < 1 \\ x^2, & \text{若 } x \geq 1 \end{cases}$
16. $f(x) = \begin{cases} x, & \text{若 } x \leq 1 \\ -x^2, & \text{若 } 1 < x < 2 \\ x, & \text{若 } x \geq 2 \end{cases}$

17. 設 $x \in \mathbb{R}$，令 $[\![x]\!]$ 表示小於或等於 x 的最大整數，即，若 $n \leq x < n+1$，則 $[\![x]\!] = n$, $n \in \mathbb{Z}$. $f(x) = [\![x]\!]$ 稱之為 高斯函數，試繪其圖形．

18. 試繪 $f(x) = x - [\![x]\!]$ 之圖形．

19. 先作 $h(x) = |x|$ 之圖形後，再利用平移方法作出，$g(x) = |x+3| - 4$ 之圖形．

20. 在同一坐標平面上先作 $f(x) = 2x^2$ 之圖形，再利用平移方法作出，$g(x) = 2(x-1)^2$ 之圖形．

§4-4 反函數

若函數 f 由定義域 A 中取某一數 x，則在值域 B 中有一單一值 y 與其對應．反過來，如果對 B 中 y 值，可找到另外的函數將 y 對應到 x，則此新函數可定義為 $x = f^{-1}(y)$，注意 f^{-1} 的定義域為 B 且值域為 A，而此一函數 f^{-1} 就稱為 f 的 反函數．

(a)

(b)

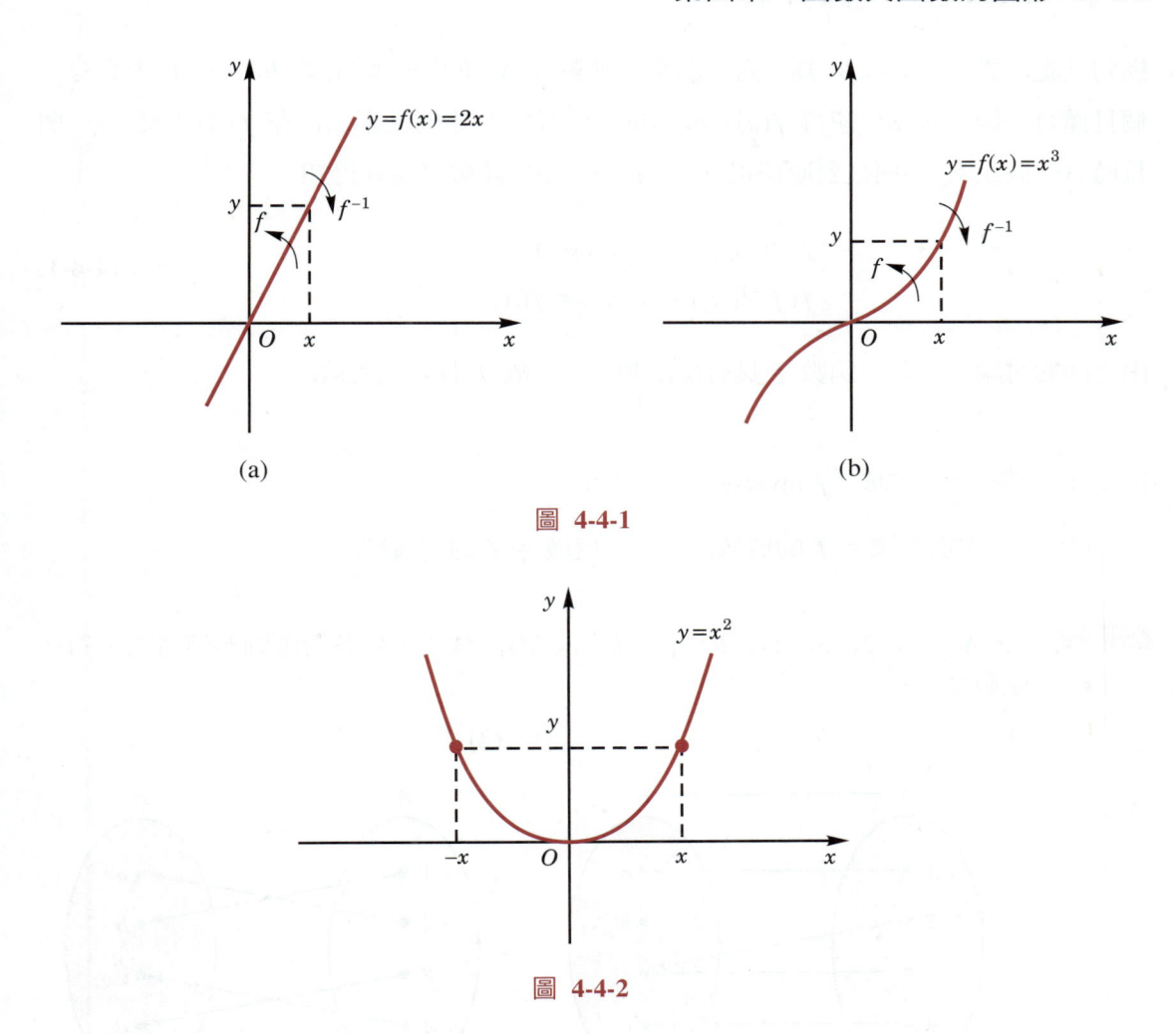

圖 4-4-1

圖 4-4-2

　　如圖 4-4-1 所示，我們考慮兩函數 $y=f(x)=2x$ 與 $y=f(x)=x^3$，則求得 $x=f^{-1}(y)=\dfrac{1}{2}y$ 與 $x=f^{-1}(y)=y^{1/3}$。在每一種情形中，我們只要在方程式 $y=f(x)$ 中解出 x，以 y 表示之，則可得 $x=f^{-1}(y)$，但必須注意並非每一函數均有反函數。例如 $y=f(x)=x^2$，給予一 y 值就有兩個 x 值與之對應，如圖 4-4-2 所示，此函數沒有反函數，除非對 x 之值加以限制。

　　在此，我們可利用一簡單的方法來判斷函數 f 是否具有反函數，那就是如果函數 f 為一對一函數，就有反函數存在。

$\qquad$ 函數 f 為一對一 $\Leftrightarrow$ 「$\forall\, x_1,\ x_2 \in D_f,\ f(x_1)=f(x_2) \Rightarrow x_1=x_2$」
$\qquad\qquad\qquad\qquad\;\; \Leftrightarrow$ 「$\forall\, x_1,\ x_2 \in D_f,\ x_1 \neq x_2 \Rightarrow f(x_1) \neq f(x_2)$」

換句話說，設 $f: A \to B$ 為一對一函數，則對 $f(A)$ 的任一個元素 b，在 A 中必有一個且僅有一個元素 a，使得 $f(a)=b$，同理，對於 A 中的元素 a，在 $f(A)$ 中必有一個且僅有一個元素 b 與之對應使得 $f^{-1}(b)=a$。由反函數之定義得知

$$f^{-1}(f(x))=x, \quad \forall x \in A$$
$$f(f^{-1}(y))=y, \quad \forall y \in f(A)$$

(4-4-1)

由上面的討論，一對一函數 f 具有反函數 f^{-1}，故 f 為**可逆函數**。

註：(1) 符號 f^{-1} 唸成「f inverse」並不表示 $\dfrac{1}{f}$。

(2) f^{-1} 的定義域 $= f$ 的值域，f^{-1} 的值域 $= f$ 的定義域。

例 1 設 $A=\{1, 2, 3, 4\}$、$B=\{a, b, c, d\}$，試問下列各對應圖形何者為一對一函數？

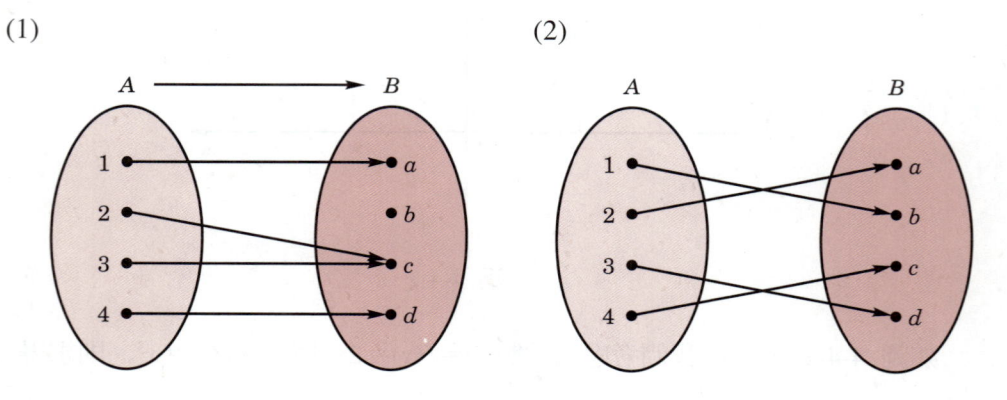

(1)   (2)

解答 (1) 因 $2 \neq 3$ 且 $f(2)=f(3)=c$，所以 f 不是一對一函數。

(2) 因 $f(1)=b$、$f(2)=a$、$f(3)=d$、$f(4)=c$，任意兩元素 x_1、x_2，$x_1 \neq x_2$ 時，$f(x_1) \neq f(x_2)$ 成立，故 f 是一對一函數。

定理 4-4-1

設 f 為可逆函數，f^{-1} 為其反函數，則 f^{-1} 亦為可逆函數。

定理 4-4-2

設 f 為可逆函數，則 $(f^{-1})^{-1}=f$.

例 2 設 $f(x)=2x-7$，(1) 試證 f 有反函數，(2) 求其反函數，並驗證式 (4-4-1)。

解答 (1) 欲證 f 有反函數，只須證明 f 為一對一函數.

f 的定義域為 $\mathbb{R}$，對任意 x_1、$x_2 \in \mathbb{R}$，

若 $f(x_1)=f(x_2)$，則 $2x_1-7=2x_2-7$

$$x_1=x_2$$

可知 f 為一對一函數，故 f 具有反函數.

(2) $y=f(x)=2x-7 \Rightarrow x=f^{-1}(y)=\dfrac{y+7}{2}$

對任一 $y \in f(\mathbb{R})$，

$$f(f^{-1}(y))=y$$
$$2f^{-1}(y)-7=y$$
$$f^{-1}(y)=\dfrac{y+7}{2}$$

故 $f^{-1}: x \to \dfrac{x+7}{2}$ 為 f 的反函數.

另外，$f^{-1}(f(x))=f^{-1}(2x-7)=\dfrac{2x-7+7}{2}=x$

$$f(f^{-1}(y))=f\left(\dfrac{y+7}{2}\right)=2 \cdot \dfrac{y+7}{2}-7=y.$$

例 3 求 $f(x)=\sqrt{x-2}$ $(x \geq 2)$ 的反函數.

解答 令 $y=\sqrt{x-2}$，則 $y^2=x-2$，可得 $x=y^2+2$，即 $x=f^{-1}(y)=y^2+2$，$y \geq 0$，

故 $y=f^{-1}(x)=x^2+2$ $(x \geq 0)$ 為 f 的反函數.

有了平面直角坐標系與函數圖形的觀念後，現就 $y=f(x)$ 與 $y=f^{-1}(x)$ 之圖形間的關係加以說明．假設 f 有一反函數，則由定義知 $y=f(x)$ 與 $x=f^{-1}(y)$ 確定同一點 (x, y)，得到相同的圖形．至於 $y=f^{-1}(x)$ 的圖形呢？由於我們已將 x 及 y 交換成不同變數，所以我們應該會想到將變數 x 與 y 交換之後所得的圖形為 鏡射 於直線 $x=y$ 的圖形．因而 $y=f^{-1}(x)$ 的圖形正好是將 $y=f(x)$ 的圖形對直線 $y=x$ 作對稱而獲得的圖形，如圖 4-4-3 所示．

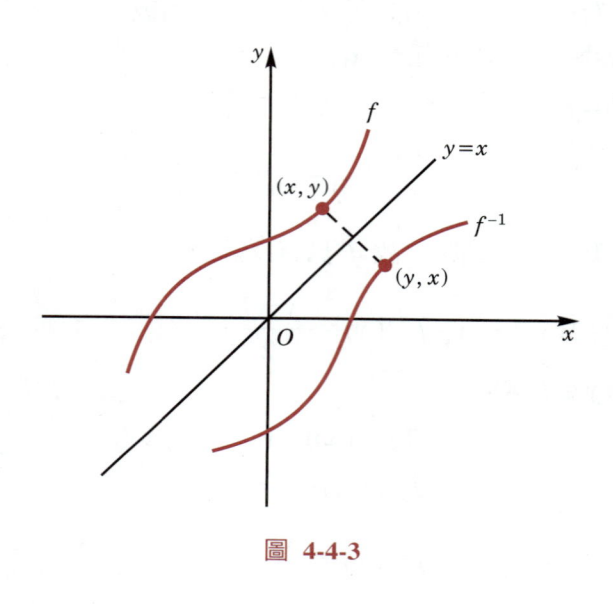

圖 4-4-3

例 4 因函數 $f(x)=2x-5$ 與函數 $f^{-1}(x)=\dfrac{1}{2}(x+5)$ 互為反函數，故 $f(x)=2x-5$ 與 $f^{-1}(x)=\dfrac{1}{2}(x+5)$ 的圖形必對稱於直線 $y=x$，如圖 4-4-4 所示．

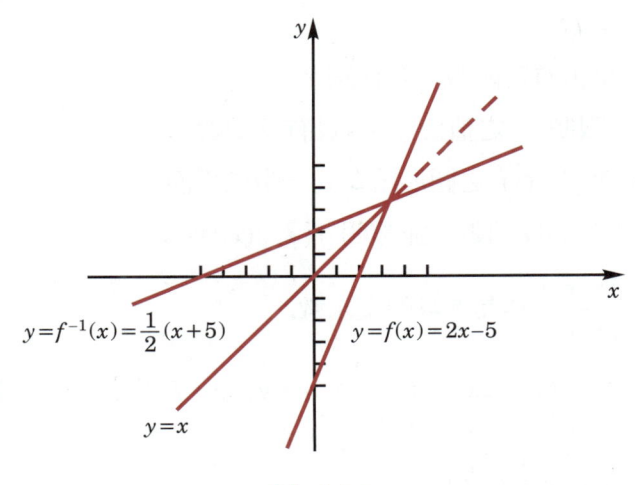

圖 4-4-4

習 題 4-4

試指出下列各函數中何者為可逆函數.

1. $f(x) = x+5$
2. $f(x) = x^2 - 2$
3. $f(x) = \dfrac{x-3}{2}$
4. $f(x) = -(x+3)$
5. $f(x) = x^3$
6. $f(x) = \sqrt{1-4x^2}\ \left(0 \leq x \leq \dfrac{1}{2}\right)$
7. $f(x) = x^2 + 4\ (x \geq 0)$

試求下列各函數的反函數.

8. $f(x) = x+5$
9. $f(x) = \dfrac{x-3}{2}$
10. $f(x) = x^3$
11. $f(x) = 6 - x^2,\ 0 \leq x \leq \sqrt{6}$
12. $f(x) = 2x^3 - 5$
13. $f(x) = \sqrt[3]{x} + 2$
14. $f(x) = \sqrt{1-4x^2},\ 0 \leq x \leq \dfrac{1}{2}$.

15. 設 $f(x)=x^2,\ x\in \mathbb{R}$

    (1) 試問 $f(x)$ 是否有反函數，為什麼？

    (2) 我們應如何限制 x 之值使 $f(x)$ 具有反函數．

    (3) 試將 $f(x)$ 與 $f^{-1}(x)$ 之圖形繪在同一坐標平面上．

16. 試求 $f(x)=x^3+1$ 的反函數，並證明 $f(f^{-1}(x))=x$．

17. 試證：$f(x)=\dfrac{3-x}{1-x}$ 為其本身的反函數．

18. 設 $f(x)=3x+1$、$g(x)=2x-3$，試證 $f\circ g$、$g\circ f$ 均為可逆函數，並分別求其反函數．

19. 下列的敘述是否正確？並說明理由．

    "若 f 為偶函數，則 f^{-1} 存在"．

第 5 章

三角函數

5-1 銳角的三角函數

5-2 廣義角的三角函數

5-3 弧　度

5-4 三角函數的圖形

5-5 正弦定理與餘弦定理

5-6 和角公式

5-7 倍角與半角公式、和與積互化公式

➡ 本章摘要 ⬅

1. **銳角三角函數**：設 △ABC 為一個直角三角形，其中 ∠C 是直角，$\overline{AB}$ 是斜邊，兩股 $\overline{BC}$ 與 $\overline{AC}$ 分別是 ∠B 的鄰邊與對邊，則我們定義：

$$\angle B \text{ 的正弦} = \sin B = \frac{\text{對邊}}{\text{斜邊}} = \frac{\overline{AC}}{\overline{AB}}$$

$$\angle B \text{ 的餘弦} = \cos B = \frac{\text{鄰邊}}{\text{斜邊}} = \frac{\overline{BC}}{\overline{AB}}$$

$$\angle B \text{ 的正切} = \tan B = \frac{\text{對邊}}{\text{鄰邊}} = \frac{\overline{AC}}{\overline{BC}}$$

$$\angle B \text{ 的餘切} = \cot B = \frac{\text{鄰邊}}{\text{對邊}} = \frac{\overline{BC}}{\overline{AC}}$$

$$\angle B \text{ 的正割} = \sec B = \frac{\text{斜邊}}{\text{鄰邊}} = \frac{\overline{AB}}{\overline{BC}}$$

$$\angle B \text{ 的餘割} = \csc B = \frac{\text{斜邊}}{\text{對邊}} = \frac{\overline{AB}}{\overline{AC}}$$

2. **有關銳角三角函數之間的關係式**：

   (1) **倒數關係式**：

$$\frac{1}{\sin \theta} = \csc \theta, \qquad \frac{1}{\cos \theta} = \sec \theta$$

$$\frac{1}{\tan \theta} = \cot \theta, \qquad \frac{1}{\cot \theta} = \tan \theta$$

$$\frac{1}{\sec \theta} = \cos \theta, \qquad \frac{1}{\csc \theta} = \sin \theta$$

   (2) **商數關係式**：

$$\tan \theta = \frac{\sin \theta}{\cos \theta}, \qquad \cot \theta = \frac{\cos \theta}{\sin \theta}$$

(3) 餘角關係式：

$\sin(90°-\theta)=\cos\theta,\quad \cos(90°-\theta)=\sin\theta$

$\tan(90°-\theta)=\cot\theta,\quad \cot(90°-\theta)=\tan\theta$

$\sec(90°-\theta)=\csc\theta,\quad \csc(90°-\theta)=\sec\theta$

(4) 平方關係式：

$$\sin^2\theta+\cos^2\theta=1$$
$$1+\tan^2\theta=\sec^2\theta$$
$$1+\cot^2\theta=\csc^2\theta$$

3. **廣義角的三角函數**：我們在角的終邊上任取異於原點 O 的一點 P，設其坐標為 (x, y)，且令 $\overline{OP}=r$，如下圖所示，則定義廣義角的三角函數如下：

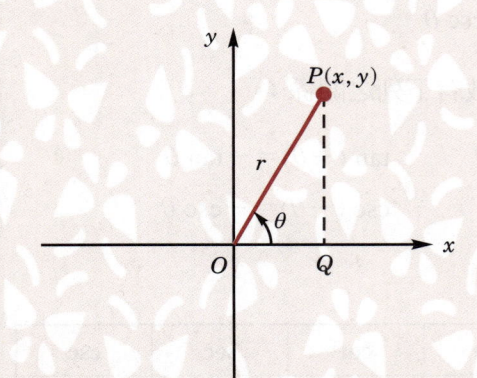

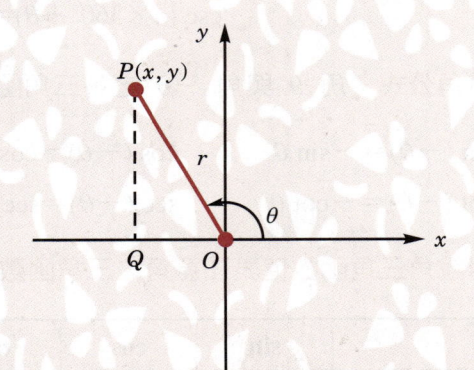

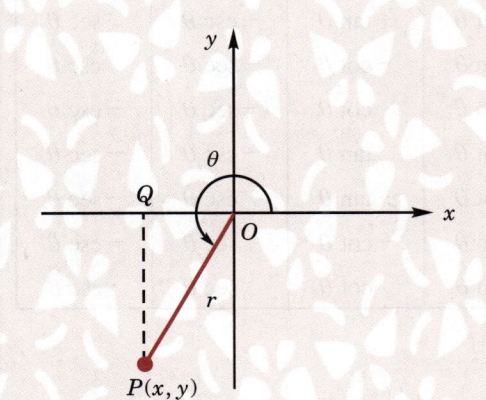

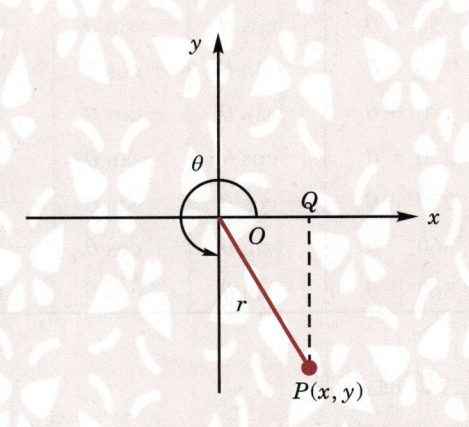

$$\sin\theta = \frac{y}{r}, \qquad \cos\theta = \frac{x}{r}, \qquad \tan\theta = \frac{y}{x}$$

$$\cot\theta = \frac{x}{y}, \qquad \sec\theta = \frac{r}{x}, \qquad \csc\theta = \frac{r}{y}$$

4. **同界角的三角函數值**：由廣義角之三角函數的定義可知，凡是**同界角**均有相同的三角函數值．因此，若 n 為整數，則有下列的結果：

$$\sin(n \times 360° + \theta) = \sin\theta$$
$$\cos(n \times 360° + \theta) = \cos\theta$$
$$\tan(n \times 360° + \theta) = \tan\theta$$
$$\cot(n \times 360° + \theta) = \cot\theta$$
$$\sec(n \times 360° + \theta) = \sec\theta$$
$$\csc(n \times 360° + \theta) = \csc\theta$$

5. **負角公式**：角 θ 與角 $-\theta$ 之各三角函數有下列之關係：

$$\sin(-\theta) = -\sin\theta \qquad \cos(-\theta) = \cos\theta \qquad \tan(-\theta) = -\tan\theta$$
$$\cot(-\theta) = -\cot\theta \qquad \sec(-\theta) = \sec\theta \qquad \csc(-\theta) = -\csc\theta$$

6. **用銳角三角函數值表任意角之三角函數值**：

	sin	cos	tan	cot	sec	csc
$-\theta$	$-\sin\theta$	$\cos\theta$	$-\tan\theta$	$-\cot\theta$	$\sec\theta$	$-\csc\theta$
$90°-\theta$	$\cos\theta$	$\sin\theta$	$\cot\theta$	$\tan\theta$	$\csc\theta$	$\sec\theta$
$90°+\theta$	$\cos\theta$	$-\sin\theta$	$-\cot\theta$	$-\tan\theta$	$-\csc\theta$	$\sec\theta$
$180°-\theta$	$\sin\theta$	$-\cos\theta$	$-\tan\theta$	$-\cot\theta$	$-\sec\theta$	$\csc\theta$
$180°+\theta$	$-\sin\theta$	$-\cos\theta$	$\tan\theta$	$\cot\theta$	$-\sec\theta$	$-\csc\theta$
$270°-\theta$	$-\cos\theta$	$-\sin\theta$	$\cot\theta$	$\tan\theta$	$-\csc\theta$	$-\sec\theta$
$270°+\theta$	$-\cos\theta$	$\sin\theta$	$-\cot\theta$	$-\tan\theta$	$\csc\theta$	$-\sec\theta$
$360°-\theta$	$-\sin\theta$	$\cos\theta$	$-\tan\theta$	$-\cot\theta$	$\sec\theta$	$-\csc\theta$
$360°+\theta$	$\sin\theta$	$\cos\theta$	$\tan\theta$	$\cot\theta$	$\sec\theta$	$\csc\theta$

註：上表的記法為

(1) 當角度為 $180°\pm\theta$、$360°\pm\theta$ 時，$\sin \to \sin$，$\cos \to \cos$，$\tan \to \tan$，⋯，函

數不變. 當角度為 $90°\pm\theta$、$270°\pm\theta$ 時，$\sin \xrightarrow{互換} \cos$, $\tan \xrightarrow{互換} \cot$, $\sec \xrightarrow{互換} \csc$.

(2) 將 θ 視為銳角，再求角度在哪一象限，而決定正負符號.

7. **弧度度量**：是將與半徑等長的圓弧所對的**圓心角**當成 1 弧度. 若半徑為 r 的圓，其周長等於 $2\pi r$，所以整個圓周所對的角等於 2π 弧度；半圓弧長為 πr，所以平角等於 π 弧度. 一般而言，**度度量**與**弧度量**之間有下列的互換關係，因為

$$360° = 2\pi \text{ 弧度}$$

所以

$$1° = \frac{2\pi}{360} \text{ 弧度} = \frac{\pi}{180} \text{ 弧度} \approx 0.01745 \text{ 弧度}$$

$$1 \text{ 弧度} = \left(\frac{360}{2\pi}\right)° = \left(\frac{180}{\pi}\right)° \approx 57°17'45''$$

一些常用角之度度量與弧度量之換算如下：

度	30°	45°	60°	90°	120°	135°	150°	180°	270°
弧度	$\frac{\pi}{6}$	$\frac{\pi}{4}$	$\frac{\pi}{3}$	$\frac{\pi}{2}$	$\frac{2\pi}{3}$	$\frac{3\pi}{4}$	$\frac{5\pi}{6}$	π	$\frac{3\pi}{2}$

8. **扇形面積**：若圓的半徑為 r，則

(1) 圓心角 θ (弧度) 所對的弧長為 $s = r\theta$，而扇形面積為

$$A = \frac{1}{2} r^2 \theta = \frac{1}{2} rs.$$

(2) 圓心角 $\alpha°$ 所對的弧長為 $s = \frac{\alpha}{360} \times 2\pi r$，而扇形面積為

$$A = \frac{\alpha}{360} \times \pi r^2.$$

9. 三角函數的圖形
   (1) **三角函數具有週期性**
       定義：
       設 f 為定義於 $A \subset R$ 的函數，且 $f(A) \subset \mathbb{R}$，若存在一正數 T，使得
       $$f(x+T)=f(x)$$
       對於任一 $x \in A$ 均成立，則稱 f 為**週期函數**，而使得上式成立的最小正數 T 稱為函數 f 的**週期**。

       定理：
       若 T 為 $f(x)$ 所定義函數的週期，則 $f(kx)$ 所定義之函數亦為週期函數，其週期為 $\dfrac{T}{k}$ $(k>0)$。

   (2) **有關三角函數的圖形**

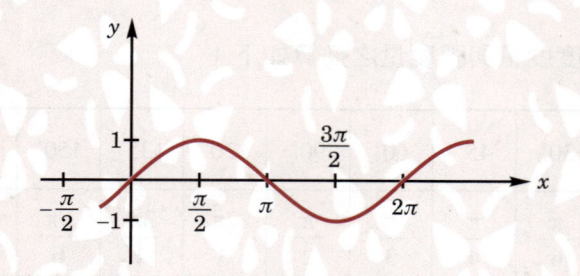

   $y = \sin x$ 的圖形

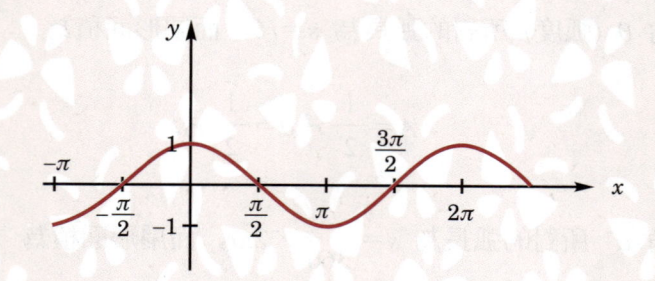

   $y = \cos x$ 的圖形

第五章　三角函數　107

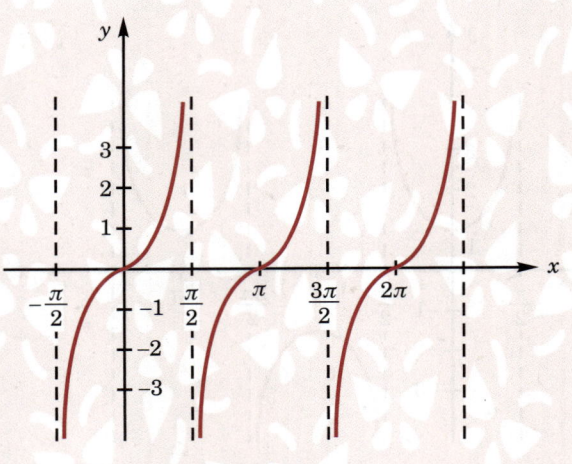

$y = \tan x$ 的圖形

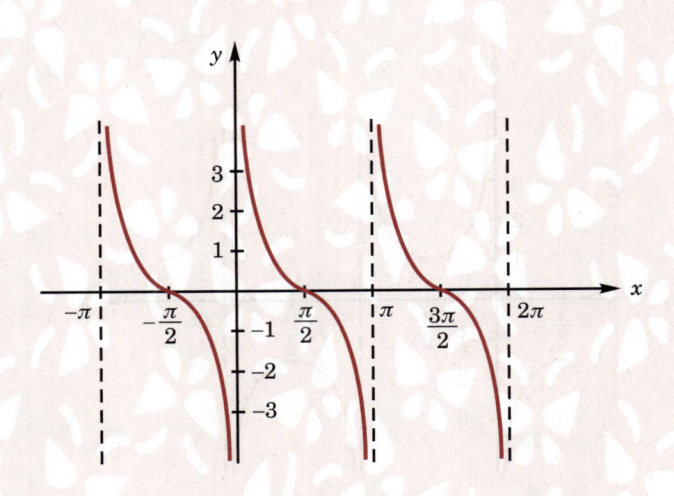

$y = \cot x$ 的圖形

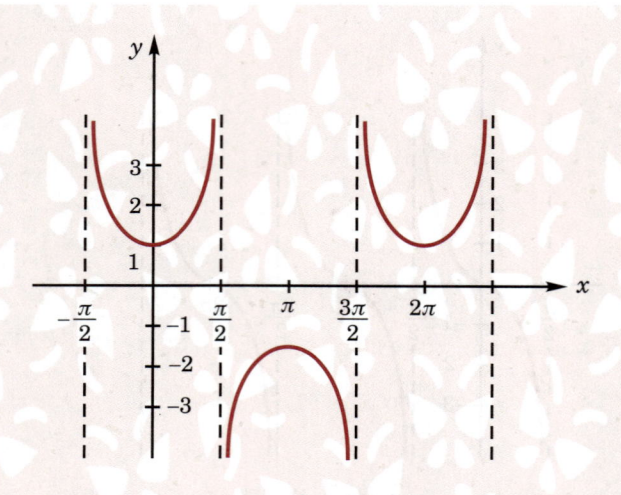

$y = \sec x$ 的圖形

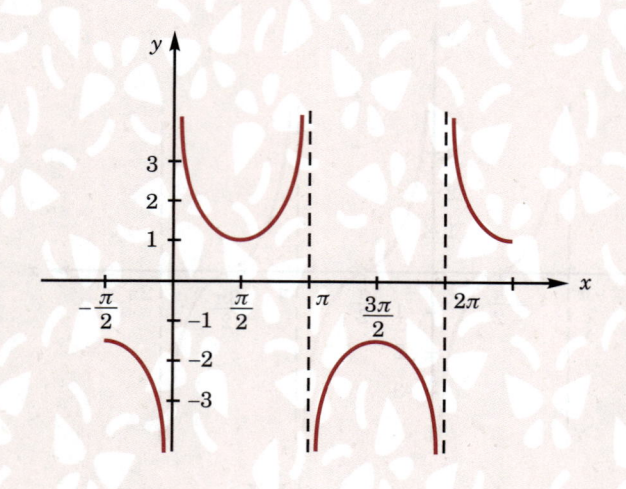

$y = \csc x$ 的圖形

(3) 三角函數的定義域與值域

$y = \sin x$, $-\infty < x < \infty$, $-1 \leq y \leq 1$

$y = \cos x$, $-\infty < x < \infty$, $-1 \leq y \leq 1$

$y = \tan x$, $-\infty < x < \infty \left(x \neq (2n+1)\dfrac{\pi}{2} \right)$, $-\infty < y < \infty$

$y = \cot x$, $-\infty < x < \infty$ $(x \neq n\pi)$, $-\infty < y < \infty$

$y = \sec x$, $-\infty < x < \infty$ $\left(x \neq (2n+1)\dfrac{\pi}{2}\right)$, $y \geq 1$ 或 $y \leq -1$

$y = \csc x$, $-\infty < x < \infty$ $(x \neq n\pi)$, $y \geq 1$ 或 $y \leq -1$

其中 n 為整數.

10. **正弦定理與餘弦定理**

    定理：面積公式

    在 $\triangle ABC$ 中，若 a、b 與 c 分別表 $\angle A$、$\angle B$ 與 $\angle C$ 的對邊長，則

    $$\triangle ABC \text{ 面積} = \dfrac{1}{2} ab \sin C = \dfrac{1}{2} bc \sin A = \dfrac{1}{2} ca \sin B.$$

    定理：正弦定理

    在 $\triangle ABC$ 中，若 a、b 與 c 分別表 $\angle A$、$\angle B$ 與 $\angle C$ 的對邊長，R 表 $\triangle ABC$ 的外接圓半徑，則

    $$\dfrac{a}{\sin A} = \dfrac{b}{\sin B} = \dfrac{c}{\sin C} = 2R.$$

    定理：餘弦定理

    在 $\triangle ABC$ 中，若 a、b 與 c 分別表 $\angle A$、$\angle B$ 與 $\angle C$ 的對邊長，則

    $$a^2 = b^2 + c^2 - 2bc \cos A$$
    $$b^2 = c^2 + a^2 - 2ca \cos B$$
    $$c^2 = a^2 + b^2 - 2ab \cos C.$$

11. **和角公式**

    定理：

    設 α、β 為任意實數，則有

    (1) $\cos(\alpha - \beta) = \cos \alpha \cos \beta + \sin \alpha \sin \beta$

    (2) $\sin(\alpha - \beta) = \sin \alpha \cos \beta - \cos \alpha \sin \beta.$

    定理：

    對任意 $\alpha \in \mathbb{R}$ 而言，皆有

$$\sin\left(\frac{\pi}{2}-\alpha\right)=\cos\alpha, \qquad \cot\left(\frac{\pi}{2}-\alpha\right)=\tan\alpha$$

$$\cos\left(\frac{\pi}{2}-\alpha\right)=\sin\alpha, \qquad \sec\left(\frac{\pi}{2}-\alpha\right)=\csc\alpha$$

$$\tan\left(\frac{\pi}{2}-\alpha\right)=\cot\alpha, \qquad \csc\left(\frac{\pi}{2}-\alpha\right)=\sec\alpha$$

定理：

設 α、β 為任意實數，則有

$$\sin(\alpha+\beta)=\sin\alpha\,\cos\beta+\cos\alpha\,\sin\beta$$
$$\cos(\alpha+\beta)=\cos\alpha\,\cos\beta-\sin\alpha\,\sin\beta.$$

定理：正切的和角公式

設 α、β 為任意實數，則有

$$\tan(\alpha+\beta)=\frac{\tan\alpha+\tan\beta}{1-\tan\alpha\tan\beta}$$

$$\tan(\alpha-\beta)=\frac{\tan\alpha-\tan\beta}{1+\tan\alpha\tan\beta}.$$

12. 倍角與半角公式

(1) **定理：二倍角公式**

$$\sin 2\theta=2\,\sin\theta\,\cos\theta$$
$$\cos 2\theta=\cos^2\theta-\sin^2\theta=1-2\,\sin^2\theta=2\,\cos^2\theta-1$$
$$\tan 2\theta=\frac{2\tan\theta}{1-\tan^2\theta}$$

(2) **定理：半角公式**

$$\sin\frac{\theta}{2}=\pm\sqrt{\frac{1-\cos\theta}{2}}, \qquad \cos\frac{\theta}{2}=\pm\sqrt{\frac{1+\cos\theta}{2}}$$

$$\tan\frac{\theta}{2}=\pm\sqrt{\frac{1-\cos\theta}{1+\cos\theta}}, \qquad \cot\frac{\theta}{2}=\pm\sqrt{\frac{1+\cos\theta}{1-\cos\theta}}$$

以上諸式中，根號前正負號的取捨，視角 $\dfrac{\theta}{2}$ 所在的象限而定.

13. **定理：積化和差公式**

$$\sin\alpha\,\cos\beta = \dfrac{1}{2}[\sin(\alpha+\beta)+\sin(\alpha-\beta)]$$

$$\cos\alpha\,\sin\beta = \dfrac{1}{2}[\sin(\alpha+\beta)-\sin(\alpha-\beta)]$$

$$\cos\alpha\,\cos\beta = \dfrac{1}{2}[\cos(\alpha+\beta)+\cos(\alpha-\beta)]$$

$$\sin\alpha\,\sin\beta = -\dfrac{1}{2}[\cos(\alpha+\beta)-\cos(\alpha-\beta)].$$

定理：和差化積公式

$$\sin x + \sin y = 2\,\sin\dfrac{x+y}{2}\,\cos\dfrac{x-y}{2}$$

$$\sin x - \sin y = 2\,\cos\dfrac{x+y}{2}\,\sin\dfrac{x-y}{2}$$

$$\cos x + \cos y = 2\,\cos\dfrac{x+y}{2}\,\cos\dfrac{x-y}{2}$$

$$\cos x - \cos y = -2\,\sin\dfrac{x+y}{2}\,\sin\dfrac{x-y}{2}.$$

§5-1　銳角的三角函數

我們先討論正弦、餘弦、正切、餘切、正割及餘割等的三角函數，並得到一些基本關係式. 現在，我們先將這些函數定義如下：設 $\triangle ABC$ 為一個直角三角形，如圖 5-1-1 所示.

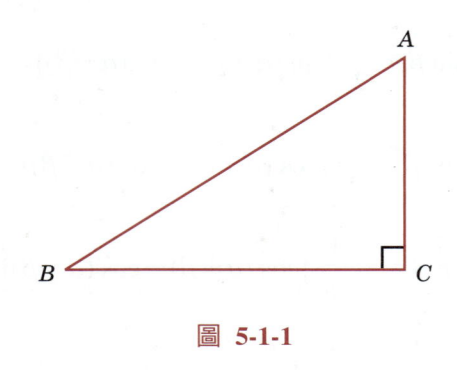

圖 5-1-1

其中 $\angle C$ 是直角，$\overline{AB}$ 是斜邊，兩股 $\overline{BC}$ 與 $\overline{AC}$ 分別是 $\angle B$ 的鄰邊與對邊，則我們定義：

$$\angle B \text{ 的正弦} = \sin B = \frac{\text{對邊}}{\text{斜邊}} = \frac{\overline{AC}}{\overline{AB}}$$

$$\angle B \text{ 的餘弦} = \cos B = \frac{\text{鄰邊}}{\text{斜邊}} = \frac{\overline{BC}}{\overline{AB}}$$

$$\angle B \text{ 的正切} = \tan B = \frac{\text{對邊}}{\text{鄰邊}} = \frac{\overline{AC}}{\overline{BC}}$$

$$\angle B \text{ 的餘切} = \cot B = \frac{\text{鄰邊}}{\text{對邊}} = \frac{\overline{BC}}{\overline{AC}}$$

$$\angle B \text{ 的正割} = \sec B = \frac{\text{斜邊}}{\text{鄰邊}} = \frac{\overline{AB}}{\overline{BC}}$$

$$\angle B \text{ 的餘割} = \csc B = \frac{\text{斜邊}}{\text{對邊}} = \frac{\overline{AB}}{\overline{AC}}$$

如果已知一個角的三角函數值，即使我們不知道此角的度數，也可以求出其他的三角函數值．

例 1 已知 $\cos \theta = \dfrac{1}{2}$，且 θ 為銳角，求 θ 角的其他三角函數值．

解答 由 $\cos \theta = \dfrac{1}{2}$，可得圖 5-1-2．

$\sin \theta = \dfrac{\sqrt{3}}{2}$，　　　　$\tan \theta = \dfrac{\sqrt{3}}{1} = \sqrt{3}$，

$\cot \theta = \dfrac{1}{\sqrt{3}} = \dfrac{\sqrt{3}}{3}$，　　$\sec \theta = \dfrac{2}{1} = 2$，

$\csc \theta = \dfrac{2}{\sqrt{3}} = \dfrac{2\sqrt{3}}{3}$．

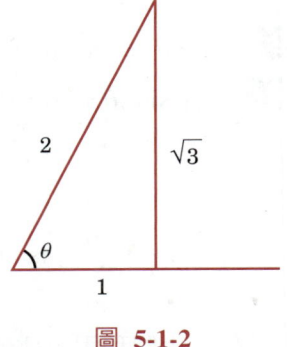

圖 5-1-2

其次，我們列出三角函數之間的一些關係式：

1. 倒數關係式：

$\dfrac{1}{\sin \theta} = \csc \theta$，　　　　$\dfrac{1}{\cos \theta} = \sec \theta$

$\dfrac{1}{\tan \theta} = \cot \theta$，　　　　$\dfrac{1}{\cot \theta} = \tan \theta$

$\dfrac{1}{\sec \theta} = \cos \theta$，　　　　$\dfrac{1}{\csc \theta} = \sin \theta$

2. 商數關係式：

$\tan \theta = \dfrac{\sin \theta}{\cos \theta}$，　　　　$\cot \theta = \dfrac{\cos \theta}{\sin \theta}$

3. 餘角關係式：

$\sin (90° - \theta) = \cos \theta$，　　$\cos (90° - \theta) = \sin \theta$

$\tan (90° - \theta) = \cot \theta$，　　$\cot (90° - \theta) = \tan \theta$

$\sec (90° - \theta) = \csc \theta$，　　$\csc (90° - \theta) = \sec \theta$

4. 平方關係式：

$$\sin^2\theta + \cos^2\theta = 1$$
$$1 + \tan^2\theta = \sec^2\theta$$
$$1 + \cot^2\theta = \csc^2\theta$$

例 2 設 θ 為銳角，試用 $\sin\theta$ 表出 $\cos\theta$ 與 $\tan\theta$。

解答 因 $\sin^2\theta + \cos^2\theta = 1$，即，$\cos^2\theta = 1 - \sin^2\theta$，又 $\cos\theta > 0$，故

$$\cos\theta = \sqrt{1 - \sin^2\theta}$$

$$\tan\theta = \frac{\sin\theta}{\cos\theta} = \frac{\sin\theta}{\sqrt{1 - \sin^2\theta}}.$$

現在，我們利用上述的基本關係式來證明一些<u>三角恆等式</u>.

例 3 試證：$\dfrac{\cos\theta \tan\theta + \sin\theta}{\tan\theta} = 2\cos\theta$.

解答
$$\frac{\cos\theta \tan\theta + \sin\theta}{\tan\theta} = \frac{\cos\theta \cdot \dfrac{\sin\theta}{\cos\theta} + \sin\theta}{\dfrac{\sin\theta}{\cos\theta}}$$

$$= 2\sin\theta \cdot \frac{\cos\theta}{\sin\theta} = 2\cos\theta.$$

例 4 試證：$\tan\theta + \cot\theta = \sec\theta \csc\theta$.

解答
$$\tan\theta + \cot\theta = \frac{\sin\theta}{\cos\theta} + \frac{\cos\theta}{\sin\theta} = \frac{\sin^2\theta + \cos^2\theta}{\sin\theta \cos\theta}$$

$$= \frac{1}{\sin\theta \cos\theta} = \sec\theta \csc\theta.$$

習題 5-1

1. 設 $\angle A$ 為銳角，且 $\sin A = \dfrac{24}{25}$，試求 $\angle A$ 的其他三角函數值.

2. 設 θ 為銳角，$\tan\theta = 2\sqrt{2}$，試求 θ 的其餘五個三角函數值.

3. 設 $\sin\theta + \sin^2\theta = 1$，試求 $\cos^2\theta + \cos^4\theta$ 之值.

4. 設 $\sin\theta - \cos\theta = \dfrac{1}{2}$，且 θ 為銳角，求下列各值.
    (1) $\sin\theta\,\cos\theta$
    (2) $\sin\theta + \cos\theta$
    (3) $\tan\theta + \cot\theta$

5. 設 $\tan\theta + \cot\theta = 3$，且 θ 為銳角，求下列各值.
    (1) $\sin\theta\,\cos\theta$
    (2) $\sin\theta + \cos\theta$

6. 設 θ 為銳角，試用 $\tan\theta$ 表示 $\sin\theta$ 及 $\cos\theta$.

7. 試化簡下列各式：
    (1) $(\sin\theta + \cos\theta)^2 + (\sin\theta - \cos\theta)^2$
    (2) $(\tan\theta + \cot\theta)^2 - (\tan\theta - \cot\theta)^2$
    (3) $(1 - \tan^4\theta)\cos^2\theta + \tan^2\theta$

試證下列各恆等式.

8. $(\sec\theta - \tan\theta)^2 = \dfrac{1 - \sin\theta}{1 + \sin\theta}$

9. $\dfrac{\sin\theta}{1 + \cos\theta} + \dfrac{1 + \cos\theta}{\sin\theta} = 2\,\csc\theta$

10. $\sin^4\theta - \cos^4\theta = 1 - 2\cos^2\theta$

11. $(\sin\theta + \cos\theta)^2 = 1 + 2\sin\theta\,\cos\theta$

12. $\tan^2\theta - \sin^2\theta = \tan^2\theta\,\sin^2\theta$

13. $\dfrac{1+\cos\theta}{1-\cos\theta} - \dfrac{1-\cos\theta}{1+\cos\theta} = \dfrac{4\cos\theta}{\sin^2\theta}$

14. $2+\cot^2\theta = \csc^2\theta + \sec^2\theta - \tan^2\theta$

15. 設 θ 為銳角，且 $\tan\theta = \dfrac{5}{12}$，求 $\dfrac{\sin\theta}{1-\tan\theta} + \dfrac{\cos\theta}{1-\cot\theta}$ 之值.

試求下列之值.

16. $(1+\cos 60° + \cos 45°)(1 - \sin 45° + \sin 30°)$

17. $\cos 60° - \tan 45° + \dfrac{3}{4}\cot^2 60° + \cos^2 30° - \sin 30°$

§5-2　廣義角的三角函數

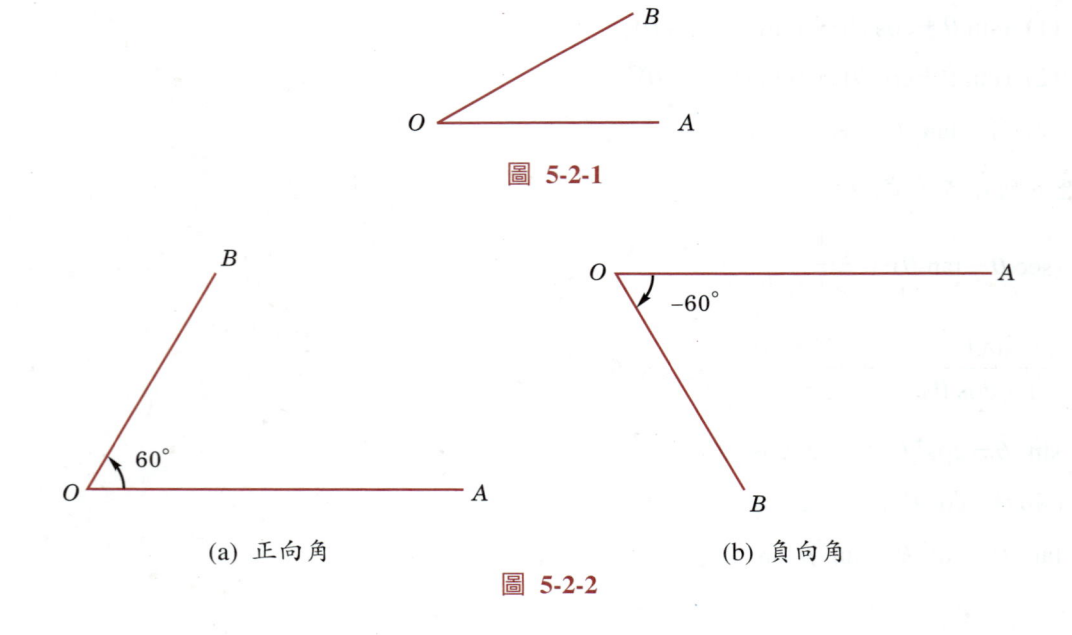

　　已知 $\angle AOB$ 為一個角，其兩邊為 $\overline{OA}$ 與 $\overline{OB}$，如圖 5-2-1 所示，若該角是從 $\overline{OA}$ 轉到 $\overline{OB}$，則 $\overline{OA}$ 是 始邊，而 $\overline{OB}$ 是 終邊．從始邊轉到終邊就是旋轉方向，所以我們可以將角看作是由始邊沿著旋轉方向到終邊的 旋轉量．為了方便起見，通常規定逆時鐘的旋轉方向是正的，順時鐘的旋轉方向是負的．旋轉方向是正的角稱為 正向角，簡稱為 正角；旋轉方向是負的角稱為 負向角，簡稱為 負角．正向角與負向角均稱為 有向角．例

圖 5-2-1

(a) 正向角　　　　　　　　(b) 負向角

圖 5-2-2

圖 5-2-3

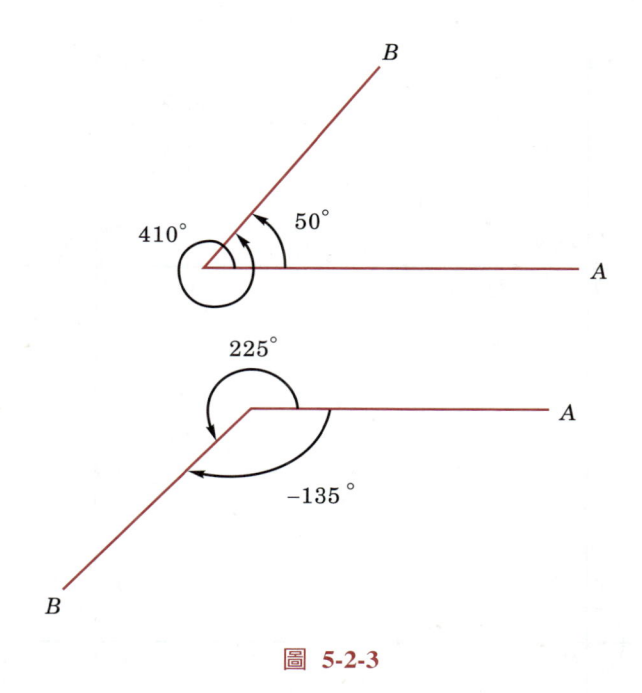

如，就圖 5-2-2(a) 所示，從 $\overline{OA}$ 轉到 $\overline{OB}$ 的有向角是 $60°$；就圖 5-2-2(b) 所示，從 $\overline{OA}$ 轉到 $\overline{OB}$ 的有向角是 $-60°$.

　　大家也許還記得在國中學習過的角都一律被限制在 $180°$ 以內。但是，現在既然將角看作是由始邊沿著旋轉方向的旋轉量，我們就要打破那個限制，而將角度的範圍擴充到 $180°$ 以上，像這樣打破了 $180°$ 限制的有向角被稱為**廣義角**. 若在同一平面上之兩個角有共同的始邊與共同的終邊，則稱它們是**同界角**. 角 θ 的同界角可用 $n \times 360° + \theta$ (n 為整數) 表示，如圖 5-2-3 中的 $410°$ 角與 $50°$ 角為同界角，$225°$ 角與 $-135°$ 角為同界角．

　　在坐標平面上，若角的頂點位於原點且始邊放在 x-軸的正方向上，則稱該角位於**標準位置**，而該角為**標準位置角**. 若標準位置角的終邊落在第 I (I=1, 2, 3, 4) 象限內，則稱該角為**第 I 象限角**.

　　現在，我們將銳角的三角函數加以推廣。假設 θ 為標準位置角，則 θ 的終邊可能落在第一象限，也可能落在第二象限、第三象限或第四象限，如圖 5-2-4 所示，其中 $0 < \theta < 360°$.

　　當然，終邊有可能落在 x-軸或 y-軸上。我們在終邊上任取異於原點 O 的一點 P，設其坐標為 (x, y)，且令 $\overline{OP} = r$，則定義廣義角的三角函數如下：

圖 5-2-4

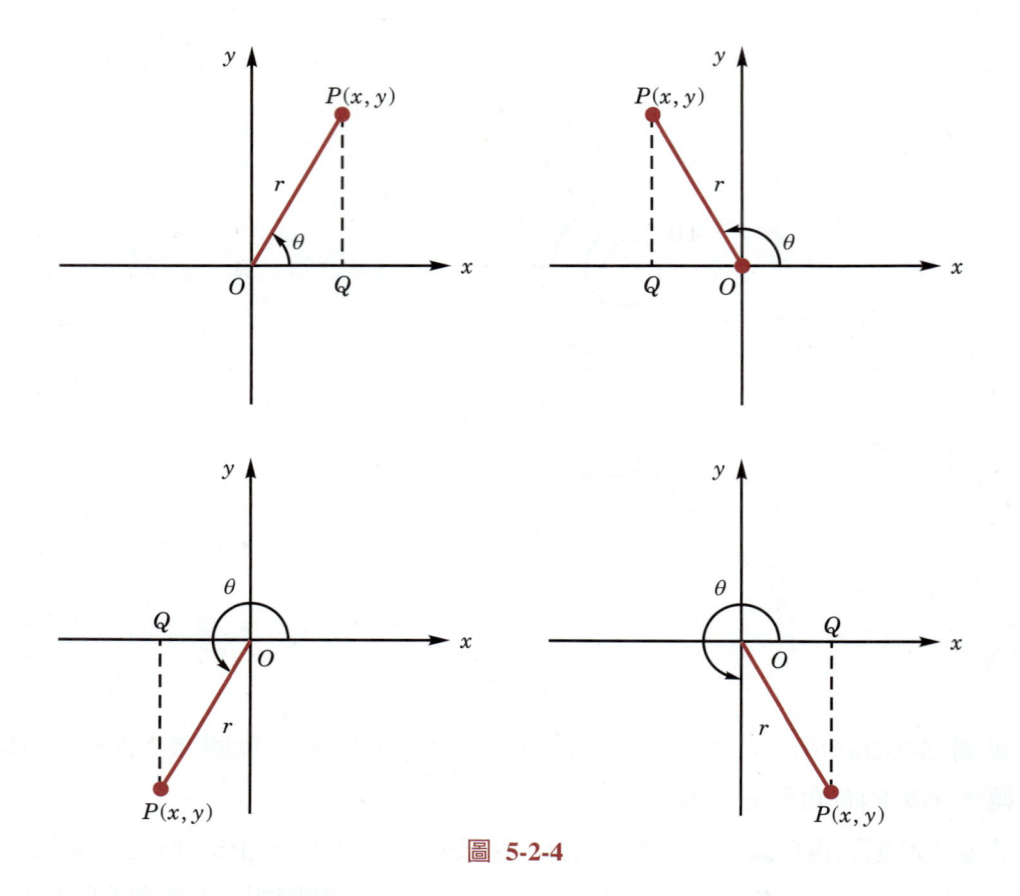

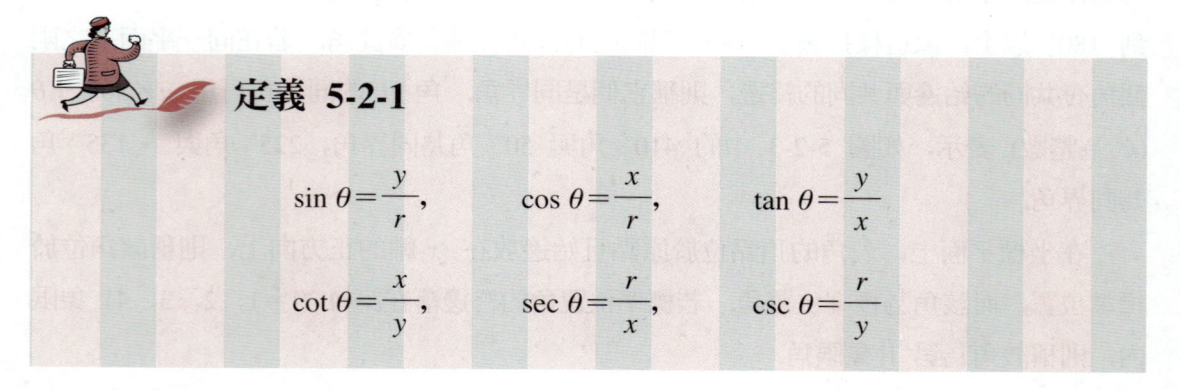

定義 5-2-1

$$\sin\theta = \frac{y}{r}, \qquad \cos\theta = \frac{x}{r}, \qquad \tan\theta = \frac{y}{x}$$

$$\cot\theta = \frac{x}{y}, \qquad \sec\theta = \frac{r}{x}, \qquad \csc\theta = \frac{r}{y}$$

　　此定義中的 θ 適合所有角——正角、負角、銳角或鈍角. 特別注意的是，我們必須在它的比值有意義的情況下，才能定義廣義角的三角函數. 例如，若 θ 的終邊在 y-軸 (即，$x=0$) 上，則 $\tan\theta$ 與 $\sec\theta$ 均無意義；若 θ 的終邊在 x-軸 (即，$y=0$) 上，則 $\cot\theta$ 與 $\csc\theta$ 均無意義.

由於 r 恆為正，故 θ 角之三角函數的正、負號隨 P 點所在的象限而定，今列表如下：

象限 函數	I	II	III	IV
$\sin\theta$ $\csc\theta$	+	+	−	−
$\cos\theta$ $\sec\theta$	+	−	−	+
$\tan\theta$ $\cot\theta$	+	−	+	−

例 1 計算六個三角函數在 $\theta=150°$ 的值．

解答 以原點作為圓心且半徑是 1 的圓，並將角 $\theta=150°$ 置於標準位置，如圖 5-2-5 所示．因 $\angle AOP=30°$，且 $\triangle OAP$ 為一個 30°-60°-90° 的三角形，故 $\overline{AP}=\dfrac{1}{2}$，可得 $\overline{AO}=\dfrac{\sqrt{3}}{2}$．於是，$P$ 的坐標為 $\left(-\dfrac{\sqrt{3}}{2},\ \dfrac{1}{2}\right)$．

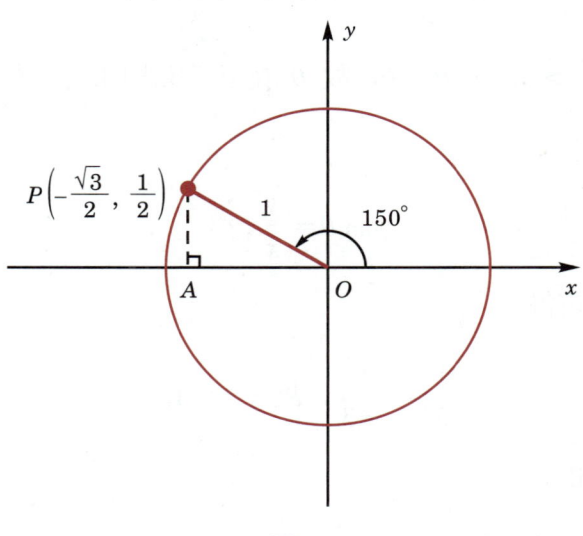

圖 5-2-5

$$\sin 150° = \frac{1}{2}$$

$$\cos 150° = -\frac{\sqrt{3}}{2}$$

$$\tan 150° = \frac{\frac{1}{2}}{-\frac{\sqrt{3}}{2}} = -\frac{1}{\sqrt{3}} = -\frac{\sqrt{3}}{3}$$

$$\cot 150° = \frac{1}{\tan 150°} = -\sqrt{3}$$

$$\sec 150° = \frac{1}{\cos 150°} = -\frac{2}{\sqrt{3}} = -\frac{2\sqrt{3}}{3}$$

$$\csc 150° = \frac{1}{\sin 150°} = 2.$$

例 2 若已知 $\tan \theta = \frac{1}{3}$, $\sin \theta < 0$, 求 θ 的各三角函數值.

解答 因 $\tan \theta = \frac{1}{3} > 0$, $\sin \theta < 0$, 故 θ 在第三象限內. 設 θ 的終邊上一點為 $P(x, y)$, 則

$$\tan \theta = \frac{y}{x}.$$

令 $x = -3$, 可得

$$\frac{1}{3} = \frac{y}{-3}, \quad \text{故 } y = -1.$$

由畢氏定理知

$$r = \sqrt{(-3)^2 + (-1)^2} = \sqrt{10},$$

如圖 5-2-6 所示.

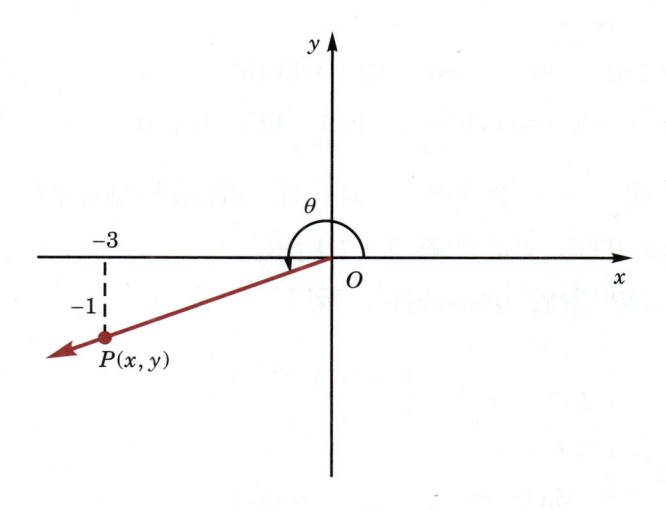

圖 5-2-6

$$\sin\theta = \frac{-1}{\sqrt{10}} = -\frac{\sqrt{10}}{10}, \qquad \cos\theta = \frac{-3}{\sqrt{10}} = -\frac{3}{10}\sqrt{10},$$

$$\cot\theta = \frac{-3}{-1} = 3, \qquad \sec\theta = \frac{\sqrt{10}}{-3} = -\frac{\sqrt{10}}{3},$$

$$\csc\theta = \frac{\sqrt{10}}{-1} = -\sqrt{10}.$$

從廣義角之三角函數的定義可知，凡是同界角均有相同的三角函數值．因此，若 n 為整數，則有下列的結果：

$$\begin{aligned}
\sin(n \times 360° + \theta) &= \sin\theta \\
\cos(n \times 360° + \theta) &= \cos\theta \\
\tan(n \times 360° + \theta) &= \tan\theta \\
\cot(n \times 360° + \theta) &= \cot\theta \\
\sec(n \times 360° + \theta) &= \sec\theta \\
\csc(n \times 360° + \theta) &= \csc\theta
\end{aligned} \qquad (5\text{-}2\text{-}1)$$

我們利用這些性質可將任意角的三角函數化成 0° 到 360° 之間的三角函數．例

如，

$$\sin 730° = \sin (2 \times 360° + 10°) = \sin 10°$$

$$\tan (-330°) = \tan [(-1) \times 360° + 30°] = \tan 30°$$

設兩個角 θ 與 $-\theta$ 的終邊與單位圓 (即，圓心在原點且半徑是 1 的圓) 的交點分別為 $P(x, y)$ 與 $P'(x', y')$，如圖 5-2-7 所示.

因為 $\overline{OP}$ 與 $\overline{OP'}$ 對於 x-軸成對稱，所以

$$x' = x, \quad y' = -y$$

可得

$$\sin(-\theta) = y' = -y = -\sin\theta$$

$$\cos(-\theta) = x' = x = \cos\theta$$

$$\tan(-\theta) = \frac{y'}{x'} = \frac{-y}{x} = -\tan\theta$$

$$\cot(-\theta) = \frac{x'}{y'} = \frac{x}{-y} = -\cot\theta$$

$$\sec(-\theta) = \frac{1}{x'} = \frac{1}{x} = \sec\theta$$

$$\csc(-\theta) = \frac{1}{y'} = \frac{1}{-y} = -\csc\theta$$

(5-2-2)

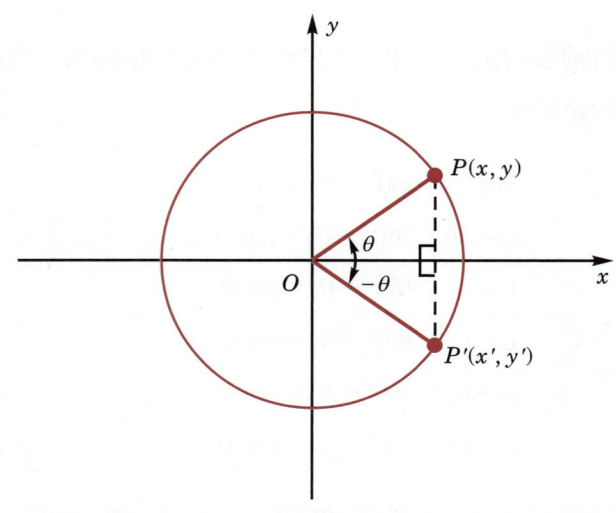

圖 5-2-7

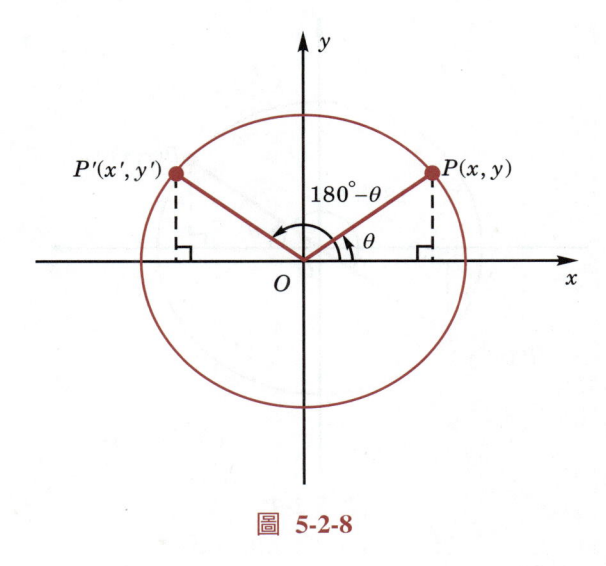

圖 5-2-8

例如,

$$\sin(-58°) = -\sin 58°$$
$$\cos(-25°) = \cos 25°$$
$$\cot(-66°) = -\cot 66°$$

設兩個角 θ 與 $180°-\theta$ 的終邊與單位圓的交點分別為 $P(x, y)$ 與 $P'(x', y')$,如圖 5-2-8 所示.

因為 $\overline{OP}$ 與 $\overline{OP'}$ 對於 y-軸成對稱,所以

$$x' = -x, \quad y' = y$$

可得

$$\sin(180°-\theta) = y' = y = \sin\theta$$
$$\cos(180°-\theta) = x' = -x = -\cos\theta$$
$$\tan(180°-\theta) = \frac{y'}{x'} = \frac{y}{-x} = -\tan\theta \qquad (5\text{-}2\text{-}3)$$
$$\cot(180°-\theta) = \frac{x'}{y'} = \frac{-x}{y} = -\cot\theta$$
$$\sec(180°-\theta) = \frac{1}{x'} = \frac{1}{-x} = -\sec\theta$$

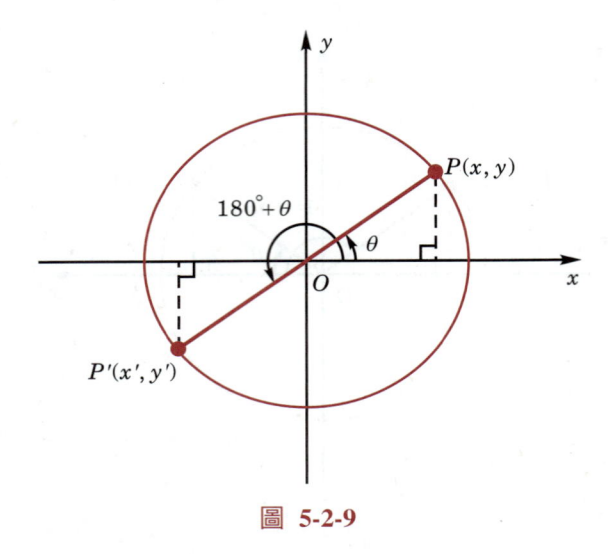

$$\csc(180°-\theta)=\frac{1}{y'}=\frac{1}{y}=\csc\theta$$

例如，

$$\sin 120°=\sin(180°-60°)=\sin 60°$$
$$\cos 150°=\cos(180°-30°)=-\cos 30°$$

設兩個角 θ 與 $180°+\theta$ 的終邊與單位圓的交點分別為 $P(x, y)$ 與 $P'(x', y')$，如圖 5-2-9 所示.

因為 $\overline{OP}$ 與 $\overline{OP'}$ 對於原點 O 成對稱，所以

$$x'=-x,\ y'=-y$$

可得

$$\sin(180°+\theta)=y'=-y=-\sin\theta$$
$$\cos(180°+\theta)=x'=-x=-\cos\theta$$
$$\tan(180°+\theta)=\frac{y'}{x'}=\frac{-y}{-x}=\frac{y}{x}=\tan\theta$$
$$\cot(180°+\theta)=\frac{x'}{y'}=\frac{-x}{-y}=\frac{x}{y}=\cot\theta$$

(5-2-4)

$$\sec(180°+\theta) = \frac{1}{x'} = \frac{1}{-x} = -\sec\theta$$

$$\csc(180°+\theta) = \frac{1}{y'} = \frac{1}{-y} = -\csc\theta$$

例如，

$$\cos 215° = \cos(180°+35°) = -\cos 35°$$

$$\tan 250° = \tan(180°+70°) = \tan 70°$$

綜合以上討論，我們列表如下：

	sin	cos	tan	cot	sec	csc
$-\theta$	$-\sin\theta$	$\cos\theta$	$-\tan\theta$	$-\cot\theta$	$\sec\theta$	$-\csc\theta$
$90°-\theta$	$\cos\theta$	$\sin\theta$	$\cot\theta$	$\tan\theta$	$\csc\theta$	$\sec\theta$
$90°+\theta$	$\cos\theta$	$-\sin\theta$	$-\cot\theta$	$-\tan\theta$	$-\csc\theta$	$\sec\theta$
$180°-\theta$	$\sin\theta$	$-\cos\theta$	$-\tan\theta$	$-\cot\theta$	$-\sec\theta$	$\csc\theta$
$180°+\theta$	$-\sin\theta$	$-\cos\theta$	$\tan\theta$	$\cot\theta$	$-\sec\theta$	$-\csc\theta$
$270°-\theta$	$-\cos\theta$	$-\sin\theta$	$\cot\theta$	$\tan\theta$	$-\csc\theta$	$-\sec\theta$
$270°+\theta$	$-\cos\theta$	$\sin\theta$	$-\cot\theta$	$-\tan\theta$	$\csc\theta$	$-\sec\theta$
$360°-\theta$	$-\sin\theta$	$\cos\theta$	$-\tan\theta$	$-\cot\theta$	$\sec\theta$	$-\csc\theta$
$360°+\theta$	$\sin\theta$	$\cos\theta$	$\tan\theta$	$\cot\theta$	$\sec\theta$	$\csc\theta$

註： 上表的記法為

(1) 當角度為 $180°\pm\theta$、$360°\pm\theta$ 時，sin $\rightarrow$ sin，cos $\rightarrow$ cos，tan $\rightarrow$ tan，…，函數不變。當角度為 $90°\pm\theta$、$270°\pm\theta$ 時，sin $\xrightarrow{互換}$ cos，tan $\xrightarrow{互換}$ cot，sec $\xrightarrow{互換}$ csc。

(2) 將 θ 視為銳角，再求角度在哪一象限，而決定正負符號。

例 3 求下列各三角函數值.

(1) $\sin(-690°)$ (2) $\sin(-7350°)$

(3) $\cot(1200°)$ (4) $\tan(-2730°)$

解答 (1) $\sin(-690°) = -\sin 690° = -\sin(720°-30°)$

$$= -(-\sin 30°) = \sin 30° = \frac{1}{2}$$

(2) $\sin(-7350°) = -\sin 7350° = -\sin(360°\times 20 + 150°) = -\sin 150°$

$$= -\sin(180° - 30°) = -\sin 30° = -\frac{1}{2}$$

(3) $\cot(1200°) = \cot(360°\times 3 + 120°) = \cot 120° = \cot(90° + 30°)$

$$= -\tan 30° = -\frac{1}{\sqrt{3}} = -\frac{\sqrt{3}}{3}$$

(4) $\tan(-2730°) = -\tan 2730° = -\tan(360°\times 7 + 210°)$

$$= -\tan 210° = -\tan(180° + 30°)$$

$$= -\tan 30° = -\frac{1}{\sqrt{3}} = -\frac{\sqrt{3}}{3}.$$

習題 5-2

1. 下列各角是何象限內的角？
   (1) 460°　　　(2) 1305°

2. 求 $-1384°$ 角的同界角中的最大負角，並問其為第幾象限角？

3. 設 $\theta = 35°$，ϕ 與 θ 為同界角，若 $-1080° \leq \phi \leq -720°$，求 ϕ.

4. 求下列諸角的最小正同界角及最大負同界角.
   (1) 675°　　(2) $-1520°$　　(3) $-1473°$　　(4) $-21508°$

5. 設標準位置角 θ 的終邊通過下列的點，求 θ 的各三角函數值.
   (1) $(3, 4)$　　(2) $(-4, -1)$　　(3) $(-1, 2)$

6. 若 $\cos\theta = -\dfrac{4}{5}$，且 $\sin\theta > 0$，求 θ 的其餘三角函數值.

7. 若 $\cos\theta = \dfrac{12}{13}$，且 $\cot\theta < 0$，求 θ 的其餘三角函數值.

8. 若 $\tan\theta = \dfrac{7}{24}$，求 $\sin\theta$ 及 $\cos\theta$ 的值.

9. 已知 $\tan\theta = -\dfrac{1}{\sqrt{3}}$，求 θ 的其餘三角函數值.

10. 已知 θ 為第三象限內的角，且 $\tan\theta = \dfrac{3}{2}$，求 $\dfrac{\sin\theta + \cos\theta}{1 + \sec\theta}$ 的值.

11. 已知 $\cos\theta = -\dfrac{3}{7}$，$\tan\theta > 0$，求 $\dfrac{\tan\theta}{1 - \tan^2\theta}$ 的值.

12. 求下列各三角函數值.
    (1) $\sin 120°$
    (2) $\cos 120°$
    (3) $\tan 150°$
    (4) $\sin 210°$
    (5) $\tan 225°$
    (6) $\sin 300°$
    (7) $\tan 300°$
    (8) $\cos 315°$
    (9) $\cos(-6270°)$
    (10) $\tan(-240°)$

13. 試化簡：$\sin(-1590°)\cos 1860° + \tan 960° \cot 1395°$.

14. 試證：$a\sin(\theta - 90°) + b\cos(\theta - 180°) = -(a+b)\cos\theta$.

15. 試證：$4\sin^2(-840°) - 3\cos^2(1800°) = 0$.

16. 已知 $\sin 598° = t$，試以 t 表示 $\tan 212°$.

§5-3 弧 度

一般常用的角度量有兩種，一種稱為**度度量**，是將一圓分成 360 等分，每一等分稱為 1 度 (記為 1°)，而 1 度分成 60 分 (記為 1°=60′)，1 分分成 60 秒 (記為 1′=60″)，故 1°=60′=3600″. 另一種稱為**弧度度量**，是將與半徑等長的圓弧所對的圓心角當成 1 弧度. 就半徑為 r 的圓而言，其周長等於 $2\pi r$，所以整個圓周所對的角等於 2π 弧度；半圓弧長為 πr，所以平角等於 π 弧度；四分之一圓弧長為 $\dfrac{1}{2}\pi r$，所以直角等於 $\dfrac{\pi}{2}$ 弧度.

註：弧度的大小僅與角度有關，與圓的半徑無關.

一般而言，度與弧度之間有下列的互換關係，因為

$$360° = 2\pi \text{ 弧度}$$

所以
$$1° = \frac{2\pi}{360} \text{ 弧度} = \frac{\pi}{180} \text{ 弧度} \approx 0.01745 \text{ 弧度}$$

$$1 \text{ 弧度} = \left(\frac{360}{2\pi}\right)° = \left(\frac{180}{\pi}\right)° \approx 57° \, 17' \, 45''$$

往後，我們常將弧度省略不寫，例如，一個角是 $\frac{\pi}{6}$ 的意思就是它是 $\frac{\pi}{6}$ 弧度的角．當所用的單位是度時，我們必須將度標出來，例如，不可以將 30° 記為 30．

一些常用角之度與弧度的換算如下表：

度	30°	45°	60°	90°	120°	135°	150°	180°	270°
弧度	$\frac{\pi}{6}$	$\frac{\pi}{4}$	$\frac{\pi}{3}$	$\frac{\pi}{2}$	$\frac{2\pi}{3}$	$\frac{3\pi}{4}$	$\frac{5\pi}{6}$	π	$\frac{3\pi}{2}$

例 1 化 210°、225°、240°、300°、315°、330° 為弧度．

解答
$$210° = \frac{\pi}{180} \times 210 = \frac{7\pi}{6}, \quad 225° = \frac{\pi}{180} \times 225 = \frac{5\pi}{4}$$

$$240° = \frac{\pi}{180} \times 240 = \frac{4\pi}{3}, \quad 300° = \frac{\pi}{180} \times 300 = \frac{5\pi}{3}$$

$$315° = \frac{\pi}{180} \times 315 = \frac{7\pi}{4}, \quad 330° = \frac{\pi}{180} \times 330 = \frac{11\pi}{6}.$$

例 2 化 23° 15′ 30″ 為弧度．

解答
$$23° \, 15' \, 30'' = 23° \, 15.5' \approx 23.2583°$$
$$\approx 0.01745 \times 23.2583 \text{ 弧度} \approx 0.406 \text{ 弧度}.$$

例 3 化 $\dfrac{3\pi}{5}$、$\dfrac{5\pi}{8}$ 為度.

解答 $\dfrac{3\pi}{5} = \left(\dfrac{180}{\pi}\right)^\circ \times \dfrac{3\pi}{5} = 108°$

$\dfrac{5\pi}{8} = \left(\dfrac{180}{\pi}\right)^\circ \times \dfrac{5\pi}{8} = 112.5°.$

例 4 試求與 $-\dfrac{11\pi}{4}$ 為同界角的最小正角與最大負角.

解答 因角 θ 的同界角可表為 $2n\pi + \theta$（n 為整數），故

$$-\dfrac{11\pi}{4} = (-2) \times 2\pi + \dfrac{5\pi}{4}$$

$$-\dfrac{11\pi}{4} = -2\pi + \left(-\dfrac{3\pi}{4}\right)$$

所以，

$\dfrac{5\pi}{4}$ 是 $-\dfrac{11\pi}{4}$ 的最小正同界角，$-\dfrac{3\pi}{4}$ 是 $-\dfrac{11\pi}{4}$ 的最大負同界角.

例 5 求下列各三角函數值.

(1) $\cos\left(\dfrac{4\pi}{3}\right)$ (2) $\sec\left(-\dfrac{23\pi}{4}\right)$

解答 (1) $\cos\left(\dfrac{4\pi}{3}\right) = \cos\left(\pi + \dfrac{\pi}{3}\right) = -\cos\dfrac{\pi}{3} = -\dfrac{1}{2}$

(2) $\sec\left(-\dfrac{23\pi}{4}\right) = \sec\dfrac{23\pi}{4}$

$= \sec\left(2 \times 2\pi + \dfrac{7\pi}{4}\right) = \sec\dfrac{7\pi}{4}$

$= \sec\left(2\pi - \dfrac{\pi}{4}\right) = \sec\dfrac{\pi}{4} = \sqrt{2}.$

弧是圓周的一部分，所以欲求弧長時，只要求出該段圓弧是佔整個圓周的幾分之幾，就可求出弧長．同樣地，扇形面積也是從該扇形佔整個圓區域的幾分之幾去求得．若圓的半徑為 r，則圓周長為 $2\pi r$，圓面積為 πr^2，故當圓心角為 θ（弧度）時，其所對的弧長為 $s = \dfrac{\theta}{2\pi} \times 2\pi r = r\theta$，而扇形面積為

$$A = \dfrac{\theta}{2\pi} \times \pi r^2 = \dfrac{1}{2} r^2 \theta = \dfrac{1}{2} rs$$

如果圓心角為 $\alpha°$ 時，弧長為 $s = \dfrac{\alpha}{360} \times 2\pi r$，扇形面積為

$$A = \dfrac{\alpha}{360} \times \pi r^2$$

因此，我們有下面的定理．

定理 5-3-1

若圓的半徑為 r，則

(1) 圓心角 θ（弧度）所對的弧長為 $s = r\theta$，而扇形面積為

$$A = \dfrac{1}{2} r^2 \theta = \dfrac{1}{2} rs$$

(2) 圓心角 $\alpha°$ 所對的弧長為 $s = \dfrac{\alpha}{360} \times 2\pi r$，而扇形面積為

$$A = \dfrac{\alpha}{360} \times \pi r^2.$$

例 6 求半徑為 8 公分的圓上一弧長為 2 公分所對的圓心角．

解答 圓心角 $= \dfrac{弧長}{半徑} = \dfrac{2}{8} = \dfrac{1}{4}$（弧度）．

例 7 若一圓的半徑為 8 公分，圓心角為 $\dfrac{\pi}{4}$，求此扇形的面積.

解答 面積 $= \dfrac{1}{2} r^2 \theta = \dfrac{1}{2} \times 8^2 \times \dfrac{\pi}{4} = 8\pi$ (平方公分).

習題 5-3

1. 求下列各角的弧度數.
   (1) $15°$　　(2) $144°$　　(3) $540°$　　(4) $45° \, 20' \, 35''$

2. 化下列各角度量為度度量.
   (1) $\dfrac{7\pi}{10}$　　(2) $\dfrac{7\pi}{4}$　　(3) $\dfrac{3\pi}{16}$　　(4) $\dfrac{5\pi}{12}$　　(5) 3

3. 試求與 $-\dfrac{10\pi}{3}$ 為同界角的最小正角與最大負角.

4. 求 $\sin \dfrac{\pi}{3} \, \tan \dfrac{\pi}{4} \, \cos \dfrac{\pi}{6} \, \sec \dfrac{\pi}{3} \, \cot \dfrac{\pi}{6}$ 的值.

5. 求 $\tan^2 \dfrac{\pi}{4} \, \sin \dfrac{\pi}{3} \, \cos \dfrac{\pi}{3} \, \tan \dfrac{\pi}{6} \, \sec \dfrac{\pi}{4}$ 的值.

6. 試證：$(a+b) \tan (2\pi - \theta) - (a+b) \cot \left(\dfrac{\pi}{2} - \theta \right) = -2(a+b) \tan \theta$.

7. 設一圓的半徑為 6，求圓心角為 $\dfrac{2\pi}{3}$ 所對的弧長.

8. 若一圓的半徑為 16 公分，圓心角為 $\dfrac{\pi}{3}$，求此扇形的面積.

9. 已知一扇形的半徑為 25 公分，弧長為 16 公分，求其圓心角的度數及面積.

10. 某扇形的半徑為 15 公分，圓心角為 $\dfrac{\pi}{3}$，求其面積及弧長.

§5-4　三角函數的圖形

三角函數有一個非常重要的性質，稱為**週期性**．描繪六個三角函數的圖形必先瞭解三角函數的週期．

定義 5-4-1

設 f 為定義於 $A \subset \mathbb{R}$ 的函數，且 $f(A) \subset \mathbb{R}$，若存在一正數 T，使得

$$f(x+T) = f(x)$$

對於任一 $x \in A$ 均成立，則稱 f 為**週期函數**，而使得上式成立的最小正數 T 稱為函數 f 的**週期**．

定理 5-4-1

若 T 為 $f(x)$ 所定義函數的週期，則 $f(kx)$ 所定義之函數亦為週期函數，其週期為 $\dfrac{T}{k}$ $(k > 0)$．

證：因為 $f(x)$ 的週期為 T，所以 $f(x+T) = f(x)$．

又 $f\left(k\left(x+\dfrac{T}{k}\right)\right) = f(kx+T) = f(kx)$，可知 $\dfrac{T}{k}$ 亦為 $f(kx)$ 的週期．

因

$$\sin(x+2\pi) = \sin x$$
$$\cos(x+2\pi) = \cos x$$
$$\tan(x+\pi) = \tan x$$

$$\cot(x+\pi) = \cot x$$
$$\sec(x+2\pi) = \sec x$$
$$\csc(x+2\pi) = \csc x$$

故三角函數為週期函數，$\sin x$、$\cos x$、$\sec x$、$\csc x$ 的週期均為 2π，而 $\tan x$、$\cot x$ 的週期均為 π. 瞭解三角函數的週期，對於作三角函數之圖形有很大的幫助. 因作週期函數的圖形時，僅需作出一個週期長之區間中的部分圖形，然後不斷重複地往 x-軸的左右方向延伸，即可得到函數的全部圖形.

例 1 求下列各函數的週期.
(1) $|\sin x|$ (2) $\cos^2 x$ (3) $\cos kx$

解答 (1) 令 $f(x) = |\sin x|$，則

$$f(x+\pi) = |\sin(x+\pi)| = |-\sin x| = |\sin x| = f(x)$$

故週期為 π.

(2) 令 $f(x) = \cos^2 x$，則

$$f(x+\pi) = \cos^2(x+\pi) = [\cos(x+\pi)]^2$$
$$= (-\cos x)^2 = \cos^2 x = f(x)$$

故週期為 π.

(3) 令 $f(x) = \cos kx$，則

$$f\left(x + \frac{2\pi}{k}\right) = \cos k\left(x + \frac{2\pi}{k}\right) = \cos(kx + 2\pi)$$
$$= \cos kx = f(x),$$

故週期為 $\frac{2\pi}{k}$.

1. 正弦函數 $y = \sin x$ 之圖形

因正弦函數的週期為 2π，又 $-1 \leq \sin x \leq 1$，故正弦函數的值域為 $[-1, 1]$. 今將 x 由 0 至 2π 之間，先對於某些特殊的 x 值，求出其對應的函數值 y，列表如下：

x	0	$\frac{\pi}{6}$	$\frac{\pi}{4}$	$\frac{\pi}{3}$	$\frac{\pi}{2}$	$\frac{2\pi}{3}$	$\frac{3\pi}{4}$	$\frac{5\pi}{6}$	π	$\frac{7\pi}{6}$	$\frac{5\pi}{4}$	$\frac{4\pi}{3}$	$\frac{3\pi}{2}$	$\frac{5\pi}{3}$	$\frac{7\pi}{4}$	$\frac{11\pi}{6}$	2π	…
y	0	$\frac{1}{2}$	$\frac{\sqrt{2}}{2}$	$\frac{\sqrt{3}}{2}$	1	$\frac{\sqrt{3}}{2}$	$\frac{\sqrt{2}}{2}$	$\frac{1}{2}$	0	$-\frac{1}{2}$	$-\frac{\sqrt{2}}{2}$	$-\frac{\sqrt{3}}{2}$	-1	$-\frac{\sqrt{3}}{2}$	$-\frac{\sqrt{2}}{2}$	$-\frac{1}{2}$	0	…

將各對應點描出，先作出 [0，2π] 中的圖形，然後向左右重複作出相同的圖形，即得 $y=\sin x$ 的圖形，如圖 5-4-1 所示．

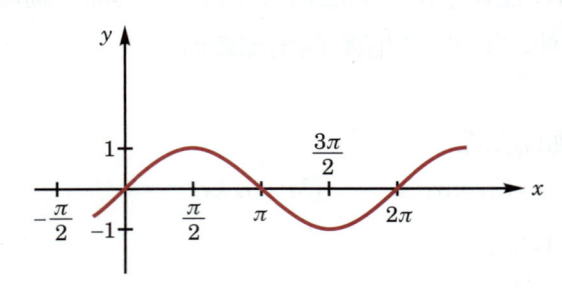

圖 5-4-1　$y=\sin x$ 的圖形

2. 餘弦函數 $y=\cos x$ 之圖形

因為 $\sin\left(\frac{\pi}{2}+x\right)=\cos x$，故作 $\cos x$ 的圖形時，可利用函數圖形的水平平移技巧，將 $\sin x$ 的圖形向左平行移動 $\frac{\pi}{2}$ 之距離而得，如圖 5-4-2 所示．

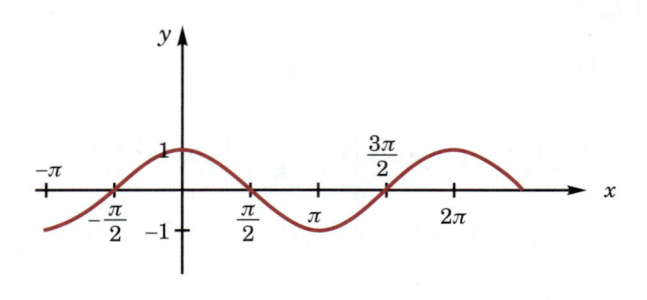

圖 5-4-2　$y=\cos x$ 的圖形

3. 正切函數 $y=\tan x$ 之圖形

因正切函數的週期為 π，故先對於 0 至 π 間某些特殊的 x 值，求出其對應的函數值 y，列表如下：

x	0	$\dfrac{\pi}{6}$	$\dfrac{\pi}{4}$	$\dfrac{\pi}{3}$	$\dfrac{\pi}{2}$	$\dfrac{2\pi}{3}$	$\dfrac{3\pi}{4}$	$\dfrac{5\pi}{6}$	π	$\cdots$
y	0	$\dfrac{\sqrt{3}}{3}$	1	$\sqrt{3}$	$\infty \vdots -\infty$	$-\sqrt{3}$	-1	$-\dfrac{\sqrt{3}}{3}$	0	$\cdots$

由於 $\tan x$ 在 $x=\dfrac{\pi}{2}$ 處沒有定義，尤須注意 $\tan x$ 在 $x=\dfrac{\pi}{2}$ 前後的變化情形，如圖 5-4-3 所示．

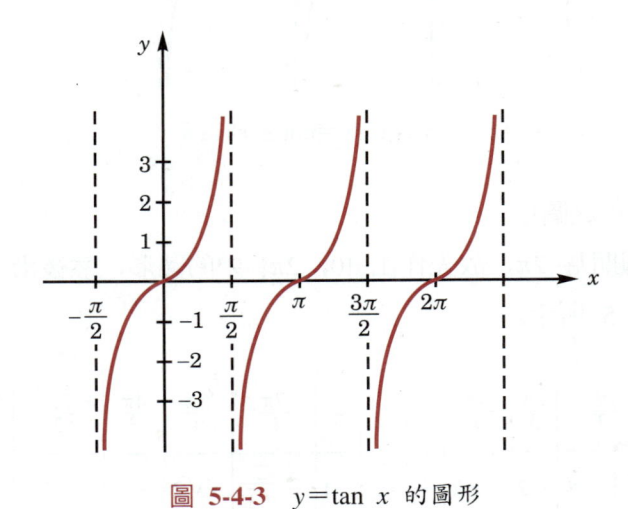

圖 **5-4-3** $y=\tan x$ 的圖形

4. 餘切函數 $y=\cot x$ 之圖形

因餘切函數的週期為 π，故只需作出 0 至 π 間的圖形，然後沿 x-軸的左右，每隔 π 長重複作出其圖形，如圖 5-4-4 所示．

x	0	$\dfrac{\pi}{6}$	$\dfrac{\pi}{4}$	$\dfrac{\pi}{3}$	$\dfrac{\pi}{2}$	$\dfrac{2\pi}{3}$	$\dfrac{3\pi}{4}$	$\dfrac{5\pi}{6}$	π
y	∞	$\sqrt{3}$	1	$\dfrac{\sqrt{3}}{3}$	0	$-\dfrac{\sqrt{3}}{3}$	-1	$-\sqrt{3}$	$-\infty$

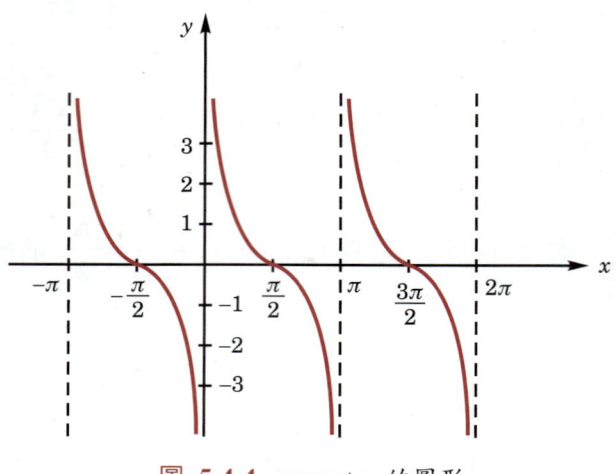

圖 5-4-4　$y=\cot x$ 的圖形

5. 正割函數 $y=\sec x$ 之圖形

因正割函數的週期為 2π，故先作出 $[0, 2\pi]$ 中的圖形，然後沿 x-軸的左右重複作出其圖形，如圖 5-4-5 所示．

x	0	$\frac{\pi}{6}$	$\frac{\pi}{4}$	$\frac{\pi}{3}$	$\frac{\pi}{2}$	$\frac{2\pi}{3}$	$\frac{3\pi}{4}$	$\frac{5\pi}{6}$	π	$\frac{7\pi}{6}$	$\frac{5\pi}{4}$	$\frac{4\pi}{3}$	$\frac{3\pi}{2}$	$\frac{5\pi}{3}$	$\frac{7\pi}{4}$	$\frac{11\pi}{6}$	2π	$\cdots$
y	0	$\frac{2}{\sqrt{3}}$	$\sqrt{2}$	2	∞ ∶ $-\infty$	-2	$-\sqrt{2}$	$-\frac{2}{\sqrt{3}}$	-1	$-\frac{2}{\sqrt{3}}$	$-\sqrt{2}$	-2	$-\infty$ ∶ ∞	2	$\sqrt{2}$	$\frac{2}{\sqrt{3}}$	1	$\cdots$

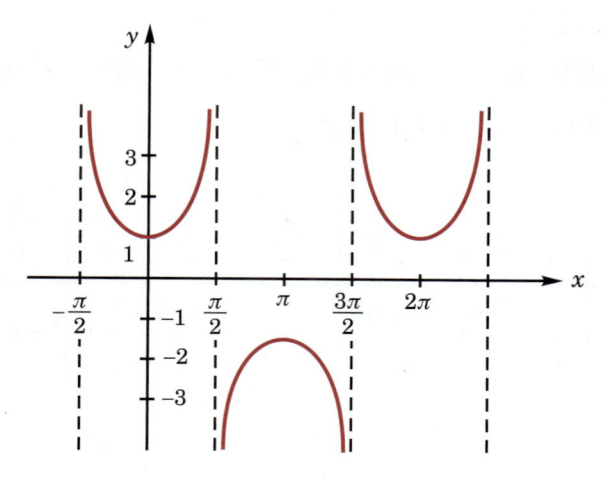

圖 5-4-5　$y=\sec x$ 的圖形

6. 餘割函數 $y=\csc x$ 之圖形

因為 $\csc\left(\dfrac{\pi}{2}+x\right)=\sec x$，故 $\sec x$ 的圖形可由 $\csc x$ 的圖形，向左平移 $\dfrac{\pi}{2}$ 而得．今已作出 $\sec x$ 的圖形，則可將 $\sec x$ 的圖形向右平移 $\dfrac{\pi}{2}$ 長而得，如圖 5-4-6 所示．

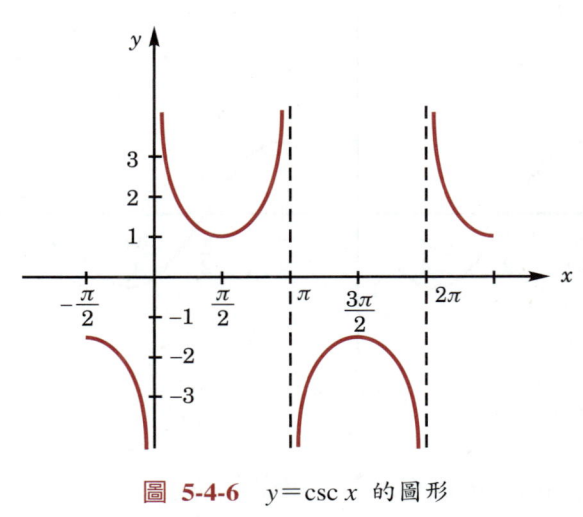

圖 5-4-6　$y=\csc x$ 的圖形

下面列出這六個三角函數的定義域與值域；將來在學習微積分時非常重要：

$$y=\sin x,\quad -\infty<x<\infty,\quad -1\le y\le 1$$

$$y=\cos x,\quad -\infty<x<\infty,\quad -1\le y\le 1$$

$$y=\tan x,\quad -\infty<x<\infty\ \left(x\ne(2n+1)\dfrac{\pi}{2}\right),\quad -\infty<y<\infty$$

$$y=\cot x,\quad -\infty<x<\infty\ (x\ne n\pi),\quad -\infty<y<\infty$$

$$y=\sec x,\quad -\infty<x<\infty\ \left(x\ne(2n+1)\dfrac{\pi}{2}\right),\quad y\ge 1\ \text{或}\ y\le -1$$

$$y=\csc x,\quad -\infty<x<\infty\ (x\ne n\pi),\quad y\ge 1\ \text{或}\ y\le -1$$

其中 n 為整數．

例 2 作 $y = \sin 2x$ 的圖形.

解答 此函數的週期為 $\dfrac{2\pi}{2} = \pi$，所以，當 x 以 π 改變時，$y = \sin 2x$ 的圖形重複一次，如圖 5-4-7 所示.

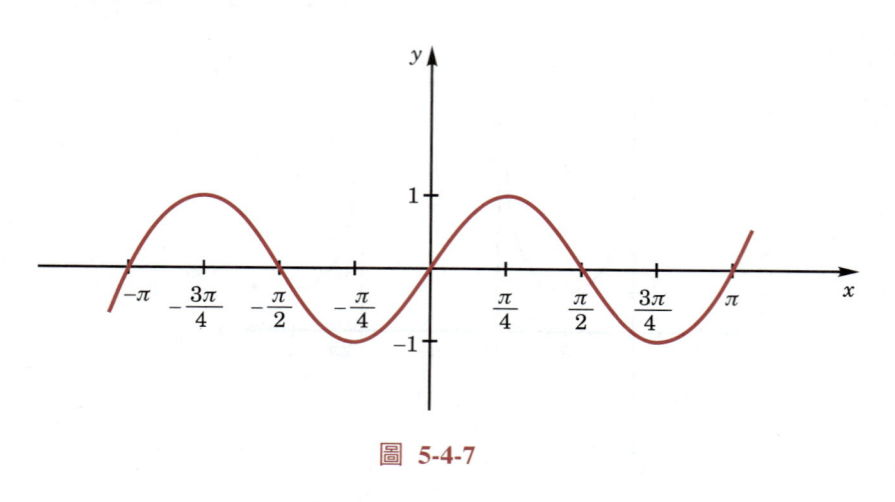

圖 5-4-7

例 3 作函數 $y = |\sin x|$ 的圖形.

解答 若 $\sin x \geq 0$，即，x 在第一、二象限內，則 $|\sin x| = \sin x$；若 $\sin x < 0$，即，x 在第三、四象限內，則 $|\sin x| = -\sin x$. 所以作圖時，只需將 x 軸下方的圖形代以其對 x 軸的對稱圖形，如圖 5-4-8 所示.

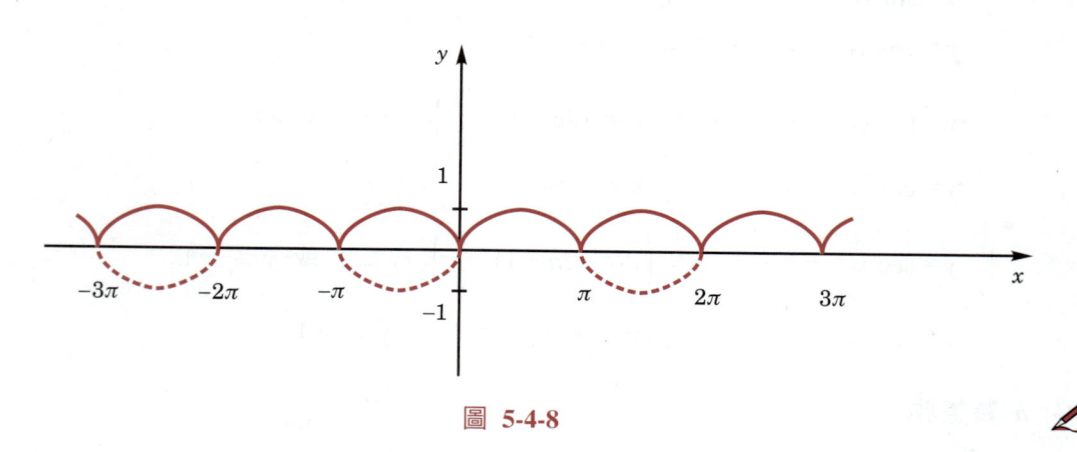

圖 5-4-8

習 題 5-4

試求下列各函數的週期.

1. $y = \sin \dfrac{x}{2}$

2. $y = \tan 2x$

3. $y = |\cos x|$

4. $y = |\tan 3x|$

5. $y = |\csc 2x|$

6. $y = \sin^2 x$

7. $y = \cos\left(3x + \dfrac{\pi}{3}\right)$

8. $y = \dfrac{3}{2}\sin 2\left(x - \dfrac{\pi}{4}\right)$

9. $y = |\sin x| + |\cos x|$

10. $y = \tan\left(x + \dfrac{\pi}{4}\right)$

11. $f(x) = 3\cos 5x + 6$

12. $y = \left|\tan\left(4x - \dfrac{\pi}{4}\right)\right|$

13. $f(x) = \sin \dfrac{x}{3}$

14. $y = \sin 2x - 3\cos 6x + 5$

試作下列各函數的圖形.

15. $y = -\cos x$

16. $y = 2\cos 3x$

17. $y = \sin 4x$

18. $y = |\cos x|$

19. $y = \tan \dfrac{x}{2}$

20. $y = |\tan x|$

§5-5 正弦定理與餘弦定理

　　測量問題衍生出三角學．如何去測山高、河寬、飛機的高度、船的位置遠近等等，皆為測量問題．在解測量問題時，常常需要用到很多的三角形邊角關係，而利用已學過的三角函數性質，可求得一般三角形的邊角關係——正弦定理與餘弦定理，此二定理是三角形邊角關係中最實用的基本公式．

定理 5-5-1　面積公式

在 $\triangle ABC$ 中，若 a、b 與 c 分別表 $\angle A$、$\angle B$ 與 $\angle C$ 的對邊長，則

$$\triangle ABC \text{ 面積} = \frac{1}{2} ab \sin C = \frac{1}{2} bc \sin A = \frac{1}{2} ca \sin B.$$

證：$\triangle ABC$ 依 $\angle A$ 是銳角、直角或鈍角，如圖 5-5-1 所示的情況：

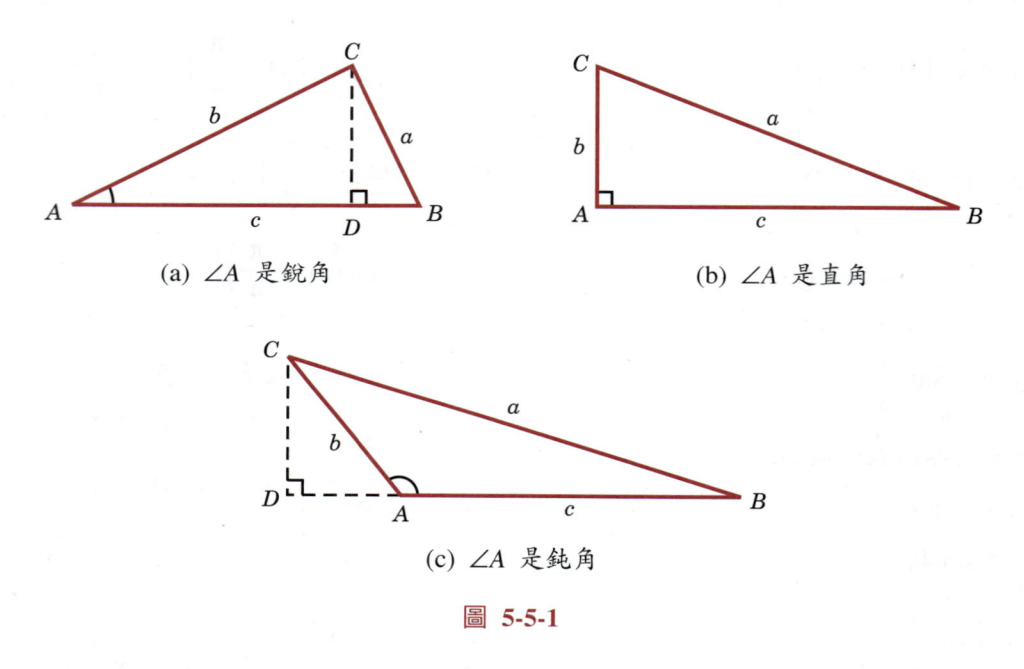

(a) $\angle A$ 是銳角

(b) $\angle A$ 是直角

(c) $\angle A$ 是鈍角

圖 5-5-1

在任何一種情況，均自 C 點作邊 $\overline{AB}$ 上的高 $\overline{CD}$（當 $\angle A$ 是直角時，$\overline{CD} = \overline{CA}$），可得 $\overline{CD} = b \sin A$，故 $\triangle ABC$ 的面積 $= \frac{1}{2} c \cdot (b \sin A) = \frac{1}{2} bc \sin A.$

同理可得，

$$\triangle ABC \text{ 的面積} = \frac{1}{2} ca \sin B$$

$$= \frac{1}{2} ab \sin C.$$

定理 5-5-2　正弦定理

在 △ABC 中，若 a、b 與 c 分別表 ∠A、∠B 與 ∠C 的對邊長，R 表 △ABC 的外接圓半徑，則

$$\frac{a}{\sin A}=\frac{b}{\sin B}=\frac{c}{\sin C}=2R.$$

證：如圖 5-5-2：

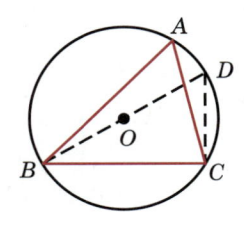

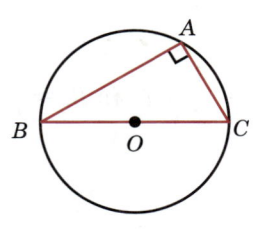

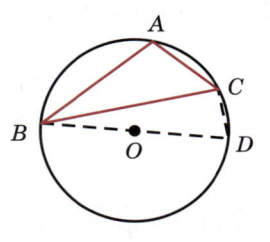

　　(a) ∠A 是銳角　　　　(b) ∠A 是直角　　　　(c) ∠A 是鈍角

圖 5-5-2

(a) 若 ∠A 為銳角，則連接 B 及圓心 O，交圓於 D 點．作 $\overline{CD}$，則 ∠A＝∠D（對同弧），可知 $\sin A=\sin D$，又 $\overline{BD}$ 為直徑，∠BCD＝90°，故 $\sin D=\dfrac{\overline{BC}}{\overline{BD}}=\dfrac{a}{2R}$．於是，$\sin A=\dfrac{a}{2R}$，即，$\dfrac{a}{\sin A}=2R$．

(b) 若 ∠A 為直角，則 $\sin A=1$．又 $a=\overline{BC}=2R$，故 $\dfrac{a}{\sin A}=\dfrac{2R}{1}=2R$．

(c) 若 ∠A 為鈍角，則作直徑 $\overline{BD}$ 及 $\overline{CD}$，可知 ∠A＋∠D＝180°（因 A、B、C、D 四點共圓），故 ∠A＝180°－∠D，$\sin A=\sin(180°-∠D)=\sin D$．又 ∠BCD＝90°，因而 $\sin D=\dfrac{\overline{BC}}{\overline{BD}}=\dfrac{a}{2R}$．

於是，$\sin A=\dfrac{a}{2R}$，即，$\dfrac{a}{\sin A}=2R$．

由 (a)、(b)、(c) 知，$\dfrac{a}{\sin A}=2R$．同理可得

$$\dfrac{b}{\sin B}=2R,\quad \dfrac{c}{\sin C}=2R$$

故

$$\dfrac{a}{\sin A}=\dfrac{b}{\sin B}=\dfrac{c}{\sin C}=2R.$$

註：$\dfrac{a}{\sin A}=\dfrac{b}{\sin B}=\dfrac{c}{\sin C}$ 的另證如下：

我們由面積公式可得

$$\dfrac{1}{2}bc\sin A=\dfrac{1}{2}ca\sin B=\dfrac{1}{2}ab\sin C$$

上式同時除以 $\dfrac{1}{2}abc$，可得

$$\dfrac{\sin A}{a}=\dfrac{\sin B}{b}=\dfrac{\sin C}{c}$$

故

$$\dfrac{a}{\sin A}=\dfrac{b}{\sin B}=\dfrac{c}{\sin C}.$$

例 1 在 $\triangle ABC$ 中，試證：$\sin A+\sin B>\sin C$.

解答 因三角形的任意兩邊之和大於第三邊，故 $a+b>c$．由正弦定理可知

$$a=2R\sin A,\ b=2R\sin B,\ c=2R\sin C$$

於是，

$$2R\sin A+2R\sin B>2R\sin C$$

兩邊同時除以 $2R$，可得

$$\sin A+\sin B>\sin C.$$

例 2 在 $\triangle ABC$ 中，a、b 與 c 分別表 $\angle A$、$\angle B$ 與 $\angle C$ 的對邊長，若 $\angle A:\angle B:\angle C=1:2:3$，求 $a:b:c$．

解答 因三角形的內角和為 180°，故

$$\angle A = 180° \times \frac{1}{1+2+3} = 30°$$

$$\angle B = 180° \times \frac{2}{1+2+3} = 60°$$

$$\angle C = 180° \times \frac{3}{1+2+3} = 90°$$

由正弦定理可知

$$a : b : c = \sin A : \sin B : \sin C$$
$$= \sin 30° : \sin 60° : \sin 90°$$
$$= \frac{1}{2} : \frac{\sqrt{3}}{2} : 1$$
$$= 1 : \sqrt{3} : 2.$$

定理 5-5-3　餘弦定理

在 △ABC 中，若 a、b 與 c 分別表 ∠A、∠B 與 ∠C 的對邊長，則

$$a^2 = b^2 + c^2 - 2bc \cos A$$
$$b^2 = c^2 + a^2 - 2ca \cos B$$
$$c^2 = a^2 + b^2 - 2ab \cos C.$$

證：△ABC 依 ∠A 為銳角、直角或鈍角，如圖 5-5-3 所示的情況：

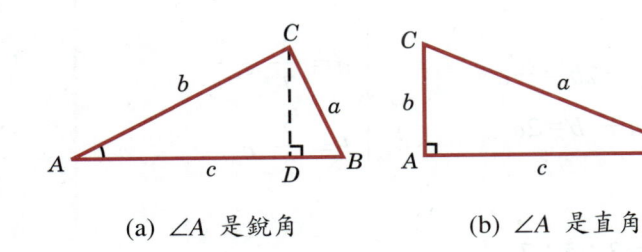

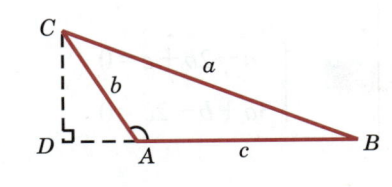

(a) ∠A 是銳角　　(b) ∠A 是直角　　(c) ∠A 是鈍角

圖 5-5-3

(a) 若 $\angle A$ 為銳角，則作 $\overline{CD} \perp \overline{AB}$，可得

$$a^2 = \overline{CD}^2 + \overline{BD}^2 = (b \sin A)^2 + (c - \overline{AD})^2$$
$$= b^2 \sin^2 A + (c - b \cos A)^2 = b^2 + c^2 - 2bc \cos A.$$

(b) 若 $\angle A$ 為直角，則 $\cos A = 0$，故 $a^2 = b^2 + c^2 = b^2 + c^2 - 2bc \cos A$.

(c) 若 $\angle A$ 為鈍角，則作 $\overline{CD} \perp \overline{AD}$，可得

$$a^2 = \overline{CD}^2 + \overline{BD}^2 = [b \sin(180° - \angle A)]^2 + [c + b \cos(180° - \angle A)]^2$$
$$= b^2 \sin^2 A + (c - b \cos A)^2$$
$$= b^2 + c^2 - 2bc \cos A.$$

由 (a)、(b)、(c) 知，

$$a^2 = b^2 + c^2 - 2bc \cos A$$

同理，

$$b^2 = c^2 + a^2 - 2ca \cos B$$
$$c^2 = a^2 + b^2 - 2ab \cos C.$$

註：當 $\angle A = 90°$ 時，$\cos A = 0$，此時，餘弦定理 $a^2 = b^2 + c^2 - 2bc \cos A$ 變成畢氏定理

$$a^2 = b^2 + c^2$$

換句話說，畢氏定理是餘弦定理的特例，而餘弦定理是畢氏定理的推廣.

例 3 在 $\triangle ABC$ 中，a、b 與 c 分別表 $\angle A$、$\angle B$ 與 $\angle C$ 的對邊長，已知 $a - 2b + c = 0$，$3a + b - 2c = 0$，求 $\cos A : \cos B : \cos C$.

解答
$\begin{cases} a - 2b + c = 0 \\ 3a + b - 2c = 0 \end{cases}$ $\Rightarrow$ $\begin{cases} a - 2b = -c \\ 3a + b = 2c \end{cases}$ $\Rightarrow$ $\begin{cases} a = \dfrac{3}{7} c \\ b = \dfrac{5}{7} c \end{cases}$

故 $a : b : c = \dfrac{3}{7} c : \dfrac{5}{7} c : c = 3 : 5 : 7$

令 $a=3k$, $b=5k$, $c=7k$, 可得

$$\cos A = \frac{b^2+c^2-a^2}{2bc} = \frac{(5k)^2+(7k)^2-(3k)^2}{2\cdot 5k \cdot 7k} = \frac{13}{14}$$

$$\cos B = \frac{c^2+a^2-b^2}{2ca} = \frac{(7k)^2+(3k)^2-(5k)^2}{2\cdot 7k \cdot 3k} = \frac{11}{14}$$

$$\cos C = \frac{a^2+b^2-c^2}{2ab} = \frac{(3k)^2+(5k)^2-(7k)^2}{2\cdot 3k \cdot 5k} = -\frac{1}{2}$$

故 $\cos A : \cos B : \cos C = \dfrac{13}{14} : \dfrac{11}{14} : \left(-\dfrac{1}{2}\right) = 13 : 11 : (-7)$.

習題 5-5

1. 設 a、b 與 c 分別為 $\triangle ABC$ 的三邊長，且 $a-2b+c=0$，$3a+4b-5c=0$，求 $\sin A : \sin B : \sin C$.

2. 於 $\triangle ABC$ 中，$\angle A=80°$，$\angle B=40°$，$c=3\sqrt{3}$，求 $\triangle ABC$ 外接圓的半徑.

3. 於 $\triangle ABC$ 中，a、b、c 分別表 $\angle A$、$\angle B$、$\angle C$ 之對邊長，且 $a\sin A=2b\sin B=3c\sin C$，求 $a:b:c$.

4. 已知一三角形 ABC 之二邊 $b=10\sqrt{3}$，$c=10$，及其一對角 $\angle B=120°$，試求 $\triangle ABC$ 之面積.

5. 於 $\triangle ABC$ 中，a、b、c 分別表 $\angle A$、$\angle B$、$\angle C$ 之對邊長，若 $a=\sqrt{2}$，$b=1+\sqrt{2}$，$\angle C=45°$，試求 $\angle C$ 之對邊 c 之邊長.

6. 於 $\triangle ABC$ 中，$\sin A : \sin B : \sin C = 4 : 5 : 6$，求 $\cos A : \cos B : \cos C$.

7. 於 $\triangle ABC$ 中，若 $(a+b):(b+c):(c+a)=5:6:7$，試求 $\sin A : \sin B : \sin C$.

8. 若 a、b、c 為 $\triangle ABC$ 的三邊長，且滿足 $(a+b)^2-c^2=3ab$，則 c 邊所對的角度多大？

9. $\triangle ABC$ 中，a、b、c 分別表 $\angle A$、$\angle B$、$\angle C$ 的對應邊
    (1) 若 $\sin^2 A + \sin^2 B = \sin^2 C$，試問此三角形之形狀為何？

(2) 若 $a\sin A=b\sin B=c\sin C$，試問此三角形之形狀為何？

10. $\triangle ABC$ 中，$\overline{AC}=5$，$\overline{AB}=12$，$\angle A=\dfrac{\pi}{3}$，試求 $\triangle ABC$ 之面積．

§5-6　和角公式

本節要導出如何利用 α、β 的三角函數值求出 $\alpha\pm\beta$ 的三角函數值的公式，稱為和角公式．

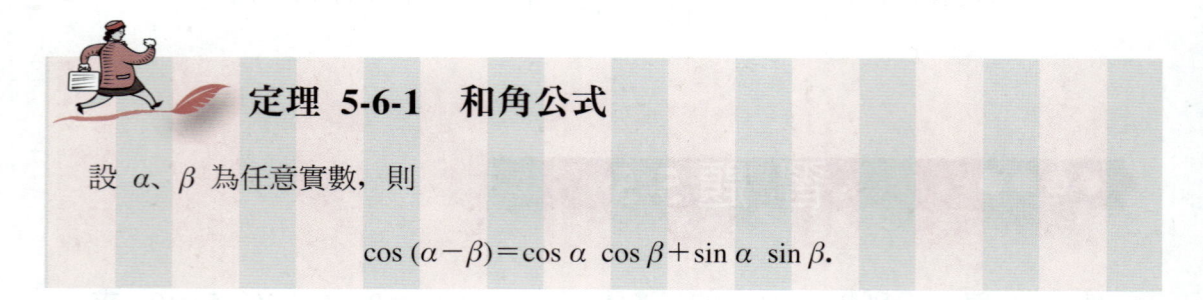

定理 5-6-1　和角公式

設 α、β 為任意實數，則

$$\cos(\alpha-\beta)=\cos\alpha\,\cos\beta+\sin\alpha\,\sin\beta.$$

證：若 $\alpha=\beta$，則 $\cos(\alpha-\beta)=1$ 滿足以上的結果．

若 $\alpha\neq\beta$，則 $\cos(\alpha-\beta)=\cos(\beta-\alpha)$，因此我們可以假設 $\alpha>\beta$，而在不失其一般性下，就 $0<\beta<\alpha<2\pi$ 來討論．

於坐標平面上，以原點 O 為圓心，作一單位圓，分別將 α 與 β 畫於標準位置上．設角 α、β 之終邊與此圓的交點分別為 P 與 Q，如圖 5-6-1 所示，則 P

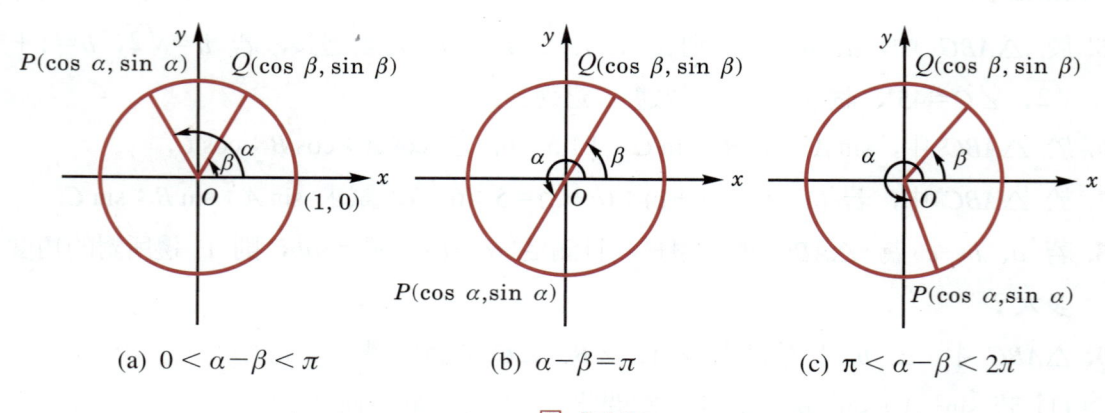

(a) $0<\alpha-\beta<\pi$　　(b) $\alpha-\beta=\pi$　　(c) $\pi<\alpha-\beta<2\pi$

圖 5-6-1

與 Q 的坐標分別為 $(\cos\alpha, \sin\alpha)$ 與 $(\cos\beta, \sin\beta)$，故由距離公式得知，

$$\overline{PQ}^2 = (\cos\alpha - \cos\beta)^2 + (\sin\alpha - \sin\beta)^2$$
$$= \cos^2\alpha - 2\cos\alpha\cos\beta + \cos^2\beta$$
$$+ \sin^2\alpha - 2\sin\alpha\sin\beta + \sin^2\beta$$
$$= (\sin^2\alpha + \cos^2\alpha) + (\sin^2\beta + \cos^2\beta)$$
$$- 2(\cos\alpha\cos\beta + \sin\alpha\sin\beta)$$
$$= 2 - 2(\cos\alpha\cos\beta + \sin\alpha\sin\beta) \quad\cdots\cdots ①$$

現在討論 $0 < \alpha - \beta < \pi$ 的情況，$\angle POQ = \alpha - \beta$，根據餘弦定理可得

$$\overline{PQ}^2 = 1^2 + 1^2 - 2\cos(\alpha-\beta) = 2 - 2\cos(\alpha-\beta) \quad\cdots\cdots ②$$

由 ①、② 可得

$$2 - 2\cos(\alpha-\beta) = 2 - 2(\cos\alpha\cos\beta + \sin\alpha\sin\beta)$$

故

$$\cos(\alpha-\beta) = \cos\alpha\cos\beta + \sin\alpha\sin\beta$$

另外兩種情況留給讀者自證.

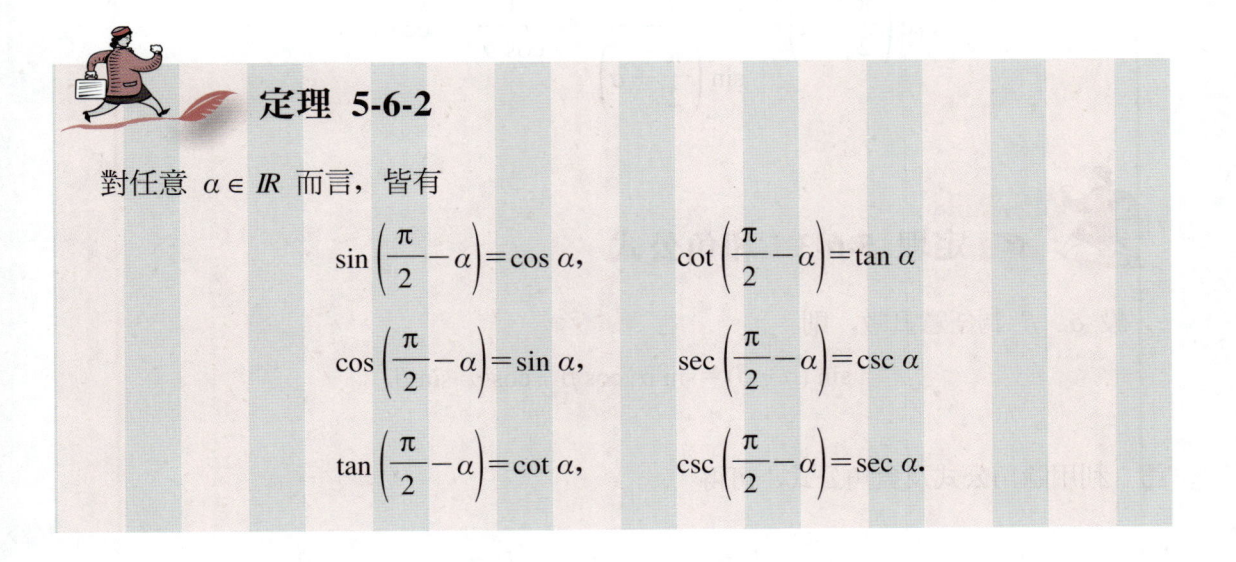

定理 5-6-2

對任意 $\alpha \in \mathbb{R}$ 而言，皆有

$$\sin\left(\frac{\pi}{2} - \alpha\right) = \cos\alpha, \qquad \cot\left(\frac{\pi}{2} - \alpha\right) = \tan\alpha$$

$$\cos\left(\frac{\pi}{2} - \alpha\right) = \sin\alpha, \qquad \sec\left(\frac{\pi}{2} - \alpha\right) = \csc\alpha$$

$$\tan\left(\frac{\pi}{2} - \alpha\right) = \cot\alpha, \qquad \csc\left(\frac{\pi}{2} - \alpha\right) = \sec\alpha.$$

證：由定理 5-6-1 知，

$$\cos\left(\frac{\pi}{2}-\alpha\right)=\cos\frac{\pi}{2}\cos\alpha+\sin\frac{\pi}{2}\sin\alpha=\sin\alpha$$

$$\sin\left(\frac{\pi}{2}-\alpha\right)=\cos\left[\frac{\pi}{2}-\left(\frac{\pi}{2}-\alpha\right)\right]=\cos\alpha$$

$$\tan\left(\frac{\pi}{2}-\alpha\right)=\frac{\sin\left(\frac{\pi}{2}-\alpha\right)}{\cos\left(\frac{\pi}{2}-\alpha\right)}=\frac{\cos\alpha}{\sin\alpha}=\cot\alpha$$

$$\cot\left(\frac{\pi}{2}-\alpha\right)=\frac{\cos\left(\frac{\pi}{2}-\alpha\right)}{\sin\left(\frac{\pi}{2}-\alpha\right)}=\frac{\sin\alpha}{\cos\alpha}=\tan\alpha$$

$$\sec\left(\frac{\pi}{2}-\alpha\right)=\frac{1}{\cos\left(\frac{\pi}{2}-\alpha\right)}=\frac{1}{\sin\alpha}=\csc\alpha$$

$$\csc\left(\frac{\pi}{2}-\alpha\right)=\frac{1}{\sin\left(\frac{\pi}{2}-\alpha\right)}=\frac{1}{\cos\alpha}=\sec\alpha.$$

定理 5-6-3 和角公式

設 α、β 為任意實數，則
$$\sin(\alpha-\beta)=\sin\alpha\cos\beta-\cos\alpha\sin\beta.$$

證：利用餘角公式及負角公式，可得

$$\sin(\alpha-\beta)=\cos\left[\frac{\pi}{2}-(\alpha-\beta)\right]=\cos\left[\left(\frac{\pi}{2}-\alpha\right)-(-\beta)\right]$$

$$=\cos\left(\frac{\pi}{2}-\alpha\right)\cos(-\beta)+\sin\left(\frac{\pi}{2}-\alpha\right)\sin(-\beta)$$
$$=\sin\alpha\,\cos\beta-\cos\alpha\,\sin\beta.$$

定理 5-6-4　和角公式

設 α、β 為任意實數，則有

$$\sin(\alpha+\beta)=\sin\alpha\,\cos\beta+\cos\alpha\,\sin\beta$$
$$\cos(\alpha+\beta)=\cos\alpha\,\cos\beta-\sin\alpha\,\sin\beta.$$

證：
$$\sin(\alpha+\beta)=\cos\left[\frac{\pi}{2}-(\alpha+\beta)\right]=\cos\left[\left(\frac{\pi}{2}-\alpha\right)-\beta\right]$$
$$=\cos\left(\frac{\pi}{2}-\alpha\right)\cos\beta+\sin\left(\frac{\pi}{2}-\alpha\right)\sin\beta$$
$$=\sin\alpha\,\cos\beta+\cos\alpha\,\sin\beta$$

$$\cos(\alpha+\beta)=\cos[\alpha-(-\beta)]=\cos\alpha\,\cos(-\beta)+\sin\alpha\,\sin(-\beta)$$
$$=\cos\alpha\,\cos\beta-\sin\alpha\,\sin\beta.$$

定理 5-6-5　正切的和角公式

設 α、β 為任意實數，則

$$\tan(\alpha+\beta)=\frac{\tan\alpha+\tan\beta}{1-\tan\alpha\tan\beta}$$

$$\tan(\alpha-\beta)=\frac{\tan\alpha-\tan\beta}{1+\tan\alpha\tan\beta}.$$

證：$\tan(\alpha+\beta) = \dfrac{\sin(\alpha+\beta)}{\cos(\alpha+\beta)} = \dfrac{\sin\alpha\cos\beta+\cos\alpha\sin\beta}{\cos\alpha\cos\beta-\sin\alpha\sin\beta}$

上式右端的分子與分母同除以 $\cos\alpha\,\cos\beta$，得

$$\tan(\alpha+\beta) = \dfrac{\dfrac{\sin\alpha}{\cos\alpha}+\dfrac{\sin\beta}{\cos\beta}}{1-\dfrac{\sin\alpha\sin\beta}{\cos\alpha\cos\beta}} = \dfrac{\tan\alpha+\tan\beta}{1-\tan\alpha\tan\beta}$$

依同樣的方法亦可證得第二個恆等式．

例 1 試證：$\cos(\alpha+\beta)\cos(\alpha-\beta) = \cos^2\alpha - \sin^2\beta = \cos^2\beta - \sin^2\alpha$．

解答 $\cos(\alpha+\beta)\cos(\alpha-\beta)$
$= (\cos\alpha\cos\beta - \sin\alpha\sin\beta)(\cos\alpha\cos\beta + \sin\alpha\sin\beta)$
$= \cos^2\alpha\cos^2\beta - \sin^2\alpha\sin^2\beta$
$= \cos^2\alpha(1-\sin^2\beta) - (1-\cos^2\alpha)\sin^2\beta$
$= \cos^2\alpha - \cos^2\alpha\sin^2\beta - \sin^2\beta + \cos^2\alpha\sin^2\beta$
$= \cos^2\alpha - \sin^2\beta$
$= (1-\sin^2\alpha) - (1-\cos^2\beta)$
$= \cos^2\beta - \sin^2\alpha$．

例 2 試求下列三角函數的值．
(1) $\cos 15°$ (2) $\cos 75°$

解答 (1) $\cos 15° = \cos(45°-30°) = \cos 45°\cos 30° + \sin 45°\sin 30°$

$$= \dfrac{\sqrt{2}}{2}\cdot\dfrac{\sqrt{3}}{2} + \dfrac{\sqrt{2}}{2}\cdot\dfrac{1}{2} = \dfrac{\sqrt{6}+\sqrt{2}}{4}$$

(2) $\cos 75° = \cos(45°+30°) = \cos 45°\cos 30° - \sin 45°\sin 30°$

$$= \dfrac{\sqrt{2}}{2}\cdot\dfrac{\sqrt{3}}{2} - \dfrac{\sqrt{2}}{2}\cdot\dfrac{1}{2} = \dfrac{\sqrt{6}-\sqrt{2}}{4}．$$

例 3 設 $\sin \alpha = \dfrac{12}{13}$，$\alpha$ 為第一象限角，$\sec \beta = -\dfrac{3}{5}$，$\beta$ 為第二象限角，求 $\tan(\alpha+\beta)$ 的值.

解答 由圖 5-6-2 得知 $\tan \alpha = \dfrac{12}{5}$，$\tan \beta = -\dfrac{4}{3}$，故

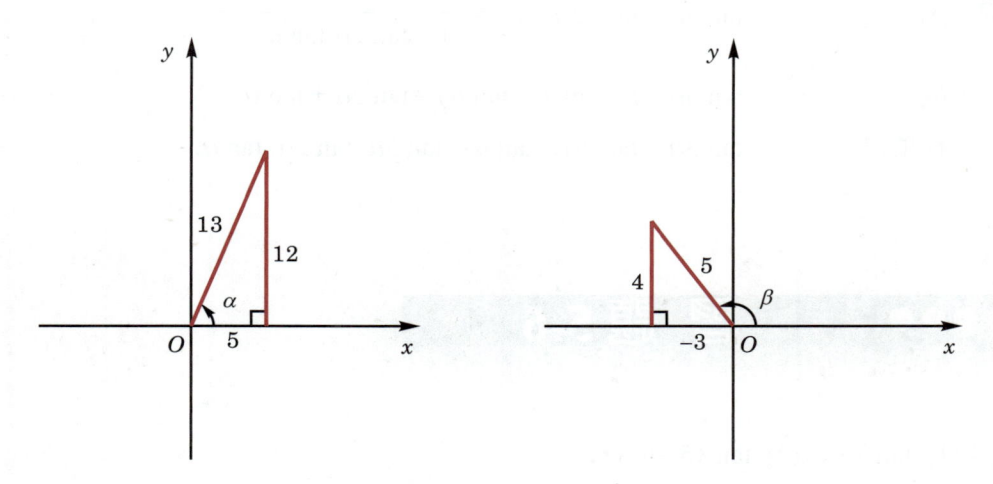

圖 5-6-2

$$\tan(\alpha+\beta) = \frac{\tan\alpha + \tan\beta}{1 - \tan\alpha\tan\beta} = \frac{\dfrac{12}{5} + \left(-\dfrac{4}{3}\right)}{1 - \dfrac{12}{5}\left(-\dfrac{4}{3}\right)} = \frac{\dfrac{16}{15}}{\dfrac{63}{15}} = \frac{16}{63}.$$

例 4 試證：$\tan(\beta+45°) + \cot(\beta-45°) = 0$.

解答 左式 $= \dfrac{\tan\beta + \tan 45°}{1 - \tan\beta\tan 45°} + \dfrac{1}{\tan(\beta-45°)}$

$= \dfrac{\tan\beta + 1}{1 - \tan\beta} + \dfrac{1}{\dfrac{\tan\beta - \tan 45°}{1 + \tan\beta\tan 45°}}$

$= \dfrac{\tan\beta + 1}{1 - \tan\beta} + \dfrac{1 + \tan\beta}{\tan\beta - 1}$

$$= \frac{\tan\beta+1}{1-\tan\beta} - \frac{1+\tan\beta}{1-\tan\beta} = 0.$$

例 5 試證：$\tan 3\alpha - \tan 2\alpha - \tan \alpha = \tan 3\alpha \, \tan 2\alpha \, \tan \alpha$.

解答 因 $\tan 3\alpha = \tan(2\alpha+\alpha) = \dfrac{\tan 2\alpha + \tan \alpha}{1-\tan 2\alpha \tan \alpha}$

故　　　$\tan 3\alpha \, (1 - \tan 2\alpha \, \tan \alpha) = \tan 2\alpha + \tan \alpha$

移項得　$\tan 3\alpha - \tan 2\alpha - \tan \alpha = \tan 3\alpha \, \tan 2\alpha \, \tan \alpha$.

習 題 5-6

1. 求：(1) $\tan 75°$，(2) $\tan 15°$ 的值.

2. 求 $\sin 20° \cos 25° + \cos 20° \sin 25°$ 的值.

3. 設 $\dfrac{3\pi}{2} < \alpha < 2\pi$，$\dfrac{\pi}{2} < \beta < \pi$，$\cos \alpha = \dfrac{3}{5}$，$\sin \beta = \dfrac{12}{13}$，求 $\sin(\alpha+\beta)$ 的值.

4. 設 $0 < \alpha < \dfrac{\pi}{4}$、$0 < \beta < \dfrac{\pi}{4}$，且 $\tan \alpha = \dfrac{1}{2}$、$\tan \beta = \dfrac{1}{3}$，求 $\tan(\alpha+\beta)$ 的值並求 $\alpha+\beta$ 的值.

5. 設 $\alpha+\beta = \dfrac{\pi}{4}$，求 $(1+\tan \alpha)(1+\tan \beta)$ 的值.

6. 設 A、B、C 為 $\triangle ABC$ 之三內角的度量，求
$\tan \dfrac{A}{2} \tan \dfrac{B}{2} + \tan \dfrac{B}{2} \tan \dfrac{C}{2} + \tan \dfrac{C}{2} \tan \dfrac{A}{2}$ 的值.

7. 設 $\dfrac{\pi}{2} < \alpha < \pi$，且 $\tan\left(\alpha - \dfrac{\pi}{4}\right) = 3 - 2\sqrt{2}$，求 $\tan \alpha$ 及 $\sin \alpha$ 的值.

8. 設 A、B 均為銳角，$\tan A = \dfrac{1}{3}$、$\tan B = \dfrac{1}{2}$，求 $A+B$ 的值.

9. 設 α、β 與 γ 為一三角形的內角，試證：
$$\tan \alpha + \tan \beta + \tan \gamma = \tan \alpha \, \tan \beta \, \tan \gamma.$$

10. 試求 $\tan 85° + \tan 50° - \tan 85° \tan 50°$ 之值．

11. 設 $\tan \alpha = 1$，$\tan(\alpha - \beta) = \dfrac{1}{\sqrt{3}}$，試求 $\tan \beta$ 之值．

12. 在 $\triangle ABC$ 中，$\cos A = \dfrac{4}{5}$，$\cos B = \dfrac{12}{13}$，試求 $\cos C$．

13. 試求 $\sqrt{3} \cot 20° \cot 40° - \cot 20° - \cot 40°$ 之值．

14. 若 $\alpha + \beta + \gamma = \dfrac{\pi}{2}$，試證：$\cot \alpha + \cot \beta + \cot \gamma = \cot \alpha \, \cot \beta \, \cot \gamma$．

15. 試證：$1 - \tan 12° - \tan 33° = \tan 12° \, \tan 33°$．

§5-7　倍角與半角公式、和與積互化公式

我們在正弦、餘弦、正切的和角公式中，令 $\alpha = \beta = \theta$，可得**倍角公式**．

定理 5-7-1　二倍角公式

$$\sin 2\theta = 2 \sin \theta \cos \theta$$
$$\cos 2\theta = \cos^2 \theta - \sin^2 \theta = 1 - 2 \sin^2 \theta = 2 \cos^2 \theta - 1$$
$$\tan 2\theta = \dfrac{2 \tan \theta}{1 - \tan^2 \theta}$$

證：$\sin 2\theta = \sin(\theta + \theta) = \sin \theta \cos \theta + \cos \theta \sin \theta = 2 \sin \theta \cos \theta$
　　$\cos 2\theta = \cos(\theta + \theta) = \cos \theta \cos \theta - \sin \theta \sin \theta = \cos^2 \theta - \sin^2 \theta$
　　　　　　$= \cos^2 \theta - (1 - \cos^2 \theta) = 2 \cos^2 \theta - 1 = 1 - \sin^2 \theta - \sin^2 \theta$
　　　　　　$= 1 - 2 \sin^2 \theta$

$$\tan 2\theta = \tan(\theta+\theta) = \frac{\tan\theta+\tan\theta}{1-\tan\theta\tan\theta} = \frac{2\tan\theta}{1-\tan^2\theta}.$$

定理 5-7-2

$$\sin\frac{\theta}{2} = \pm\sqrt{\frac{1-\cos\theta}{2}}, \quad \cos\frac{\theta}{2} = \pm\sqrt{\frac{1+\cos\theta}{2}}$$

$$\tan\frac{\theta}{2} = \pm\sqrt{\frac{1-\cos\theta}{1+\cos\theta}}, \quad \cot\frac{\theta}{2} = \pm\sqrt{\frac{1+\cos\theta}{1-\cos\theta}}$$

以上諸式中，根號前正負號的取捨，視角 $\frac{\theta}{2}$ 所在的象限而定。

證：因 $\cos\theta = \cos\left(2 \cdot \frac{\theta}{2}\right) = 1 - 2\sin^2\frac{\theta}{2}$，

故
$$\sin^2\frac{\theta}{2} = \frac{1-\cos\theta}{2}$$

$$\sin\frac{\theta}{2} = \pm\sqrt{\frac{1-\cos\theta}{2}}$$

又因 $\cos\theta = 2\cos^2\frac{\theta}{2} - 1$，

故
$$\cos^2\frac{\theta}{2} = \frac{1+\cos\theta}{2}$$

$$\cos\frac{\theta}{2} = \pm\sqrt{\frac{1+\cos\theta}{2}}$$

$$\tan\frac{\theta}{2} = \frac{\sin\frac{\theta}{2}}{\cos\frac{\theta}{2}} = \pm\frac{\sqrt{\frac{1-\cos\theta}{2}}}{\sqrt{\frac{1+\cos\theta}{2}}} = \pm\sqrt{\frac{1-\cos\theta}{1+\cos\theta}}$$

$$\cot\frac{\theta}{2} = \frac{\cos\frac{\theta}{2}}{\sin\frac{\theta}{2}} = \pm\frac{\sqrt{\frac{1+\cos\theta}{2}}}{\sqrt{\frac{1-\cos\theta}{2}}} = \pm\sqrt{\frac{1+\cos\theta}{1-\cos\theta}}.$$

定理 5-7-3　積化和差公式

$$\sin\alpha\,\cos\beta = \frac{1}{2}[\sin(\alpha+\beta)+\sin(\alpha-\beta)]$$

$$\cos\alpha\,\sin\beta = \frac{1}{2}[\sin(\alpha+\beta)-\sin(\alpha-\beta)]$$

$$\cos\alpha\,\cos\beta = \frac{1}{2}[\cos(\alpha+\beta)+\cos(\alpha-\beta)]$$

$$\sin\alpha\,\sin\beta = -\frac{1}{2}[\cos(\alpha+\beta)-\cos(\alpha-\beta)]$$

證：

$\sin(\alpha+\beta) = \sin\alpha\,\cos\beta + \cos\alpha\,\sin\beta$ ……………①

$\sin(\alpha-\beta) = \sin\alpha\,\cos\beta - \cos\alpha\,\sin\beta$ ……………②

$\cos(\alpha+\beta) = \cos\alpha\,\cos\beta - \sin\alpha\,\sin\beta$ ……………③

$\cos(\alpha-\beta) = \cos\alpha\,\cos\beta + \sin\alpha\,\sin\beta$ ……………④

①＋② 得　　$2\sin\alpha\,\cos\beta = \sin(\alpha+\beta)+\sin(\alpha-\beta)$

①－② 得　　$2\cos\alpha\,\sin\beta = \sin(\alpha+\beta)-\sin(\alpha-\beta)$

③＋④ 得　　$2\cos\alpha\,\cos\beta = \cos(\alpha+\beta)+\cos(\alpha-\beta)$

③－④ 得　　$2\sin\alpha\,\sin\beta = -[\cos(\alpha+\beta)-\cos(\alpha-\beta)]$

故
$$\sin \alpha \, \cos \beta = \frac{1}{2}[\sin(\alpha+\beta)+\sin(\alpha-\beta)]$$

$$\cos \alpha \, \sin \beta = \frac{1}{2}[\sin(\alpha+\beta)-\sin(\alpha-\beta)]$$

$$\cos \alpha \, \cos \beta = \frac{1}{2}[\cos(\alpha+\beta)+\cos(\alpha-\beta)]$$

$$\sin \alpha \, \sin \beta = -\frac{1}{2}[\cos(\alpha+\beta)-\cos(\alpha-\beta)].$$

定理 5-7-4　和差化積公式

$$\sin x + \sin y = 2 \sin \frac{x+y}{2} \cos \frac{x-y}{2}$$

$$\sin x - \sin y = 2 \cos \frac{x+y}{2} \sin \frac{x-y}{2}$$

$$\cos x + \cos y = 2 \cos \frac{x+y}{2} \cos \frac{x-y}{2}$$

$$\cos x - \cos y = -2 \sin \frac{x+y}{2} \sin \frac{x-y}{2}$$

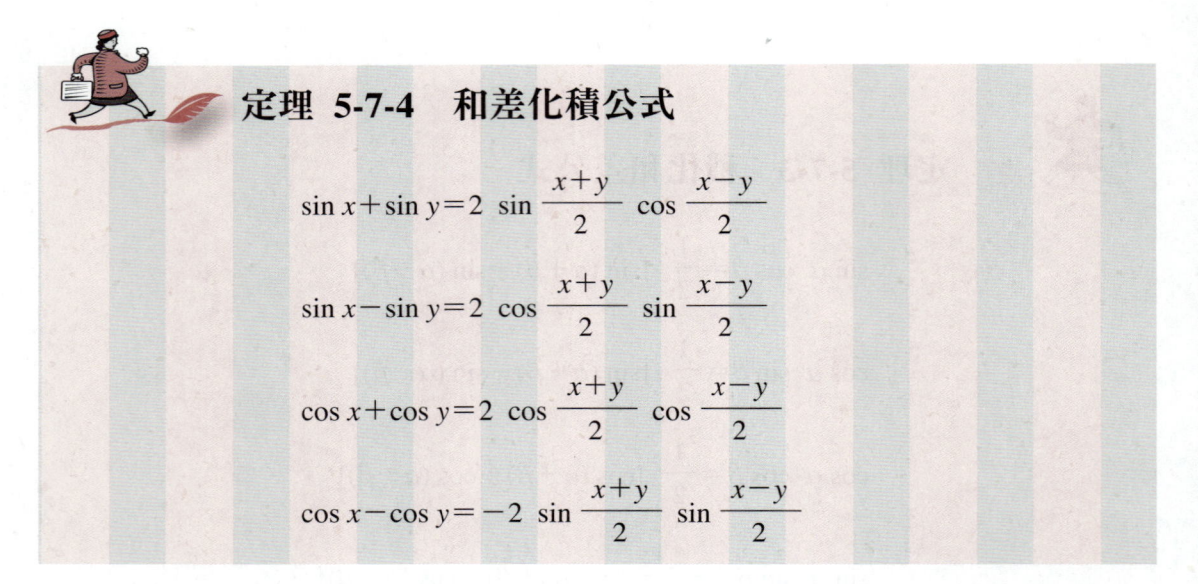

證：若 $\alpha+\beta=x$，$\alpha-\beta=y$，則 $\alpha=\dfrac{x+y}{2}$，$\beta=\dfrac{x-y}{2}$，將 $\alpha=\dfrac{x+y}{2}$ 及 $\beta=\dfrac{x-y}{2}$ 分別代入定理 5-7-3 中各式，我們可得

$$\sin x + \sin y = 2 \sin \frac{x+y}{2} \cos \frac{x-y}{2}$$

$$\sin x - \sin y = 2 \cos \frac{x+y}{2} \sin \frac{x-y}{2}$$

$$\cos x + \cos y = 2 \cos \frac{x+y}{2} \cos \frac{x-y}{2}$$

$$\cos x - \cos y = -2 \sin \frac{x+y}{2} \sin \frac{x-y}{2}.$$

例 1 試證：$\sin 2\theta = \dfrac{2\tan\theta}{1+\tan^2\theta}$.

解答
$$\sin 2\theta = 2\sin\theta\cos\theta = \frac{2\sin\theta}{\cos\theta}\cdot \cos^2\theta$$
$$= 2\tan\theta \cdot \frac{1}{\sec^2\theta} = \frac{2\tan\theta}{1+\tan^2\theta}.$$

例 2 已知 $\cos\theta = -\dfrac{4}{5}$，且 $\dfrac{\pi}{2} < \theta < \pi$，求 $\sin 2\theta$ 及 $\cos\dfrac{\theta}{2}$ 的值.

解答 $\sin\theta = \pm\sqrt{1-\cos^2\theta} = \sqrt{1-\left(-\dfrac{4}{5}\right)^2} = \pm\dfrac{3}{5}$

由 $\dfrac{\pi}{2} < \theta < \pi$，可知 $\sin\theta = \dfrac{3}{5}$，

$$\sin 2\theta = 2\sin\theta\cos\theta = 2\left(\frac{3}{5}\right)\left(-\frac{4}{5}\right) = -\frac{24}{25}$$

$$\cos\frac{\theta}{2} = \pm\sqrt{\frac{1+\cos\theta}{2}} = \pm\sqrt{\frac{1+\left(-\dfrac{4}{5}\right)}{2}}$$

$$= \pm\sqrt{\frac{1}{10}} = \pm\frac{\sqrt{10}}{10}$$

但 $\dfrac{\pi}{2} < \theta < \pi$，可知 $\dfrac{\theta}{2}$ 為第一象限內的角，故

$$\cos\frac{\theta}{2} = \frac{\sqrt{10}}{10}.$$

例 3 設 $\cos 2\theta = \dfrac{3}{5}$，求 $\sin^4 \theta + \cos^4 \theta$ 的值.

解答 $\cos 2\theta = 1 - 2\sin^2 \theta = \dfrac{3}{5} \Rightarrow \sin^2 \theta = \dfrac{1}{5}$

$\cos 2\theta = 2\cos^2 \theta - 1 = \dfrac{3}{5} \Rightarrow \cos^2 \theta = \dfrac{4}{5}$

故 $\sin^4 \theta + \cos^4 \theta = \left(\dfrac{1}{5}\right)^2 + \left(\dfrac{4}{5}\right)^2 = \dfrac{17}{25}$.

例 4 求 $\cos 20° \cos 40° \cos 80°$ 的值.

解答 令 $k = \cos 20° \cos 40° \cos 80°$,

則　　$8 \sin 20° \ k = 8 \sin 20° \cos 20° \cos 40° \cos 80°$

　　　$8 \sin 20° \ k = 4 \sin 40° \cos 40° \cos 80°$

　　　　　　　　 $= 2 \sin 80° \cos 80° = \sin 160° = \sin 20°$

可得 $k = \dfrac{1}{8}$,

故 $\cos 20° \cos 40° \cos 80° = \dfrac{1}{8}$.

例 5 求 $\cos 80° + \cos 40° - \cos 20°$ 的值.

解答 $\cos 80° + \cos 40° - \cos 20° = 2 \cos 60° \cos 20° - \cos 20°$

　　　　　　　　　　　　　　　 $= 2 \cdot \dfrac{1}{2} \cos 20° - \cos 20°$

　　　　　　　　　　　　　　　 $= \cos 20° - \cos 20° = 0.$

習 題 5-7

1. 設 $\tan \theta + \cot \theta = 3$，求 $\sin \theta + \cos \theta$ 的值.

2. 已知 $\cos\theta = -\dfrac{4}{5}$，且 $90° < \theta < 180°$，求 $\sin 2\theta$ 及 $\cos\dfrac{\theta}{2}$ 的值.

3. 求 $\sin 195°$ 的值.

4. 設 $\sin\theta = -\dfrac{2}{3}$，$\pi < \theta < \dfrac{3\pi}{2}$，求 $\sin 2\theta$ 及 $\cos 3\theta$ 的值.

5. 設 $\tan x = -\dfrac{24}{7}$，$\dfrac{3\pi}{2} < x < 2\pi$，求 $\sin\dfrac{x}{2}$、$\cos\dfrac{x}{2}$ 及 $\tan\dfrac{x}{2}$ 的值.

6. 設 $\tan(\alpha+\beta) = \sqrt{3}$，$\tan(\alpha-\beta) = \sqrt{2}$，求 $\tan 2\alpha$ 的值.

7. 設 $\sin\theta = 3\cos\theta$，試求 $\cos 2\theta$ 及 $\sin 2\theta$ 之值.

8. 設 $\tan\theta = \dfrac{1}{2}$，試求 $\cos 4\theta$ 之值.

9. 已知 $0° < \theta < 90°$，$\sin\theta = \dfrac{4}{5}$，試求 $\tan\dfrac{\theta}{2}$ 之值.

10. 設 $\sin\theta + \cos\theta = \dfrac{1}{5}$，$\dfrac{3\pi}{2} < \theta < 2\pi$，求 $\cos\dfrac{\theta}{2}$ 的值.

11. 求 $\sin 5° \sin 25° \sin 35° \sin 55° \sin 65° \sin 85°$ 的值.

12. 若 $\sin 2\theta = \dfrac{2\tan\theta}{k+\tan^2\theta}$，試求 k 值.

13. 在 $\triangle ABC$ 中，試證：
$$\sin A + \sin B + \sin C = 4\cos\dfrac{A}{2}\cos\dfrac{B}{2}\cos\dfrac{C}{2}.$$

14. 求 $\cos 20° \cos 40° \cos 60° \cos 80°$ 之值.

第 6 章

反三角函數

6-1 反三角函數（反正弦函數與反餘弦函數）的定義域與值域

6-2 反正切函數與反餘切函數

6-3 反正割函數與反餘割函數

➪ 本章摘要 ⬅

1. 限制六個三角函數之定義域與值域使三角函數為一對一函數.

$$\sin : \left[-\frac{\pi}{2}, \frac{\pi}{2}\right] \to [-1, 1]$$

$$\cos : [0, \pi] \to [-1, 1]$$

$$\tan : \left(-\frac{\pi}{2}, \frac{\pi}{2}\right) \to I\!R$$

$$\cot : (0, \pi) \to I\!R$$

$$\sec : \left[0, \frac{\pi}{2}\right) \cup \left[\pi, \frac{3\pi}{2}\right) \to (-\infty, -1] \cup [1, \infty)$$

$$\csc : \left(0, \frac{\pi}{2}\right] \cup \left(\pi, \frac{3\pi}{2}\right] \to (-\infty, -1] \cup [1, \infty)$$

2. 反三角函數之定義

(1) 反正弦函數，記為 $\sin^{-1}$，定義如下：

$$\sin^{-1} x = y \Leftrightarrow \sin y = x$$

其中 $-1 \leq x \leq 1$ 且 $-\frac{\pi}{2} \leq y \leq \frac{\pi}{2}$.

(2) 反餘弦函數，記為 $\cos^{-1}$，定義如下：

$$\cos^{-1} x = y \Leftrightarrow \cos y = x$$

其中 $-1 \leq x \leq 1$ 且 $0 \leq y \leq \pi$.

(3) 反正切函數，記為 $\tan^{-1}$，定義如下：

$$\tan^{-1} x = y \Leftrightarrow \tan y = x$$

其中 $-\infty < x < \infty$ 且 $-\frac{\pi}{2} < y < \frac{\pi}{2}$.

(4) **反餘切函數**，記為 $\cot^{-1}$，定義如下：

$$\cot^{-1} x = y \Leftrightarrow \cot y = x$$

其中 $-\infty < x < \infty$ 且 $0 < y < \pi$.

(5) **反正割函數**，記為 $\sec^{-1}$，定義如下：

$$\sec^{-1} x = y \Leftrightarrow \sec y = x$$

其中 $|x| \geq 1$，$0 \leq y < \dfrac{\pi}{2}$ 或 $\pi \leq y < \dfrac{3\pi}{2}$.

(6) **反餘割函數**，記為 $\csc^{-1}$，定義如下：

$$\csc^{-1} x = y \Leftrightarrow \csc y = x$$

其中 $|x| \geq 1$，$0 < y \leq \dfrac{\pi}{2}$ 或 $\pi < y \leq \dfrac{3\pi}{2}$.

3. **有關反三角函數之定理**：

(1) $\sin^{-1} x + \cos^{-1} x = \dfrac{\pi}{2}$，$|x| \leq 1$

(2) $\tan^{-1} x + \cot^{-1} x = \dfrac{\pi}{2}$，$x \in I\!R$

(3) $\sec^{-1} x + \csc^{-1} x = \dfrac{\pi}{2}$，$|x| \geq 1$

4. 六個反三角函數之圖形

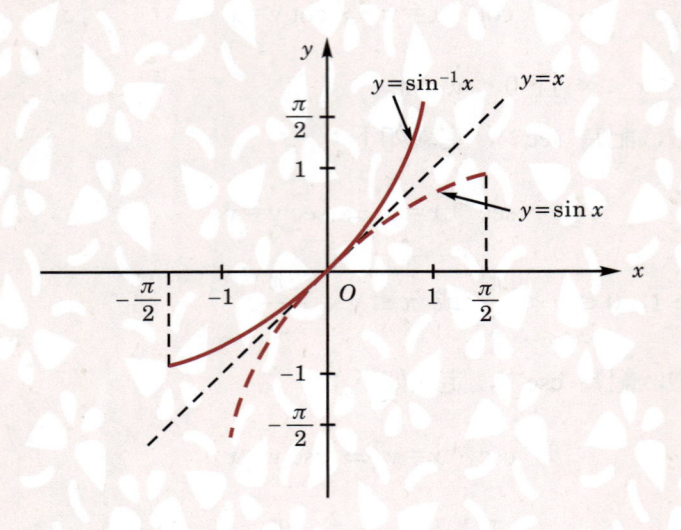

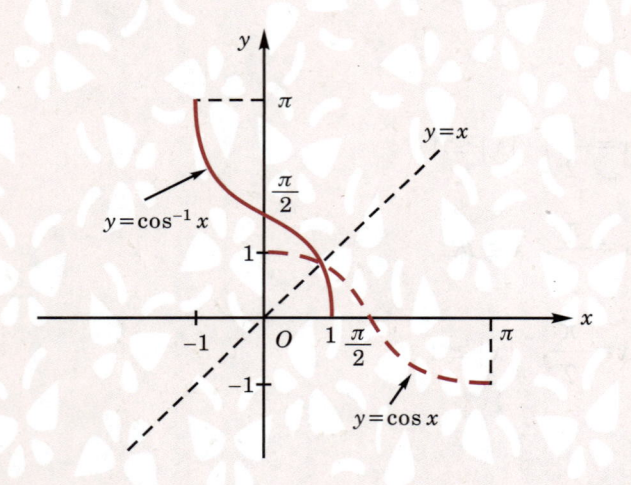

第六章　反三角函數　● 165

$y = \tan x$
$y = x$
$\dfrac{\pi}{2}$
$-\dfrac{\pi}{2}$
$y = \tan^{-1} x$
$\dfrac{\pi}{2}$
$-\dfrac{\pi}{2}$

$y = x$
π
$y = \cot^{-1} x$
$\dfrac{\pi}{2}$
$\dfrac{\pi}{2}$
π
$y = \cot x$

$\dfrac{3\pi}{2}$
π
$\dfrac{\pi}{2}$
-1　1

$y = \sec^{-1} x$

$\dfrac{3\pi}{2}$
π
$\dfrac{\pi}{2}$
-1　1

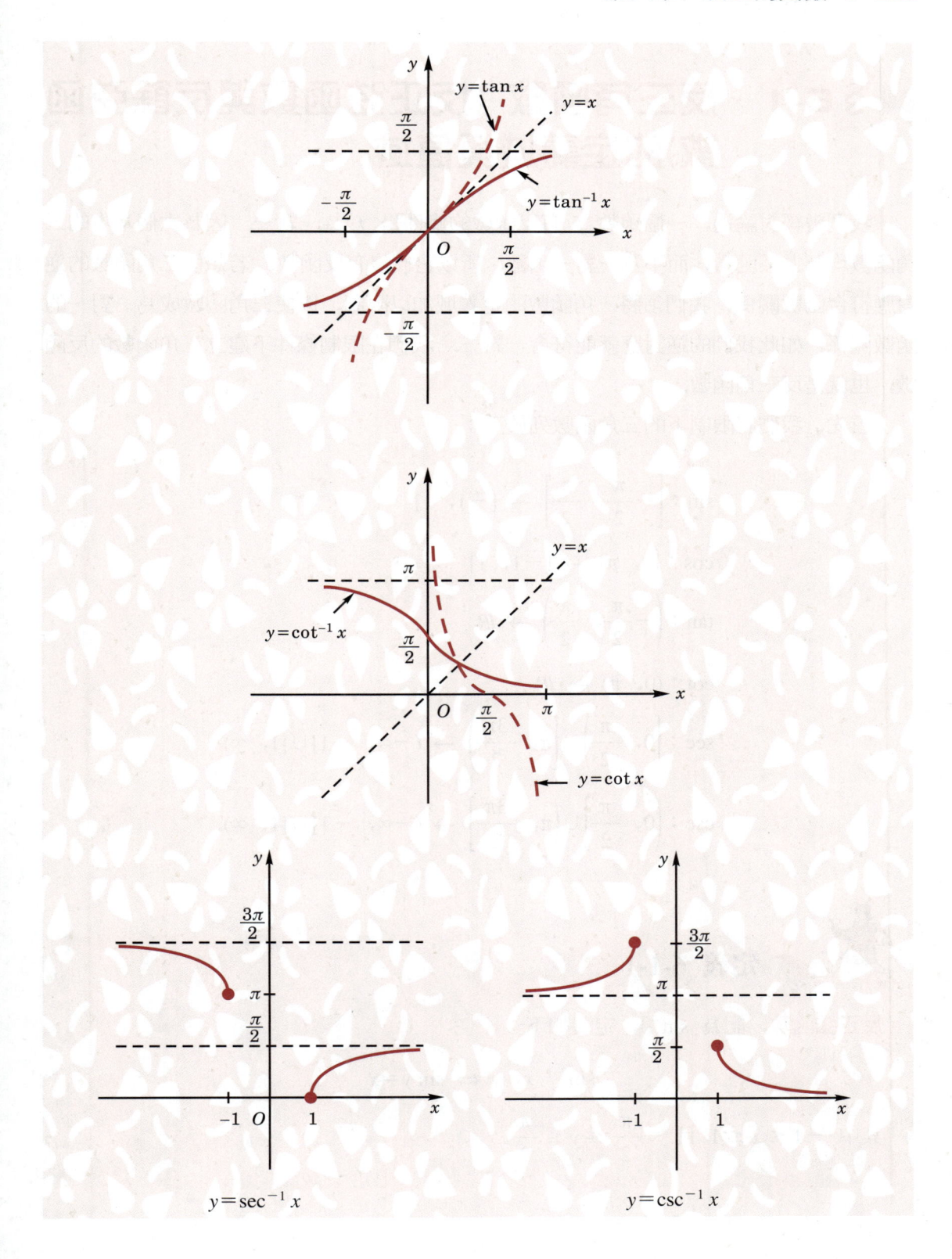

$y = \csc^{-1} x$

§6-1 反三角函數（反正弦函數與反餘弦函數）的定義域與值域

我們曾經討論過，一個函數 f 有反函數的條件是 f 為一對一. 因為六個基本的三角函數均為**週期函數**，而不為**一對一函數**，所以它們沒有反函數. 若想使三角函數的逆對應符合函數關係，我們須將三角函數的定義域加以限制，以使三角函數成為一對一的函數關係，如此我們的逆對應就能符合一對一. 我們在限制條件下建立三角函數的反函數，也就是反三角函數.

首先，我們將限制下的三角函數列於下：

$$\sin : \left[-\frac{\pi}{2}, \frac{\pi}{2}\right] \to [-1, 1]$$

$$\cos : [0, \pi] \to [-1, 1]$$

$$\tan : \left(-\frac{\pi}{2}, \frac{\pi}{2}\right) \to I\!R$$

$$\cot : (0, \pi) \to I\!R$$

$$\sec : \left[0, \frac{\pi}{2}\right) \cup \left[\pi, \frac{3\pi}{2}\right) \to (-\infty, -1] \cup [1, \infty)$$

$$\csc : \left(0, \frac{\pi}{2}\right] \cup \left(\pi, \frac{3\pi}{2}\right] \to (-\infty, -1] \cup [1, \infty).$$

定義 6-1-1

反正弦函數，記為 $\sin^{-1}$，定義如下：

$$\sin^{-1} x = y \iff \sin y = x$$

其中 $-1 \leq x \leq 1$ 且 $-\frac{\pi}{2} \leq y \leq \frac{\pi}{2}$.

$\sin^{-1}$ 讀作 "arcsine". 符號 $\sin^{-1} x$ 絕不是用來表示 $\dfrac{1}{\sin x}$, 若需要, $\dfrac{1}{\sin x}$ 可寫成 $(\sin x)^{-1}$ 或 $\csc x$. 在比較古老的文獻上, $\sin^{-1} x$ 記為 $\arcsin x$.

註：為了定義 $\sin^{-1} x$, 我們將 $\sin x$ 的定義域限制到區間 $\left[-\dfrac{\pi}{2}, \dfrac{\pi}{2}\right]$ 而得到一對一函數. 此外, 有其他的方法限制 $\sin x$ 的定義域而得到一對一函數; 例如, 我們或許需要 $\dfrac{3\pi}{2} \leq x \leq \dfrac{5\pi}{2}$ 或 $-\dfrac{5\pi}{2} \leq x \leq -\dfrac{3\pi}{2}$. 然而, 習慣上選取 $-\dfrac{\pi}{2} \leq x \leq \dfrac{\pi}{2}$.

我們由定義 6-1-1 可知, $y = \sin^{-1} x$ 的圖形可由作 $x = \sin y$ 的圖形而求出, 此處 $-\dfrac{\pi}{2} \leq y \leq \dfrac{\pi}{2}$, 如圖 6-1-1 所示, 所以, $y = \sin^{-1} x$ 的圖形與 $y = \sin x$ 在 $\left[-\dfrac{\pi}{2}, \dfrac{\pi}{2}\right]$ 上的圖形對稱於直線 $y = x$. 因 $\sin$ 與 $\sin^{-1}$ 互為反函數, 故

$$\sin^{-1}(\sin x) = x, \text{ 此處 } -\dfrac{\pi}{2} \leq x \leq \dfrac{\pi}{2};$$

$$\sin(\sin^{-1} x) = x, \text{ 此處 } -1 \leq x \leq 1.$$

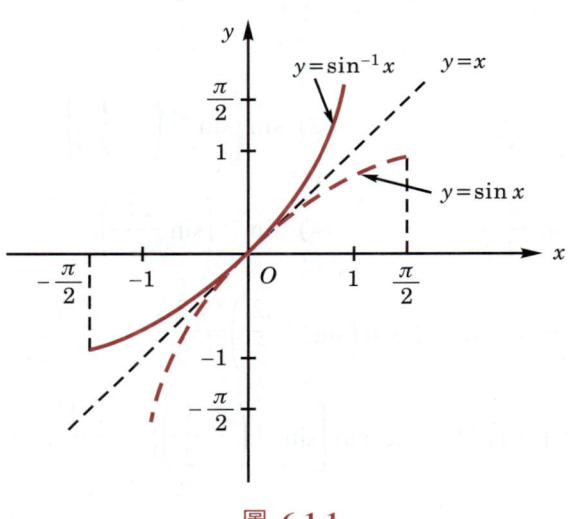

圖 6-1-1

我們從圖 6-1-1 可以看出，反正弦函數 $y = \sin^{-1} x$ 的圖形對稱於原點，這說明了它是奇函數，即，

$$\sin^{-1}(-x) = -\sin^{-1} x, \quad x \in [-1, 1].$$

定理 6-1-1

$$\sin^{-1} x + \cos^{-1} x = \frac{\pi}{2} \quad \forall x \in [-1, 1].$$

例 1 求 (1) $\sin^{-1} \frac{\sqrt{2}}{2}$ (2) $\sin^{-1}\left(-\frac{1}{2}\right)$.

解答 (1) 令 $\theta = \sin^{-1} \frac{\sqrt{2}}{2}$，則 $\sin \theta = \frac{\sqrt{2}}{2}$ $\left(-\frac{\pi}{2} \leq \theta \leq \frac{\pi}{2}\right)$，

可得 $\theta = \frac{\pi}{4}$，故 $\sin^{-1} \frac{\sqrt{2}}{2} = \frac{\pi}{4}$.

(2) 令 $\theta = \sin^{-1}\left(-\frac{1}{2}\right)$，則 $\sin \theta = -\frac{1}{2}$ $\left(-\frac{\pi}{2} \leq \theta \leq \frac{\pi}{2}\right)$，

可得 $\theta = -\frac{\pi}{6}$，故 $\sin^{-1}\left(-\frac{1}{2}\right) = -\frac{\pi}{6}$.

例 2 求 (1) $\sin\left(\sin^{-1} \frac{2}{3}\right)$ (2) $\sin\left[\sin^{-1}\left(-\frac{1}{2}\right)\right]$

(3) $\sin^{-1}\left(\sin \frac{\pi}{4}\right)$ (4) $\sin^{-1}\left(\sin \frac{2\pi}{3}\right)$.

解答 (1) 因 $\frac{2}{3} \in [-1, 1]$，故 $\sin\left(\sin^{-1} \frac{2}{3}\right) = \frac{2}{3}$.

(2) 因 $-\frac{1}{2} \in [-1, 1]$，故 $\sin\left[\sin^{-1}\left(-\frac{1}{2}\right)\right] = -\frac{1}{2}$.

(3) 因 $\dfrac{\pi}{4} \in \left[-\dfrac{\pi}{2}, \dfrac{\pi}{2}\right]$，故 $\sin^{-1}\left(\sin \dfrac{\pi}{4}\right) = \dfrac{\pi}{4}$.

(4) $\sin^{-1}\left(\sin \dfrac{2\pi}{3}\right) = \sin^{-1} \dfrac{\sqrt{3}}{2} = \dfrac{\pi}{3}$.

例 3 求 (1) $\tan\left(\sin^{-1} \dfrac{\sqrt{3}}{2}\right)$ (2) $\cos\left(\sin^{-1} \dfrac{4}{5}\right)$.

解答 (1) $\tan\left(\sin^{-1} \dfrac{\sqrt{3}}{2}\right) = \tan \dfrac{\pi}{3} = \sqrt{3}$.

(2) 設 $\theta = \sin^{-1} \dfrac{4}{5}$，則 $\sin \theta = \dfrac{4}{5}$.

由於 $\theta \in \left[-\dfrac{\pi}{2}, \dfrac{\pi}{2}\right]$，可知 $\cos \theta \geq 0$，

故 $\cos \theta = \sqrt{1 - \sin^2 \theta} = \sqrt{1 - \left(\dfrac{4}{5}\right)^2} = \dfrac{3}{5}$,

即, $\cos\left(\sin^{-1} \dfrac{4}{5}\right) = \dfrac{3}{5}$.

定義 6-1-2

反餘弦函數，記為 $\cos^{-1}$，定義如下：

$$\cos^{-1} x = y \Leftrightarrow \cos y = x$$

其中 $-1 \leq x \leq 1$ 且 $0 \leq y \leq \pi$.

$y = \cos^{-1} x$ 的圖形如圖 6-1-2 所示.

圖 6-1-2

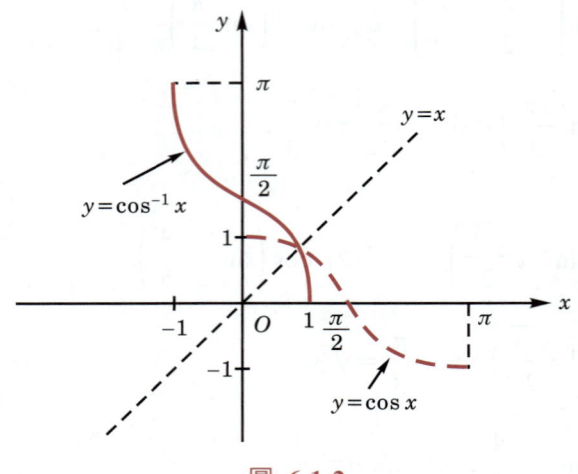

注意：$\cos^{-1}(\cos x) = x$，此處 $0 \leq x \leq \pi$
$\cos(\cos^{-1} x) = x$，此處 $-1 \leq x \leq 1$.

例 4 求 (1) $\cos^{-1} \dfrac{\sqrt{3}}{2}$ (2) $\cos^{-1}\left(-\dfrac{\sqrt{2}}{2}\right)$

(3) $\cos\left(\cos^{-1}\left(-\dfrac{\sqrt{2}}{3}\right)\right)$ (4) $\cos^{-1}\left(\cos \dfrac{11\pi}{6}\right)$.

解答 (1) 令 $\theta = \cos^{-1} \dfrac{\sqrt{3}}{2}$，則 $\cos\theta = \dfrac{\sqrt{3}}{2}$ $(0 \leq \theta \leq \pi)$，

可得 $\theta = \dfrac{\pi}{6}$，故 $\cos^{-1} \dfrac{\sqrt{3}}{2} = \dfrac{\pi}{6}$.

(2) 令 $\theta = \cos^{-1}\left(-\dfrac{\sqrt{2}}{2}\right)$，則 $\cos\theta = -\dfrac{\sqrt{2}}{2}$ $(0 \leq \theta \leq \pi)$，

可得 $\theta = \dfrac{3\pi}{4}$，故 $\cos^{-1}\left(-\dfrac{\sqrt{2}}{2}\right) = \dfrac{3\pi}{4}$.

(3) 因 $-\dfrac{\sqrt{2}}{3} \in [-1, 1]$，故 $\cos\left(\cos^{-1}\left(-\dfrac{\sqrt{2}}{3}\right)\right) = -\dfrac{\sqrt{2}}{3}$.

(4) $\cos^{-1}\left(\cos\dfrac{11\pi}{6}\right)=\cos^{-1}\left(\cos\dfrac{\pi}{6}\right)=\cos^{-1}\dfrac{\sqrt{3}}{2}=\dfrac{\pi}{6}$.

例 5 求 $\cos\left[\cos^{-1}\dfrac{4}{5}+\cos^{-1}\left(-\dfrac{5}{13}\right)\right]$.

解答 設 $\alpha=\cos^{-1}\dfrac{4}{5}$，則 $\cos\alpha=\dfrac{4}{5}$，α 在第一象限，可得

$$\sin\alpha=\sqrt{1-\cos^2\theta}=\sqrt{1-\left(\dfrac{4}{5}\right)^2}=\dfrac{3}{5}.$$

又設 $\beta=\cos^{-1}\left(-\dfrac{5}{13}\right)$，則 $\cos\beta=-\dfrac{5}{13}$，β 在第二象限，可得

$$\sin\beta=\sqrt{1-\cos^2\beta}=\sqrt{1-\left(-\dfrac{5}{13}\right)^2}=\dfrac{12}{13}$$

故 $\cos\left[\cos^{-1}\dfrac{4}{5}+\cos^{-1}\left(-\dfrac{5}{13}\right)\right]$

$$=\cos(\alpha+\beta)=\cos\alpha\,\cos\beta-\sin\alpha\,\sin\beta$$

$$=\dfrac{4}{5}\times\left(-\dfrac{5}{13}\right)-\dfrac{3}{5}\times\dfrac{12}{13}=-\dfrac{56}{65}.$$

例 6 求 $\sin\left[\cos^{-1}\left(-\dfrac{4}{5}\right)\right]$.

解答 設 $\theta=\cos^{-1}\left(-\dfrac{4}{5}\right)$，則 $\cos\theta=-\dfrac{4}{5}$，由於 $\theta\in[0,\pi]$，

可知 $\sin\theta\geq 0$，故 $\sin\theta=\sqrt{1-\cos^2\theta}=\sqrt{1-\left(-\dfrac{4}{5}\right)^2}=\dfrac{3}{5}$，

即， $\sin\left[\cos^{-1}\left(-\dfrac{4}{5}\right)\right]=\dfrac{3}{5}.$

例 7 試證：對於任意 $x \in [-1, 1]$，恆有 $\cos^{-1} x + \cos^{-1}(-x) = \pi$.

解答 由 $-1 \leq x \leq 1$，可得 $-1 \leq -x \leq 1$.

因 $0 \leq \cos^{-1} x \leq \pi$，故 $-\pi \leq -\cos^{-1} x \leq 0$

由此可得 $\qquad 0 \leq \pi - \cos^{-1} x \leq \pi$

又 $\qquad \cos(\pi - \cos^{-1} x) = -\cos(\cos^{-1} x) = -x$

於是， $\qquad \cos^{-1}(-x) = \pi - \cos^{-1} x$

即， $\qquad \cos^{-1} x + \cos^{-1}(-x) = \pi.$

習題 6-1

試求下列各函數值.

1. $\sin^{-1}\left(\dfrac{1}{2}\right) = ?$
2. $\cos^{-1}\left(\dfrac{1}{2}\right) = ?$
3. $\cos^{-1}\left(\dfrac{-\sqrt{3}}{2}\right) = ?$
4. $\sin \sin^{-1}\left(-\dfrac{1}{2}\right) = ?$
5. $\cos \cos^{-1}(-1) = ?$
6. $\sin^{-1}\left(\sin \dfrac{3\pi}{7}\right) = ?$
7. $\cos^{-1}\left(\cos \dfrac{4\pi}{3}\right) = ?$
8. $\cos \sin^{-1} x = ?$ $(x > 0)$
9. $\sin^{-1}\left(\sin \dfrac{\pi}{7}\right) = ?$
10. $\sin^{-1}\left(\sin \dfrac{5\pi}{7}\right) = ?$
11. $\cos^{-1}\left(\cos \dfrac{12\pi}{7}\right) = ?$
12. $\sin\left(2 \cos^{-1} \dfrac{3}{5}\right) = ?$
13. $\sin\left(\sin^{-1} \dfrac{2}{3} + \cos^{-1} \dfrac{1}{3}\right) = ?$
14. $\sin(\cos^{-1} x) = ?$
15. $\tan(\cos^{-1} x) = ?$

試求下列函數的定義域.

16. $y = \sin^{-1} 3x$

17. $y = \dfrac{1}{3} \sin^{-1} (x-1)$

18. $y = \dfrac{3}{5} \sin^{-1} (2-x)$

19. $y = \dfrac{\pi}{2} + \sin^{-1} \dfrac{x}{2}$

20. $y = \cos^{-1} \left(\dfrac{1}{2} - x \right)$

21. 已知 $\theta = \sin^{-1} \left(-\dfrac{\sqrt{3}}{2} \right)$，求 $\cos \theta$、$\tan \theta$ 及 $\csc \theta$.

§6-2　反正切函數與反餘切函數

正切函數 $y = \tan x \left(-\dfrac{\pi}{2} < x < \dfrac{\pi}{2} \right)$ 為一對一函數，故有反函數，稱為**反正切函數**.

定義 6-2-1

反正切函數，記為 $\tan^{-1}$，定義如下：

$$\tan^{-1} x = y \Leftrightarrow \tan y = x$$

其中 $-\infty < x < \infty$ 且 $-\dfrac{\pi}{2} < y < \dfrac{\pi}{2}$.

關於直線 $y = x$ 作出與 $y = \tan x$ 對稱的圖形，可得 $y = \tan^{-1} x$ 的圖形 (圖 6-2-1).

圖 6-2-1

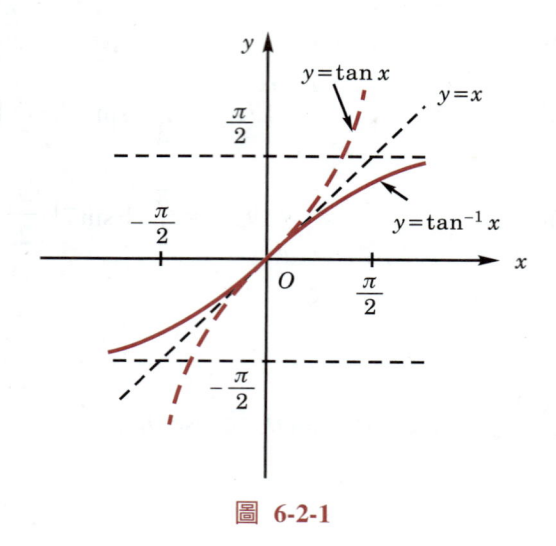

注意：$\tan^{-1}(\tan x) = x$，此處 $-\dfrac{\pi}{2} < x < \dfrac{\pi}{2}$.

$\tan(\tan^{-1} x) = x$，此處 $-\infty < x < \infty$.

我們可得知 $y = \tan^{-1} x$ 是奇函數，即，

$$\tan^{-1}(-x) = -\tan^{-1} x, \quad x \in (-\infty, \infty).$$

定理 6-2-1

$$\tan^{-1} x + \cot^{-1} x = \dfrac{\pi}{2} \quad \forall x \in I\!R.$$

例 1 求 (1) $\tan^{-1}(-\sqrt{3})$ (2) $\tan(\tan^{-1} 1000)$

    (3) $\tan^{-1}\left(\tan\left(-\dfrac{\pi}{5}\right)\right)$ (4) $\tan^{-1}\left(\tan\dfrac{3\pi}{5}\right)$.

解答 (1) $\tan^{-1}(-\sqrt{3}) = -\dfrac{\pi}{3}$

(2) $\tan(\tan^{-1} 1000) = 1000$

(3) $\tan^{-1}\left(\tan\left(-\dfrac{\pi}{5}\right)\right) = -\dfrac{\pi}{5}$

(4) $\tan^{-1}\left(\tan\dfrac{3\pi}{5}\right) = \tan^{-1}\left(\tan\left(-\dfrac{2\pi}{5}\right)\right)$

$\qquad\qquad\qquad = -\dfrac{2\pi}{5}.$

例 2 試證：$\cos(2\,\tan^{-1} x) = \dfrac{1-x^2}{1+x^2}.$

解答 令 $\theta = \tan^{-1} x$，則 $\tan\theta = x.$ 於是，

$$\cos(2\,\tan^{-1} x) = \cos 2\theta = 2\cos^2\theta - 1$$

$$= \dfrac{2}{\sec^2\theta} - 1 = \dfrac{2}{1+\tan^2\theta} - 1$$

$$= \dfrac{2}{1+x^2} - 1 = \dfrac{1-x^2}{1+x^2}.$$

定義 6-2-2

反餘切函數，記為 $\cot^{-1}$，定義如下：

$$\cot^{-1} x = y \iff \cot y = x$$

其中 $-\infty < x < \infty$ 且 $0 < y < \pi.$

$y = \cot^{-1} x$ 的圖形如圖 6-2-2 所示.

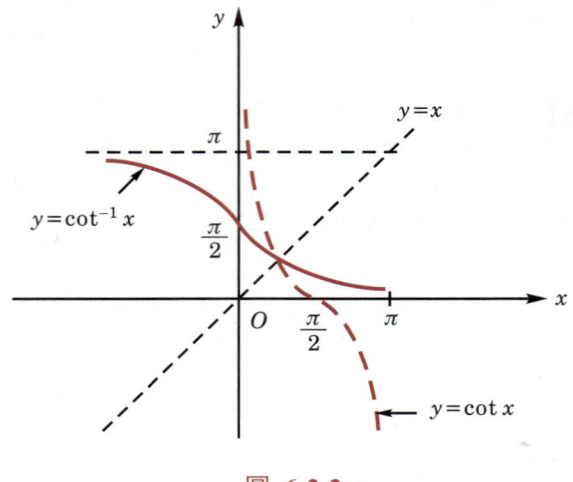

圖 6-2-2

注意：$\cot^{-1}(\cot x) = x$，此處 $0 < x < \pi$.
$\cot(\cot^{-1} x) = x$，此處 $-\infty < x < \infty$.

反餘切函數有下述關係：

$$\cot^{-1} x + \cot^{-1}(-x) = \pi, \quad x \in (-\infty, \infty).$$

例 3 $\cot^{-1}(-\sqrt{3}) = \pi - \cot^{-1}\sqrt{3} = \pi - \dfrac{\pi}{6} = \dfrac{5\pi}{6}$.

例 4 若 $xy < 1$，試證 $\tan^{-1} x + \tan^{-1} y = \tan^{-1}\dfrac{x+y}{1-xy}$.

解答 令 $\alpha = \tan^{-1} x$，$\beta = \tan^{-1} y$，則 $\tan \alpha = x$，$\tan \beta = y$

$$\tan(\tan^{-1} x + \tan^{-1} y) = \tan(\alpha + \beta) = \dfrac{\tan \alpha + \tan \beta}{1 - \tan \alpha \tan \beta} = \dfrac{x+y}{1-xy}$$

因 $xy < 1$，所以 $\tan^{-1} x + \tan^{-1} y$ 之正負值與 $x+y$ 之正負值同義，所以，

$$\tan^{-1} x + \tan^{-1} y = \tan^{-1}\dfrac{x+y}{1-xy}.$$

習題 6-2

試求下列各函數值.

1. $\tan^{-1} 0 = ?$
2. $\tan^{-1}(-\sqrt{3}) = ?$
3. $\tan^{-1}(-1) = ?$
4. $\cot^{-1}(-\sqrt{3}) = ?$
5. $\cot^{-1}\left(\cot\dfrac{4\pi}{3}\right) = ?$
6. $\tan\left(\tan^{-1}\left(-\dfrac{1}{2}\right)\right) = ?$
7. $\tan(\tan^{-1} 10) = ?$
8. $\tan^{-1}\tan\left(\dfrac{5\pi}{4}\right) = ?$
9. $\tan^{-1}\left(\tan\dfrac{5\pi}{3}\right) = ?$
10. $\tan(\tan^{-1} 2000\pi) = ?$
11. $\tan^{-1}\left(\tan\dfrac{\pi}{2}\right) = ?$
12. $\cot(\cot^{-1}(-3)) = ?$
13. $\cot^{-1}\left(\cot\dfrac{7\pi}{6}\right) = ?$
14. $\tan\left(\cot^{-1}\left(-\dfrac{4}{3}\right) + \tan^{-1}\dfrac{5}{12}\right) = ?$
15. 已知 $\theta = \tan^{-1}\dfrac{4}{3}$，求 $\sin\theta$、$\cos\theta$ 及 $\cot\theta$.

試將下列各式表為 x 的代數式.

16. $\sin(\tan^{-1} x) = ?$
17. $\tan(\cot^{-1} x) = ?$
18. $\tan(\sin^{-1} x) = ?$
19. 試求下列函數之定義域及值域.

    (1) $y = \tan^{-1}\sqrt{x}$
    (2) $y = \sqrt{\cot^{-1} x}$

20. 試求 $\cos\dfrac{1}{2}\tan^{-1}\dfrac{\sqrt{5}}{2}$ 之值.

§6-3　反正割函數與反餘割函數

反三角函數還有反正割函數與反餘割函數，茲討論如下：

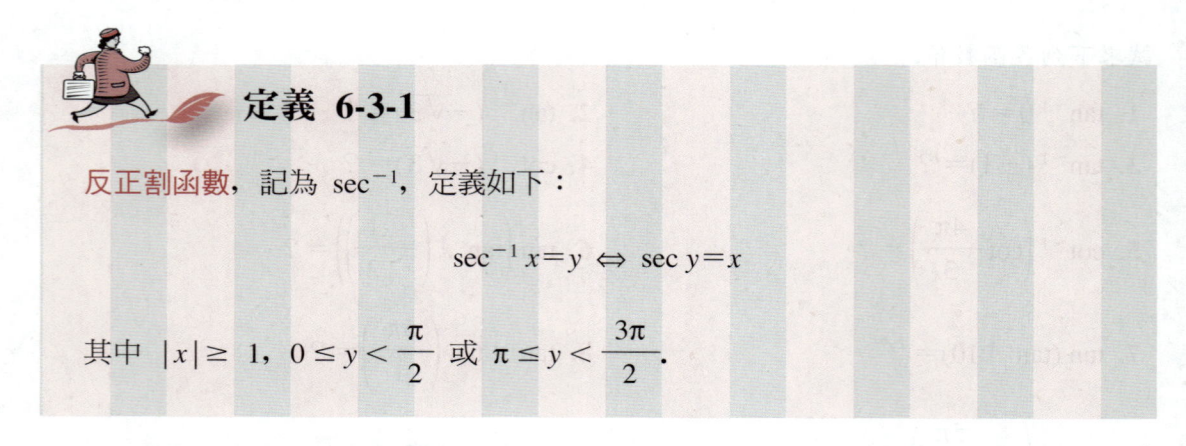

定義 6-3-1

反正割函數，記為 $\sec^{-1}$，定義如下：

$$\sec^{-1} x = y \iff \sec y = x$$

其中 $|x| \geq 1$，$0 \leq y < \dfrac{\pi}{2}$ 或 $\pi \leq y < \dfrac{3\pi}{2}$.

$y = \sec^{-1} x$ 的圖形如圖 6-3-1 所示.

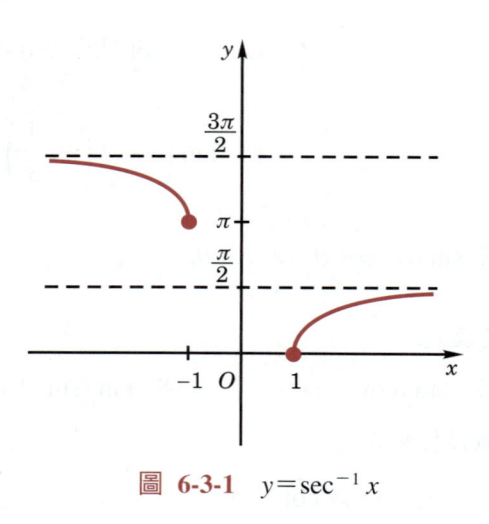

圖 6-3-1　$y = \sec^{-1} x$

注意：$\sec^{-1}(\sec x) = x$，此處 $0 \leq x < \dfrac{\pi}{2}$ 或 $\pi \leq x < \dfrac{3\pi}{2}$.

$\sec(\sec^{-1} x) = x$，此處 $x \leq -1$ 或 $x \geq 1$.

註：數學家們對於 $\sec^{-1} x$ 的定義沒有一致的看法．例如，有些作者限制 x 使得

$0 \leq x < \dfrac{\pi}{2}$ 或 $\dfrac{\pi}{2} < x \leq \pi$ 來定義 $\sec^{-1} x$.

反正割函數有下述關係：

$$\sec^{-1}(-x) = \pi - \sec^{-1} x, \text{ 若 } x \geq 1$$

定理 6-3-1

$$\sec^{-1} x + \csc^{-1} x = \dfrac{\pi}{2} \quad \forall\, |x| \geq 1.$$

例 1 試求 $\sec^{-1} 1$, $\sec^{-1}(-1)$, $\sec^{-1}\sqrt{2}$, $\sec^{-1}(-\sqrt{2})$, $\sec^{-1}(-2)$ 的值.

解答 因為 $\sec 0 = 1$, $\sec \pi = -1$, $\sec \dfrac{\pi}{4} = \sqrt{2}$, $\sec \dfrac{3\pi}{4} = -\sqrt{2}$,

$\sec \dfrac{2\pi}{3} = -2$

所以，$\sec^{-1} 1 = 0$, $\sec^{-1}(-1) = \pi$, $\sec^{-1}\sqrt{2} = \dfrac{\pi}{4}$,

$\sec^{-1}(-\sqrt{2}) = \pi - \dfrac{\pi}{4} = \dfrac{3\pi}{4}$, $\sec^{-1}(-2) = \pi - \dfrac{\pi}{3} = \dfrac{2\pi}{3}$.

定義 6-3-2

反餘割函數，記為 $\csc^{-1}$，定義如下：

$$\csc^{-1} x = y \iff \csc y = x$$

其中 $|x| \geq 1$, $0 < y \leq \dfrac{\pi}{2}$ 或 $\pi < y \leq \dfrac{3\pi}{2}$.

$y = \csc^{-1} x$ 的圖形如圖 6-3-2 所示.

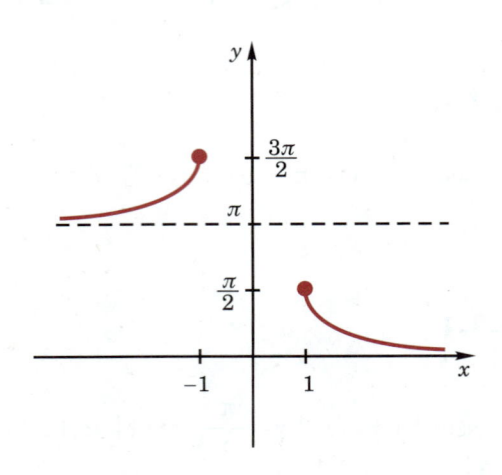

圖 6-3-2　$y = \csc^{-1} x$

注意：$\csc^{-1}(\csc x) = x$，此處 $0 < x \leq \dfrac{\pi}{2}$ 或 $\pi < x \leq \dfrac{3\pi}{2}$.

$\csc(\csc^{-1} x) = x$，此處 $|x| \geq 1$.

註：數學家們對於 $\csc^{-1} x$ 的定義也沒有一致的看法. 有些作者限制 x 在 $0 < x \leq \dfrac{\pi}{2}$ 或 $\dfrac{\pi}{2} \leq x < \pi$ 來定義 $\csc^{-1} x$.

例 2　求 $\csc^{-1}(-2)$.

解答　令 $\csc^{-1}(-2) = x$，則 $\csc x = -2$

所以 $\sin x = -\dfrac{1}{2}$, $x \in \left[-\dfrac{\pi}{2}, \dfrac{\pi}{2} \right]$, $x \neq 0$

故 $x = -\dfrac{\pi}{6}$, $\csc^{-1}(-2) = -\dfrac{\pi}{6}$.

習題 6-3

試求下列各函數值.

1. $\sec^{-1} 0 = ?$
2. $\sec^{-1} 2 = ?$
3. $\sec^{-1}\left(-\dfrac{2}{\sqrt{3}}\right) = ?$
4. $\csc^{-1}\left(-\dfrac{2}{\sqrt{3}}\right) = ?$
5. $\csc^{-1}(-1) = ?$
6. $\sec^{-1}\left(\sin\dfrac{5\pi}{4}\right) = ?$
7. $\csc^{-1}\left(\csc\dfrac{5\pi}{3}\right) = ?$
8. 試將 $\sin(\sec^{-1} x)$ 表為 x 的代數式.
9. 若 $y = \sec^{-1}\left(\dfrac{\sqrt{5}}{2}\right)$, 試求 $\tan y$.

第 7 章

指數與對數

7-1　指數與其運算

7-2　指數函數與其圖形

7-3　對數與其運算

7-4　對數函數與其圖形

➪ 本章摘要 ⬅

1. 指數與其運算

定理：指數律

設 $a \neq 0$, $b \neq 0$, $a、b \in \mathbb{R}$, $m、n \in \mathbb{N}$，則指數的運算有下列的性質，稱為**指數律**：

(1) $a^m \cdot a^n = a^{m+n}$

(2) $(a^m)^n = a^{mn}$

(3) $(a \cdot b)^m = a^m \cdot b^m$

(4) $\dfrac{a^m}{a^n} = a^{m-n}$ ($a \neq 0$, $m > n$)

(5) $\left(\dfrac{a}{b}\right)^n = \dfrac{a^n}{b^n}$ ($b \neq 0$)

定義：

設 a 是一個不等於 0 的實數，n 是正整數，我們規定

(1) $a^0 = 1$

(2) $a^{-n} = \dfrac{1}{a^n}$

定理：

設 $a、b$ 是兩個實數，$ab \neq 0$，$m、n$ 是兩個整數，則有

(1) $a^m \cdot a^n = a^{m+n}$

(2) $(a^m)^n = a^{mn}$

(3) $(ab)^m = a^m b^m$

定理：

設 $a \in \mathbb{R}$, $a > 1$, $m、n \in \mathbb{Z}$, $m > n$，則 $a^m > a^n$.

定理：

設 a 是一個正實數，m 與 n 是兩個整數，且 $n > 0$. 我們規定

(1) $a^{1/n} = \sqrt[n]{a}$

(2) $a^{m/n} = \sqrt[n]{a^m} = (\sqrt[n]{a})^m$

定理：

設 a、b 是兩個正實數，r、s 是兩個有理數，則有

(1) $a^r \cdot a^s = a^{r+s}$

(2) $(a^r)^s = a^{rs}$

(3) $(ab)^r = a^r b^r$

定理：

設 $a \in \mathbb{R}$, $a > 1$, $m > n$, m、$n \in \mathbb{Q}$，則 $a^m > a^n$.

定理：

設 $a \in \mathbb{R}$, $0 < a < 1$, $m > n$, m、$n \in \mathbb{Q}$，則 $a^m < a^n$.

定理：

設 a、b、r 與 s 均為任意實數，且 $a > 0$, $b > 0$，則下列性質成立.

(1) $a^r \cdot a^s = a^{r+s}$

(2) $(a^r)^s = a^{rs}$

(3) $a^r \cdot b^r = (ab)^r$

(4) $\left(\dfrac{a}{b}\right)^r = \dfrac{a^r}{b^r} = a^r b^{-r}$

(5) $\dfrac{a^r}{a^s} = a^{r-s}$

2. 指數函數與其圖形

定義：

若 $a > 0$, $a \neq 1$，對任意實數 x，恰有一個對應值 a^x，因而 a^x 是實數 x 的函數，常記為

$$f : \mathbb{R} \to \mathbb{R}^+, \ f(x) = a^x,$$

則稱此函數為以 a 為底的指數函數.

定理：

設 $a > 0$, x、$y \in \mathbb{R}$, $f : x \to a^x$，則

(1) $f(x)f(y) = f(x+y)$

(2) $\dfrac{f(x)}{f(y)} = f(x-y)$

定義：

設 A、B 為 $\mathbb{R}$ 的子集合，$f: A \to B$ 為一函數，若對於 A 中任意兩個數 x_1、x_2，

$$x_1 < x_2 \Rightarrow f(x_1) < f(x_2)$$

我們稱 f 是一個由 A 映至 B 的 遞增函數；反之，

$$x_1 < x_2 \Rightarrow f(x_1) > f(x_2)$$

我們稱 f 是一個由 A 映至 B 的 遞減函數.

定理：

設 $a > 0$，x_1、$x_2 \in \mathbb{R}$，$f: x \to a^x$.

(1) 若 $a > 1$，且 $x_1 > x_2$，則 $f(x_1) > f(x_2)$ $(a^{x_1} > a^{x_2})$

即，f 為 遞增函數，如下圖所示.

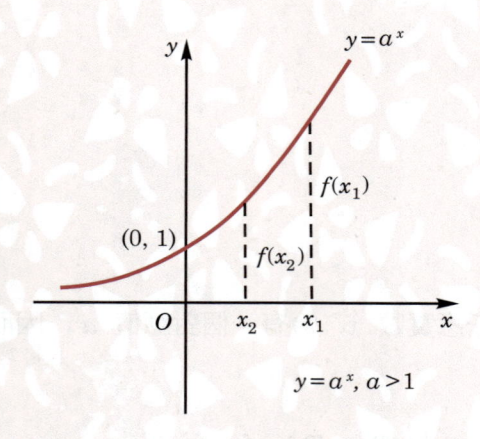

$y = a^x,\ a > 1$

(2) 若 $0 < a < 1$，$x_1 > x_2$，則 $f(x_1) < f(x_2)$ $(a^{x_1} < a^{x_2})$

即，f 為 遞減函數，如下圖所示.

$y = a^x$

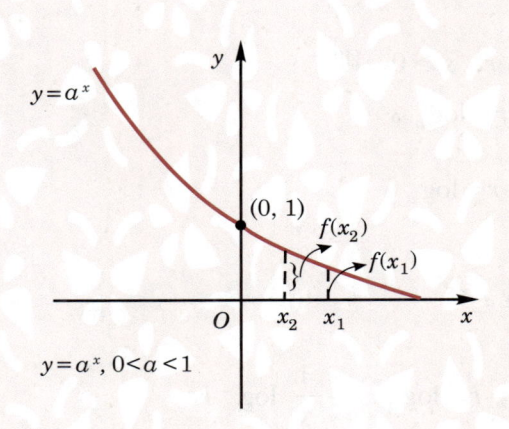

$y = a^x, 0 < a < 1$

3. **對數與其運算**

    定義：

    給予一個不等於 1 的正實數 a，對於正實數 b，如果存在一個實數 c，滿足下列的關係：

    $$a^c = b$$

    則稱 c 是以 a 為底 b 的<u>對數</u>，b 稱為<u>真數</u>. 以符號

    $$c = \log_a b$$

    表示.

    定理：

    設 a 為不等於 1 的正實數，b 為任意正實數，c 為任意實數，則

    $$a^{\log_a b} = b, \quad \log_a(a^c) = c.$$

    定理：

    若真數與底相同，則對數等於 1，即

    $$\log_a a = 1.$$

    定理：

    若真數為 1，則對數等於 0，即

    $$\log_a 1 = 0.$$

定理：

若 $a \neq 1$, $a > 0$, r、$s > 0$, 則

(1) $\log_a rs = \log_a r + \log_a s$

(2) $\log_a \dfrac{r}{s} = \log_a r - \log_a s$

(3) $\log_a \dfrac{1}{s} = -\log_a s$

(4) $\log_a r^s = s \log_a r$, $\log_{a^s} r = \dfrac{1}{s} \log_a r$.

定理：

設 $a \neq 1$, $a > 0$, $b \neq 1$, $b > 0$, 則 $\log_a r = \dfrac{\log_b r}{\log_b a}$.

推論 1

設 $a \neq 1$, $a > 0$, p、$q \in \mathbb{R}$, $p \neq 0$, 則 $\log_{a^p} a^q = \dfrac{q}{p}$.

推論 2

設 $a \neq 1$, $b \neq 1$, $a > 0$, $b > 0$, 則 $\log_a b \cdot \log_b a = 1$.

4. 常用對數

以 10 為底的對數，在計算時較為方便，故稱為 常用對數，$\log_{10} a$ 常簡寫成 $\log a$，即將底數省略不寫. 常用對數可以表示為

$$\log a = k + b \text{ (其中 } a > 0,\ k \text{ 為整數},\ 0 \leq b < 1)$$

此時，k 稱為對數 $\log a$ 的 首數，b 稱為對數 $\log a$ 的 尾數，而尾數規定恆介於 0 與 1 之間.

首數的定法

我們由對數的性質得知

(1) 真數大於或等於 1：

$10^0 = 1$ $\log 1 = 0$

$10^1 = 10$ $\log 10 = 1$

$$10^2 = 100 \qquad \log 100 = 2$$
$$10^3 = 1000 \qquad \log 1000 = 3$$
$$\vdots \qquad\qquad \vdots$$

由以上可知，若正實數 a 的整數部分為 n 位數，則 $(n-1) \leq \log a < n$，故其首數為 $n-1$．

(2) **真數小於 1**：

$$10^{-1} = \frac{1}{10} = 0.1 \qquad \log 0.1 = -1$$

$$10^{-2} = \frac{1}{100} = 0.01 \qquad \log 0.01 = -2$$

$$10^{-3} = \frac{1}{1000} = 0.001 \qquad \log 0.001 = -3$$

$$\vdots \qquad\qquad \vdots$$

由以上可知，若正純小數 a 在小數點以後第 n 位始出現非零的數，則 $-n \leq \log a < -n+1$，故其首數為 $-n$．

5. **對數函數**

定義：

若 $a > 0$，$a \neq 1$，$x > 0$，則函數 $f: x \to \log_a x$ 稱為以 a 為底的**對數函數**，其定義域為 $D_f = \{x \mid x > 0\}$，值域為 $R_f = \{y \mid y \in \mathbb{R}\}$．

由合成函數之觀念，可得下列二個關係式

$$a^{\log_a x} = x，對每一 x \in \mathbb{R}^+ 成立．$$
$$\log_a a^x = x，對每一 x \in \mathbb{R} 成立．$$

另由反函數之觀念，因對數函數為指數函數的反函數，故對數函數 $y = \log_a x$ 的圖形與指數函數 $y = a^x$ 的圖形對稱於直線 $y = x$，如下圖所示．

(a) $a>1$

(b) $0<a<1$

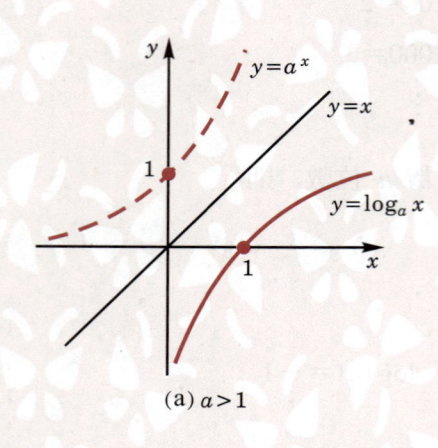

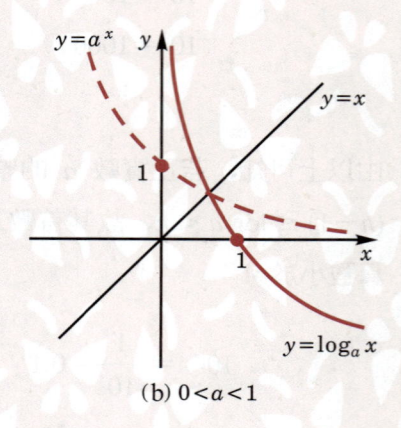

定理：

設 $a>0$，且 $a\neq 1$，則 $\log_a x = y \Leftrightarrow a^y = x$.

定理：

設 $f(x)=\log_a x$ $(a>0,\ a\neq 1,\ x>0)$，則

(1) $f(x_1 x_2)=f(x_1)+f(x_2)\quad (x_1>0,\ x_2>0)$

(2) $f\left(\dfrac{x_1}{x_2}\right)=f(x_1)-f(x_2)\quad (x_1>0,\ x_2>0)$

§7-1　指數與其運算

　　指數符號是十七世紀法國數學家笛卡兒所提出，在天文學、物理學、生物學及統計學常常用到.

　　有關數字的計算，常常需要將某一個數連續自乘若干次，其結果就是這個數的連乘積. 例如：

$$2 \times 2 = 4$$
$$2 \times 2 \times 2 = 8$$
$$2 \times 2 \times 2 \times 2 = 16$$
$$2 \times 2 \times 2 \times 2 \times 2 = 32$$

均是 2 的連乘積，這些連乘積為了書寫方便，常記作

$$2 \times 2 = 2^2$$
$$2 \times 2 \times 2 = 2^3$$
$$2 \times 2 \times 2 \times 2 = 2^4$$
$$2 \times 2 \times 2 \times 2 \times 2 = 2^5$$

一般而言，設 $a \neq 0$, $a \in \mathbb{R}$, $n \in \mathbb{N}$

$$\underbrace{a \times a \times a \times \cdots \times a}_{n \text{ 個}} = a^n$$

讀作 "a 的 n 次方" 或 "a 的 n 次冪"，其中 a 稱為**底數**，n 稱為**指數**. 通常 a^2 讀作 a 的**平方**，a^3 讀作 a 的**立方**.

　　設 $a \neq 0$, $b \neq 0$, a、$b \in \mathbb{R}$, m、$n \in \mathbb{N}$，則指數的運算有下列的性質，稱為**指數律**：

(1) $a^m \cdot a^n = a^{m+n}$
(2) $(a^m)^n = a^{mn}$
(3) $(a \cdot b)^n = a^n \cdot b^n$

(4) $\dfrac{a^m}{a^n} = a^{m-n}$ $(a \neq 0,\ m > n)$

(5) $\left(\dfrac{a}{b}\right)^n = \dfrac{a^n}{b^n}$ $(b \neq 0)$

在上述指數律中的指數，均限定為正整數，我們亦可將指數推廣到整數、有理數，甚至於實數，並使指數律仍然成立，現在討論如何定義整數指數，才能使指數律仍然成立．

設 a 是一個不等於 0 的實數，n 是一個正整數，欲使

$$a^0 \cdot a^n = a^{0+n} = a^n$$

成立，必須規定 $a^0 = 1$．

又欲使

$$a^{-n} \cdot a^n = a^{-n+n} = a^0 = 1$$

成立，必須規定

$$a^{-n} = \dfrac{1}{a^n}$$

因此，對整數指數，我們有下面定義：

定義 7-1-1

設 a 是一個不等於 0 的實數，n 是正整數，我們規定
(1) $a^0 = 1$
(2) $a^{-n} = \dfrac{1}{a^n}$

依照上述定義，我們可以證明在整數系 $\mathbb{Z}$ 中，指數律仍然成立．

例 1 求 (1) $2^3 \cdot 4^2$ (2) $2^4 \cdot 32^4$

解答 (1) $2^3 \cdot 4^2 = 2^3 \cdot (2^2)^2 = 2^3 \cdot 4^2 = 2^7$
(2) $2^4 \cdot 32^4 = 2^4 \cdot (2^5)^4 = 2^4 \cdot 2^{20} = 2^{24}$.

定理 7-1-1

設 a、b 是兩個實數，$ab \neq 0$，m、n 是兩個整數，則有
(1) $a^m \cdot a^n = a^{m+n}$
(2) $(a^m)^n = a^{mn}$
(3) $(ab)^m = a^m b^m$

我們僅證明 (1) 式，其餘留給讀者自證.

證：(a) 若 m、n 均是正整數，則 $a^m \cdot a^n = a^{m+n}$ 成立.

(b) 設 $m > 0$，$n < 0$.

$n < 0 \Rightarrow -n > 0$

① $m > -n \Rightarrow a^m \cdot a^n = \dfrac{a^m}{a^{-n}} = a^{m-(-n)} = a^{m+n}$

② $m < -n \Rightarrow a^m \cdot a^n = \dfrac{a^m}{a^{-n}} = \dfrac{1}{a^{-n-m}} = \dfrac{1}{a^{-(n+m)}} = a^{m+n}$

綜上討論，可得

$$a^m \cdot a^n = a^{m+n}$$

對 $m < 0$，$n > 0$，同理可證.

(c) 若 $m < 0$，$n < 0$，則

$$a^m \cdot a^n = \dfrac{1}{a^{-m}} \cdot \dfrac{1}{a^{-n}} = \dfrac{1}{a^{-(m+n)}} = a^{m+n}$$

由 (a)、(b)、(c)，證得 $a^m \cdot a^n = a^{m+n}$.

例 2 若 $n+n^{-1}=5$，求 n^2+n^{-2}.

解答 $n^2+n^{-2} = n^2+2+n^{-2}-2 = (n+n^{-1})^2-2 = 5^2-2$
$= 25-2 = 23.$

例 3 試化簡下列各式：
(1) $[a^3(a^{-2})^4]^{-1}$
(2) $(a^{-3}b^2)^{-2}$

解答 (1) $[a^3(a^{-2})^4]^{-1} = (a^3 \cdot a^{-8})^{-1} = (a^{3-8})^{-1}$
$= (a^{-5})^{-1} = a^5$

(2) $(a^{-3}b^2)^{-2} = (a^{-3})^{-2}(b^2)^{-2} = a^{(-3)(-2)} \cdot b^{2(-2)}$
$= a^6 \cdot b^{-4} = \dfrac{a^6}{b^4}.$

定理 7-1-2

設 $a \in \mathbb{R}$，$a>1$，m、$n \in \mathbb{Z}$，$m>n$，則 $a^m > a^n$.

證：$a^m - a^n = a^n\left(\dfrac{a^m}{a^n}-1\right) = a^n(a^{m-n}-1)$ ················①

$n \in \mathbb{Z}$，$a>1 \Rightarrow a^n > 0$ ··②

$m-n>0\ (m>n)$，$a>1 \Rightarrow a^{m-n}>1 \Rightarrow a^{m-n}-1>0$ ············③

由 ①、② 與 ③，可知

$$a^{m-n}>0,\ \text{所以}\ a^m>a^n.$$

在討論過整數指數的意義之後，現在我們將整數指數的意義，推廣到有理數系中，使指數律仍然成立，並討論我們應如何定義有理數指數，才能使指數律仍然成立.

定義 7-1-2

設 a 是一個正實數，m 與 n 是兩個整數，且 $n > 0$. 我們規定

(1) $a^{1/n} = \sqrt[n]{a}$

(2) $a^{m/n} = \sqrt[n]{a^m} = (\sqrt[n]{a})^m$

依照上述定義，可以證明在有理數系 $\mathbb{Q}$ 中，指數律仍然成立.

定理 7-1-3

設 a、b 是兩個正實數，r、s 是兩個有理數，則有

(1) $a^r \cdot a^s = a^{r+s}$

(2) $(a^r)^s = a^{rs}$

(3) $(ab)^r = a^r b^r$

例 4 化簡下列各式：

(1) $a^{3/2} \cdot a^{1/6}$

(2) $\sqrt{a} \cdot \sqrt[3]{a} \cdot \sqrt[8]{a}$ ($a \geq 0$)

解答 (1) $a^{3/2} \cdot a^{1/6} = a^{3/2 + 1/6} = a^{(9+1)/6} = a^{10/6} = a^{5/3}$

(2) $\sqrt{a} \cdot \sqrt[3]{a} \cdot \sqrt[8]{a} = a^{1/2} \cdot a^{1/3} \cdot a^{1/8} = a^{1/2 + 1/3 + 1/8} = a^{23/24} = \sqrt[24]{a^{23}}$.

定理 7-1-4

設 $a \in \mathbb{R}$，$a > 1$，$m > n$，m、$n \in \mathbb{Q}$，則 $a^m > a^n$.

證：設 $m = \dfrac{q}{p}$、$n = \dfrac{s}{r}$，其中 p、q、r、$s \in \mathbb{Z}$，且 $p > 0$，$r > 0$.

$$m > n \Rightarrow \frac{q}{p} > \frac{s}{r} \Rightarrow qr > ps \Rightarrow a^{qr} > a^{ps}$$
$$\Rightarrow a^{qr/pr} > a^{ps/pr} \Rightarrow a^{q/p} > a^{s/r}$$
$$\Rightarrow a^m > a^n.$$

定理 7-1-5

設 $a \in \mathbb{R}$, $0 < a < 1$, $m > n$, $m \cdot n \in \mathbb{Q}$, 則 $a^m < a^n$.

若 a 為任意正實數, r 為一無理數, 我們亦可定義 a^r, 只是它的定義比較繁複且超出教材範圍, 故在此省略. 至此, 對於任意的實數 $a \cdot r$, 且 $a > 0$, 則 a^r 均有意義. 亦即 a^r 亦為實數. 例如, $2^{\sqrt{2}}$、2^π 等均為實數.

定理 7-1-6

設 $a \cdot b \cdot r$ 與 s 均為任意實數, 且 $a > 0$, $b > 0$, 則下列性質成立.

(1) $a^r \cdot a^s = a^{r+s}$

(2) $(a^r)^s = a^{rs}$

(3) $a^r \cdot b^r = (ab)^r$

(4) $\left(\dfrac{a}{b}\right)^r = \dfrac{a^r}{b^r} = a^r b^{-r}$

(5) $\dfrac{a^r}{a^s} = a^{r-s}$

定理 7-1-7

(1) 設 $a \in \mathbb{R}$, $a > 1$, $m > n$, m、$n \in \mathbb{R}$, 則 $a^m > a^n$.
(2) 設 $a \in \mathbb{R}$, $0 < a < 1$, $m > n$, m、$n \in \mathbb{R}$, 則 $a^m < a^n$.

例 5 試化簡下列各式：

(1) $36^{\sqrt{5}} \div 6^{\sqrt{20}}$

(2) $10^{\sqrt{3}+1} \cdot 100^{-\sqrt{3}/2}$

解答 (1) $36^{\sqrt{5}} \div 6^{\sqrt{20}} = (6^2)^{\sqrt{5}} \cdot 6^{-\sqrt{20}} = 6^{2\sqrt{5}-\sqrt{20}}$
$= 6^{2\sqrt{5}-2\sqrt{5}} = 6^0 = 1$

(2) $10^{\sqrt{3}+1} \cdot 100^{-\sqrt{3}/2} = 10^{\sqrt{3}+1} \cdot (10^2)^{-\sqrt{3}/2} = 10^{\sqrt{3}+1} \cdot 10^{-\sqrt{3}}$
$= 10^{(\sqrt{3}+1)-\sqrt{3}} = 10^1 = 10$.

例 6 若 $3^{2x-1} = \dfrac{1}{27}$, 試求 x 之值.

解答 因 $3^{2x-1} = \dfrac{1}{27} = \dfrac{1}{3^3} = 3^{-3}$

所以, $2x-1 = -3$, $2x = -2$

故 $x = -1$.

例 7 試解 $4^{3x^2} = 2^{10x+4}$.

解答 $4^{3x^2} = (2^2)^{3x^2} = 2^{6x^2}$, 可得 $2^{6x^2} = 2^{10x+4}$.

於是, $6x^2 = 10x + 4$, 即,

$$6x^2 - 10x - 4 = 0$$
$$3x^2 - 5x - 2 = 0$$
$$(3x+1)(x-2) = 0$$

所以, $x = -\dfrac{1}{3}$ 或 $x = 2$.

習題 7-1

化簡下列各式.

1. $1000(8^{-2/3})$

2. $3\left(\dfrac{9}{4}\right)^{-3/2}$

3. $(0.027)^{2/3}$

4. $\dfrac{9a^{4/3} \cdot a^{-1/2}}{2a^{3/2} \cdot 3a^{1/3}}$

5. $\dfrac{\sqrt{a^3} \cdot \sqrt[3]{b^2}}{\sqrt[6]{b^{-2}} \cdot \sqrt[4]{a^6}}$

6. $(3a^{-1/3} + a + 2a^{2/3}) \cdot (a^{1/3} - 2)$

7. $2(\sqrt{5})^{\sqrt{3}} (\sqrt{5})^{-\sqrt{3}}$

8. $\pi^{-\sqrt{3}} \cdot \left(\dfrac{1}{\pi}\right)^{\sqrt{3}}$

9. $\left(\dfrac{b^{3/2}}{a^{1/4}}\right)^{-2}$

10. $(a^{\frac{1}{\sqrt{2}}})^{\sqrt{2}} (b^{\sqrt{3}})^{\sqrt{3}}$

11. $32^{-0.4} + 36^{\sqrt{5}} \cdot 81^{0.75} \cdot 6^{-\sqrt{20}}$

12. $(2-\sqrt{3})^{-3} + (2+\sqrt{3})^{-3}$

13. $[a^2 \cdot (a^{-3})^2]^{-1}$

14. $(a^{-2})^3 \cdot a^4$

15. $(2^2 \cdot 2^{-1})^2 + (3^2 + 5^3)^0$

16. $(a^{-3} - b^{-3})(a^{-3} + b^{-3})$

17. $2^{b-c} \cdot 2^{c-b}$

18. $(a^2)^3 - (a^3)^2$

19. $(a - a^{-1})(a^2 + 1 + a^{-2})$

20. 設 $a > b > 0$，試化簡 $(a - 2\sqrt{ab} + b)^{1/2}$.

21. 試將 $\sqrt{9a^{-2}b^3}$、$\sqrt[3]{x^2 y}$、$\sqrt[5]{x^{20}} \cdot \sqrt{\sqrt{a^{12}}}$ 化成指數型式.

22. 設 x、y、z 為正數，$x^y = 1$、$y^z = \dfrac{1}{2}$、$z^x = \dfrac{1}{3}$，求 xyz 之值.

23. 設 $a^{2x} = 5$，求 $(a^{3x} + a^{-3x}) \div (a^x + a^{-x})$ 的值.

§7-2　指數函數與其圖形

在前節中，我們已定義了有理指數，亦即，對任一 $a>0$，$r\in\mathbb{Q}$，a^r 是有意義的；同時，我們將指數的定義擴充至實數指數，同樣也會滿足指數律及一切性質。

設 $a>0$，對任意的實數 x，a^x 已有明確的定義，因此，若視 x 為一變數，則 $y=a^x$ 可視為一函數。

定義 7-2-1

若 $a>0$，$a\neq 1$，對任意實數 x，恰有一個對應值 a^x，因而 a^x 是實數 x 的函數，常記為

$$f:\mathbb{R}\to\mathbb{R}^+,\ f(x)=a^x,$$

則稱此函數為以 a 為底的**指數函數**。

在此定義中，$D_f=\{x\,|\,x\in\mathbb{R}\}$，$\mathbb{R}_f=\{y\,|\,y\in\mathbb{R}^+\}$（$\mathbb{R}^+$ 表示正實數所成的集合）。

定理 7-2-1

設 $a>0$，x、$y\in\mathbb{R}$，$f:x\to a^x$，則
(1) $f(x)f(y)=f(x+y)$
(2) $\dfrac{f(x)}{f(y)}=f(x-y)$

證：(1) $f(x)f(y)=a^x\cdot a^y=a^{x+y}=f(x+y)$

(2) $\dfrac{f(x)}{f(y)}=\dfrac{a^x}{a^y}=a^x\cdot a^{-y}=a^{x-y}=f(x-y)$。

定義 7-2-2

設 A、B 為 $\mathbb{R}$ 的子集合，$f: A \to B$ 為一函數，若對於 A 中任意兩個數 x_1、x_2，

$$x_1 < x_2 \Rightarrow f(x_1) < f(x_2)$$

我們稱 f 是一個由 A 映至 B 的**遞增函數**；反之，

$$x_1 < x_2 \Rightarrow f(x_1) > f(x_2)$$

我們稱 f 是一個由 A 映至 B 的**遞減函數**．

遞增函數或遞減函數，稱為**單調函數**．單調函數必為一對一函數．

定理 7-2-2

設 $a > 0$，x_1、$x_2 \in \mathbb{R}$，$f: x \to a^x$．
(1) 若 $a > 1$，且 $x_1 > x_2$，則 $f(x_1) > f(x_2)$ $(a^{x_1} > a^{x_2})$，即，f 為**遞增函數**．
(2) 若 $0 < a < 1$，$x_1 > x_2$，則 $f(x_1) < f(x_2)$ $(a^{x_1} < a^{x_2})$，即，f 為**遞減函數**．

例 1 試解下列各不等式：
(1) $5^x < 625$
(2) $\left(\dfrac{1}{2}\right)^{x+2} \leq \dfrac{1}{64}$

解答 (1) $5^x < 625 = 5^4$．因底數 $a = 5 > 1$，故指數 $x < 4$．

(2) $\left(\dfrac{1}{2}\right)^{x+2} \leq \dfrac{1}{64} = \left(\dfrac{1}{2}\right)^6$．因底數 $a = \dfrac{1}{2} < 1$，故指數 $x + 2 \geq 6$，

即 $x \geq 4$．

例 2 已知 e 為一無理數，其值約為 2.71828. 函數 $f(x)=e^x$, $x\in \mathbb{R}$, 稱為**自然指數函數**. 今假設
$$f(x)=e^x+e^{-x}$$
試證：

(1) $f(x+y)f(x-y)=f(2x)+f(2y)$

(2) $[f(x)]^2=f(2x)+2$

解答
(1) $f(x+y)f(x-y)=[e^{x+y}+e^{-(x+y)}][e^{x-y}+e^{-(x-y)}]$
$=e^{x+y}\cdot e^{x-y}+e^{-(x+y)}\cdot e^{x-y}+e^{x+y}\cdot e^{-(x-y)}+e^{-(x+y)}\cdot e^{-(x-y)}$
$=e^{2x}+e^{-2y}+e^{2y}+e^{-2x}=(e^{2x}+e^{-2x})+(e^{2y}+e^{-2y})$
$=f(2x)+f(2y)$

(2) $[f(x)]^2=(e^x+e^{-x})^2=e^{2x}+2\cdot e^x\cdot e^{-x}+e^{-2x}$
$=e^{2x}+e^{-2x}+2$
$=f(2x)+2.$

例 3 設 $g(x)=\dfrac{1}{2}(a^x-a^{-x})$, $a>0$, 試將 $g(3x)$ 以 $g(x)$ 表示之.

解答 $g(3x)=\dfrac{1}{2}(a^{3x}-a^{-3x})=\dfrac{1}{2}(a^x-a^{-x})[(a^x)^2+a^x a^{-x}+(a^{-x})^2]$

$=\dfrac{1}{2}(a^x-a^{-x})[(a^x)^2+a^0+(a^{-x})^2]$

$=\dfrac{1}{2}(a^x-a^{-x})[(a^x)^2+1+(a^{-x})^2]$

$=\dfrac{1}{2}(a^x-a^{-x})[(a^x-a^{-x})^2+3]$

$=\dfrac{1}{2}(2g(x))[(2g(x))^2+3]$

$=g(x)[4(g(x))^2+3]$
$=4(g(x))^3+3g(x).$

關於指數函數 $f(x)=a^x$ $(a>0,\ a\neq 1,\ x\in I\!R)$ 的圖形，我們分別就下列三種情形來加以討論：

1. 當 $a=1$ 時，$f(x)=1$ 為 常數函數，其圖形是通過點 $(0,1)$ 的水平線，如圖 7-2-1 所示.

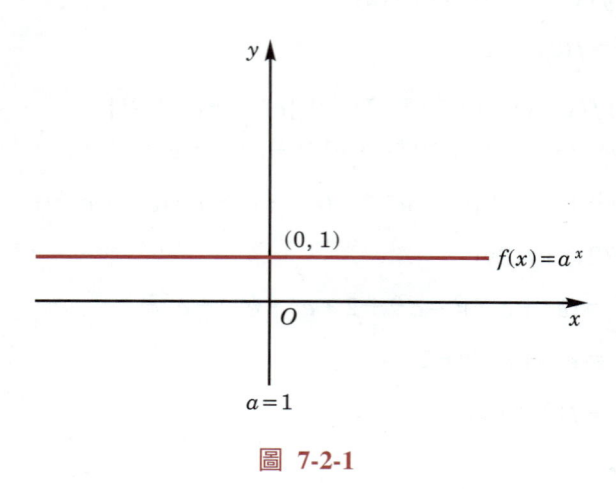

圖 7-2-1

2. 當 $a>1$ 時，若 $x_1>x_2$，則 $a^{x_1}>a^{x_2}$（定理 7-2-2），亦即，$a>1$ 時，$f(x)=a^x$ 的圖形隨著 x 的增加而上升，且經過點 $(0,1)$，如圖 7-2-2 所示.

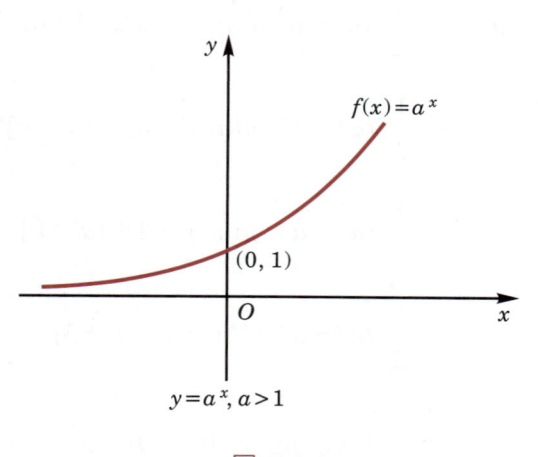

圖 7-2-2

3. 當 $0<a<1$ 時，若 $x_1>x_2$ 則 $a^{x_1}<a^{x_2}$（定理 7-2-2），亦即，$0<a<1$ 時，$f(x)=a^x$ 的圖形隨著 x 的增加而下降，且經過點 $(0,1)$，如圖 7-2-3 所示.

第七章　指數與對數 ● 203

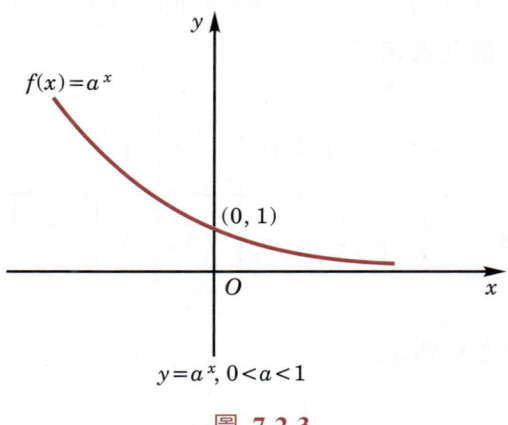

$y = a^x, 0 < a < 1$

圖 7-2-3

例 4　作 $y = f(x) = 2^x$ 的圖形.

解答　依不同的 x 值列表如下：

x	-3	-2	-1	0	$\frac{1}{2}$	1	$\frac{3}{2}$	2	$\frac{5}{2}$	3
$y = f(x)$	$\frac{1}{8}$	$\frac{1}{4}$	$\frac{1}{2}$	1	$\sqrt{2}$	2	$2\sqrt{2}$	4	$4\sqrt{2}$	8

用平滑曲線將這些點連接起來，可得 $y = 2^x$ 的圖形，如圖 7-2-4 所示.

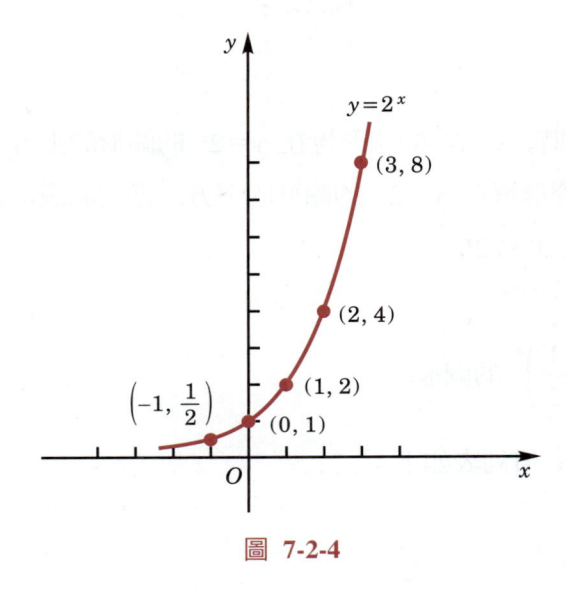

圖 7-2-4

例 5 作 $y=f(x)=3^x$ 與 $y=f(x)=2^x$ 的圖形於同一坐標平面上，並加以比較．

解答 (i) 依不同的 x 值列表如下：

x	-2	-1	0	$\frac{1}{2}$	1	$\frac{3}{2}$	2
$y=3^x$	$\frac{1}{9}$	$\frac{1}{3}$	1	$\sqrt{3}$	3	$3\sqrt{3}$	9

圖形如圖 7-2-5 所示．

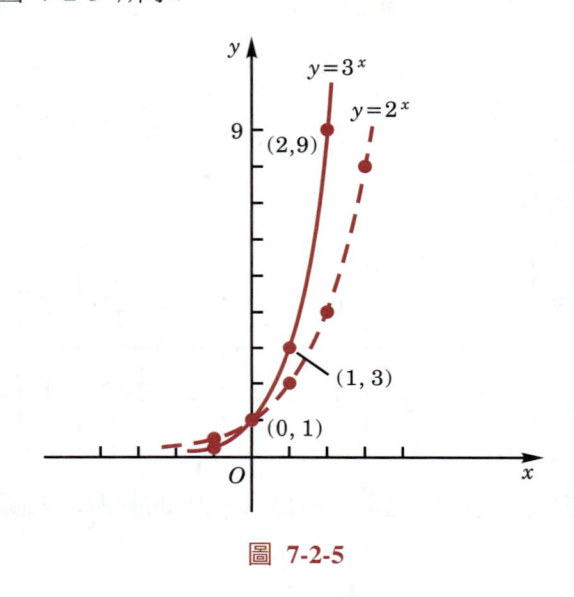

圖 7-2-5

(ii) 討論：

當 $x>0$ 時，$y=3^x$ 的圖形恆在 $y=2^x$ 的圖形的上方；當 $x<0$ 時，$y=3^x$ 的圖形恆在 $y=2^x$ 的圖形的下方．換句話說，當 $x>0$，$3^x>2^x$；當 $x<0$，$3^x<2^x$．

例 6 作 $y=f(x)=\left(\dfrac{1}{2}\right)^x$ 的圖形．

解答 (i) 依不同的 x 值列表如下：

x	-2	$-\dfrac{3}{2}$	-1	$-\dfrac{1}{2}$	0	1	2	3
$y=\left(\dfrac{1}{2}\right)^x$	4	$2\sqrt{2}$	2	$\sqrt{2}$	1	$\dfrac{1}{2}$	$\dfrac{1}{4}$	$\dfrac{1}{8}$

圖形如圖 7-2-6 所示.

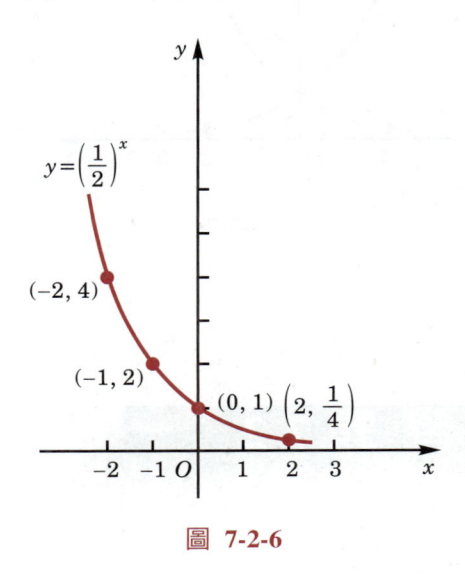

圖 7-2-6

(ii) 討論：

如果我們將 $y=2^x$ 與 $y=\left(\dfrac{1}{2}\right)^x$ 的圖形畫在同一坐標平面上，如圖 7-2-7 所示，我們發現這兩個圖形彼此對稱於 y-軸，這是因為 $y=\left(\dfrac{1}{2}\right)^x=2^{-x}$.

所以，當點 (x, y) 在 $y=2^x$ 的圖形上時，點 $(-x, y)$ 就在 $y=\left(\dfrac{1}{2}\right)^x$ 的圖形上，反之亦然. 此外，連接點 (x, y) 與點 $(-x, y)$ 的線段被 y-軸垂直平分，所以，點 (x, y) 與點 $(-x, y)$ 對稱於 y-軸. 因此，$y=2^x$ 的圖形與 $y=\left(\dfrac{1}{2}\right)^x$ 的圖形對稱於 y-軸. 也就是說，只要將 $y=2^x$ 的圖形對 y-軸作鏡射，即得 $y=\left(\dfrac{1}{2}\right)^x$ 的圖形.

圖 7-2-7

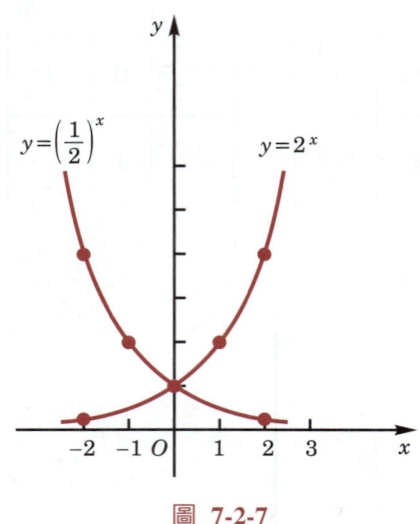

習題 7-2

1. 已知 $4^x = 5$，求下列各值.
   (1) 2^x (2) 2^{-x} (3) 8^x (4) 8^{-x}

解下列各指數方程式.

2. $8^{x^2} = (8^x)^2$

3. $5^{x-2} = \dfrac{1}{125}$

4. $3^{2x-1} = 243$

5. $\dfrac{2^{x^2+1}}{2^{x-1}} = 16$

6. $(\sqrt{2})^x = 32 \cdot 2^{-2x}$

7. $2^{3x+1} = \dfrac{1}{32}$

8. $10^x - 5^x - 2^x + 1 = 0$

9. $6^x - 4 \cdot 3^x - 3 \cdot 2^x + 12 = 0$

10. $2^{2x+1} + 2^{3x} = 5 \cdot 2^{x+4}$

11. 試解下列各指數不等式.

    (1) $8^x \leq 4$

    (2) $(\sqrt{3})^x > 27$

12. 若 $f(x)=2^x$、$g(x)=3^x$，求 $f(g(2))$ 與 $g(f(2))$.
13. 設 $a>0$，$a \neq 1$，$f(x)=a^x$，試證：$f(xy)=\{f(x)\}^y=\{f(y)\}^x$.
14. 設 $2^x+2^{-x}=3$，求下列各值.
    (1) $|2^x-2^{-x}|$ (2) 4^x+4^{-x} (3) 8^x+8^{-x}
15. 試比較下列各組數的大小.
    (1) $\sqrt{6}$，$\sqrt[3]{15}$，$\sqrt[4]{25}$
    (2) $a=5^{999}$，$b=2^{3330}$
16. 設 $pqr \neq 0$ 且 $2^p=5^q=10^r$，試證：$\dfrac{1}{p}+\dfrac{1}{q}=\dfrac{1}{r}$.
17. 若 $(\sqrt{2})^{3x-1}=\dfrac{\sqrt{32}}{2^x}$，則 x 之值為何？
18. 若 $4^{3x^2}=2^{10x+4}$，則 x 之值為何？
19. 若 $\sqrt{25^{x^2+x-(1/2)}}=\sqrt[4]{5}$，則 x 之值為何？

§7-3 對數與其運算

我們在前面已介紹過指數的概念，就是對於正實數 a 與任意實數 n，給予符號 a^n 明確的意義．現在，我們利用這種概念再介紹一個新的符號如下：

定義 7-3-1

給予一個不等於 1 的正實數 a，對於正實數 b，如果存在一個實數 c，滿足下列關係：

$$a^c=b$$

則稱 c 是以 a 為底 b 的**對數**，b 稱為**真數**．以符號

$$c=\log_a b$$

表示．

註：1. 如果 $\log_a b = c$，那麼 $a^c = b$，即

$$a^c = b \Leftrightarrow c = \log_a b$$

2. 討論指數 a^c 時，a 必須大於 0，所以規定對數時，我們也設 $a > 0$。

3. 因為 $a > 0$，所以 a^c 恆為正，因此只有正數的對數才有意義。0 和負數的對數都沒有意義，即對數的真數恆為正。

4. 對任意實數 c，$1^c = 1$。在 $a^c = b$ 中，當 $a = 1$ 時，b 非要等於 1 不可，而 c 可以是任意的實數，所以，以 1 為底的對數沒有意義，即，對數的底恆為正但不等於 1。

例 1 $3^5 = 243 \Leftrightarrow \log_3 243 = 5$

$4^{1/4} = \sqrt{2} \Leftrightarrow \log_4 \sqrt{2} = \dfrac{1}{4}$

$3^{-1} = \dfrac{1}{3} \Leftrightarrow \log_3 \dfrac{1}{3} = -1$

例 2 求下列各式中的 a、x 或 N。

(1) $\log_{1/4} 64 = x$ (2) $\log_8 \dfrac{1}{2} = x$

(3) $\log_{\sqrt{5}} N = -4$ (4) $\log_{16} N = -0.75$

(5) $\log_a 5 = \dfrac{1}{2}$ (6) $\log_a \dfrac{1}{2} = -\dfrac{1}{3}$

解答 (1) 因 $64 = \left(\dfrac{1}{4}\right)^x$，即，$2^6 = 2^{-2x}$，

可得 $x = -3$，故 $\log_{1/4} 64 = -3$。

(2) 因 $\dfrac{1}{2} = 8^x$，即，$2^{-1} = 2^{3x}$，

可得 $x = -\dfrac{1}{3}$，故 $\log_8 \dfrac{1}{2} = -\dfrac{1}{3}$。

(3) $N = (\sqrt{5})^{-4} = \dfrac{1}{(\sqrt{5})^4} = \dfrac{1}{25}$

(4) $N = (16)^{-0.75} = (16)^{-3/4} = \dfrac{1}{8}$

(5) 因 $5 = a^{1/2}$，故 $a = 25$.

(6) 因 $\dfrac{1}{2} = a^{-1/3}$，可得 $\dfrac{1}{8} = a^{-1}$，故 $a = 8$.

由對數的定義，我們可得下述的性質：

定理 7-3-1

設 a 為不等於 1 的正實數，b 為任意正實數，c 為任意實數，則
$$a^{\log_a b} = b, \quad \log_a(a^c) = c.$$

證：(a) 令 $c = \log_a b$，則 $a^c = b$，故 $a^{\log_a b} = b$.

(b) $a^c = a^c \Leftrightarrow \log_a a^c = c$.

例 3 試求下列各題之值.

(1) $3^{\log_3 243}$　　(2) $\log_3(3^5)$　　(3) $3^{\log_3 1/3}$　　(4) $\log_3(3^{-1})$

解答 (1) $3^{\log_3 243} = 243$

(2) $\log_3(3^5) = 5$

(3) $3^{\log_3 1/3} = \dfrac{1}{3}$

(4) $\log_3(3^{-1}) = -1$.

定理 7-3-2

若真數與底相同，則對數等於 1，即 $\log_a a = 1$.

證：因 $c=\log_a a^c$，當 $c=1$ 時，

$$1=\log_a a^1 = \log_a a, \text{ 故 } \log_a a = 1.$$

定理 7-3-3

若真數為 1，則對數等於 0，即 $\log_a 1 = 0$.

證：因 $c=\log_a a^c$，當 $c=0$ 時，

$$0=\log_a a^0 = \log_a 1, \text{ 故 } \log_a 1 = 0.$$

定理 7-3-4

若 $a \neq 1$，$a > 0$，r、$s > 0$，則

(1) $\log_a rs = \log_a r + \log_a s$

(2) $\log_a \dfrac{r}{s} = \log_a r - \log_a s$

(3) $\log_a \dfrac{1}{s} = -\log_a s$

(4) $\log_a r^s = s \log_a r$，$\log_{a^s} r = \dfrac{1}{s} \log_a r$

證：(1) 令 $x=\log_a r$、$y=\log_a s$，由定義可得 $a^x = r$，$a^y = s$.

利用指數律，$rs = a^x \cdot a^y = a^{x+y}$，故 $\log_a rs = x+y = \log_a r + \log_a s$.

(2) 令 $x=\log_a r$、$y=\log_a s$，由定義可得 $a^x = r$，$a^y = s$.

因 $\dfrac{r}{s} = \dfrac{a^x}{a^y} = a^{x-y}$，故 $\log_a \dfrac{r}{s} = x-y = \log_a r - \log_a s$.

(3) 於 (2) 中取 $r=1$，可得

$$\log_a \frac{1}{s} = \log_a 1 - \log_a s = 0 - \log_a s = -\log_a s.$$

(4) 令 $x = \log_a r$，則 $a^x = r$，可得 $a^{xs} = r^s$，故 $\log_a r^s = xs = s \log_a r$

令 $x = \log_a r$，則 $a^x = r$，可得 $a^{sx} = (a^s)^x = r^s$，$\log_{a^s} r^s = x$，即

$s \log_{a^s} r = x$，故 $\log_{a^s} r = \dfrac{x}{s} = \dfrac{1}{s} \log_a r$.

定理 7-3-5

設 $a \neq 1$，$a > 0$，$b \neq 1$，$b > 0$，則 $\log_a r = \dfrac{\log_b r}{\log_b a}$.

證：令 $A = \log_b r$、$B = \log_b a$，則 $b^A = r$、$b^B = a$.

$$a^{A/B} = (b^B)^{A/B} = b^A = r$$

由定義， $$\log_a r = \frac{A}{B} = \frac{\log_b r}{\log_b a}$$

此定理中的式子稱為**換底公式**.

推論 1：

設 $a \neq 1$，$a > 0$，p、$q \in \mathbb{R}$，$p \neq 0$，則 $\log_{a^p} a^q = \dfrac{q}{p}$.

證：由定理 7-3-5，設 $b \neq 1$，$b > 0$，則

$$\log_{a^p} a^q = \frac{\log_b a^q}{\log_b a^p} = \frac{q \log_b a}{p \log_b a} = \frac{q}{p}.$$

推論 2：

設 $a \neq 1$，$b \neq 1$，$a > 0$，$b > 0$，則 $\log_a b \cdot \log_b a = 1$.

證：由定理 7-3-5，令 $r=b$，

則 $\log_a r = \dfrac{\log_b r}{\log_b a} = \dfrac{\log_b b}{\log_b a} = \dfrac{1}{\log_b a}$

故 $\log_a b \cdot \log_b a = 1$.

例 4 已知 $\log_{10} 2 = 0.3010$，求 $\log_{10} 8$、$\log_{10} \sqrt[5]{2}$、$\log_2 5$ 的值.

解答 $\log_{10} 8 = \log_{10} 2^3 = 3 \log_{10} 2 = 3 \times 0.3010 = 0.9030$

$\log_{10} \sqrt[5]{2} = \log_{10} 2^{1/5} = \dfrac{1}{5} \log_{10} 2 = \dfrac{1}{5} \times 0.3010 = 0.0602$

$\log_2 5 = \log_2 \dfrac{10}{2} = \log_2 10 - \log_2 2 = \dfrac{\log_{10} 10}{\log_{10} 2} - 1$

$= \dfrac{1}{0.3010} - 1 \approx 2.3223.$

例 5 試化簡下列各式：

(1) $\log_{10} \dfrac{4}{7} - \dfrac{4}{3} \log_{10} \sqrt{8} + \dfrac{2}{3} \log_{10} \sqrt{343}$，

(2) $\log_4 \dfrac{28}{15} - 2 \log_4 \dfrac{3}{14} + 3 \log_4 \dfrac{6}{7} - \log_4 \dfrac{2}{5}$.

解答 (1) $\log_{10} \dfrac{4}{7} - \dfrac{4}{3} \log_{10} \sqrt{8} + \dfrac{2}{3} \log_{10} \sqrt{343}$

$= \log_{10} \dfrac{4}{7} - \log_{10} (2^{3/2})^{4/3} + \log_{10} (7^{3/2})^{2/3}$

$= \log_{10} \dfrac{4}{7} - \log_{10} 4 + \log_{10} 7$

$= \log_{10} 4 - \log_{10} 7 - \log_{10} 4 + \log_{10} 7 = 0$

(2) $\log_4 \dfrac{28}{15} - 2 \log_4 \dfrac{3}{14} + 3 \log_4 \dfrac{6}{7} - \log_4 \dfrac{2}{5}$

$$= \log_4 \frac{28}{15} - \log_4 \frac{3^2}{(14)^2} + \log_4 \frac{6^3}{7^3} - \log_4 \frac{2}{5}$$

$$= \log_4 \frac{\frac{28}{15}}{\frac{3^2}{(14)^2}} + \log_4 \frac{\frac{6^3}{7^3}}{\frac{2}{5}}$$

$$= \log_4 \frac{28 \times (14)^2 \times 6^3 \times 5}{15 \times 3^2 \times 7^3 \times 2}$$

$$= \log_4 64 = \log_4 4^3 = 3.$$

例 6 化簡 $(\log_2 3 + \log_4 9)(\log_3 4 + \log_9 2)$.

解答 $(\log_2 3 + \log_4 9)(\log_3 4 + \log_9 2)$

$$= \left(\frac{\log_{10} 3}{\log_{10} 2} + \frac{2 \log_{10} 3}{2 \log_{10} 2} \right) \left(\frac{2 \log_{10} 2}{\log_{10} 3} + \frac{\log_{10} 2}{2 \log_{10} 3} \right)$$

$$= \frac{4 \log_{10} 3}{2 \log_{10} 2} \cdot \frac{5 \log_{10} 2}{2 \log_{10} 3} = 5.$$

習題 7-3

試求下列對數的值.

1. $\log_2 64$
2. $\log_{\sqrt{3}} = 81$
3. $\log_{32} 2$

求下列各式中的 x 值.

4. $\log_3 x = -4$
5. $\log_x 144 = 2$
6. $10^{-\log_2 x} = \dfrac{1}{\sqrt{1000}}$
7. $\log_{10} \sqrt{100000} = x$
8. $2^{\log_{10} 5^x} = 32$
9. $5^x + 5^{x+1} = 10^x + 10^{x+1}$

10. $\log_{25} x = -\dfrac{3}{2}$

11. $\log_x \dfrac{1}{\sqrt{5}} = \dfrac{1}{4}$

12. $\log_{2\sqrt{2}} 32 \cdot \sqrt[3]{4} = x$

13. $\log_3 (\log_{\frac{1}{2}} x) = 2$

14. 設 $\log_{10} 2 = 0.3010$，求 $\log_{10} 40$、$\log_{10} \sqrt{5}$ 與 $\log_2 \sqrt{5}$ 的值.

化簡下列各式.

15. $\log_2 \dfrac{1}{16} + \log_5 125 + \log_3 9$

16. $\log_{10} \dfrac{50}{9} - \log_{10} \dfrac{3}{70} + \log_{10} \dfrac{27}{35}$

17. $\dfrac{1}{2} \log_6 15 + \log_6 18\sqrt{3} - \log_6 \dfrac{\sqrt{5}}{4}$

18. $\log_{10} 4 - \log_{10} 5 + 2 \log_{10} \sqrt{125}$

19. $\dfrac{1}{2} \log_{10} \dfrac{16}{125} + \log_{10} \dfrac{125}{3\sqrt{8}} - \log_{10} \dfrac{5}{3}$

20. 設 $\log_{10} 2 = 0.3010$，$\log_{10} 3 = 0.4771$，試比較下列各組數的大小.

    (1) $\log_{10} 20$, $\log_{10} \dfrac{25}{4}$, $\log_{10} \dfrac{1}{4}$, $\log_{10} \dfrac{128}{5}$

    (2) $6^{\sqrt{8}}$, $8^{\sqrt{6}}$

21. 試證 $\log_a \dfrac{x+\sqrt{x^2-1}}{x-\sqrt{x^2-1}} = 2 \log_a (x+\sqrt{x^2-1})$.

試解下列的對數方程式.

22. $\log (3x+4) + \log (5x+1) = 2 + \log 9$

23. $2 \log_2 x - 3 \log_x 2 + 5 = 0$

24. $\log_3 (x^2 - 2x) = \log_3 (-x+2) + 1$

25. $x^{\log_{10} x} = 10^6 x$

§7-4 對數函數與其圖形

什麼是對數函數呢？我們可由指數函數來定義，由 7-2 節，指數函數 $f(x)=a^x$ ($a>0$, $a\neq 1$) 為<u>單調函數</u>，其定義域為 $\mathbb{R}$，值域為 $(0, \infty)$。因單調函數必為一對一函數，即必為可逆，故存在反函數，以符號 $\log_a$ 表之，稱為以 a 為底的<u>對數函數</u>.

定義 7-4-1

若 $a>0$, $a\neq 1$, $x>0$，則函數 $f: x \to \log_a x$ 稱為以 a 為底的<u>對數函數</u>，其定義域為 $D_f=\{x\,|\,x>0\}$，值域為 $R_f=\{y\,|\,y\in\mathbb{R}\}$.

由於指數函數與對數函數互為反函數，故可得出下列二個關係式：

$$a^{\log_a x}=x, \text{ 對每一 } x\in\mathbb{R}^+ \text{ 成立.}$$
$$\log_a a^x=x, \text{ 對每一 } x\in\mathbb{R} \text{ 成立.}$$

註：若 a 換成 e，上述關係亦成立.

對數函數為指數函數的反函數，故對數函數 $y=\log_a x$ 的圖形與指數函數 $y=a^x$ 的圖形對稱於直線 $y=x$，如圖 7-4-1 所示.

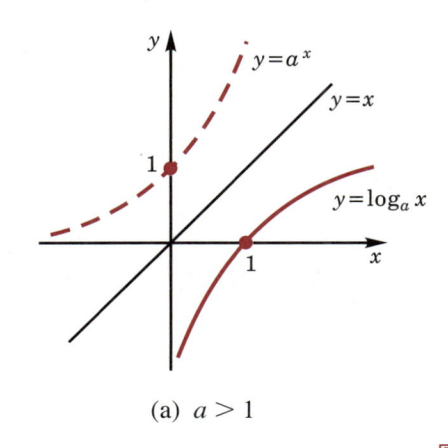

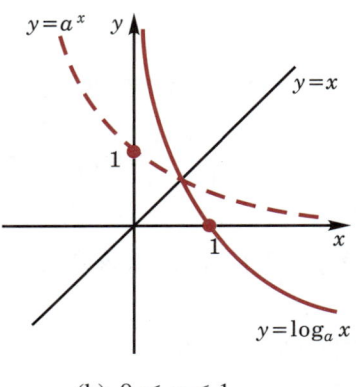

(a) $a>1$ (b) $0<a<1$

圖 7-4-1

討論：**1.** 由圖 7-4-1(a) 知，當 $a > 1$ 時，若 $x_1 > x_2 > 0$，則 $\log_a x_1 > \log_a x_2$，亦即 $a > 1$ 時，$f(x) = \log_a x$ 的圖形隨 x 增加而上升，且通過點 $(1, 0)$。

2. 由圖 7-4-1(b) 知，當 $0 < a < 1$ 時，若 $x_1 > x_2 > 0$，則 $\log_a x_1 < \log_a x_2$，亦即 $0 < a < 1$ 時，$f(x) = \log_a x$ 的圖形隨 x 增加而下降，且通過點 $(1, 0)$。

定理 7-4-1

設 $a > 0$，且 $a \neq 1$，則 $\log_a x = y \Leftrightarrow a^y = x$.

證：(i) 若 $\log_a x = y$，則 $a^{\log_a x} = a^y$ $(y \in \mathbb{R})$，但 $a^{\log_a x} = x$，故 $x = a^y$.

(ii) 若 $a^y = x$，則 $\log_a a^y = \log_a x$ $(x > 0)$，但 $\log_a a^y = y$，故 $y = \log_a x$.

由 (i) 與 (ii) 得證.

定理 7-4-2

設 $f(x) = \log_a x$ $(a > 0, a \neq 1, x > 0)$，則

(1) $f(x_1 x_2) = f(x_1) + f(x_2)$ $\quad (x_1 > 0,\ x_2 > 0)$

(2) $f\left(\dfrac{x_1}{x_2}\right) = f(x_1) - f(x_2)$ $\quad (x_1 > 0,\ x_2 > 0)$

證：(1) $f(x_1 x_2) = \log_a (x_1 x_2) = \log_a x_1 + \log_a x_2 = f(x_1) + f(x_2)$

(2) $f\left(\dfrac{x_1}{x_2}\right) = \log_a \left(\dfrac{x_1}{x_2}\right) = \log_a x_1 - \log_a x_2 = f(x_1) - f(x_2)$.

例 1 設 $f(x) = \log_2 x$，試求當 $x = 1$、2、3、$\dfrac{1}{2}$、$\dfrac{1}{3}$ 時，$f(x)$ 的值為何？

解答 $f(1) = \log_2 1 = 0$
$f(2) = \log_2 2 = 1$

第七章 指數與對數 ➲ 217

$$f(3)=\log_2 3=\frac{\log_{10} 3}{\log_{10} 2}=\frac{0.4771}{0.3010}\approx 1.5850$$

$$f\left(\frac{1}{2}\right)=\log_2 \frac{1}{2}=\log_2 1-\log_2 2=0-1=-1$$

$$f\left(\frac{1}{3}\right)=\log_2 \frac{1}{3}=\log_2 1-\log_2 3=0-\frac{\log_{10} 3}{\log_{10} 2}\approx -1.5850.$$

例 2 試利用例 1 中的數據，描出 $f(x)=\log_2 x$ 的圖形.

解答 將例 1 中所得結果列表如下：

x	$\frac{1}{3}$	$\frac{1}{2}$	1	2	3
$f(x)$	-1.5850	-1	0	1	1.5850

圖形如圖 7-4-2 所示.

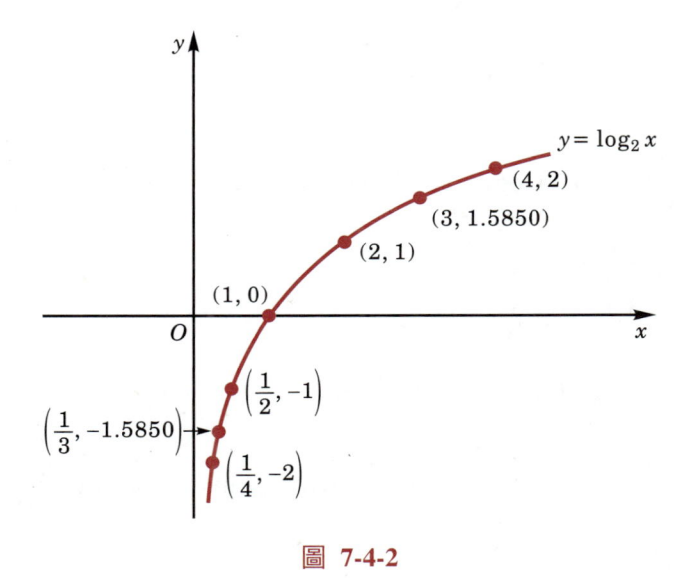

圖 7-4-2

例 3 試將 $y=2^x$ 與 $y=\log_2 x$ 的圖形畫在同一坐標平面上.

解答 我們已畫過指數函數 $y=2^x$ 的圖形，將它對直線 $y=x$ 作鏡射，作法如下：

我們在 $y=2^x$ 的圖形上選取一些點，例如，$\left(-2, \dfrac{1}{4}\right)$、$\left(-1, \dfrac{1}{2}\right)$、$(0, 1)$、$(1, 2)$、$(2, 4)$，分別以這些點為端點作一線段，使直線 $y=x$ 為其垂直平分線，再將這些線段的另外端點以平滑的曲線連接起來，就可得 $y=\log_2 x$ 的圖形，如圖 7-4-3 所示.

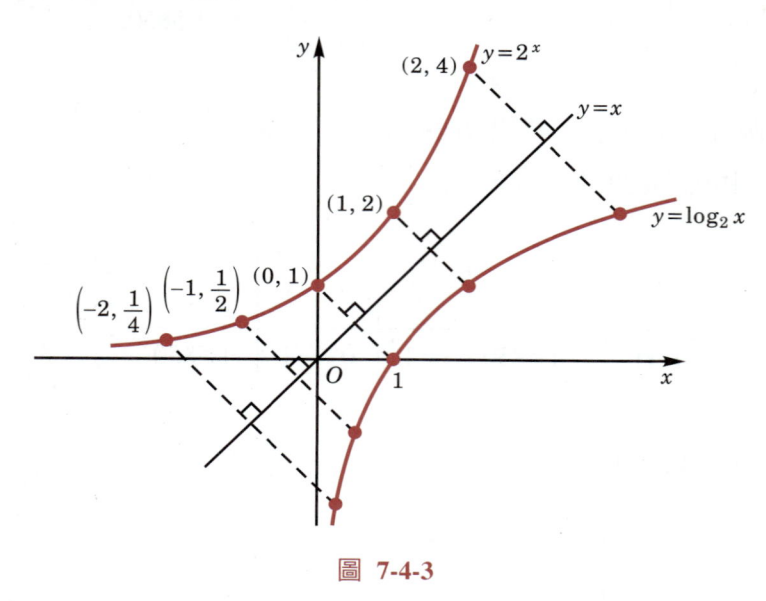

圖 7-4-3

例 4 設 $f(x)=\left(\dfrac{1}{3}\right)^x$、$g(x)=\log_{1/3} x$，求 (1) $f(g(x))$ 與 (2) $g(f(x))$.

解答 (1) $f(g(x))=\left(\dfrac{1}{3}\right)^{g(x)}=\left(\dfrac{1}{3}\right)^{\log_{1/3} x}=x$

(2) $g(f(x))=\log_{1/3} f(x)=\log_{1/3}\left(\dfrac{1}{3}\right)^x=x.$

例 5 令 $f(x)=\dfrac{2^x+1}{2^x-1}$，其中 x 為非零之實數，試求 f 的反函數 f^{-1}.

解答 令
$$y=\dfrac{2^x+1}{2^x-1}$$

則
$$y\,2^x-y=2^x+1$$
$$2^x(y-1)=y+1$$

$$2^x = \frac{y+1}{y-1}$$

故
$$x = \log_2 \frac{y+1}{y-1}$$

反函數為 $f^{-1}(x) = \log_2 \frac{x+1}{x-1}$, $x > 1$ 或 $x < -1$.

習 題 7-4

1. 試將 $y = \left(\frac{1}{2}\right)^x$ 與 $y = \log_{1/2} x$ 的圖形畫在同一坐標平面上.

2. 設 $f(x) = 2^x$, $g(x) = \log_2 x$, 試求 $f(g(x))$ 和 $g(f(x))$ 的值.

試利用 $y = \log_2 x$ 之圖形為基礎, 作下列各函數之圖形.

3. $y = \log_2 (-x)$
4. $y = |\log_2 x|$
5. $y = \log_2 |x|$
6. $y = -\log_2 (-x)$

試利用函數圖形之交點, 判斷下列方程式之實根個數.

7. $x - 1 = \log_2 x$
8. $\log_2 |x| = x - 2$
9. $x = |\log_2 x|$
10. $|\log_2 x| = x - 1$
11. 設 $f(x) = a^x$ ($a > 0$, $a \neq 1$), 試求 $f^{-1}(x)$.

試確定下列各函數之定義域.

12. $f(x) = \log_{10} (1-x)$
13. $f(x) = \log_e (4-x^2)$
14. $f(x) = \sqrt{x} \, \log_e (x^2-1)$
15. $f(x) = \log \log \log \log x$

試求下列各函數的反函數.

16. $y = f(x) = 1 + 3^{2x+1}$
17. $y = 2^{10^x}$
18. $y = (\ln x)^2$, $x \geq 1$
19. $y = \dfrac{10^x}{10^x + 1}$

第 8 章

數列與有限級數

8-1　有限數列

8-2　有限級數

➡ 本章摘要 ⬅

1. 有限數列

(1) **數列**：例如下列一連串的數字即是所謂的**數列**，

$$a_1, a_2, a_3, \cdots, a_n$$

其中 $a_1, a_2, a_3, \cdots, a_n$，都稱為此數列的**項**，並分別稱為第 1 項，第 2 項，$\cdots$，第 n 項 (或末項)．當 n 為有限數時，則稱此數列為**有限數列**．有限數列是指自然數 (或其部分集合) 為定義域的一個函數．例如，函數

$$a: k \to a_k \quad k = 1, 2, 3, \cdots, n$$

是由

$$a: k \to k^2 + 1 \text{ 所定義}$$

它可記為

$$\{k^2 + 1\}_{k=1}^{n}.$$

(2) **等差數列**：若一個 n 項的有限數列

$$a_1, a_2, a_3, \cdots, a_n$$

除首項外，它的任意一項 a_{k+1} 與其前一項 a_k 的差，恆為一常數 d，即

$$a_{k+1} - a_k = d$$

或

$$a_{k+1} = a_k + d \ (1 \leq k \leq n)$$

則此數列稱為**等差數列**，而常數 d 稱為**公差**．而等差數列的**通項** (或一般項) 為

$$l_n = a + (n-1)d.$$

(3) **調和數列**：已知一個 n 項的數列

$$a_1, a_2, a_3, \cdots, a_n$$

而且每一項皆不為 0，若 $\dfrac{1}{a_1}, \dfrac{1}{a_2}, \dfrac{1}{a_3}, \cdots, \dfrac{1}{a_n}$ 成**等差數列**，則稱數列 $a_1, a_2, a_3, \cdots, a_n$ 為**調和數列**．

(4) 等比數列：已知一個 n 項的數列，

$$a_1, a_2, a_3, \cdots, a_n$$

其中每一項都不是 0，除首項外，它的任意一項 a_{k+1} 與其前一項 a_k 的比值，恆為一常數 r，即

$$\frac{a_{k+1}}{a_k} = r$$

或

$$a_{k+1} = r a_k \ (1 \leq k < n)$$

則稱此數列為等比數列，也稱為幾何數列，其中常數 r 稱為公比.

(5) 中項問題的計算

(i) 等差中項：在兩數 a、b 之間，插入一數 A，使 a、A、b 三數成等差數列，則 A 為 a、b 的等差中項，即

$$A - a = b - A$$

$$\Rightarrow A = \frac{a+b}{2}.$$

(ii) 調和中項：若任意三數成調和數列，則其中間的數，稱為其餘兩數的調和中項.

在兩數 a、b 之間，插入一數 H，使 a、H、b 成調和數列，則 H 為 a、b 的調和中項，即

$$\frac{1}{H} - \frac{1}{a} = \frac{1}{b} - \frac{1}{H}$$

$$\Rightarrow H = \frac{2ab}{a+b}$$

(iii) 等比中項：若在兩數之間，插入一個數，使此三數成等比數列，則插入的數稱為原兩數的等比中項.

在兩數 a、b 之間 $(ab > 0)$，插入一數 G，使 a、G、b 成等比數列，則 G 為 a、b 的等比中項，即

$$G : a = b : G$$
$$\Rightarrow G^2 = ab$$
$$\Rightarrow G = \pm\sqrt{ab}$$

因此，a 與 b 之等比中項為 $\sqrt{ab}$ 與 $-\sqrt{ab}$，其中 $\sqrt{ab}$ 也稱為 a 與 b 的幾何平均數。

2. 有限級數

(1) 有限級數的表示：已知 n 項有限數列

$$a_1, \ a_2, \ a_3, \ \cdots, \ a_n$$

則 $a_1 + a_2 + a_3 + \cdots + a_n = \sum\limits_{k=1}^{n} a_k$（符號 "$\Sigma$"（發音 sigma）表示連加符號，稱為對應於有限數列 $\{a_k\}_{k=1}^{n}$ 的**有限級數**。

(2) 有關 "Σ" 的性質：

$$\sum_{k=1}^{n} c = c + c + c + \cdots + c \ (\text{共 } n \text{ 個}) = nc$$

$$\sum_{k=1}^{n} ca_k = ca_1 + ca_2 + \cdots + ca_n = c(a_1 + a_2 + \cdots + a_n) = c\sum_{k=1}^{n} a_k$$

$$\sum_{k=1}^{n} (a_k + b_k) = (a_1 + b_1) + (a_2 + b_2) + \cdots + (a_n + b_n)$$
$$= (a_1 + a_2 + \cdots + a_n) + (b_1 + b_2 + \cdots + b_n)$$
$$= \sum_{k=1}^{n} a_k + \sum_{k=1}^{n} b_k$$

$$\sum_{k=1}^{n} (a_k - b_k) = \sum_{k=1}^{n} a_k - \sum_{k=1}^{n} b_k$$

$$\sum_{k=1}^{n} a_k = (a_1 + a_2 + \cdots + a_m) + (a_{m+1} + a_{m+2} + \cdots + a_n)$$
$$= \sum_{k=1}^{m} a_k + \sum_{k=m+1}^{n} a_k, \ \text{其中 } 1 < m < n.$$

(3) 常用的 "Σ" 公式：

$$\sum_{k=1}^{n} k = 1+2+3+\cdots+n = \frac{n(n+1)}{2}$$

$$\sum_{k=1}^{n} k^2 = 1^2+2^2+3^2+\cdots+n^2 = \frac{n(n+1)(2n+1)}{6}$$

$$\sum_{k=1}^{n} k^3 = 1^3+2^3+3^3+\cdots+n^3 = \left[\frac{n(n+1)}{n}\right]^2$$

§8-1　有限數列

一、數　列

如果我們將某班同學期中考試各科之平均成績按照座號抄列如下：

$$80, \ 82, \ 74, \ 92, \ 68, \ 91, \ \cdots$$

則這一連串之數字即是所謂的**數列**，通常我們用

$$a_1, \ a_2, \ a_3, \ \cdots, \ a_n$$

來表示數列，其中 $a_1, \ a_2, \ a_3, \ \cdots, \ a_n$，都稱為此數列的**項**，並分別稱為第 1 項，第 2 項，$\cdots$，第 n 項；其中第 1 項與第 n 項又分別稱為**首項**與**末項**，當 n 為有限數時，則稱此數列為**有限數列**.

嚴格來說，有限數列是指以自然數 (或其部分集合) 為定義域的一個函數. 例如，函數

$$a : k \to a_k \quad k=1, \ 2, \ 3, \ \cdots, \ n$$

是由　　　　　　$a : k \to k^2+1$ 所定義

則此函數將自然數與實數形成下面的對應：

$$a : 1 \to 1^2+1 = 2 = a_1$$
$$a : 2 \to 2^2+1 = 5 = a_2$$
$$a : 3 \to 3^2+1 = 10 = a_3$$
$$\vdots$$
$$a : n \to n^2+1 = a_n$$

此函數 $a : k \to a_k$，$k=1, \ 2, \ \cdots, \ n$ 即是所謂的有限數列，或者說，依此方式所得到的一連串數字

$$2, \ 5, \ 10, \ \cdots, \ n^2+1$$

即是所謂的有限數列，它可記為

$$\{k^2+1\}_{k=1}^{n}$$

若已知一數列組成的規則，或根據一數列的已知項，尋得它的規則，則可依此規則，求得此數列的每一項．

例如，數列 $\left\{\dfrac{k+1}{3k+2}\right\}_{k=1}^{n}$ 之前 4 項為

$$a_1=\dfrac{2}{5},\ a_2=\dfrac{3}{8},\ a_3=\dfrac{4}{11},\ a_4=\dfrac{5}{14}$$

但有時，一數列的規則並不明顯，也不能根據它的已知項，尋出它的規則，例如，

$$\dfrac{1}{2},\ \dfrac{6}{5},\ \dfrac{3}{8},\ \dfrac{4}{7},\ \dfrac{3}{10},\ \cdots$$

因此，讀者應特別注意，在數列的表示法中 a_n 為數列之**通項**，但如果不能尋找出數列之規則，a_n 就不表示通項，即不能表示任何一項，它只能表示第 n 項（n 為一固定數）．

例 1 求數列 $\left\{\dfrac{k+1}{k^2+1}\right\}_{k=1}^{n}$ 的前 6 項．

解答 分別將 $k=1,\ 2,\ 3,\ 4,\ 5,\ 6$ 代入，即得

$$a_1=\dfrac{2}{2}=1,\ a_2=\dfrac{3}{5},\ a_3=\dfrac{4}{10},\ a_4=\dfrac{5}{17},\ a_5=\dfrac{6}{26},\ a_6=\dfrac{7}{37}.$$

例 2 設 $f(k)=k^2-3k+2$，$f(k+1)-f(k)=g(k)$，求 $\{g(k)\}_{k=1}^{n}$ 的前 3 項與通項．

解答 因 $f(k)=k^2-3k+2$，故

$$f(k+1)=(k+1)^2-3(k+1)+2=k^2-k$$
$$g(k)=f(k+1)-f(k)=k^2-k-k^2+3k-2=2(k-1)$$

分別以 $k=1,\ 2,\ 3,\ \cdots,\ n$ 代入上式，即得

$$g(1)=2(1-1)=0 \qquad \text{第 1 項}$$

$$g(2)=2(2-1)=2 \qquad 第\ 2\ 項$$
$$g(3)=2(3-1)=4 \qquad 第\ 3\ 項$$
$$\vdots \qquad\qquad\qquad \vdots$$
$$g(n)=2(n-1) \qquad 第\ n\ 項即通項$$

例 3 試求下列有限數列之通項.
$$1^2 \times 51,\ 2^2 \times 49,\ 3^2 \times 47,\ \cdots,\ 21^2 \times 11$$

解答 令 $a_1=51$, $a_2=49$, $a_3=47$, $\cdots$, $a_{21}=11$,
則 $a_k=51+(k-1)(-2)=53-2k$
故通項為 $a_n=n^2(53-2n)$, $n=1, 2, 3, \cdots, 21$.

二、等差數列

若一個 n 項的有限數列

$$a_1,\ a_2,\ a_3,\ \cdots,\ a_n$$

除首項外，它的任意一項 a_{k+1} 與其前一項 a_k 的差，恆為一常數 d，即

$$a_{k+1}-a_k=d$$

或
$$a_{k+1}=a_k+d\ (1 \leq k \leq n)$$

則此數列稱為<u>等差數列</u>，也稱為<u>算術數列</u>，通常以 號 A.P. 表示，而常數 d 稱為<u>公差</u>。例如，數列

(1) $1,\ 3,\ 5,\ 7,\ 9,\ 11,\ \cdots,\ (2n-1)$

(2) $20,\ 11,\ 2,\ -7,\ -16,\ -25,\ \cdots,\ (-9n+29)$

數列 (1)，除首項 "1" 外，其中任意一項與它的前一項的差是

$$3-1=2$$
$$5-3=2$$
$$7-5=2$$
$$9-7=2$$
$$\cdots\cdots$$

其中的差都是 2，故知此數列為一等差數列，公差是 2，首項是 1，通項是 $(2n-1)$.

數列 (2)，除首項 "20" 外，其中任意一項與它的前一項的差是

$$11-20=-9$$
$$2-11=-9$$
$$-7-2=-9$$
$$\cdots\cdots\cdots$$

其中的差都是 -9，故知此數列是一等差數列，公差是 -9，首項是 20，通項是 $-9n+29$.

若一個 n 項的等差數列

$$a_1, a_2, a_3, a_4, \cdots, a_n$$

的公差是 d，首項 $a_1=a$，則有

$$a_1=a$$
$$a_2=a_1+d=a+d$$
$$a_3=a_2+d=a+d+d=a+2d$$
$$a_4=a_3+d=a+2d+d=a+3d$$
$$\cdots\cdots\cdots\cdots\cdots\cdots\cdots$$

由觀察不難發現此等差數列第 1 項，第 2 項，第 3 項，$\cdots$，其中公差 d 的係數依序增加 1，但恆比它所在的項數少 1，故若用 l_n 表示第 n 項 a_n，則可寫成

$$l_n=a+(n-1)d \qquad (8\text{-}1\text{-}1)$$

式 (8-1-1) 即是等差數列的通項，也就是等差數列的規則，由此，若等差數列的首項是 a，公差是 d，則它的一般形式可寫成

$$a, a+d, a+2d, a+3d, \cdots, a+(n-1)d$$

對一個等差數列，若

1. 已知首項 a 與公差 d，則可由式 (8-1-1) 計算出此等差數列的任意一項.

2. 已知任意兩項，設第 r 項是 p，第 s 項是 q，則由式 (8-1-1) 可知

$$\begin{cases} p = a + (r-1)d \\ q = a + (s-1)d \end{cases}$$

解此方程組，可求得首項 a 與公差 d，因此，可決定此數列的任意一項.

例 4 設某等差數列的首項是 3，公差是 5，求它的第 20 項與通項.

解答 首項 $a=3$，公差 $d=5$，則第 20 項是

$$l_{20} = 3 + (20-1) \times 5 = 3 + 95 = 98$$

通項是 $\quad l_n = 3 + (n-1) \times 5 = 5n - 2.$

例 5 在自然數 1 到 100 之間，不能被 2 與 3 整除的自然數有多少個？

解答 數列 1, 2, 3, 4, 5, 6, …, 100 中，不能被 2 整除的有

$$1, 3, 5, 7, 9, 11, 13, 15, \cdots, 99$$

此數列中，不能被 3 整除的有

$$1, 5, 7, 11, 13, 17, \cdots, 95, 97$$

上面這個數列，沒有一個規則，但若把它分成兩個數列：

$$1, 7, 13, 19, 25, \cdots, 97 ;$$
$$5, 11, 17, 23, 29, \cdots, 95$$

則每一個數列都是等差數列，它們的公差都是 6，故有

$$l_m = 1 + (m-1) \times 6 = 97 ;$$
$$l_n = 5 + (n-1) \times 6 = 95$$

分別解上面二方程式，得 $m=17$, $n=16$.

故知自然數由 1 到 100 之間，不能被 2 與 3 整除的共有 $17+16=33$ 個.

三、調和數列

已知一個 n 項的數列

$$a_1, a_2, a_3, \cdots, a_n$$

而且每一項皆不為 0，若 $\dfrac{1}{a_1}, \dfrac{1}{a_2}, \dfrac{1}{a_3}, \cdots, \dfrac{1}{a_n}$ 成等差數列，則稱數列 $a_1, a_2,$ $a_3, \cdots, a_n$ 為**調和數列**，常以符號 H.P. 表示．例如，數列

(1) $1, \dfrac{1}{3}, \dfrac{1}{5}, \dfrac{1}{7}, \dfrac{1}{9}, \cdots$

(2) $\dfrac{1}{20}, \dfrac{1}{11}, \dfrac{1}{2}, \dfrac{-1}{7}, \cdots$

都是調和數列．

例 6 已知一數列 $\dfrac{1}{5}, \dfrac{3}{14}, \dfrac{3}{13}, \dfrac{1}{4}, \dfrac{3}{11}, \cdots, \dfrac{3}{2}, 3$．

(1) 說明此數列為調和數列的理由．
(2) 求此數列的第 n 項．

解答 (1) 將數列 $\dfrac{1}{5}, \dfrac{3}{14}, \dfrac{3}{13}, \dfrac{1}{4}, \dfrac{3}{11}, \cdots, \dfrac{3}{2}, 3$ 的各項予以顛倒，可得

新數列如下：

$$5, \dfrac{14}{3}, \dfrac{13}{3}, 4, \dfrac{11}{3}, \cdots, \dfrac{2}{3}, \dfrac{1}{3}$$

而此數列為一等差數列，公差為 $-\dfrac{1}{3}$，故原數列為調和數列．

(2) 原數列 $\dfrac{1}{5}, \dfrac{3}{14}, \dfrac{3}{13}, \dfrac{1}{4}, \dfrac{3}{11}, \cdots, \dfrac{3}{2}, 3$ 成 H.P.

新數列 $5, \dfrac{14}{3}, \dfrac{13}{3}, 4, \dfrac{11}{3}, \cdots, \dfrac{2}{3}, \dfrac{1}{3}$，成 A.P.

此新數列的第 n 項為 $a_n = a_1 + (n-1)d = 5 + (n-1)\left(-\dfrac{1}{3}\right) = \dfrac{16-n}{3}$，故

原數列的第 n 項為 $\dfrac{3}{16-n}$.

四、等比數列

已知一個 n 項的數列，

$$a_1,\ a_2,\ a_3,\ \cdots,\ a_n$$

其中每一項都不是 0，除首項外，它的任意一項 a_{k+1} 與其前一項 a_k 的比值，恆為一常數 r，即

$$\dfrac{a_{k+1}}{a_k} = r$$

或

$$a_{k+1} = r a_k\ (1 \leq k < n)$$

則稱此數列為**等比數列**，也稱為**幾何數列**，常用符號 G.P. 表示，其中常數 r 稱為**公比**. 例如，數列

$$\dfrac{1}{2},\ \dfrac{1}{3},\ \dfrac{2}{9},\ \dfrac{4}{27},\ \cdots,\ \dfrac{1}{2}\left(\dfrac{2}{3}\right)^{n-1}$$

上述數列，除首項"$\dfrac{1}{2}$"外，其中任一項與其前一項之比為

$$\dfrac{1}{3} : \dfrac{1}{2} = \dfrac{2}{3},\ \dfrac{2}{9} : \dfrac{1}{3} = \dfrac{2}{3},\ \dfrac{4}{27} : \dfrac{2}{9} = \dfrac{2}{3},\ \cdots$$

故知此數列為等比數列，它的公比是 $\dfrac{2}{3}$，首項是 $\dfrac{1}{2}$，通項是 $\dfrac{1}{2}\left(\dfrac{2}{3}\right)^{n-1}$，共有 n 項.

若一個 n 項的等比數列

$$a_1,\ a_2,\ a_3,\ \cdots,\ a_n\ (a_k \neq 0,\ k = 1,\ 2,\ 3,\ \cdots,\ n)$$

的公比是 $r \neq 0$，首項 $a_1 = a \neq 0$，則

$$a_1 = a = ar^0,$$
$$a_2 = a_1 r = ar^1,$$
$$a_3 = a_2 r = ar^2,$$
$$a_4 = a_3 r = ar^3,$$
$$\cdots\cdots\cdots$$

觀察此等比數列的第 1 項，第 2 項，第 3 項，第 4 項，… 中，公比 r 的指數依序增加 1，但恆比它所在的項數少 1，若以 l_n 表第 n 項 a_n，則可寫成

$$l_n = ar^{n-1} \tag{8-1-2}$$

對一個等比數列，若

1. 已知首項 a 與公比 r，則可由式 (8-1-2) 計算出此等比數列之任意一項.
2. 已知任意兩項，設第 k 項為 p，第 h 項為 q，$k < h$，則由式 (8-1-2) 可得

$$\begin{cases} p = ar^{k-1} \\ q = ar^{h-1} \end{cases}$$

解此方程組，常可求得首項 a 與公比 r，因而，可決定此數列之任意一項.

例 7 設有一等比數列，其首項是 $\sqrt{2}$，公比是 $\sqrt{3}$，求其第 30 項與通項.

解答 首項 $a = \sqrt{2}$，公比 $r = \sqrt{3}$，則

$$l_{30} = \sqrt{2}(\sqrt{3})^{30-1} = \sqrt{2}(\sqrt{3})^{29}$$

通項是 $l_n = \sqrt{2}(\sqrt{3})^{n-1}$.

五、中項問題的計算

1. 等差中項：在兩數 a、b 之間，插入一數 A，使 a、A、b 三數成**等差數列**，則 A 為 a、b 的**等差中項**，即

$$A - a = b - A$$

2. **調和中項**：若任意三數成調和數列，則其中間的數，稱為其餘兩數的調和中項．

   在兩數 a、b 之間，插入一數 H，使 a、H、b 成調和數列，則 H 為 a、b 的調和中項，即

   $$\frac{1}{H}-\frac{1}{a}=\frac{1}{b}-\frac{1}{H}$$

   $$\Rightarrow H=\frac{2ab}{a+b}.$$

3. **等比中項**：若在兩數之間，插入一個數，使此三數成等比數列，則插入的數稱為原兩數的等比中項．

   在兩數 a、b 之間 $(ab>0)$，插入一數 G，使 a、G、b 成等比數列，則 G 為 a、b 的等比中項，即

   $$G:a=b:G$$
   $$\Rightarrow G^2=ab$$
   $$\Rightarrow G=\pm\sqrt{ab}$$

   因此，a 與 b 之等比中項為 $\sqrt{ab}$ 與 $-\sqrt{ab}$，其中 $\sqrt{ab}$ 也稱為 a 與 b 的**幾何平均數**．

例 8 設 b 為 a、c 的等差中項，a 為 b 與 c 的等比中項，求 $a:b:c$（但 $a\neq b$, $b\neq c$）．

解答 由題意得知，

$$\begin{cases} b=\dfrac{a+c}{2} & \cdots\cdots① \\ a^2=bc & \cdots\cdots② \end{cases}$$

由 ①、② 消去 c，得

$$a^2 = b(2b-a) \Rightarrow a^2 + ab - 2b^2 = 0$$
$$\Rightarrow (a+2b)(a-b) = 0$$

但 $a \neq b$，可知 $a+2b=0$，故 $a=-2b$，$c=4b$.

因此，$a:b:c = -2:1:4$.

習題 8-1

1. 求下列數列的前 5 項.

  (1) $\{1-(-1)^k\}_{k=1}^n$ (2) $\{\sqrt{k+1}\}_{k=1}^n$ (3) $\left\{\dfrac{3k-2}{2k+1}\right\}_{k=1}^n$

2. 試寫出下列遞迴數列之前四項.

  (1) $a_1 = -3$，$a_{k+1} = (-1)^{k+1} \cdot (2a_k)$，$k$ 為自然數.

  (2) $a_1 = 2$，$a_{k+1} = 2k + a_k$，k 為自然數.

3. 設數列 $\{a_n\}$，$a_1 = 3$，$2a_{n+1}a_n + 4a_{n+1} - a_n = 0$，試求 a_2、a_3、a_4.

4. 試寫出下列數列的一般項 a_n，n 為自然數.

  (1) -1, 4, -9, 16, -25, 36, $\cdots$

  (2) -2, 4, -8, 16, -32, 64, $\cdots$

  (3) 1, $\sqrt{3}$, $\sqrt{5}$, $\sqrt{7}$, $\sqrt{9}$, $\sqrt{11}$, $\cdots$

  (4) 1, 6, 11, 16, 21, $\cdots$

5. 已知 2，m，8，n 為等差數列，求 m、n 之值.

6. 一等差數列之前兩項 $a_1 = 5$，$a_2 = 8$，求此數列的第四項 a_4，第十一項 a_{11} 與一般項 a_n.

7. 試判別下列數列是否為等比數列，如果是，則求其公比.

  (1) 1, $-\dfrac{1}{2}$, $\dfrac{1}{4}$, $-\dfrac{1}{8}$, $\cdots$

  (2) $1\dfrac{1}{2}$, $4\dfrac{1}{2}$, $13\dfrac{1}{2}$, $40\dfrac{1}{2}$, $\cdots$

(3) $7, 1, \dfrac{1}{7}, \dfrac{1}{49}, \dfrac{1}{343}, \cdots$

(4) $1, 3, 9, 15, 18, 21, 24, \cdots$

8. 已知 $2, m, 4, n$ 為等比數列，求 m、n 之值．

9. 已知一等比數列 $\{a_k\}_{k=1}^{n}$ 之第三項 $a_3 = 3$，第五項 $a_5 = 12$，求此數列之第六項 a_6．

10. 設 a、x、y、b 為等差數列，a、u、v、b 為調和數列，試證 $xv = yu = ab$．

試寫出一數列的第 n 項 a_n，使前四項如下：

11. $2 \times 5, 4 \times 10, 8 \times 20, 16 \times 40$

12. $\dfrac{1}{2}, -\dfrac{2}{5}, \dfrac{3}{8}, -\dfrac{4}{11}, \cdots$

13. $-\dfrac{2}{3}, \dfrac{4}{7}, -\dfrac{8}{11}, \dfrac{16}{15}, \cdots$

14. 數列 $2, 4, 2, 4, 2, 4$ 依此規則，試求通項 a_n．

15. 若有一數列 $\{a_n\}$ 合乎 $a_1 + 2a_2 + 3a_3 + \cdots + na_n = n^2 + 3n + 1$，試求通項 a_n 及 a_{40}．

16. 設 a_1、a_2、a_3、a_4 四正數成等比級數，若 $a_1 + a_2 = 8$，$a_3 + a_4 = 72$，則公比是多少？

17. 設有三數成等比數列，其和為 28，平方和為 336，試求此數列．

18. 若有一等比數列 $x, 2x+2, 3x+3, \cdots$，試求第四項．

§8-2　有限級數

已知 n 項的數列

$$a_1, a_2, a_3, \cdots, a_n \tag{8-2-1}$$

其中的每一項都是實數，若以符號 "$+$" 將此 n 項依次連結起來，寫成下式

$$a_1 + a_2 + a_3 + \cdots + a_n \tag{8-2-2}$$

式 (8-2-2) 稱為對應於有限數列 $\{a_k\}_{k=1}^{n}$ 的有限級數，此有限級數可用符號 "$\sum\limits_{k=1}^{n} a_k$"

表示，亦即：

$$\sum_{k=1}^{n} a_k = a_1 + a_2 + a_3 + \cdots + a_n \tag{8-2-3}$$

其中 a_k 表有限級數之第 k 項，符號"Σ"（發音 sigma）稱為連加符號，$k \in \mathbb{N}$，連加符號下面的 $k=1$ 是表示自 1 開始依次連加到連加號上面的 n 為止．

例 1 試用"Σ"符號表示下列各級數：

(1) $\dfrac{1}{3 \times 4 \times 5} + \dfrac{1}{4 \times 5 \times 6} + \dfrac{1}{5 \times 6 \times 7} + \cdots + \dfrac{1}{20 \times 21 \times 22}$

(2) $1 \times 100 + 2 \times 99 + 3 \times 98 + \cdots + 99 \times 2 + 100 \times 1$

解答 (1) 級數之第 k 項為

$$a_k = \frac{1}{k(k+1)(k+2)}$$

故級數可表為 $\displaystyle\sum_{k=3}^{20} \frac{1}{k(k+1)(k+2)}$．

(2) 此級數由 100 個項連加而得，故可設其為

$$\sum_{k=1}^{100} a_k = a_1 + a_2 + a_3 + \cdots + a_k$$

$a_1 = 1 \times 100 = 1 \times (100 - 1 + 1)$

$a_2 = 2 \times 99 = 2 \times (100 - 2 + 1)$

$a_3 = 3 \times 98 = 3 \times (100 - 3 + 1)$

$a_4 = 4 \times 97 = 4 \times (100 - 4 + 1)$

$\vdots$

$a_k = k(100 - k + 1)$

故級數可表為 $\displaystyle\sum_{k=1}^{100} a_k = \sum_{k=1}^{100} k(100 - k + 1)$．

"Σ" 具有下列性質：

(1) $\sum_{k=1}^{n} c = c+c+c+\cdots+c$ (共 n 個) $= nc$

(2) $\sum_{k=1}^{n} ca_k = ca_1+ca_2+\cdots+ca_n = c(a_1+a_2+\cdots+a_n) = c\sum_{k=1}^{n} a_k$

(3) $\sum_{k=1}^{n} (a_k+b_k) = (a_1+b_1)+(a_2+b_2)+\cdots+(a_n+b_n)$
$= (a_1+a_2+\cdots+a_n)+(b_1+b_2+\cdots+b_n)$
$= \sum_{k=1}^{n} a_k + \sum_{k=1}^{n} b_k$

(4) $\sum_{k=1}^{n} (a_k-b_k) = \sum_{k=1}^{n} a_k - \sum_{k=1}^{n} b_k$

(5) $\sum_{k=1}^{n} a_k = (a_1+a_2+\cdots+a_m)+(a_{m+1}+a_{m+2}+\cdots+a_n)$
$= \sum_{k=1}^{m} a_k + \sum_{k=m+1}^{n} a_k$，其中 $1 < m < n$.

下面幾個有關 "Σ" 的公式是常用的.

$$\sum_{k=1}^{n} k = 1+2+3+\cdots+n = \frac{n(n+1)}{2} \qquad (8\text{-}2\text{-}4)$$

$$\sum_{k=1}^{n} k^2 = 1^2+2^2+3^2+\cdots+n^2 = \frac{n(n+1)(2n+1)}{6} \qquad (8\text{-}2\text{-}5)$$

$$\sum_{k=1}^{n} k^3 = 1^3+2^3+3^3+\cdots+n^3 = \left[\frac{n(n+1)}{2}\right]^2 \qquad (8\text{-}2\text{-}6)$$

證：式 (8-2-4) 可用 $(k+1)^2-k^2 = 2k+1$ 證明.

$$k=1 \qquad 2^2-1^2 = 2\cdot 1+1$$
$$k=2 \qquad 3^2-2^2 = 2\cdot 2+1$$

$$k=3 \quad 4^2-3^2=2\cdot 3+1$$
$$\vdots \quad \vdots$$
$$k=n \quad (n+1)^2-n^2=2\cdot n+1$$

將上面 n 個等式的等號兩邊分別相加，則得

$$(n+1)^2-1=2\sum_{k=1}^{n}k+n$$

$$\Rightarrow 2\sum_{k=1}^{n}k=(n+1)^2-1-n=n^2+n$$

$$\Rightarrow \sum_{k=1}^{n}k=\frac{n(n+1)}{2}.$$

式 (8-2-5) 可用 $(k+1)^3-k^3=3k^2+3k+1$ 證明.

$$k=1 \quad 2^3-1^3=3\cdot 1^2+3\cdot 1+1$$
$$k=2 \quad 3^3-2^3=3\cdot 2^2+3\cdot 2+1$$
$$k=3 \quad 4^3-3^3=3\cdot 3^2+3\cdot 3+1$$
$$\vdots \quad \vdots$$
$$k=n \quad (n+1)^3-n^3=3\cdot n^2+3\cdot n+1$$

上面 n 個等式的等號兩邊分別相加，則得

$$(n+1)^3-1^3=3\sum_{k=1}^{n}k^2+3\sum_{k=1}^{n}k+n$$

$$\Rightarrow 3\sum_{k=1}^{n}k^2=(n+1)^3-1-3\sum_{k=1}^{n}k-n$$

$$=n^3+3n^2+3n+1-1-3\cdot\frac{n(n+1)}{2}-n$$

$$=\frac{2n^3+3n^2+n}{2}=\frac{n(n+1)(2n+1)}{2}$$

$$\Rightarrow \sum_{k=1}^{n}k^2=\frac{n(n+1)(2n+1)}{6}$$

式 (8-2-6) 留給讀者自證之.

例 2 試計算 $\sum_{k=1}^{n} k(4k^2-3)$.

解答
$$\sum_{k=1}^{n} k(4k^2-3) = \sum_{k=1}^{n}(4k^3-3k) = 4\sum_{k=1}^{n} k^3 - 3\sum_{k=1}^{n} k$$

$$= 4\left[\frac{n(n+1)}{2}\right]^2 - 3\frac{n(n+1)}{2}$$

$$= \frac{n(n+1)[2n(n+1)-3]}{2} = \frac{n(n+1)(2n^2+2n-3)}{2}.$$

習 題 8-2

1. 觀察級數 $1\cdot 1+2\cdot 3+3\cdot 5+4\cdot 7+\cdots$，前 4 項的規則，依據此規則，試求出：
   (1) 其第 n 項.
   (2) 以 "Σ" 表示出級數自第 1 項至第 100 項.
   (3) 求級數自第 1 項至第 100 項之和.

2. 求有限級數 $1\cdot 4+2\cdot 5+3\cdot 6+\cdots+n(n+3)$ 之和.

3. 求 $\sum_{k=1}^{12}(7k-3)$ 之和.

4. 求 $\sum_{k=1}^{10}(k+2)^3$ 之和.

5. 求 $\sum_{k=1}^{10} k(k+3)$ 之和.

6. 求 $\sum_{i=1}^{10}\sum_{j=1}^{5}(2i+3j-2)$.

7. 已知 $\sum_{x=1}^{3}(ax^2+b)=20$，$\sum_{x=1}^{3}(ax^2-b)=8$，求 a、b 之值.

8. 求 $1+3+5+7+\cdots+(2n-1)$ 之和.

9. (1) 試將 $\dfrac{1}{k(k+1)}$ 分成二個分式之差.

   (2) 利用 (1) 之結果求 $\dfrac{1}{1\cdot 2}+\dfrac{1}{2\cdot 3}+\dfrac{1}{3\cdot 4}+\cdots+\dfrac{1}{n(n+1)}$ 之和.

10. 求 $\dfrac{1}{1\cdot 3}+\dfrac{1}{3\cdot 5}+\dfrac{1}{5\cdot 7}+\cdots+$ 至第 n 項之和.

11. 求級數 $\dfrac{1}{1\cdot 3}+\dfrac{1}{2\cdot 4}+\dfrac{1}{3\cdot 5}+\cdots+\dfrac{1}{n(n+2)}$ 之和.

12. 設數列 $\{a_n\}$，$a_n=\sqrt{n+1}+\sqrt{n}$，求 $\sum\limits_{k=1}^{n}\dfrac{1}{a_k}$.

13. 試求 $\sum\limits_{k=1}^{n}k(k+1)(k+2)=1\cdot 2\cdot 3+2\cdot 3\cdot 4+\cdots+n(n+1)(n+2)$ 之和.

14. 令 $a_n=1\cdot 3+2\cdot 4+3\cdot 5+\cdots+n(n+2)$，試求 $a_{10}=$?

15. 設 $a_n=1+2+3+\cdots+n$，試求 $\sum\limits_{k=1}^{n}\dfrac{1}{a_k}$ 之值.

第 9 章

圓錐曲線

9-1 圓的方程式

9-2 拋物線的方程式

9-3 橢圓的方程式

9-4 雙曲線的方程式

本章摘要

1. 圓

    圓的方程式：

    (1) 方程式 $(x-h)^2+(y-k)^2=r^2$ 為圓心位於點 $C(h, k)$ 且半徑為 r 的圓方程式.

    (2) 方程式 $x^2+y^2=r^2$ 為圓心位於原點且半徑為 r 的圓方程式.

    定理：

    任一圓的方程式皆可表為

    $$x^2+y^2+dx+ey+f=0$$

    的形式，其中 d、e、f 都是實數.

    定理：

    設二元二次方程式 $x^2+y^2+dx+ey+f=0$ 中，d、e、f 都是實數.

    (1) 若 $d^2+e^2-4f>0$，方程式的圖形是以 $\left(-\dfrac{d}{2}, -\dfrac{e}{2}\right)$ 為圓心，以 $\dfrac{1}{2}\sqrt{d^2+e^2-4f}$ 為半徑的圓.

    (2) 若 $d^2+e^2-4f=0$，方程式的圖形是一點 $\left(-\dfrac{d}{2}, -\dfrac{e}{2}\right)$，稱為**點圓**.

    (3) 若 $d^2+e^2-4f<0$，方程式無圖形可言，稱為**虛圓**.

2. 拋物線

    定義：

    在同一個平面上，與一個定點及一條定直線的距離相等之所有點所成的圖形，稱為**拋物線**，定點稱為**焦點**，定直線稱為**準線**. 如下圖所示.

第九章　圓錐曲線　➲ 245

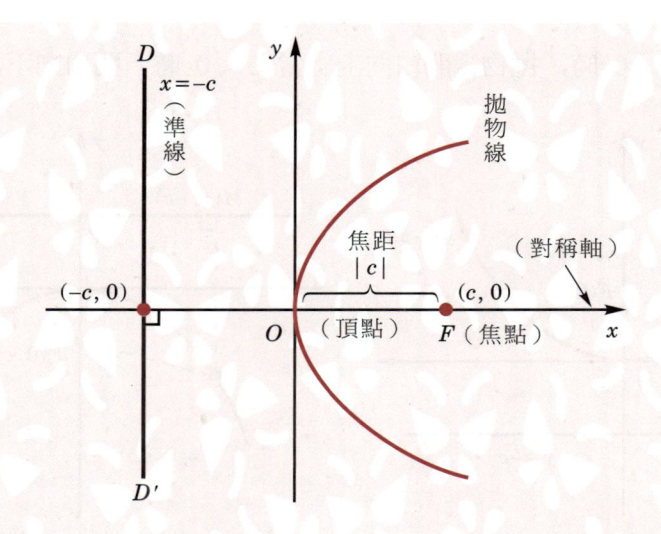

定理：

若拋物線的焦點為 $F(c, 0)$，準線方程式為 $x = -c$，則此拋物線的方程式為

$$y^2 = 4cx$$

其中 $c > 0$，而 c 表頂點 O 到焦點 F 的距離（即「焦距」）.

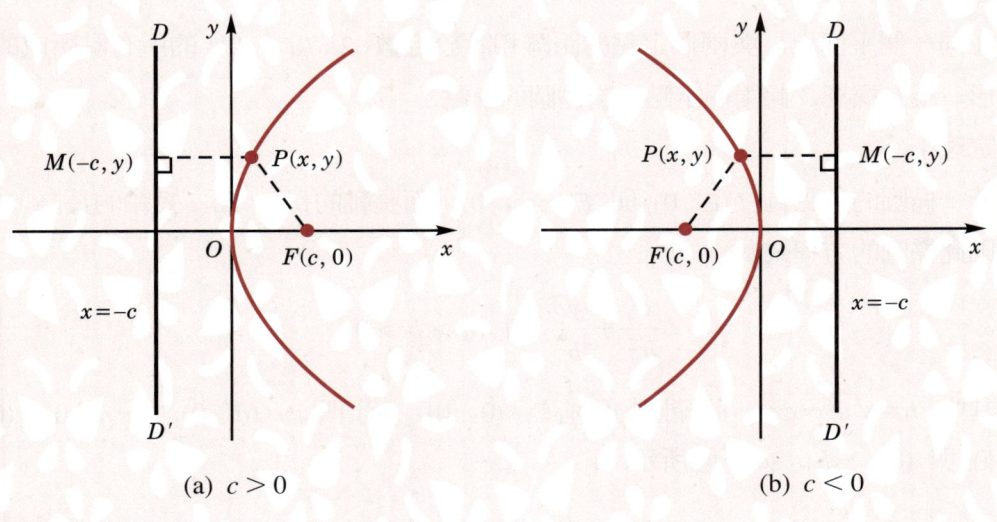

(a) $c > 0$　　　　(b) $c < 0$

定理：

若拋物線的焦點為 $F(0, c)$，準線方程式為 $y = -c$，則此拋物線的方程式為

$$x^2 = 4cy$$

註：(1) 當 $c>0$ 時，拋物線開口向上；當 $c<0$ 時，開口向下，圖形如下：

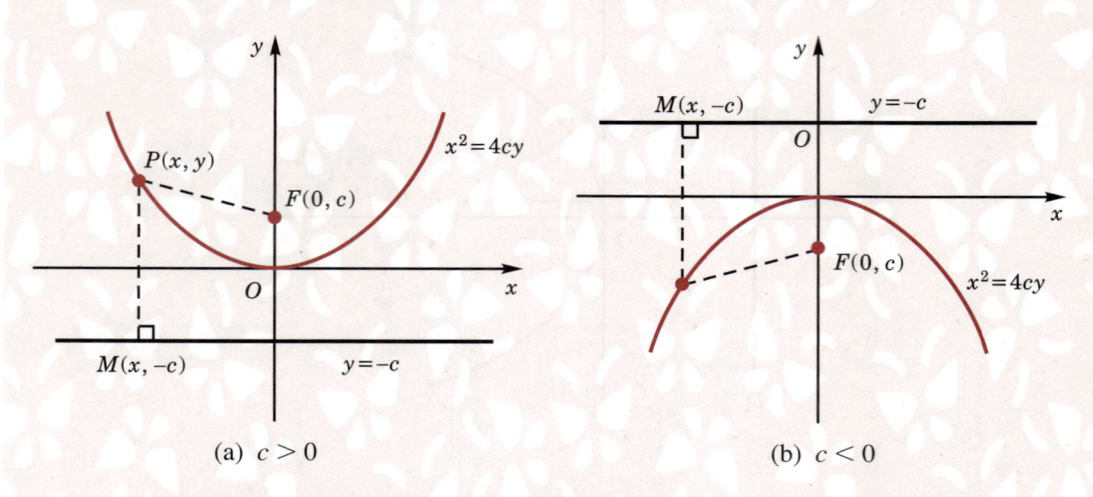

(a) $c>0$ (b) $c<0$

(2) 上述所給方程式稱為拋物線的標準式.

定理：

拋物線 $y^2=4cx$ 與 $x^2=4cy$ 之正焦弦的長均為 $|4c|$.

3. **橢圓**

   定義：

   在同一個平面上，與兩個定點的距離和等於定數 $2a\ (a>0)$ 的所有點所成的圖形，稱為橢圓，此兩個定點稱為橢圓的焦點.

   定理：

   若一橢圓的焦點為 $F(c,0)$ 與 $F'(-c,0)$，而長軸的長為 $2a$，短軸的長為 $2b$，則此橢圓的方程式為

   $$\frac{x^2}{a^2}+\frac{y^2}{b^2}=1\ (a>b>0)$$

   其中 $b=\sqrt{a^2-c^2}$. 此橢圓的中心為 $(0,0)$，而頂點為 $(a,0)$、$(-a,0)$、$(0,b)$ 與 $(0,-b)$. 如下圖所示.

定理：

若一橢圓的焦點為 $F(0, c)$ 與 $F'(0, -c)$，而長軸的長為 $2a$，短軸的長為 $2b$，則此橢圓的方程式為

$$\frac{x^2}{b^2} + \frac{y^2}{a^2} = 1 \quad (a > b > 0)$$

其中 $b = \sqrt{a^2 - c^2}$．此橢圓的中心為 $(0, 0)$，而頂點為 $(b, 0)$、$(-b, 0)$、$(0, a)$ 與 $(0, -a)$．如下圖所示．

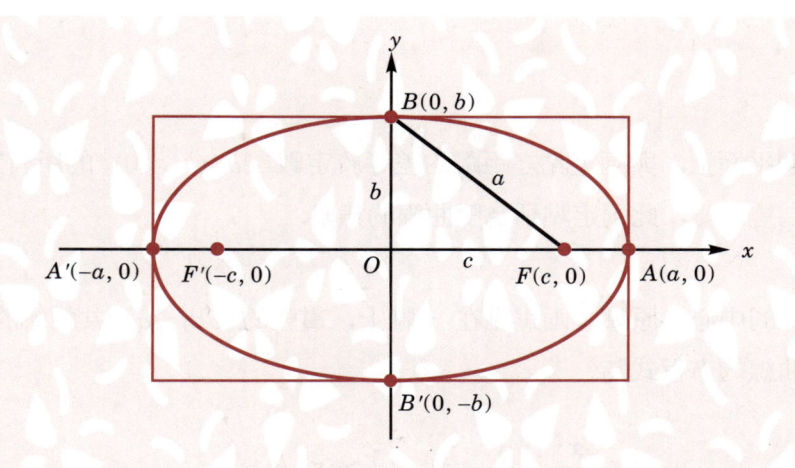

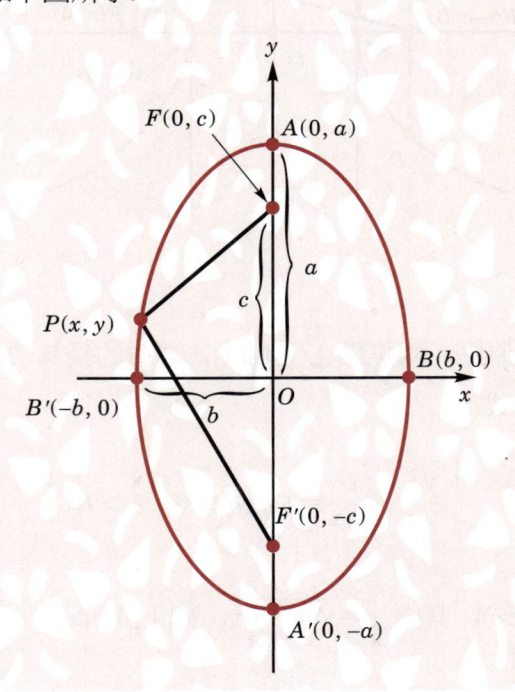

4. 雙曲線

定義：

在同一個平面上，與兩定點之距離的差等於定數 $2a$ ($a > 0$) 的所有點所成的圖形，稱為**雙曲線**，此兩定點稱為雙曲線的**焦點**.

定理：

若雙曲線的中心為原點，兩焦點在 x-軸上，貫軸的長為 $2a$，共軛軸的長為 $2b$，則此雙曲線的方程式為

$$\frac{x^2}{a^2} - \frac{y^2}{b^2} = 1, \quad (a > 0, \ b > 0)$$

焦點坐標為 $(\pm c, 0)$，其中 $c = \sqrt{a^2 + b^2}$. 如下圖所示.

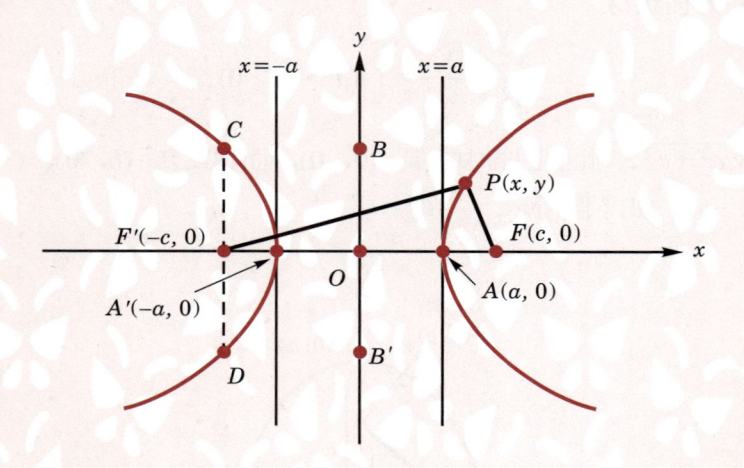

定理：

若雙曲線的中心為原點，兩焦點在 y-軸上，貫軸的長為 $2a$，共軛軸的長為 $2b$，則此雙曲線的方程式為

$$\frac{y^2}{a^2} - \frac{x^2}{b^2} = 1, \quad (a > 0, \ b > 0)$$

焦點坐標為 $(0, \pm c)$，其中 $c = \sqrt{a^2 + b^2}$. 如下圖所示.

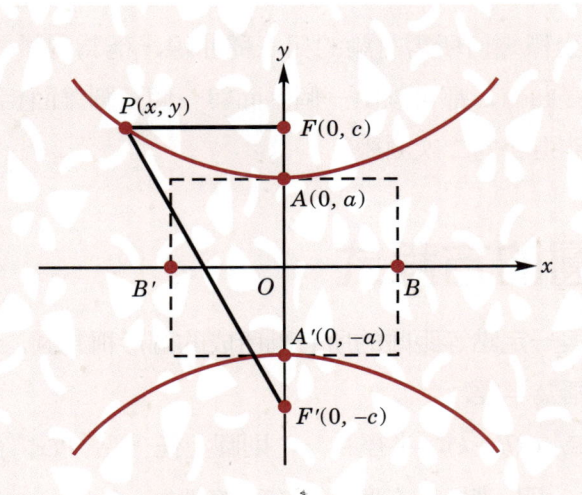

定義：雙曲線重要部位的名稱

連接雙曲線上任意兩點的線段稱為雙曲線的**弦**，通過焦點的弦稱為**焦弦**，與雙曲線貫軸垂直的弦稱為**正焦弦**，連接雙曲線上任意一點與焦點的線段稱為**焦半徑**.

定理：

雙曲線 $\dfrac{x^2}{a^2}-\dfrac{y^2}{b^2}=1$ 與 $\dfrac{y^2}{a^2}-\dfrac{x^2}{b^2}=1$ $(a>0，b>0)$ 之正焦弦的長均為 $\dfrac{2b^2}{a}$.

定義：

雙曲線 $\dfrac{x^2}{a^2}-\dfrac{y^2}{b^2}=1，(a>0，b>0)$ 有二條**漸近線**，其方程式為

$$bx-ay=0 \text{ 與 } bx+ay=0.$$

定義：

若一雙曲線的貫軸與共軛軸，分別為另一雙曲線的共軛軸與貫軸，則此兩雙曲線互稱為**共軛雙曲線**，例如

$$\dfrac{x^2}{a^2}-\dfrac{y^2}{b^2}=1$$

$$\dfrac{y^2}{b^2}-\dfrac{x^2}{a^2}=1$$

互稱為**共軛雙曲線**.

除了直線之外，坐標幾何所需討論的另一種曲線，稱為**圓錐曲線**（或**二次曲線**），**圓、橢圓、拋物線及雙曲線**，都可以由一個平面與一個正圓錐面相截而得，因此合稱為**圓錐曲線**，也合稱為**非退化的二次曲線**.

§9-1 圓的方程式

在坐標平面上，與一定點等距離的所有點所成的圖形稱為**圓**，此定點稱為**圓心**，圓心與圓上各點的距離稱為**半徑**.

假設圓心之坐標為 $C(h, k)$，半徑為 r，則圓上任一點 $P(x, y)$ 至圓心 C 之距離為 $\sqrt{(x-h)^2+(y-k)^2}$，即，點 P 在圓上之充要條件為

$$\sqrt{(x-h)^2+(y-k)^2}=r$$

亦即
$$(x-h)^2+(y-k)^2=r^2$$

故圓心為 $C(h, k)$ 且半徑為 r 的圓方程式為

$$(x-h)^2+(y-k)^2=r^2 \tag{9-1-1}$$

如圖 9-1-1 所示.

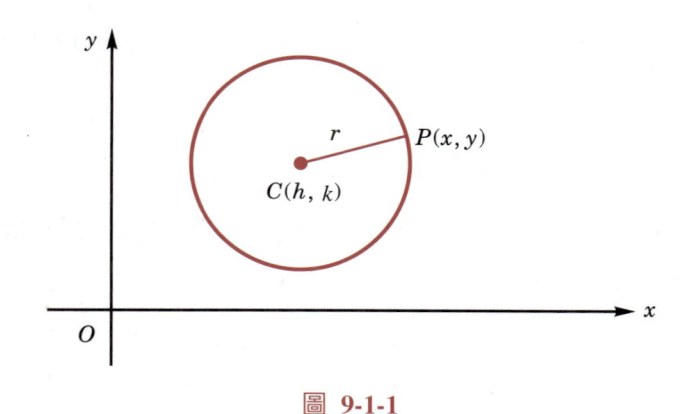

圖 9-1-1

若令 $h=0$、$k=0$，則上式可化為

$$x^2+y^2=r^2$$

故圓心為原點且半徑為 r 的圓方程式為

$$x^2+y^2=r^2 \qquad (9\text{-}1\text{-}2)$$

式 (9-1-1) 與 (9-1-2) 皆稱為圓的標準式.

例 1 已知一圓之圓心為 $(-1, -2)$，半徑為 $\sqrt{5}$，試求此圓的方程式並作其圖形.

解答 利用式 (9-1-1)，可知此圓之方程式為

$$(x+1)^2+(y+2)^2=(\sqrt{5})^2$$

展開成 $\qquad x^2+y^2+2x+4y=0.$

若 $x=0$、$y=0$，則 $x^2+y^2+2x+4y=0$，故知此圓必通過原點，其圖形如圖 9-1-2 所示.

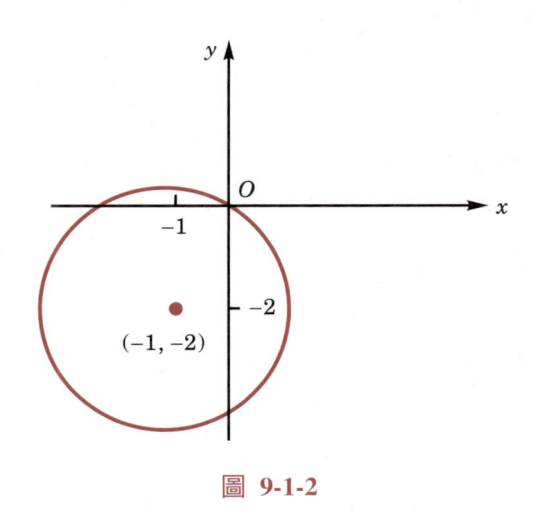

圖 9-1-2

例 2 試求圓 $x^2+y^2-2x+2y-14=0$ 的圓心與半徑.

解答 因 $x^2+y^2-2x+2y-14 = x^2-2x+1+y^2+2y+1-16$
$\qquad\qquad\qquad\qquad\qquad\quad = (x-1)^2+(y+1)^2-16=0$

故原式可改寫成

$$(x-1)^2+(y+1)^2=4^2$$

由式 (9-1-1) 知，此圓的圓心為 $(1, -1)$，半徑為 4.

若將式 (9-1-1) 展開得

$$x^2+y^2-2hx-2ky+h^2+k^2-r^2=0$$

令 $d=-2h$，$e=-2k$，$f=h^2+k^2-r^2$ 代入上式，則得

$$x^2+y^2+dx+ey+f=0 \tag{9-1-3}$$

故得下面的定理.

定理 9-1-1

任一圓的方程式皆可表為

$$x^2+y^2+dx+ey+f=0$$

的形式，其中 d、e、f 都是實數.

現在討論在方程式 $x^2+y^2+dx+ey+f=0$ 中，d、e、f 應合乎什麼條件，它的圖形才表示一圓？

將 $x^2+y^2+dx+ey+f=0$ 配方，可得

$$\left(x^2+dx+\frac{d^2}{4}\right)+\left(y^2+ey+\frac{e^2}{4}\right)-\frac{d^2}{4}-\frac{e^2}{4}+f=0$$

$$\left(x+\frac{d}{2}\right)^2+\left(y+\frac{e}{2}\right)^2=\frac{d^2+e^2-4f}{4} \tag{9-1-4}$$

1. 若 $d^2+e^2-4f>0$，則比較式 (9-1-4) 與 (9-1-1)，可得其圖形為一圓，圓心為 $\left(-\frac{d}{2},-\frac{e}{2}\right)$，半徑為 $r=\frac{1}{2}\sqrt{d^2+e^2-4f}$.

2. 若 $d^2+e^2-4f=0$，則式 (9-1-4) 即為 $\left(x+\frac{d}{2}\right)^2+\left(y+\frac{e}{2}\right)^2=0$，其圖形為一點

$\left(-\dfrac{d}{2},\ -\dfrac{e}{2}\right)$，稱為**圓點**．

3. 若 $d^2+e^2-4f<0$，則式 (9-1-4) 即為 $\left(x+\dfrac{d}{2}\right)^2+\left(y+\dfrac{e}{2}\right)^2<0$，但無實數 x、y 滿足 $\left(x+\dfrac{d}{2}\right)^2+\left(y+\dfrac{e}{2}\right)^2<0$，故無圖形而言，我們常稱其為**虛圓**．

將上面討論的結果寫成定理如下：

定理 9-1-2

設二元二次方程式 $x^2+y^2+dx+ey+f=0$ 中，d、e、f 都是實數．

(1) 若 $d^2+e^2-4f>0$，方程式的圖形是以 $\left(-\dfrac{d}{2},\ -\dfrac{e}{2}\right)$ 為圓心而 $\dfrac{1}{2}\sqrt{d^2+e^2-4f}$ 為半徑的圓．

(2) 若 $d^2+e^2-4f=0$，方程式的圖形是一點 $\left(-\dfrac{d}{2},\ -\dfrac{e}{2}\right)$，稱為**點圓**．

(3) 若 $d^2+e^2-4f<0$，方程式無圖形可言，稱為**虛圓**．

註：1. d^2+e^2-4f 稱為**圓的判別式**．

2. $x^2+y^2+dx+ey+f=0$ 稱為**圓的一般式**．

例 3 試求圓 $x^2+y^2+4x+8y-5=0$ 的圓心及半徑，並作其圖形．

解答 $x^2+y^2+4x+8y-5=0$ 中，$d=4$，$e=8$，$f=-5$．

因 $d^2+e^2-4f=16+64+20=100>0$，故方程式表一圓．

$$h=-\dfrac{d}{2}=-2,\ k=-\dfrac{e}{2}=-4,\ r=\dfrac{1}{2}\sqrt{d^2+e^2-4f}=\dfrac{1}{2}\sqrt{100}=5$$

故圓心為 $(-2, -4)$，半徑為 5，其圖形如圖 9-1-3 所示.

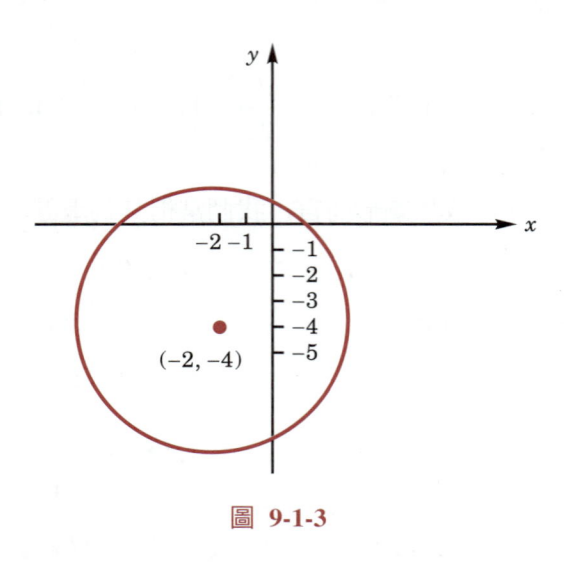

圖 9-1-3

例 4 若 $k \in \mathbb{R}$，試討論 $x^2+y^2+4kx-2y+5=0$ 的圖形.

解答 $d=4k$, $e=-2$, $f=5$,

$$d^2+e^2-4f=(4k)^2+(-2)^2-4\times 5=16k^2+4-20$$
$$=16k^2-16=16(k^2-1)$$

(i) 原方程式的圖形是圓 $\Leftrightarrow d^2+e^2-4f=16(k+1)(k-1)>0$
$\Leftrightarrow |k|>1 \Leftrightarrow k<-1$ 或 $k>1$

(ii) 原方程式的圖形是一點 $\Leftrightarrow d^2+e^2-4f=16(k+1)(k-1)=0$
$\Leftrightarrow k=-1$ 或 $k=1$

(iii) 原方程式沒有圖形 $\Leftrightarrow d^2+e^2-4f=16(k+1)(k-1)<0$
$\Leftrightarrow |k|<1 \Leftrightarrow -1<k<1.$

由於圓的方程式可表為 $(x-h)^2+(y-k)^2=r^2$ 或 $x^2+y^2+dx+ey+f=0$ 的形式，只要有三個獨立條件就可以決定三個常數 h、k、r 或 d、e、f 的值，因而說三個獨立條件可決定一圓.

例 5 已知一圓通過 $P_1(-1, 1)$、$P_2(1, -1)$ 及 $P_3(0, -2)$ 等三點，試求其方程式．

解答 設所求圓的方程式為

$$x^2 + y^2 + dx + ey + f = 0 \quad \cdots\cdots ①$$

P_1、P_2 及 P_3 三點在圓上 $\Leftrightarrow$ 這三點的坐標滿足 ① 式

$$\Leftrightarrow \begin{cases} 1+1-d+e+f=0 \\ 1+1+d-e+f=0 \\ 4-2e+f=0 \end{cases}$$

即

$$\begin{cases} -d+e+f = -2 \quad \cdots\cdots ② \\ d-e+f = -2 \quad \cdots\cdots ③ \\ -2e+f = -4 \quad \cdots\cdots ④ \end{cases}$$

② + ③ 得 $2f = -4$，即 $f = -2$，代入 ④ 式得 $e = 1$．

將 $f = -2$，$e = 1$ 代入 ③ 式得 $d = 1$，

故所求圓的方程式為 $x^2 + y^2 + x + y - 2 = 0$．

我們亦可假設圓 C 通過點 $P_1(x_1, y_1)$、$P_2(x_2, y_2)$ 與 $P_3(x_3, y_3)$，則圓 C 的圓心 P_0 乃是 $\overline{P_1P_2}$ 與 $\overline{P_1P_3}$ 兩線段的垂直平分線的交點，半徑則是 $\overline{P_0P_1}$．

例 6 設 $A(-2, 1)$ 及 $B(4, -5)$ 為圓之直徑的二端點，求此圓的方程式．

解答 圓心為 $\overline{AB}$ 的中點，故圓心為 $(1, -2)$，

半徑為 $\sqrt{[1-(-2)]^2 + (-2-1)^2} = \sqrt{9+9} = \sqrt{18}$

故所求圓的方程式為

$$(x-1)^2 + (y+2)^2 = 18 \text{ 或 } x^2 + y^2 - 2x + 4y - 13 = 0.$$

習題 9-1

求下列各圓的方程式.

1. 圓心是 (0，2)，半徑是 5.
2. 圓心是 (−5，3)，半徑是 1.
3. 以 $A(-2, 3)$ 及 $B(3, 0)$ 為直徑的二端點.
4. 圓心是 (−1，4) 且此圓與 x-軸相切.
5. 通過 $P_1(0, 1)$、$P_2(0, 6)$ 與 $P_3(3, 0)$.

試判定下列各方程式的圖形是圓、一點或無圖形.

6. $x^2+y^2+8x-9=0$
7. $x^2+y^2-8y-29=0$
8. $x^2+y^2-2x+2y+2=0$
9. $x^2+y^2+x+10=0$

求下列各圓的圓心及半徑.

10. $x^2+y^2+6x+8y-14=0$
11. $x^2+y^2-4y-5=0$
12. $x^2+y^2+3x-4=0$
13. 設 $\Gamma : x^2+y^2+x+2y+k=0$.

    (1) 若 Γ 為一圓，則 k 的範圍為何？

    (2) 若 Γ 為一點，則 k 的範圍為何？

    (3) 若 Γ 無圖形，則 k 的範圍為何？

14. 求過點 $P_1(2, 6)$、$P_2(-1, -3)$ 與 $P_3(3, -1)$ 的圓的方程式.
15. 若 $x^2+y^2+2dx+2ey+f=0$ 的圖形為一圓，試求圓心之坐標與半徑.
16. 已知點 $P_1(1, 2)$ 與 $P_2(5, -2)$ 是圓 C 上二點，而且弦 $\overline{P_1P_2}$ 與圓心的距離為 $\sqrt{2}$，試求圓 C 的方程式.

§9-2 拋物線的方程式

定義 9-2-1

在同一個平面上，與一個定點及一條定直線的距離相等之所有點所成的圖形，稱為**拋物線**，定點稱為**焦點**，定直線稱為**準線**．

如圖 9-2-1 所示．

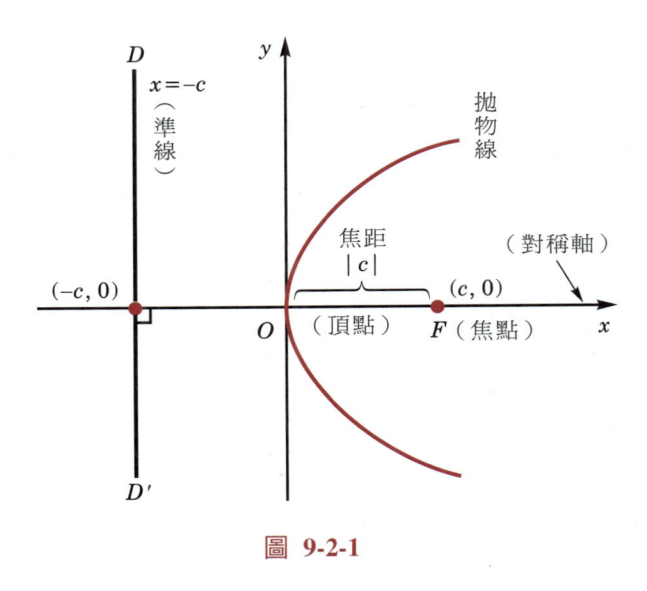

圖 9-2-1

定理 9-2-1

若拋物線的焦點為 $F(c, 0)$，準線方程式為 $x=-c$，則此拋物線的方程式為

$$y^2 = 4cx \qquad (9\text{-}2\text{-}1)$$

其中 $c > 0$，而 c 表頂點 O 到焦點 F 的距離（即「焦距」）．

證：如圖 9-2-2 所示，

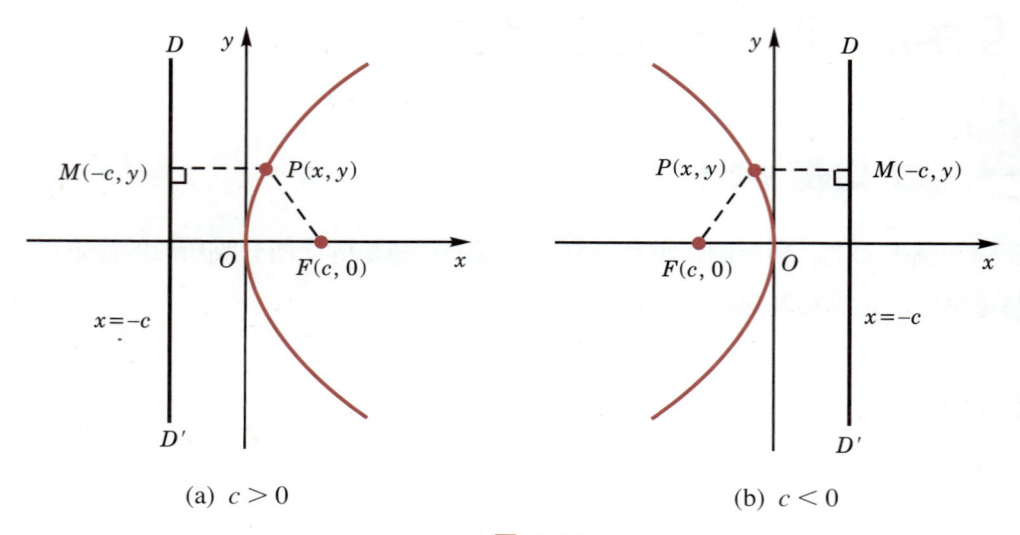

(a) $c > 0$　　　　(b) $c < 0$

圖 9-2-2

設 $P(x, y)$ 為拋物線上任一點，則

$$\overline{PF} = \overline{PM}$$

利用兩點之間的距離公式，得

$$\sqrt{(x-c)^2+(y-0)^2} = \sqrt{(x+c)^2+(y-y)^2}$$
$$\Leftrightarrow (x-c)^2+y^2 = (x+c)^2$$
$$\Leftrightarrow x^2-2cx+c^2+y^2 = x^2+2cx+c^2$$
$$\Leftrightarrow y^2 = 4cx$$

反之，若 $P(x, y)$ 滿足 $y^2 = 4cx$，必滿足 $\overline{PF} = \overline{PM}$，即 P 在拋物線上．因此，$y^2 = 4cx$ 為所求的拋物線方程式．

在定理 9-2-1 中，

1. 當 $c > 0$ 時，拋物線的開口向右；當 $c < 0$ 時，開口向左．
2. 通過焦點且與準線垂直的直線，稱為拋物線的**對稱軸**，簡稱為**軸**，即 x-軸．
3. 軸與拋物線的交點，稱為**頂點**，即 $(0, 0)$．
4. 拋物線上任意兩點所連成的線段，稱為拋物線的**弦**，通過焦點的弦稱為**焦弦**，與拋物線之軸垂直的焦弦稱為正焦弦.

同理，可得下面的定理：

定理 9-2-2

若拋物線的焦點為 $F(0, c)$，準線方程式為 $y = -c$，則此拋物線的方程式為

$$x^2 = 4cy. \tag{9-2-2}$$

當 $c > 0$ 時，拋物線開口向上；當 $c < 0$ 時，開口向下，如圖 9-2-3 所示.
上述二定理所給的方程式稱為拋物線的標準式.

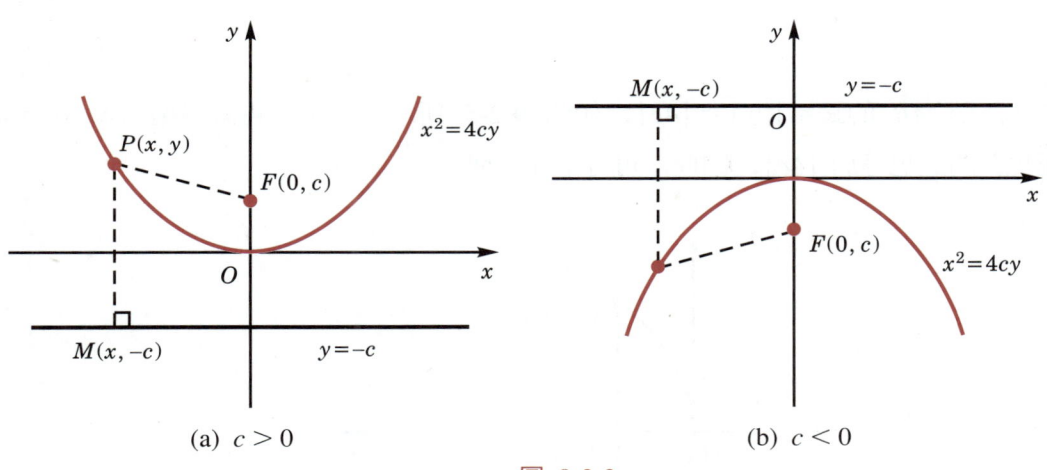

(a) $c > 0$　　(b) $c < 0$

圖 9-2-3

例 1　求拋物線 $y^2 = 12x$ 的焦點及準線方程式.

解答　因 $y^2 = 12x = 4(3)x$，得知 $c = 3$，故焦點為 $F(3, 0)$，準線為 $x = -3$.

例 2　試決定拋物線 $x^2 = -y$ 的頂點、焦點及準線方程式，並繪其圖形.

解答　寫成 $x^2 = 4\left(-\dfrac{1}{4}\right)y$，與定理 9-2-2 比較，知 $c = -\dfrac{1}{4}$，

故頂點為 $(0, 0)$，焦點為 $F\left(0, -\dfrac{1}{4}\right)$，準線為 $y = \dfrac{1}{4}$，

其圖形如圖 9-2-4 所示.

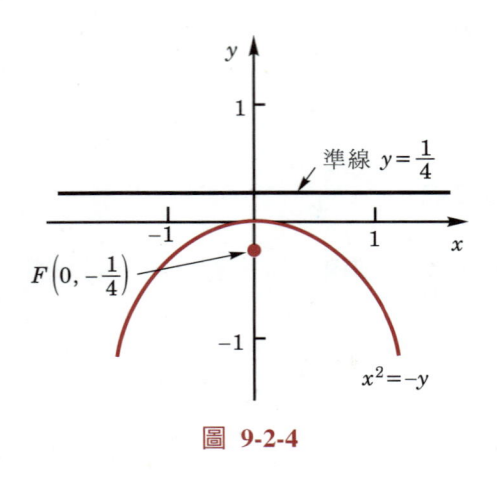

圖 9-2-4

於拋物線方程式 $y^2 = 4cx$ 中，令 $x = c$，則

$$y = \pm 2c$$

故得正焦弦 $\overline{AB}$ 的長 $= |2y| = |4c|$，如圖 9-2-5 所示. 同理，可證得拋物線 $x^2 = 4cy$ 之正焦弦的長也等於 $|4c|$. 因此，可得下面定理：

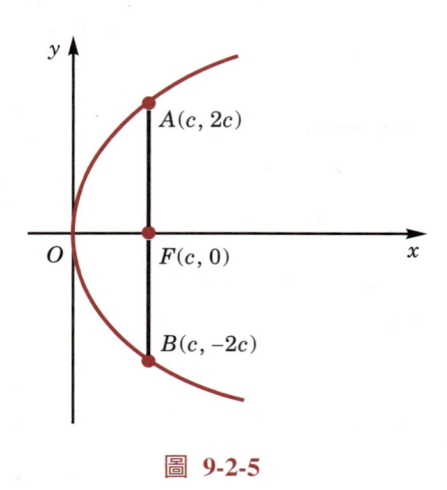

圖 9-2-5

定理 9-2-3

拋物線 $y^2=4cx$ 與 $x^2=4cy$ 之 **正焦弦** 的長均為 $|4c|$.

例 3 求拋物線 $y^2=-6x$ 之正焦弦的長.

解答 正焦弦的長 $=|4c|=|-6|=6$.

例 4 求頂點為原點，軸是 y-軸且通過點 $(4,-3)$ 的拋物線方程式.

解答 令所求的拋物線方程式為

$$x^2=4cy$$

以點 $(4,-3)$ 代入上式，可得

$$16=4c(-3),\ 即\ c=-\frac{4}{3},$$

故 $x^2=4\left(-\frac{4}{3}\right)y=-\frac{16}{3}y$ 為所求的方程式.

例 5 求頂點為 $(0,0)$，正焦弦的長為 12，且拋物線開口向上的拋物線方程式.

解答 設所求拋物線方程式為

$$x^2=4cy$$

正焦弦的長 $=12=4|c|$，又拋物線開口向上，可知 $c=3$，故 $x^2=12y$，圖形如圖 9-2-6 所示.

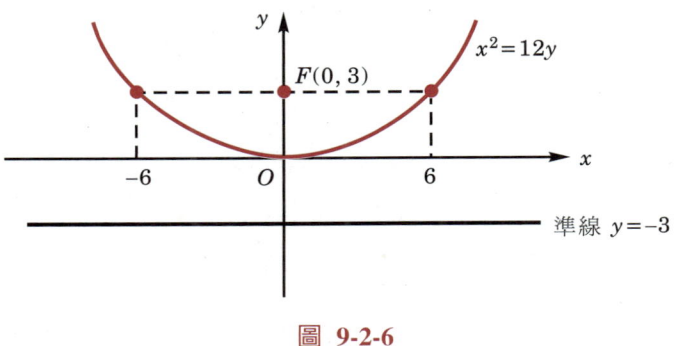

圖 9-2-6

習題 9-2

求下列每一拋物線的焦點與準線，並繪出拋物線及其焦點與準線．

1. $y^2 = 4x$
2. $x^2 = -12y$
3. $y^2 = -3x$
4. $2x^2 = 6y$

在下列各題中，求拋物線的標準式 $y^2 = 4cx$，或 $x^2 = 4cy$，並作其圖形．

5. 頂點 $(0, 0)$，焦點 $F(0, 4)$．
6. 頂點 $(0, 0)$，準線 $L: x = 3$．
7. 準線 $L: y = -2$，焦點 $F(0, 2)$．
8. 頂點 $(0, 0)$，準線 $L: y = 3$．
9. 正焦弦的長為 8，頂點 $(0, 0)$，拋物線開口向左．

求下列各拋物線的軸、準線、頂點與焦點，並求其正焦弦的長，並作其圖形．

10. $y = -\dfrac{1}{12} x^2$
11. $x = -\dfrac{1}{16} y^2$
12. $3x^2 = -5y$
13. $y = \dfrac{1}{16} x^2$
14. $x^2 = -8y$

試分別求合於下列條件中的拋物線方程式，並作其圖形．

15. 焦點 $F(3, 0)$，準線 $x = -3$．
16. 焦點 $F\left(0, \dfrac{3}{2}\right)$，準線 $y = -\dfrac{3}{2}$．

試作下列各式的圖形．

17. $y = 2\sqrt{x}$
18. $x = -\sqrt{y}$
19. $y = \sqrt{x-3}$
20. $x = \sqrt{-y}$
21. 設拋物線 $x^2 = 4cy$ 的切線斜率為 m，試證其切線方程式為 $y = mx - cm^2$．

§9-3 橢圓的方程式

我們介紹過拋物線之後,現在要討論另一種圓錐曲線——橢圓. 橢圓的定義是什麼呢?我們介紹如下:

定義 9-3-1

在同一個平面上,與兩個定點的距離和等於定數 $2a\ (a>0)$ 的所有點所成的圖形,稱為橢圓,此兩個定點稱為橢圓的焦點.

取兩焦點 F 及 F' 的中點 O 為原點,直線 $F'F$ 為 x-軸,通過 O 且垂直於直線 $F'F$ 的直線為 y-軸,令 F 及 F' 的坐標分別為 $(c, 0)$ 及 $(-c, 0)$,則 $\overline{F'F}=2c\ (c>0)$,如圖 9-3-1 所示.

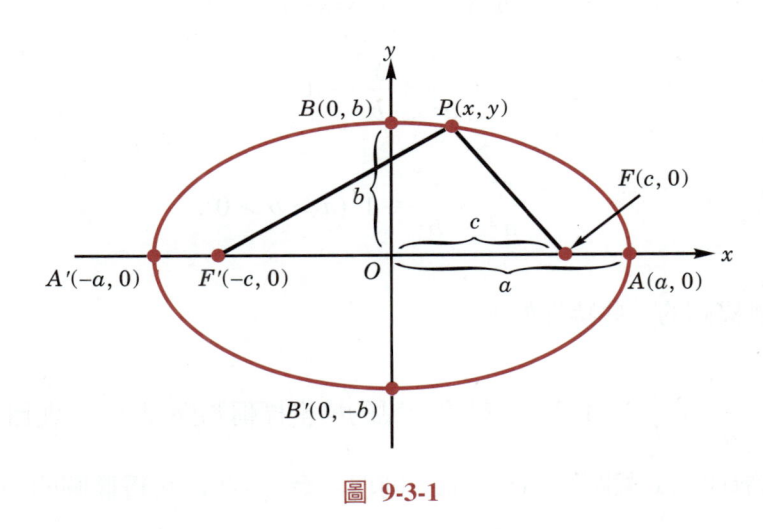

圖 9-3-1

設橢圓上任一點為 $P(x, y)$,且 $\overline{PF'}+\overline{PF}=2a\ (a>0)$,

則 $\overline{PF}=2a-\overline{PF'}$

可得 $\sqrt{(x-c)^2+y^2}=2a-\sqrt{(x+c)^2+y^2}$

將上式等號兩端平方，

$$x^2-2cx+c^2+y^2=4a^2-4a\sqrt{(x+c)^2+y^2}+x^2+2cx+c^2+y^2$$

$$a\sqrt{(x+c)^2+y^2}=a^2+cx$$

$$a^2[(x+c)^2+y^2]=(a^2+cx)^2$$

$$a^2x^2+2a^2cx+a^2c^2+a^2y^2=a^4+2a^2cx+c^2x^2$$

$$(a^2-c^2)x^2+a^2y^2=a^2(a^2-c^2) \tag{9-3-1}$$

因　　　　　　　　　　$\overline{PF'}+\overline{PF}>\overline{F'F}$

故　　　　　　　　　　$2a>2c$，即 $a>c$

因而　　　　　　　　　$a^2-c^2>0$

令 $a^2-c^2=b^2\ (a>b>0)$，代入式 (9-3-1)，可得

$$b^2x^2+a^2y^2=a^2b^2$$

即　　　　　　　　　　$\dfrac{x^2}{a^2}+\dfrac{y^2}{b^2}=1$

故橢圓方程式為　　　$\dfrac{x^2}{a^2}+\dfrac{y^2}{b^2}=1\ (a>b>0).$ 　　(9-3-2)

今討論上述橢圓的一些特性如下：

1. **截距**：橢圓 $\dfrac{x^2}{a^2}+\dfrac{y^2}{b^2}=1$ 與 x-軸之交點的橫坐標稱為橢圓在 x-軸上的截距．令 $y=0$，可得橢圓的 x-截距為 $x=\pm a$．同理，令 $x=0$，可得橢圓的 y-截距為 $y=\pm b$．

2. **對稱性**：

   (1) 在橢圓方程式 $\dfrac{x^2}{a^2}+\dfrac{y^2}{b^2}=1$ 中，以 $-y$ 代 y，所得方程式不變，可知橢圓對稱於 x-軸．

(2) 在橢圓方程式 $\dfrac{x^2}{a^2}+\dfrac{y^2}{b^2}=1$ 中，以 $-x$ 代 x，所得方程式不變，可知橢圓對稱於 y-軸.

(3) 在橢圓方程式 $\dfrac{x^2}{a^2}+\dfrac{y^2}{b^2}=1$ 中，以 $-x$ 代 x，以 $-y$ 代 y，所得方程式不變，可知橢圓對稱於原點.

3. **範圍**：由 $\dfrac{x^2}{a^2}+\dfrac{y^2}{b^2}=1$ 解 y，可得

$$y=\pm\dfrac{b}{a}\sqrt{a^2-x^2}\in I\!R$$

因而 $a^2-x^2\geq 0$，故 $|x|\leq a$.
又解 x，可得

$$x=\pm\dfrac{a}{b}\sqrt{b^2-y^2}\in I\!R$$

因而 $b^2-y^2\geq 0$，故 $|y|\leq b$.
此橢圓是在 $x=-a$、$x=a$、$y=-b$ 及 $y=b$ 等四直線所圍成的長方形內，如圖 9-3-2 所示，其中

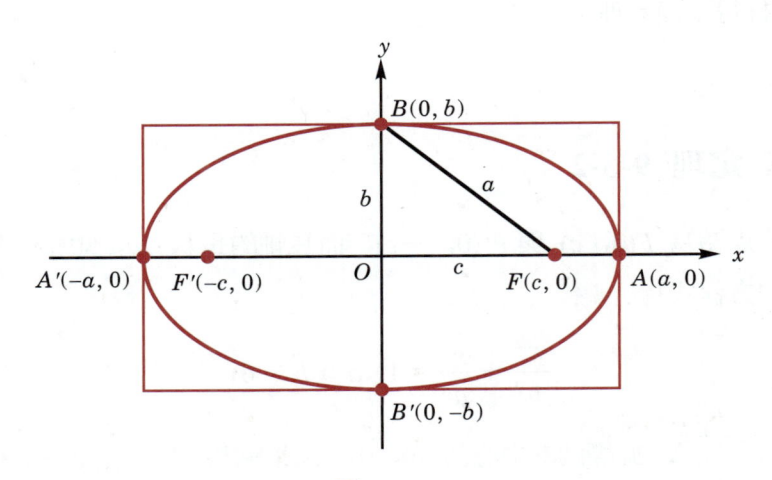

圖 9-3-2

(1) $A(a, 0)$、$A'(-a, 0)$、$B(0, b)$ 與 $B'(0, -b)$ 稱為此橢圓的頂點.

(2) $\overline{AA'}$ 稱為此橢圓的長軸，其長為 $2a$.

(3) $\overline{BB'}$ 稱為此橢圓的短軸，其長為 $2b$.

(4) 橢圓的對稱中心，即長、短兩軸的交點 O，稱為橢圓中心.

(5) $e = \dfrac{c}{a}$ (< 1)，稱為橢圓的離心率.

綜合上述之討論，可得下面的定理：

定理 9-3-1

若一橢圓的焦點為 $F(c, 0)$ 與 $F'(-c, 0)$，而長軸的長為 $2a$，短軸的長為 $2b$，則此橢圓的方程式為

$$\frac{x^2}{a^2} + \frac{y^2}{b^2} = 1 \quad (a > b > 0)$$

其中 $b = \sqrt{a^2 - c^2}$. 此橢圓的中心為 $(0, 0)$，而頂點為 $(a, 0)$、$(-a, 0)$、$(0, b)$ 與 $(0, -b)$.

同理，可推得下面定理：

定理 9-3-2

若一橢圓的焦點為 $F(0, c)$ 與 $F'(0, -c)$，而長軸的長為 $2a$，短軸的長為 $2b$，則此橢圓的方程式為

$$\frac{x^2}{b^2} + \frac{y^2}{a^2} = 1 \quad (a > b > 0)$$

其中 $b = \sqrt{a^2 - c^2}$. 此橢圓的中心為 $(0, 0)$，而頂點為 $(b, 0)$、$(-b, 0)$、$(0, a)$ 與 $(0, -a)$. (見圖 9-3-3)

圖 9-3-3

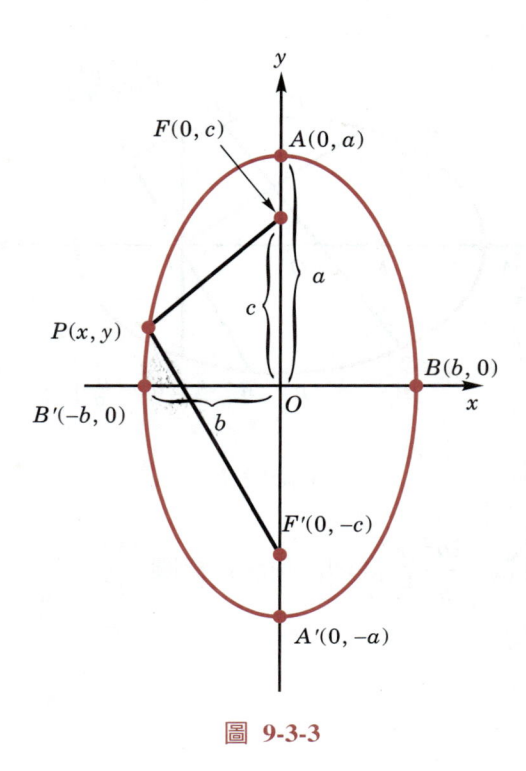

上述兩定理所給的方程式稱為橢圓的標準式.

我們討論過橢圓的定義及標準式之後,再來討論有關橢圓一些重要部位的名稱.

定義 9-3-2

連接橢圓上任意兩點的線段,稱為橢圓的**弦**,通過焦點的弦,稱為**焦弦**,與橢圓長軸垂直的焦弦稱為**正焦弦**,連接橢圓上任一點與焦點的線段稱為**焦半徑**.

如圖 9-3-4 所示,$\overline{CD}$ 是弦,$\overline{RS}$ 是焦弦,$\overline{HK}$ 是正焦弦,$\overline{LF}$ 是焦半徑.

在橢圓方程式 $\dfrac{x^2}{a^2}+\dfrac{y^2}{b^2}=1$ 中,令 $x=c$,則

$$y=\pm\dfrac{b}{a}\sqrt{a^2-c^2}=\pm\dfrac{b^2}{a}$$

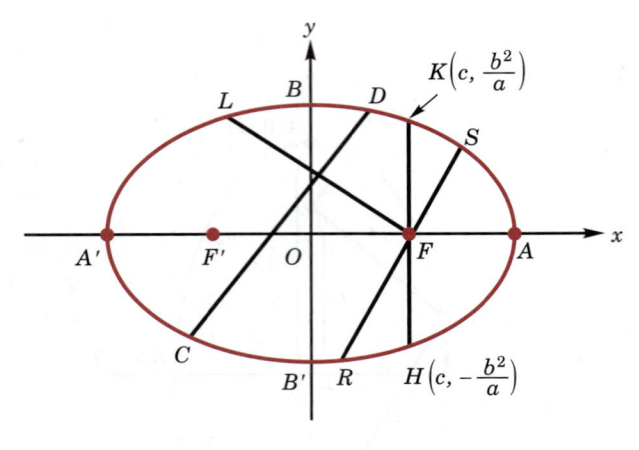

圖 9-3-4

所以正焦弦 $\overline{HK}$ 的長亦為 $\dfrac{2b^2}{a}$. 同理，可證得橢圓 $\dfrac{x^2}{b^2}+\dfrac{y^2}{a^2}=1\ (a>b>0)$ 的正焦弦的長亦為 $\dfrac{2b^2}{a}$.

定理 9-3-3

橢圓 $\dfrac{x^2}{a^2}+\dfrac{y^2}{b^2}=1$ 與 $\dfrac{x^2}{b^2}+\dfrac{y^2}{a^2}=1\ (a>b>0)$ 之正焦弦的長亦為 $\dfrac{2b^2}{a}$.

例 1 求橢圓 $4x^2+9y^2=36$ 的焦點、頂點、長軸的長、短軸的長及正焦弦的長，並作其圖形。

解答 $4x^2+9y^2=36 \Rightarrow \dfrac{x^2}{9}+\dfrac{y^2}{4}=1 \Rightarrow a^2=9,\ b^2=4.$

故 $a=3,\ b=2,\ c=\sqrt{a^2-b^2}=\sqrt{5}.$

因為 $a>b$，所以橢圓的長軸在 x-軸上，短軸在 y-軸上．

① 焦點：$F(\sqrt{5},\ 0)$、$F'(-\sqrt{5},\ 0).$
② 頂點：$A(3,\ 0)$、$A'(-3,\ 0)$、$B(0,\ 2)$、$B'(0,\ -2).$
③ 長軸的長 $=2a=6.$

④ 短軸的長 $=2b=4$.

⑤ 正焦弦的長 $=\overline{DD'}=2\left(\dfrac{b^2}{a}\right)=\dfrac{8}{3}$.

圖形如圖 9-3-5 所示.

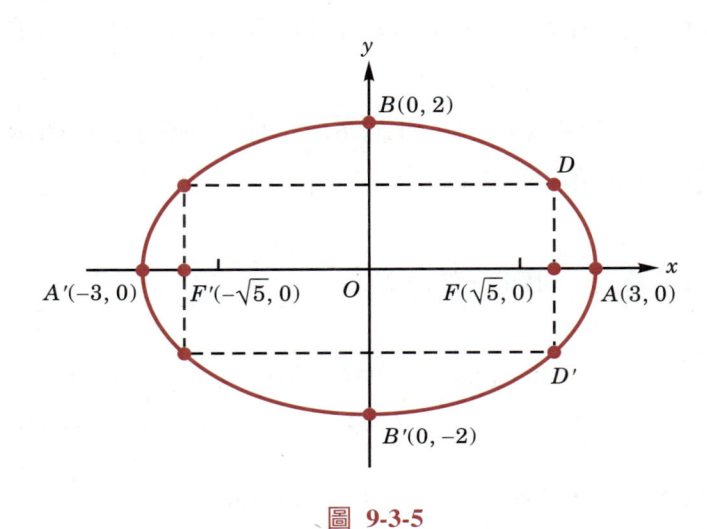

圖 9-3-5

例 2 求焦點為 $F(0,3)$ 及 $F'(0,-3)$ 且離心率為 $\dfrac{3}{5}$ 的橢圓方程式.

解答 由焦點為 $F(0,3)$ 及 $F'(0,-3)$，可知橢圓中心為 $(0,0)$，長軸在 y-軸上.
令橢圓方程式為

$$\dfrac{x^2}{b^2}+\dfrac{y^2}{a^2}=1,$$

則
$$c=\sqrt{a^2-b^2}=3$$

$$e=\dfrac{c}{a}=\dfrac{3}{5}$$

解得 $a=5$，$b=4$，故所求橢圓方程式為 $\dfrac{x^2}{16}+\dfrac{y^2}{25}=1$.

例 3 求中心為原點，一焦點為 $F(4,0)$，長軸的長為 10 的橢圓方程式.

解答 中心為原點，一焦點為 $F(4,0)$，可得 $c=4$. 長軸的長 $2a=10$，即 $a=5$.

又 $a^2 - b^2 = c^2$，可得 $25 - b^2 = 16$，$b^2 = 9$，

故橢圓方程式為 $\dfrac{x^2}{25} + \dfrac{y^2}{9} = 1$.

例 4 已知橢圓之一正焦弦的兩端點為 $(\sqrt{6}, 1)$ 與 $(\sqrt{6}, -1)$，試求此橢圓的方程式．

解答 一正焦弦的兩端點為 $(\sqrt{6}, 1)$ 與 $(\sqrt{6}, -1)$，如圖 9-3-6 所示，因而橢圓有一焦點為 $F(\sqrt{6}, 0)$，$c = \sqrt{6}$．

又正焦弦的長為 2，可知 $\dfrac{2b^2}{a} = 2$．

所以，
$$a^2 - b^2 = 6 \quad \cdots\cdots ①$$
$$a = b^2 \quad \cdots\cdots ②$$

將 ② 式代入 ① 式得 $a^2 - a - 6 = 0 \Rightarrow (a-3)(a+2) = 0$．

但 $a > 0$，因而 $a = 3$，$b = \sqrt{3}$，故所求橢圓方程式為 $\dfrac{x^2}{9} + \dfrac{y^2}{3} = 1$．

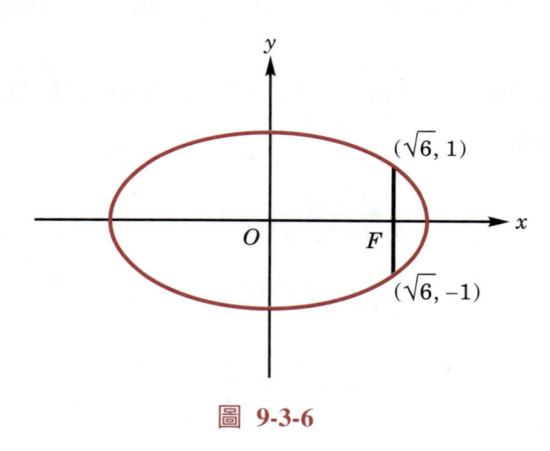

圖 9-3-6

習題 9-3

求下列各橢圓的焦點、頂點、長軸的長、短軸的長及正焦弦的長.

1. $x^2 + 4y^2 = 4$
2. $25x^2 = 225 - 9y^2$
3. $2x^2 = 1 - y^2$

求下列各題的橢圓 (以原點為中心) 方程式.

4. 一焦點為 $(3, 0)$，短軸的長為 8，長軸在 x-軸上，短軸在 y-軸上.
5. 一頂點為 $(5, 0)$，正焦弦的長為 $\dfrac{18}{5}$，長軸在 x-軸上，短軸在 y-軸上.
6. 二焦點為 $(\pm 3, 0)$，一頂點為 $(5, 0)$.
7. 長軸的長為 16，正焦弦的長為 3，焦點在 y-軸上.
8. 短軸在 y-軸上，其長為 4，且通過點 $(-3, 1)$.
9. 一正焦弦的兩端點為 $(\pm 2, 2\sqrt{6})$.
10. 若橢圓的二焦點為 $(\pm 2\sqrt{3}, 0)$，且通過點 $(2, \sqrt{3})$，求其正焦弦的長.
11. 設橢圓 $\dfrac{x^2}{64} + \dfrac{y^2}{100} = 1$ 的二焦點為 F、F'，點 P 為此橢圓上任一點，則 $\overline{PF} + \overline{PF'}$ 之值為何？
12. 設橢圓 $\dfrac{x^2}{a^2} + \dfrac{y^2}{b^2} = 1$，$(a > b > 0)$ 上一點 P，二焦點為 F、F'，若 $\overline{FF'} = 10$，$\overline{PF} = 2\overline{PF'}$，且 $\angle FPF'$ 為直角，試求 a 與 b 之值.
13. 設 $\overline{AB}$ 是橢圓 $\dfrac{x^2}{t} + \dfrac{y^2}{9} = 1$ 的正焦弦，F 是一焦點，而 $\triangle ABF$ 的周長為 20，試求 t 之值.
14. 設 $F(3, 2)$、$F'(-5, 2)$，動點 P 滿足 $\overline{PF} + \overline{PF'} = 10$，試求 P 點軌跡的方程式.

§9-4 雙曲線的方程式

我們所要介紹的最後一種圓錐曲線是雙曲線，雙曲線的定義是什麼呢？我們介紹如下：

定義 9-4-1

在同一個平面上，與兩定點之距離的差等於定數 $2a$ $(a>0)$ 的所有點所成的圖形，稱為雙曲線，此兩定點稱為雙曲線的焦點.

取兩點 F 及 F' 的中點 O 為原點，直線 $F'F$ 為 x-軸，通過 O 且垂直於直線 $F'F$ 的直線為 y-軸，令 F 及 F' 的坐標分別為 $(c, 0)$ 及 $(-c, 0)$，則 $\overline{F'F}=2c$ $(c>0)$，如圖 9-4-1 所示.

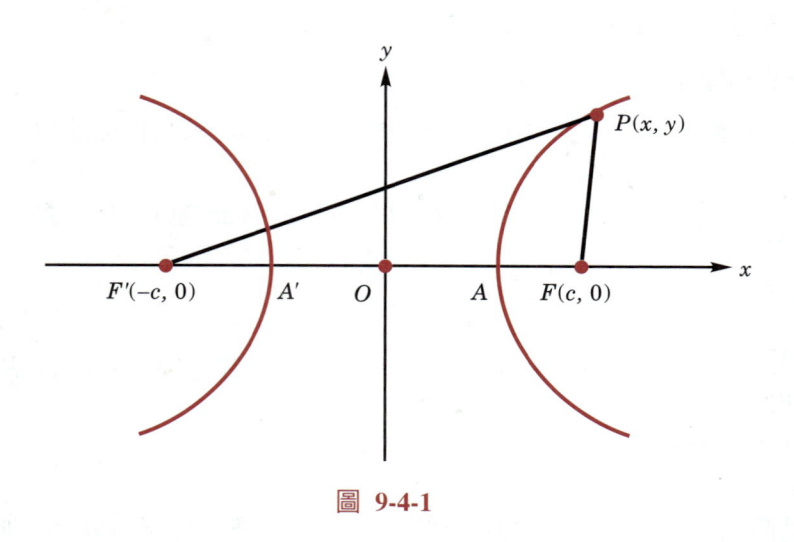

圖 9-4-1

設雙曲線上任一點為 $P(x, y)$，則依定義可得

$$|\overline{PF}-\overline{PF'}|=2a \ (a>0)$$

$$\overline{PF}-\overline{PF'}=\pm 2a$$

$$\sqrt{(x-c)^2+y^2}=\pm 2a+\sqrt{(x+c)^2+y^2}$$

將上式等號兩端平方，

$$x^2-2cx+c^2+y^2=4a^2\pm 4a\sqrt{(x+c)^2+y^2}+x^2+2cx+c^2+y^2$$

則
$$\mp a\sqrt{(x+c)^2+y^2}=a^2+cx$$

再將上式等號兩端平方，

$$c^2x^2+2a^2cx+a^4=a^2[(x+c)^2+y^2]$$

$$c^2x^2+2a^2cx+a^4=a^2x^2+2a^2cx+a^2c^2+a^2y^2$$

$$(c^2-a^2)x^2-a^2y^2=a^2(c^2-a^2) \qquad \text{(9-4-1)}$$

因 $|\overline{PF}-\overline{PF'}|<\overline{F'F}$，可知 $2a<2c$，即 $a<c$

故 $\qquad\qquad\qquad c^2-a^2>0$

令 $\qquad\qquad\qquad b^2=c^2-a^2\ (a>0,\ b>0)$

代入式 (10-4-1)，可得

$$b^2x^2-a^2y^2=a^2b^2$$

即 $\qquad\qquad\qquad \dfrac{x^2}{a^2}-\dfrac{y^2}{b^2}=1 \qquad \text{(9-4-2)}$

故雙曲線的方程式為 $\qquad \dfrac{x^2}{a^2}-\dfrac{y^2}{b^2}=1,\ (a>0,\ b>0)$.

依照方程式 (9-4-2) 的求法，如果取 $F(0,\ c)$ 與 $F'(0,\ -c)$ 為其焦點，則其方程式為

$$\dfrac{y^2}{a^2}-\dfrac{x^2}{b^2}=1,\ b^2=c^2-a^2 \qquad \text{(9-4-3)}$$

今討論上述雙曲線的特性如下：

1. 截距

　　令 $y=0$ 代入式 (9-4-2)，得 $x=\pm a$，此為 x-截距．

　　令 $x=0$ 代入式 (9-4-2)，得 $y=\pm bi$ ($i=\sqrt{-1}$)，此表示它與 y-軸不相交．

2. 對稱性

　　將 (x, y) 換成 $(x, -y)$、$(-x, y)$、$(-x, -y)$，分別代入式 (9-4-2)，則方程式不變，故雙曲線對稱於 x-軸、y-軸與原點．．

3. 範圍

　　由 $\dfrac{x^2}{a^2}-\dfrac{y^2}{b^2}=1$ 解 y，得 $y=\pm\dfrac{b}{a}\sqrt{x^2+a^2}$．因 $x^2-a^2\geq 0$，故 $x\leq -a$ 或 $x\geq a$．

　　由 $\dfrac{x^2}{a^2}-\dfrac{y^2}{b^2}=1$ 解 x，得 $x=\pm\dfrac{a}{b}\sqrt{b^2+y^2}$，因此，不論 y 是任何實數，都有兩個對應的 x 值，使得點 (x, y) 在這個雙曲線上，故雙曲線在直線 $x=-a$ 的左方或在直線 $x=a$ 的右方，且上方及下方皆可無限延伸，如圖 9-4-2 所示，其中

(1) $A(a, 0)$、$A'(-a, 0)$ 稱為此雙曲線的**頂點**．
(2) $\overline{AA'}$ 稱為此雙曲線的**貫軸**，其長為 $2a$．
(3) $\overline{BB'}$ 稱為此雙曲線的**共軛軸**，其長為 $2b$．
(4) 雙曲線的**對稱中心**，即貫軸與共軛軸的交點 O，稱為此雙曲線的**中心**．

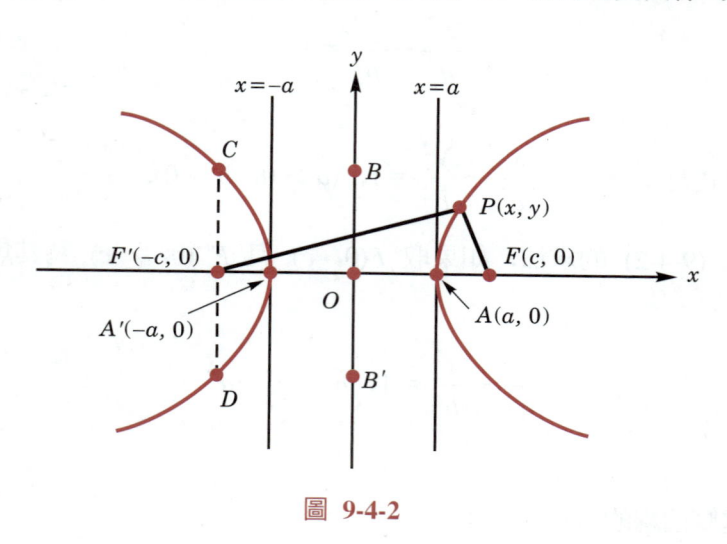

圖 9-4-2

(5) $e=\dfrac{c}{a}$ (>1) 稱為雙曲線的離心率.

綜上討論，可得下面定理：

定理 9-4-1

若雙曲線的中心為原點，兩焦點在 x-軸上，貫軸的長為 $2a$，共軛軸的長為 $2b$，則此雙曲線的方程式為

$$\frac{x^2}{a^2}-\frac{y^2}{b^2}=1,\ (a>0,\ b>0)$$

焦點坐標為 $(\pm c,\ 0)$，其中 $c=\sqrt{a^2+b^2}$.

同理，可推得下面定理：

定理 9-4-2

若雙曲線的中心為原點，兩焦點在 y-軸上，貫軸的長為 $2a$，共軛軸的長為 $2b$，則此雙曲線的方程式為

$$\frac{y^2}{a^2}-\frac{x^2}{b^2}=1,\ (a>0,\ b>0)$$

焦點坐標為 $(0,\ \pm c)$，其中 $c=\sqrt{a^2+b^2}$. (見圖 9-4-3)

上述兩定理中所給的方程式稱為雙曲線的標準式.
瞭解雙曲線的定義及標準式之後，我們再來討論有關雙曲線一些重要部位的名稱.

圖 9-4-3

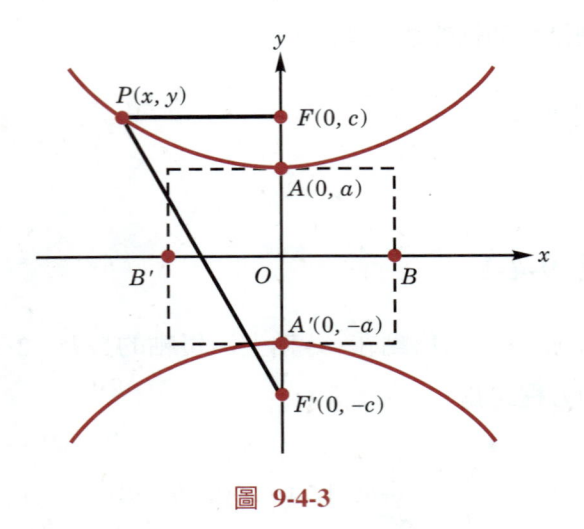

定義 9-4-2

連接雙曲線上任意兩點的線段稱為雙曲線的<u>弦</u>，通過焦點的弦稱為<u>焦弦</u>，與雙曲線貫軸垂直的弦稱為<u>正焦弦</u>，連接雙曲線上任意一點與焦點的線段稱為<u>焦半徑</u>。

如圖 9-4-4 所示，$\overline{CD}$ 是弦，$\overline{RS}$ 是焦弦，$\overline{HK}$ 是正焦弦，$\overline{LF}$ 是焦半徑.

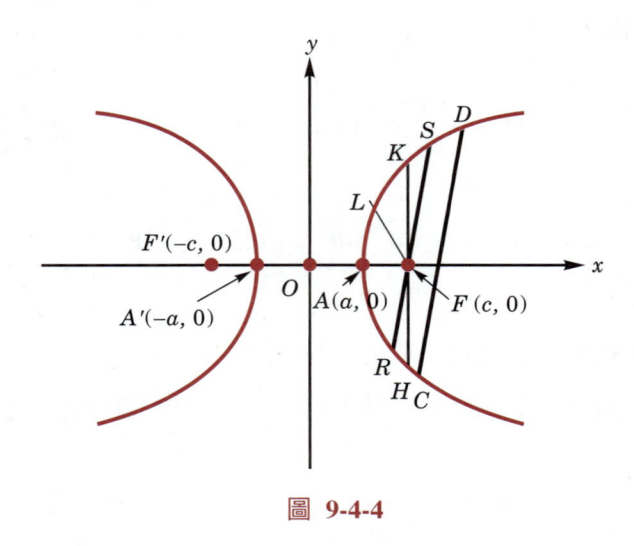

圖 9-4-4

在雙曲線方程式 $\dfrac{x^2}{a^2}-\dfrac{y^2}{b^2}=1$ 中，令 $x=c$，可得

$$\dfrac{y^2}{b^2}=\dfrac{c^2}{a^2}-1=\dfrac{1}{a^2}(c^2-a^2)$$

$$y=\pm\dfrac{a}{b}\sqrt{c^2+a^2}=\pm\dfrac{b^2}{a}$$

所以正焦弦 $\overline{HK}$ 的長為 $\dfrac{2b^2}{a}$．同理可證，雙曲線 $\dfrac{y^2}{a^2}-\dfrac{x^2}{b^2}=1$ 的正焦弦的長 $\dfrac{2b^2}{a}$．因此可得下面的定理：

定理 9-4-3

雙曲線 $\dfrac{x^2}{a^2}-\dfrac{y^2}{b^2}=1$ 與 $\dfrac{y^2}{a^2}+\dfrac{x^2}{b^2}=1$ ($a>0$，$b>0$) 之正焦弦的長均為 $\dfrac{2b^2}{a}$．

例 1 求雙曲線 $40x^2-9y^2=360$ 的頂點、焦點、貫軸與共軛軸的長、正焦弦的長，並作其圖形．

解答 將 $40x^2-9y^2=360$ 寫成

$$\dfrac{x^2}{9}-\dfrac{y^2}{40}=1$$

所以，$a=3$，$b=\sqrt{40}=2\sqrt{10}$，$c=\sqrt{a^2+b^2}=\sqrt{9+40}=7$

① 頂點：$A(3, 0)$、$A'(-3, 0)$．
② 焦點：$F(7, 0)$、$F'(-7, 0)$．
③ 貫軸的長 $=2a=6$．
④ 共軛軸的長 $=2b=4\sqrt{10}$．
⑤ 正焦弦的長 $=\dfrac{2b^2}{a}=\dfrac{80}{3}$．

圖形如圖 9-4-5 所示.

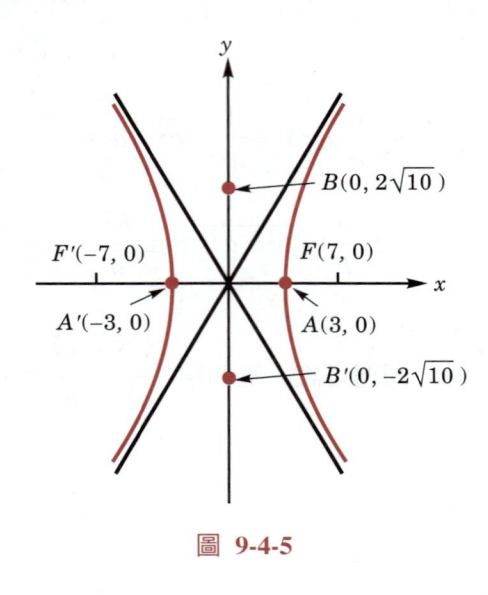

圖 9-4-5

例 2 一雙曲線的兩焦點為 (0，3) 及 (0，−3)，頂點為 (0，1)，試求此雙曲線的方程式.

解答 兩焦點為 (0，3) 及 (0，−3)，則雙曲線的中心為原點，貫軸為 y-軸.

設雙曲線為 $\dfrac{y^2}{a^2}-\dfrac{x^2}{b^2}=1$，$(a>0,\ b>0)$，又 $a=1$，$c=3$，可得

$$b^2=c^2-a^2=9-1=8$$

故所求雙曲線方程式為 $\dfrac{y^2}{1}-\dfrac{x^2}{8}=1.$

例 3 一雙曲線的中心在原點，貫軸在 x-軸上，正焦弦的長為 18，兩焦點之間的距離為 12，求此雙曲線的方程式.

解答 貫軸在 x-軸上，故設雙曲線為 $\dfrac{x^2}{a^2}-\dfrac{y^2}{b^2}=1.$

兩焦點之間的距離為 12，則 $2c=12$，即 $c=6.$

又 $$a^2+b^2=c^2=36 \quad \cdots\cdots ①$$

正焦弦的長為 18，則 $\dfrac{2b^2}{a}=18$，故

$$b^2=9a \quad \cdots\cdots\cdots\cdots\cdots\cdots\cdots\cdots\cdots\cdots\cdots\cdots\cdots ②$$

將 ② 式代入 ① 式可得　　$a^2+9a-36=0$

$$(a+12)(a-3)=0$$

但 $a>0$，因而 $a=3$，$b^2=27$.

故所求雙曲線方程式為 $\dfrac{x^2}{9}-\dfrac{y^2}{27}=1$.

雙曲線、拋物線與橢圓雖均為圓錐曲線，但雙曲線尚有一個特殊性質：雙曲線有漸近線.

定義 9-4-3

設有一直線 L 及一曲線 C，若 C 在無限遠處很接近 L，則這樣的直線 L 稱為曲線 C 的漸近線.

定義 9-4-3 的幾何說明如圖 9-4-6 所示.

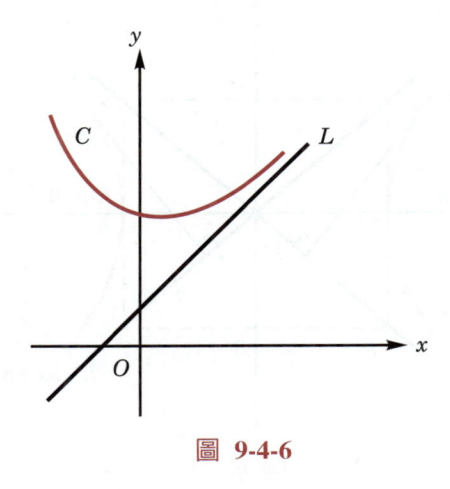

圖 9-4-6

設 $P_1(x_1, y_1)$ 是雙曲線 $\dfrac{x^2}{a^2}-\dfrac{y^2}{b^2}=1$ 上的一點，則 $b^2x_1^2-a^2y_1^2=a^2b^2$．將此式改寫成

$$(bx_1-ay_1)(bx_1+ay_1)=a^2b^2$$

則

$$|bx_1-ay_1||bx_1+ay_1|=a^2b^2$$

$$\left(\dfrac{|bx_1-ay_1|}{\sqrt{a^2+b^2}}\right)\left(\dfrac{|bx_1+ay_1|}{\sqrt{a^2+b^2}}\right)=\dfrac{a^2b^2}{a^2+b^2}=\dfrac{a^2b^2}{c^2} \text{ (定值)} \tag{9-4-4}$$

今考慮直線 $L：bx-ay=0$ 及直線 $L'：bx+ay=0$，則在式 (9-4-4) 中，$\dfrac{|bx_1-ay_1|}{\sqrt{a^2+b^2}}$ $=d(P, L)$ 表 P 點至直線 L 的距離，$\dfrac{|bx_1+ay_1|}{\sqrt{a^2+b^2}}=d(P, L')$ 表 P 點至直線 L' 的距離，如圖 9-4-7 所示．

因此，式 (9-4-4) 可寫成

$$d(P, L) \times d(P, L') = \dfrac{a^2b^2}{c^2} \text{ (定值)} \tag{9-4-5}$$

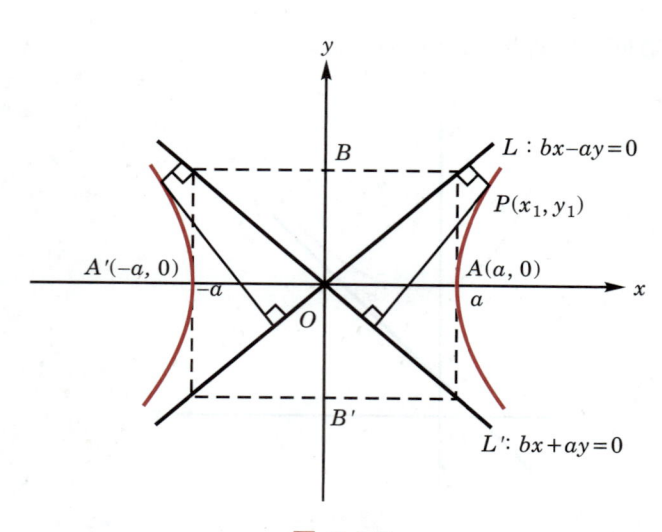

圖 9-4-7

式 (9-4-5) 乃是表示：雙曲線 $\dfrac{x^2}{a^2}-\dfrac{y^2}{b^2}=1$ 上每個點至直線 L 與 L' 的距離的乘積等於定值 $\dfrac{a^2b^2}{c^2}$．兩距離的乘積既是定值，則當其中一距離增大時，另一距離必減小．又因為雙曲線在四個象限內可無限延伸，所以，

當 $d(P, L) \to \infty$ 時，$d(P, L') \to 0$，故 $L':bx+ay=0$ 為漸近線．

同理，

當 $d(P, L') \to \infty$ 時，$d(P, L) \to 0$，故 $L:bx-ay=0$ 為漸近線．

綜合以上討論，可得下面的定理：

定理 9-4-4

雙曲線 $\dfrac{x^2}{a^2}-\dfrac{y^2}{b^2}=1$，$(a>0, b>0)$ 有二條漸近線，其方程式為

$$bx-ay=0 \quad 與 \quad bx+ay=0.$$

例 4 求 $\dfrac{x^2}{9}-\dfrac{y^2}{16}=1$ 的漸近線方程式．

解答 $\dfrac{x^2}{9}-\dfrac{y^2}{16}=0 \Rightarrow 16x^2-9y^2=0 \Rightarrow (4x-3y)(4x+3y)=0$

故漸近線方程式為 $4x-3y=0$ 與 $4x+3y=0$．

例 5 若雙曲線的中心在原點，貫軸在 x-軸上，其長為 8，一漸近線的斜率為 $\dfrac{3}{4}$，求此雙曲線的方程式．

解答 設雙曲線為 $\dfrac{x^2}{a^2}-\dfrac{y^2}{b^2}=1$，則

$2a=8$，即 $a=4$

又二漸近線為 $bx-ay=0$ 與 $bx+ay=0$，其斜率分別為 $\dfrac{b}{a}$ 及 $-\dfrac{b}{a}$，故 $\dfrac{b}{a}=\dfrac{3}{4}$．由 $a=4$，可得 $b=3$，

故雙曲線方程式為 $\dfrac{x^2}{16}-\dfrac{y^2}{9}=1$．

若一雙曲線的貫軸與共軛軸，分別為另一雙曲線的共軛軸與貫軸，則此兩雙曲線互稱為 共軛雙曲線．例如，

$$\dfrac{x^2}{a^2}-\dfrac{y^2}{b^2}=1 \qquad (9\text{-}4\text{-}6)$$

與

$$\dfrac{y^2}{b^2}-\dfrac{x^2}{a^2}=1 \qquad (9\text{-}4\text{-}7)$$

互稱為 共軛雙曲線．

由式 (9-4-6) 與 (9-4-7) 可知，共軛雙曲線有下列的性質：

1. 兩共軛雙曲線有相同的中心．
2. 兩共軛雙曲線有相同的漸近線．
3. 兩共軛雙曲線的焦點與中心的距離相等．

如圖 9-4-8 所示．

例 6 求 $\dfrac{x^2}{16}-\dfrac{y^2}{9}=1$ 的共軛雙曲線．

解答 所求的共軛雙曲線為

$$\dfrac{y^2}{9}-\dfrac{x^2}{16}=1$$

若一雙曲線的貫軸與共軛軸相等，則這種雙曲線稱為 等軸雙曲線，例如，

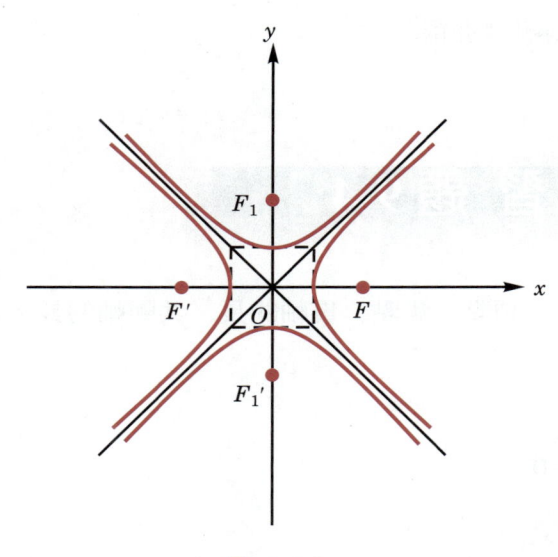

圖 9-4-8

$$\frac{x^2}{a^2}-\frac{y^2}{a^2}=1 \quad 或 \quad x^2-y^2=a^2$$

是一等軸雙曲線，其二漸近線是 $x-y=0$ 與 $x+y=0$，它們互相垂直.

例 7 下列的雙曲線中何者為等軸雙曲線？
(1) $3x^2-4y^2=12$ (2) $3x^2-y^2=2$

解答 (1) $3x^2-4y^2=12 \Rightarrow \dfrac{x^2}{2^2}-\dfrac{y^2}{(\sqrt{3})^2}=1$

$$a=2, \quad b=\sqrt{3}$$

因 $a \neq b$，故非等軸雙曲線.

(2) $3x^2-y^2=2 \Rightarrow \dfrac{x^2}{\frac{2}{3}}-\dfrac{y^2}{2}=2 \Rightarrow \dfrac{x^2}{\left(\sqrt{\frac{2}{3}}\right)^2}-\dfrac{y^2}{(\sqrt{2})^2}=1$

$$a=\sqrt{\frac{2}{3}}, \quad b=\sqrt{2}$$

因 $a \neq b$，故非等軸雙曲線.

習題 9-4

1. 求下列雙曲線的中心、頂點、焦點、貫軸的長、共軛軸的長、正焦弦的長及離心率，並作其圖形.
   (1) $4x^2 - 9y^2 - 36 = 0$
   (2) $9x^2 - 16y^2 + 144 = 0$

求下列各題的雙曲線方程式.

2. 兩焦點為 $F(0, 13)$ 及 $F'(0, -13)$，貫軸的長為 10.

3. 中心在原點，共軛軸在 x-軸上，貫軸的長為 14，正焦弦的長為 6.

4. 中心在原點，貫軸在 y-軸上，且通過兩點 $(0, 4)$ 及 $(6, 5)$.

5. 通過 $(5, 4)$，且二焦點為 $(3, 0)$ 及 $(-3, 0)$.

6. 中心在原點，焦點在 x-軸上，通過頂點的兩焦半徑之長分別為 9 與 1.

7. 試求雙曲線 $4x^2 - 9y^2 = 36$ 的漸近線.

8. 已知雙曲線的一頂點為 $(2, 0)$，二條漸近線為 $3x + y = 0$ 與 $3x - y = 0$，求其方程式.

9. 設 $F(5, 0)$、$F'(-5, 0)$ 及 $P(x, y)$ 為平面上之點，且 $|\overline{PF} - \overline{PF'}| = 6$，試由雙曲線之定義導出 P 點的軌跡方程式.

10. 設一雙曲線的中心在原點，貫軸在 x-軸上，且通過 $P(4, 2\sqrt{3})$，若 P 至此雙曲線的二漸近線距離之積為 $\dfrac{24}{5}$，試求此雙曲線的方程式.

11. 設 F、F' 為雙曲線 $\dfrac{x^2}{64} - \dfrac{y^2}{100} = -1$ 的二焦點，P 為雙曲線上任一點，則 $|\overline{PF} - \overline{PF'}| = ?$

12. 方程式 $ay^2 = x^2 - bx$ 表一雙曲線，且二焦點的距離為 $2\sqrt{3}$，貫軸長為共軛軸長的二倍，試求 a、b 之值.

13. 設一雙曲線之中心為原點，焦點在 y-軸上，過頂點的二焦半徑長分別為 9、1，試求此雙曲線方程式.

14. 試求下列各雙曲線的漸近線方程式.
    (1) $xy = 3$
    (2) $xy - 2x + 3y - 1 = 0$
    (3) $xy = 2x + 3y$

15. 設一雙曲線之一頂點為 $(0, 2)$，二漸近線為 $2x + 3y = 0$、$2x - 3y = 0$，試求此雙曲線的方程式.

第二篇

單變數函數的導數及應用

- 函數的極限與連續
- 代數函數的導函數
- 超越函數的導函數
- 微分的應用

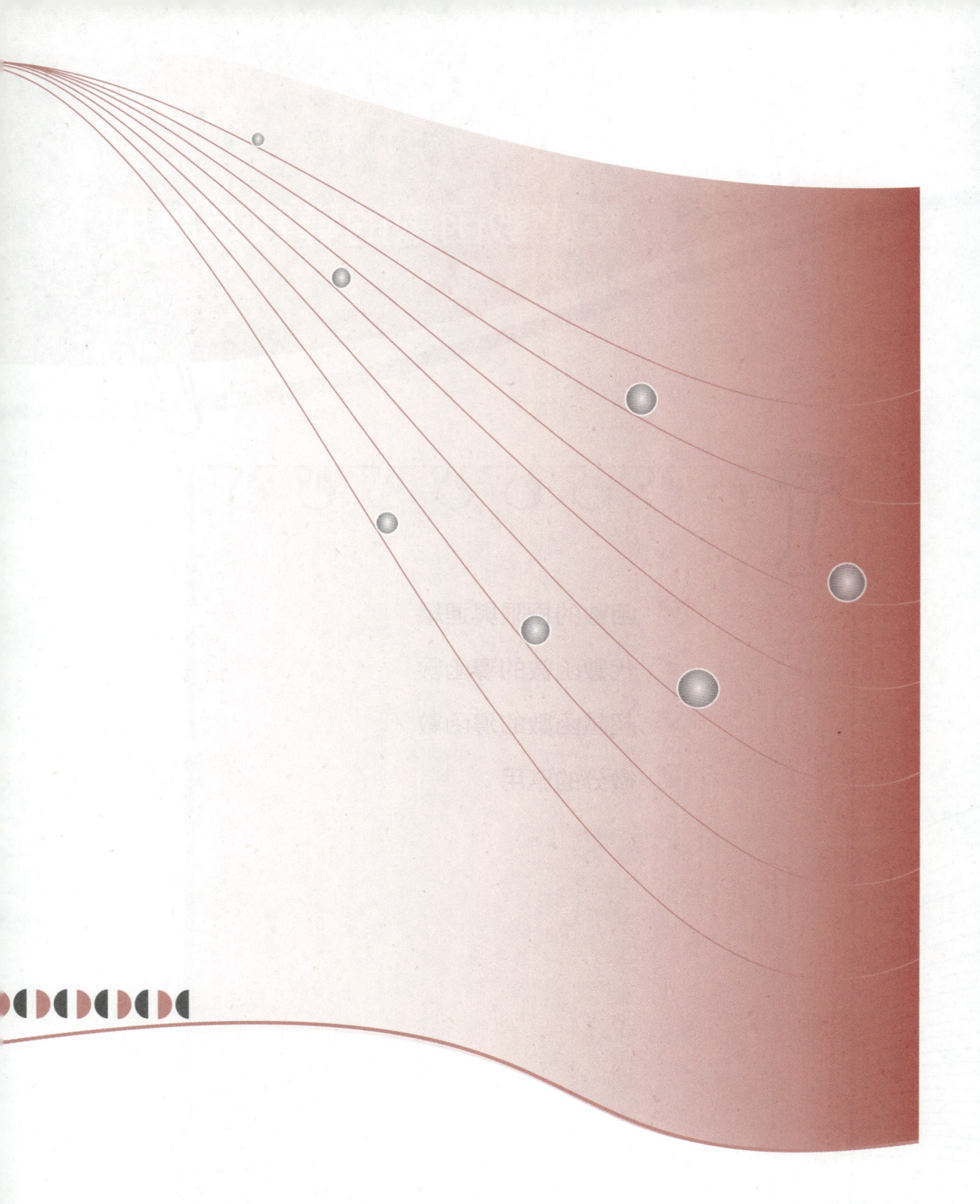

第 10 章

函數的極限與連續

10-1 極　限

10-2 單邊極限

10-3 連續性

10-4 函數圖形的漸近線

⇨ 本章摘要 ⇦

1. **極限定理**：

    設 k 與 c 均為常數，$\lim\limits_{x \to a} f(x) = L$，$\lim\limits_{x \to a} g(x) = M$，則

    (1) $\lim\limits_{x \to a} k = k$

    (2) $\lim\limits_{x \to a} x = a$

    (3) $\lim\limits_{x \to a} [c\, f(x)] = cL$

    (4) $\lim\limits_{x \to a} [f(x) + g(x)] = L + M$

    (5) $\lim\limits_{x \to a} [f(x) - g(x)] = L - M$

    (6) $\lim\limits_{x \to a} [f(x)\, g(x)] = LM$

    (7) $\lim\limits_{x \to a} \dfrac{f(x)}{g(x)} = \dfrac{L}{M}$ $(M \neq 0)$

2. **夾擠定理**：

    設在一包含 a 的開區間中所有 x (可能在 a 除外) 恆有 $f(x) \leq h(x) \leq g(x)$，若 $\lim\limits_{x \to a} f(x) = \lim\limits_{x \to a} g(x) = L$，則 $\lim\limits_{x \to a} h(x) = L$。

    極限存在定理：

    $$\lim_{x \to a} f(x) = L \Leftrightarrow \lim_{x \to a^+} f(x) = \lim_{x \to a^-} f(x) = L.$$

3. 若 $\lim\limits_{x \to a^+} f(x) \neq \lim\limits_{x \to a^-} f(x)$，則 $\lim\limits_{x \to a} f(x)$ 不存在。

4. f 在 a 處為**連續** $\Leftrightarrow \lim\limits_{x \to a} f(x) = f(a) \Leftrightarrow \lim\limits_{h \to 0} f(a+h) = f(a).$

5. 若 r 為正有理數，c 為任意實數，則

    (1) $\lim\limits_{x \to \infty} \dfrac{c}{x^r} = 0$

(2) $\lim\limits_{x\to -\infty}\dfrac{c}{x^r}=0$，此處假設 x^r 有定義.

6. 若 $\lim\limits_{x\to a^+}f(x)=\pm\infty$ 或 $\lim\limits_{x\to a^-}f(x)=\pm\infty$，則直線 $x=a$ 為 f 之圖形的垂直漸近線.

7. 若 $\lim\limits_{x\to\infty}f(x)=L$ 或 $\lim\limits_{x\to -\infty}f(x)=L$，則直線 $y=L$ 為 f 之圖形的水平漸近線.

8. 若 $\lim\limits_{x\to\infty}[f(x)-(ax+b)]=0$ 或 $\lim\limits_{x\to -\infty}[f(x)-(ax+b)]=0$ $(a\neq 0)$ 成立，則直線 $y=ax+b$ 為 f 之圖形的斜漸近線.

§ 10-1 極　限

　　微積分 (Calculus) 是數學裡面極為重要的一個分支，它的應用範圍很廣，包含曲線的描繪、函數的最佳化、變化率的分析以及面積的計算，等等．極限的概念使微積分有別於代數學與三角學．函數的極限是用來描述當函數的自變數向某一個定值漸漸地接近時，函數值如何變化，這是非常重要的觀念．

　　首先，我們可用直觀的想法從下面的例子獲得函數極限的初步概念．設 $f(x)=x+1$, $x\in \mathbb{R}$ (實數系)．當 x 接近 1 時，看看函數值 $f(x)$ 的變化如何？我們選取 x 為接近 1 的數，作成下表：

	x 自 1 的左邊趨近 1					x 自 1 的右邊趨近 1			
x	0.9	0.99	0.999	0.9999	1	1.0001	1.001	1.01	1.1
$f(x)$	1.9	1.99	1.999	1.9999	2	2.0001	2.001	2.01	2.1
			$f(x)$ 趨近 2				$f(x)$ 趨近 2		

f 的圖形如圖 10-1-1 所示．

　　我們從上表與圖 10-1-1 可以看出，若 x 愈接近 1，則 $f(x)$ 愈接近 2．此時，我們說，"當 x 趨近 1 時，$f(x)$ 的極限為 2"，記為：

$$\lim_{x\to 1} f(x)=2$$

或

　　　　當 $x\to 1$ 時, $f(x)\to 2$.

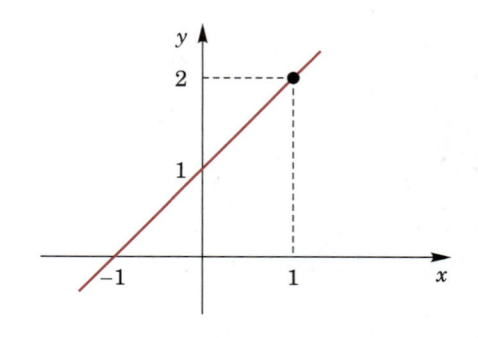

圖 10-1-1　$f(x)=x+1$

　　其次，考慮函數 $g(x)=\dfrac{x^2-1}{x-1}$, $x\neq 1$．因為 1 不在 g 的定義域內，所以 $g(1)$ 不存在，但 g 在 $x=1$ 之近旁的值均存在．若 $x\neq 1$，則

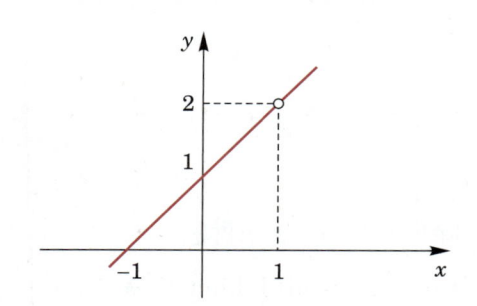

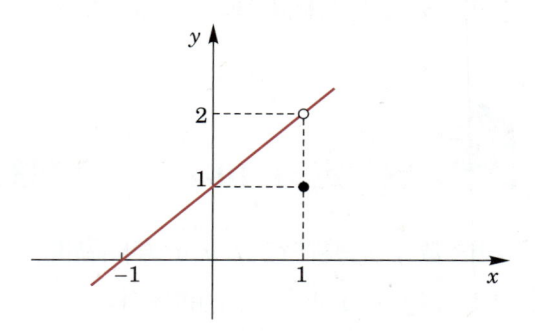

圖 10-1-2　$g(x) = \dfrac{x^2-1}{x-1}$, $x \neq 1$

圖 10-1-3　$h(x) = \begin{cases} \dfrac{x^2-1}{x-1}, & x \neq 1 \\ 1, & x = 1 \end{cases}$

$$g(x) = \frac{x^2-1}{x-1} = \frac{(x+1)(x-1)}{x-1} = x+1$$

故 g 的圖形，除了在 $x=1$ 外，與 f 的圖形相同．g 的圖形如圖 10-1-2 所示．

當 x 趨近 1 ($x \neq 1$) 時，$g(x)$ 的極限為 2，即

$$\lim_{x \to 1} g(x) = 2.$$

最後，定義函數 h 如下：

$$h(x) = \begin{cases} \dfrac{x^2-1}{x-1}, & x \neq 1 \\ 1, & x = 1 \end{cases}$$

h 的圖形如圖 10-1-3 所示．

由上面的討論，f, g 與 h 除了在 $x=1$ 處有所不同外，在其他地方均完全相同，即

$$f(x) = g(x) = h(x) = x+1, \quad x \neq 1$$

當 x 趨近 1 時，這三個函數的極限均為 2．

這個例子說明了有關函數極限的一般原理，我們可以輕鬆地敘述如下：

當自變數趨近某點時，函數的極限僅與函數在該點之近旁的定義有關，但與函數在該點的值無關．

在一般函數的極限裡，此結論依然成立，它是函數極限裡之一個非常重要的觀念.

定義 10-1-1　（直觀的定義）

設函數 f 定義在包含 a 的某開區間，但可能 a 除外，且 L 為一實數.
當 x 趨近 a 時，$f(x)$ 的**極限** (limit) (或稱**雙邊極限** (two-sided limit)) 為 L，記為：

$$\lim_{x \to a} f(x) = L$$

其意義為：當 x 充分靠近 a (但不等於 a) 時，$f(x)$ 的值充分靠近 L.

定義 10-1-1 的直觀說明如圖 10-1-4 所示.

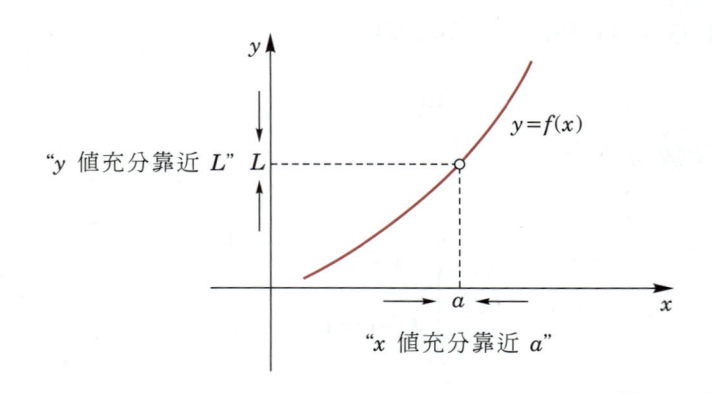

圖 10-1-4　$\lim_{x \to a} f(x) = L$

讀者應注意，若有一個定數 L 存在，使 $\lim_{x \to a} f(x) = L$，則稱當 x 趨近 a 時，$f(x)$ 的極限存在，或稱 f 在 a 的極限為 L，或 $\lim_{x \to a} f(x)$ 存在.

現在，我們看看幾個以直觀的方式來計算函數極限的例子.

例 1 設 $f(x)=\dfrac{x^2+x-2}{x-1}$，求 $\lim\limits_{x\to 1} f(x)$.

解答 若 $x \neq 1$，則 $f(x)=\dfrac{x^2+x-2}{x-1}=\dfrac{(x+2)(x-1)}{x-1}=x+2$.

在直觀上，當 $x \to 1$ 時，$x+2 \to 3$. 所以，

$$\lim_{x\to 1} f(x)=\lim_{x\to 1}(x+2)=3.$$

例 2 設 $f(x)=\dfrac{x-9}{\sqrt{x}-3}$，求 $\lim\limits_{x\to 9} f(x)$.

解答 若 $x \neq 9$，則 $f(x)=\dfrac{x-9}{\sqrt{x}-3}=\dfrac{(\sqrt{x}+3)(\sqrt{x}-3)}{\sqrt{x}-3}=\sqrt{x}+3$.

當 $x \to 9$ 時，$\sqrt{x} \to 3$. 所以，

$$\lim_{x\to 9} f(x)=\lim_{x\to 9}(\sqrt{x}+3)=6.$$

例 3 設 $f(x)=\dfrac{\sqrt{x+4}-2}{x}$，求 $\lim\limits_{x\to 0} f(x)$.

解答 若 $x \neq 0$，則

$$f(x)=\dfrac{\sqrt{x+4}-2}{x}=\dfrac{(\sqrt{x+4}-2)(\sqrt{x+4}+2)}{x(\sqrt{x+4}+2)}$$

$$=\dfrac{(x+4)-4}{x(\sqrt{x+4}+2)}=\dfrac{x}{x(\sqrt{x+4}+2)}=\dfrac{1}{\sqrt{x+4}+2}$$

當 $x \to 0$ 時，$\sqrt{x+4} \to 2$. 所以，

$$\lim_{x\to 0} f(x)=\lim_{x\to 0}\dfrac{1}{\sqrt{x+4}+2}=\dfrac{1}{2+2}=\dfrac{1}{4}.$$

例 4 求 $\lim_{x \to 1} \left(\dfrac{1}{x-1} - \dfrac{2}{x^2-1} \right)$.

解答 若 $x \neq 1$，則

$$\dfrac{1}{x-1} - \dfrac{2}{x^2-1} = \dfrac{(x+1)-2}{(x-1)(x+1)} = \dfrac{x-1}{(x-1)(x+1)} = \dfrac{1}{x+1}$$

當 $x \to 1$ 時，$x+1 \to 2$. 所以，

$$\lim_{x \to 1} \left(\dfrac{1}{x-1} - \dfrac{2}{x^2-1} \right) = \dfrac{1}{2}.$$

定理 10-1-1　唯一性

若 $\lim_{x \to a} f(x) = L_1$，$\lim_{x \to a} f(x) = L_2$，$L_1$ 與 L_2 均為實數，則 $L_1 = L_2$.

定理 10-1-2

若 k 與 c 均為常數，$\lim_{x \to a} f(x) = L$，$\lim_{x \to a} g(x) = M$，此處 L 與 M 均為實數，則

(1) $\lim_{x \to a} k = k$
(2) $\lim_{x \to a} x = a$
(3) $\lim_{x \to a} [c\, f(x)] = cL$
(4) $\lim_{x \to a} [f(x) + g(x)] = L + M$
(5) $\lim_{x \to a} [f(x) - g(x)] = L - M$
(6) $\lim_{x \to a} [f(x)\, g(x)] = LM$
(7) $\lim_{x \to a} \dfrac{f(x)}{g(x)} = \dfrac{L}{M}$　$(M \neq 0)$

定理 10-1-2 可以推廣為：若 $\lim_{x \to a} f_i(x)$ 存在，$i = 1, 2, \cdots, n$，則

1. $\lim\limits_{x \to a} [c_1 f_1(x) + c_2 f_2(x) + \cdots + c_n f_n(x)]$

    $= c_1 \lim\limits_{x \to a} f_1(x) + c_2 \lim\limits_{x \to a} f_2(x) + \cdots + c_n \lim\limits_{x \to a} f_n(x)$

    其中 $c_1, c_2, \cdots, c_n$ 均為任意常數.

2. $\lim\limits_{x \to a} [f_1(x) \cdot f_2(x) \cdot \cdots \cdot f_n(x)] = [\lim\limits_{x \to a} f_1(x)][\lim\limits_{x \to a} f_2(x)] \cdots [\lim\limits_{x \to a} f_n(x)]$

    尤其, $\lim\limits_{x \to a} [f(x)]^n = [\lim\limits_{x \to a} f(x)]^n$.

定理 10-1-3　多項式函數的極限

設 $P(x)$ 為 n 次多項式函數，則對任意實數 a,

$$\lim_{x \to a} P(x) = P(a).$$

證：設 $P(x) = c_0 + c_1 x + c_2 x^2 + \cdots + c_n x^n$, $c_n \neq 0$, 依定理 10-1-2 的推廣, 可得

$$\lim_{x \to a} x^n = (\lim_{x \to a} x)^n = a^n$$

故 $\lim\limits_{x \to a} P(x) = \lim\limits_{x \to a} (c_0 + c_1 x + c_2 x^2 + \cdots + c_n x^n)$

$\qquad\qquad = c_0 + c_1 \lim\limits_{x \to a} x + c_2 \lim\limits_{x \to a} x^2 + \cdots + c_n \lim\limits_{x \to a} x^n$

$\qquad\qquad = c_0 + c_1 a + c_2 a^2 + \cdots + c_n a^n$

$\qquad\qquad = P(a).$

例 5 求 $\lim\limits_{x \to 2} (2x^4 - 3x^3 + x^2 + 2x + 5)$.

解答 因 $P(x) = 2x^4 - 3x^3 + x^2 + 2x + 5$ 為一多項式函數, 故

$$\lim_{x \to 2} P(x) = P(2) = 32 - 24 + 4 + 4 + 5 = 21.$$

定理 10-1-4　有理函數的極限

設 $R(x)$ 為有理函數，a 在 $R(x)$ 的定義域內，則

$$\lim_{x \to a} R(x) = R(a).$$

例 6　求 $\lim\limits_{x \to -2} \dfrac{x^3+10}{x^2+2x-2}$.

解答　因有理函數的分母不為零，故

$$\lim_{x \to -2} \frac{x^3+10}{x^2+2x-2} = \frac{-8+10}{4-4-2}$$

$$= \frac{2}{-2} = -1.$$

例 7　求 $\lim\limits_{x \to 3} \dfrac{x^3-27}{x^2-2x-3}$.

解答　因有理函數的分子與分母在 $x=3$ 均為零，故不可直接代入．

由於，分子與分母有 $(x-3)$ 的公因式，故對所有 $x \neq 3$，我們可以消去此一因式，得

$$\lim_{x \to 3} \frac{x^3-27}{x^2-2x-3} = \lim_{x \to 3} \frac{(x-3)(x^2+3x+9)}{(x-3)(x+1)}$$

$$= \lim_{x \to 3} \frac{x^2+3x+9}{x+1} = \frac{9+9+9}{3+1}$$

$$= \frac{27}{4}.$$

定理 10-1-5

若兩函數 f 與 g 的合成函數 $f(g(x))$ 存在，且

(i) $\lim\limits_{x \to a} g(x) = b$,   (ii) $\lim\limits_{y \to b} f(y) = f(b)$,

則
$$\lim_{x \to a} f(g(x)) = f(\lim_{x \to a} g(x)) = f(b).$$

例 8 設 $g(x) = 2x - 1$、$f(x) = \dfrac{1}{x-1}$，求 $\lim\limits_{x \to 3} f(g(x))$。

解答 方法 1：因 $\lim\limits_{x \to 3} g(x) = \lim\limits_{x \to 3}(2x-1) = 5$，故

$$\lim_{x \to 3} f(g(x)) = f(\lim_{x \to 3} g(x)) = f(5) = \frac{1}{5-1} = \frac{1}{4}.$$

方法 2：如果由 $g(x)$、$f(x)$ 先求 $f(g(x))$，再求 $\lim\limits_{x \to 3} f(g(x))$ 的值，則得

$$f(g(x)) = \frac{1}{g(x)-1} = \frac{1}{(2x-1)-1} = \frac{1}{2x-2}$$

$$\lim_{x \to 3} f(g(x)) = \lim_{x \to 3} \frac{1}{2x-2} = \frac{1}{6-2} = \frac{1}{4}.$$

定理 10-1-6

(1) 若 n 為正奇數，則 $\lim\limits_{x \to a} \sqrt[n]{x} = \sqrt[n]{a}$。

(2) 若 n 為正偶數且 $a > 0$，則 $\lim\limits_{x \to a} \sqrt[n]{x} = \sqrt[n]{a}$。

若 m 與 n 均為正整數且 $a > 0$，則可得

$$\lim_{x \to a} (\sqrt[n]{x})^m = (\lim_{x \to a} \sqrt[n]{x})^m = (\sqrt[n]{a})^m$$

利用分數指數，上式可表示成

$$\lim_{x \to a} x^{m/n} = a^{m/n}$$

定理 10-1-6 的結果可推廣到負指數。

例 9 求 $\lim\limits_{x \to 16} \dfrac{2\sqrt{x} - x^{3/2}}{\sqrt[4]{x} + 6}$。

解答
$$\lim_{x \to 16} \frac{2\sqrt{x} - x^{3/2}}{\sqrt[4]{x} + 6} = \frac{\lim\limits_{x \to 16}(2\sqrt{x} - x^{3/2})}{\lim\limits_{x \to 16}(\sqrt[4]{x} + 6)} = \frac{\lim\limits_{x \to 16} 2\sqrt{x} - \lim\limits_{x \to 16} x^{3/2}}{\lim\limits_{x \to 16} \sqrt[4]{x} + \lim\limits_{x \to 16} 6}$$

$$= \frac{2\sqrt{16} - 16^{3/2}}{\sqrt[4]{16} + 6} = \frac{8 - 64}{2 + 6}$$

$$= \frac{-56}{8} = -7.$$

定理 10-1-7

設 $\lim\limits_{x \to a} f(x)$ 存在，

(1) 若 n 為正奇數，則 $\lim\limits_{x \to a} \sqrt[n]{f(x)} = \sqrt[n]{\lim\limits_{x \to a} f(x)}$。

(2) 若 n 為正偶數且 $\lim\limits_{x \to a} f(x) > 0$，則 $\lim\limits_{x \to a} \sqrt[n]{f(x)} = \sqrt[n]{\lim\limits_{x \to a} f(x)}$。

例 10 求 $\lim\limits_{x \to 2} \sqrt[3]{\dfrac{x^3 - 4x - 1}{x + 6}}$。

解答
$$\lim_{x \to 2} \sqrt[3]{\frac{x^3 - 4x - 1}{x + 6}} = \sqrt[3]{\lim_{x \to 2} \frac{x^3 - 4x - 1}{x + 6}} = \sqrt[3]{\frac{8 - 8 - 1}{2 + 6}}$$

$$= \sqrt[3]{\frac{-1}{8}} = -\frac{1}{2}.$$

當直接求函數的極限很困難時，有時候，間接地在極限為已知的兩個比較簡單的函數之間"夾擠"該函數以便求得極限是可能的． 下面的定理稱為夾擠定理 (squeeze theorem 或 pinching theorem) 或三明治定理 (sandwich theorem)，是一個非常有用的定理．

定理 10-1-8　夾擠定理

設在一包含 a 的開區間中所有 x (可能在 a 除外) 恆有 $f(x) \leq h(x) \leq g(x)$.

若
$$\lim_{x \to a} f(x) = \lim_{x \to a} g(x) = L$$

則
$$\lim_{x \to a} h(x) = L.$$

定理 10-1-8 的幾何說明如圖 10-1-5 所示．

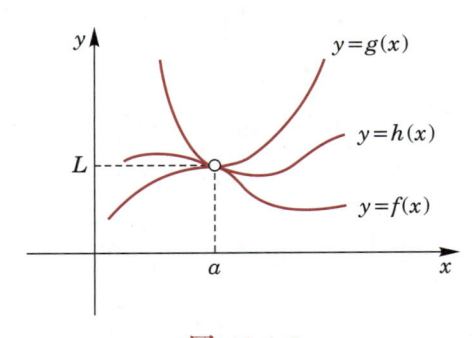

圖 10-1-5

例11　對任意實數 x，若 $x^2 - \dfrac{x^4}{2} \leq f(x) \leq x^2$，求 $\displaystyle\lim_{x \to 0} \dfrac{f(x)}{x^2}$．

解答　因 $x^2 - \dfrac{x^4}{2} \leq f(x) \leq x^2$，可得

$$1 - \dfrac{x^2}{2} \leq \dfrac{f(x)}{x^2} \leq 1$$

而 $$\lim_{x\to 0}\left(1-\frac{x^2}{2}\right)=1=\lim_{x\to 0}1$$

故 $$\lim_{x\to 0}\frac{f(x)}{x^2}=1.$$

例12 試證：$\lim_{x\to 0} x \sin\frac{1}{x}=0$.

解答 首先特別注意，因為 $\lim_{x\to 0}\sin\frac{1}{x}$ 不存在，所以我們不可寫成

$$\lim_{x\to 0} x \sin\frac{1}{x}=\left(\lim_{x\to 0}x\right)\left(\lim_{x\to 0}\sin\frac{1}{x}\right)$$

若 $x\neq 0$，則 $\left|\sin\frac{1}{x}\right|\leq 1$，可得

$$\left|x \sin\frac{1}{x}\right|=|x|\left|\sin\frac{1}{x}\right|\leq |x|$$

$$-|x|\leq x \sin\frac{1}{x}\leq |x|$$

因 $$\lim_{x\to 0}|x|=\lim_{x\to 0}\sqrt{x^2}=\sqrt{\lim_{x\to 0}x^2}=0$$

故 $$\lim_{x\to 0} x \sin\frac{1}{x}=0.$$

習題 10-1

求下列的極限.

1. $\lim_{x \to -3} (x^3 + 2x^2 + 6)$

2. $\lim_{x \to 2} [(x^2+1)(x^2+4x)]$

3. $\lim_{x \to -2} (x^2 + x + 1)^5$

4. $\lim_{x \to 1} \dfrac{x+2}{x^2+4x+3}$

5. $\lim_{x \to -2} \dfrac{2x^2+3x-2}{x^2+3x+2}$

6. $\lim_{x \to 1} \dfrac{1-x^3}{x-1}$

7. $\lim_{h \to 0} \dfrac{\dfrac{1}{x+h} - \dfrac{1}{x}}{h}$

8. $\lim_{x \to 0} \dfrac{(2+x)^3 - 8}{x}$

9. $\lim_{x \to -2} \sqrt[3]{\dfrac{4x+3x^3}{3x+10}}$

10. $\lim_{x \to 9} \dfrac{x^2-81}{\sqrt{x}-3}$

11. $\lim_{x \to 0} \dfrac{x}{\sqrt{2-x} - \sqrt{2}}$

12. $\lim_{x \to 0} \dfrac{x}{1-\sqrt[3]{x+1}}$

10-2 單邊極限

當我們在定義函數 f 在 a 的極限時，我們很謹慎地將 x 限制在包含 a 的開區間內（a 可能除外），但是函數 f 在點 a 的極限存在與否，與函數 f 在點 a 兩旁的定義有關，而與函數 f 在點 a 的值無關.

如果我們找不到一個定數 L 為 $f(x)$ 所趨近者，那麼我們就稱 f 在點 a 的極限不存在，或者說當 x 趨近 a 時，f 沒有極限.

例 1 已知 $f(x)=\dfrac{|x|}{x}$，求 $\lim\limits_{x\to 0} f(x)$.

解答 因 (1) 若 $x>0$，則 $|x|=x$.
(2) 若 $x<0$，則 $|x|=-x$.

故 $f(x)=\dfrac{|x|}{x}=\begin{cases}1, & x>0 \\ -1, & x<0\end{cases}$

f 的圖形如圖 10-2-1 所示．因此，當 x 分別自 0 的右邊及 0 的左邊趨近 0 時，$f(x)$ 不能趨近某一定數，所以 $\lim\limits_{x\to 0} f(x)$ 不存在．

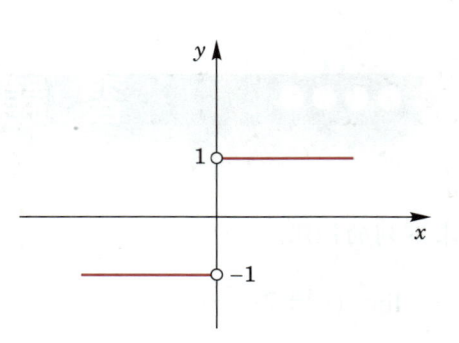

圖 10-2-1　$f(x)=\dfrac{|x|}{x}$，$x\neq 0$

由上面的例題，我們引進了單邊極限的觀念．

定義 10-2-1　(直觀的定義)

(1) 當 x 自 a 的右邊趨近 a 時，$f(x)$ 的右極限 (right-hand limit) 為 M，即，f 在 a 的右極限為 M，記為：

$$\lim_{x\to a^+} f(x)=M$$

其意義為：當 x 自 a 的右邊充分靠近 a 時，$f(x)$ 的值充分靠近 M.

(2) 當 x 自 a 的左邊趨近 a 時，$f(x)$ 的左極限 (left-hand limit) 為 L，即，f 在 a 的左極限為 L，記為：

$$\lim_{x\to a^-} f(x)=L$$

其意義為：當 x 自 a 的左邊充分靠近 a 時，$f(x)$ 的值充分靠近 L.
右極限與左極限均稱為單邊極限 (one-sided limit).

如圖 10-2-1 所示，$\lim\limits_{x \to 0^+} f(x) = 1$，$\lim\limits_{x \to 0^-} f(x) = -1$．在定義 10-2-1 中，符號 $x \to a^+$ 用來表示 x 的值恆比 a 大，而符號 $x \to a^-$ 用來表示 x 的值恆比 a 小．

註：上一節所有定理對單邊極限的情形仍然成立．

依極限的定義可知，若 $\lim\limits_{x \to a} f(x)$ 存在，則右極限與左極限均存在，且

$$\lim_{x \to a^+} f(x) = \lim_{x \to a^-} f(x) = \lim_{x \to a} f(x)$$

反之，若右極限與左極限均存在，並不能保證極限存在．

下面定理談到單邊極限與 (雙邊) 極限之間的關係．

定理 10-2-1

$$\lim_{x \to a} f(x) = L \Leftrightarrow \lim_{x \to a^+} f(x) = \lim_{x \to a^-} f(x) = L.$$

例 2 試證：$\lim\limits_{x \to n} [\![x]\!]$ 不存在，此處 n 為任意整數．

解答 因 $\lim\limits_{x \to n^+} [\![x]\!] = \lim\limits_{x \to n^+} n = n$，$\lim\limits_{x \to n^-} [\![x]\!] = \lim\limits_{x \to n^-} (n-1) = n-1$

可得 $\quad\lim\limits_{x \to n^+} [\![x]\!] \neq \lim\limits_{x \to n^-} [\![x]\!]$

故 $\lim\limits_{x \to n} [\![x]\!]$ 不存在．

例 3 求 $\lim\limits_{x \to 2^+} \dfrac{x - [\![x]\!]}{x - 2}$．

解答 當 $x \to 2^+$ 時，$[\![x]\!] = 2$，故

$$\lim_{x \to 2^+} \frac{x - [\![x]\!]}{x - 2} = \lim_{x \to 2^+} \frac{x - 2}{x - 2} = \lim_{x \to 2^+} 1 = 1.$$

例 4 求 $\lim\limits_{x\to 1}\dfrac{|x-1|}{x-1}$.

解答

(i) 當 $x\to 1^+$ 時，$|x-1|=x-1$，

故 $\lim\limits_{x\to 1^+}\dfrac{|x-1|}{x-1}=\lim\limits_{x\to 1^+}\dfrac{x-1}{x-1}=\lim\limits_{x\to 1^+}1=1$

(ii) 當 $x\to 1^-$ 時，$|x-1|=1-x$，

故 $\lim\limits_{x\to 1^-}\dfrac{|x-1|}{x-1}=\lim\limits_{x\to 1^-}\dfrac{1-x}{x-1}=\lim\limits_{x\to 1^-}(-1)=-1$

故 $\lim\limits_{x\to 1}\dfrac{|x-1|}{x-1}$ 不存在.

例 5 令

$$f(x)=\begin{cases} x^2-2x+2, & \text{若 } x<1. \\ 3-x, & \text{若 } x\geq 1. \end{cases}$$

(1) 求 $\lim\limits_{x\to 1^+}f(x)$ 與 $\lim\limits_{x\to 1^-}f(x)$.

(2) $\lim\limits_{x\to 1}f(x)$ 為何？

(3) 繪 f 的圖形.

解答 (1) $\lim\limits_{x\to 1^+}f(x)=\lim\limits_{x\to 1^+}(3-x)=3-1=2$

$\lim\limits_{x\to 1^-}f(x)=\lim\limits_{x\to 1^-}(x^2-2x+2)=1-2+2=1$

(2) 因 $\lim\limits_{x\to 1^+}f(x)\neq\lim\limits_{x\to 1^-}f(x)$，故 $\lim\limits_{x\to 1}f(x)$ 不存在.

(3) f 的圖形如圖 10-2-2 所示.

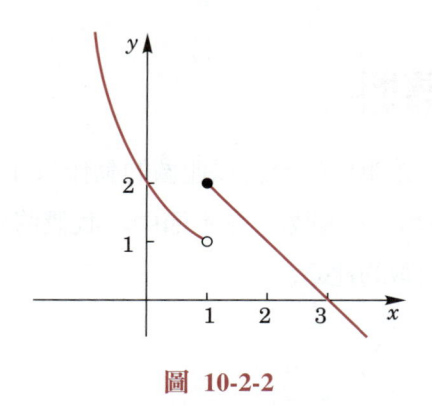

圖 10-2-2

習題 10-2

求 1~7 題中的極限.

1. $\lim\limits_{x \to 3^-} \dfrac{|x-3|}{x-3}$

2. $\lim\limits_{x \to -4^+} \dfrac{2x^2+5x-12}{x^2+3x-4}$

3. $\lim\limits_{x \to 3^+} \dfrac{x-3}{\sqrt{x^2-9}}$

4. $\lim\limits_{x \to 0} \dfrac{x}{x^2+|x|}$

5. $\lim\limits_{x \to -10^+} \dfrac{x+10}{\sqrt{(x+10)^2}}$

6. $\lim\limits_{x \to \frac{3}{2}} \dfrac{2x^2-3x}{|2x-3|}$

7. $\lim\limits_{x \to 1^+} \dfrac{[\![x^2]\!]-[\![x]\!]^2}{x^2-1}$

8. 設 $f(x)=\begin{cases} x^2-2x & , \text{若 } x<2 \\ 1 & , \text{若 } x=2 \\ x^2-6x+8 & , \text{若 } x>2 \end{cases}$,求 $\lim\limits_{x \to 2} f(x)$,並繪 f 的圖形.

§ 10-3　連續性

若在某函數的定義域中，鉛筆自始至終以連續的動作（即，鉛筆沒有離開紙面）畫出它的圖形，則該函數是一個連續函數．在本節中，我們將嚴密地表示這個直覺的觀念，並且用極限的方式定義函數的連續．

定義 10-3-1

若下列條件：

(i) $f(a)$ 有定義，(ii) $\lim\limits_{x \to a} f(x)$ 存在，(iii) $\lim\limits_{x \to a} f(x) = f(a)$

均滿足，則稱函數 f 在 a 為**連續** (continuous)．

若在此定義中有任何條件不成立，則稱 f 在 a 為**不連續** (discontinuous)，或稱 f 在 a 有一個**不連續** (discontinuity)，如圖 10-3-1 所示．

定義 10-3-1 中的三項通常又歸納成一項，即，

$$\lim_{x \to a} f(x) = f(a)$$

或

$$\lim_{h \to 0} f(a+h) = f(a)$$

函數 f 在 a 為連續的意思也就是

$$\lim_{x \to a} f(x) = f(\lim_{x \to a} x) = f(a).$$

如果函數 f 在開區間 (a, b) 中各處均為連續，則稱 **f 在 (a, b) 為連續**，在 $(-\infty, \infty)$ 為連續的函數稱為**處處連續** (continuous everywhere)．

例 1　常數函數為 $f(x) = k$，$x \in \mathbb{R}$．
對任意實數 a，恆有

$$\lim_{x \to a} f(x) = \lim_{x \to a} k = k = f(a)$$

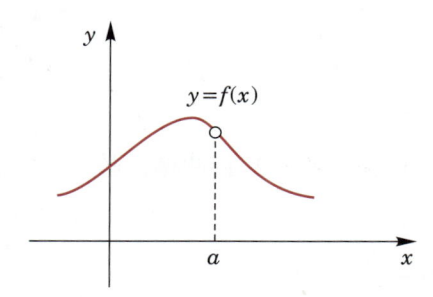

(a) $f(x)$ 在 $x=a$ 為不連續，其中 $f(a)$ 無定義．

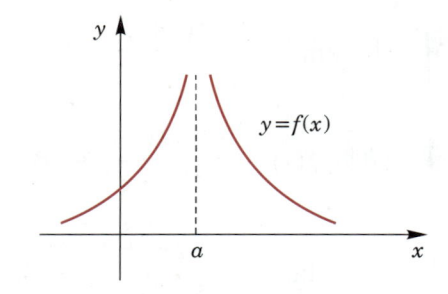

(b) $f(x)$ 在 $x=a$ 為無窮不連續，其中 $f(a)$ 無定義．

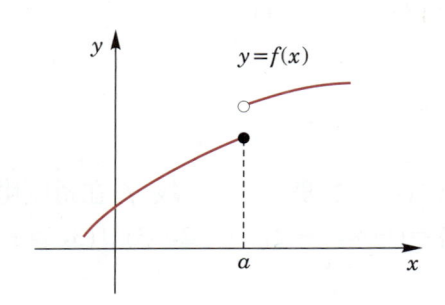

(c) $f(x)$ 在 $x=a$ 為跳躍不連續，其中 $\lim_{x \to a} f(x)$ 不存在．

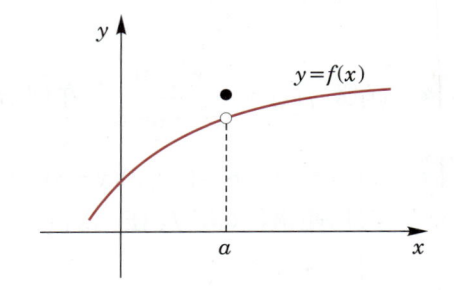

(d) $f(x)$ 在 $x=a$ 為可移去不連續，其中 $\lim_{x \to a} f(x) \neq f(a)$．

圖 10-3-1

故常數函數為處處連續．

例 2 恆等函數為 $f(x)=x,\ x \in \mathbb{R}$．

對任意實數 a，恆有

$$\lim_{x \to a} f(x) = \lim_{x \to a} x = a = f(a)$$

故恆等函數為處處連續．

例 3 (1) 多項式函數為處處連續．(依定理 10-1-3)

(2) 有理函數在除了使分母為零的點以外均為連續．(依定理 10-1-4)

例 4 求 $\lim_{x \to -2} \dfrac{x^3+2x^2+2}{5-3x}$.

解答 函數 $f(x)=\dfrac{x^3+2x^2+2}{5-3x}$ 為有理函數，它在 $x=-2$ 為連續，故

$$\lim_{x \to -2} \dfrac{x^3+2x^2+2}{5-3x} = \lim_{x \to -2} f(x) = f(-2)$$

$$= \dfrac{(-2)^3+2(-2)^2+2}{5-3(-2)} = \dfrac{2}{11}.$$

例 5 函數 $f(x)=\dfrac{x^2-9}{x^2-x-6}$ 在何處連續？

解答 因 $x^2-x-6=(x+2)(x-3)=0$ 的解為 $x=-2$ 與 $x=3$，故 f 在這兩處以外均為連續，即，f 在 $\{x|x \neq -2, 3\}=(-\infty, -2)\cup(-2, 3)\cup(3, \infty)$ 為連續.

例 6 設

$$f(x)=\dfrac{x^2-9}{x-3}, \quad g(x)=\begin{cases} \dfrac{x^2-9}{x-3}, & x \neq 3 \\ 6, & x=3 \end{cases}$$

因 $f(3)$ 無定義，故 f 在 $x=3$ 為不連續 (圖 10-3-2(a)).

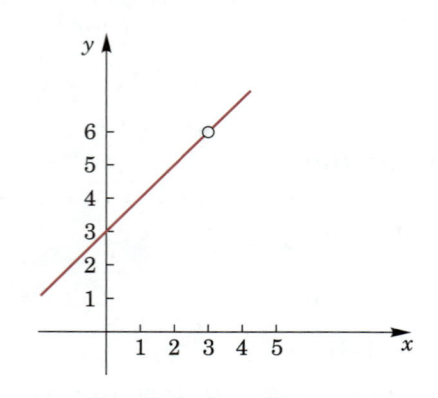

(a) $f(x)=\dfrac{x^2-9}{x-3}, \ x \neq 3$ 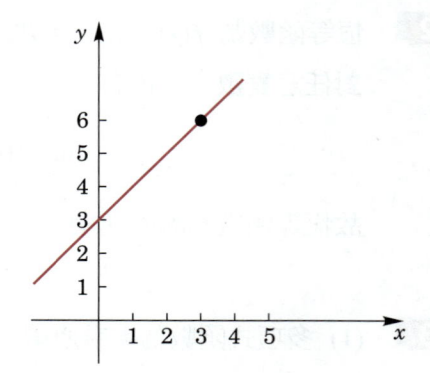   (b) $g(x)=\dfrac{x^2-9}{x-3}, \ x \neq 3 \ ; \ g(3)=6$

圖 10-3-2

又 $\lim_{x \to 3} g(x) = \lim_{x \to 3} \frac{x^2-9}{x-3} = \lim_{x \to 3} (x+3) = 6 = g(3)$

故 g 在 $x=3$ 為連續 (圖 10-3-2(b)).

例 7 我們從 10-2 節例題 2 可知，高斯函數 $f(x) = [\![x]\!]$ 在所有整數點上不連續.

例 8 設 $f(x) = |x|$，試證：f 在所有實數 a 均為連續.

解答 $\lim_{x \to a} f(x) = \lim_{x \to a} |x| = \lim_{x \to a} \sqrt{x^2} = \sqrt{\lim_{x \to a} x^2}$
$= \sqrt{a^2} = |a| = f(a)$

故 f 在 a 為連續.

例 9 (1) $\lim_{x \to 3} |5-x^2| = |\lim_{x \to 3}(5-x^2)| = |5-9| = |-4| = 4$

(2) $\lim_{x \to 2} \frac{x}{|x|-3} = \frac{\lim_{x \to 2} x}{\lim_{x \to 2}(|x|-3)} = \frac{2}{|2|-3} = \frac{2}{-1} = -2.$

定理 10-1-2 可用來建立下面的基本結果.

定理 10-3-1

若兩函數 f 與 g 在 a 均為連續，則 cf、$f+g$、$f-g$、fg 與 f/g ($g(a) \neq 0$) 在 a 也為連續.

證：$\lim_{x \to a}(f+g)(x) = \lim_{x \to a}[f(x)+g(x)] = \lim_{x \to a} f(x) + \lim_{x \to a} g(x)$
$= f(a) + g(a) = (f+g)(a)$

故 $f+g$ 在 a 為連續.

其餘部分的證明也可類推.

上面的定理可以推廣為：若 $f_1, f_2, \cdots, f_n$ 在 a 為連續，則

1. $c_1 f_1 + c_2 f_2 + \cdots + c_n f_n$ 在 a 也為連續，其中 $c_1, c_2, \cdots, c_n$ 均為任意常數.
2. $f_1 \cdot f_2 \cdot \cdots \cdot f_n$ 在 a 也為連續.

定理 10-3-2　合成函數的連續性

若函數 g 在 a 為連續，函數 f 在 $g(a)$ 為連續，則合成函數 $f \circ g$ 在 a 也為連續，即，

$$\lim_{x \to a} f(g(x)) = f(\lim_{x \to a} g(x)) = f(g(a)).$$

例10　若 $f(x) = |x|$，$g(x) = 5 - x^2$，則 $f(g(x)) = |g(x)| = |5 - x^2|$.

因 g 在 $x = 3$ 為連續，f 在 $x = g(3) = -4$ 為連續，故 $f \circ g$ 在 $x = 3$ 為連續，即，

$$\lim_{x \to 3} f(g(x)) = \lim_{x \to 3} |5 - x^2| = |\lim_{x \to 3} (5 - x^2)| = |-4| = 4 = f(g(3)).$$

定義 10-3-2

若下列條件：

(i) $f(a)$ 有定義，　(ii) $\lim_{x \to a^+} f(x)$ 存在，　(iii) $\lim_{x \to a^+} f(x) = f(a)$

均滿足，則稱函數 f 在 a 為右連續 (right-continuous).

若下列條件：

(i) $f(a)$ 有定義，　(ii) $\lim_{x \to a^-} f(x)$ 存在，　(iii) $\lim_{x \to a^-} f(x) = f(a)$

均滿足，則稱函數 f 在 a 為左連續 (left-continuous).

右連續與左連續均稱為單邊連續.

設 $f(x)=\sqrt{x}$，由定義可知，函數 f 在 0 為右連續，因為

$$\lim_{x \to 0^+} \sqrt{x} = 0$$

另外，我們也可得知，高斯函數 $f(x)=[\![x]\!]$ 在所有整數點為右連續．(為什麼？)

如同定理 10-2-1，我們可得到下面的定理．

定理 10-3-3

函數 f 在 a 為連續 $\Leftrightarrow \lim\limits_{x \to a^+} f(x) = \lim\limits_{x \to a^-} f(x) = f(a)$．

例11 討論函數 $f(x)=\begin{cases} x^2 & \text{, 若 } x<2 \\ 5 & \text{, 若 } x=2 \\ -x+6 & \text{, 若 } x>2 \end{cases}$

在 $x=2$ 的連續性．

解答 $f(2)=5$

又因 $\lim\limits_{x \to 2^-} f(x) = \lim\limits_{x \to 2^-} x^2 = 4$

且 $\lim\limits_{x \to 2^+} f(x) = \lim\limits_{x \to 2^+} (-x+6) = 4$

所以，$\lim\limits_{x \to 2} f(x) = 4$．

因 $\lim\limits_{x \to 2} f(x) \neq f(2)=5$，故 f 在 $x=2$

為不連續，其圖形如圖 10-3-3 所示．

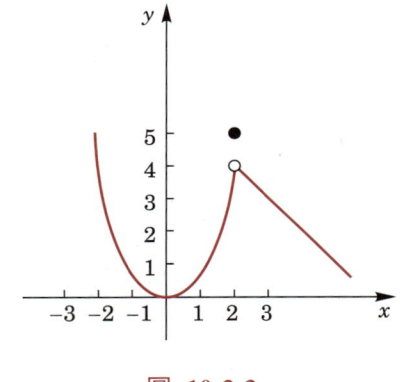

圖 10-3-3

定義 10-3-3

若下列條件：
(i) f 在 (a, b) 為連續，(ii) f 在 a 為右連續，(iii) f 在 b 為左連續
均滿足，則稱函數 f 在閉區間 $[a, b]$ 為連續．

若函數在其定義域（可能是開區間，或閉區間，或半開區間）內各處均為連續，則稱該函數為**連續函數** (continuous function)．連續函數不一定在每一個區間是連續．例如，函數 $f(x)=1/x$ 是連續函數（因它在定義域內各處均為連續），但它在 $[-1, 1]$ 為不連續（因它在 $x=0$ 無定義）．

許多我們所熟悉的函數在它們定義域內各處均為連續．例如，前面所提到的多項式函數、有理函數與根式函數即是．

在幾何上，$y=\sin x$ 與 $y=\cos x$ 的圖形為連續的曲線．我們現在要說明 $\sin x$ 與 $\cos x$ 的確為處處連續．為了此目的，考慮圖 10-3-4，它指出點 P 的坐標為 $(\cos\theta, \sin\theta)$．顯然，當 $\theta \to 0$ 時，P 趨近點 $(1, 0)$．（雖然所畫的 θ 是正角，但是對負角 θ 有相同的結論．）所以，$\cos\theta \to 1$ 且 $\sin\theta \to 0$，即，

圖 **10-3-4**

$$\lim_{\theta \to 0} \cos\theta = 1$$

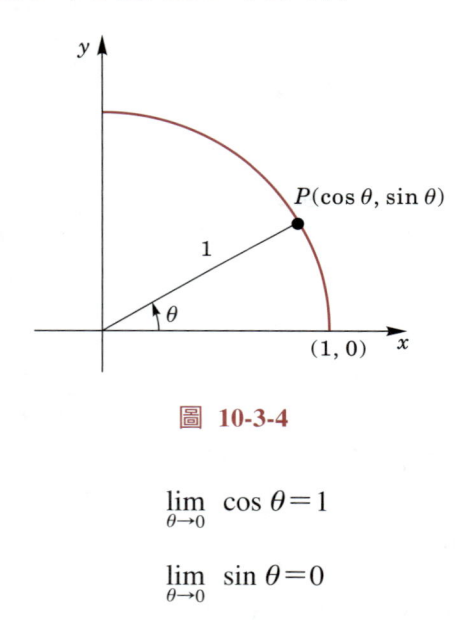

$$\lim_{\theta \to 0} \sin\theta = 0$$

因 $\cos 0 = 1$、$\sin 0 = 0$，故 $\cos x$ 與 $\sin x$ 在 0 均為連續．$\sin x$ 的加法公式與 $\cos x$ 的加法公式可分別用來推導出它們是處處連續．我們證明 $\sin x$ 是處處連續，如下：

證：對任意實數 a，

$$\begin{aligned}\lim_{h \to 0} \sin(a+h) &= \lim_{h \to 0}(\sin a \cos h + \cos a \sin h) \\ &= \lim_{h \to 0}(\sin a \cos h) + \lim_{h \to 0}(\cos a \sin h)\end{aligned}$$

因 sin a 與 cos a 均不含 h，故它們在 $h \to 0$ 時保持一定．這允許我們將它們移到極限外面，而寫成

$$\lim_{h \to 0} \sin(a+h) = \sin a \lim_{h \to 0} \cos h + \cos a \lim_{h \to 0} \sin h$$
$$= (\sin a)(1) + (\cos a)(0) = \sin a$$

cos x 是處處連續的證明類似．

用 sin x 與 cos x 來表 tan x、cot x、sec x 與 csc x 等函數，可推導出這四種函數的連續性質．例如，$\tan x = \dfrac{\sin x}{\cos x}$ 在除了使 cos $x = 0$ 之處以外均為連續，其中不連續處為 $x = \pm \dfrac{\pi}{2},\ \pm \dfrac{3\pi}{2},\ \pm \dfrac{5\pi}{2},\ \cdots$．

若函數 f 在其定義域為連續且 f^{-1} 存在，則 f^{-1} 為連續（f^{-1} 的圖形是藉由 f 的圖形對直線 $y = x$ 作鏡射而獲得．）因此，反三角函數在其定義域為連續．

指數函數 $y = a^x$ 為處處連續，所以它的反函數（即，對數函數）$y = \log_a x$ 在定義域 $(0, \infty)$ 為連續．

下列的函數類型在它們的定義域內各處均為連續．

1. 多項式函數
2. 有理函數
3. 根式函數
4. 三角函數
5. 反三角函數
6. 指數函數
7. 對數函數

例12 (1) $\displaystyle\lim_{x \to \pi} \sin\left(\dfrac{x^2}{x+\pi}\right) = \sin\left(\lim_{x \to \pi} \dfrac{x^2}{x+\pi}\right) = \sin \dfrac{\pi^2}{2\pi} = \sin \dfrac{\pi}{2} = 1$

(2) $\displaystyle\lim_{x \to 1} \tan\left(\dfrac{\pi x}{2x^2 - 1}\right) = \tan\left(\lim_{x \to 1} \dfrac{\pi x}{2x^2 - 1}\right) = \tan \pi = 0$.

在閉區間連續的函數有一個重要的性質，如下面定理所述．

定理 10-3-4　介值定理 (intermediate value theorem)

若函數 f 在閉區間 $[a, b]$ 為連續，k 為介於 $f(a)$ 與 $f(b)$ 之間的一數，則在開區間 (a, b) 中至少存在一數 c 使得 $f(c)=k$．

此定理雖然直觀上很顯然，但是不太容易證明，其證明可在高等微積分書本中找到．

設函數 f 在閉區間 $[a, b]$ 為連續，即，f 的圖形在 $[a, b]$ 中沒有斷點．若 $f(a) < f(b)$，則定理 10-3-4 告訴我們，在 $f(a)$ 與 $f(b)$ 之間任取一數 k，應有一條 y-截距為 k 的水平線，它與 f 的圖形至少相交於一點 P，而 P 點的 x-坐標就是使 $f(c)=k$ 的實數，如圖 10-3-5 所示．

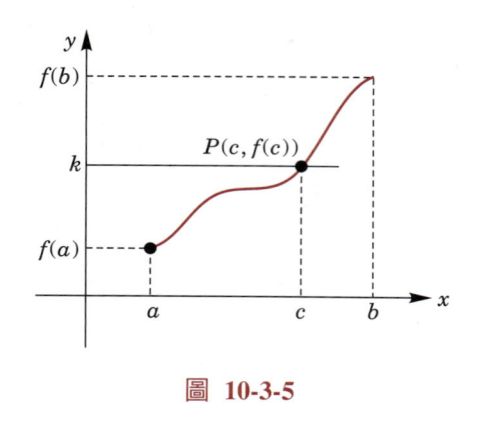

圖 10-3-5

下面的定理很有用，它是介值定理的直接結果．

定理 10-3-5　勘根定理

若函數 f 在閉區間 $[a, b]$ 為連續且 $f(a)f(b) < 0$，則方程式 $f(x)=0$ 在開區間 (a, b) 中至少有一解．

例13 試證：方程式 $x^3-x-1=0$ 在開區間 (1, 2) 中有解.

解答 設 $f(x)=x^3-x-1$，則 f 在閉區間 [1, 2] 為連續. 又 $f(1)f(2)=(-1)(5)=-5<0$，故方程式 $f(x)=0$ 在開區間 (1, 2) 中至少有一解，即，方程式 $x^3-x-1=0$ 在 (1, 2) 中有解.

習 題 10-3

1~8 題中的函數在何處不連續？

1. $f(x)=\dfrac{x^2-1}{x+1}$

2. $f(x)=\dfrac{x+2}{3x^2-5x-2}$

3. $f(x)=\dfrac{x}{|x|-3}$

4. $f(x)=\dfrac{x+3}{|x^2+3x|}$

5. $f(x)=\begin{cases}\dfrac{x^2-1}{x+1} & (若\ x\neq -1)\\ 6 & (若\ x=-1)\end{cases}$

6. $f(x)=\sin\left(\dfrac{\pi x}{2-3x}\right)$

7. $f(x)=\dfrac{1}{1-\cos x}$

8. $f(x)=\ln|x-2|$

9. 設函數 h 定義為 $h(x)=\dfrac{9x^2-4}{3x+2}$，$x\neq -\dfrac{2}{3}$，若要使 h 在 $x=-\dfrac{2}{3}$ 為連續，則 $h\left(-\dfrac{2}{3}\right)$ 應為何值？

10. 設 $f(x)=\begin{cases}\dfrac{x-2}{\sqrt{x+2}-2}, & x\neq 2\\ k, & x=2\end{cases}$，若 f 在 $x=2$ 為連續，試求 k 值.

11. 試決定 c 的值使得函數

$$f(x) = \begin{cases} c^2 x, & x < 1 \\ 3cx - 2, & x \geq 1 \end{cases}$$

在 $x=1$ 為連續.

12. 試決定 a 與 b 的值使得函數

$$f(x) = \begin{cases} 4x, & x \leq -1 \\ ax+b, & -1 < x \leq 2 \\ -5x, & x \geq 2 \end{cases}$$

為處處連續.

13. 求下列各極限.

(1) $\lim\limits_{x \to 1} |x^3 - 2x^2|$

(2) $\lim\limits_{x \to \pi} \sin(x + \sin x)$

(3) $\lim\limits_{x \to 1} \cos\left(\dfrac{\pi x^2}{x^2+3}\right)$

(4) $\lim\limits_{x \to 1} e^{x^2 - x}$

14. 試證：方程式 $x^3 + 3x - 1 = 0$ 在開區間 $(0, 1)$ 中有解.

10-4 函數圖形的漸近線

在微積分中，除了所涉及的數是實數之外，常採用兩個符號 ∞ 與 $-\infty$，分別讀作（正）**無限大** (infinity) 與**負無限大**，但它們並不是數.

首先，我們考慮函數 $f(x) = \dfrac{1}{(x-1)^2}$. 若 x 趨近 1 (但 $x \neq 1$)，則分母 $(x-1)^2$ 趨近 0，故 $f(x)$ 會變得非常大. 的確，藉選取充分接近 1 的 x，可使 $f(x)$ 大到所需的程度，$f(x)$ 的這種變化以符號記為

$$\lim_{x \to 1} \frac{1}{(x-1)^2} = \infty$$

一、無窮極限 (infinite limit)

定義 10-4-1 （直觀的定義）

設函數 f 定義在包含 a 的某開區間，但可能在 a 除外．

$$\lim_{x \to a} f(x) = \infty$$

的意義為：當 x 充分靠近 a 時，$f(x)$ 的值變成任意大．

$\lim\limits_{x \to a} f(x) = \infty$ 也可記為：

"當 $x \to a$ 時，$f(x) \to \infty$"．

$\lim\limits_{x \to a} f(x) = \infty$ 常讀作：

"當 x 趨近 a 時，$f(x)$ 的極限為無限大"．

或 "當 x 趨近 a 時，$f(x)$ 的值變成無限大"．

或 "當 x 趨近 a 時，$f(x)$ 的值無限遞增"．

此定義的幾何說明如圖 10-4-1 所示．

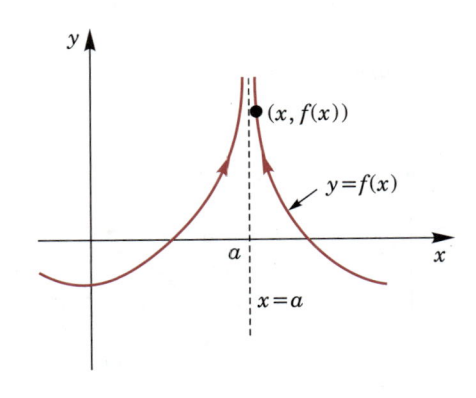

圖 10-4-1 　$\lim\limits_{x \to a} f(x) = \infty$

定義 10-4-2 （直觀的定義）

設函數 f 定義在包含 a 的某開區間，但可能在 a 除外．

$$\lim_{x \to a} f(x) = -\infty$$

的意義為：當 x 充分靠近 a 時，$f(x)$ 的值變成任意小．

$\lim\limits_{x \to a} f(x) = -\infty$ 也可記為：

"當 $x \to a$ 時，$f(x) \to -\infty$"．

$\lim\limits_{x \to a} f(x) = -\infty$ 可讀作：

"當 x 趨近 a 時，$f(x)$ 的極限為負無限大"．
或"當 x 趨近 a 時，$f(x)$ 的值變成負無限大"．
或"當 x 趨近 a 時，$f(x)$ 的值無限遞減"．
此定義的幾何說明如圖 10-4-2 所示．

依照單邊極限的意義，讀者不難瞭解下列單邊極限的意義．

$$\lim_{x \to a^+} f(x) = \infty,$$

$$\lim_{x \to a^+} f(x) = -\infty,$$

圖 10-4-2　$\lim\limits_{x \to a} f(x) = -\infty$

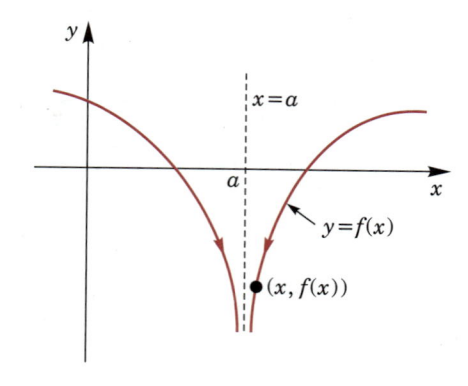

$$\lim_{x \to a^-} f(x) = \infty,$$

$$\lim_{x \to a^-} f(x) = -\infty.$$

下面定理用於求某些極限時相當好用，我們僅敘述而不加以證明.

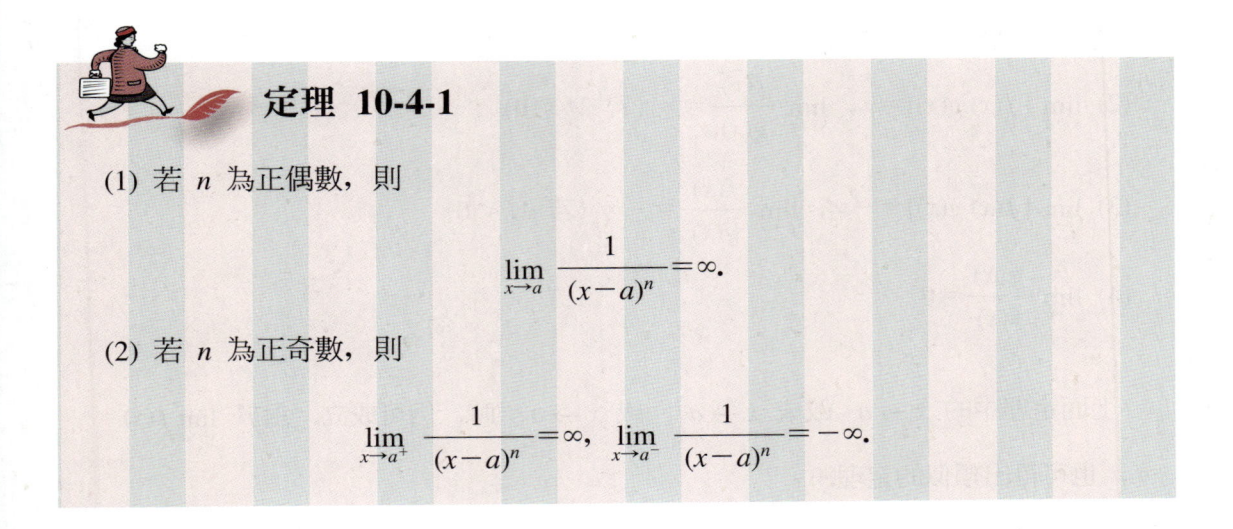

定理 10-4-1

(1) 若 n 為正偶數，則

$$\lim_{x \to a} \frac{1}{(x-a)^n} = \infty.$$

(2) 若 n 為正奇數，則

$$\lim_{x \to a^+} \frac{1}{(x-a)^n} = \infty, \quad \lim_{x \to a^-} \frac{1}{(x-a)^n} = -\infty.$$

讀者應特別注意，由於 ∞ 與 $-\infty$ 並非是數，因此，當 $\lim\limits_{x \to a} f(x) = \infty$ 或 $\lim\limits_{x \to a} f(x) = -\infty$ 時，我們稱 $\lim\limits_{x \to a} f(x)$ 不存在.

例 1 設 $f(x) = \dfrac{1}{(x-1)^3}$，試討論 $\lim\limits_{x \to 1^+} f(x)$ 與 $\lim\limits_{x \to 1^-} f(x)$.

解答
$$\lim_{x \to 1^+} f(x) = \lim_{x \to 1^+} \frac{1}{(x-1)^3} = \infty.$$

$$\lim_{x \to 1^-} f(x) = \lim_{x \to 1^-} \frac{1}{(x-1)^3} = -\infty.$$

定理 10-4-2

若 $\lim_{x \to a} f(x) = \infty$, $\lim_{x \to a} g(x) = M$, 則

(1) $\lim_{x \to a} [f(x) \pm g(x)] = \infty$

(2) $\lim_{x \to a} [f(x) g(x)] = \infty$, $\lim_{x \to a} \dfrac{f(x)}{g(x)} = \infty$ (若 $M > 0$)

(3) $\lim_{x \to a} [f(x) g(x)] = -\infty$, $\lim_{x \to a} \dfrac{f(x)}{g(x)} = -\infty$ (若 $M < 0$)

(4) $\lim_{x \to a} \dfrac{g(x)}{f(x)} = 0$

上面定理中的 $x \to a$ 改成 $x \to a^+$ 或 $x \to a^-$ 時, 仍可成立. 對於 $\lim_{x \to a} f(x) = -\infty$, 也可得出類似的定理.

例 2 設 $f(x) = \dfrac{x+5}{x^2-4}$, 試討論 $\lim_{x \to 2^+} f(x)$ 與 $\lim_{x \to 2^-} f(x)$.

解答 首先將 $f(x)$ 寫成

$$f(x) = \dfrac{x+5}{(x-2)(x+2)} = \dfrac{1}{x-2} \cdot \dfrac{x+5}{x+2}$$

因 $\lim_{x \to 2^+} \dfrac{1}{x-2} = \infty$, $\lim_{x \to 2^+} \dfrac{x+5}{x+2} = \dfrac{7}{4}$

故可知 $\lim_{x \to 2^+} f(x) = \lim_{x \to 2^+} \left(\dfrac{1}{x-2} \cdot \dfrac{x+5}{x+2} \right) = \infty$

因 $\lim_{x \to 2^-} \dfrac{1}{x-2} = -\infty$, $\lim_{x \to 2^-} \dfrac{x+5}{x+2} = \dfrac{7}{4}$

故 $\lim_{x \to 2^-} f(x) = \lim_{x \to 2^-} \left(\dfrac{1}{x-2} \cdot \dfrac{x+5}{x+2} \right) = -\infty.$

定義 10-4-3

若

(1) $\lim\limits_{x \to a^+} f(x) = \infty$ (2) $\lim\limits_{x \to a^-} f(x) = \infty$

(3) $\lim\limits_{x \to a^+} f(x) = -\infty$ (4) $\lim\limits_{x \to a^-} f(x) = -\infty$

中有一者成立，則稱直線 $x = a$ 為函數 f 之圖形的 **垂直漸近線** (vertical asymptote).

例 3 求函數

$$f(x) = \frac{1}{x-1}$$

之圖形的垂直漸近線.

解答 因 $\lim\limits_{x \to 1^+} f(x) = \lim\limits_{x \to 1^+} \frac{1}{x-1} = \infty$，故直線 $x = 1$ 為 f 之圖形的垂直漸近線，如圖 10-4-3 所示.

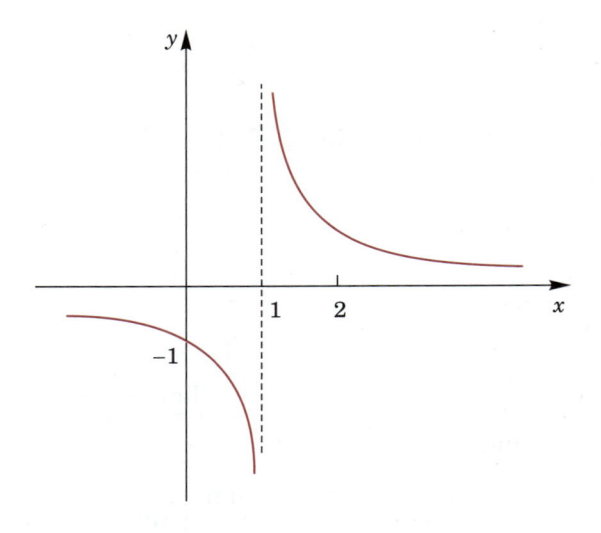

圖 10-4-3　$f(x) = \dfrac{1}{x-1}$

例 4 求函數 $f(x) = \dfrac{x+5}{x^2-4}$ 之圖形的垂直漸近線.

解答 因 $\lim\limits_{x \to 2^+} f(x) = \lim\limits_{x \to 2^+} \dfrac{x+5}{x^2-4} = \infty$、$\lim\limits_{x \to -2^+} f(x) = \lim\limits_{x \to -2^+} \dfrac{x+5}{x^2-4} = -\infty$，故直線 $x=2$ 與 $x=-2$ 均為 f 之圖形的垂直漸近線.

我們從函數 $y = \tan x$ 的圖形可知，當 $x \to \left(\dfrac{\pi}{2}\right)^-$ 時，$\tan x \to \infty$；即，

$$\lim_{x \to \left(\frac{\pi}{2}\right)^-} \tan x = \infty$$

或當 $x \to \left(\dfrac{\pi}{2}\right)^+$ 時，$\tan x \to -\infty$；即，

$$\lim_{x \to \left(\frac{\pi}{2}\right)^+} \tan x = -\infty$$

這說明了直線 $x = \dfrac{\pi}{2}$ 是一條垂直漸近線. 同理，直線 $x = \dfrac{(2n+1)\pi}{2}$（n 為整數）是所有的垂直漸近線.

另外，自然對數函數 $y = \ln x$ 有一條垂直漸近線. 我們可從其圖形得知

$$\lim_{x \to 0^+} \ln x = -\infty$$

故直線 $x = 0$（即，y-軸）是一條垂直漸近線. 事實上，一般對數函數 $y = \log_a x$（$a > 1$）的圖形有一條垂直漸近線 $x = 0$（即，y-軸）.

例 5 求 $\lim\limits_{x \to 0^+} \dfrac{2 \ln x}{1 + (\ln x)^2}$.

解答 $\lim\limits_{x \to 0^+} \dfrac{2 \ln x}{1 + (\ln x)^2} = \lim\limits_{x \to 0^+} \dfrac{\dfrac{2}{\ln x}}{\dfrac{1}{(\ln x)^2} + 1} = \dfrac{\lim\limits_{x \to 0^+} \dfrac{2}{\ln x}}{\lim\limits_{x \to 0^+} \left[\dfrac{1}{(\ln x)^2} + 1\right]}$

$= \dfrac{0}{0+1} = 0.$

二、在正或負無限大處的極限

現在，考慮 $f(x) = 1 + \dfrac{1}{x}$，可知

$$f(100) = 1.01$$
$$f(1000) = 1.001$$
$$f(10000) = 1.0001$$
$$f(100000) = 1.00001$$

換句話說，當 x 為正且夠大時，$f(x)$ 趨近 1，記為

$$\lim_{x \to \infty} \left(1 + \dfrac{1}{x}\right) = 1$$

同理，

$$f(-100) = 0.99$$
$$f(-1000) = 0.999$$
$$f(-10000) = 0.9999$$
$$f(-100000) = 0.99999$$
$$\vdots \qquad \vdots$$

當 x 為負且 $|x|$ 夠大時，$f(x)$ 趨近 1，記為

$$\lim_{x \to -\infty} \left(1 + \dfrac{1}{x}\right) = 1.$$

定義 10-4-4　(直觀的定義)

設函數 f 定義在開區間 (a, ∞)，L 為一實數，

$$\lim_{x \to \infty} f(x) = L$$

的意義為：當 x 充分大時，$f(x)$ 的值可任意靠近 L.

$\lim\limits_{x \to \infty} f(x) = L$ 也可記為：

"當 $x \to \infty$ 時，$f(x) \to L$"．

$\lim\limits_{x \to \infty} f(x) = L$ 常讀作：

"當 x 趨近無限大時，$f(x)$ 的極限為 L"．
或"當 x 變成無限大時，$f(x)$ 的極限為 L"．
或"當 x 無限遞增時，$f(x)$ 的極限為 L"．
此定義的幾何說明如圖 10-4-4 所示．

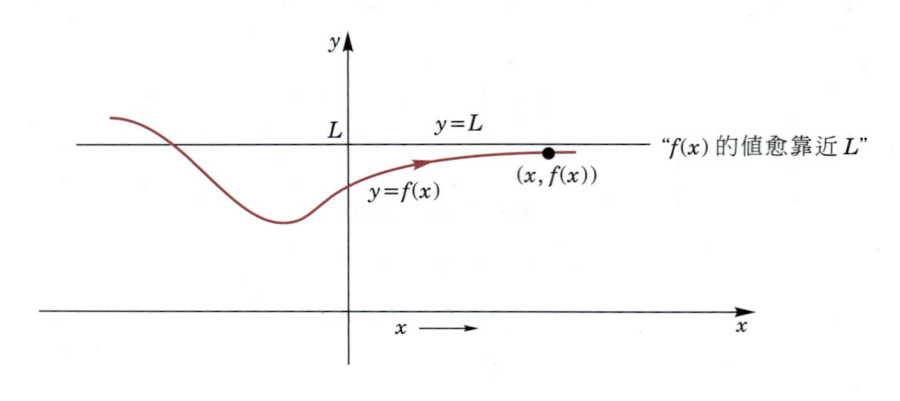

圖 10-4-4 $\lim\limits_{x \to \infty} f(x) = L$

定義 10-4-5　（直觀的定義）

設函數 f 定義在開區間 $(-\infty, a)$，L 為一實數．

$$\lim_{x \to -\infty} f(x) = L$$

的意義為：當 x 充分小時，$f(x)$ 的值可任意趨近 L．

$\lim\limits_{x \to -\infty} f(x) = L$ 也可記為：

"當 $x \to -\infty$ 時，$f(x) \to L$"．

$\lim\limits_{x \to -\infty} f(x) = L$ 可讀作：

"當 x 趨近負無限大時，$f(x)$ 的極限為 L".

或"當 x 變成負無限大時，$f(x)$ 的極限為 L".

或"當 x 無限遞減時，$f(x)$ 的極限為 L".

此定義的幾何說明如圖 10-4-5 所示.

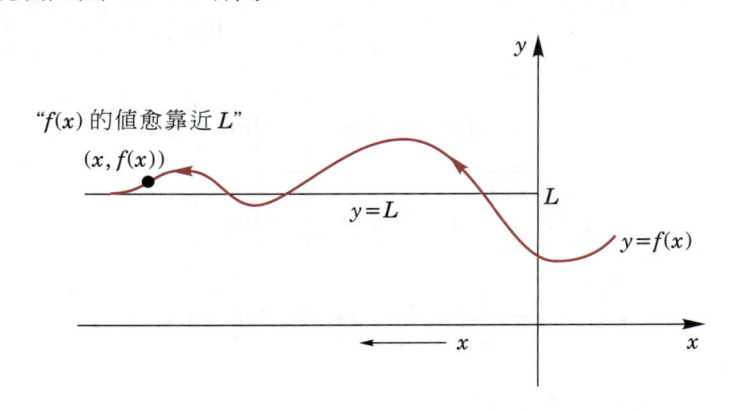

圖 10-4-5　$\lim\limits_{x \to -\infty} f(x) = L$

定理 10-1-1 與 10-1-2 對 $x \to \infty$ 或 $x \to -\infty$ 的情形仍然成立. 同理，定理 10-1-7 與夾擠定理對 $x \to \infty$ 或 $x \to -\infty$ 的情形也成立. 我們不用證明也可得知

$$\lim\limits_{x \to \infty} c = c, \quad \lim\limits_{x \to -\infty} c = c$$

此處 c 為常數.

定理 10-4-3

若 r 為正有理數，c 為任意實數，則

(1) $\lim\limits_{x \to \infty} \dfrac{c}{x^r} = 0$　　(2) $\lim\limits_{x \to -\infty} \dfrac{c}{x^r} = 0$

此處假設 x^r 有定義.

例 6 求 $\lim\limits_{x\to\infty} \dfrac{x^2+x+6}{3x^2-4x+5}$.

解答

$$\lim_{x\to\infty} \dfrac{x^2+x+6}{3x^2-4x+5} = \lim_{x\to\infty} \dfrac{1+\dfrac{1}{x}+\dfrac{6}{x^2}}{3-\dfrac{4}{x}+\dfrac{5}{x^2}} = \dfrac{\lim\limits_{x\to\infty}\left(1+\dfrac{1}{x}+\dfrac{6}{x^2}\right)}{\lim\limits_{x\to\infty}\left(3-\dfrac{4}{x}+\dfrac{5}{x^2}\right)}$$

$$= \dfrac{\lim\limits_{x\to\infty} 1 + \lim\limits_{x\to\infty}\dfrac{1}{x}+\lim\limits_{x\to\infty}\dfrac{6}{x^2}}{\lim\limits_{x\to\infty} 3 - \lim\limits_{x\to\infty}\dfrac{4}{x}+\lim\limits_{x\to\infty}\dfrac{5}{x^2}}$$

$$= \dfrac{1}{3}. \qquad \text{(利用定理 10-4-3(1))}$$

例 7 求 $\lim\limits_{x\to\infty}(\sqrt{x^2+x}-x)$.

解答

$$\lim_{x\to\infty}(\sqrt{x^2+x}-x) = \lim_{x\to\infty}\dfrac{(\sqrt{x^2+x}-x)(\sqrt{x^2+x}+x)}{\sqrt{x^2+x}+x}$$

$$= \lim_{x\to\infty}\dfrac{(x^2+x)-x^2}{\sqrt{x^2+x}+x} = \lim_{x\to\infty}\dfrac{x}{\sqrt{x^2+x}+x}$$

$$= \lim_{x\to\infty}\dfrac{1}{\sqrt{1+\dfrac{1}{x}}+1} \qquad \text{(以 }x=\sqrt{x^2}\text{（因 }x>0\text{）同除分子與分母)}$$

$$= \dfrac{1}{\lim\limits_{x\to\infty}\left(\sqrt{1+\dfrac{1}{x}}+1\right)} = \dfrac{1}{\sqrt{\lim\limits_{x\to\infty}\left(1+\dfrac{1}{x}\right)}+1} = \dfrac{1}{1+1} = \dfrac{1}{2}.$$

例 8 求 $\lim\limits_{x\to\infty} \dfrac{\sqrt{x^2+2}}{3x+5}$.

解答 在分子中，我們將 x 寫成 $x=\sqrt{x^2}$（因 x 為正值，故 $\sqrt{x^2}=|x|=x$），於是，

$$\lim_{x\to\infty}\dfrac{\sqrt{x^2+2}}{3x+5} = \lim_{x\to\infty}\dfrac{\sqrt{x^2+2}/\sqrt{x^2}}{(3x+5)/x} = \lim_{x\to\infty}\dfrac{\sqrt{1+2/x^2}}{3+5/x}$$

$$= \frac{\lim\limits_{x\to\infty}\sqrt{1+2/x^2}}{\lim\limits_{x\to\infty}(3+5/x)} = \frac{\sqrt{\lim\limits_{x\to\infty}(1+2/x^2)}}{\lim\limits_{x\to\infty}(3+5/x)} = \frac{1}{3}.$$

定理 10-4-4

若
$$f(x)=a_n x^n + a_{n-1}x^{n-1} + a_{n-2}x^{n-2} + \cdots + a_1 x + a_0 \ (a_n \neq 0)$$
$$g(x)=b_m x^m + b_{m-1}x^{m-1} + b_{m-2}x^{m-2} + \cdots + b_1 x + b_0 \ (b_m \neq 0)$$

則
$$\lim_{x\to\pm\infty}\frac{f(x)}{g(x)} = \begin{cases} \pm\infty, & \text{若 } n>m \\ \dfrac{a_n}{b_m}, & \text{若 } n=m \\ 0, & \text{若 } n<m \end{cases}$$

例 9 求 $\lim\limits_{x\to\infty}\dfrac{2x^4+3x^2+x+5}{3x^4+x^3-x^2+2x+1}$.

解答 $\lim\limits_{x\to\infty}\dfrac{2x^4+3x^2+x+5}{3x^4+x^3-x^2+2x+1} = \dfrac{2}{3}.$

例 10 求 $\lim\limits_{x\to\infty}\dfrac{5x^3+x^2+2x-1}{4x^4+x^3-x}$.

解答 $\lim\limits_{x\to\infty}\dfrac{5x^3+x^2+2x-1}{4x^4+x^3-x} = 0.$

定義 10-4-6

若 (1) $\lim\limits_{x\to\infty}f(x)=L$，(2) $\lim\limits_{x\to-\infty}f(x)=L$，中有一者成立，則稱直線 $y=L$ 為函數 f 之圖形的水平漸近線 (horizontal asymptote)。

例11 求 $f(x) = \dfrac{x}{x-2}$ 之圖形的水平漸近線.

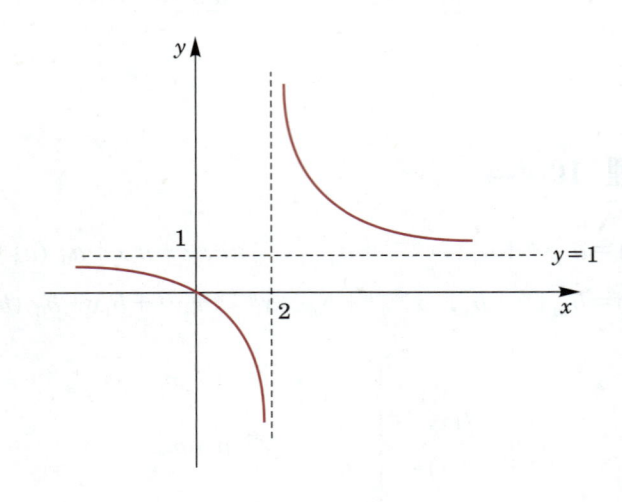

圖 10-4-6 $f(x) = \dfrac{x}{x-2}$

解答 因 $\displaystyle\lim_{x \to \infty} f(x) = \lim_{x \to \infty} \dfrac{x}{x-2} = 1$

故直線 $y=1$ 為 f 之圖形的水平漸近線，如圖 10-4-6 所示.

例12 求 (1) $\displaystyle\lim_{x \to \infty} e^{-x}$ (2) $\displaystyle\lim_{x \to 0^-} e^{1/x}$

解答

(1) 令 $t = -x$，則當 $x \to \infty$ 時，$t \to -\infty$，故

$$\lim_{x \to \infty} e^{-x} = \lim_{t \to -\infty} e^t = 0$$

(2) 令 $t = \dfrac{1}{x}$，則當 $x \to 0^-$ 時，$t \to -\infty$，故

$$\lim_{x \to 0^-} e^{1/x} = \lim_{t \to -\infty} e^t = 0.$$

定義 10-4-7

若 $\lim\limits_{x \to \infty} [f(x)-(ax+b)]=0$ 或 $\lim\limits_{x \to -\infty} [f(x)-(ax+b)]=0$ $(a \neq 0)$ 成立，則稱直線 $y=ax+b$ 為 f 之圖形的 斜漸近線 (oblique asymptote)．

此定義的幾何意義，即，當 $x \to \infty$ 或 $x \to -\infty$ 時，介於圖形上點 $(x, f(x))$ 與直線上點 $(x, ax+b)$ 之間的垂直距離趨近於零．

若 $f(x)=\dfrac{P(x)}{Q(x)}$ 為一有理函數且 $P(x)$ 的次數較 $Q(x)$ 的次數多 1，則 f 之圖形有一條斜漸近線．欲知理由，我們可利用長除法，得到 $f(x)=\dfrac{P(x)}{Q(x)}=ax+b+\dfrac{G(x)}{Q(x)}$，此處餘式 $G(x)$ 的次數小於 $Q(x)$ 的次數．又 $\lim\limits_{x \to \infty}\dfrac{G(x)}{Q(x)}=0$，$\lim\limits_{x \to -\infty}\dfrac{G(x)}{Q(x)}=0$，此告訴我們，當 $x \to \infty$ 或 $x \to -\infty$ 時，有理函數 $f(x)=\dfrac{P(x)}{Q(x)}$ 的圖形接近斜漸近線 $y=ax+b$．

例13 求 $f(x)=\dfrac{x^2+x-3}{x-1}$ 之圖形的斜漸近線．

解答 首先將 $f(x)$ 化成

$$f(x)=x+2-\dfrac{1}{x-1}$$

則 $\lim\limits_{x \to \infty}[f(x)-(x+2)]=\lim\limits_{x \to \infty}\dfrac{-1}{x-1}=0$

故直線 $y=x+2$ 為斜漸近線．

三、在正或負無限大處的無窮極限

符號 $\lim\limits_{x \to \infty} f(x)=\infty$ 的意義為：當 x 充分大時，$f(x)$ 的值變成任意大．其他的符號還有：

$$\lim_{x \to -\infty} f(x) = \infty, \quad \lim_{x \to \infty} f(x) = -\infty, \quad \lim_{x \to -\infty} f(x) = -\infty$$

例如：
$$\lim_{x \to \infty} x^3 = \infty, \quad \lim_{x \to -\infty} x^3 = -\infty, \quad \lim_{x \to \infty} \sqrt{x} = \infty, \quad \lim_{x \to \infty} (x + \sqrt{x}) = \infty,$$

$$\lim_{x \to -\infty} \sqrt[3]{x} = -\infty, \quad \lim_{x \to \infty} e^x = \infty, \quad \lim_{x \to \infty} \ln x = \infty.$$

例14 求 $\lim_{x \to \infty} (x^2 - x)$.

解答 注意，我們不可寫成

$$\lim_{x \to \infty} (x^2 - x) = \lim_{x \to \infty} x^2 - \lim_{x \to \infty} x = \infty - \infty$$

極限定理無法適用於無窮極限，因為 ∞ 不是一個數（$\infty - \infty$ 無法定義）。但是，我們可以寫成

$$\lim_{x \to \infty} (x^2 - x) = \lim_{x \to \infty} x(x - 1) = \infty.$$

習 題 10-4

求 1～11 題中的極限.

1. $\lim\limits_{x \to \infty} \dfrac{3x^2 - x + 1}{6x^2 + 2x - 7}$

2. $\lim\limits_{x \to \infty} \dfrac{2x^2 - x + 3}{x^3 - 1}$

3. $\lim\limits_{x \to -\infty} \dfrac{(2x+5)(3x+1)}{(x+7)(4x-9)}$

4. $\lim\limits_{x \to -\infty} \dfrac{5x^3 - 3x}{x^2 + 1}$

5. $\lim\limits_{x \to \infty} \dfrac{3x - 4}{\sqrt{x^2 + 1}}$

6. $\lim\limits_{x \to \infty} (x - \sqrt{x^2 - 3x})$

7. $\lim\limits_{x \to -\infty} \dfrac{1 + \sqrt[5]{x}}{1 - \sqrt[5]{x}}$

8. $\lim\limits_{x \to -\infty} \cos\left(\dfrac{\pi x^2}{3 + 2x^2}\right)$

9. $\lim\limits_{x \to \infty} \dfrac{e^x + e^{-x}}{e^x - e^{-x}}$

10. $\lim\limits_{x \to \infty} \dfrac{\ln x}{1 + (\ln x)^2}$

11. $\lim\limits_{x \to \infty} \tan^{-1}(x^2 - x^4)$

12. (1) 試解釋下列的計算為何不正確.

$$\lim_{x \to 0^+} \left(\frac{1}{x} - \frac{1}{x^2}\right) = \lim_{x \to 0^+} \frac{1}{x} - \lim_{x \to 0^+} \frac{1}{x^2} = \infty - \infty = 0$$

(2) 計算 $\lim\limits_{x \to 0^+} \left(\dfrac{1}{x} - \dfrac{1}{x^2}\right)$.

找出下列各函數圖形的所有漸近線.

13. $f(x) = \dfrac{x^2}{9 - x^2}$

14. $f(x) = \dfrac{2x^2 + 3x + 5}{x^2 + 2x - 3}$

15. $f(x) = \dfrac{8 - x^3}{3x^2}$

第 11 章

代數函數的導函數

11-1　導函數

11-2　微分的法則

11-3　視導函數為變化率

11-4　連鎖法則

11-5　隱微分法

11-6　微　分

11-7　反函數的導函數

本章摘要

1. 若 $P(a, f(a))$ 為函數 f 的圖形上一點，則在點 P 之切線的斜率為

$$m = \lim_{x \to a} \frac{f(x) - f(a)}{x - a}$$

或

$$m = \lim_{h \to 0} \frac{f(a+h) - f(a)}{h}$$

倘若上面的極限存在.

2. 函數 f 在 a 的導數，記為 $f'(a)$，定義為

$$f'(a) = \lim_{h \to 0} \frac{f(a+h) - f(a)}{h}$$

或

$$f'(a) = \lim_{x \to a} \frac{f(x) - f(a)}{x - a}$$

倘若上面的極限存在.

3. 若 $f'(a)$ 存在，我們稱函數 f 在 a 為可微分，或 f 在 a 有導數.

4. 若曲線 $y = f(x)$ 在 $x = a$ 處可微分，則曲線 $y = f(x)$ 在點 $P(a, f(a))$ 的切線方程式為

$$y - f(a) = f'(a)(x - a),$$

法線方程式為

$$y - f(a) = \frac{-1}{f'(a)}(x - a) \ (f'(a) \neq 0)$$

5. 函數 f 的導函數為：$f'(x) = \lim_{h \to 0} \dfrac{f(x+h) - f(x)}{h}$，倘若此極限存在.

6. 若 $\lim_{h \to 0^+} \dfrac{f(a+h) - f(a)}{h}$ 或 $\lim_{x \to a^+} \dfrac{f(x) - f(a)}{x - a}$ 存在，則稱此極限為 f 在 a 的右導數，記為：

$$f'_+(a) = \lim_{h \to 0^+} \frac{f(a+h)-f(a)}{h} \text{ 或 } f'_+(a) = \lim_{x \to a^+} \frac{f(x)-f(a)}{x-a}.$$

7. 若 $\lim\limits_{h \to 0^-} \dfrac{f(a+h)-f(a)}{h}$ 或 $\lim\limits_{x \to a^-} \dfrac{f(x)-f(a)}{x-a}$ 存在，則稱此極限為 f 在 a 的 左導數，記為：

$$f'_-(a) = \lim_{h \to 0^-} \frac{f(a+h)-f(a)}{h} \text{ 或 } f'_-(a) = \lim_{x \to a^-} \frac{f(x)-f(a)}{x-a}.$$

8. $f'(a)$ 存在 $\Leftrightarrow$ $f'_+(a)$ 與 $f'_-(a)$ 均存在且 $f'_+(a)=f'_-(a)$.

9. 函數 f 在 a 為可微分 $\Rightarrow$ f 在 a 為連續 $\Rightarrow$ $\lim\limits_{x \to a} f(x)$ 存在.

10. $\lim\limits_{x \to 0} \dfrac{\Delta y}{\Delta x} = \lim\limits_{\Delta x \to 0} \dfrac{f(x+\Delta x)-f(x)}{\Delta x}$ 定義為函數 $f(x)$ 的變化率，此一變化率顯然為導函數 $f'(x)$，故 $y=f(x)$ 的變化率為 $\dfrac{dy}{dx}=f'(x)$.

11. 若函數 $y=f(u)$ 為可微分，函數 $u=g(x)$ 為可微分，則

$$\frac{dy}{dx}=\frac{dy}{du}\frac{du}{dx} \left(\text{或 } \frac{d}{dx}f(g(x))=f'(g(x))\ g'(x) \right).$$

12. 若函數 $y=f(u)$ 為可微分，函數 $u=g(v)$ 為可微分，函數 $v=h(x)$ 為可微分，則

$$\frac{dy}{dx}=\frac{dy}{du}\frac{du}{dv}\frac{dv}{dx} \left(\text{或 } \frac{d}{dx}f(g(h(x)))=f'(g(h(x)))\ g'(h(x))\ h'(x) \right).$$

13. 若 $f(x)$ 為可微分函數，則 $\dfrac{d}{dx}[f(x)]^n=n[f(x)]^{n-1}\dfrac{d}{dx}f(x),\ n \in \mathbb{R}$.

14. 若 f 為可微分函數，Δx 為 x 的增量.
    (1) 自變數 x 的微分 dx 為 $dx=\Delta x$.
    (2) 因變數 y 的微分 dy 為 $dy=f'(x)\ \Delta x=f'(x)\ dx$.

15. 設 $dx \neq 0$，則 $dy=f'(x)\ dx \Leftrightarrow \dfrac{dy}{dx}=f'(x)$.

16. 若 f 在 a 為可微分，則函數 $L(x)=f(a)+f'(a)(x-a)$ 稱為 f 在 a 的線性化.

17. 若 f 為可微分函數，當 $\Delta x \approx 0$ 時，
$$dy \approx \Delta y$$

線性近似公式：$f(a+\Delta x) \approx f(a)+dy = f(a)+f'(a)\Delta x$.

18. 微分公式：

(1) $d(c)=0$，c 為常數

(2) $d(x)=dx$

(3) $d(x^n)=nx^{n-1}\,dx$

(4) $d(f\pm g)=df\pm dg$

(5) $d(kf)=k\,df$，k 為常數

(6) $d(fg)=f\,dg+g\,df$

(7) $d(f^n)=nf^{n-1}\,df$

(8) $d\left(\dfrac{f}{g}\right)=\dfrac{g\,df-f\,dg}{g^2}$

19. $(f^{-1})'(f(a))=\dfrac{1}{f'(a)}$ $(f'(a)\neq 0)$

20. $\dfrac{dx}{dy}=\dfrac{1}{\dfrac{dy}{dx}}$

§11-1　導函數

在介紹過極限與連續的觀念之後，從本章開始，正式進入微分學的範疇．在本章中，我們將詳述導函數的觀念，而且導函數就是研究變化率的基本數學工具．

我們複習一下以前所遇到過的觀念．若 $P(a, f(a))$ 與 $Q(x, f(x))$ 為函數 f 之圖形上的相異兩點，則連接 P 與 Q 之割線的斜率為

$$m_{\overleftrightarrow{PQ}} = \frac{f(x)-f(a)}{x-a} \tag{11-1-1}$$

(見圖 11-1-1(a))．若令 x 趨近 a，則 Q 將沿著 f 的圖形趨近 P，且通過 P 與 Q 的割線將趨近在 P 的切線 L．於是，當 x 趨近 a 時，割線的斜率將趨近切線的斜率 m，所以，由 (11-1-1) 式，

$$m = \lim_{x \to a} \frac{f(x)-f(a)}{x-a} \tag{11-1-2}$$

另外，若令 $h = x-a$，則 $x = a+h$，而當 $x \to a$ 時，$h \to 0$．於是，(11-1-2) 式又可寫成

$$m = \lim_{h \to 0} \frac{f(a+h)-f(a)}{h} \tag{11-1-3}$$

(見圖 11-1-1(b))．

(a) $m_{\overleftrightarrow{PQ}} = \dfrac{f(x)-f(a)}{x-a}$　　(b) $m_{\overleftrightarrow{PQ}} = \dfrac{f(a+h)-f(a)}{x-a}$

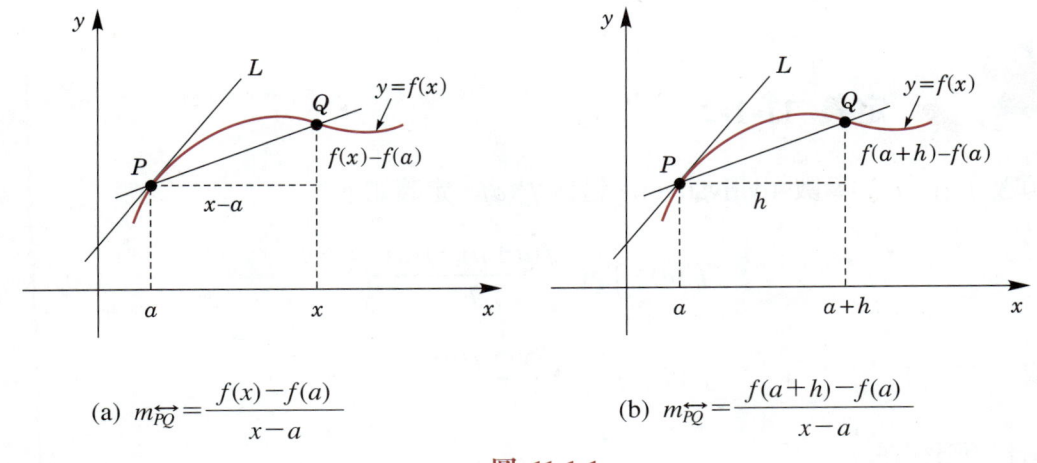

圖 11-1-1

定義 11-1-1

若 $P(a, f(a))$ 為函數 f 的圖形上一點，則在點 P 之切線的**斜率** (slope) 為

$$m = \lim_{h \to 0} \frac{f(a+h) - f(a)}{h}$$

倘若上面的極限存在.

例 1 求拋物線 $y = x^2$ 在點 $(2, 4)$ 之切線的斜率與切線方程式.

解答 斜率為
$$m = \lim_{h \to 0} \frac{f(2+h) - f(2)}{h} = \lim_{h \to 0} \frac{(2+h)^2 - 2^2}{h}$$

$$= \lim_{h \to 0} \frac{4 + 4h + h^2 - 4}{h} = \lim_{h \to 0} \frac{4h + h^2}{h}$$

$$= \lim_{h \to 0} (4 + h) = 4$$

故利用點斜式可得切線方程式為

$$y - 4 = 4(x - 2)$$

或
$$4x - y - 4 = 0.$$

定義 11-1-2

函數 f 在 a 的**導數** (derivative)，記為 $f'(a)$，定義如下：

$$f'(a) = \lim_{h \to 0} \frac{f(a+h) - f(a)}{h}$$

或
$$f'(a) = \lim_{x \to a} \frac{f(x) - f(a)}{x - a}$$

倘若極限存在.

若 $f'(a)$ 存在，則稱函數 f 在 a 為可微分 (differentiable) 或有導數. 若在開區間 (a, b) (或 (a, ∞) 或 $(-\infty, a)$ 或 $(-\infty, \infty)$) 中之每一數均為可微分，則稱在該區間為可微分.

特別注意，若函數 f 在 a 為可微分，則由定義 11-1-1 與定義 11-1-2 可知

$$f'(a) = \lim_{h \to 0} \frac{f(a+h)-f(a)}{h} = m$$

換句話說，在幾何意義上，$f'(a)$ 為曲線 $y=f(x)$ 在點 $(a, f(a))$ 的切線的斜率.

例 2 若 $f(x) = \dfrac{x(1+x)(2+x)(3+x)}{(1-x)(2-x)(3-x)}$，求 $f'(0)$.

解答
$$\begin{aligned}
f'(0) &= \lim_{x \to 0} \frac{f(x)-f(0)}{x-0} \\
&= \lim_{x \to 0} \frac{\dfrac{x(1+x)(2+x)(3+x)}{(1-x)(2-x)(3-x)}}{x} \\
&= \lim_{x \to 0} \frac{(1+x)(2+x)(3+x)}{(1-x)(2-x)(3-x)} \\
&= \frac{1 \cdot 2 \cdot 3}{1 \cdot 2 \cdot 3} = 1.
\end{aligned}$$

例 3 若 $f'(a)$ 存在，求 $\displaystyle\lim_{h \to 0} \frac{f(a+2h)-f(a)}{h}$

解答
$$\begin{aligned}
\lim_{h \to 0} \frac{f(a+2h)-f(a)}{h} &= 2 \lim_{h \to 0} \frac{f(a+2h)-f(a)}{2h} \\
&= 2 \lim_{t \to 0} \frac{f(a+t)-f(a)}{t} \quad \text{(令 } t=2h\text{)} \\
&= 2f'(a).
\end{aligned}$$

定義 11-1-3

函數 f' 稱為函數 f 的**導函數** (derivative)，定義如下：

$$f'(x) = \lim_{h \to 0} \frac{f(x+h) - f(x)}{h}$$

倘若此極限存在．

在定義 11-1-3 中，f' 的定義域是由使得該極限存在之所有 x 所組成的集合，但與 f 的定義域不一定相同．

例 4 若 $f(x) = \sqrt{x}$，求 $f'(x)$，並比較 f 與 f' 的定義域．

解答
$$\begin{aligned} f'(x) &= \lim_{h \to 0} \frac{f(x+h) - f(x)}{h} = \lim_{h \to 0} \frac{\sqrt{x+h} - \sqrt{x}}{h} \\ &= \lim_{h \to 0} \frac{(\sqrt{x+h} - \sqrt{x})(\sqrt{x+h} + \sqrt{x})}{h(\sqrt{x+h} + \sqrt{x})} \\ &= \lim_{h \to 0} \frac{h}{h(\sqrt{x+h} + \sqrt{x})} \\ &= \lim_{h \to 0} \frac{1}{\sqrt{x+h} + \sqrt{x}} \\ &= \frac{1}{2\sqrt{x}}. \end{aligned}$$

f' 的定義域為 $(0, \infty)$，而 f 的定義域為 $[0, \infty)$，兩者顯然不同．

例 5 我們從幾何觀點顯然可知，在直線 $y = mx + b$ 上每一點的切線與該直線本身一致，因而斜率為 m．所以，若 $f(x) = mx + b$，則

$$f'(x) = \lim_{h\to 0} \frac{f(x+h)-f(x)}{h}$$

$$= \lim_{h\to 0} \frac{[m(x+h)+b]-(mx+b)}{h}$$

$$= \lim_{h\to 0} \frac{mh}{h} = m.$$

求函數的導函數稱為對該函數**微分** (differentiate)，其過程稱為**微分** (differentiation). 通常，在自變數為 x 的情形下，常用的**微分算子** (differentiation operator) 有 D_x 與 $\dfrac{d}{dx}$，當它作用到函數 f 上時，就產生了新函數 f'。因而常用的導函數符號如下：

$$f'(x) = \frac{d}{dx} f(x) = \frac{df(x)}{dx} = D_x f(x)$$

$D_x f(x)$ 或 $\dfrac{d}{dx} f(x)$ 唸成 "f 對 x 的導函數" 或 "f 對 x 微分"。

若 $y = f(x)$，則 $f'(x)$ 又可寫成 y'，或 $\dfrac{dy}{dx}$ 或 $D_x y$。

註：符號 $\dfrac{dy}{dx}$ 是由萊布尼茲所提出。

又，我們對函數 f 在 a 的導數 $f'(a)$ 常常寫成如下：

$$f'(a) = f'(x)|_{x=a} = D_x f(x)|_{x=a}$$

$$= \frac{d}{dx} f(x)|_{x=a}.$$

我們在前面曾討論到，若 $\lim\limits_{h\to 0} \dfrac{f(a+h)-f(a)}{h}$ 存在，則定義此極限為 $f'(a)$。如果我們只限制 $h \to 0^+$ 或 $h \to 0^-$，此時就產生**單邊導數** (one-sided derivative) 的觀念了。

定義 11-1-4

(1) 若 $\lim\limits_{h \to 0^+} \dfrac{f(a+h)-f(a)}{h}$ 或 $\lim\limits_{x \to a^+} \dfrac{f(x)-f(a)}{x-a}$ 存在，則稱此極限為 f 在 a 的**右導數** (right-hand derivative)，記為：

$$f'_+(a) = \lim_{h \to 0^+} \dfrac{f(a+h)-f(a)}{h}$$

或

$$f'_+(a) = \lim_{x \to a^+} \dfrac{f(x)-f(a)}{x-a}.$$

(2) 若 $\lim\limits_{h \to 0^-} \dfrac{f(a+h)-f(a)}{h}$ 或 $\lim\limits_{x \to a^-} \dfrac{f(x)-f(a)}{x-a}$ 存在，則稱此極限為 f 在 a 的**左導數** (left-hand derivative)，記為：

$$f'_-(a) = \lim_{h \to 0^-} \dfrac{f(a+h)-f(a)}{h}$$

或

$$f'_-(a) = \lim_{x \to a^-} \dfrac{f(x)-f(a)}{x-a}.$$

由定義 11-1-4，讀者應注意到，若函數 f 在 (a, ∞) 為可微分且 $f'_+(a)$ 存在，則稱函數 f 在 $[a, \infty)$ 為可微分．同理，函數 f 在 $(-\infty, a)$ 為可微分且 $f'_-(a)$ 存在，則稱函數 f 在 $(-\infty, a]$ 為可微分．又，若函數 f 在 (a, b) 為可微分，且 $f'_+(a)$ 與 $f'_-(b)$ 均存在，則稱 f 在 $[a, b]$ 為可微分．很明顯地，

$$f'(c) \text{ 存在} \Leftrightarrow f'_+(c) \text{ 與 } f'_-(c) \text{ 均存在且 } f'_+(c) = f'_-(c) \tag{11-1-4}$$

若函數在其定義域內各處均為可微分，則稱該函數為**可微分函數** (differentiable function).

例 6 函數 $f(x)=|x|$ 在 $x=0$ 是否可微分？

解答
$$f'_+(0) = \lim_{x \to 0^+} \frac{f(x)-f(0)}{x-0} = \lim_{x \to 0^+} \frac{|x|-0}{x-0}$$
$$= \lim_{x \to 0^+} \frac{|x|}{x} = \lim_{x \to 0^+} \frac{x}{x}$$
$$= 1.$$

又
$$f'_-(0) = \lim_{x \to 0^-} \frac{f(x)-f(0)}{x-0} = \lim_{x \to 0^-} \frac{|x|-0}{x-0}$$
$$= \lim_{x \to 0^-} \frac{|x|}{x} = \lim_{x \to 0^-} \frac{-x}{x}$$
$$= -1.$$

由於 $f'_+(0) \neq f'_-(0)$，故 $f'(0)$ 不存在，亦即，f 在 $x=0$ 不可微分．

定理 11-1-1

若函數 f 在 a 為可微分，則 f 在 a 為連續．

證：設 $x \neq a$，則 $f(x) = \dfrac{f(x)-f(a)}{x-a}(x-a) + f(a)$，可得

$$\lim_{x \to a} f(x) = \lim_{x \to a} \left[\frac{f(x)-f(a)}{x-a}(x-a) + f(a) \right]$$
$$= \lim_{x \to a} \left[\frac{f(x)-f(a)}{x-a} \right] \cdot \lim_{x \to a}(x-a) + \lim_{x \to a} f(a)$$
$$= f'(a) \cdot 0 + f(a) = f(a)$$

故 f 在 a 為連續．

定理 11-1-1 的逆敘述不一定成立，即，雖然函數 f 在 a 為連續，但不能保證 f 在 a 為可微分．例如，函數 $f(x)=|x|$ 在 $x=0$ 為連續但不可微分．(由例題 6)

讀者應注意下列的性質：

$$函數\ f\ 在\ a\ 為可微分 \Rightarrow f\ 在\ a\ 為連續 \Rightarrow \lim_{x \to a} f(x)\ 存在.$$

定義 11-1-5

若函數 f 在 a 為連續，且 $\lim\limits_{x \to a} |f'(x)| = \infty$，則 f 的圖形在點 $(a, f(a))$ 有一條**垂直切線** (vertical tangent line)．

一般，我們所遇到函數 f 的不可微分之處 a 所對應的點 $(a, f(a))$ 可以分類成：

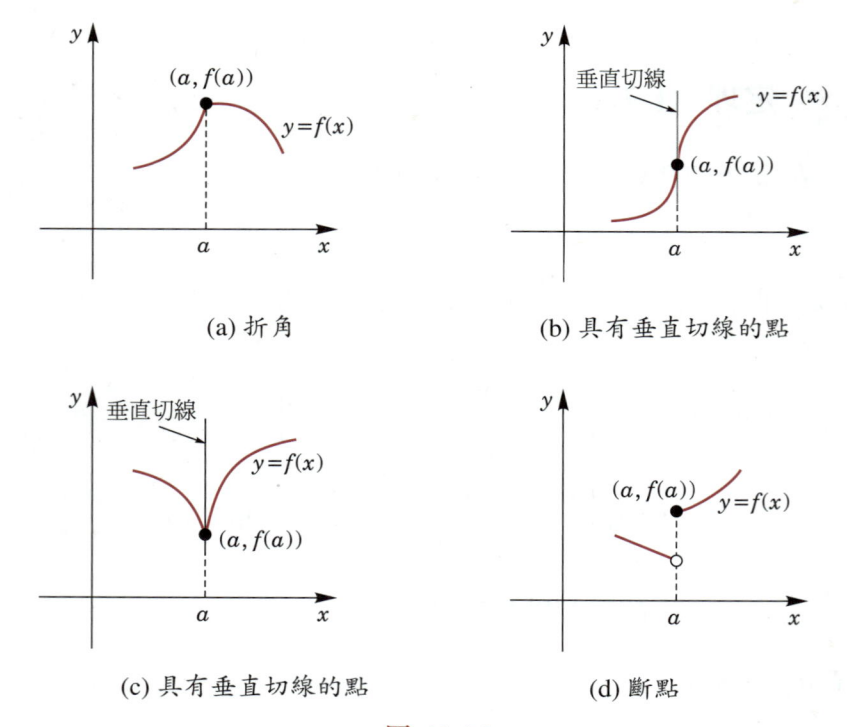

(a) 折角

(b) 具有垂直切線的點

(c) 具有垂直切線的點

(d) 斷點

圖 11-1-2

1. 折角 (切線不存在)
2. 具有垂直切線的點
3. 斷點 (切線不存在)

圖 11-1-2 的四個函數在 a 的導數均不存在，所以它們在 a 當然不可微分.

在例題 6 中，函數 $f(x)=|x|$ 在 $x=0$ 不可微分，此結果在幾何上很顯然，因為它的圖形在 $x=0$ 有一個折角 (圖 11-1-3).

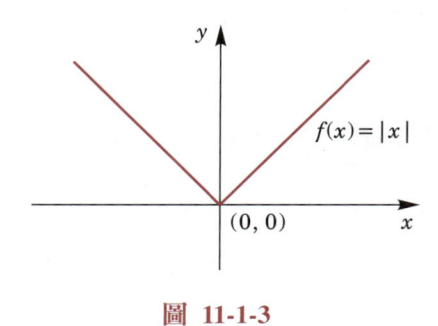

圖 11-1-3

習 題 11-1

1. 求拋物線 $y=2x^2-3x$ 在點 $(2, 2)$ 之切線與法線的方程式.

2. 求 $f(x)=\dfrac{2}{x-2}$ 的圖形在點 $(0, -1)$ 之切線與法線的方程式.

3. 求曲線 $y=\sqrt{x-1}$ 上切線斜角為 $\dfrac{\pi}{4}$ 之點的坐標.

4. 在曲線 $y=x^2-2x+5$ 上哪一點的切線垂直於直線 $y=x$？

5. 若 $f(x)=\dfrac{(x-1)(x-2)(x-3)(x-5)}{x-4}$，求 $f'(1)$.

6. 若 $f'(a)$ 存在，求 $\lim\limits_{h\to 0}\dfrac{f(a-h)-f(a)}{h}$.

7. 設函數 f 在 $x=1$ 為可微分且 $\lim_{h \to 0} \dfrac{f(1+h)}{h}=5$，求 $f(1)$ 與 $f'(1)$.

8. 若 $f(x)=\begin{cases} x^2+2, & x \leq 1 \\ 3x, & x > 1 \end{cases}$，則 f 在 $x=1$ 是否可微分？

9. 函數 $f(x)=\begin{cases} -2x^2+4, & \text{若 } x < 1 \\ x^2+1, & \text{若 } x \geq 1 \end{cases}$ 在 $x=1$ 是否可微分？

10. 函數 $f(x)=|x^2-4|$ 在 $x=2$ 是否可微分？

§11-2　微分的法則

在求一個函數的導函數時，若依導函數的定義去做，則相當繁雜．在本節中，我們要導出一些法則，而利用這些法則，可以很容易地將導函數求出來．

定理 11-2-1

若 f 為常數函數，即，$f(x)=k$，則

$$\frac{d}{dx}f(x)=\frac{d}{dx}k=0.$$

定理 11-2-2　冪法則 (power rule)

若 n 為正整數，則

$$\frac{d}{dx}x^n=nx^{n-1}.$$

在定理 11-2-2 中，若 n 為任意實數時，結論仍可成立，即，

第十一章　代數函數的導函數　➲ 349

$$\frac{d}{dx} x^n = nx^{n-1}, \quad n \in I\!R.$$

例 1　$\dfrac{d}{dx} x^3 = 3x^2$, $\dfrac{d}{dx} x^{-3} = -3x^{-4}$,

$\dfrac{d}{dx} \sqrt{x} = \dfrac{d}{dx} (x^{1/2}) = \dfrac{1}{2} x^{-1/2} = \dfrac{1}{2\sqrt{x}}$,

$\dfrac{d}{dx} x^\pi = \pi x^{\pi-1}.$

例 2　若 $f(x) = |x^3|$，求 $f'(x)$.

解答　(1) 當 $x > 0$ 時，$f(x) = |x^3| = x^3$, $f'(x) = 3x^2$.

(2) 當 $x < 0$ 時，$f(x) = |x^3| = -x^3$, $f'(x) = -3x^2$.

(3) 當 $x = 0$ 時，依定義，

$$\lim_{x \to 0^+} \frac{f(x) - f(0)}{x - 0} = \lim_{x \to 0^+} \frac{x^3}{x} = \lim_{x \to 0^+} x^2 = 0$$

$$\lim_{x \to 0^-} \frac{f(x) - f(0)}{x - 0} = \lim_{x \to 0^-} \frac{-x^3}{x} = \lim_{x \to 0^-} (-x^2) = 0$$

可得 $f'(0) = 0.$

所以，$$f'(x) = \begin{cases} -3x^2, & \text{若 } x < 0 \\ 0, & \text{若 } x = 0 \\ 3x^2, & \text{若 } x > 0 \end{cases}.$$

定理 11-2-3　常數倍法則

若 f 為可微分函數，且 c 為常數，則 cf 也為可微分函數，且

$$\frac{d}{dx} [cf(x)] = c \frac{d}{dx} f(x)$$

或

$$(cf)' = cf'.$$

定理 11-2-4 加法法則

若 f 與 g 均為可微分函數，則 $f+g$ 也為可微分函數，且

$$\frac{d}{dx}[f(x)+g(x)] = \frac{d}{dx}f(x) + \frac{d}{dx}g(x)$$

或

$$(f+g)' = f' + g'.$$

利用定理 11-2-3 與定理 11-2-4 可得下面的定理：

定理 11-2-5 減法法則

若 f 與 g 均為可微分函數，則 $f-g$ 也為可微分函數，且

$$\frac{d}{dx}[f(x)-g(x)] = \frac{d}{dx}f(x) - \frac{d}{dx}g(x).$$

同理，利用定理 11-2-3 與定理 11-2-4 可得下面的結果：

若 $f_1, f_2, \cdots, f_n$ 均為可微分函數，$c_1, c_2, \cdots, c_n$ 均為常數，則 $c_1 f_1 + c_2 f_2 + \cdots + c_n f_n$ 也為可微分函數，且

$$\frac{d}{dx}[c_1 f_1(x) + c_2 f_2(x) + \cdots + c_n f_n(x)]$$

$$= c_1 \frac{d}{dx} f_1(x) + c_2 \frac{d}{dx} f_2(x) + \cdots + c_n \frac{d}{dx} f_n(x).$$

例 3 若拋物線 $y = ax^2 + bx$ 在點 $(1, 5)$ 的切線斜率為 8，求 a 與 b 的值．

解答 $\dfrac{dy}{dx} = 2ax + b$．當 $x = 1$ 時，$2a + b = 8$．

又點 $(1, 5)$ 在拋物線上，所以 $a + b = 5$．解方程組

$$\begin{cases} 2a+b=8 \\ a+b=5 \end{cases}, \text{可得 } a=3,\ b=2.$$

例 4 曲線 $y=x^4-2x^2+2$ 於何處有水平切線？

解答 $\dfrac{dy}{dx}=\dfrac{d}{dx}(x^4-2x^2+2)=4x^3-4x=4x(x^2-1)$

令 $\dfrac{dy}{dx}=0$，即，$4x(x^2-1)=0$，得：$x=0$，1，-1.

當 $x=0$ 時，$y=2$.

當 $x=1$ 時，$y=1-2+2=1$.

當 $x=-1$ 時，$y=(-1)^4-2(-1)^2+2=1$.

故曲線在點 $(0, 2)$、$(1, 1)$ 與 $(-1, 1)$ 有水平切線，其圖形如圖 11-2-1 所示.

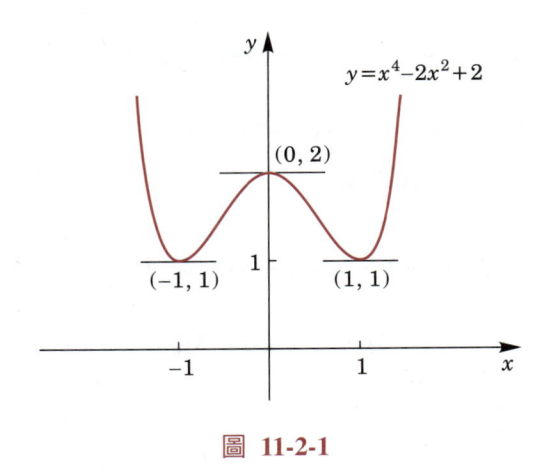

圖 11-2-1

定理 11-2-6　乘法法則

若 f 與 g 均為可微分函數，則 fg 也為可微分函數，且

$$\dfrac{d}{dx}[f(x)\,g(x)]=f(x)\dfrac{d}{dx}g(x)+g(x)\dfrac{d}{dx}f(x)$$

或

$$(fg)'=fg'+gf'.$$

定理 11-2-6 可以推廣到 n 個函數之乘積的情形。若 $f_1, f_2, \cdots, f_n$ 均為可微分函數，則 $f_1 f_2 \cdots f_n$ 也為可微分函數，且

$$\frac{d}{dx}(f_1 f_2 \cdots f_n) = \left(\frac{d}{dx}f_1\right)f_2 \cdots f_n + f_1\left(\frac{d}{dx}f_2\right)f_3 \cdots f_n + f_1 f_2 \cdots \left(\frac{d}{dx}f_n\right)$$

$$= f_1 f_2 \cdots f_n \left(\frac{\frac{d}{dx}f_1}{f_1} + \frac{\frac{d}{dx}f_2}{f_2} + \cdots + \frac{\frac{d}{dx}f_n}{f_n}\right)$$

$$= f_1 f_2 \cdots f_n \left(\frac{f_1'}{f_1} + \frac{f_2'}{f_2} + \cdots + \frac{f_n'}{f_n}\right). \tag{11-2-1}$$

例 5 若 $f(x) = (5x+6)(4x^3-3x+2)$，求 $f'(x)$。

解答
$$f'(x) = \frac{d}{dx}[(5x+6)(4x^3-3x+2)]$$
$$= (5x+6)\frac{d}{dx}(4x^3-3x+2) + (4x^3-3x+2)\frac{d}{dx}(5x+6)$$
$$= (5x+6)(12x^2-3) + 5(4x^3-3x+2)$$
$$= 80x^3 + 72x^2 - 30x - 8.$$

例 6 若 $f(x) = (x+2)(2x+3)(3x+4)(4x+5)$，求 $f'(x)$。

解答
$$f'(x) = \frac{d}{dx}[(x+2)(2x+3)(3x+4)(4x+5)]$$
$$= (x+2)(2x+3)(3x+4)(4x+5)\left(\frac{1}{x+2} + \frac{2}{2x+3} + \frac{3}{3x+4} + \frac{4}{4x+5}\right).$$

定理 11-2-7　一般冪法則

若 f 為可微分函數，n 為正整數，則 f^n 也為可微分函數，且

$$\frac{d}{dx}[f(x)]^n = n[f(x)]^{n-1}\frac{d}{dx}f(x)$$

或

$$(f^n)' = nf^{n-1}f'.$$

定理 11-2-7 在 n 為實數時仍可成立.

例 7 若 $f(x)=(x^2-2x+5)^{20}$, 求 $f'(x)$.

解答
$$f'(x)=\frac{d}{dx}(x^2-2x+5)^{20}=20(x^2-2x+5)^{19}\frac{d}{dx}(x^2-2x+5)$$
$$=40(x^2-2x+5)^{19}(x-1).$$

例 8 試證：$\dfrac{d}{dx}|x|=\dfrac{x}{|x|}=\dfrac{|x|}{x}$ $(x\neq 0)$.

解答
$$\frac{d}{dx}|x|=\frac{d}{dx}\sqrt{x^2}=\frac{1}{2}(x^2)^{-1/2}(2x)=\frac{x}{\sqrt{x^2}}=\frac{x}{|x|}=\frac{|x|}{x} \quad (x\neq 0).$$

例 9 若 $y=(x+\sqrt{x})^5$, 求 $\dfrac{dy}{dx}$.

解答
$$\frac{dy}{dx}=\frac{d}{dx}(x+\sqrt{x})^5=5(x+\sqrt{x})^4\frac{d}{dx}(x+\sqrt{x})$$
$$=5(x+\sqrt{x})^4\left(1+\frac{1}{2\sqrt{x}}\right)=\frac{5(x+\sqrt{x})^4(2\sqrt{x}+1)}{2\sqrt{x}}.$$

定理 11-2-8　除法法則

若 f 與 g 均為可微分函數, $g(x)\neq 0$, 則 $\dfrac{f}{g}$ 也為可微分函數, 且

$$\frac{d}{dx}\left[\frac{f(x)}{g(x)}\right]=\frac{g(x)\dfrac{d}{dx}f(x)-f(x)\dfrac{d}{dx}g(x)}{[g(x)]^2}$$

或

$$\left(\frac{f}{g}\right)'=\frac{gf'-fg'}{g^2}.$$

例10 若 $y = \dfrac{1-x}{1+x^2}$，求 $\dfrac{dy}{dx}$。

解答
$$\dfrac{dy}{dx} = \dfrac{d}{dx}\left(\dfrac{1-x}{1+x^2}\right) = \dfrac{(1+x^2)\dfrac{d}{dx}(1-x) - (1-x)\dfrac{d}{dx}(1+x^2)}{(1+x^2)^2}$$

$$= \dfrac{(1+x^2)(-1) - (1-x)(2x)}{(1+x^2)^2} = \dfrac{-1-x^2-2x+2x^2}{(1+x^2)^2}$$

$$= \dfrac{x^2 - 2x - 1}{(1+x^2)^2}.$$

若函數 f 的導函數 f' 為可微分，則 f' 的導函數記為 f''，稱為 f 的**二階導函數** (second derivative)。只要有可微分性，我們就可以將導函數的微分過程繼續下去而求得 f 的三、四、五，甚至更高階的導函數。f 之依次的導函數記為

$$\begin{aligned}
&f' &&(f \text{ 的一階導函數})\\
&f'' = (f')' &&(f \text{ 的二階導函數})\\
&f''' = (f'')' &&(f \text{ 的三階導函數})\\
&f^{(4)} = (f''')' &&(f \text{ 的四階導函數})\\
&f^{(5)} = (f^{(4)})' &&(f \text{ 的五階導函數})\\
&\quad\vdots\quad\vdots &&\quad\vdots\\
&f^{(n)} = (f^{(n-1)})' &&(f \text{ 的 } n \text{ 階導函數})
\end{aligned}$$

在 f 為 x 之函數的情形下，若利用算子 D_x 與 $\dfrac{d}{dx}$ 來表示，則

$$f'(x) = D_x\, f(x) = \dfrac{d}{dx} f(x)$$

$$f''(x) = D_x\,(D_x f(x)) = D_x^2\, f(x) = \dfrac{d}{dx}\left(\dfrac{d}{dx} f(x)\right) = \dfrac{d^2}{dx^2} f(x) = \dfrac{d^2 f(x)}{dx^2}$$

$$f'''(x) = D_x\,(D_x^2 f(x)) = D_x^3\, f(x) = \dfrac{d}{dx}\left(\dfrac{d^2}{dx^2} f(x)\right) = \dfrac{d^3}{dx^3} f(x) = \dfrac{d^3 f(x)}{dx^3}$$

$$f^{(n)}(x) = D_x^n f(x) = \frac{d^n}{dx^n} f(x) = \frac{d^n f(x)}{dx^n},$$ 此唸成 "f 對 x 的 n 階導函數".

在論及函數 f 的高階導函數時，為方便起見，通常規定 $f^{(0)} = f$，即，f 的零階導函數為其本身.

例11 若 $f(x) = 4x^3 + 2x^2 - x + 5$

則
$$f'(x) = 12x^2 + 4x - 1$$
$$f''(x) = 24x + 4$$
$$f'''(x) = 24$$
$$f^{(4)}(x) = 0$$
$$\vdots$$
$$f^{(n)}(x) = 0 \ (n \geq 4).$$

例12 若 $f(x) = \dfrac{1}{x}$，求 $f^{(n)}(x)$.

解答
$$f'(x) = (-1)x^{-2}$$
$$f''(x) = (-1)(-2)x^{-3}$$
$$f'''(x) = (-1)(-2)(-3)x^{-4}$$
$$\vdots$$
$$f^{(n)}(x) = (-1)(-2)(-3)\cdots(-n)\, x^{-n-1} = (-1)^n n!\, x^{-n-1}.$$

習題 11-2

在 1～8 題中求 $\dfrac{dy}{dx}$.

1. $y = 3x^6 + 2x^3 + 5$

2. $y = (3x^2 + 5)\left(2x - \dfrac{1}{2}\right)$

3. $y = (2 - x - 3x^3)(7 + x^5)$

4. $y = (x^2 + 1)(x - 1)(x + 5)$

5. $y = (x^5 + 2x)^3$

6. $y = \dfrac{1}{(x^2 + x)^2}$

7. $y = \dfrac{1 - 2x}{1 + 2x}$

8. $y = \dfrac{x^2 + 1}{3x}$

9. 若 $f(3) = 4$, $g(3) = 2$, $f'(3) = -6$, $g'(3) = 5$, 求下列各值.

   (1) $(fg)'(3)$ (2) $\left(\dfrac{f}{g}\right)'(3)$ (3) $\left(\dfrac{f}{f-g}\right)'(3)$

10. 已知 $s = \dfrac{t}{t^3 + 7}$, 求 $\left.\dfrac{ds}{dt}\right|_{t=-1}$.

11. 若直線 $y = 2x$ 與拋物線 $y = x^2 + k$ 相切, 求 k.

12. 在 $y = \dfrac{1}{3}x^3 - \dfrac{3}{2}x^2 + 2x$ 的圖形上何處有水平切線？

13. 求切於拋物線 $y = 4x - x^2$ 且通過點 $(2, 5)$ 之切線的方程式.

在 14～15 題中求 $\dfrac{d^2y}{dx^2}$.

14. $y = \dfrac{x}{1 + x^2}$

15. $y = \sqrt{x^2 + 1}$

16. 令 $f(x) = x^5 - 2x + 3$, 求 $\displaystyle\lim_{h \to 0} \dfrac{f'(2 + h) - f'(2)}{h}$.

17. 求一個二次函數 $f(x)$ 使得 $f(1) = 5$, $f'(1) = 3$, $f''(1) = -4$.

18. 假設 $f(x) = \begin{cases} x^2 - 1, & x \leq 1 \\ k(x - 1), & x > 1 \end{cases}$, 則對於什麼 k 值, f 為可微分？

§ 11-3　視導函數為變化率

　　大部分在日常生活中遇到的量均隨時間而改變, 特別是在科學研究的領域中. 舉例來說, 化學家或許會對某物在水中的溶解速率感到興趣, 電子工程師或許希望知道電路中電流的變化率，生物學家可能正在研究培養基中細菌增加或減少的速率，除此，尚有許多其他自然科學領域以外的例子.

若某變數由一值變到另一值，則它的最後值減去最初值稱為該變數的**增量** (increment). 在微積分中，我們習慣以符號 Δx（唸成"delta x"）表示變數 x 的增量，在此記號中，"Δx" 不是 "Δ" 與 "x" 的乘積，Δx 只是代表 x 值改變的單一符號. 同理，Δy、Δt 與 $\Delta \theta$ 等等，分別表示變數 y、t 與 θ 等的增量.

定義 11-3-1

設 $w=f(t)$ 為可微分函數，t 代表時間.

(1) $w=f(t)$ 在時間區間 $[t, t+h]$ 上的**平均變化率** (average rate of change) 為

$$\frac{\Delta w}{\Delta t} = \frac{f(t+h)-f(t)}{h}$$

(2) $w=f(t)$ 對 t 的 **(瞬時) 變化率** ((instantaneous) rate of change) 為

$$\frac{dw}{dt} = \lim_{\Delta t \to 0} \frac{\Delta w}{\Delta t} = \lim_{h \to 0} \frac{f(t+h)-f(t)}{h} = f'(t).$$

例 1 一科學家發現某物質被加熱 t 分鐘後的攝氏溫度為 $f(t)=30t+6\sqrt{t}+8$，其中 $0 \leq t \leq 5$.

(1) 求 $f(t)$ 在時間區間 $[4, 4.41]$ 上的平均變化率.

(2) 求 $f(t)$ 在 $t=4$ 的變化率.

解答 (1) f 在 $[4, 4.41]$ 上的平均變化率為

$$\frac{f(4.41)-f(4)}{0.41} = \frac{30(4.41)+6\sqrt{4.41}+8-(120+12+8)}{0.41}$$

$$= \frac{12.9}{0.41} \approx 31.46 \text{ (°C/分)}$$

(2) 因 f 在 t 的變化率為 $f'(t)=30+\dfrac{3}{\sqrt{t}}$，故

$$f'(4)=30+\dfrac{3}{2}=31.5 \ (\text{°C/分}).$$

例 2 氣體的波義耳定律為 $PV=k$，其中 P 表壓力，V 表體積，k 為常數．假設在時間 t（以分計）時，壓力為 $20+2t$ 克/平方厘米，其中 $0 \le t \le 10$，若在 $t=0$ 時，體積為 60 立方厘米．試問在 $t=5$ 時，體積對 t 的變化率為何？

解答 因 $PV=k$，$P=20+2t$，故 $V=\dfrac{k}{P}=\dfrac{k}{20+2t}$．

依題意，$V(0)=\dfrac{k}{20}=60$，可得 $k=1200$，

因而 $V(t)=\dfrac{1200}{20+2t}=\dfrac{600}{10+t}$．

又 $V'(t)=-\dfrac{600}{(10+t)^2}$，

故 $V'(5)=-\dfrac{600}{(10+5)^2}=-\dfrac{600}{225}=-\dfrac{8}{3}$（立方厘米/分）．

利用變化率的觀念，我們可以研究質點的直線運動．如圖 11-3-1 所示，L 表坐標線（即 x-軸），O 表原點，若質點 P 在時間 t 的坐標為 $s(t)$，則稱 $s(t)$ 為 P 的**位置函數** (position function)．

圖 11-3-1

定義 11-3-2

設坐標線 L 上一質點 P 在時間 t 的位置函數為 $s(t)$.
(1) P 的**速度函數** (velocity function) 為 $v(t)=s'(t)$.
(2) P 在時間 t 的**速率** (speed) 為 $|v(t)|$.
(3) P 的**加速度函數** (acceleration function) 為 $a(t)=v'(t)$.

例 3 若沿著直線運動的質點的位置（以呎計）為 $s(t)=4t^2-3t+1$，其中 t 是以秒計，求它在 $t=2$ 的位置、速度與加速度.

解答 (1) 在 $t=2$ 的位置為 $s(2)=16-6+1=11$（呎）
(2) $v(t)=s'(t)=8t-3$ 在 $t=2$ 的速度為 $v(2)=16-3=13$（呎/秒）
(3) $a(t)=v'(t)=8$ 在 $t=2$ 的加速度為 $a(2)=8$（呎/秒^2）.

例 4 某砲彈以 400 呎/秒的速度垂直向上發射，在 t 秒後離地面的高度（以呎計）為 $s(t)=-16t^2+400t$，求該砲彈撞擊地面的時間與速度．它達到的最大高度為何？在任何時間 t 的加速度為何？

解答 設砲彈的路徑在垂直坐標線上，原點在地上，而向上為正.
由 $-16t^2+400t=0$ 可得 $t=25$，因此，砲彈在 25 秒末撞擊地面．在時間 t 的速度為 $v(t)=s'(t)=-32t+400$，故 $v(25)=-400$ 呎/秒．最大高度發生在 $s'(t)=0$ 之時，即，$-32t+400=0$，解得 $t=25/2$．所以，最大高度為

$$s(25/2)=-16(25/2)^2+400(25/2)=2500 \text{（呎）}$$

最後，在任何時間的加速度為 $a(t)=v'(t)=-32$（呎/秒^2）.

我們可以研究對於除了時間以外的其他變數的變化率，如下面定義所述.

定義 11-3-3

設 $y=f(x)$ 為可微分函數.

(1) y 在區間 $[x, x+h]$ 上對 x 的平均變化率為

$$\frac{\Delta y}{\Delta x}=\frac{f(x+h)-f(x)}{h}$$

(2) y 對 x 的變化率為

$$\frac{dy}{dx}=\lim_{\Delta x \to 0}\frac{\Delta y}{\Delta x}=\lim_{h \to 0}\frac{f(x+h)-f(x)}{h}=f'(x).$$

例 5 設 $y=\dfrac{1}{x^2+1}$,求

(1) y 在區間 $[-1, 2]$ 上對 x 的平均變化率.

(2) y 在點 $x=-1$ 對 x 的變化率.

解答 (1) $\dfrac{\Delta y}{\Delta x}=\dfrac{\dfrac{1}{5}-\dfrac{1}{2}}{2-(-1)}=\dfrac{-\dfrac{3}{10}}{3}=-\dfrac{1}{10}$

(2) $\dfrac{dy}{dx}\bigg|_{x=-1}=-\dfrac{2x}{(x^2+1)^2}\bigg|_{x=-1}=\dfrac{1}{2}.$

例 6 在某一電路中,電流(以安培計)為 $I=\dfrac{100}{R}$,其中 R 為電阻(以歐姆計). 當電阻為 20 歐姆時,求 $\dfrac{dI}{dR}$.

解答 因 $\dfrac{dI}{dR}=-\dfrac{100}{R^2}$,故當 $R=20$ 時,

$$\frac{dI}{dR} = -\frac{100}{400} = -\frac{1}{4} \text{ (安培/歐姆)}.$$

習題 11-3

1. 當一圓球形氣球充氣時，其半徑（以厘米計）在時間 t（以分計）時為 $r(t) = 3\sqrt[3]{t+8}$，$0 \le t \le 10$. 試問在 $t = 8$ 時，
   (1) $r(t)$ (2) 氣球的體積   (3) 表面積
   對時間 t 的變化率為何？

2. 一砲彈以 144 呎/秒的速度垂直向上發射，在 t 秒末的高度（以呎計）為 $s(t) = 144t - 16t^2$，試問 t 秒末的速度與加速度為何？3 秒末的速度與加速度為何？最大高度為何？何時撞擊地面？

3. 一球沿斜面滾下，在 t 秒內滾動的距離（以吋計）為 $s(t) = 5t^2 + 2$，試問 1 秒末、2 秒末的速度為何？何時速度可達 28 吋/秒？

4. 作直線運動之質點的位置函數為 $s(t) = 2t^3 - 15t^2 + 48t - 10$，其中 t 是以秒計，$s(t)$ 是以米計，求它在速度為 12 米/秒時的加速度，並求加速度為 10 米/秒² 時的速度。

5. 試證：球體積對其半徑的變化率為其表面積。

6. 已知華氏溫度 F 與攝氏溫度 C 的關係為 $C = \frac{5}{9}(F - 32)$，求 F 對 C 的變化率。

7. 在電路中，某一點的瞬時電流 $I = \dfrac{dq}{dt}$，其中 q 為電量（庫倫），t 為時間（秒），求 $q = 1000t^3 + 50t$ 在 $t = 0.01$ 秒時的 I（安培）。

8. 假設在 t 秒內流過一電線的電荷為 $\frac{1}{3}t^3 + 4t$，求 2 秒末電流的安培數。一條 20 安培的保險絲於何時燒斷？

9. 在光學中，$\dfrac{1}{p}+\dfrac{1}{q}=\dfrac{1}{f}$，其中 f 為凸透鏡的焦距，p 與 q 分別為物距與像距，若 f 固定，求 q 對 p 的變化率.

§11-4 連鎖法則

我們已討論了有關函數之和、差、積及商的導函數. 在本節中，我們要利用**連鎖法則** (chain rule) 來討論如何求得兩個（或兩個以上）可微分函數之合成函數的導函數.

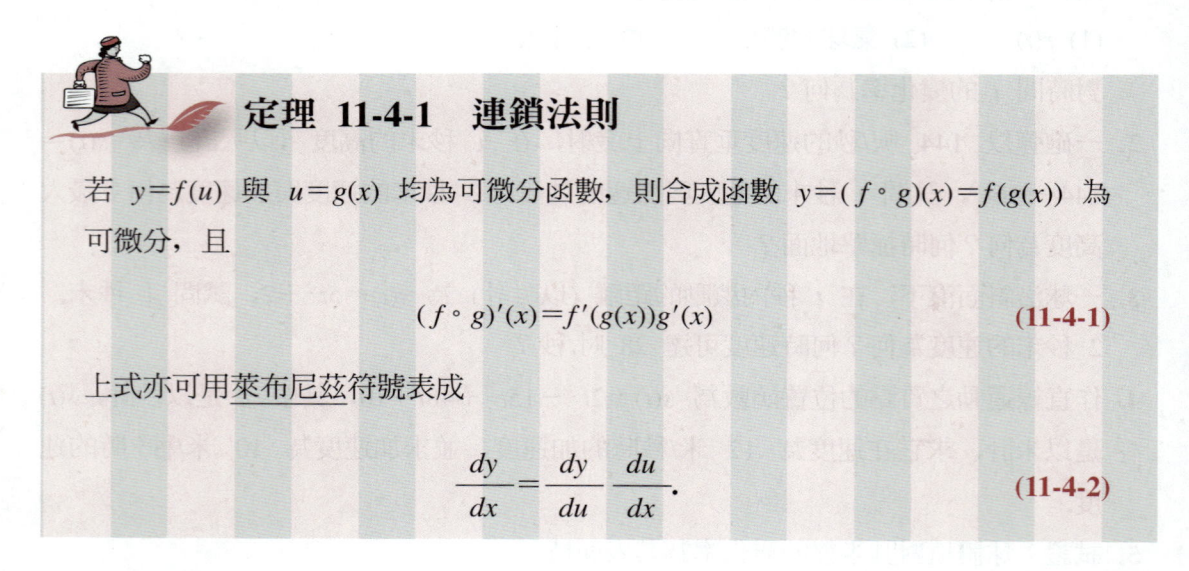

定理 11-4-1 連鎖法則

若 $y=f(u)$ 與 $u=g(x)$ 均為可微分函數，則合成函數 $y=(f\circ g)(x)=f(g(x))$ 為可微分，且

$$(f\circ g)'(x)=f'(g(x))g'(x) \qquad (11\text{-}4\text{-}1)$$

上式亦可用萊布尼茲符號表成

$$\dfrac{dy}{dx}=\dfrac{dy}{du}\dfrac{du}{dx}. \qquad (11\text{-}4\text{-}2)$$

在公式 (11-4-1) 中，我們稱 f 為 "外函數" 而 g 為 "內函數". 因此，$f(g(x))$ 的導函數為外函數在內函數的導函數乘以內函數的導函數.

公式 (11-4-2) 很容易記憶，因為，若 $\dfrac{dy}{du}$ 與 $\dfrac{du}{dx}$ 均看成兩個 "商"，則 "消去" 右邊的 du，則恰好得到左邊的結果. 然而，要記住 du 未定義，$\dfrac{du}{dx}$ 不應該被想像成真正的 "商". 當使用 x、y 與 u 以外的變數時，此 "消去" 方式提供一個很好的方法去記憶. 公式 (11-4-2) 在直觀上暗示變化率相乘，如圖 11-4-1 所示.

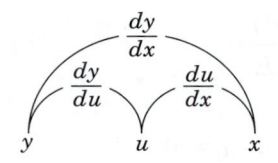

變化率相乘：

$$\frac{dy}{dx} = \frac{dy}{du}\frac{du}{dx}$$

圖 11-4-1

例 1 求 $\dfrac{d}{dx}[(2x^2+3x+1)^5]$.

解答 令 $f(x)=x^5$ 且 $g(x)=2x^2+3x+1$（於是，$f(g(x))=(2x^2+3x+1)^5$），則 $f'(x)=5x^4$，$g'(x)=4x+3$，可得

$$\frac{d}{dx}[(2x^2+3x+1)^5] = \frac{d}{dx}[f(g(x))] = f'(g(x))\,g'(x)$$

$$= 5[g(x)]^4\,g'(x)$$

$$= 5(2x^2+3x+1)^4(4x+3).$$

例 2 若 $y=u^3+1$、$u=\dfrac{1}{x^2}$，求 $\dfrac{dy}{dx}$.

解答
$$\frac{dy}{dx} = \frac{dy}{du}\frac{du}{dx} = \frac{d}{du}(u^3+1)\frac{d}{dx}\left(\frac{1}{x^2}\right)$$

$$= (3u^2)\left(-\frac{2}{x^3}\right) = 3\left(\frac{1}{x^2}\right)^2\left(-\frac{2}{x^3}\right)$$

$$= -\frac{6}{x^7}.$$

例 3 (1) 若 u 為 x 的可微分函數，試證：$\dfrac{d}{dx}|u| = \dfrac{u}{|u|}\dfrac{du}{dx}$，$u \neq 0$.

(2) 利用 (1) 的結果求 $\dfrac{d}{dx}|x^2-4|$.

解答 (1) $\dfrac{d}{dx}|u| = \dfrac{d|u|}{du}\dfrac{du}{dx}$

$= \dfrac{u}{|u|}\dfrac{du}{dx},\ u \neq 0$ （由 11-2 節例題 8）

(2) $\dfrac{d}{dx}|x^2-4| = \dfrac{x^2-4}{|x^2-4|}\dfrac{d}{dx}(x^2-4)$

$= \dfrac{2x(x^2-4)}{|x^2-4|},\ x \neq \pm 2.$

例 4 設 $f(x)=x^5+1$，$g(x)=\sqrt{x}$，求 $(f \circ g)'(1)$.

解答 $g(x)=\sqrt{x} \Rightarrow g(1)=1$

$g(x)=\sqrt{x} \Rightarrow g'(x)=\dfrac{1}{2\sqrt{x}} \Rightarrow g'(1)=\dfrac{1}{2}$

$f(x)=x^5+1 \Rightarrow f'(x)=5x^4 \Rightarrow f'(1)=5$

故 $(f \circ g)'(1)=f'(g(1))g'(1)=f'(1)g'(1)=(5)\left(\dfrac{1}{2}\right)=\dfrac{5}{2}$.

習題 11-4

1. 若 $y=(u^2+4)^4$，$u=x^{-2}$，求 $\dfrac{dy}{dx}$.

2. 已知 $y=x|2x-1|$，求 $\dfrac{dy}{dx}$.

3. 若 $g(x)=f(a+nx)+f(a-nx)$，此處 f 在 a 為可微分，求 $g'(0)$.

4. 已知 $h(x)=f(g(x))$，$g(3)=6$，$g'(3)=4$，$f'(6)=7$，求 $h'(3)$.

5. 若 $f(x)=1-\dfrac{1}{x}$，$g(x)=\dfrac{1}{1-x}$，求 $(f \circ g)'(-1)$.

6. 若 f 為可微分函數，且 $f\left(\dfrac{x-1}{x+1}\right)=x$，求 $f'(0)$。

7. 令 $x=5t+2$，$y=t^2$，分別使用下列兩種方法：
   (1) 利用連鎖法則
   (2) 以 x 表 y 而直接微分

   求 $\dfrac{dy}{dx}$。

8. 已知一個電阻器的電阻為 $R=6000+0.002T^2$（單位為歐姆），其中 T 為溫度（°C），若其溫度以 0.2°C/秒增加，試求當 $T=120$°C 時，電阻的變化率為若干？

9. 假設 f 為可微分函數，試利用連鎖法則證明：
   (1) 若 f 為偶函數，則 f' 為奇函數。
   (2) 若 f 為奇函數，則 f' 為偶函數。

10. 求 $\dfrac{d}{dx}f(g(h(x)))$ 的公式。

11. 已知 $f(0)=0$、$f'(0)=2$，求 $f(f(f(x)))$ 在 $x=0$ 的導數。

§11-5 隱微分法

前面所討論的函數均由方程式 $y=f(x)$ 的形式來定義，f 稱為**顯函數** (explicit function)，即，f 是完完全全僅用 x 表出者。例如，方程式 $y=x^2+x+1$ 定義 $f(x)=x^2+x+1$，這種函數的導函數可以很容易求出。但是，並非所有的函數均是如此定義的。試看下面方程式

$$x^2+y^2=1 \tag{11-5-1}$$

x 與 y 之間顯然不是函數關係，但是對於函數 $f(x)=\sqrt{1-x^2}$，$x\in[-1,\,1]$，其定義域內所有 x 均可滿足 (11-5-1) 式，即

$$x^2+(\sqrt{1-x^2})^2=1$$

此時，我們說 f 為方程式 (11-5-1) 所定義的**隱函數** (implicit function)。一般而言，

由方程式所定義的函數並不唯一．例如，$g(x)=-\sqrt{1-x^2}$，$x \in [-1, 1]$，亦為方程式 (11-5-1) 所定義的隱函數．

同理，考慮下面方程式

$$x^2-2xy+y^2=x \tag{11-5-2}$$

若令 $y=f(x)$，則 $f(x)=x+\sqrt{x}$ $(0 \leq x < \infty)$ 滿足式 (11-5-2)，故 f 為方程式 (11-5-2) 所定義的隱函數．

若我們要求 f 的導函數，依前面學過的微分方法，勢必要先求出 f 來，但是，有時候，要自所給的方程式解出 f 並不是一件很容易的事．因此，我們不必自方程式解出 f，只要對原方程式直接微分就可求出 f 的導函數，這種求隱函數的導函數的方法，稱為**隱微分法** (implicit differentiation)．

例 1 若 $x^2+y^2=xy^2$ 定義 $y=f(x)$ 為可微分函數，試求 $\dfrac{dy}{dx}$．

解答
$$\frac{d}{dx}(x^2+y^2)=\frac{d}{dx}(xy^2)$$

$$\frac{d}{dx}x^2+\frac{d}{dx}y^2=x\frac{d}{dx}y^2+y^2\frac{d}{dx}x$$

$$2x+2y\frac{dy}{dx}=x\left(2y\frac{dy}{dx}\right)+y^2$$

$$(2y-2xy)\frac{dy}{dx}=y^2-2x$$

$$\frac{dy}{dx}=\frac{y^2-2x}{2y-2xy}=\frac{y^2-2x}{2y(1-x)} \quad (若\ y(1-x) \neq 0).$$

例 2 求曲線 $y^2-x+1=0$ 在點 $(2, -1)$ 的切線方程式．

解答
$$\frac{d}{dx}(y^2-x+1)=0$$

可得 $2y\dfrac{dy}{dx}-1=0$，即 $\dfrac{dy}{dx}=\dfrac{1}{2y}$．

在點 $(2, -1)$ 的切線斜率為 $m = \dfrac{dy}{dx}\bigg|_{(2,-1)} = -\dfrac{1}{2}$,

故在該處的切線方程式為 $y-(-1) = -\dfrac{1}{2}(x-2)$,

即, $x+2y=0$. 圖形如圖 11-5-1 所示.

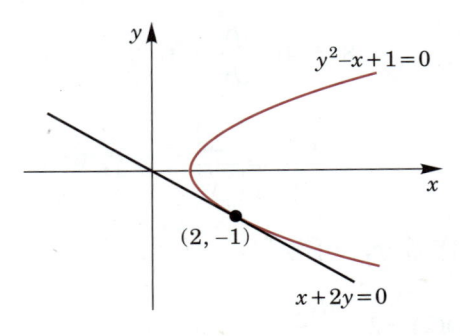

圖 11-5-1

例 3　若 $s^2t + t^3 = 2$, 求 $\dfrac{ds}{dt}$ 與 $\dfrac{dt}{ds}$.

解答　$s^2t + t^3 = 2 \Rightarrow \dfrac{d}{dt}(s^2t + t^3) = \dfrac{d}{dt}(2)$

$\Rightarrow s^2 + 2st\dfrac{ds}{dt} + 3t^2 = 0$

$\Rightarrow 2st\dfrac{ds}{dt} = -(s^2 + 3t^2)$

$\Rightarrow \dfrac{ds}{dt} = -\dfrac{s^2 + 3t^2}{2st}$ $(st \neq 0)$

$s^2t + t^3 = 2 \Rightarrow \dfrac{d}{ds}(s^2t + t^3) = \dfrac{d}{ds}(2)$

$\Rightarrow s^2\dfrac{dt}{ds} + 2st + 3t^2\dfrac{dt}{ds} = 0$

$\Rightarrow (s^2 + 3t^2)\dfrac{dt}{ds} = -2st$

$$\Rightarrow \frac{dt}{ds} = -\frac{2st}{s^2+3t^2}.$$

例 4 若 $4x^2-2y^2=9$，求 $\dfrac{d^2y}{dx^2}$.

解答 對方程式等號兩邊作微分，可得

$$8x-4y\frac{dy}{dx}=0$$

$$\frac{dy}{dx}=\frac{2x}{y}$$

再對上式等號兩邊作微分，可得

$$\frac{d^2y}{dx^2}=\frac{(y)(2)-2x\dfrac{dy}{dx}}{y^2}$$

$$=\frac{2y-(2x)\left(\dfrac{2x}{y}\right)}{y^2} \qquad (\text{以 } \dfrac{dy}{dx}=\dfrac{2x}{y} \text{ 代入})$$

$$=\frac{2y^2-4x^2}{y^3}$$

$$=\frac{-9}{y^3} \qquad (\text{利用原方程式})$$

$$=-\frac{9}{y^3}.$$

習題 11-5

1. 設方程式 $x^2-xy+y^2=3$ 所定義的函數 $y=f(x)$ 為可微分函數，求 $\dfrac{dy}{dx}$.

2. 若 $\dfrac{\sqrt{x}+1}{\sqrt{y}+1}=y$，求 $\dfrac{dy}{dx}$．

3. 若 $xy+y^2=1$，求 $\dfrac{d^2y}{dx^2}\bigg|_{(0,\,-1)}$．

4. 若 $x^2+xy=1$，求 $\dfrac{d^2x}{dy^2}\bigg|_{(-1,\,0)}$．

5. 求曲線 $x+x^2y^2-y=1$ 在點 $(1,\,1)$ 的切線與法線方程式．

6. 試證：在拋物線 $y^2=cx$ 上點 $(x_0,\,y_0)$ 的切線方程式為

$$y_0 y=\dfrac{c}{2}(x_0+x).$$

7. 試證：在橢圓 $\dfrac{x^2}{a^2}+\dfrac{y^2}{b^2}=1$ 上點 $(x_0,\,y_0)$ 的切線方程式為 $\dfrac{x_0 x}{a^2}+\dfrac{y_0 y}{b^2}=1$．

8. 試證：在雙曲線 $\dfrac{x^2}{a^2}-\dfrac{y^2}{b^2}=1$ 上點 $(x_0,\,y_0)$ 的切線方程式為 $\dfrac{x_0 x}{a^2}-\dfrac{y_0 y}{b^2}=1$．

§11-6 微 分

若 $y=f(x)$，則

$$\Delta y=f(x+\Delta x)-f(x)$$

增量記號可以用在導函數的定義中，我們僅需將定義 11-1-3 中的 h 以 Δx 取代即可，即，

$$f'(x)=\lim_{\Delta x\to 0}\dfrac{f(x+\Delta x)-f(x)}{\Delta x}=\lim_{\Delta x\to 0}\dfrac{\Delta y}{\Delta x} \tag{11-6-1}$$

(11-6-1) 式可以敘述如下：f 的導函數為因變數的增量 Δy 與自變數的增量 Δx 的比值在 Δx 趨近零時的極限．注意，在圖 11-6-1 中，$\dfrac{\Delta y}{\Delta x}$ 為通過 P 與 Q 之割線的斜率．由 (11-6-1) 式可知，若 $f'(x)$ 存在，則

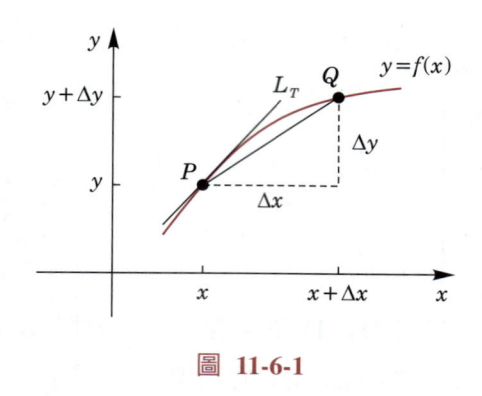

$$\frac{\Delta y}{\Delta x} \approx f'(x), \quad 當\ \Delta x \approx 0.$$

就圖形上而言，若 $\Delta x \to 0$，則通過 P 與 Q 之割線的斜率 $\dfrac{\Delta y}{\Delta x}$ 趨近在點 P 之切線 L_T 的斜率 $f'(x)$，也可寫成

$$\Delta y \approx f'(x)\, \Delta x, \quad 當\ \Delta x \approx 0.$$

在下面定義中，我們給 $f'(x)\, \Delta x$ 一個特別的名稱.

定義 11-6-1

若 $y=f(x)$，其中 f 為可微分函數，Δx 為 x 的增量，則

(1) 自變數 x 的微分 (differential) dx 為 $dx = \Delta x$.

(2) 因變數 y 的微分 dy 為 $dy = f'(x)\, \Delta x = f'(x)\, dx$.

注意，dy 的值與 x 及 Δx 兩者有關. 由定義 11-6-1(1) 可看出，只要涉及自變數 x，則增量 Δx 與微分 dx 沒有差別.

例 1 令 $y=f(x)=\sqrt{x}$，若 $x=4$，$dx=\Delta x=3$，求 Δy 與 dy.

解答 $\Delta y = f(x+\Delta x) - f(x) = \sqrt{x+\Delta x} - \sqrt{x}$

當 $x=4$，$\Delta x=3$ 時，

$$\Delta y = \sqrt{4+3} - \sqrt{4} = \sqrt{7} - 2 \approx 0.65$$

$$dy = f'(x)\ dx = \frac{1}{2\sqrt{x}}\ dx$$

當 $x=4$, $dx=3$ 時,

$$dy = \frac{1}{2\sqrt{4}} \cdot 3 = \frac{3}{4} = 0.75.$$

若 $\Delta x \to 0$, 則

$$\Delta y \approx dy = f'(x)\ dx$$

因此, 若 $y=f(x)$, 則對微小的變化量 Δx 而言, 因變數的真正變化量 Δy 可以用 dy 來近似. 因 $\dfrac{dy}{dx} = f'(x)$ 為曲線 $y=f(x)$ 在點 $(x, f(x))$ 之切線的斜率, 故微分 dy 與 dx 可解釋為該切線的對應縱距與橫距. 由圖 11-6-2 可以瞭解增量 Δy 與微分 dy 的區別. 設我們給予 dx 與 Δx 同樣的值, 即, $dx=\Delta x$. 當我們由 x 開始沿著曲線 $y=f(x)$ 直到在 x 方向移動 Δx ($=dx$) 單位時, Δy 代表 y 的變化量; 而若我們由 x 開始沿著切線直到在 x 方向移動 dx ($=\Delta x$) 單位, 則 dy 代表 y 的變化量.

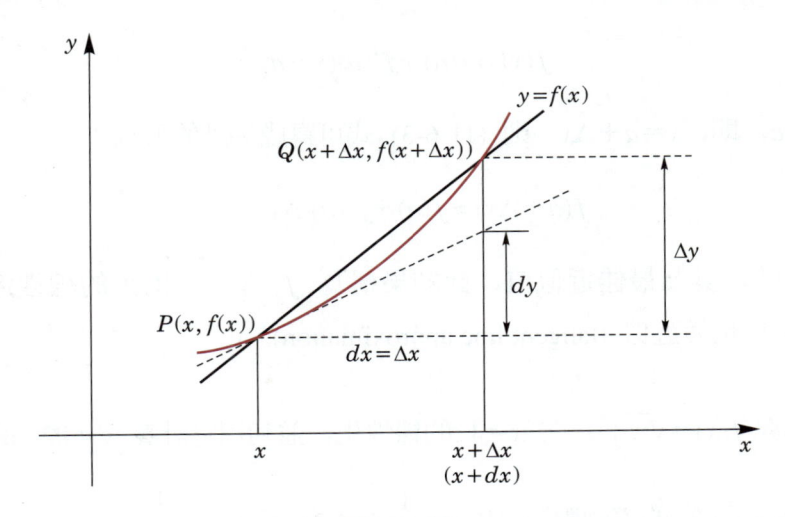

圖 11-6-2

圖 11-6-3 指出，若 f 在 a 為可微分，則在點 $(a, f(a))$ 附近，切線相當近似曲線. 因切線通過點 $(a, f(a))$ 且斜率為 $f'(a)$，故切線的方程式為

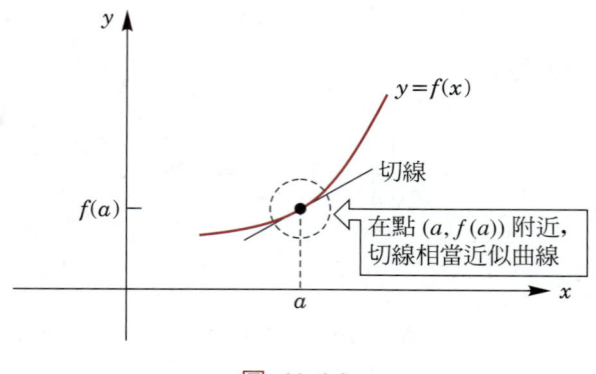

圖 11-6-3

$$y - f(a) = f'(a)(x - a)$$

或

$$y = f(a) + f'(a)(x - a)$$

線性函數

$$L(x) = f(a) + f'(a)(x - a) \tag{11-6-2}$$

(其圖形為切線) 稱為 f 在 a 的**線性化** (linearization). 對於靠近 a 的 x 值而言，切線的高度 y 將與曲線的高度 $f(x)$ 很接近，所以，

$$f(x) \approx f(a) + f'(a)(x - a) \tag{11-6-3}$$

若令 $\Delta x = x - a$，即，$x = a + \Delta x$，則 (11-6-3) 式可寫成另外的形式：

$$f(a + \Delta x) \approx f(a) + f'(a) \Delta x \tag{11-6-4}$$

當 $\Delta x \to 0$ 時，其為最佳近似值，此結果稱為 f 在 a 附近的**線性近似** (linear approximation) 或**切線近似** (tangent line approximation).

例 2 求函數 $f(x) = \sqrt{x+3}$ 在 $x = 1$ 的線性化，並利用它計算 $\sqrt{4.02}$ 的近似值.

解答 $f(x) = \sqrt{x+3}$ 的導函數為 $f'(x) = \dfrac{1}{2}(x+3)^{-1/2} = \dfrac{1}{2\sqrt{x+3}}$，

可得 $f(1)=2$, $f'(1)=\dfrac{1}{4}$, 故線性化為

$$L(x)=f(1)+f'(1)(x-1)$$
$$=2+\dfrac{1}{4}(x-1)$$
$$=\dfrac{x}{4}+\dfrac{7}{4}$$

(圖 11-6-4). 線性近似為

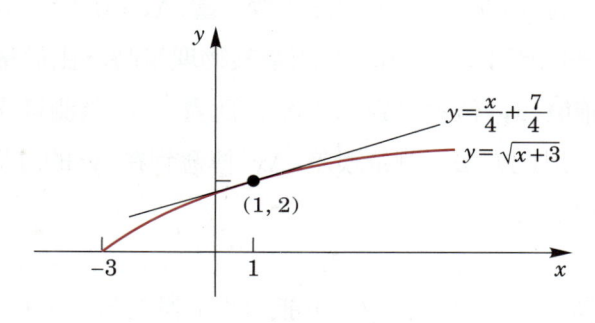

圖 11-6-4

$$\sqrt{x+3}\approx\dfrac{x}{4}+\dfrac{7}{4}$$

故 $\quad\sqrt{4.02}\approx\dfrac{1.02}{4}+\dfrac{7}{4}=2.005.$

例 3 利用微分求 $\sqrt[3]{1000.06}$ 近似值到小數第四位.

解答 設 $f(x)=\sqrt[3]{x}$, 則 $f'(x)=\dfrac{1}{3}x^{-2/3}$. 取 $a=1000$, 則 $\Delta x=1000.06-1000=0.06$, 可得

$$f(1000.06)\approx f(1000)+f'(1000)(0.06)$$

故 $\quad\sqrt[3]{1000.06}\approx 10+\dfrac{0.06}{300}=10.0002.$

例 4 設邊長為 10 厘米的正方體鐵塊的表面鍍上 0.05 厘米厚的銅，試估計該表層銅的體積．

解答 設正方體鐵塊的邊長為 x，則其體積為 $V=x^3$．我們以 dV 近似銅的體積 ΔV．令 $x=10$, $dx=\Delta x=0.05$，則

$$dV=3x^2\,dx=3(100)(0.1)=30$$

故銅的體積約為 30 立方厘米．

我們在前面提過，若 $y=f(x)$ 為可微分函數，當 $\Delta x\approx 0$ 時，$dy\approx\Delta y$，此結果在誤差傳遞的研究裡有很多的應用．例如，在測量某物理量時，由於儀器的誤差與其他因素，通常無法得到正確值 x，但會得到 $x+\Delta x$，此處 Δx 為測量誤差．這種記錄值可用來計算其他的量 y．以此方法，測量誤差 Δx 傳遞到在 y 的計算值中所產生的誤差 Δy．

例 5 若測得某球的半徑為 50 厘米，可能的測量誤差為 ± 0.01 厘米，試估計球體積之計算值的可能誤差．

解答 若球的半徑為 r，則其體積為 $V=\dfrac{4}{3}\pi r^3$．已知半徑的誤差為 ± 0.01，我們希望求 V 的誤差 ΔV，因 $\Delta V\approx 0$，故 ΔV 可由 dV 去近似．於是，

$$\Delta V\approx dV=4\pi r^2\,dr$$

以 $r=50$ 與 $dr=\Delta r=\pm 0.01$ 代入上式，可得

$$\Delta V\approx 4\pi(2500)(\pm 0.01)\approx\pm 314.16$$

所以，體積的可能誤差約為 ± 314.16 立方厘米．

註：在例題 5 中，r 代表半徑的正確值．因 r 的正確值未知，故我們代以測量值 $r=50$ 得到 ΔV．又因為 $\Delta r\approx 0$，所以這個結果是合理的．

若某量的正確值是 q 而測量或計算的誤差是 Δq，則 $\dfrac{\Delta q}{q}$ 稱為測量或計算的**相對誤差** (relative error)；當它表成百分比時，$\dfrac{\Delta q}{q}$ 稱為**百分誤差** (percentage error). 實際上，正確值通常是未知的，以致於使用 q 的測量值或計算值，而以 $\dfrac{dq}{q}$ 去近似相對誤差. 在例題 5 中，半徑 r 的相對誤差 $\approx \dfrac{dr}{r} = \dfrac{\pm 0.01}{50} = \pm 0.0002$，而百分誤差約為 $\pm 0.02\%$；體積 V 的相對誤差 $\approx \dfrac{dV}{V} = 3\dfrac{dr}{r} = \pm 0.0006$，而百分誤差約為 $\pm 0.06\%$.

例 6 若測得正方形邊長的可能百分誤差為 $\pm 5\%$，試估計正方形面積的可能百分誤差.

解答 邊長 x 的正方形面積為 $A = x^2$，而 A 與 x 的相對誤差分別為 $\dfrac{dA}{A}$ 與 $\dfrac{dx}{x}$. 因 $dA = 2x\, dx$，故

$$\frac{dA}{A} = \frac{2x\, dx}{A} = \frac{2x\, dx}{x^2} = 2\frac{dx}{x}$$

已知 $\dfrac{dx}{x} \approx \pm 0.05$，可得

$$\frac{dA}{A} \approx 2(\pm 0.05) = \pm 0.1$$

於是，正方形面積的可能百分誤差為 $\pm 10\%$.

在表 11-6-1 中，若 $dx \neq 0$ 乘遍左欄的導函數公式時，可得右欄的微分公式.

表 11-6-1

導函數公式	微分公式
$\dfrac{dk}{dx}=0$	$dk=0$
$\dfrac{d}{dx}x^n=nx^{n-1}$	$d(x^n)=nx^{n-1}dx$
$\dfrac{d}{dx}(cf)=c\dfrac{df}{dx}$	$d(cf)=c\,df$
$\dfrac{d}{dx}(f\pm g)=\dfrac{df}{dx}\pm\dfrac{dg}{dx}$	$d(f\pm g)=df\pm dg$
$\dfrac{d}{dx}(fg)=f\dfrac{dg}{dx}+g\dfrac{df}{dx}$	$d(fg)=f\,dg+g\,df$
$\dfrac{d}{dx}\left(\dfrac{f}{g}\right)=\dfrac{g\dfrac{df}{dx}-f\dfrac{dg}{dx}}{g^2}$	$d\left(\dfrac{f}{g}\right)=\dfrac{g\,df-f\,dg}{g^2}$
$\dfrac{d}{dx}(f^n)=nf^{n-1}\dfrac{df}{dx}$	$d(f^n)=nf^{n-1}df$

例 7 若 $y=\dfrac{x^2}{x+1}$，求 dy.

解答 $dy=d\left(\dfrac{x^2}{x+1}\right)=\dfrac{(x+1)d(x^2)-x^2d(x+1)}{(x+1)^2}$

$=\dfrac{(x+1)2x\,dx-x^2\,dx}{(x+1)^2}=\dfrac{2x^2+2x-x^2}{(x+1)^2}\,dx$

$=\dfrac{x^2+2x}{(x+1)^2}\,dx.$

習題 11-6

1. 若 $y = 5x^2 + 4x + 1$,
   (1) 求 Δy 與 dy.
   (2) 當 $x = 6$, $\Delta x = dx = 0.02$ 時, 比較 Δy 與 dy 的值.

2. 設 $s = \dfrac{1}{2 - t^2}$, 若 t 由 1 變到 1.02, 利用 ds 去近似 Δs.

3. 求 $f(x) = \sqrt{x^2 + 9}$ 在 $x = -4$ 的線性化.

4. (1) 試證：若 k 為任意實數, 則函數 $f(x) = (1 + x)^k$ 在 $x = 0$ 的線性化為 $L(x) = 1 + kx$.
   (2) 計算 $(1.0002)^{50}$ 與 $\sqrt[3]{1.009}$ 的近似值.

5. 利用微分求下列的近似值.
   (1) $(1.97)^6$ (2) $\sqrt[6]{64.05}$ (3) $\sqrt[3]{1.02} + \sqrt[4]{1.02}$

6. 設圓球形氣球充以氣體而膨脹, 若直徑由 2 呎增為 2.02 呎, 利用微分近似球表面積的增量.

7. 若長為 15 厘米且直徑為 5 厘米的金屬管覆以 0.001 厘米厚的絕緣體 (兩端除外), 試利用微分估計絕緣體的體積.

8. 已知測得正方體的邊長為 25 厘米, 可能誤差為 ± 1 厘米.
   (1) 利用微分估計所計算體積的誤差.
   (2) 估計邊長與體積的百分誤差.

9. 設某電線的電阻為 $R = \dfrac{k}{r^2}$, 此處 k 為常數, r 為電線的半徑. 若半徑 r 的可能誤差為 $\pm 5\%$, 利用微分估計 R 的百分誤差.

10. 波義耳定律為：密閉容器中的氣體壓力 P 與體積 V 的關係式為 $PV = k$, 其中 k 為常數. 試證 $P\,dV + V\,dP = 0$.

11. 若鐘擺的長度為 L (以米計) 且週期為 T (以秒計), 則 $T = 2\pi \sqrt{\dfrac{L}{g}}$, 此處 g 為常

數.利用微分證明 T 的百分誤差約為 L 的百分誤差的一半.

§11-7　反函數的導函數

在本節中，我們將討論如何求代數函數之反函數的導函數，以作為下一章研習超越函數之導函數的基礎.

已知 $f(x)=\dfrac{1}{3}x+1$，則其反函數為 $f^{-1}(x)=3x-3$，可得

$$\dfrac{d}{dx}f(x)=\dfrac{d}{dx}\left(\dfrac{1}{3}x+1\right)=\dfrac{1}{3}$$

$$\dfrac{d}{dx}f^{-1}(x)=\dfrac{d}{dx}(3x-3)=3$$

這兩個導函數互為倒數. f 的圖形為直線 $y=\dfrac{1}{3}x+1$，而 f^{-1} 的圖形為直線 $y=3x-3$ (圖 11-7-1)，它們的斜率互為倒數.

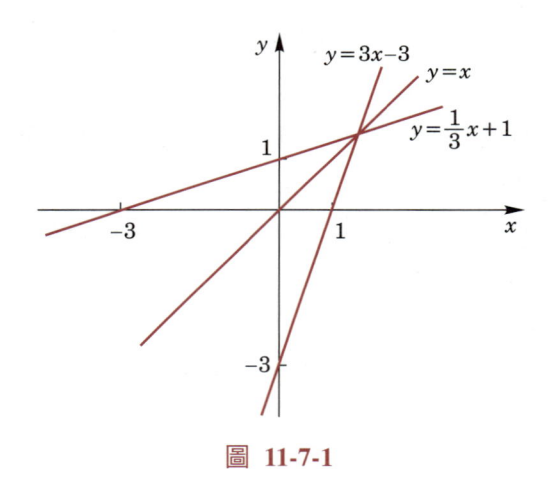

圖 11-7-1

這並非特殊的情形，事實上，將任一條非水平線或非垂直線關於直線 $y=x$ 作鏡射，一定會顛倒斜率. 若原直線的斜率為 m，則經由鏡射所得對稱直線的斜率為 $\dfrac{1}{m}$ (圖 11-7-2).

$$y = \frac{1}{m}x - \frac{b}{m}, \text{ 斜率} = \frac{1}{m}$$

$$y = x$$

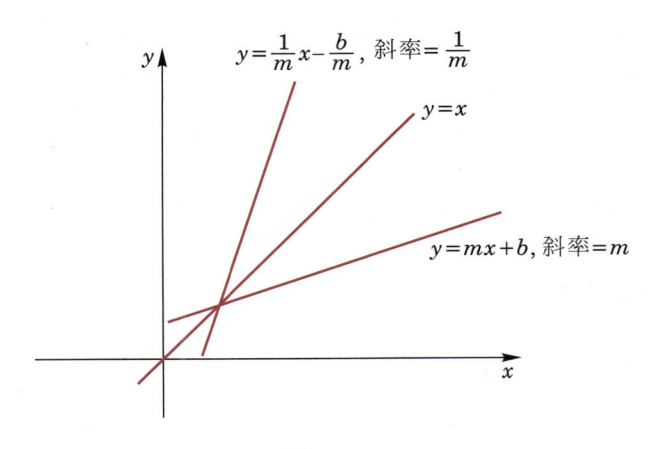

$$y = mx + b, \text{ 斜率} = m$$

圖 11-7-2

上面所述的倒數關係對其他函數而言也成立. 若 $y=f(x)$ 的圖形在點 $(a, f(a))$ 的切線斜率為 $f'(a) \neq 0$, 則 $y=f^{-1}(x)$ 的圖形在對稱點 $(f(a), a)$ 的切線斜率為 $1/f'(a)$. 於是, f^{-1} 在 $f(a)$ 的導數等於 f 在 a 的導數之倒數.

定理 11-7-1

設函數 f 有反函數為 f^{-1} 且 f 在開區間 I 為可微分, 其導數均不為零, 則 f^{-1} 在 $f(I)$ 為可微分. 此外,

$$(f^{-1})'(f(a)) = \frac{1}{f'(a)}. \tag{11-7-1}$$

因 f 與 f^{-1} 互為反函數, 可知 $f^{-1}(f(x))=x$, 故 $(f^{-1})'(f(x)) \cdot f'(x) = 1$, 即, $(f^{-1})'(f(x)) = \frac{1}{f'(x)}$. 若令 $y=f(x)$, 則 $\frac{dy}{dx} = f'(x)$; 而 $x = f^{-1}(y)$, 可得 $\frac{dx}{dy} = (f^{-1})'(y) = (f^{-1})'(f(x))$. 於是,

$$\frac{dx}{dy} = \frac{1}{\frac{dy}{dx}}. \tag{11-7-2}$$

例 1 對 $f(x)=x^2$, $x \geq 0$, 其反函數為 $f^{-1}(x)=\sqrt{x}$, 我們可有

$$f'(x)=2x, \quad (f^{-1})'(x)=\frac{1}{2\sqrt{x}}, \quad x>0.$$

點 $(4, 2)$ 與點 $(2, 4)$ 對稱於直線 $y=x$.

在點 $(2, 4)$: $f'(x)\Big|_{x=2}=f'(2)=4$

在點 $(4, 2)$: $(f^{-1})'(x)\Big|_{x=4}=(f^{-1})'(4)=\frac{1}{4}=\frac{1}{f'(2)}.$

例 2 設 $f(x)=x^3-2$, 求 $(f^{-1})'(6)$.

解答 方法 1: $f(x)=x^3-2 \Rightarrow f'(x)=3x^2$
令 $f(a)=6$, 即,

$$a^3-2=6$$
$$a^3=8$$

可得 $a=2.$

所以, $$(f^{-1})'(6)=\frac{1}{f'(2)}=\frac{1}{12}.$$

方法 2: 先求得 $f(x)=x^3-2$ 的反函數 $f^{-1}(x)=\sqrt[3]{x+2}$,

所以, $$(f^{-1})'(x)=\frac{1}{3}(x+2)^{-2/3}$$

$$(f^{-1})'(6)=\frac{1}{3}(6+2)^{-2/3}=\frac{1}{12}.$$

例 3 設 $f(x)=x^3+2x+2$, 求 f^{-1} 的圖形在點 $(2, 0)$ 的切線方程式.

解答 依題意, $f^{-1}(2)=0 \Rightarrow f(0)=2$. 因 $f'(x)=3x^3+2$, 可得

$$(f^{-1})'(2)=\frac{1}{f'(0)}=\frac{1}{2}$$

即，f^{-1} 的圖形在點 $(2, 0)$ 的切線斜率為 $\dfrac{1}{2}$，故切線方程式為

$$y-0=\dfrac{1}{2}(x-2)$$

即， $\qquad\qquad\qquad x-2y-2=0.$

習題 11-7

1. 若 $f(4)=5$ 且 $f'(4)=\dfrac{2}{3}$，求 $(f^{-1})'(5)$.

2. 已知 $f(x)=\sqrt{2x-3}$，求 $(f^{-1})'(1)$.

3. 若 $f(x)=\sqrt{x^3+x^2+x+1}$ 的反函數為 f^{-1}，求 $(f^{-1})'(1)$.

4. 求 $f(x)=x^3-5$ 的反函數 f^{-1} 的圖形在點 $(3, 2)$ 的切線方程式.

5. 若 $f'(x)=\dfrac{1}{\sqrt{1-[f(x)]^2}}$，求 $(f^{-1})'(x)$.

第 12 章

超越函數的導函數

12-1　三角函數的導函數

12-2　反三角函數的導函數

12-3　對數函數的導函數

12-4　指數函數的導函數

⇦ 本章摘要 ⇨

1. 若 θ 表一實數，或一角的弧度度量，則 $\lim\limits_{\theta \to 0} \dfrac{\sin \theta}{\theta} = 1$.

2. $\dfrac{d}{dx} \sin u = \cos u \; \dfrac{du}{dx}$

3. $\dfrac{d}{dx} \cos u = -\sin u \; \dfrac{du}{dx}$

4. $\dfrac{d}{dx} \tan u = \sec^2 u \; \dfrac{du}{dx}$

5. $\dfrac{d}{dx} \cot u = -\csc^2 u \; \dfrac{du}{dx}$

6. $\dfrac{d}{dx} \sec u = \sec u \; \tan u \; \dfrac{du}{dx}$

7. $\dfrac{d}{dx} \csc u = -\csc u \; \cot u \; \dfrac{du}{dx}$

8. $\dfrac{d}{dx} \sin^{-1} u = \dfrac{1}{\sqrt{1-u^2}} \; \dfrac{du}{dx}, \quad |u| < 1.$

9. $\dfrac{d}{dx} \cos^{-1} u = \dfrac{-1}{\sqrt{1-u^2}} \; \dfrac{du}{dx}, \quad |u| < 1.$

10. $\dfrac{d}{dx} \tan^{-1} u = \dfrac{1}{1+u^2} \; \dfrac{du}{dx}, \quad u \in I\!R.$

11. $\dfrac{d}{dx} \cot^{-1} u = \dfrac{-1}{1+u^2} \; \dfrac{du}{dx}, \quad u \in I\!R.$

12. $\dfrac{d}{dx} \sec^{-1} u = \dfrac{1}{u\sqrt{u^2-1}} \; \dfrac{du}{dx}, \quad |u| > 1.$

13. $\dfrac{d}{dx}\csc^{-1} u = \dfrac{-1}{u\sqrt{u^2-1}} \dfrac{du}{dx}$, $|u| > 1$.

14. $\dfrac{d}{dx}\ln|u| = \dfrac{1}{u}\dfrac{du}{dx}$

15. $\dfrac{d}{dx}\log_a|u| = \dfrac{1}{u\ln a}\dfrac{du}{dx}$

16. $\dfrac{d}{dx}e^u = e^u \dfrac{du}{dx}$

17. $\dfrac{d}{dx}a^u = a^u \ln a \dfrac{du}{dx}$

三角函數、反三角函數、指數函數與對數函數均屬超越函數．這些函數的導函數在工程應用上均非常重要．首先，我們先介紹三角函數的導函數．

§ 12-1　三角函數的導函數

在求三角函數的導函數之前，先討論下面的結果，它對未來的發展很重要．

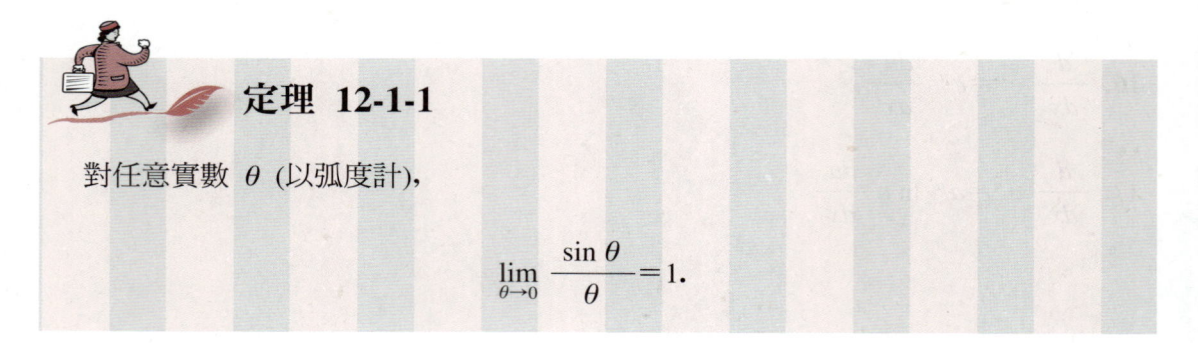

定理 12-1-1

對任意實數 θ（以弧度計），

$$\lim_{\theta \to 0} \frac{\sin \theta}{\theta} = 1.$$

在直觀上，我們給出定理 12-1-1 的一個簡單的幾何論證如下：

令 P 與 Q 為單位圓上相鄰的兩個點，如圖 12-1-1 所示，且 $\overline{PQ}$ 與 $\overparen{PQ}$ 分別表示連接這兩個點的弦長與弧長．當 $\overparen{PQ} \to 0$ 時，$\dfrac{\text{弦長 } \overline{PQ}}{\text{弧長 } \overparen{PQ}} \to 1$，此同義於當 $2\theta \to 0$ 或 $\theta \to 0$ 時，$\dfrac{2\sin\theta}{2\theta} = \dfrac{\sin\theta}{\theta} \to 1$．

大略說來，定理 12-1-1 說明了，若 x 趨近 0，則 $(\sin x)/x$ 趨近 1，即，當 $x \approx 0$ 時，$\sin x \approx x$．我們給出下列幾個三角函數值的近似值：

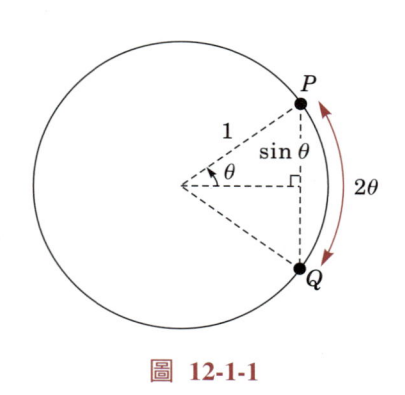

圖 12-1-1

$$\sin(0.5) \approx 0.47942554 \qquad \sin(-0.5) \approx -0.47942554$$
$$\sin(0.1) \approx 0.09983342 \qquad \sin(-0.1) \approx -0.09983342$$
$$\sin(0.05) \approx 0.04997917 \qquad \sin(-0.05) \approx -0.04997917$$
$$\sin(0.01) \approx 0.00999983 \qquad \sin(-0.01) \approx -0.00999983$$
$$\sin(0.005) \approx 0.00499998 \qquad \sin(-0.005) \approx -0.00499998$$
$$\sin(0.001) \approx 0.00100000 \qquad \sin(-0.001) \approx -0.00100000$$

例 1 計算 $\lim\limits_{x \to 0} \dfrac{\tan x}{x}$.

解答
$$\lim_{x \to 0} \frac{\tan x}{x} = \lim_{x \to 0} \left(\frac{1}{x} \cdot \frac{\sin x}{\cos x} \right) = \left(\lim_{x \to 0} \frac{\sin x}{x} \right)\left(\lim_{x \to 0} \frac{1}{\cos x} \right)$$
$$= 1 \cdot 1 = 1.$$

例 2 計算 $\lim\limits_{\theta \to 0} \dfrac{\sin 2\theta}{\theta}$.

解答 作代換 $\phi = 2\theta$. 因當 $\theta \to 0$ 時, $\phi \to 0$, 故我們可以寫成

$$\lim_{\theta \to 0} \frac{\sin 2\theta}{\theta} = \lim_{\phi \to 0} \frac{\sin \phi}{\dfrac{\phi}{2}} = 2 \lim_{\phi \to 0} \frac{\sin \phi}{\phi} = 2 \cdot 1 = 2.$$

例 3 計算 $\lim\limits_{x \to \infty} x \sin \dfrac{1}{x}$.

解答 令 $t = \dfrac{1}{x}$, 則 $x = \dfrac{1}{t}$. 當 $x \to \infty$ 時, $t \to 0^+$.

所以, $\lim\limits_{x \to \infty} x \sin \dfrac{1}{x} = \lim\limits_{t \to 0^+} \dfrac{\sin t}{t} = 1.$

有了定理 12-1-1 之後，我們就可利用導函數的定義證明下面的定理.

定理 12-1-2

若 x 為弧度度量，則

(1) $\dfrac{d}{dx}\sin x = \cos x$　　　　(2) $\dfrac{d}{dx}\cos x = -\sin x$

(3) $\dfrac{d}{dx}\tan x = \sec^2 x$　　　　(4) $\dfrac{d}{dx}\cot x = -\csc^2 x$

(5) $\dfrac{d}{dx}\sec x = \sec x \,\tan x$　　　(6) $\dfrac{d}{dx}\csc x = -\csc x \cot x$

證：(1) 依導函數的定義得知

$$\dfrac{d}{dx}\sin x = \lim_{h \to 0}\dfrac{\sin(x+h) - \sin x}{h}$$

$$= \lim_{h \to 0}\dfrac{\sin(h/2)\cos(x+h/2)}{h/2}$$

因餘弦函數為處處連續，故 $\lim\limits_{h \to 0}\cos(x+h/2) = \cos x$.

又，依定理 12-1-1，可得 $\lim\limits_{h \to 0}\dfrac{\sin(h/2)}{h/2} = 1$. 所以，

$$\dfrac{d}{dx}\sin x = \cos x.$$

(2) $\dfrac{d}{dx}\cos x = \dfrac{d}{dx}\sin\left(\dfrac{\pi}{2}-x\right) = \cos\left(\dfrac{\pi}{2}-x\right)\dfrac{d}{dx}\left(\dfrac{\pi}{2}-x\right)$

$\qquad = (\sin x)(-1) = -\sin x$

(3) $\dfrac{d}{dx}\tan x = \dfrac{d}{dx}\left(\dfrac{\sin x}{\cos x}\right)$

$$= \frac{\cos x \dfrac{d}{dx} \sin x - \sin x \dfrac{d}{dx} \cos x}{\cos^2 x}$$

$$= \frac{\cos^2 x + \sin^2 x}{\cos^2 x} = \frac{1}{\cos^2 x} = \sec^2 x$$

$\cot x$、$\sec x$ 與 $\csc x$ 的導函數求法均類似，留作習題。

若 $u = u(x)$ 為可微分函數，則由連鎖法則可得

$$\frac{d}{dx} \sin u = \cos u \, \frac{du}{dx}$$

$$\frac{d}{dx} \cos u = -\sin u \, \frac{du}{dx}$$

$$\frac{d}{dx} \tan u = \sec^2 u \, \frac{du}{dx}$$

$$\frac{d}{dx} \cot u = -\csc^2 u \, \frac{du}{dx}$$

$$\frac{d}{dx} \sec u = \sec u \, \tan u \, \frac{du}{dx}$$

$$\frac{d}{dx} \csc u = -\csc u \, \cot u \, \frac{du}{dx}.$$

例 4 求 $\dfrac{d}{dx}(\sin x + x^2 \cos x)$.

解答
$$\frac{d}{dx}(\sin x + x^2 \cos x) = \frac{d}{dx} \sin x + \frac{d}{dx}(x^2 \cos x)$$

$$= \cos x + x^2 \frac{d}{dx} \cos x + \cos x \, \frac{d}{dx} x^2$$

$$= \cos x - x^2 \sin x + 2x \cos x.$$

例 5 若 $y = \dfrac{\sin x}{1 + \cos x}$，求 $\dfrac{dy}{dx}$。

解答
$$\dfrac{dy}{dx} = \dfrac{d}{dx}\left(\dfrac{\sin x}{1+\cos x}\right)$$

$$= \dfrac{(1+\cos x)\dfrac{d}{dx}\sin x - \sin x \dfrac{d}{dx}(1+\cos x)}{(1+\cos x)^2}$$

$$= \dfrac{(1+\cos x)\cos x - \sin x(-\sin x)}{(1+\cos x)^2}$$

$$= \dfrac{\cos x + \cos^2 x + \sin^2 x}{(1+\cos x)^2}$$

$$= \dfrac{1+\cos x}{(1+\cos x)^2} = \dfrac{1}{1+\cos x}.$$

例 6 若 $f(x) = \tan^3(x^2+x+5)$，求 $f'(x)$。

解答
$$f'(x) = 3\tan^2(x^2+x+5)\dfrac{d}{dx}\tan(x^2+x+5)$$

$$= 3\tan^2(x^2+x+5)\sec^2(x^2+x+5)\dfrac{d}{dx}(x^2+x+5)$$

$$= 3(2x+1)\tan^2(x^2+x+5)\sec^2(x^2+x+5).$$

例 7 求曲線 $y = \sin x + \cos 2x$ 在點 $\left(\dfrac{\pi}{6}, 1\right)$ 的切線方程式。

解答
$$\dfrac{dy}{dx} = \cos x - 2\sin 2x \Rightarrow m = \dfrac{dy}{dx}\bigg|_{x=\frac{\pi}{6}}$$

$$= \cos\dfrac{\pi}{6} - 2\sin\dfrac{\pi}{3} = \dfrac{\sqrt{3}}{2} - \sqrt{3} = -\dfrac{\sqrt{3}}{2}$$

所以，在點 $\left(\dfrac{\pi}{6}, 1\right)$ 的切線方程式為

$$y-1=-\frac{\sqrt{3}}{2}\left(x-\frac{\pi}{6}\right)$$

即, $$\sqrt{3}x+2y=2+\frac{\sqrt{3}}{6}\pi.$$

例 8 求曲線 $y+\sin y=x$ 在點 $(0, 0)$ 的切線方程式.

解答
$$\frac{dy}{dx}+\frac{d}{dx}\sin y=\frac{d}{dx}x$$

$$\frac{dy}{dx}+\cos y\,\frac{dy}{dx}=1$$

$$\frac{dy}{dx}=\frac{1}{1+\cos y}$$

可得 $$m=\frac{dy}{dx}\bigg|_{(0,\,0)}=\frac{1}{1+1}=\frac{1}{2}$$

故在點 $(0, 0)$ 的切線方程式為 $y-0=\frac{1}{2}(x-0)$, 即, $x-2y=0$.

例 9 利用微分求 $\sin 44°$ 的近似值.

解答 設 $f(x)=\sin x$, 則 $f'(x)=\cos x$.

令 $a=45°=\frac{\pi}{4}$, 則 $\Delta x=44°-45°=-1°=-\frac{\pi}{180}$,

可得 $$f\left(\frac{\pi}{4}-\frac{\pi}{180}\right)\approx f\left(\frac{\pi}{4}\right)+f'\left(\frac{\pi}{4}\right)\left(-\frac{\pi}{180}\right)$$

即, $$f\left(\frac{11\pi}{45}\right)\approx\sin\frac{\pi}{4}+\left(\cos\frac{\pi}{4}\right)\left(-\frac{\pi}{180}\right)$$

故 $$\sin 44°\approx\frac{\sqrt{2}}{2}+\frac{\sqrt{2}}{2}\left(-\frac{\pi}{180}\right)\approx 0.6948.$$

例 10 試證:若 x 為度度量, 則 $\frac{d}{dx}\sin x°=\frac{\pi}{180}\cos x°.$

解答 因 $1° = \dfrac{\pi}{180}$ 弧度，可得 $x° = \dfrac{\pi x}{180}$ 弧度，故 $\sin x° = \sin \dfrac{\pi x}{180}$．

$$\dfrac{d}{dx}\sin x° = \dfrac{d}{dx}\sin \dfrac{\pi x}{180} = \cos \dfrac{\pi x}{180} \dfrac{d}{dx}\left(\dfrac{\pi x}{180}\right)$$

$$= \dfrac{\pi}{180}\cos \dfrac{\pi x}{180} = \dfrac{\pi}{180}\cos x°.$$

習題 12-1

求 1～8 題中的極限．

1. $\lim\limits_{\theta \to 0} \dfrac{\sin \theta}{\theta + \tan \theta}$

2. $\lim\limits_{x \to 0} \dfrac{\sin 6x}{\sin 8x}$

3. $\lim\limits_{x \to 0} \dfrac{\tan 7x}{\sin 3x}$

4. $\lim\limits_{\theta \to 0} \dfrac{1 - \cos \theta}{\theta}$

5. $\lim\limits_{\theta \to 0} \dfrac{\sin^2 \theta}{2\theta}$

6. $\lim\limits_{x \to 0} \dfrac{\sin^2 2x}{x^2}$

7. $\lim\limits_{x \to 1} \dfrac{\sin(x-1)}{x^2 + x - 2}$

8. $\lim\limits_{x \to 0^+} \sqrt{x}\ \csc \sqrt{x}$

在 9～15 題中求 $f'(x)$．

9. $f(x) = 2x \sin 2x + \cos 2x$

10. $f(x) = \sin \sqrt{x} + \sqrt{\sin x}$

11. $f(x) = \dfrac{1 - \cos x}{1 - \sin x}$

12. $f(x) = \sin^2 (\cos 3x)$

13. $f(x) = \sqrt{\cos \sqrt{x}}$

14. $f(x) = \dfrac{\tan x}{1 + \sec x}$

15. $f(x) = \tan(\cos x^2)$

在 16～17 題中，利用隱微分法求 $\dfrac{dy}{dx}$．

16. $\cos(x-y) = y \sin x$

17. $xy = \tan(xy)$

18. 求曲線 $y = x \sin \dfrac{1}{x}$ 在點 $\left(\dfrac{2}{\pi}, \dfrac{2}{\pi}\right)$ 的切線與法線方程式.

19. 求曲線 $y + \sin y = x$ 在點 $(0, 0)$ 的切線方程式.

20. 利用微分求 $\cos 31°$ 的近似值.

21. 計算

    (1) $\dfrac{d^{99}}{dx^{99}} \sin x$ 　　(2) $\dfrac{d^{50}}{dx^{50}} \cos 2x$

§12-2　反三角函數的導函數

我們能夠從定理 11-7-1 得知六個反三角函數的可微分性, 今列出它們的導函數公式.

定理 12-2-1

$$\dfrac{d}{dx} \sin^{-1} x = \dfrac{1}{\sqrt{1-x^2}}, \quad |x| < 1.$$

$$\dfrac{d}{dx} \cos^{-1} x = \dfrac{-1}{\sqrt{1-x^2}}, \quad |x| < 1.$$

$$\dfrac{d}{dx} \tan^{-1} x = \dfrac{1}{1+x^2}, \quad -\infty < x < \infty.$$

$$\dfrac{d}{dx} \cot^{-1} x = \dfrac{-1}{1+x^2}, \quad -\infty < x < \infty.$$

$$\dfrac{d}{dx} \sec^{-1} x = \dfrac{1}{x\sqrt{x^2-1}}, \quad |x| > 1.$$

$$\dfrac{d}{dx} \csc^{-1} x = \dfrac{-1}{x\sqrt{x^2-1}}, \quad |x| > 1.$$

證：我們僅對 $\sin^{-1} x$、$\tan^{-1} x$ 與 $\sec^{-1} x$ 等的導函數公式予以證明，其餘留給讀者去證明.

(1) 令 $y = \sin^{-1} x$，則 $\sin y = x$，可得 $\cos y \dfrac{dy}{dx} = 1$，故 $\dfrac{dy}{dx} = \dfrac{1}{\cos y}$.

因 $-\dfrac{\pi}{2} < y < \dfrac{\pi}{2}$，故 $\cos y > 0$，所以，$\cos y = \sqrt{1 - \sin^2 y} = \sqrt{1 - x^2}$.

於是，$\dfrac{d}{dx} \sin^{-1} x = \dfrac{1}{\sqrt{1-x^2}}$，$|x| < 1$.

(2) 令 $y = \tan^{-1} x$，則 $\tan y = x$，可得 $\sec^2 y \dfrac{dy}{dx} = 1$，

故 $\dfrac{dy}{dx} = \dfrac{d}{dx} \tan^{-1} x = \dfrac{1}{\sec^2 y} = \dfrac{1}{1+\tan^2 y} = \dfrac{1}{1+x^2}$，$-\infty < x < \infty$.

(3) 令 $y = \sec^{-1} x$，則 $\sec y = x$，可得 $\sec y \tan y \dfrac{dy}{dx} = 1$，

故 $\dfrac{dy}{dx} = \dfrac{d}{dx} \sec^{-1} x = \dfrac{1}{\sec y \tan y} = \dfrac{1}{x\sqrt{x^2-1}}$，$|x| > 1$.

若 $u = u(x)$ 為可微分函數，則由連鎖法則可得

$$\dfrac{d}{dx} \sin^{-1} u = \dfrac{1}{\sqrt{1-u^2}} \dfrac{du}{dx}, \quad |u| < 1.$$

$$\dfrac{d}{dx} \cos^{-1} u = \dfrac{-1}{\sqrt{1-u^2}} \dfrac{du}{dx}, \quad |u| < 1.$$

$$\dfrac{d}{dx} \tan^{-1} u = \dfrac{1}{1+u^2} \dfrac{du}{dx}, \quad -\infty < u < \infty.$$

$$\dfrac{d}{dx} \cot^{-1} u = \dfrac{-1}{1+u^2} \dfrac{du}{dx}, \quad -\infty < u < \infty.$$

$$\dfrac{d}{dx} \sec^{-1} u = \dfrac{1}{u\sqrt{u^2-1}} \dfrac{du}{dx}, \quad |u| > 1.$$

$$\dfrac{d}{dx} \csc^{-1} u = \dfrac{-1}{u\sqrt{u^2-1}} \dfrac{du}{dx}, \quad |u| > 1.$$

第十二章　超越函數的導函數 ➲ 395

例 1 若 $y = \dfrac{1}{\sin^{-1} x}$，求 $\dfrac{dy}{dx}$。

解答 $\dfrac{dy}{dx} = \dfrac{d}{dx}(\sin^{-1} x)^{-1} = -(\sin^{-1} x)^{-2} \dfrac{d}{dx} \sin^{-1} x$

$$= -\dfrac{1}{(\sin^{-1} x)^2 \sqrt{1-x^2}}.$$

例 2 若 $y = \sin^{-1}(x^3)$，求 $\dfrac{dy}{dx}$。

解答 $\dfrac{dy}{dx} = \dfrac{d}{dx} \sin^{-1}(x^3) = \dfrac{1}{\sqrt{1-(x^3)^2}} \dfrac{d}{dx} x^3 = \dfrac{3x^2}{\sqrt{1-x^6}}.$

例 3 若 $\tan^{-1}(x+y) = 2+y$ 定義 $y = f(x)$ 為可微分函數，求 $\dfrac{dy}{dx}$。

解答 $\dfrac{d}{dx} \tan^{-1}(x+y) = \dfrac{d}{dx}(2+y)$

$$\dfrac{1}{1+(x+y)^2} \dfrac{d}{dx}(x+y) = \dfrac{dy}{dx}$$

$$\dfrac{1}{1+(x+y)^2} \left(1 + \dfrac{dy}{dx}\right) = \dfrac{dy}{dx}$$

$$\left(\dfrac{1}{1+(x+y)^2} - 1\right) \dfrac{dy}{dx} = -\dfrac{1}{1+(x+y)^2}$$

$$\dfrac{-(x+y)^2}{1+(x+y)^2} \dfrac{dy}{dx} = -\dfrac{1}{1+(x+y)^2}$$

$$\dfrac{dy}{dx} = \dfrac{1}{(x+y)^2} \text{ (倘若 } x+y \neq 0\text{)}.$$

習 題 12-2

在 1～8 題中求 $\dfrac{dy}{dx}$.

1. $y = \sin^{-1} \dfrac{1}{x}$

2. $y = \cos^{-1}(2x+1)$

3. $y = x \tan^{-1} \sqrt{x}$

4. $y = \tan^{-1}\left(\dfrac{1-x}{1+x}\right)$

5. $y = \sec^{-1} \sqrt{x^2-1}$

6. $y = \cos^{-1}(\cos x)$

7. $y = (\cos^{-1} x)^{3/2}$

8. $y = \tan^{-1}(\cos x)$

9. 若 $\tan^{-1} y = \sin^{-1} x$ 定義 $y = f(x)$ 的可微分函數，求 $\dfrac{dy}{dx}$.

§12-3　對數函數的導函數

若已知 $y = (1+x)^{1/x}$，當 $x \to 0$ 時，$(1+x)^{1/x}$ 趨近一個定數，這個定數可定義如下：

定義 12-3-1

$$e = \lim_{x \to 0}(1+x)^{1/x} \quad \text{或} \quad e = \lim_{n \to \infty}\left(1+\dfrac{1}{n}\right)^n$$

定理 12-3-1

$$\dfrac{d}{dx}\ln x = \dfrac{1}{x},\ x > 0$$

證：$\dfrac{d}{dx} \ln x = \lim\limits_{h \to 0} \dfrac{\ln(x+h) - \ln x}{h} = \lim\limits_{h \to 0} \dfrac{1}{h} \ln\left(\dfrac{x+h}{x}\right)$

$= \lim\limits_{h \to 0} \left[\dfrac{1}{x} \cdot \dfrac{x}{h} \ln\left(\dfrac{x+h}{x}\right)\right] = \dfrac{1}{x} \lim\limits_{h \to 0} \ln\left(1 + \dfrac{h}{x}\right)^{x/h}$

$= \dfrac{1}{x} \ln\left[\lim\limits_{h \to 0} \left(1 + \dfrac{h}{x}\right)^{x/h}\right]$ (依對數函數的連續性)

$= \dfrac{1}{x} \ln e = \dfrac{1}{x}$.

對 $u = u(x)$ 為可微分函數，則由連鎖法則可得

$$\dfrac{d}{dx} \ln u = \dfrac{1}{u} \dfrac{du}{dx}. \tag{12-3-1}$$

定理 12-3-2

若 $u = u(x)$ 為可微分函數，則

$$\dfrac{d}{dx} \ln|u| = \dfrac{1}{u} \dfrac{du}{dx}.$$

證：若 $u > 0$，則 $\ln|u| = \ln u$，故

$$\dfrac{d}{dx} \ln|u| = \dfrac{d}{dx} \ln u = \dfrac{1}{u} \dfrac{du}{dx}$$

若 $u < 0$，則 $\ln|u| = \ln(-u)$，故

$$\dfrac{d}{dx} \ln|u| = \dfrac{d}{dx} \ln(-u) = \dfrac{1}{-u} \dfrac{d}{dx}(-u) = \dfrac{1}{u} \dfrac{du}{dx}.$$

例 1 求 $\dfrac{d}{dx}\ln(x^3+2)$.

解答 $\dfrac{d}{dx}\ln(x^3+2) = \dfrac{1}{x^3+2}\dfrac{d}{dx}(x^3+2)$ （令 $u=x^3+2$）

$\qquad\qquad\qquad = \dfrac{3x^2}{x^3+2}.$

例 2 求 $\dfrac{d}{dx}\sqrt{\ln x}$.

解答 $\dfrac{d}{dx}\sqrt{\ln x} = \dfrac{d}{dx}(\ln x)^{1/2} = \dfrac{1}{2}(\ln x)^{-1/2}\dfrac{d}{dx}\ln x$

$\qquad\qquad = \dfrac{1}{2\sqrt{\ln x}}\cdot\dfrac{1}{x} = \dfrac{1}{2x\sqrt{\ln x}}.$

例 3 求 $\dfrac{d}{dx}\ln(\sin x)$.

解答 $\dfrac{d}{dx}\ln(\sin x) = \dfrac{1}{\sin x}\dfrac{d}{dx}\sin x$ （令 $u=\sin x$）

$\qquad\qquad\qquad = \dfrac{\cos x}{\sin x} = \cot x.$

例 4 求 $\dfrac{d}{dx}\ln(\ln x)$.

解答 $\dfrac{d}{dx}\ln(\ln x) = \dfrac{1}{\ln x}\dfrac{d}{dx}\ln x$ （令 $u=\ln x$）

$\qquad\qquad\qquad = \dfrac{1}{\ln x}\cdot\dfrac{1}{x} = \dfrac{1}{x\ln x}.$

例 5 求 $\dfrac{d}{dx}\ln|x^3-1|$.

解答 $\dfrac{d}{dx}\ln|x^3-1| = \dfrac{1}{x^3-1}\dfrac{d}{dx}(x^3-1)$ （令 $u=x^3-1$）

$= \dfrac{3x^2}{x^3-1}.$

例 6 求 $\dfrac{d}{dx}\ln|\sec x+\tan x|.$

解答 $\dfrac{d}{dx}\ln|\sec x+\tan x| = \dfrac{1}{\sec x+\tan x}\dfrac{d}{dx}(\sec x+\tan x)$

（令 $u=\sec x+\tan x$）

$= \dfrac{1}{\sec x+\tan x}(\sec x\tan x+\sec^2 x)$

$= \sec x.$

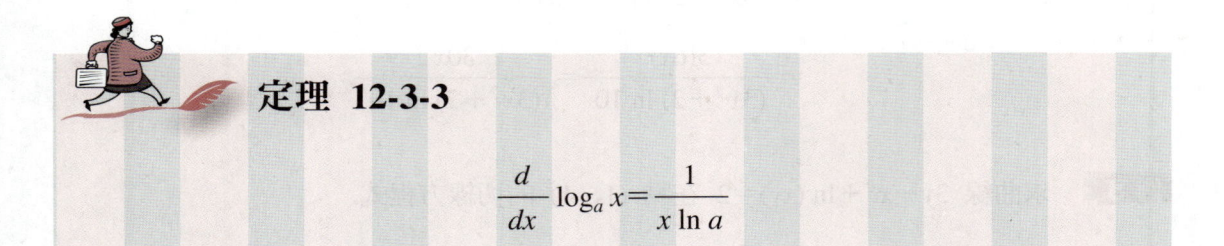

定理 12-3-3

$$\dfrac{d}{dx}\log_a x = \dfrac{1}{x\ln a}$$

證：$\dfrac{d}{dx}\log_a x = \dfrac{d}{dx}\left(\dfrac{\ln x}{\ln a}\right) = \dfrac{1}{\ln a}\dfrac{d}{dx}\ln x = \dfrac{1}{x\ln a}.$

若 $u=u(x)$ 為可微分函數，則由連鎖法則可得

$$\dfrac{d}{dx}\log_a u = \dfrac{1}{u\ln a}\dfrac{du}{dx}. \tag{12-3-2}$$

定理 12-3-4

若 $u=u(x)$ 為可微分函數，則

$$\frac{d}{dx}\log_a|u| = \frac{1}{u\ln a}\frac{du}{dx}.$$

例 7 求 $\dfrac{d}{dx}\log_{10}(3x^2+2)^5$.

解答
$$\frac{d}{dx}\log_{10}(3x^2+2)^5 = \frac{d}{dx}[5\log_{10}(3x^2+2)] \quad \text{(對數性質)}$$

$$= \frac{5}{(3x^2+2)\ln 10}\frac{d}{dx}(3x^2+2)$$

$$= \frac{5(6x)}{(3x^2+2)\ln 10} = \frac{30x}{(3x^2+2)\ln 10}.$$

例 8 求曲線 $3y-x^2+\ln(xy)=2$ 在點 $(1,1)$ 的切線方程式.

解答 $3y-x^2+\ln(xy)=2 \Rightarrow 3\dfrac{dy}{dx}-2x+\dfrac{1}{xy}\left(x\dfrac{dy}{dx}+y\right)=0$

$$\Rightarrow \frac{dy}{dx} = \frac{2x-\dfrac{1}{x}}{3+\dfrac{1}{y}}$$

可得 $m = \dfrac{dy}{dx}\bigg|_{(1,1)} = \dfrac{2-1}{3+1} = \dfrac{1}{4}$

所以，在點 $(1,1)$ 的切線方程式為 $y-1=\dfrac{1}{4}(x-1)$，即，

$$x-4y+3=0.$$

已知 $y=f(x)$，有時我們利用所謂的**對數微分法** (logarithmic differentiation) 求 $\dfrac{dy}{dx}$ 是很方便的．若 $f(x)$ 牽涉到複雜的積、商或乘冪，則此方法特別有用．

對數微分法的步驟：

1. $\ln|y| = \ln|f(x)|$

2. $\dfrac{d}{dx}\ln|y| = \dfrac{d}{dx}\ln|f(x)|$

3. $\dfrac{1}{y}\dfrac{dy}{dx} = \dfrac{d}{dx}\ln|f(x)|$

4. $\dfrac{dy}{dx} = f(x)\dfrac{d}{dx}\ln|f(x)|$

例 9 若 $y=x(x-1)(x^2+1)^3$，求 $\dfrac{dy}{dx}$．

解答 我們首先寫成

$$\ln|y| = \ln|x(x-1)(x^2+1)^3|$$
$$= \ln|x| + \ln|x-1| + 3\ln|x^2+1|$$

將上式等號兩邊對 x 微分，可得

$$\dfrac{d}{dx}\ln|y| = \dfrac{d}{dx}\ln|x| + \dfrac{d}{dx}\ln|x-1| + 3\dfrac{d}{dx}\ln|x^2+1|$$

$$\dfrac{1}{y}\dfrac{dy}{dx} = \dfrac{1}{x} + \dfrac{1}{x-1} + \dfrac{6x}{x^2+1}$$

$$= \dfrac{(x-1)(x^2+1) + x(x^2+1) + 6x^2(x-1)}{x(x-1)(x^2+1)}$$

$$= \dfrac{8x^3 - 7x^2 + 2x - 1}{x(x-1)(x^2+1)}$$

故 $\dfrac{dy}{dx} = y \cdot \dfrac{8x^3 - 7x^2 + 2x - 1}{x(x-1)(x^2+1)}$

$$= x(x-1)(x^2+1)^3 \cdot \frac{8x^3-7x^2+2x-1}{x(x-1)(x^2+1)}$$

$$= (x^2+1)^2(8x^3-7x^2+2x-1).$$

習題 12-3

在 1～12 題中求 $\dfrac{dy}{dx}$.

1. $y = \ln(5x^2+1)^3$
2. $y = \ln(\cos x)$
3. $y = \dfrac{\ln x}{2+\ln x}$
4. $y = \ln(x+\sqrt{x^2-1})$
5. $y = \sqrt{\ln\sqrt{x}}$
6. $y = \ln\dfrac{x}{1+x^2}$
7. $y = \ln\dfrac{x+1}{\sqrt{x-3}}$
8. $y = \ln\sqrt{\dfrac{1+x^2}{1-x^2}}$
9. $y = x\ln|2-x^2|$
10. $y = \ln|\csc x - \cot x|$
11. $y = \log_5|x^3-x|$
12. $y = \ln(\ln(\ln x))$

在 13～14 題中，以隱微分法求 $\dfrac{dy}{dx}$.

13. $x\sin y = 1 + y\ln x$
14. $\ln(x^2+y^2) = x+y$
15. 求 $x^3 - x\ln y + y^3 = 2x+5$ 的圖形在點 $(2, 1)$ 的切線方程式.
16. 若 $\ln(2.00) \approx 0.6932$，利用微分求 $\ln(2.01)$ 的近似值.
17. 若 $y = \sqrt{\dfrac{(2x+1)(3x+2)}{4x+3}}$，利用對數微分法求 $\dfrac{dy}{dx}$.
18. 若 $y = \dfrac{1+2\cos x}{x^3(2x+1)^7}$，利用對數微分法求 $\dfrac{dy}{dx}$.

§12-4　指數函數的導函數

因指數函數與對數函數互為反函數，故可以利用對數函數的導函數公式去求指數函數的導函數公式. 首先，我們考慮以 e 為底的指數函數 (稱為自然指數函數).

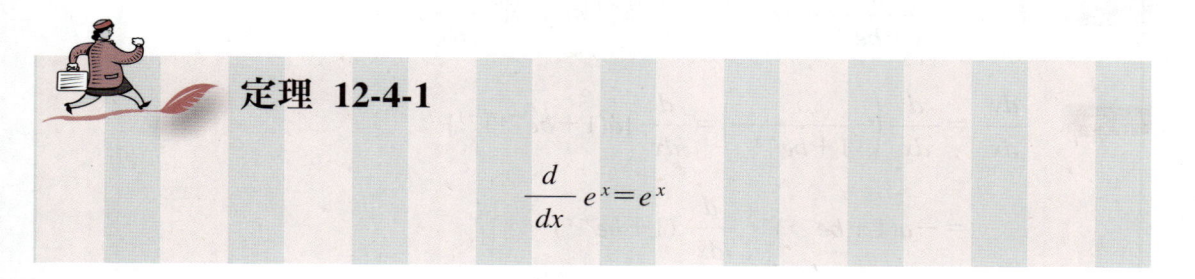

定理 12-4-1

$$\frac{d}{dx}e^x = e^x$$

證：設 $y = e^x$，則 $\ln y = x$，可得

$$\frac{d}{dx}\ln y = \frac{d}{dx}x$$

$$\frac{1}{y}\frac{dy}{dx} = 1$$

故

$$\frac{dy}{dx} = y$$

即

$$\frac{d}{dx}e^x = e^x$$

若 $u = u(x)$ 為可微分函數，則由連鎖法則可得

$$\frac{d}{dx}e^u = e^u\frac{du}{dx}. \tag{12-4-1}$$

例 1　(1) $\dfrac{d}{dx}e^{-2x} = e^{-2x}\dfrac{d}{dx}(-2x)$　　　　　(令 $u = -2x$)

$= -2e^{-2x}$

(2) $\dfrac{d}{dx} e^{\sqrt{x+1}} = e^{\sqrt{x+1}} \dfrac{d}{dx} \sqrt{x+1} = \dfrac{e^{\sqrt{x+1}}}{2\sqrt{x+1}}$

(3) $\dfrac{d}{dx} e^{\sin x} = e^{\sin x} \dfrac{d}{dx} \sin x = e^{\sin x} \cos x.$

例 2 若 $y = \dfrac{a}{1+be^{-x}}$（a 與 b 均為常數），求 $\dfrac{dy}{dx}$.

解答 $\dfrac{dy}{dx} = \dfrac{d}{dx}\left(\dfrac{a}{1+be^{-x}}\right) = \dfrac{d}{dx}[a(1+be^{-x})^{-1}]$

$= -a(1+be^{-x})^{-2} \dfrac{d}{dx}(1+be^{-x})$

$= -a(1+be^{-x})^{-2}(-be^{-x})$

$= \dfrac{abe^{-x}}{(1+be^{-x})^2}.$

對以正數 a $(0 < a \neq 1)$ 為底的指數函數 a^x 微分時，可先予以換底，即，

$$a^x = e^{\ln a^x} = e^{x \ln a}$$

再將它微分，可得到下面的定理.

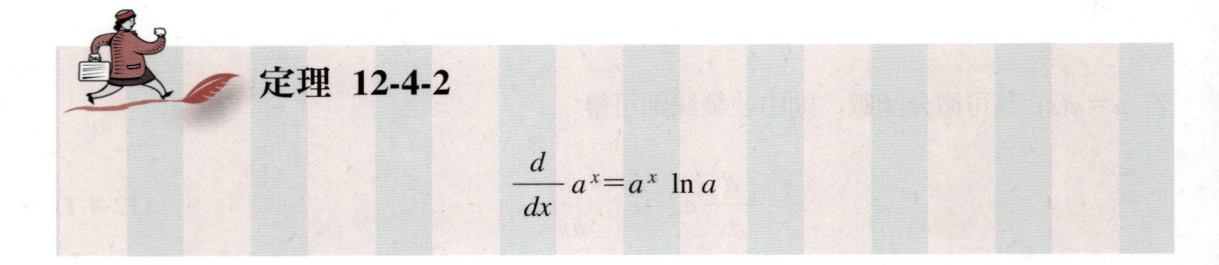

定理 12-4-2

$$\dfrac{d}{dx} a^x = a^x \ln a$$

若 $u = u(x)$ 為可微分函數，則由連鎖法則可得

$$\dfrac{d}{dx} a^u = a^u \ln a \dfrac{du}{dx}. \tag{12-4-2}$$

例 3 **試求下列各函數之導數**

(1) $\dfrac{d}{dx} 2^x = 2^x \ln 2$

(2) $\dfrac{d}{dx} 2^{-x} = 2^{-x} (\ln 2) \dfrac{d}{dx}(-x) = -2^{-x} \ln 2$

(3) $\dfrac{d}{dx} 2^{\sin x} = 2^{\sin x} (\ln 2) \dfrac{d}{dx} \sin x = 2^{\sin x} (\ln 2) \cos x$

(4) $\dfrac{d}{dx} 2^{\sqrt{x+1}} = 2^{\sqrt{x+1}} (\ln 2) \dfrac{d}{dx} \sqrt{x+1} = \dfrac{2^{\sqrt{x+1}} (\ln 2)}{2\sqrt{x+1}}.$

例 4 求 $\dfrac{d}{dx} (10^x + 10^{-x})^{10}.$

解答
$\dfrac{d}{dx} (10^x + 10^{-x})^{10} = 10(10^x + 10^{-x})^9 \dfrac{d}{dx} (10^x + 10^{-x})$

$\qquad\qquad\qquad = 10(10^x + 10^{-x})^9 (10^x \ln 10 - 10^{-x} \ln 10)$

$\qquad\qquad\qquad = 10 \ln 10 (10^x + 10^{-x})^9 (10^x - 10^{-x}).$

例 5 求曲線 $\ln y = e^y \sin x$ 在點 $(0, 1)$ 的切線方程式.

解答 $\dfrac{d}{dx} \ln y = \dfrac{d}{dx} (e^y \sin x) \Rightarrow \dfrac{1}{y} \dfrac{dy}{dx} = e^y \cos x + e^y \sin x \dfrac{dy}{dx}$

$\qquad\qquad\qquad \Rightarrow \left(\dfrac{1}{y} - e^y \sin x\right) \dfrac{dy}{dx} = e^y \cos x$

$\qquad\qquad\qquad \Rightarrow \dfrac{dy}{dx} = \dfrac{e^y \cos x}{\dfrac{1}{y} - e^y \sin x} = \dfrac{y e^y \cos x}{1 - y e^y \sin x}$

可得 $\qquad\qquad m = \dfrac{dy}{dx}\bigg|_{(0, 1)} = \dfrac{e}{1-0} = e$

故在點 $(0, 1)$ 的切線方程式為 $y - 1 = e(x - 0)$, 即,

$\qquad\qquad\qquad ex - y + 1 = 0.$

例 6 若 $y = x^x$ $(x > 0)$，求 $\dfrac{dy}{dx}$.

解答 因 x^x 的指數是變數，故無法利用冪法則；同理，因底數不是常數，故不能利用定理 12-4-2.

方法 1：$y = x^x \Rightarrow \ln y = \ln x^x = x \ln x$

$$\Rightarrow \frac{d}{dx} \ln y = \frac{d}{dx}(x \ln x)$$

$$\Rightarrow \frac{1}{y} \frac{dy}{dx} = 1 + \ln x$$

$$\Rightarrow \frac{dy}{dx} = y(1 + \ln x) = x^x(1 + \ln x)$$

方法 2：$y = x^x = e^{\ln x^x} = e^{x \ln x}$

$$\Rightarrow \frac{dy}{dx} = \frac{d}{dx}(e^{x \ln x}) = e^{x \ln x} \frac{d}{dx}(x \ln x)$$

$$= e^{x \ln x} \left(x \frac{d}{dx} \ln x + \ln x \frac{d}{dx} x \right)$$

$$= x^x (1 + \ln x).$$

習題 12-4

在 1～9 題中，求 $\dfrac{dy}{dx}$.

1. $y = \sqrt{1 + e^{2x}}$

2. $y = \ln \sqrt{e^{2x} + e^{-2x}}$

3. $y = \dfrac{e^x - e^{-x}}{e^x + e^{-x}}$

4. $y = \dfrac{e^x}{\ln x}$

5. $y = \ln \cos(e^x)$

6. $y = x^\pi \pi^x$

7. $y = (\sqrt{2})^{x \ln x}$

8. $y = x^{\sin x}$

9. $y = x^{\ln x}$

10. 設 $f(x) = xe^{x^2}$, 若 x 由 1.00 變到 1.01, 利用微分求 f 的變化量的近似值. $f(1.01)$ 的近似值為何？

11. 已達平衡之化學反應的平衡常數 k 是根據定律

$$k = k_0 e^{-q(T-T_0)/2T_0 T}$$

隨著絕對溫度 T 而改變, 此處 k_0、q 與 T_0 均為常數, 求 k 對 T 的變化率.

12. 求兩曲線 $y = 2^x$ 與 $y = 3^{x+1}$ 之交點的 x-坐標.

13. 若 $u = u(x)$ 與 $v = v(x)$ 均為可微分函數 $(u(x) > 0)$, 試證：

$$\frac{d}{dx} u^v = v u^{v-1} \frac{du}{dx} + u^v (\ln u) \frac{dv}{dx}$$

14. 試證：對任意常數 A 與 B, 函數 $y = Ae^{2x} + Be^{-4x}$ 滿足方程式 $y'' + 2y' - 8y = 0$.

15. 某電路中的電流在時間 t 為 $I(t) = I_0 e^{-Rt/L}$, 其中 R 為電阻, L 為電感, I_0 為在 $t = 0$ 的電流, 試證：電流在任何時間 t 的變化率與 $I(t)$ 成比例.

16. 某質點沿著 x-軸前進使得它在時間 t 的 x-坐標為 $x = ae^{kt} + be^{-kt}$ (a、b 與 k 均為常數), 試證：它的加速度與 x 成比例.

第 13 章

微分的應用

13-1　函數的極值
13-2　單調函數
13-3　凹　性
13-4　函數圖形的描繪
13-5　極值的應用問題
13-6　不定型
13-7　相關變化率

⇦ 本章摘要 ⇨

1. **極值定理**：
   若函數 f 在閉區間 $[a, b]$ 為連續，則 f 在 $[a, b]$ 上不但有絕對極大值且有絕對極小值。

2. 若函數 f 在 c 處具有相對極值，則 $f'(c)=0$ 抑或 $f'(c)$ 不存在。若 $f'(c)=0$，則 $f(c)$ 未必為相對極值。

3. 令 D_f 表函數 f 的定義域，$c \in D_f$。若 $f'(c)=0$ 抑或 $f'(c)$ 不存在，則稱 c 為函數 f 的一個**臨界數**。若函數有相對極值，則相對極值必發生在臨界數處，但在臨界數處並不能保證一定有相對極值。

4. **均值定理**：若
   (1) f 在 $[a, b]$ 為連續，
   (2) 在 (a, b) 為可微分，

   則存在 $c \in (a, b)$ 使得 $\dfrac{f(b)-f(a)}{b-a}=f'(c)$，或 $f(b)-f(a)=f'(c)(b-a)$。

5. **函數的增減與相對極值**：
   (1) 假設函數 f 在 $[a, b]$ 為連續且在 (a, b) 為可微分。
      (i) $\forall x \in (a, b)$, $f'(x) > 0 \Rightarrow f$ 在 $[a, b]$ 上遞增。
      (ii) $\forall x \in (a, b)$, $f'(x) < 0 \Rightarrow f$ 在 $[a, b]$ 上遞減。
   (2) 相對極值的必要條件：
      函數 f 在 c 具有相對極值僅限於 $f'(c)=0$ 抑或 $f'(c)$ 不存在的點。
   (3) 一階導數檢驗法：
      若 $f'(c)=0$ 或 $f'(c)$ 不存在，且又當 x 通過 c 時，
      (i) 若 $f'(x)$ 的值由"正"變為"負"，則 $f(c)$ 為相對極大值。
      (ii) 若 $f'(x)$ 的值由"負"變為"正"，則 $f(c)$ 為相對極小值。
   (4) 二階導數檢驗法：
      (i) 若 $f'(c)=0$ 且 $f''(c) < 0$，則 $f(c)$ 為相對極大值。
      (ii) 若 $f'(c)=0$ 且 $f''(c) > 0$，則 $f(c)$ 為相對極小值。

(iii) 若 $f'(c)=0$ 且 $f''(c)=0$，則相對極值是否存在無法判別.

6. 曲線 $y=f(x)$ 的凹性：

　　(1) 若 $f''(x)>0$ (即，f' 為遞增函數)，則曲線 $y=f(x)$ 為**上凹**.

　　(2) 若 $f''(x)<0$ (即，f' 為遞減函數)，則曲線 $y=f(x)$ 為**下凹**.

7. (1) 反曲點的定義：設函數 f 在包含 c 的開區間 (a, b) 為連續，若 f 的圖形在 (a, c) 為上凹且在 (c, b) 為下凹，抑或 f 的圖形在 (a, c) 為下凹且在 (c, b) 為上凹，則稱點 $(c, f(c))$ 為 f 之圖形上的**反曲點**.

　　(2) 反曲點的必要條件：$f''(x_0)=0$ 或 $f''(x_0)$ 不存在的點，但 $x_0 \in D_f$.

8. **羅必達法則**：設兩函數 f 與 g 在某包含 a 的開區間 I 均為可微分 (可能在 a 除外)，當 $x \neq a$ 時，$g'(x) \neq 0$，又 $\lim\limits_{x \to a} \dfrac{f(x)}{g(x)}$ 為不定型 $\dfrac{0}{0}$ 或 $\dfrac{\infty}{\infty}$. 若

$$\lim_{x \to a} \frac{f'(x)}{g'(x)} \text{ 存在，或 } \lim_{x \to a} \frac{f'(x)}{g'(x)} = \infty \text{ (或 } -\infty\text{)，則}$$

$$\lim_{x \to a} \frac{f(x)}{g(x)} = \lim_{x \to a} \frac{f'(x)}{g'(x)}.$$

§13-1　函數的極值

微分學裡有一些重要的應用問題，它們是所謂的最佳化問題 (optimization problem)，其主要在於如何找出最佳決策的方法去完成工作。最佳化問題可簡化為求函數的最大值與最小值，並判斷此值發生於何處。

定義 13-1-1

設函數 f 定義在區間 I 且 $c \in I$。

(1) 若對 I 中所有 x 恆有 $f(c) \geq f(x)$，則稱 f 在 c 處有絕對極大值 (absolute maximum) (或最大值 (largest value))，$f(c)$ 為 f 在 I 上的絕對極大值 (或最大值)。

(2) 若對 I 中所有 x 恆有 $f(c) \leq f(x)$，則稱 f 在 c 處有絕對極小值 (absolute minimum) (或最小值 (smallest value))，$f(c)$ 為 f 在 I 上的絕對極小值 (或最小值)。

上述的 $f(c)$ 稱為 f 的絕對極值 (absolute extremum)。

定義 13-1-2

設函數 f 定義在區間 I 且 $c \in I$。

(1) 若 I 內存在包含 c 的開區間，使得 $f(c) \geq f(x)$ 對該開區間中所有 x 均成立，則稱 f 在 c 處有相對極大值 (relative maximum) (或局部極大值 (local maximum))，$f(c)$ 為 f 的相對極大值 (或局部極大值)。

(2) 若 I 內存在包含 c 的開區間，使得 $f(c) \leq f(x)$ 對該開區間中所有 x 均成立，則稱 f 在 c 處有相對極小值 (relative minimum) (或局部極小值 (local minimum))，$f(c)$ 為 f 的相對極小值 (或局部極小值)。

上述的 $f(c)$ 稱為 f 的相對極值 (relative extremum) (或局部極值 (local extremum))。

若 c 為 I 的端點，則我們僅僅考慮在 I 內包含 c 的半開區間。

第十三章　微分的應用　➲ 413

假設定義在閉區間 $[a, b]$ 上的函數 f 之圖形如圖 13-1-1 所示. f 在 x_3 處有絕對極大值 (也是相對極大值) 而在 a 處有絕對極小值 (也是相對極小值). 注意, $(x_3, f(x_3))$ 為圖形的最高點而 $(a, f(a))$ 為最低點. 若僅考慮 x_1 附近的 x 值 (如, $a < x < x_2$), 則 $f(x_1)$ 為那些 $f(x)$ 值的最大者而為 f 的相對 (局部) 極大值. 同理, 若考慮 x_2 附近的 x 值 (如, $x_1 < x < x_3$), 則 $f(x_2)$ 為 f 的相對 (局部) 極小值. 當然, $f(b)$ 也是 f 的相對 (局部) 極小值.

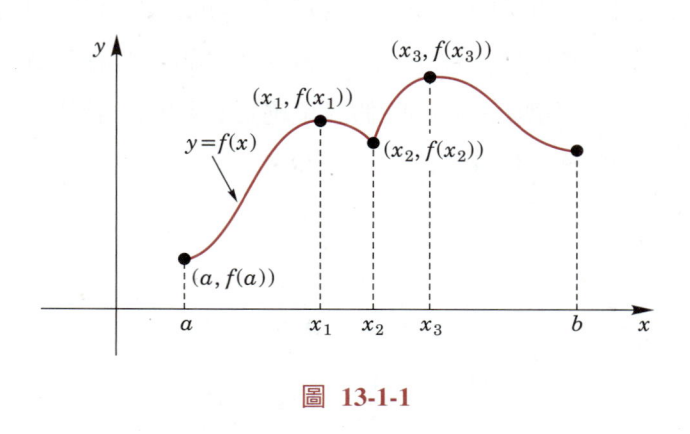

圖 13-1-1

例 1　函數 $f(x) = \sin x$ 的絕對 (也是相對) 極大值為 1, 絕對 (也是相對) 極小值為 -1.

例 2　若 $f(x) = x^2$, 則 $f(x) \geq f(0)$, 故 $f(0) = 0$ 為 f 的絕對極小值, 這表示原點為拋物線 $y = x^2$ 上的最低點. 然而, 在此拋物線上無最高點, 故此函數無極大值.

例 3　若 $f(x) = x^3$, 則此函數無絕對極大值也無絕對極小值. 故不存在任何極值.

我們已看出有些函數有極值, 而有些則沒有. 下面定理給出保證函數的絕對極大值與絕對極小值存在的條件.

定理 13-1-1 極值定理 (extreme value theorem)

若函數 f 在閉區間 $[a, b]$ 為連續，則 f 在 $[a, b]$ 上不但有絕對極大值 (即，最大值) 而且有絕對極小值 (即，最小值).

此定理的結果在直觀上是很明顯的. 若我們想像成質點沿著函數在閉區間 $[a, b]$ 的連續圖形上移動，則在整個歷程當中，一定會通過最高點與最低點.

在極值定理中，f 為連續與閉區間的假設是絕對必要的. 若任一假設不滿足，則不能保證絕對極大值或絕對極小值存在.

例 4 若函數

$$f(x) = \begin{cases} x, & 0 \leq x < 1 \\ \dfrac{1}{2}, & 1 \leq x \leq 2 \end{cases}$$

定義在閉區間 $[0, 2]$，則它有絕對極小值 0，但無極大值. 事實上，f 在 $x = 1$ 不連續 (見圖 13-1-2).

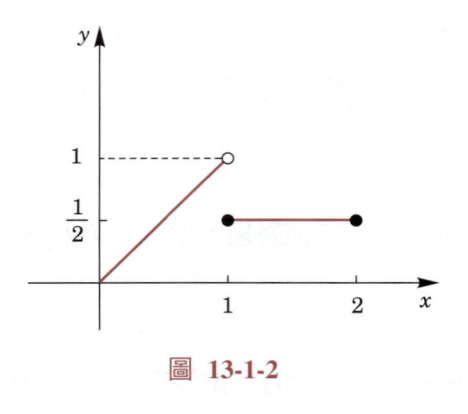

圖 13-1-2

例 5 函數 $f(x) = x^2$ $(0 < x < 1)$ 在開區間 $(0, 1)$ 為連續，但無極大值也無極小值.

如圖 13-1-3 所示，函數 f 的相對極值發生於 f 之圖形的水平切線所在的點或 f 之圖形的尖點或折角處，此為下面定理的要旨．

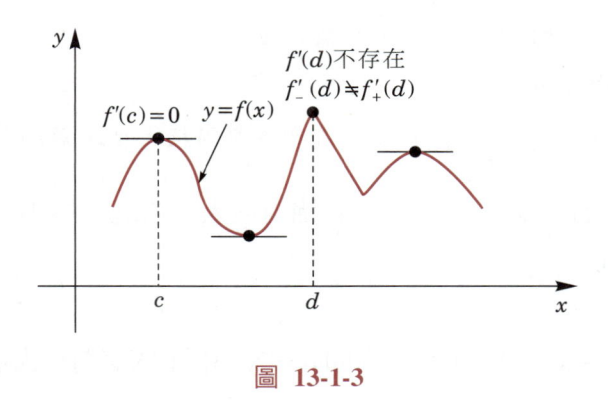

圖 13-1-3

定理 13-1-2

若函數 f 在 c 處有相對極值，則 $f'(c)=0$ 抑或 $f'(c)$ 不存在．

例 6　函數 $f(x)=|x-1|$ 在 $x=1$ 處有 (相對且絕對) 極小值，但 $f'(1)$ 不存在．

例 7　若 $f(x)=x^3$，則 $f'(x)=3x^2$，故 $f'(0)=0$．但是，f 在 0 處無相對極大值或相對極小值．$f'(0)=0$ 僅表示曲線 $y=x^3$ 在點 $(0,0)$ 有一條水平切線．

定義 13-1-3

設 c 為函數 f 之定義域中的一數，若 $f'(c)=0$ 抑或 $f'(c)$ 不存在，則稱 c 為 f 的臨界數 (critical number) (或稱臨界點 (critical point))．

依定理 13-1-2，若函數有相對極值，則相對極值發生於臨界數處；但是，並非在每一個臨界數處均有相對極值，如例題 7 所示．

若函數 f 在閉區間 $[a, b]$ 為連續，則求其絕對極值的步驟如下：

步驟 1：在 (a, b) 中，求 f 的所有臨界數.
步驟 2：計算 f 在 (a, b) 中之所有臨界數的值.
步驟 3：計算 $f(a)$ 與 $f(b)$.
步驟 4：從步驟 2 與 3 中所計算的最大值即為絕對極大值，最小值即為絕對極小值.

在步驟 3 中，若 $f(a)$ 或 $f(b)$ 為絕對極大值或絕對極小值，則稱為**端點極值**(end-point extremum).

例 8 求函數 $f(x) = x^3 - 3x^2 + 1$ 在區間 $[-2, 3]$ 上的絕對極大值與絕對極小值.

解答 $f'(x) = 3x^2 - 6x = 3x(x - 2)$. 於是，在 $(-2, 3)$ 中，f 的臨界數為 0 與 2. f 在這些臨界數的值為

$$f(0) = 1, \; f(2) = -3$$

而在兩端點的值為

$$f(-2) = -19, \; f(3) = 1$$

所以，絕對極大值為 1，絕對極小值為 -19.

例 9 求函數 $f(x) = (x - 2)\sqrt{x}$ 在 $[0, 4]$ 上的絕對極大值與絕對極小值.

解答 $f'(x) = \sqrt{x} + (x - 2) \dfrac{1}{2\sqrt{x}} = \dfrac{3x - 2}{2\sqrt{x}}$. 於是，在 $(0, 4)$ 中，f 的臨界數為 $\dfrac{2}{3}$.

因 $f(0) = 0$, $f\left(\dfrac{2}{3}\right) = -\dfrac{4\sqrt{6}}{9}$, $f(4) = 4$,

故 $f(4) > f(0) > f\left(\dfrac{2}{3}\right)$.

所以，極大值為 4，極小值為 $-\dfrac{4\sqrt{6}}{9}$.

習題 13-1

在 1～7 題中，求 f 在所予閉區間上的絕對極大值與絕對極小值．

1. $f(x) = x^3 - 6x^2 + 9x + 2$；$[0, 2]$
2. $f(x) = (x-1)^3$；$[0, 4]$
3. $f(x) = \dfrac{x}{x^2+2}$；$[-1, 4]$
4. $f(x) = 1 + |9 - x^2|$；$[-5, 1]$
5. $f(x) = \sin x - \cos x$；$[0, \pi]$
6. $f(x) = xe^{-x}$；$[0, 2]$
7. $f(x) = \dfrac{\ln x}{x}$；$[1, 3]$

8. 設 $f(x) = x^2 + ax + b$，求 a 與 b 的值使得 $f(1) = 3$ 為 f 在 $[0, 2]$ 上的絕對極值．它是絕對極大值或絕對極小值？

§13-2　單調函數

在描繪函數的圖形時，知道何處上升與何處下降是很有用的．圖 13-2-1 所示的圖形由 A 上升到 B，由 B 下降到 C，然後再由 C 上升到 D．術語 "遞增" 與 "遞減" 用來描述函數圖形由左到右的變化情形．例如，圖 13-2-1 中所示圖形的函數 f 在區間 $[a, b]$ 為遞增，在 $[b, c]$ 為遞減，又在 $[c, d]$ 為遞增．

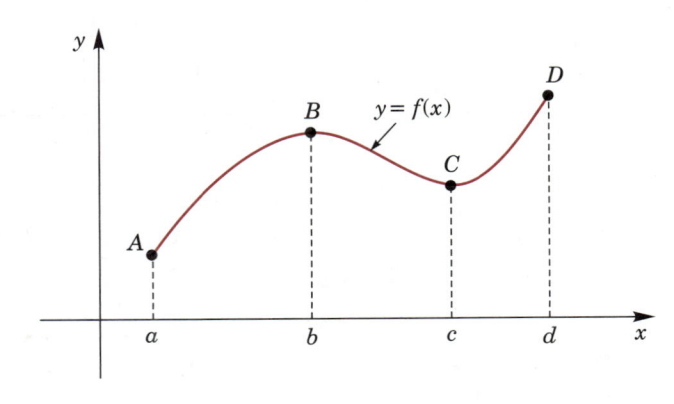

圖 13-2-1

定義 13-2-1

設函數 f 定義在某區間 I.

(1) 對 I 中所有 x_1、x_2，若 $x_1 < x_2$，恆有 $f(x_1) < f(x_2)$，則稱 f 在 I 為**遞增** (increasing)，而 I 稱為 f 的**遞增區間** (interval of increase).

(2) 對 I 中所有 x_1、x_2，若 $x_1 < x_2$，恆有 $f(x_1) > f(x_2)$，則稱 f 在 I 為**遞減** (decreasing)，而 I 稱為 f 的**遞減區間** (interval of decrease).

(3) 若 f 在 I 為**遞增**抑或為**遞減**，則稱 f 在 I 上為**單調** (monotonic).

函數遞增或遞減之定義如圖 13-2-2 所示.

註：單調函數必有反函數.

　　圖 13-2-3 暗示若函數圖形在某區間的切線斜率為正，則函數在該區間為遞增；同理，若圖形的切線斜率為負，則函數為遞減.
　　現在，我們將給出微積分裡一個相當重要的定理，稱為**均值定理** (mean value theorem)，它常被用來證明很多數學上重要的結果.

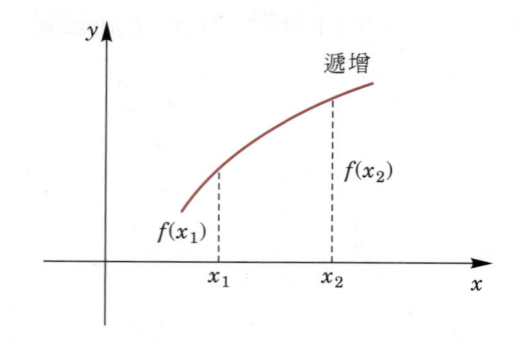

(a) $x_1 < x_2 \Rightarrow f(x_1) < f(x_2)$　　(b) $x_1 < x_2 \Rightarrow f(x_1) > f(x_2)$

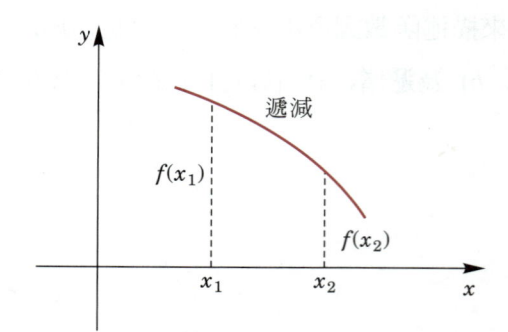

圖 13-2-2

(a) $f'(a) > 0$　　　　　　　　　(b) $f'(a) < 0$

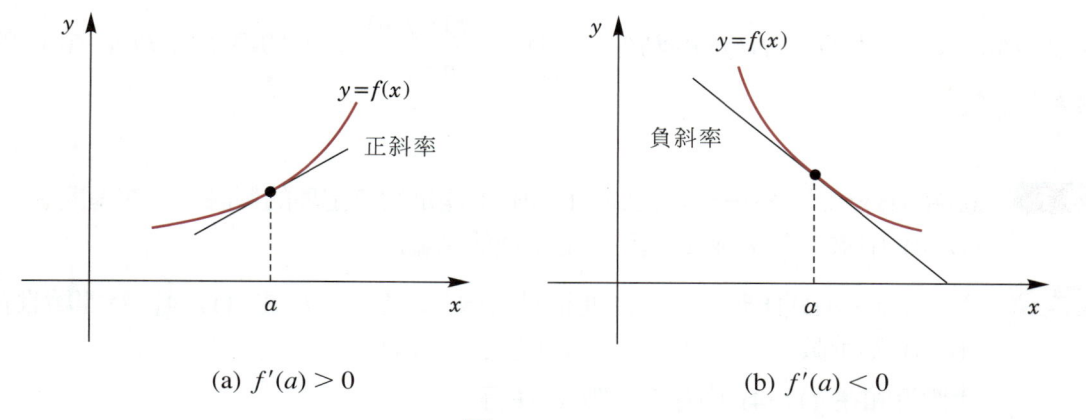

圖 **13-2-3**

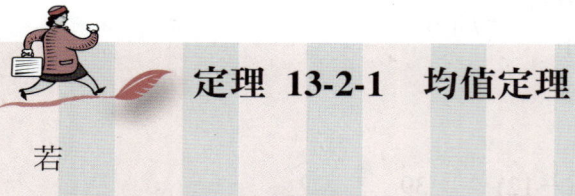

定理 13-2-1　均值定理

若
(1) f 在 $[a, b]$ 為連續
(2) f 在 (a, b) 為可微分
則在 (a, b) 中存在一數 c，使得

$$\frac{f(b)-f(a)}{b-a}=f'(c).$$

就幾何意義而言，均值定理指出，在曲線 $y=f(x)$ 上的兩點 A 與 B 之間，至少存在一處 c 使得曲線在該處的切線平行於連接 A 與 B 的割線. 如圖 13-2-4 所示，

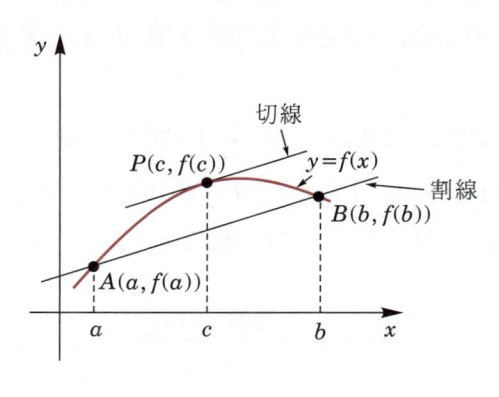

圖 **13-2-4**

連接 $A(a, f(a))$ 與 $B(b, f(b))$ 的割線斜率為 $\dfrac{f(b)-f(a)}{b-a}$，而切線在點 $P(c, f(c))$ 的斜率為 $f'(c)$.

例 1 說明 $f(x)=x^3-8x-5$ 在區間 $[1, 4]$ 上滿足均值定理的假設，並在區間 $(1, 4)$ 中求一數 c 使其滿足均值定理的結論.

解答 因 f 為多項式函數，故它為連續且可微分. 尤其，f 在 $[1, 4]$ 為連續且在 $(1, 4)$ 為可微分. 因此，滿足均值定理的假設條件.

我們得知在 $(1, 4)$ 中存在一數 c 使得

$$\frac{f(4)-f(1)}{4-1}=f'(c)$$

又 $f'(x)=3x^2-8$，上式變成

$$3c^2-8=\frac{27-(-12)}{4-1}=\frac{39}{3}=13$$

可得 $$c^2=7$$
即， $$c=\pm\sqrt{7}$$

因僅 $c=\sqrt{7}$ 在區間 $(1, 4)$ 中，故其為所求的數.

定理 13-2-2

若 $f'(x)=0$ 對區間 I 中所有 x 均成立，則 f 在 I 上為常數函數.

證：欲證明 f 在 I 上為常數，只要證得 f 在 I 中任意兩數有相同的值即可. 令 a 與 b 為 I 中任意兩數且 $a<b$. 因 f 在 I 為可微分，故它必在 (a, b) 為可微分且在 $[a, b]$ 為連續. 依均值定理，存在一數 $c\in(a, b)$ 使得

$$f'(c)=\frac{f(b)-f(a)}{b-a}$$

因 $f'(x)=0$，可知 $f'(c)=0$，故 $f(b)-f(a)=0$，即，$f(a)=f(b)$. 所以，f 在 I 上為常數函數.

定理 13-2-3

若 $f'(x)=g'(x)$ 對區間 I 中所有 x 均成立，則 f 與 g 在 I 上僅相差一常數，即，存在一常數 C 使得 $f(x)=g(x)+C$ 對 I 中所有 x 均成立.

證：令 $h(x)=f(x)-g(x)$，則對 I 中所有 x 恆有

$$h'(x)=f'(x)-g'(x)=0$$

於是，依定理 13-2-2，$h(x)=f(x)-g(x)$ 在 I 上為常數函數，即，$h(x)=C$，C 為一常數. 所以，$f(x)=g(x)+C$.

定理 13-2-3 有一個幾何說明：在區間中各處具有相同導數之兩函數的圖形在該區間為 "平行"，如圖 13-2-5 所示.

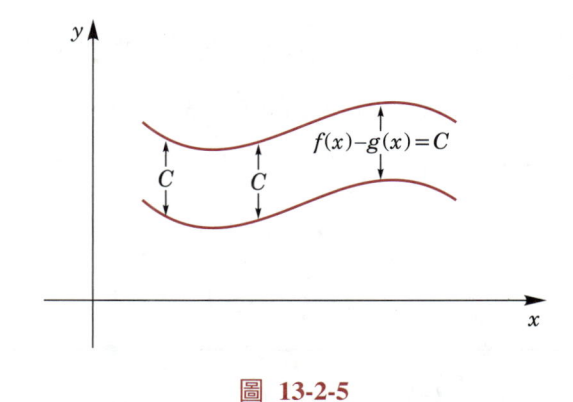

圖 13-2-5

例 2 若 $f'(x)=\sin x$ 且 $f(0)=1$，求 f.

解答 $f'(x)=\sin x \Rightarrow f(x)=-\cos x+C$
$f(0)=-1+C=1 \Rightarrow C=2$
所以，$f(x)=-\cos x+2$.

下面定理指出如何利用導數來判斷函數在區間為遞增或遞減，其證明需要用到均值定理.

定理 13-2-4　單調性檢驗法

設函數 f 在 $[a, b]$ 為連續，在 (a, b) 為可微分.
(1) 若 $f'(x) > 0$ 對 (a, b) 中所有 x 均成立，則 f 在 $[a, b]$ 為遞增.
(2) 若 $f'(x) < 0$ 對 (a, b) 中所有 x 均成立，則 f 在 $[a, b]$ 為遞減.

證：我們僅證明 (1)，而 (2) 的證明留給讀者自證之.

令 x_1 與 x_2 為 (a, b) 中任意兩數使得 $x_1 < x_2$，則在區間上應用均值定理，

$$f(x_2) - f(x_1) = f'(c)(x_2 - x_1)$$

其中 $c \in (x_1, x_2)$. 因 $x_2 - x_1 > 0$，又由假設可知 $f'(c) > 0$，故 $f(x_2) - f(x_1) > 0$，即，$f(x_1) < f(x_2)$. 所以，f 在 $[a, b]$ 為遞增.

例 3　若 $f(x) = x^3 + x^2 - 5x - 5$，則 f 在何區間為遞增？遞減？

解答
$$f'(x) = 3x^2 + 2x - 5 = (3x + 5)(x - 1)$$

得臨界數為 $x = -\dfrac{5}{3}$ 與 $x = 1$.

$x < -\dfrac{5}{3}$	$-\dfrac{5}{3}$	$-\dfrac{5}{3} < x < 1$	1	$x > 1$
$f'(x) > 0$	$f'\left(-\dfrac{5}{3}\right) = 0$	$f'(x) < 0$	$f'(1) = 0$	$f'(x) > 0$

因 f 為處處連續，故 f 在 $\left(-\infty, -\dfrac{5}{3}\right]$ 與 $[1, \infty)$ 為遞增，

在 $\left[-\dfrac{5}{3}, 1\right]$ 為遞減.

例 4 函數 $f(x)=\dfrac{x}{x^2+1}$ 在何區間為遞增？遞減？求 f 的遞增區間與遞減區間.

解答 $f'(x)=\dfrac{d}{dx}\left(\dfrac{x}{x^2+1}\right)=\dfrac{x^2+1-x(2x)}{(x^2+1)^2}=\dfrac{1-x^2}{(x^2+1)^2}$

$f'(-1)=0$, $f'(1)=0$.

$x<-1$	-1	$-1<x<1$	1	$x>1$
$f'(x)<0$	$f'(-1)=0$	$f'(x)>0$	$f'(1)=0$	$f'(x)<0$

因 f 為處處連續，故 f 在 $[-1, 1]$ 為遞增，在 $(-\infty, -1]$ 與 $[1, \infty)$ 為遞減. $[-1, 1]$ 為遞增區間，$(-\infty, -1]$ 與 $[1, \infty)$ 為遞減區間.

我們知道，欲求相對極值，首先須找出函數所有的臨界數，再檢查每一個臨界數，以決定是否有相對極值發生. 做這個檢查的方法有很多，下面的定理是根據 f 的一階導數的正負號來判斷 f 是否有相對極值. 大致說來，這個定理說明了，當 x 遞增通過臨界數 c 時，若 $f'(x)$ 變號，則 f 在 c 處有相對極大值或相對極小值；若 $f'(x)$ 不變號，則在 c 處無極值發生.

定理 13-2-5 一階導數判別法 (first derivative test)

設函數 f 在包含臨界數 c 的開區間 (a, b) 為連續.
(1) 當 $a<x<c$ 時，$f'(x)>0$，且 $c<x<b$ 時，$f'(x)<0$，則 $f(c)$ 為 f 的相對極大值.
(2) 當 $a<x<c$ 時，$f'(x)<0$，且 $c<x<b$ 時，$f'(x)>0$，則 $f(c)$ 為 f 的相對極小值.
(3) 當 $a<x<b$ 時，$f'(x)$ 同號，則 $f(c)$ 不為 f 的相對極值.

圖 13-2-6 中的圖形可作為方便記憶一階導數檢驗法的模式.

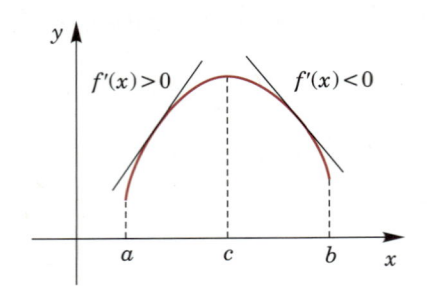

(a) 相對極大值

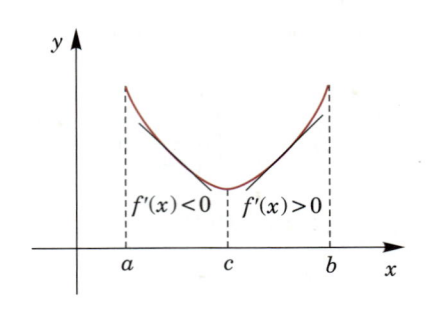

(b) 相對極小值

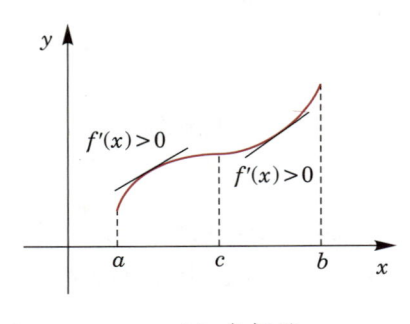

(c) 無極值

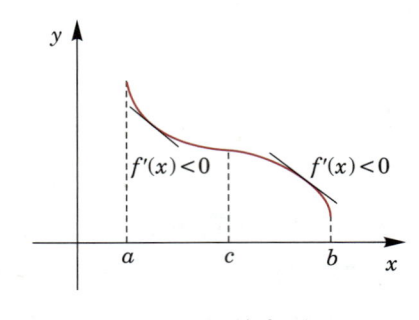

(d) 無極值

圖 13-2-6

例 5　求函數 $f(x)=x^3-3x+3$ 的相對極值.

解答　$f'(x)=3x^2-3=3(x-1)(x+1)$. 於是，f 的臨界數為 1 與 -1.

$x<-1$	-1	$-1<x<1$	1	$x>1$
$f'(x)>0$	$f'(-1)=0$	$f'(x)<0$	$f'(1)=0$	$f'(x)>0$

依一階導數判別法，f 在 $x=-1$ 處有相對極大值 $f(-1)=5$，在 $x=1$ 處有相對極小值 $f(1)=1$.

例 6　求 $f(x)=\ln(x^2+2x+3)$ 的相對極值.

解答　$f'(x)=\dfrac{d}{dx}\ln(x^2+2x+3)=\dfrac{1}{x^2+2x+3}\dfrac{d}{dx}(x^2+2x+3)$

$=\dfrac{2x+2}{x^2+2x+3}=\dfrac{2(x+1)}{(x+1)^2+1}$

當 $x=-1$ 時, $f'(x)=0$, 故 $x=-1$ 為 f 僅有之臨界數.
當 $x<-1$ 時, $f'(x)<0$, 且當 $x>-1$ 時, $f'(x)>0$.
因此, $f(-1)=\ln(1-2+3)=\ln 2$ 為相對極小值.

習題 13-2

在 1～4 題中, 驗證 f 在所予區間滿足均值定理的假設, 並求 c 的所有值使其滿足定理的結論.

1. $f(x)=x^3-3x+5$; $[-1, 1]$
2. $f(x)=\cos x$; $\left[\dfrac{\pi}{2}, \dfrac{3\pi}{2}\right]$
3. $f(x)=\dfrac{x^2-1}{x-2}$; $[-1, 1]$
4. $f(x)=x+\dfrac{1}{x}$; $[3, 4]$

在 5～7 題中, 求各函數的遞增區間與遞減區間.

5. $f(x)=3x^3-4x+3$
6. $f(x)=\dfrac{x}{x^2+2}$
7. $f(x)=\sqrt[3]{x}-\sqrt[3]{x^2}$

求下列各函數的相對極值.

8. $f(x)=x^3-3x^2-24x+32$
9. $f(x)=x\sqrt{1-x^2}$
10. $f(x)=\dfrac{x}{x^2+1}$
11. $f(x)=x-\ln x$
12. $f(x)=x^x$, $x>0$
13. $f(x)=x^2 e^{-x}$
14. $f(x)=\dfrac{\sin x}{2+\cos x}$, $0<x<2\pi$

§ 13-3 凹 性

雖然函數 f 的導數能告訴我們 f 的圖形在何處為遞增或遞減，但是它並不能顯示圖形如何彎曲．為了研究這個問題，我們必須探討如圖 13-3-1 所示切線的變化情形．

在圖 13-3-1(a) 中的曲線 (切點除外) 位於其切線的下方，稱為下凹．當我們由左到右沿著此曲線前進時，切線旋轉，而它們的斜率遞減．對照之下，圖 13-3-1(b) 中的曲線 (切點除外) 位於其切線的上方，稱為上凹．當我們由左到右沿著此曲線前進時，切線旋轉，而它們的斜率遞增．因 f 之圖形的切線斜率為 f'，故我們有下面的定義．

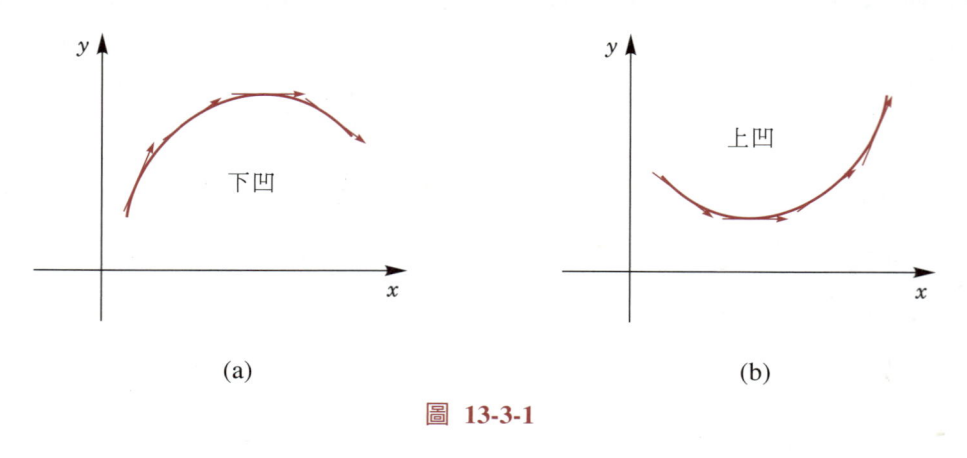

(a) 　　　　　　　　　　　　(b)

圖 13-3-1

定義 13-3-1

設函數 f 在某開區間為可微分．
(1) 若 f' 在該區間為遞增，則稱函數 f 的圖形在該區間為上凹 (concave upward)．
(2) 若 f' 在該區間為遞減，則稱函數 f 的圖形在該區間為下凹 (concave downward)．

註：簡便來說，上凹的曲線"盛水"，下凹的曲線"漏水"．上凹分為遞增上凹、遞減上凹，下凹分為遞增下凹、遞減下凹．

因 f'' 是 f' 的導函數，故由定理 13-2-4 可知，若 $f''(x) > 0$ 對 (a, b) 中所有 x 均成立，則 f' 在 (a, b) 為遞增；若 $f''(x) < 0$ 對 (a, b) 中所有 x 均成立，則 f' 在

(a, b) 為遞減. 於是，我們有下面的結果.

定理 13-3-1　凹性檢驗法 (concavity test)

設函數 f 在開區間 I 為二次可微分.
(1) 若 $f''(x) > 0$ 對 I 中所有 x 均成立，則 f 的圖形在 I 為上凹.
(2) 若 $f''(x) < 0$ 對 I 中所有 x 均成立，則 f 的圖形在 I 為下凹.

例 1　函數 $f(x) = x^3 - 3x^2 + 2$ 的圖形在何處為上凹？下凹？

解答　$f'(x) = 3x^2 - 6x$，$f''(x) = 6x - 6$. 若 $x > 1$，則 $f''(x) > 0$，故 f 的圖形在 $(1, \infty)$ 為上凹. 若 $x < 1$，則 $f''(x) < 0$，故 f 的圖形在 $(-\infty, 1)$ 為下凹.

例 2　函數 $f(x) = \dfrac{1}{1+x^2}$ 的圖形在何處為上凹？下凹？

解答　$f'(x) = \dfrac{d}{dx}\left(\dfrac{1}{1+x^2}\right) = \dfrac{-2x}{(1+x^2)^2} = -2x(1+x^2)^{-2}$

$f''(x) = -\dfrac{d}{dx}\,2x(1+x^2)^{-2} = -2(1+x^2)^{-2} + 4x(1+x^2)^{-3}(2x)$

$\qquad = -2(1+x^2)^{-2} + 8x^2(1+x^2)^{-3}$

$\qquad = 2(1+x^2)^{-3}(3x^2 - 1)$

令 $f''(x) = 0$，則 $3x^2 - 1 = 0$，可得 $x = \pm\dfrac{1}{\sqrt{3}} = \pm\dfrac{\sqrt{3}}{3}$.

$x < -\dfrac{\sqrt{3}}{3}$	$-\dfrac{\sqrt{3}}{3}$		$\dfrac{\sqrt{3}}{3}$	$x > \dfrac{\sqrt{3}}{3}$
$f''(x) > 0$	$f''\left(-\dfrac{\sqrt{3}}{3}\right) = 0$	$f''(x) < 0$	$f''\left(\dfrac{\sqrt{3}}{3}\right) = 0$	$f''(x) > 0$

故 f 的圖形在 $\left(-\infty, -\dfrac{\sqrt{3}}{3}\right)$ 與 $\left(\dfrac{\sqrt{3}}{3}, \infty\right)$ 為上凹, 在 $\left(-\dfrac{\sqrt{3}}{3}, \dfrac{\sqrt{3}}{3}\right)$ 為下凹.

在例題 1 中, 函數圖形上的點 (1, 0) 改變圖形的凹性, 而對於這種點, 我們給予名稱.

定義 13-3-2

設函數 f 在包含 c 的開區間 (a, b) 為連續, 若 f 的圖形在 (a, c) 為上凹且在 (c, b) 為下凹, 抑或 f 的圖形在 (a, c) 為下凹且在 (c, b) 為上凹, 則稱點 $(c, f(c))$ 為 f 之圖形上的反曲點 (point of inflection).

在例題 1 中, 我們指出, f 的圖形在 $(-\infty, 1)$ 為下凹, 而在 $(1, \infty)$ 為上凹, 於是, f 在 $x=1$ 處有一個反曲點, 因 $f(1)=0$, 故反曲點為 (1, 0).

定理 13-3-2　反曲點存在的必要條件

若 $(c, f(c))$ 為 f 之圖形上的反曲點, $f''(x)$ 對於包含 c 的某開區間中所有 x 均存在, 則 $f''(c)=0$.

由上述定義 13-3-2 知, 反曲點僅可能發生於 $f''(x)=0$ 抑或 $f''(x)$ 不存在的點, 如圖 13-3-2 所示. 但讀者應注意, 在某處的二階導數為零, 並不一定保證圖形在該處就有反曲點.

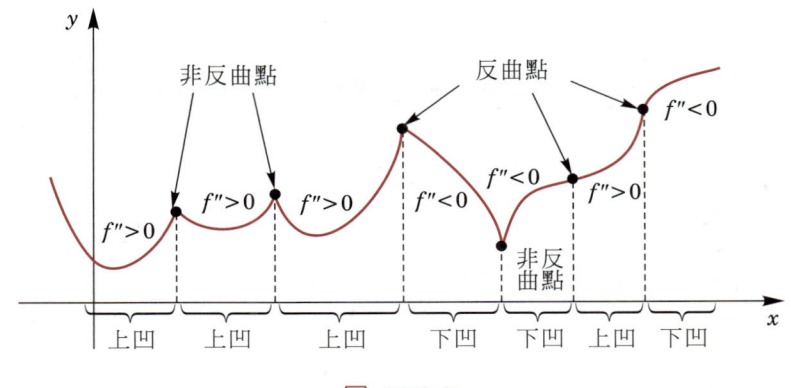

圖 13-3-2

例如，$f(x)=x^3$，$f''(0)=0$，點 $(0, 0)$ 是 f 之圖形的反曲點．至於 $f(x)=x^4$，雖然 $f''(0)=0$，但點 $(0, 0)$ 並非 f 之圖形的反曲點．

例 3 求 $f(x)=3x^4-4x^3+1$ 之圖形的反曲點．

解答
$$f'(x)=12x^3-12x^2$$
$$f''(x)=36x^2-24x=12x(3x-2)$$

令 $f''(x)=0$,

即 $12x(3x-2)=0$

可得 $x=0$，或 $x=\dfrac{2}{3}$．

$x<0$	0	$0<x<\dfrac{2}{3}$	$\dfrac{2}{3}$	$x>\dfrac{2}{3}$
$f''(x)>0$	$f'(0)=0$	$f''(x)<0$	$f''\left(\dfrac{2}{3}\right)=0$	$f''(x)>0$

故反曲點分別為 $(0, 1)$ 與 $\left(\dfrac{2}{3}, \dfrac{11}{27}\right)$．

另有關函數 f 的相對極值除了可用一階導數判斷外，尚可利用二階導數判斷．

定理 13-3-3　二階導數檢驗法 (second derivative test)

設函數 f 在包含 c 的開區間為可微分，且 $f'(c)=0$。
(1) 若 $f''(c)>0$，則 $f(c)$ 為 f 的相對極小值。
(2) 若 $f''(c)<0$，則 $f(c)$ 為 f 的相對極大值。

例 4　若 $f(x)=5+2x^2-x^4$，求 f 的相對極值。

解答　$f'(x)=4x-4x^3=4x(1-x^2)$，$f''(x)=4-12x^2=4(1-3x^2)$。

解方程式 $f'(x)=0$，可得 f 的臨界數為 0、1 與 -1，而 f'' 在這些臨界數的值分別為

$$f''(0)=4>0,\ f''(1)=-8<0,\ f''(-1)=-8<0$$

因此，f 的相對極大值為 $f(1)=6=f(-1)$，相對極小值為 $f(0)=5$。

例 5　求 $f(x)=e^{-x^2}$ 的相對極值。討論凹性並找出反曲點。

解答　$f'(x)=-2xe^{-x^2}$，$f''(x)=2e^{-x^2}(2x^2-1)$。解方程式 $f'(x)=0$，可得 f 的臨界數為 0。因 $f''(0)=-2<0$，故可知 $f(0)=1$ 為 f 的相對極大值。

解方程式 $f''(x)=0$，可得 $x=\pm\dfrac{\sqrt{2}}{2}$。我們作出下表：

區間	$\left(-\infty, -\dfrac{\sqrt{2}}{2}\right)$	$\left(-\dfrac{\sqrt{2}}{2}, \dfrac{\sqrt{2}}{2}\right)$	$\left(\dfrac{\sqrt{2}}{2}, \infty\right)$
$f''(x)$	+	−	+
凹性	上凹	下凹	上凹

因此，反曲點為 $\left(-\dfrac{\sqrt{2}}{2}, \dfrac{\sqrt{e}}{e}\right)$ 與 $\left(\dfrac{\sqrt{2}}{2}, \dfrac{\sqrt{e}}{e}\right)$，如圖 13-3-3 所示。

圖 13-3-3

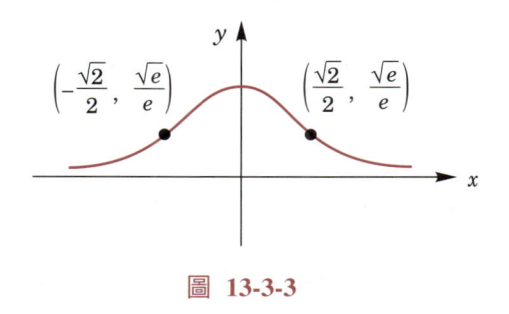

下面的定理將求絕對極值的問題簡化為求相對極值的問題.

定理 13-3-4

設函數 f 在某區間為連續，f 在該區間中的 c 處恰有一個相對極值.
(1) 若 $f(c)$ 為相對極大值，則 $f(c)$ 為 f 在該區間上的絕對極大值.
(2) 若 $f(c)$ 為相對極小值，則 $f(c)$ 為 f 在該區間上的絕對極小值.

例 6 求 $f(x)=x^3-3x^2+4$ 在區間 $(0, \infty)$ 上的極大值與極小值 (若存在).

解答 $f'(x)=3x^2-6x=3x(x-2)$，因此，在 $(0, \infty)$ 中，f 的臨界數為 2. 又 $f''(x)=6x-6$，可得 $f''(2)=6>0$，於是，依二階導數檢驗法，相對極小值為 $f(2)=0$. 所以，f 的絕對極小值為 0.

習 題 13-3

在 1～5 題中，討論各函數圖形的凹性並找出反曲點.

1. $f(x)=4+72x-3x^2-x^3$　　　**2.** $f(x)=x^4-6x^2$

3. $f(x)=(x^2-1)^3$　　　**4.** $f(x)=\dfrac{1}{x^2+1}$

5. $f(x)=xe^x$

在 6～8 題中，利用二階導數檢驗法求下列各函數的相對極值．

6. $f(x)=x^3-3x+2$
7. $f(x)=x^4-x^2$
8. $f(x)=x^2\ln x$
9. 求 $f(x)=x^4+4x$ 在區間 $(-\infty, \infty)$ 上的絕對極大值與絕對極小值 (若存在)．

§13-4　函數圖形的描繪

　　直角坐標的初等函數作圖法，乃先假定若干自變數的值，從而求得其對應之因變數的值，再利用描點即可作一圖形，但此法頗為不便．今應用微分方法，則作圖一事，不但簡捷，而且準確．

1. 確定函數的定義域．
2. 找出圖形的 x-截距與 y-截距．
3. 確定圖形有無對稱性．
4. 確定有無漸近線．
5. 確定函數遞增或遞減的區間．
6. 求出函數的相對極值．
7. 確定凹性並找出反曲點．

例 1　作 $f(x)=x^3-3x+2$ 的圖形．

解答
1. 定義域為 $I\!R=(-\infty, \infty)$．
2. 令 $x^3-3x+2=0$，則 $(x-1)^2(x+2)=0$，可得 $x=1$ 或 -2，故 x-截距為 1 與 -2．又 $f(0)=2$，故 y-截距為 2．
3. 無對稱性．
4. 無漸近線．
5. $f'(x)=3x^2-3=3(x+1)(x-1)$

區間	$x+1$	$x-1$	$f'(x)$	單調性
$(-\infty, -1)$	$-$	$-$	$+$	在 $(-\infty, -1]$ 為遞增
$(-1, 1)$	$+$	$-$	$-$	在 $[-1, 1]$ 為遞減
$(1, \infty)$	$+$	$+$	$+$	在 $[1, \infty)$ 為遞增

6. f 的臨界數為 -1 與 1. $f''(x)=6x$, $f''(-1)=-6<0$, $f''(1)=6>0$, 可知 $f(-1)=4$ 為相對極大值, 而 $f(1)=0$ 為相對極小值.

7.

區間	$f''(x)$	凹性
$(-\infty, 0)$	$-$	下凹
$(0, \infty)$	$+$	上凹

圖形的反曲點為 $(0, 2)$.

圖形如圖 13-4-1 所示.

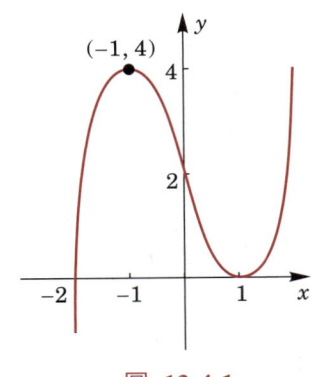

圖 13-4-1

例 2 作 $f(x)=\dfrac{2x^2}{x^2-1}$ 的圖形.

解答

1. 定義域為 $\{x \mid x \neq \pm 1\} = (-\infty, -1) \cup (-1, 1) \cup (1, \infty)$.

2. x-截距與 y-截距均為 0.

3. 圖形對稱於 y-軸.

4. 因 $\lim\limits_{x \to \pm\infty} \dfrac{2x^2}{x^2-1}=2$, 故直線 $y=2$ 為水平漸近線.

   因 $\lim\limits_{x \to 1^+} \dfrac{2x^2}{x^2-1}=\infty$, $\lim\limits_{x \to -1^+} \dfrac{2x^2}{x^2-1}=-\infty$,

   故直線 $x=1$ 與 $x=-1$ 均為垂直漸近線.

5. $f'(x)=\dfrac{(x^2-1)(4x)-(2x^2)(2x)}{(x^2-1)^2}=\dfrac{-4x}{(x^2-1)^2}$

區間	$f'(x)$	單調性
$(-\infty, -1)$	+	在 $(-\infty, -1)$ 為遞增
$(-1, 0)$	+	在 $(-1, 0]$ 為遞增
$(0, 1)$	−	在 $[0, 1)$ 為遞減
$(1, \infty)$	−	在 $(1, \infty)$ 為遞減

6. 唯一的臨界數為 0. 依一階導數檢驗法，$f(0)=0$ 為 f 的相對極大值.

7. $f''(x) = \dfrac{-4(x^2-1)^2 + 16x^2(x^2-1)}{(x^2-1)^4}$

    $= \dfrac{12x^2+4}{(x^2-1)^3}$

區間	$f''(x)$	凹性
$(-\infty, -1)$	+	上凹
$(-1, 1)$	−	下凹
$(1, \infty)$	+	上凹

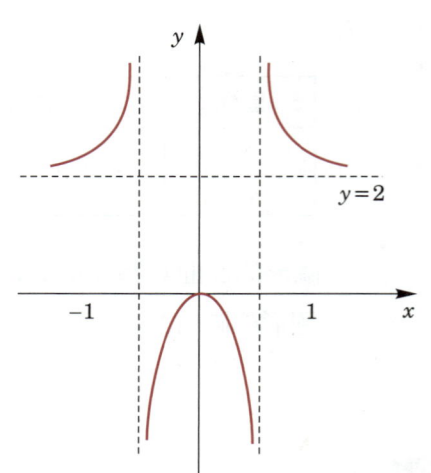

因 1 與 −1 均不在 f 的定義域內，故無反曲點. 圖形如圖 13-4-2 所示.

圖 13-4-2

例 3 作 $f(x) = \dfrac{x^2}{2x+5}$ 的圖形.

解答 1. 定義域為 $\left\{x \,\middle|\, x \neq -\dfrac{5}{2}\right\} = \left(-\infty, -\dfrac{5}{2}\right) \cup \left(-\dfrac{5}{2}, \infty\right)$.

2. x-截距與 y-截距均為 0.

3. 無對稱性.

4. 因 $\displaystyle\lim_{x \to (-5/2)^+} \dfrac{x^2}{2x+5} = \infty$，故直線 $x = -\dfrac{5}{2}$ 為垂直漸近線.

   利用長除法，$\dfrac{x^2}{2x+5} = \dfrac{1}{2}x - \dfrac{5}{4} + \dfrac{25/4}{2x+5}$,

因 $\lim\limits_{x \to \pm\infty} \left[\dfrac{x^2}{2x+5} - \left(\dfrac{1}{2}x - \dfrac{5}{4} \right) \right] = 0$,故直線 $y = \dfrac{1}{2}x - \dfrac{5}{4}$ 為斜漸近線.

5. $f'(x) = \dfrac{2x(2x+5) - 2x^2}{(2x+5)^2} = \dfrac{2x(x+5)}{(2x+5)^2}$

區間	$f'(x)$	單調性
$(-\infty, -5)$	+	在 $(-\infty, -5]$ 為遞增
$\left(-5, -\dfrac{5}{2}\right)$	−	在 $\left[-5, -\dfrac{5}{2}\right)$ 為遞減
$\left(-\dfrac{5}{2}, 0\right)$	−	在 $\left(-\dfrac{5}{2}, 0\right]$ 為遞減
$(0, \infty)$	+	在 $[0, \infty)$ 為遞增

6. f 的臨界數為 0 與 -5. $f(0) = 0$ 為相對極小值,而 $f(-5) = -5$ 為相對極大值.

7. $f''(x)$

$= \dfrac{(2x+5)^2(4x+10) - 2x(x+5) \cdot 4(2x+5)}{(2x+5)^4}$

$= \dfrac{50}{(2x+5)^3}$

區間	$f''(x)$	凹性
$\left(-\infty, -\dfrac{5}{2}\right)$	−	下凹
$\left(-\dfrac{5}{2}, \infty\right)$	+	上凹

圖形無反曲點. 圖形如圖 13-4-3 所示.

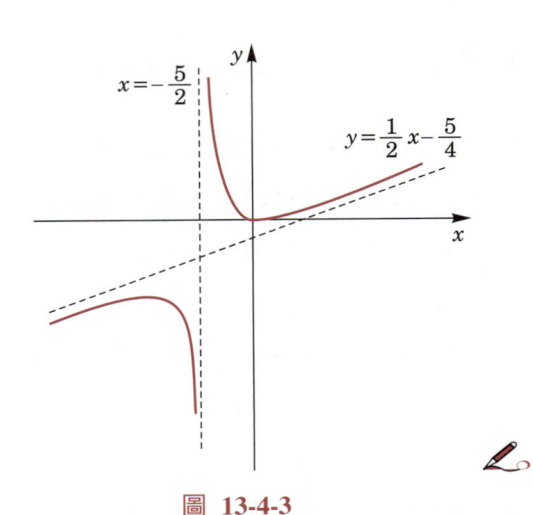

圖 13-4-3

習題 13-4

作下列各函數的圖形.

1. $f(x) = x^2 - x^3$

2. $f(x) = 2x^3 - 6x + 4$

3. $f(x) = (x^2 - 1)^2$

4. $f(x) = \dfrac{x}{x^2 - 1}$

5. $f(x) = \dfrac{1}{x^2 + 1}$

6. $f(x) = \dfrac{x}{x^2 + 1}$

7. $f(x) = \dfrac{x^2 - 2}{x}$

8. $f(x) = x \ln x$

§13-5 極值的應用問題

我們在前面所獲知有關求函數極值的理論可以用在一些實際的問題上，這些問題可能是以語言或以文字敘述．要解決這些問題，則必須將文字敘述用式子、函數或方程式等數學語句表示出來．因應用的範圍太廣，故很難說出一定的求解規則，但是，仍可發展出處理這類問題的一般性規則．下列的步驟常常是很有用的.

求解極值應用問題的步驟：

步驟 1：將問題仔細閱讀幾遍，考慮已知的事實，以及要求的未知量.

步驟 2：若可能的話，畫出圖形或圖表，適當地標上名稱，並用變數來表示未知量.

步驟 3：寫下已知的事實，以及變數間的關係，這種關係常常是用某一形式的方程式來描述.

步驟 4：決定要使那一變數為最大或最小，並將此變數表為其他變數的函數.

步驟 5：求步驟 4 中所得出函數之臨界數，並逐一檢查，看看有無極大值或極小值發生.

步驟 6：檢查極值是否在步驟 4 中所得出函數之定義域的端點發生.

這些步驟的用法在下面例題中說明.

例 1 若二正數的和為 16，當此二數是多少時，其積為最大？

解答 令 x 與 y 表二正數，則其積為 $P=xy$. 依題意，$x+y=16$，即，$y=16-x$. 因此，$P=x(16-x)=16x-x^2$，可得 $\dfrac{dP}{dx}=16-2x$，P 的臨界數為 8. 又 $\dfrac{d^2P}{dx^2}=-2<0$，故 P 在 $x=8$ 時有最大值. 若 $x=8$，則 $y=8$，所以，二正數均為 8.

例 2 求內接於半徑為 r 之圓的最大矩形面積.

解答 令 $x=$ 矩形的長，$y=$ 矩形的寬，$A=$ 矩形的面積，則 $A=xy$（見圖 13-5-1）. 依題意，$x^2+y^2=4r^2$，即，$y=\sqrt{4r^2-x^2}$，$0 \leq x \leq 2r$.

所以，$A=x\sqrt{4r^2-x^2}$，可得 $\dfrac{dA}{dx}=\dfrac{2(2r^2-x^2)}{\sqrt{4r^2-x^2}}$，$A$ 的臨界數為 $\sqrt{2}\,r$.

我們作出下表：

x	0	$\sqrt{2}\,r$	$2r$
A	0	$2r^2$	0

於是，當 $x=y=\sqrt{2}\,r$ 時，面積為最大.
因此，面積為 $2r^2$.

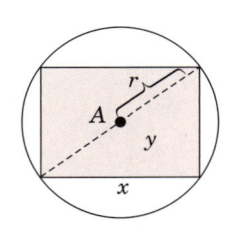

圖 13-5-1

例 3 求內接於橢圓 $\dfrac{x^2}{a^2}+\dfrac{y^2}{b^2}=1$ $(a>0, b>0)$ 的最大矩形面積.

解答 如圖 13-5-2 所示，令 (x, y) 為位於第一象限內在橢圓上的點，則矩形的面積為 $A=(2x)(2y)=4xy$. 令 $S=A^2$.

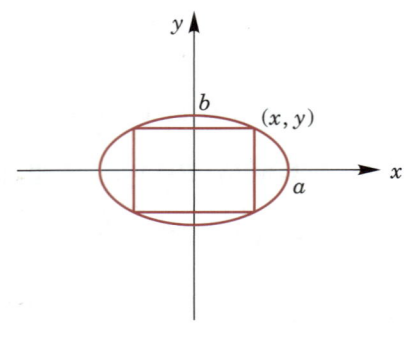

圖 13-5-2

則
$$S = 16x^2y^2 = \frac{16b^2}{a^2} x^2(a^2-x^2)$$
$$= 16b^2 \left(x^2 - \frac{x^4}{a^2}\right), \quad 0 \leq x \leq a,$$

可得 $\dfrac{dS}{dx} = 32b^2 x \left(1 - \dfrac{2x^2}{a^2}\right)$, S 的臨界數為 $\dfrac{\sqrt{2}}{2} a$.

但 $\dfrac{dS}{dx} = 0 \Leftrightarrow \dfrac{dA}{dx} = 0$, 可知 A 的臨界數也是 $\dfrac{\sqrt{2}}{2} a$.

我們作出下表：

x	0	$\dfrac{\sqrt{2}}{2} a$	a
A	0	$2ab$	0

於是，最大面積為 $2ab$.

例 4 我們欲從長為 30 公分且寬為 16 公分之報紙的四個角截去大小相等的正方形，並將各邊向上折疊以做成開口盒子. 若欲使盒子的體積為最大，則四個角的正方形的尺寸為何？

解答 令
$x =$ 所截去正方形的邊長 (以公分計)
$V =$ 所得盒子的體積 (以立方公分計)

因我們從每一個角截去邊長為 x 的正方形 (如圖 13-5-3 所示)，故所得盒子

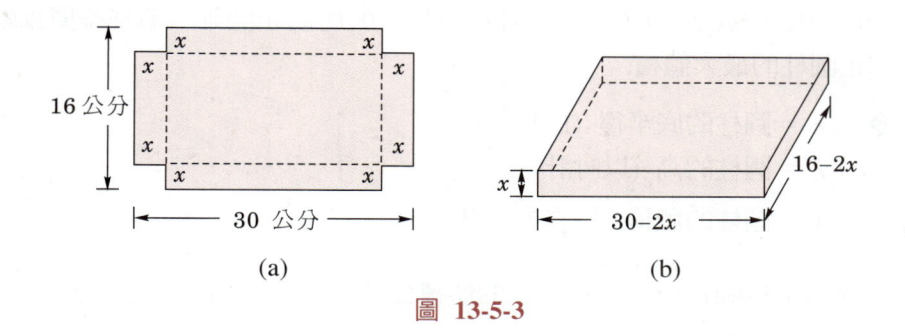

圖 13-5-3

的體積為
$$V=(30-2x)(16-2x)x=480x-92x^2+4x^3$$

在上式中的變數 x 受到某些限制．因 x 代表長度，故它不可能為負，且因報紙的寬為 16 公分，我們不可能截去邊長大於 8 公分的正方形．於是，x 必須滿足 $0 \leq x \leq 8$．因此，我們將問題簡化成求區間 $[0, 8]$ 中的 x 值使得 V 有最大值．

因
$$\begin{aligned}\frac{dV}{dx} &= 480-184x+12x^2 \\ &= 4(120-46x+3x^2) \\ &= 4(3x-10)(x-12)\end{aligned}$$

故可知 V 的臨界數為 $\dfrac{10}{3}$．我們作出下表：

x	0	$\dfrac{10}{3}$	8
V	0	$\dfrac{19,600}{27}$	0

由上表得知，當截去邊長為 $\dfrac{10}{3}$ 公分的正方形時，盒子有最大的體積 $V=\dfrac{19,600}{27}$ 立方公分．

例 5 一正圓柱內接於底半徑為 6 吋且高為 10 吋的正圓錐. 若柱軸與錐軸重合, 求正圓柱的最大體積.

解答 令　r ＝圓柱的底半徑 (以吋計)
　　　　h ＝圓柱的高 (以吋計)
　　　　V ＝圓柱的體積 (以立方吋計)

如圖 13-5-4(a) 所示, 正圓柱的體積公式為 $V=\pi r^2 h$. 利用相似三角形 (圖 13-5-4(b)) 可得

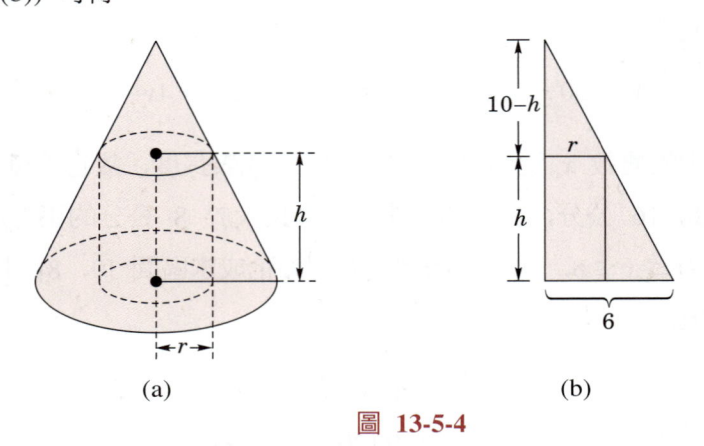

圖 13-5-4

$$\frac{10-h}{r}=\frac{10}{6}$$

即,
$$h=10-\frac{5}{3}r$$

故
$$V=\pi r^2\left(10-\frac{5}{3}r\right)=10\pi r^2-\frac{5}{3}\pi r^3$$

因 r 代表半徑, 故它不可能為負, 且因內接圓柱的半徑不可能超過圓錐的半徑, 故 r 必須滿足 $0 \leq r \leq 6$. 於是, 我們將問題簡化成求 [0, 6] 中的 r 值使 V 有最大值. 因 $\frac{dV}{dr}=20\pi r-5\pi r^2=5\pi r(4-r)$, 故在開區間 (0, 6) 中, V 的臨界數為 4. 我們作出下表:

r	0	4	6
V	0	$\dfrac{160\pi}{3}$	0

此告訴我們最大體積為 $\dfrac{160\pi}{3}$ 立方吋.

例 6 求在拋物線 $y^2=2x$ 上與點 $(1, 4)$ 最接近的點.

解答 在點 $(1, 4)$ 與拋物線 $y^2=2x$ 上任一點 (x, y) 之間的距離為 $d=\sqrt{(x-1)^2+(y-4)^2}$, 如圖 13-5-5 所示.

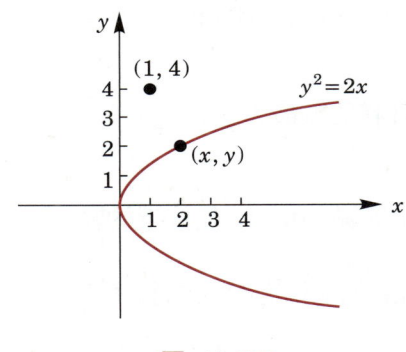

圖 13-5-5

因 $x=\dfrac{y^2}{2}$, 故

$$d=\sqrt{\left(\dfrac{y^2}{2}-1\right)^2+(y-4)^2}=\sqrt{\dfrac{y^4}{4}-8y+17}$$

令 $d^2=f(y)=\dfrac{y^4}{4}-8y+17$, 則 $f'(y)=y^3-8$, 可得 f 的臨界數為 2. 又 $f''(y)=3y^2$, $f''(2)=12>0$, 故 f 在 $y=2$ 有最小值. 所以, 在 $y^2=2x$ 上最接近點 $(1, 4)$ 的點為 $(x, y)=(2, 2)$.

習題 13-5

1. 若二數的差為 40，其積為最小，則此二數為何？
2. 若二正數的積為 64，其和為最小，則此二數為何？
3. 求內接於半徑為 r 之半圓的最大矩形面積．
4. 如右圖所示，內接於邊長為 6 公分、8 公分與 10 公分的直角三角形之矩形的長為 x（以公分計）、寬為 y（以公分計）．當 x 與 y 各為多少時，矩形具有最大的面積？ 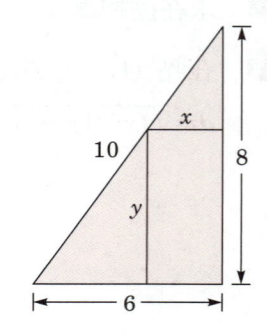
5. 求內接於半徑為 r 的球且體積為最大之正圓柱的尺寸．
6. 求在雙曲線 $x^2 - y^2 = 1$ 上與點 $(0, 2)$ 最接近的點．
7. 在曲線 $y = \dfrac{1}{1+x^2}$ 上何處的切線有最大的斜率？
8. 蘋果園主人估計，若每公畝種 18 棵蘋果樹，成熟後每棵每年可收成 360 個蘋果；若每公畝再多種一棵，則每棵每年減少收成 15 個．如果每年欲獲得最多的蘋果，則每公畝應種多少棵？
9. 如下圖所示，求 P 點的坐標使得內接矩形有最大的面積．

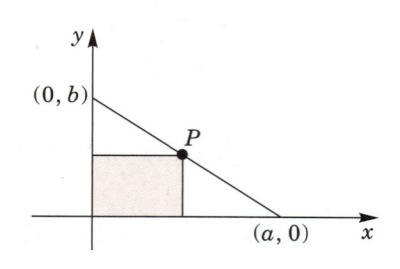

§ 13-6　不定型

在本節中，我們將詳述求函數極限的一個重要的新方法．

在極限 $\lim\limits_{x\to 2}\dfrac{x^2-4}{x-2}$ 與 $\lim\limits_{x\to 0}\dfrac{\sin x}{x}$ 的每一者中，分子與分母均趨近 0．習慣上，將這種極限描述為不定型 $\dfrac{0}{0}$．使用"不定"這個字是因為要作更進一步的分析，才能對極限的存在與否下結論．第一個極限可用代數的方法處理而獲得，即，

$$\lim_{x\to 2}\frac{x^2-4}{x-2}=\lim_{x\to 2}\frac{(x+2)(x-2)}{x-2}=\lim_{x\to 2}(x+2)=4$$

又我們已在第 3 章中利用幾何方法證明 $\lim\limits_{x\to 0}\dfrac{\sin x}{x}=1$．因代數方法與幾何方法僅適合問題的限制範圍，另外我們介紹一種處理不定型的方法，稱為**羅必達法則** (l'Hôpital's rule)．若 $\lim\limits_{x\to a}f(x)=0$ 且 $\lim\limits_{x\to a}g(x)=0$，則稱 $\lim\limits_{x\to a}\dfrac{f(x)}{g(x)}$ 為**不定型** $\dfrac{0}{0}$ (indeterminate form $\dfrac{0}{0}$)．若 $\lim\limits_{x\to a}f(x)=\infty$ (或 $-\infty$) 且 $\lim\limits_{x\to a}g(x)=\infty$ (或 $-\infty$)，則稱 $\lim\limits_{x\to a}\dfrac{f(x)}{g(x)}$ 為**不定型** $\dfrac{\infty}{\infty}$ (indeterminate form $\dfrac{\infty}{\infty}$)．

定理 13-6-1　羅必達法則

設兩函數 f 與 g 在某包含 a 的開區間 I 均為可微分 (可能在 a 除外)，當 $x\neq a$ 時，$g'(x)\neq 0$，又 $\lim\limits_{x\to a}\dfrac{f(x)}{g(x)}$ 為不定型 $\dfrac{0}{0}$ 或 $\dfrac{\infty}{\infty}$．

若 $\lim\limits_{x\to a}\dfrac{f'(x)}{g'(x)}$ 存在，或 $\lim\limits_{x\to a}\dfrac{f'(x)}{g'(x)}=\infty$ (或 $-\infty$)，則

$$\lim_{x\to a}\frac{f(x)}{g(x)}=\lim_{x\to a}\frac{f'(x)}{g'(x)}.$$

註：1. 在定理 13-6-1 中，$x \to a$ 可代以下列的任一者：$x \to a^+$，$x \to a^-$，$x \to \infty$，$x \to -\infty$．

2. 有時，在同一問題中，必須使用多次羅必達法則．

例 1 求 $\lim\limits_{x \to 5} \dfrac{\sqrt{x-1}-2}{x^2-25}$．

解答 因所予極限為不定型 $\dfrac{0}{0}$，故依羅必達法則，

$$\lim_{x \to 5} \frac{\sqrt{x-1}-2}{x^2-25} = \lim_{x \to 5} \frac{\dfrac{1}{2\sqrt{x-1}}}{2x} = \lim_{x \to 5} \frac{1}{4x\sqrt{x-1}} = \frac{1}{40}.$$

註： 為了簡便起見，當應用羅必達法則時，我們通常排列出所示的計算．

例 2 求 $\lim\limits_{x \to 0} \dfrac{\sin 2x}{\sin 5x}$．

解答 因所予極限為不定型 $\dfrac{0}{0}$，故依羅必達法則，

$$\lim_{x \to 0} \frac{\sin 2x}{\sin 5x} = \lim_{x \to 0} \frac{2\cos 2x}{5\cos 5x} = \frac{2}{5}.$$

例 3 計算 $\lim\limits_{x \to 1^-} \dfrac{x^2-x}{x-1-\ln x}$．

解答 因所予極限為不定型 $\dfrac{0}{0}$，故依羅必達法則，

$$\lim_{x \to 1^-} \frac{x^2-x}{x-1-\ln x} = \lim_{x \to 1^-} \frac{2x-1}{1-\dfrac{1}{x}} = \lim_{x \to 1^-} \frac{2x^2-x}{x-1} = -\infty.$$

例 4 求 $\lim\limits_{x \to 0} \dfrac{e^x+e^{-x}-2}{1-\cos 2x}$．

解答 因所予極限為不定型 $\dfrac{0}{0}$，故依羅必達法則，

$$\lim_{x \to 0} \frac{e^x + e^{-x} - 2}{1 - \cos 2x} = \lim_{x \to 0} \frac{e^x - e^{-x}}{2 \sin 2x}$$

因上式右邊的極限仍為不定型 $\dfrac{0}{0}$，故再利用羅必達法則，可得

$$\lim_{x \to 0} \frac{e^x - e^{-x}}{2 \sin 2x} = \lim_{x \to 0} \frac{e^x + e^{-x}}{4 \cos 2x} = \frac{1}{2}$$

於是，
$$\lim_{x \to 0} \frac{e^x - e^{-x} - 2}{1 - \cos 2x} = \frac{1}{2}.$$

例 5 求 $\displaystyle\lim_{x \to \infty} \frac{\ln(\ln x)}{x}$.

解答 因所予極限為不定型 $\dfrac{\infty}{\infty}$，故依羅必達法則，

$$\lim_{x \to \infty} \frac{\ln(\ln x)}{x} = \lim_{x \to \infty} \frac{\dfrac{1}{\ln x} \cdot \dfrac{1}{x}}{1} = \lim_{x \to \infty} \frac{1}{x \ln x} = 0.$$

例 6 求 $\displaystyle\lim_{x \to \infty} \frac{x + \sin x}{x}$.

解答 所予極限為不定型 $\dfrac{\infty}{\infty}$，但是

$$\lim_{x \to \infty} \frac{\dfrac{d}{dx}(x + \sin x)}{\dfrac{d}{dx}(x)} = \lim_{x \to \infty} \frac{1 + \cos x}{1}$$

此極限不存在．於是，羅必達法則在此不適用．我們另外處理如下：

$$\lim_{x\to\infty}\frac{x+\sin x}{x}=\lim_{x\to\infty}\left(1+\frac{\sin x}{x}\right)$$
$$=1+\lim_{x\to\infty}\frac{\sin x}{x}=1.\qquad\left(\text{因}\lim_{x\to\infty}\frac{\sin x}{x}=0\right)$$

例 7 下列的極限計算使用羅必達法則是錯誤的，試說明錯誤的原因．

$$\lim_{x\to 0}\frac{x^2}{\cos x}=\lim_{x\to 0}\frac{2x}{-\sin x}=\lim_{x\to 0}\frac{2}{-\cos x}=-2.$$

解答 因 $\lim_{x\to 0}\dfrac{x^2}{\cos x}$ 並非不定型 $\dfrac{0}{0}$ 或 $\dfrac{\infty}{\infty}$，故不能使用羅必達法則．正確的計算應為

$$\lim_{x\to 0}\frac{x^2}{\cos x}=\frac{\lim_{x\to 0}x^2}{\lim_{x\to 0}\cos x}=\frac{0}{1}=0.$$

其他不定型

1. 若 $\lim_{x\to a}f(x)=0$ 且 $\lim_{x\to a}g(x)=\infty$ 或 $-\infty$，則稱 $\lim_{x\to a}[f(x)g(x)]$ 為**不定型 $0\cdot\infty$** (indeterminate form $0\cdot\infty$) (或 $\infty\cdot 0$)．通常，我們寫成 $f(x)g(x)=\dfrac{f(x)}{\dfrac{1}{g(x)}}$ 以便轉換成 $\dfrac{0}{0}$ 型，或寫成 $f(x)\cdot g(x)=\dfrac{g(x)}{\dfrac{1}{f(x)}}$ 以便轉換成 $\dfrac{\infty}{\infty}$ 型．

例 8 求 $\lim_{x\to\infty}x\sin\dfrac{1}{x}$．

解答 方法 1：因所予極限為不定型 $\infty\cdot 0$，故將它轉換成 $\dfrac{0}{0}$ 型，並利用羅必達法則如下：

$$\lim_{x\to\infty} x \, \sin\frac{1}{x} = \lim_{x\to\infty} \frac{\sin\frac{1}{x}}{\frac{1}{x}} = \lim_{x\to\infty} \frac{-\frac{1}{x^2}\cos\frac{1}{x}}{-\frac{1}{x^2}}$$

$$= \lim_{x\to\infty} \cos\frac{1}{x} = \cos 0 = 1$$

方法 2：
$$\lim_{x\to\infty} x \, \sin\frac{1}{x} = \lim_{x\to\infty} \frac{\sin\frac{1}{x}}{\frac{1}{x}}$$

$$= \lim_{h\to 0^+} \frac{\sin h}{h} \qquad \left(\text{令 } h = \frac{1}{x}\right)$$

$$= 1.$$

例 9 求 $\lim_{x\to 0^+} x^2 \ln x$.

解答 所予極限為不定型 $0 \cdot \infty$. 因此,

$$\lim_{x\to 0^+} x^2 \ln x = \lim_{x\to 0^+} \frac{\ln x}{\frac{1}{x^2}} \qquad \left(\frac{\infty}{\infty} \text{ 型}\right)$$

$$= \lim_{x\to 0^+} \frac{\frac{1}{x}}{-\frac{2}{x^3}} = \lim_{x\to 0^+} \left(-\frac{x^2}{2}\right) = 0.$$

2. 若 $\lim_{x\to a} f(x) = \infty$ 且 $\lim_{x\to a} g(x) = \infty$，則稱 $\lim_{x\to a} [f(x) - g(x)]$ 為**不定型** $\infty - \infty$ (indeterminate form $\infty - \infty$)；或者，若 $\lim_{x\to a} f(x) = -\infty$ 且 $\lim_{x\to a} g(x) = -\infty$，則亦稱 $\lim_{x\to a} [f(x) - g(x)]$ 為**不定型** $\infty - \infty$. 無論如何，在此情形下，若適當改變 $f(x) - g(x)$ 的表示式，則可利用前面幾種不定型之一來處理.

例10 求 $\lim\limits_{x\to 0}\left(\dfrac{1}{x}-\dfrac{1}{\sin x}\right)$.

解答 因 $\lim\limits_{x\to 0^+}\dfrac{1}{x}=\infty$ 且 $\lim\limits_{x\to 0^+}\dfrac{1}{\sin x}=\infty$，又 $\lim\limits_{x\to 0^-}\dfrac{1}{x}=-\infty$ 且

$\lim\limits_{x\to 0^-}\dfrac{1}{\sin x}=-\infty$，故所予極限為不定型 $\infty-\infty$．利用通分可得

$$\lim_{x\to 0}\left(\dfrac{1}{x}-\dfrac{1}{\sin x}\right)=\lim_{x\to 0}\dfrac{\sin x-x}{x\sin x} \quad \left(\dfrac{0}{0}\text{型}\right)$$

$$=\lim_{x\to 0}\dfrac{\cos x-1}{x\cos x+\sin x} \quad \left(\dfrac{0}{0}\text{型}\right)$$

$$=\lim_{x\to 0}\dfrac{-\sin x}{-x\sin x+\cos x+\cos x}$$

$$=\dfrac{0}{2}=0.$$

例11 求 $\lim\limits_{x\to\left(\frac{\pi}{2}\right)^-}(\sec x-\tan x)$.

解答 所予極限為不定型 $\infty-\infty$.

$$\lim_{x\to\left(\frac{\pi}{2}\right)^-}(\sec x-\tan x)=\lim_{x\to\left(\frac{\pi}{2}\right)^-}\left(\dfrac{1}{\cos x}-\dfrac{\sin x}{\cos x}\right)$$

$$=\lim_{x\to\left(\frac{\pi}{2}\right)^-}\dfrac{1-\sin x}{\cos x} \quad \left(\dfrac{0}{0}\text{型}\right)$$

$$=\lim_{x\to\left(\frac{\pi}{2}\right)^-}\dfrac{-\cos x}{-\sin x}$$

$$=0.$$

3. 不定型 0^0、∞^0 與 1^∞ 是由極限 $\lim\limits_{x\to a}[f(x)]^{g(x)}$ 所產生.

(1) 若 $\lim\limits_{x\to a}f(x)=0$ 且 $\lim\limits_{x\to a}g(x)=0$，則 $\lim\limits_{x\to a}[f(x)]^{g(x)}$ 為**不定型 0^0** (indeterminate form 0^0).

(2) 若 $\lim_{x \to a} f(x) = \infty$ 且 $\lim_{x \to a} g(x) = 0$，則 $\lim_{x \to a} [f(x)]^{g(x)}$ 為**不定型 ∞^0** (indeterminate form ∞^0).

(3) 若 $\lim_{x \to a} f(x) = 1$ 且 $\lim_{x \to a} g(x) = \infty$ 或 $-\infty$，則 $\lim_{x \to a} [f(x)]^{g(x)}$ 為**不定型 1^∞** (indeterminate form 1^∞).

上述任一情形可用自然對數處理如下：

$$\text{令 } y = [f(x)]^{g(x)}, \text{ 則 } \ln y = g(x) \ln f(x)$$

或將函數寫成指數形式：

$$[f(x)]^{g(x)} = e^{g(x) \ln f(x)}$$

在這兩個方法的任一者中，需要先求出 $\lim_{x \to a} [g(x) \ln f(x)]$，其為不定型 $0 \cdot \infty$。

在求極限時若為不定型 0^0、∞^0 或 1^∞，則求 $\lim_{x \to a} [f(x)]^{g(x)}$ 的步驟如下：

1. 令 $y = [f(x)]^{g(x)}$.

2. 取自然對數：$\ln y = \ln [f(x)]^{g(x)} = g(x) \ln f(x)$.

3. 求 $\lim_{x \to a} \ln y$ (若極限存在).

4. 若 $\lim_{x \to a} \ln y = L$，則 $\lim_{x \to a} y = e^L$.

若 $x \to \infty$，或 $x \to -\infty$，或對單邊極限，這些步驟仍可使用。

例12 求 $\lim_{x \to 0^+} x^x$.

解答 方法 1：此為不定型 0^0. 利用前述步驟，

(1) $y = x^x$

(2) $\ln y = \ln x^x = x \ln x$

(3) $\lim_{x \to 0^+} \ln y = \lim_{x \to 0^+} (x \ln x) = \lim_{x \to 0^+} \dfrac{\ln x}{\dfrac{1}{x}} = \lim_{x \to 0^+} \dfrac{\dfrac{1}{x}}{-\dfrac{1}{x^2}} = -\lim_{x \to 0^+} x = 0$

(4) $\lim\limits_{x \to 0^+} x^x = \lim\limits_{x \to 0^+} y = e^0 = 1$

方法 2：

$$\lim_{x \to 0^+} x^x = \lim_{x \to 0^+} e^{\ln x^x} = \lim_{x \to 0^+} e^{x \ln x} = e^{\lim\limits_{x \to 0^+} x \ln x}$$
$$= e^0 = 1.$$

例13 求 $\lim\limits_{x \to 0} (1+x)^{1/x}$.

解答 此為不定型 1^∞. 所以,

$$\lim_{x \to 0} (1+x)^{1/x} = \lim_{x \to 0} e^{\frac{\ln(1+x)}{x}} = e^{\lim\limits_{x \to 0} \frac{\ln(1+x)}{x}} = e^{\lim\limits_{x \to 0} \frac{1}{1+x}}$$
$$= e.$$

例14 求 $\lim\limits_{x \to 0} (x + e^x)^{1/x}$.

解答 此為不定型 1^∞. 所以,

$$\lim_{x \to 0} (x + e^x)^{1/x} = \lim_{x \to 0} e^{\frac{\ln(x + e^x)}{x}} = e^{\lim\limits_{x \to 0} \frac{\ln(x + e^x)}{x}} = e^{\lim\limits_{x \to 0} \frac{1 + e^x}{x + e^x}}$$
$$= e^2.$$

習 題 13-6

計算 1～23 題中的極限.

1. $\lim\limits_{x \to 1} \dfrac{\sin(x-1)}{x^2 + x - 2}$

2. $\lim\limits_{\theta \to 0} \dfrac{\sin \theta}{\theta + \tan \theta}$

3. $\lim\limits_{x \to 1^+} \dfrac{\ln x}{\sqrt{x-1}}$

4. $\lim\limits_{\theta \to \frac{\pi}{2}} \dfrac{1 - \sin \theta}{1 + \cos 2\theta}$

5. $\lim\limits_{x \to 0} \dfrac{\sin x - x}{\tan x - x}$

6. $\lim\limits_{x \to 0} \dfrac{6^x - 3^x}{x}$

7. $\lim\limits_{x \to \infty} \dfrac{2x^2+3x+1}{5x^2+x-4}$

8. $\lim\limits_{x \to 0^+} \dfrac{\ln \sin x}{\ln \tan x}$

9. $\lim\limits_{x \to \infty} \dfrac{\ln (\ln x)}{\ln x}$

10. $\lim\limits_{x \to \infty} \dfrac{\log_2 x}{\log_3 (x+3)}$

11. $\lim\limits_{x \to 0^+} \sqrt{x}\, \ln x$

12. $\lim\limits_{x \to -\infty} x^2\, e^x$

13. $\lim\limits_{x \to \infty} x(e^{1/x}-1)$

14. $\lim\limits_{x \to -\infty} x \sin \dfrac{1}{x}$

15. $\lim\limits_{x \to 0^+} \sin x\, \ln \sin x$

16. $\lim\limits_{x \to 1} \left(\dfrac{1}{x-1} - \dfrac{x}{\ln x} \right)$

17. $\lim\limits_{x \to 0} (\csc x - \cot x)$

18. $\lim\limits_{x \to \infty} [\ln 2x - \ln (x+1)]$

19. $\lim\limits_{x \to 0^+} (\sin x)^x$

20. $\lim\limits_{x \to \infty} (x+e^x)^{1/x}$

21. $\lim\limits_{x \to 0} (1+ax)^{1/x}$ (a 為常數)

22. $\lim\limits_{x \to 0} (1+\sin x)^{1/x}$

23. $\lim\limits_{x \to 0} (\cos x)^{1/x}$

24. 試證：對任意正整數 n，

    (1) $\lim\limits_{x \to \infty} \dfrac{x^n}{e^x} = 0$
    (2) $\lim\limits_{x \to \infty} \dfrac{e^x}{x^n} = \infty$

25. 試證：對任意正整數 n，

    (1) $\lim\limits_{x \to \infty} \dfrac{\ln x}{x^n} = 0$
    (2) $\lim\limits_{x \to \infty} \dfrac{x^n}{\ln x} = \infty$

§ 13-7 相關變化率

在應用上，我們常會遇到二變數 x 與 y 均為時間 t 的可微分函數，而 x 與 y 之間有一個關係式。若將關係式等號兩邊對 t 微分，並利用連鎖法則，則可得出含有變化率 $\dfrac{dx}{dt}$ 與 $\dfrac{dy}{dt}$ 的關係式，其中 $\dfrac{dx}{dt}$ 與 $\dfrac{dy}{dt}$ 稱為相關變化率 (relatedrate of change). 在含有 $\dfrac{dx}{dt}$ 與 $\dfrac{dy}{dt}$ 的關係式中，當其中一個變化率為已知時，則可求出另一個變化率.

求解相關變化率問題的步驟如下：

步驟 1：根據題意作出圖形.
步驟 2：設定變數並將已知量與未知量標示在圖形上.
步驟 3：利用已知量與未知量之間的關係導出一關係式.
步驟 4：對步驟 3 所導出關係式等號的兩邊對時間 t 微分.
步驟 5：代入已知量以便求出未知量.

例 1 設某金屬圓板受熱後的擴張率為每秒 0.01 公分，當此圓板的半徑為 20 公分時，問其面積的擴張率為何？

解答 設此圓板的半徑為 r 公分，面積為 y 平方公分，則

$$y = \pi r^2$$

上式對 t 微分，可得

$$\dfrac{dy}{dt} = 2\pi r \dfrac{dr}{dt}$$

但 $\dfrac{dr}{dt} = 0.01$，當 $r = 20$ 時，

$$\dfrac{dy}{dt} = (2\pi)(20)(0.01) = 0.4\pi$$

故圓板面積的擴張率為每秒 0.4π 平方公分.

例 2 倒立的正圓錐形水槽的高為 12 呎且頂端的半徑為 6 呎. 若水以 3 立方呎/分的速率注入水槽，則當水深為 3 呎時，水面上升的速率為多少？

解答 水槽如圖 13-7-1 所示. 令

$t = $ 從最初觀察所經過的時間（以分計）

$V =$ 水槽內的水在時間 t 的體積 (以立方呎計)

$h =$ 水槽內的水在時間 t 的深度 (以呎計)

$r =$ 水面在時間 t 的半徑 (以呎計)

在每一瞬間，水的體積之變化率為 $\dfrac{dV}{dt}$，水深的變化率為 $\dfrac{dh}{dt}$. 我們要求 $\left.\dfrac{dh}{dt}\right|_{h=3}$，此為水深在 3 呎時水面上升的瞬時變化率. 若水深為 h，則水的體積為 $V = \dfrac{1}{3}\pi r^2 h$. 利用相似三角形，可得

$$\frac{r}{h} = \frac{6}{12} \quad \text{或} \quad r = \frac{h}{2}$$

因此，
$$V = \frac{1}{3}\pi\left(\frac{h}{2}\right)^2 h = \frac{1}{12}\pi h^3$$

上式對 t 微分，可得

$$\frac{dV}{dt} = \frac{1}{4}\pi h^2 \frac{dh}{dt}$$

故
$$\frac{dh}{dt} = \frac{4}{\pi h^2}\frac{dV}{dt}$$

當 $h = 3$ 呎時，$\dfrac{dV}{dt} = 3$ 立方呎/分

$$\left.\frac{dh}{dt}\right|_{h=3} = \frac{4}{9\pi}\cdot 3 = \frac{4}{3\pi}$$

故當水深為 3 呎時，水面以 $\dfrac{4}{3\pi}$ 呎/分的速率上升.

圖 13-7-1

例 3 某 10 呎長的梯子倚靠著牆壁向下滑行，其底部以 2 呎/秒的速率離開牆角移動. 當梯子底部離牆角 6 呎時，梯子頂端沿著牆壁向下移動多快？

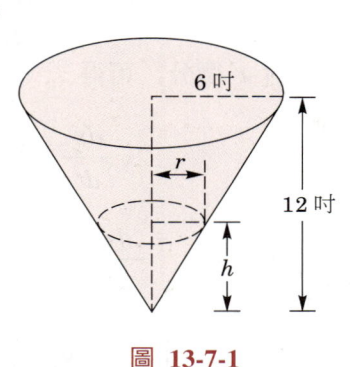

解答 令 $t =$ 梯子開始滑行後的時間 (以秒計)

$x=$ 梯子底部到牆角的距離 (以呎計)

$y=$ 梯子頂端到地面的垂直距離 (以呎計)

在每一瞬間, 底部移動的速率為 $\dfrac{dx}{dt}$, 而頂端移動的速率為 $\dfrac{dy}{dt}$. 我們要求 $\left.\dfrac{dy}{dt}\right|_{x=6}$, 此為頂端在底部離牆角 6 呎時瞬間的移動速率.

如圖 13-7-2, 依畢氏定理,

$$x^2+y^2=100$$

對 t 微分, 可得

$$2x\dfrac{dx}{dt}+2y\dfrac{dy}{dt}=0$$

即,

$$\dfrac{dy}{dt}=-\dfrac{x}{y}\dfrac{dx}{dt}$$

當 $x=6$ 時, $y=8$. 又 $\dfrac{dx}{dt}=2$, 故

$$\left.\dfrac{dy}{dt}\right|_{x=6}=\left(-\dfrac{6}{8}\right)(2)=-\dfrac{3}{2} \text{ (呎/秒)}$$

圖 13-7-2

答案中的負號表示 y 為減少, 其在物理上有意義, 因梯子的頂端正沿著牆壁向下移動.

例 4 當兩電阻 R_1 (以歐姆計) 與 R_2 (以歐姆計) 並聯時, 其總電阻 (以歐姆計) 滿足 $\dfrac{1}{R}=\dfrac{1}{R_1}+\dfrac{1}{R_2}$, 若 R_1 及 R_2 分別以 0.01 歐姆/秒及 0.02 歐姆/秒的速率增加, 則當 $R_1=30$ 歐姆且 $R_2=90$ 歐姆時, R 的變化多快?

解答
$$\dfrac{1}{R}=\dfrac{1}{R_1}+\dfrac{1}{R_2} \Rightarrow \dfrac{d}{dt}\left(\dfrac{1}{R}\right)=\dfrac{d}{dt}\left(\dfrac{1}{R_1}+\dfrac{1}{R_2}\right)$$

$$\Rightarrow -\dfrac{1}{R^2}\dfrac{dR}{dt}=-\dfrac{1}{R_1^2}\dfrac{dR_1}{dt}-\dfrac{1}{R_2^2}\dfrac{dR_2}{dt}$$

$$\Rightarrow \frac{1}{R^2}\frac{dR}{dt} = \frac{1}{R_1^2}\frac{dR_1}{dt} + \frac{1}{R_2^2}\frac{dR_2}{dt}$$

已知 $R_1 = 30$ 歐姆，$R_2 = 90$ 歐姆，可得

$$\frac{1}{R} = \frac{1}{30} + \frac{1}{90} = \frac{4}{90} = \frac{2}{45}$$

又 $\dfrac{dR_1}{dt} = 0.01$ 歐姆/秒，$\dfrac{dR_2}{dt} = 0.02$ 歐姆/秒，

故

$$\left(\frac{2}{45}\right)^2 \frac{dR}{dt} = \left(\frac{1}{30}\right)^2 (0.01) + \left(\frac{1}{90}\right)^2 (0.02)$$

$$\frac{dR}{dt} = \left(\frac{45}{2}\right)^2 \left[\frac{0.11}{(90)^2}\right] \approx 0.006875$$

即，電阻約以 0.006875 歐姆/秒的速率增加.

習題 13-7

1. 若一塊石頭掉入靜止的池塘產生圓形的漣漪，其半徑以 3 呎/秒的一定速率增加，則漣漪圍繞的面積在 10 秒末增加多快？

2. 從斜槽以 8 立方呎/分的速率流出的穀粒形成圓錐形堆積，其高恆為底半徑的兩倍. 當堆積為 6 呎高時，其高在該瞬間增加多快？

3. 令邊長為 x 與 y 之矩形的對角線長為 l，又 x 與 y 均隨時間 t 改變.

   (1) $\dfrac{dl}{dt}$、$\dfrac{dx}{dt}$ 與 $\dfrac{dy}{dt}$ 的關係如何？

   (2) 若 x 以 $\dfrac{1}{2}$ 呎/秒的一定速率增加，y 以 $\dfrac{1}{4}$ 呎/秒的一定速率減少，則當 $x = 3$ 呎且 $y = 4$ 呎時，對角線長的變化多快？對角線長在當時是增加或減少？

4. 設某塔的高為 60 公尺，一人以每小時 5,000 公尺的速率走向塔底，當此人距塔底

80 公尺時，問其接近塔頂的速率為何？

5. 一女孩在草坪上放風箏，若風箏的高度為 300 呎並以每秒 20 呎的速率沿水平方向遠離女孩，當風箏線放出 500 呎時，放線的速率多少？

6. 若某 13 呎長的梯子倚靠著牆壁，其頂端以 2 呎/秒的速率沿著牆壁向下滑，則當頂端在地面上方 5 呎時，底部移離牆角多快？

7. 當兩電阻 R_1 (以歐姆計) 及 R_2 (以歐姆計) 並聯時，其總電阻 (以歐姆計) 滿足 $\frac{1}{R} = \frac{1}{R_1} + \frac{1}{R_2}$. 若 R_1 以 1 歐姆/秒的速率減少，而 R_2 以 0.5 歐姆/秒的速率增加，則當 $R_1 = 75$ 歐姆且 $R_2 = 50$ 歐姆時，R 的變化多快？

8. 在光學中，薄透鏡方程式為 $\frac{1}{p} + \frac{1}{q} = \frac{1}{f}$，此處 p 為物距，q 為像距，f 為焦距. 假設某透鏡的焦距為 6 公分且一物體正以 2 公分/秒的速率朝向透鏡移動，當物體距透鏡 10 公分時，像距在該瞬間的變化多快？該像是遠離或朝向透鏡移動？

第三篇

單變數函數的積分及應用

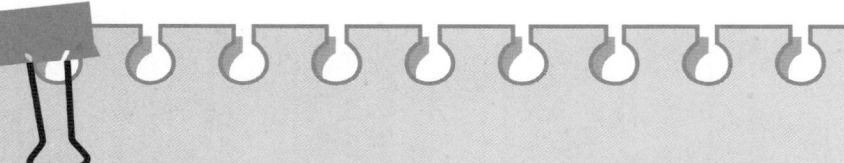

- 積　分
- 積分的方法
- 積分的應用

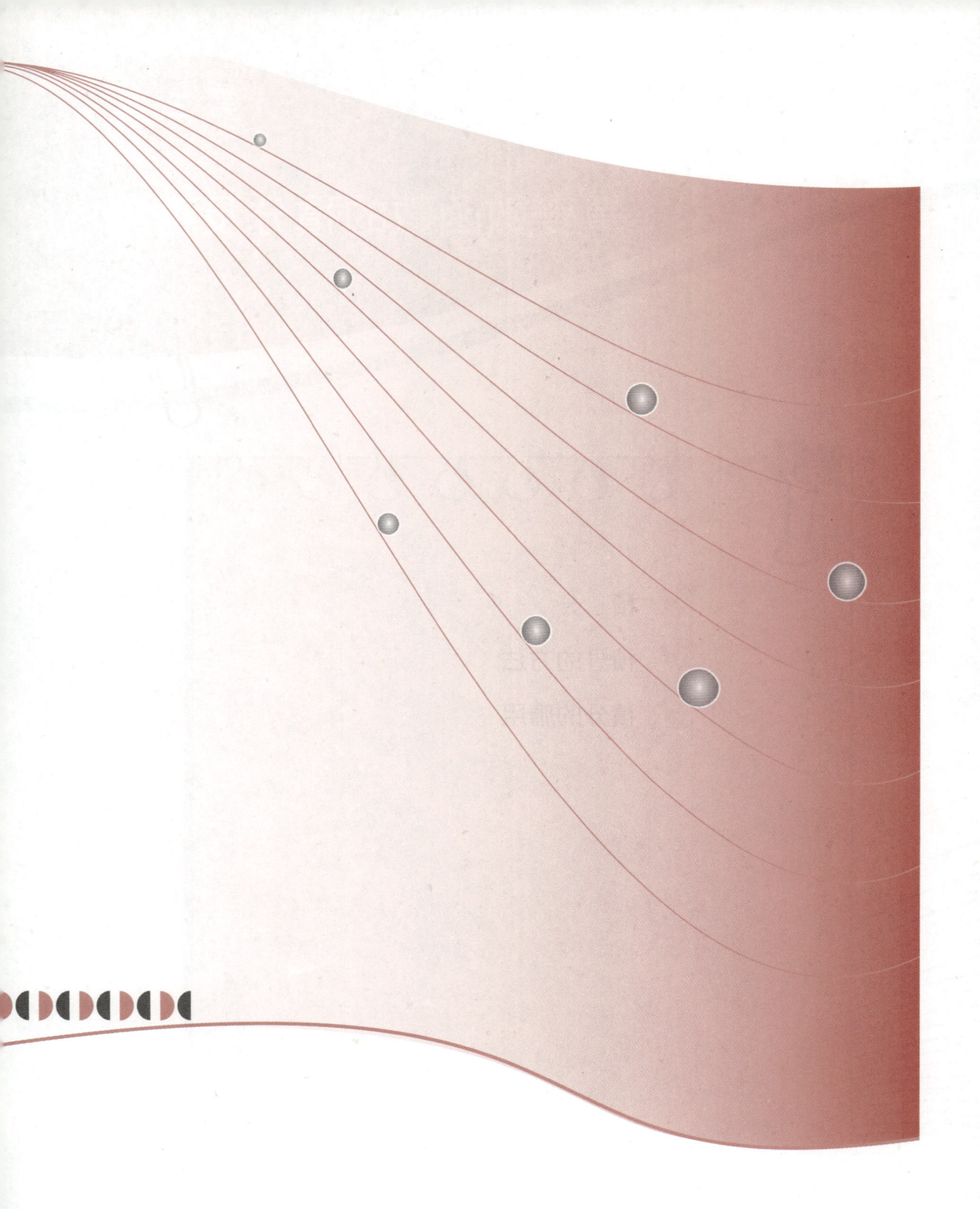

第 14 章

積　分

14-1　面積與定積分

14-2　不定積分

14-3　微積分基本定理

14-4　利用代換求積分

⬅ 本章摘要 ➡

1. 面積之求法：

(1) 內接矩形法：$A = \lim\limits_{n \to \infty} \sum\limits_{i=1}^{n} f(c_i) \Delta x$, $c_i = x_{i-1}$, $i = 1, 2, \cdots, n$

(1) 外接矩形法：$A = \lim\limits_{n \to \infty} \sum\limits_{i=1}^{n} f(d_i) \Delta x$, $d_i = x_i$, $i = 1, 2, \cdots, n$

2. 定積分的性質：

(1) $\int_a^b c\,f(x)\,dx = c\int_a^b f(x)\,dx$, c 為常數

(2) $\int_a^b [f(x) \pm g(x)]\,dx = \int_a^b f(x)\,dx \pm \int_a^b g(x)\,dx$

(3) $\int_a^b dx = (b-a)$

(4) $\int_a^c f(x)\,dx = \int_a^b f(x)\,dx + \int_b^c f(x)\,dx$

(5) $\int_a^b f(x)\,dx = \int_a^{c_1} f(x)\,dx + \int_{c_1}^{c_2} f(x)\,dx + \cdots + \int_{c_{n-1}}^{c_n} f(x)\,dx + \int_{c_n}^b f(x)\,dx$

3. 積分的均值定理： 若函數 f 在 $[a, b]$ 為連續，則存在 $c \in [a, b]$ 使得

$$\int_a^b f(x)\,dx = f(c)(b-a).$$

4. 設 $F'(x) = f(x)$ 且 C 表任一常數，則

$$\int f(x)\,dx = F(x) + C$$

稱為函數 f 的 不定積分.

5. 不定積分的基本性質：

(1) $\int k\,dx = kx + C$, k 為常數.

(2) $\int x^n \, dx = \dfrac{x^{n+1}}{n+1} + C, \ n \neq -1.$

(3) $\int c f(x) \, dx = c \int f(x) \, dx, \ c$ 為常數.

(4) $\int [f(x) \pm g(x)] \, dx = \int f(x) \, dx \pm \int g(x) \, dx$

(5) $\int [c_1 f(x) \pm c_2 g(x)] \, dx = c_1 \int f(x) \, dx \pm c_2 \int g(x) \, dx$

(6) $\int u^n \dfrac{du}{dx} \, dx = \dfrac{u^{n+1}}{n+1} + C, \ n \neq -1$，其中 u 為 x 的可微分函數.

6. **微積分基本定理**：設函數 f 在 $[a, b]$ 為連續.

第 I 部分：若令 $F(x) = \displaystyle\int_a^x f(t) \, dt, \ x \in [a, b]$，則 $F'(x) = f(x)$.

第 II 部分：若 $F'(x) = f(x), \ x \in [a, b]$，則

$$\int_a^b f(x) \, dx = F(b) - F(a) = F(x) \Big|_a^b.$$

7. 若 f 為連續函數，g 為可微分函數，則

$$\dfrac{d}{dx} \int_a^{g(x)} f(t) \, dt = f(g(x)) \, g'(x).$$

8. **不定積分代換定理**：若 F 為 f 的反導函數，$u = g(x)$，則

$$\int f(g(x)) \, g'(x) \, dx = \int f(u) \, du = F(u) + C = F(g(x)) + C.$$

9. **定積分代換定理**：設函數 g 在 $[a, b]$ 具有連續的導函數，f 在 $g(a)$ 至 $g(b)$ 為連續.

令 $u = g(x)$，則

$$\int_a^b f(g(x))\,g'(x)\,dx = \int_{g(a)}^{g(b)} f(u)\,du$$

10. **對稱定理**：設函數 f 在 $[-a,\,a]$ 為連續.

(1) 若 f 為偶函數，則

$$\int_{-a}^a f(x)\,dx = 2\int_0^a f(x)\,dx.$$

(2) 若 f 為奇函數，則

$$\int_{-a}^a f(x)\,dx = 0.$$

11. **週期函數的定積分**：若 f 為週期 p 的週期函數，則

$$\int_{a+p}^{b+p} f(x)\,dx = \int_a^b f(x)\,dx.$$

§14-1　面積與定積分

在本章中,我們將探討微積分的另一個主題,那就是積分;積分的歷史淵源,就是要尋求面積、體積、曲線長度等等.

在敘述定積分的定義之前,考慮平面上某區域的面積是非常有幫助的,要記得的一件事即在本節中所討論的面積並非視為定積分的定義,它僅僅在幫助我們誘導出定積分的定義,就像是我們利用切線的斜率來誘導導函數的定義.

對於像矩形、三角形、多邊形與圓等基本幾何圖形的面積公式可追溯到最早的數學記載. 例如,矩形的面積是其長與寬之乘積,三角形的面積是底與高的乘積的一半,多邊形的面積可由所分成三角形的面積相加. 然而,要計算一個由曲線所圍成區域的面積並不是很容易的. 首先,我們將說明如何利用極限去求某些區域的面積.

現在,我們考慮下面的面積問題:

已知函數 f 在區間 $[a, b]$ 為連續且非負值,求由 f 的圖形、x-軸與兩直線 $x=a$ 及 $x=b$ 所圍成區域 R 的面積,如圖 14-1-1 所示.

我們進行如下. 首先,在 a 與 b 之間插入一些點 $x_1, x_2, \cdots, x_{n-1}$,使得 $a < x_1 < x_2 < \cdots < x_{n-1} < b$,而將區間 $[a, b]$ 分成相等長度 $(b-a)/n$ 的 n 個子區間,通過點 $a, x_1, x_2, \cdots, x_{n-1}, b$,作出垂直線將區域 R 分割成 n 個等寬的長條. 若我們以在曲線 $y=f(x)$ 下方且內接的矩形近似每一個長條 (圖 14-1-2),則這些矩形的合併將形成區域 R_n,我們可將它看成是整個區域 R 的近似,此近似的區域面積可由各個矩形面積的和算出. 此外,若 n 增加,則矩形的寬會變小,故當較小的矩形填滿在曲線下方的空隙時,R 的近似值 R_n 會更佳,如圖 14-1-3 所示. 於是,當 n 變成無限大時,我們可將 R 的正確面積定義為近似的區域面積的極限,即,

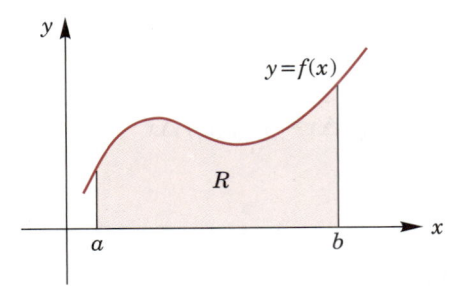

圖 14-1-1

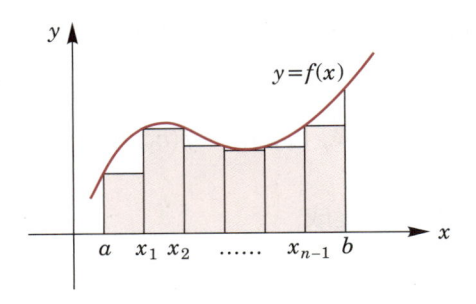

圖 14-1-2

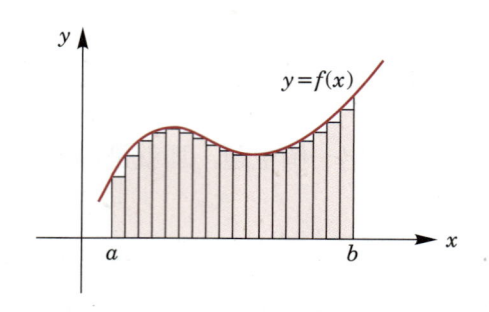

圖 14-1-3

$$A = R \text{ 的面積} = \lim_{n \to \infty} (R_n \text{ 的面積}) \tag{14-1-1}$$

若我們將內接矩形的高記為 $h_1, h_2, \cdots, h_n$，且每一個矩形的寬為 $(b-a)/n$，則

$$R_n \text{ 的面積} = h_1 \cdot \frac{b-a}{n} + h_2 \cdot \frac{b-a}{n} + \cdots + h_n \cdot \frac{b-a}{n} \tag{14-1-2}$$

因 f 在 $[a, b]$ 為連續，故由極值定理可知 f 在每一個子區間

$$[a, x_1], [x_1, x_2], \cdots, [x_{n-1}, b]$$

上有最小值．若這些最小值發生在點 $c_1, c_2, \cdots, c_n$，則內接矩形的高為

$$h_1 = f(c_1), \ h_2 = f(c_2), \ \cdots, \ h_n = f(c_n)$$

故式 (14-1-2) 可寫成

$$R_n \text{ 的面積} = f(c_1) \cdot \frac{b-a}{n} + f(c_2) \cdot \frac{b-a}{n} + \cdots + f(c_n) \cdot \frac{b-a}{n} \tag{14-1-3}$$

若令 $\Delta x = \dfrac{b-a}{n}$，則式 (14-1-3) 變成

$$R_n \text{ 的面積} = f(c_1) \Delta x + f(c_2) \Delta x + \cdots + f(c_n) \Delta x = \sum_{i=1}^{n} f(c_i) \Delta x$$

故式 (14-1-1) 變成

$$A = \lim_{n \to \infty} \sum_{i=1}^{n} f(c_i) \Delta x \tag{14-1-4}$$

例 1 試利用內接矩形法求在曲線 $y=x^2$ 下方且在區間 $[0, 1]$ 上方的區域的面積.

解答 我們利用分點 $x_0=0$, $x_1=\dfrac{1}{n}$, $x_2=\dfrac{2}{n}$, $\cdots$, $x_i=\dfrac{i}{n}$, $\cdots$, $x_{n-1}=\dfrac{n-1}{n}$,

$x_n=\dfrac{n}{n}=1$, 將區間 $[0, 1]$ 分成 n 個等長的子區間, 則每一子區間的長度為

$\Delta x=\dfrac{1-0}{n}=\dfrac{1}{n}$, 如圖 14-1-4 所示. 因 $f(x)=x^2$ 在 $[0, 1]$ 為遞增, 故 f 在每一子區間上的最小值發生在左端點, 所以

$c_1=x_0=0$, $c_2=x_1=\dfrac{1}{n}$,

$c_3=x_2=\dfrac{2}{n}$, $\cdots$,

$c_i=x_{i-1}=\dfrac{i-1}{n}$, $\cdots$,

$c_n=x_{n-1}=\dfrac{n-1}{n}$.

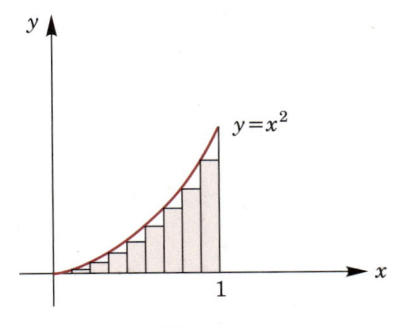

圖 14-1-4

令 S_n 為這 n 個內接矩形之面積的和, 則

$$S_n=\dfrac{1}{n}\cdot 0^2+\dfrac{1}{n}\left(\dfrac{1}{n}\right)^2+\dfrac{1}{n}\left(\dfrac{2}{n}\right)^2+\cdots+\dfrac{1}{n}\left(\dfrac{n-1}{n}\right)^2$$

$$=\dfrac{1}{n^3}[1^2+2^2+3^2+\cdots+(n-1)^2]$$

$$=\dfrac{1}{n^3}\cdot\dfrac{(n-1)n(2n-1)}{6} \qquad \left(\text{以 } n-1 \text{ 代換公式 } \sum_{i=1}^{n}i^2=\dfrac{n(n+1)(2n+1)}{6} \text{ 中的 } n\right)$$

$$=\dfrac{(n-1)(2n-1)}{6n^2}$$

$$\lim_{n\to\infty}S_n=\lim_{n\to\infty}\dfrac{(n-1)(2n-1)}{6n^2}=\dfrac{1}{3}$$

於是, $A=\lim\limits_{n\to\infty}S_n=\dfrac{1}{3}$.

讀者可能已想到在這個例子中，與其利用內接矩形，不如使用外接矩形．其實，若 f 在各個子區間上的最大值發生在點 $d_1, d_2, \cdots, d_n$，則由外接矩形的面積所成的和 $\sum_{i=1}^{n} f(d_i)\,\Delta x$ 為在曲線 $y=f(x)$ 下方且在區間 $[a, b]$ 上方之區域面積的近似值，如圖 14-1-5 所示，而正確面積為

$$A = \lim_{n \to \infty} \sum_{i=1}^{n} f(d_i)\,\Delta x. \tag{14-1-5}$$

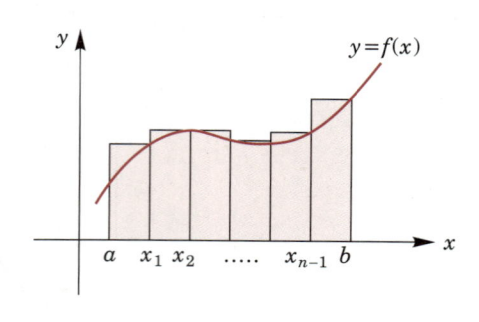

圖 14-1-5

例 2 試利用外接矩形法求在曲線 $y=x^2$ 下方且在區間 $[0, 1]$ 上方之區域的面積．

解答 如例題 1，分點 $x_0=0$, $x_1=\dfrac{1}{n}$, $x_2=\dfrac{2}{n}$, $\cdots$, $x_n=1$ 將區間 $[0, 1]$ 分成長度均為 $\Delta x = \dfrac{1}{n}$ 的 n 個子區間．因 f 在 $[0, 1]$ 為遞增，故 f 在每一子區間上的最大值發生在右端點，如圖 14-1-6 所示．所以，

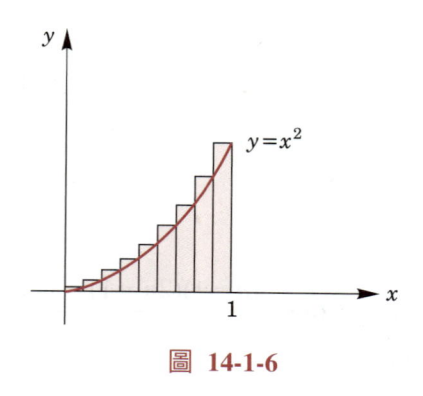

圖 14-1-6

$$d_1 = x_1 = \frac{1}{n},$$

$$d_2 = x_2 = \frac{2}{n}, \cdots,$$

$$d_i = x_i = \frac{i}{n},$$

$$d_n = x_n = \frac{n}{n} = 1.$$

令 S_n 為這 n 個外接矩形之面積的和，則

$$S_n = \frac{1}{n}\left(\frac{1}{n}\right)^2 + \frac{1}{n}\left(\frac{2}{n}\right)^2 + \cdots + \frac{1}{n}\left(\frac{n}{n}\right)^2$$

$$= \frac{1}{n^3}[1^2 + 2^2 + \cdots + n^2]$$

$$= \frac{1}{n^3} \cdot \frac{n(n+1)(2n+1)}{6}$$

$$= \frac{(n+1)(2n+1)}{6n^2} \quad \left(\text{利用公式 } \sum_{i=1}^{n} i^2 = \frac{n(n+1)(2n+1)}{6}\right)$$

於是，
$$A = \lim_{n \to \infty} S_n = \frac{1}{3}$$

此結果與例題 1 的結果一致.

註：我們可以證得利用內接矩形的方法與外接矩形的方法均可得到相同的面積.

我們在前面討論到求連續曲線 $y = f(x)$ 下方且在區間 $[a, b]$ 上方之面積的兩個同義方法：

$$A = \lim_{n \to \infty} \sum_{i=1}^{n} f(c_i) \Delta x \quad \text{(內接矩形)}$$

與

$$A = \lim_{n \to \infty} \sum_{i=1}^{n} f(d_i) \Delta x \quad \text{(外接矩形)}$$

然而，這些並非是面積 A 之僅有的可能公式．對每一子區間而言，我們可以不選取 f 在該子區間上的最小或最大值作為矩形的高，而是選取 f 在該子區間中任一數的函數值作為矩形的高．現在，我們在每一子區間 $[x_{i-1}, x_i]$ 中任取一數 x_i^*．因 $f(c_i)$ 與 $f(d_i)$ 分別為 f 在第 i 個子區間上的最小值與最大值，可知

$$f(c_i) \leq f(x_i^*) \leq f(d_i)$$

而 $$f(c_i)\,\Delta x \leq f(x_i^*)\,\Delta x \leq f(d_i)\,\Delta x$$

故 $$\sum_{i=1}^{n} f(c_i)\,\Delta x \leq \sum_{i=1}^{n} f(x_i^*)\,\Delta x \leq \sum_{i=1}^{n} f(d_i)\,\Delta x$$

因 $\lim_{n\to\infty} \sum_{i=1}^{n} f(c_i)\,\Delta x = A$ 且 $\lim_{n\to\infty} \sum_{i=1}^{n} f(d_i)\,\Delta x = A$，故對於 x_1^*，x_2^*，…，x_n^* 之所有可能的選取，可得

$$A = \lim_{n\to\infty} \sum_{i=1}^{n} f(x_i^*)\,\Delta x.$$

定義 14-1-1

若函數 f 在 $[a, b]$ 為連續且非負值，則在 f 的圖形下方由 a 到 b 的**面積** (area) A 定義為

$$A = \lim_{n\to\infty} \sum_{i=1}^{n} f(x_i^*)\,\Delta x$$

此處 x_i^* 為子區間 $[x_{i-1}, x_i]$ 中的任一數．

定義 14-1-1 僅適合於非負值的連續函數．然而，若 f 為連續且對 $[a, b]$ 中所有 x 恆有 $f(x) \leq 0$，則 $-f$ 為連續且對 $[a, b]$ 中所有 x 恆有 $-f(x) \geq 0$．我們將在 $y = f(x)$ 與區間 $[a, b]$ 之間的面積定義成在 $y = -f(x)$ 與區間 $[a, b]$ 之間的面積．在許多應用裡，函數 f 可能不連續，且 f 有正值與負值．因此，我們將去除連續與函數值是非負的條件，而僅假設函數 f 定義在區間 $[a, b]$．

定義 14-1-2

設函數 f 定義在 $[a, b]$，並選取分點 $a\ (=x_0)$, x_1, x_2, $\cdots$, x_{n-1}, $b\ (=x_n)$ 使得

$$a < x_1 < x_2 < \cdots < x_{n-1} < b$$

而將 $[a, b]$ 分成 n 個相等長度 $\Delta x = (b-a)/n$ 的子區間，在每一個子區間 $[x_{i-1}, x_i]$ 中選取任一數 x_i^*, $i=1, 2, \cdots, n$，則 f 由 a 到 b 的**定積分** (definite integral) $\int_a^b f(x)\,dx$ 定義為

$$\int_a^b f(x)\,dx = \lim_{n \to \infty} \sum_{i=1}^n f(x_i^*)\,\Delta x$$

倘若此極限存在.

在定義 14-1-2 中，和 $\sum_{i=1}^n f(x_i^*)\,\Delta x$ 稱為**黎曼和** (Riemann sum) (以**德國**數學家**黎曼**命名)，定積分 $\int_a^b f(x)\,dx$ 又稱為**黎曼積分** (Riemann integral)，符號 $\int$ 稱為**積分號** (integral sign)，它可想像成一拉長的字母 S (sum 的第一個字母). 在記號 $\int_a^b f(x)\,dx$ 當中，$f(x)$ 稱為**被積分函數** (integrand)，a 與 b 稱為**積分界限** (limits of integration)，其中 a 稱為積分的**下限** (lower limit) 而 b 稱為積分的**上限** (upper limit)，x 稱為**積分變數** (variable of integration).

計算積分的過程稱為**積分** (integration). 若定積分 $\int_a^b f(x)\,dx$ 存在，則稱 f 在 $[a, b]$ 為**可積分** (integrable) 或**黎曼可積分** (Riemann integrable). 定積分 $\int_a^b f(x)\,dx$ 是一個數，它與所使用的自變數符號 x 無關；事實上，我們使用 x 以外的字母並不會改變積分的值. 於是，若 f 在 $[a, b]$ 為可積分，則

$$\int_a^b f(x)\,dx = \int_a^b f(s)\,ds = \int_a^b f(t)\,dt = \int_a^b f(u)\,du$$

基於此理由，定義 14-1-2 中的字母 x 有時稱為啞變數 (dummy variable) (或虛擬變數).

例 3 在區間 $[-1, 2]$ 上將 $\lim\limits_{n\to\infty}\sum\limits_{i=1}^{n}[2(x_i^*)^2-3x_i^*+5]\Delta x$ 表成定積分的形式.

解答 比較所予極限與定義 14-1-2 中的極限，我們選取

$$f(x)=2x^2-3x+5,\ a=-1,\ b=2.\ \text{所以,}$$

$$\lim_{n\to\infty}\sum_{i=1}^{n}[2(x_i^*)^2-3x_i^*+5]\Delta x = \int_{-1}^{2}(2x^2-3x+5)\,dx.$$

在定義定積分 $\int_a^b f(x)\,dx$ 時，我們假定 $a<b$. 為了除去這個限制，我們將它的定義推廣到 $a>b$ 或 $a=b$ 的情形如下：

定義 14-1-3

(1) 若 $a>b$，且 $\int_b^a f(x)\,dx$ 存在，則 $\int_a^b f(x)\,dx = -\int_b^a f(x)\,dx$.

(2) 若 $f(a)$ 存在，則 $\int_a^a f(x)\,dx = 0$.

因定積分定義為黎曼和的極限，故積分的存在與否與被積分函數的性質有關．事實上，並非每一個函數均為可積分的；稍後，我們僅提出可積分的充分條件 (非必要條件).

若存在一正數 M 使得 $|f(x)|\le M$ 對 $[a, b]$ 中所有 x 皆成立，則稱 f 在 $[a, b]$ 為有界 (bounded). 在幾何上，這表示 f 的圖形位於兩條水平線 $y=M$ 與 $y=-M$ 之間.

定理 14-1-1

若函數 f 在 $[a, b]$ 為有界，且在 $[a, b]$ 中僅有有限個不連續點，則 f 在 $[a, b]$ 為可積分. 尤其，若 f 在 $[a, b]$ 為連續，則 f 在 $[a, b]$ 為可積分.

有些函數雖然是有界，但還是不可積分，如下面例子的說明.

例 4 試證函數

$$f(x) = \begin{cases} 1, & \text{若 } x \text{ 是有理數} \\ -1, & \text{若 } x \text{ 是無理數} \end{cases}$$

在區間 $[0, 1]$ 為不可積分.

解答 區間 $[0, 1]$ 的每一個等長子區間 $[x_{i-1}, x_i]$ 包含有理數與無理數.
(i) 若 x_i^* 是有理數，則 $f(x_i^*) = 1$，可得

$$\sum_{i=1}^{n} f(x_i^*) \Delta x = \sum_{i=1}^{n} \Delta x_i = 1 - 0 = 1$$

於是， $\lim_{n \to \infty} \sum_{i=1}^{n} f(x_i^*) \Delta x = 1.$

(ii) 若 x_i^* 是無理數，則 $f(x_i^*) = -1$，可得

$$\sum_{i=1}^{n} f(x_i^*) \Delta x = -\sum_{i=1}^{n} \Delta x_i = -1$$

於是， $\lim_{n \to \infty} \sum_{i=1}^{n} f(x_i^*) \Delta x = -1.$

因 (i) 與 (ii) 的極限值不相等，故 $\int_0^1 f(x)\,dx$ 不存在，即，f 在 $[0, 1]$ 為不可積分.

一般，定積分未必代表面積. 但對於正值函數，定積分可解釋為面積. 事實上，我們比較一下定義 14-1-1 與定義 14-1-2，可知對於 $f(x) \geq 0$，

$$\int_a^b f(x)\,dx = 在\ f\ 的圖形下方由\ a\ 到\ b\ 的面積.$$

例 5 計算 $\int_0^2 \sqrt{4-x^2}\,dx$.

解答 因 $y=f(x)=\sqrt{4-x^2} \geq 0$，故可將所予定積分解釋為在曲線 $y=\sqrt{4-x^2}$ 下方由 0 到 2 的面積. 又 $y^2=4-x^2$，可得 $x^2+y^2=4$，因此，f 的圖形為半徑是 2 的四分之一圓，如圖 14-1-7 所示. 所以，

$$\int_0^2 \sqrt{4-x^2}\,dx = \frac{1}{4}(\pi)(2^2) = \pi.$$

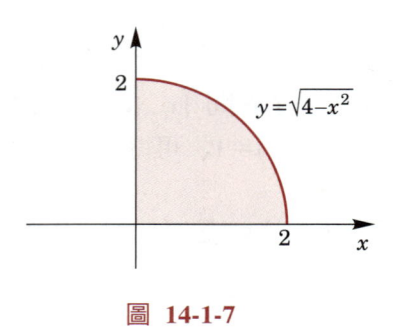

圖 14-1-7

若 f 在 $[a, b]$ 有正值也有負值，則定積分可解釋為面積的差：在 f 的圖形下方且在 x-軸上方由 a 到 b 的面積減去在 f 的圖形上方且在 x-軸下方由 a 到 b 的面積. 例如，見圖 14-1-8，

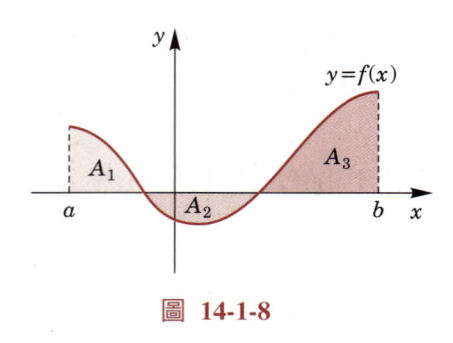

圖 14-1-8

$$\int_a^b f(x)\,dx = (A_1 + A_3) - A_2$$
$$= (在\ [a,\ b]\ 上方的面積) - (在\ [a,\ b]\ 下方的面積).$$

例 6 計算 $\displaystyle\int_{-2}^{3} (2-x)\,dx$.

解答 $y = 2-x$ 的圖形是斜率為 -1 的直線, 如圖 14-1-9 所示.

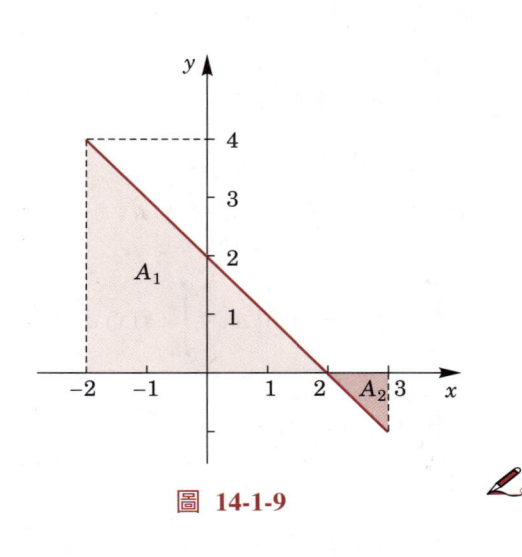

$$\int_{-2}^{3} (2-x)\,dx = A_1 - A_2$$
$$= \frac{1}{2}(4)(4) - \frac{1}{2}(1)(1)$$
$$= \frac{15}{2}.$$

圖 14-1-9

例 7 計算 $\displaystyle\int_{0}^{3} |x-2|\,dx$.

解答 $y = |x-2|$ 的圖形如圖 14-1-10 所示.

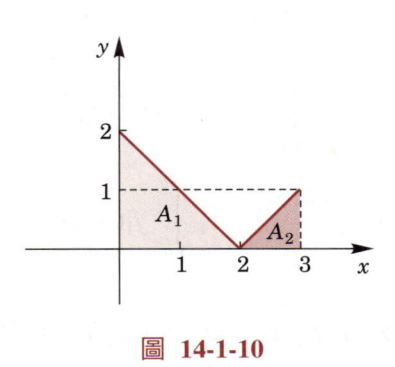

$$\int_{0}^{3} |x-2|\,dx = A_1 + A_2$$
$$= \frac{1}{2}(2)(2) + \frac{1}{2}(1)(1)$$
$$= \frac{5}{2}.$$

圖 14-1-10

現在, 我們列出一些定積分的基本性質, 有興趣的讀者可加以證明.

定理 14-1-2

若兩函數 f 與 g 在 $[a, b]$ 均為可積分，k 為常數，則

(1) $\displaystyle\int_a^b k\,dx = k(b-a)$

(2) $\displaystyle\int_a^b k\,f(x)\,dx = k\int_a^b f(x)\,dx$

(3) $\displaystyle\int_a^b [f(x)+g(x)]\,dx = \int_a^b f(x)\,dx + \int_a^b g(x)\,dx$

(4) $\displaystyle\int_a^b [f(x)-g(x)]\,dx = \int_a^b f(x)\,dx - \int_a^b g(x)\,dx$

定理 14-1-2 的 (2) 與 (3) 也可推廣到有限個函數. 於是，若函數 f_1, f_2, $\cdots$, f_n 在 $[a, b]$ 均為可積分，c_1, c_2, $\cdots$, c_n 均為常數，則 $c_1f_1+c_2f_2+\cdots+c_nf_n$ 在 $[a, b]$ 為可積分，且

$$\int_a^b [c_1f_1(x)+c_2f_2(x)+\cdots+c_nf_n(x)]\,dx$$
$$= c_1\int_a^b f_1(x)\,dx + c_2\int_a^b f_2(x)\,dx + \cdots + c_n\int_a^b f_n(x)\,dx.$$

若 f 在 $[a, b]$ 為連續且非負值，又 $a<c<b$，則 $A=$ 在 f 的圖形下方由 a 到 b 的面積 $=A_1+A_2$ (見圖 14-1-11)，即，

$$\int_a^b f(x)\,dx = \int_a^c f(x)\,dx + \int_c^b f(x)\,dx.$$

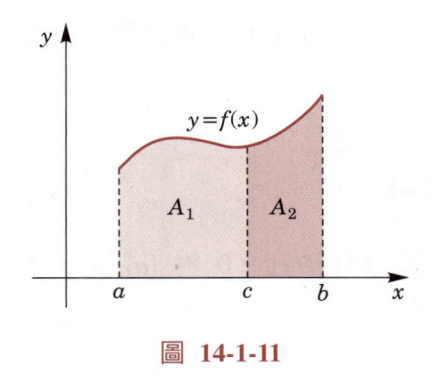

圖 14-1-11

此為下面定理的特殊情形.

定理 14-1-3　可加性 (additivity)

若函數 f 在含有任意三數 a、b 與 c 的閉區間為可積分，則

$$\int_a^b f(x)\,dx = \int_a^c f(x)\,dx + \int_c^b f(x)\,dx.$$

當被積分函數在積分界限之間改變時，定理 14-1-3 是相當有幫助的.

例 8　(1) 若 n 為正整數，求 $\int_n^{n+1} [\![x]\!]\,dx$.

(2) 利用 (1) 的結果求 $\int_0^3 [\![x]\!]\,dx$.

解答　(1) $\int_n^{n+1} [\![x]\!]\,dx = \int_n^{n+1} n\,dx = n(n+1-n) = n.$

(2) $\int_0^3 [\![x]\!]\,dx = \int_0^1 [\![x]\!]\,dx + \int_1^2 [\![x]\!]\,dx + \int_2^3 [\![x]\!]\,dx$
$= 0 + 1 + 2 = 3.$

當需要比較定積分的大小時，下列幾個定理是很有用的.

定理 14-1-4

若函數 f 在 $[a, b]$ 為可積分且 $f(x) \geq 0$ 對 $[a, b]$ 中所有 x 均成立，則 $\int_a^b f(x)\,dx \geq 0$.

我們由定理 14-1-4 可知，若函數 f 在 $[a, b]$ 為可積分且 $f(x) \leq 0$ 對 $[a, b]$ 中所有 x 均成立，則 $\int_a^b f(x)\,dx \leq 0$.

定理 14-1-5

若兩函數 f 與 g 在 $[a, b]$ 均為可積分且 $f(x) \geq g(x)$ 對 $[a, b]$ 中所有 x 均成立，則 $\int_a^b f(x)\,dx \geq \int_a^b g(x)\,dx$.

若 $f(x) \geq g(x) \geq 0$ 對 $[a, b]$ 中所有 x 均成立，則在 f 的圖形下方由 a 到 b 的面積大於或等於在 g 的圖形下方由 a 到 b 的面積.

定理 14-1-6

若函數 f 在 $[a, b]$ 為可積分，則 $|f|$ 在 $[a, b]$ 為可積分，且

$$\left| \int_a^b f(x)\,dx \right| \leq \int_a^b |f(x)|\,dx.$$

定理 14-1-6 的逆敘述不一定成立. 例如, 考慮

$$f(x)=\begin{cases} 1, & \text{若 } x \text{ 是有理數} \\ -1, & \text{若 } x \text{ 是無理數} \end{cases}$$

則 $\int_0^1 |f(x)|\,dx = \int_0^1 dx = 1$, 即, $|f|$ 在 [0, 1] 為可積分, 但 f 在 [0, 1] 為不可積分 (見例題 4).

定理 14-1-7

若函數 f 在 $[a, b]$ 為連續, m 與 M 分別為 f 在 $[a, b]$ 上的最小值與最大值, 則

$$m(b-a) \leq \int_a^b f(x)\,dx \leq M(b-a).$$

例 9 試證: $\dfrac{1}{2} \leq \displaystyle\int_1^2 \dfrac{1}{x}\,dx \leq 1.$

解答 若 $1 \leq x \leq 2$, 則 $\dfrac{1}{2} \leq \dfrac{1}{x} \leq 1$, 故

$$\frac{1}{2}(2-1) \leq \int_1^2 \frac{1}{x}\,dx \leq 1(2-1)$$

或

$$\frac{1}{2} \leq \int_1^2 \frac{1}{x}\,dx \leq 1.$$

若已知 n 個數 $y_1, y_2, \cdots, y_n$, 則我們很容易計算它們的算術平均值 y_{ave}:

$$y_{\text{ave}} = \frac{y_1 + y_2 + \cdots + y_n}{n}$$

一般而言，我們也可計算函數 f 在 $[a, b]$ 的平均值。首先，我們將 $[a, b]$ 分成等長 $\left(\Delta x = \dfrac{b-a}{n}\right)$ 的 n 個子區間 $[x_{i-1}, x_i]$，$i = 1, 2, \cdots, n$，然後，在每一個 $[x_{i-1}, x_i]$ 中選取任一數 x_i^*，則 $f(x_1^*)$, $f(x_2^*)$, $\cdots$, $f(x_n^*)$ 的算術平均值為

$$\frac{f(x_1^*) + f(x_2^*) + \cdots + f(x_n^*)}{n}$$

因 $n = \dfrac{b-a}{\Delta x}$，故算術平均值變成

$$\frac{f(x_1^*) + f(x_2^*) + \cdots + f(x_n^*)}{\dfrac{b-a}{\Delta x}} = \frac{1}{b-a}[f(x_1^*)\Delta x + f(x_2^*)\Delta x + \cdots + f(x_n^*)\Delta x]$$

$$= \frac{1}{b-a}\sum_{i=1}^{n} f(x_i^*)\Delta x$$

令 $n \to \infty$，則

$$\lim_{n \to \infty} \frac{1}{b-a}\sum_{i=1}^{n} f(x_i^*)\Delta x = \frac{1}{b-a}\int_a^b f(x)\, dx.$$

定義 14-1-4

若函數 f 在 $[a, b]$ 為可積分，則 f 在 $[a, b]$ 上的**平均值** (average value) 定義為

$$f_{\text{ave}} = \frac{1}{b-a}\int_a^b f(x)\, dx.$$

例10 求 $f(x) = \sqrt{4-x^2}$ 在 $[0, 2]$ 上的平均值。

解答 $\displaystyle\int_0^2 f(x)\, dx = \int_0^2 \sqrt{4-x^2}\, dx = \frac{1}{4}(\pi)(2^2) = \pi$ （見例題 5）

所以，$\quad f_{\text{ave}} = \dfrac{1}{2-0}\displaystyle\int_0^2 f(x)\, dx = \dfrac{\pi}{2}$.

如今，問題出現了：是否存在一數 c 使得 f 在 c 的值正好等於 f 的平均值，即，$f(c)=f_{\text{ave}}$？下面的定理說明了此結果對連續函數而言是成立的，它就是**積分的均值定理** (mean value theorem for integral)。

定理 14-1-8　積分的均值定理

若函數 f 在 $[a, b]$ 為連續，則在 $[a, b]$ 中存在一數 c 使得

$$\int_a^b f(x)\,dx = f(c)(b-a).$$

若 $f(x) \geq 0$ 對 $[a, b]$ 中所有 x 均成立，則定理 14-1-8 的幾何意義如下：

$$\int_a^b f(x)\,dx = \text{底為 } (b-a) \text{ 且高為 } f(c) \text{ 之矩形區域的面積}$$

(見圖 14-1-12)。

$$\int_a^b f(x)\,dx = f(c)(b-a)$$

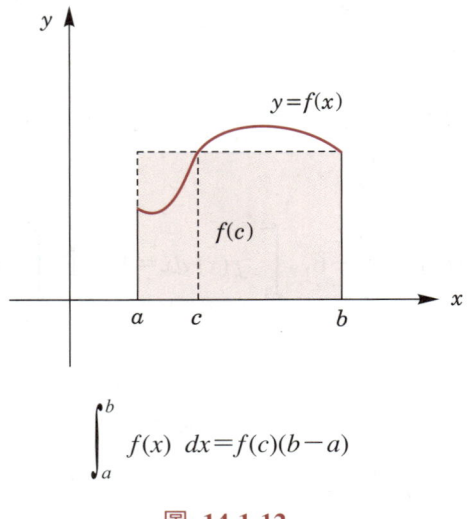

圖 14-1-12

例11　因 $f(x)=\sqrt{4-x^2}$ 在 $[0, 2]$ 為連續，故在 $[0, 2]$ 中存在一數 c 使得

$$\int_0^2 \sqrt{4-x^2}\,dx = f(c)(2-0).$$

我們由例題 10 得知 $f_{\text{ave}}=\dfrac{\pi}{2}$，故 $f(c)=f_{\text{ave}}=\dfrac{\pi}{2}$。因此，$\sqrt{4-c^2}=\dfrac{\pi}{2}$，即，$c=\pm\dfrac{\sqrt{16-\pi^2}}{2}$。於是，$c=\dfrac{\sqrt{16-\pi^2}}{2}$ 是 $[0,\ 2]$ 中的一數，此為我們所求者。

習 題 14-1

1. 在區間 $[-4,\ -3]$ 上將 $\lim\limits_{n\to\infty}\sum\limits_{i=1}^{n}\left(\sqrt[3]{x_i^*}+2x_i^*\right)\Delta x$ 表成定積分的形式.

2. 計算 $\displaystyle\int_{-1}^{1}\sqrt{1-x^2}\,dx$.

3. 計算 $\displaystyle\int_{-2}^{0}(\sqrt{4-x^2}+1)\,dx$.

4. 計算 $\displaystyle\int_{1}^{3}(2x+1)\,dx$.

5. 計算 $\displaystyle\int_{-1}^{2}|2x-3|\,dx$.

6. 若 $\displaystyle\int_{0}^{1}f(x)\,dx=2$，$\displaystyle\int_{0}^{4}f(x)\,dx=-6$，$\displaystyle\int_{3}^{4}f(x)\,dx=1$，求 $\displaystyle\int_{1}^{3}f(x)\,dx$.

7. 計算 $\displaystyle\int_{-1}^{5}\left[\!\left[x+\dfrac{1}{2}\right]\!\right]dx$.

8. 計算 $\displaystyle\int_{-1}^{4}\left[\!\left[\dfrac{x}{2}\right]\!\right]dx$.

計算下列各函數在指定區間上的平均值，並求在積分的均值定理中所述 c 的所有值.

9. $f(x)=2+|x|$；$[-3,\ 1]$
10. $f(x)=\sqrt{1-(x-2)^2}$；$[1,\ 2]$

§14-2　不定積分

我們在第二篇中已知道如何求解導函數問題：給予一函數，求它的導函數．但是，在許多問題中，常常需要求解導函數問題的相反問題：給予一函數 f，求出一函數 F 使得 $F'=f$．若這樣的函數存在，則它稱為 f 的一反導函數．

定義 14-2-1

若 $F'=f$，則稱函數 F 為函數 f 的一**反導函數** (antiderivative)．

例如，函數 $\frac{2}{3}x^3$, $\frac{2}{3}x^3+2$, $\frac{2}{3}x^3-5$ 均為 $f(x)=2x^2$ 的反導函數，因為

$$\frac{d}{dx}\left(\frac{2}{3}x^3\right)=\frac{d}{dx}\left(\frac{2}{3}x^3+2\right)=\frac{d}{dx}\left(\frac{2}{3}x^3-5\right)=2x^2.$$

事實上，一個函數的反導函數並不唯一．若 F 為 f 的反導函數，則對每一常數 C，由 $G(x)=F(x)+C$ 所定義的函數 G 也為 f 的反導函數．

求反導函數的過程稱為**反微分** (antidifferentiation) 或**積分** (integration)．若 $\frac{d}{dx}[F(x)]=f(x)$，則形如 $F(x)+C$ 的函數均為 $f(x)$ 的反導函數．

定義 14-2-2

函數 f (或 $f(x)$) 的**不定積分** (indefinite integral) 為

$$\int f(x)\,dx=F(x)+C$$

此處 $F'(x)=f(x)$，C 為任意常數．

不定積分 $\int f(x)\,dx$ 僅是指明 $f(x)$ 的反導函數是形如 $F(x)+C$ 的函數之另一方式而已，$f(x)$ 稱為**被積分函數**，dx 稱為積分變數 x 的**微分**，C 稱為**不定積分常數** (constant of indefinite integral). 正如定積分一樣，積分變數所用的符號是不重要的.

讀者應該能夠分辨定積分 $\int_a^b f(x)\,dx$ 與不定積分 $\int f(x)\,dx$；$\int_a^b f(x)\,dx$ 是一個數，它與積分的上限 b 以及下限 a 有關，而 $\int f(x)\,dx$ 是函數.

因

$$\frac{d}{dx}\left[\int f(x)\,dx\right]=F'(x)=f(x)$$

或

$$d\int f(x)\,dx=f(x)\,dx$$

可知 $\dfrac{d}{dx}\int (\ )\,dx$ 或 $d\int$ 連寫在一起時，其結果等於互相消除，故微分與積分互為逆運算.

又

$$\int d\,F(x)=\int f(x)\,dx=F(x)+C$$

故 $\int d$ 連寫一起時，互消後相差一常數.

若我們記住導函數公式，則可得知對應的積分公式. 例如，

導函數公式 $\dfrac{d}{dx}\left(\dfrac{x^{r+1}}{r+1}\right)=x^r$ 產生積分公式 $\int x^r\,dx=\dfrac{x^{r+1}}{r+1}+C\ (r\neq -1)$；

同理，$\dfrac{d}{dx}\sin x=\cos x$ 產生積分公式 $\int \cos x\,dx=\sin x+C.$

今列出一些積分公式如下：

$$\int x^r\,dx=\frac{x^{r+1}}{r+1}+C\ (r\neq -1) \qquad (14\text{-}2\text{-}1)$$

$$\int \sin x\,dx=-\cos x+C \qquad (14\text{-}2\text{-}2)$$

$$\int \cos x\, dx = \sin x + C \qquad (14\text{-}2\text{-}3)$$

$$\int \sec^2 x\, dx = \tan x + C \qquad (14\text{-}2\text{-}4)$$

$$\int \csc^2 x\, dx = -\cot x + C \qquad (14\text{-}2\text{-}5)$$

$$\int \sec x \tan x\, dx = \sec x + C \qquad (14\text{-}2\text{-}6)$$

$$\int \csc x \cot x\, dx = -\csc x + C \qquad (14\text{-}2\text{-}7)$$

$$\int \frac{1}{x}\, dx = \ln|x| + C \qquad (14\text{-}2\text{-}8)$$

$$\int e^x\, dx = e^x + C \qquad (14\text{-}2\text{-}9)$$

$$\int a^x\, dx = \frac{a^x}{\ln a} + C \ (a > 0,\ a \neq 1) \qquad (14\text{-}2\text{-}10)$$

例 1 求：

$$\int x^2\, dx = \frac{x^3}{3} + C$$

$$\int \frac{1}{x^3}\, dx = \int x^{-3}\, dx = \frac{x^{-3+1}}{-3+1} + C = -\frac{1}{2x^2} + C$$

$$\int \sqrt{x}\, dx = \int x^{1/2}\, dx = \frac{x^{1/2+1}}{\frac{1}{2}+1} + C = \frac{2}{3} x^{3/2} + C.$$

例 2 求 $\displaystyle\int \frac{\sin x}{\cos^2 x}\, dx$.

解答
$$\int \frac{\sin x}{\cos^2 x}\,dx = \int \left(\frac{1}{\cos x} \cdot \frac{\sin x}{\cos x}\right) dx$$
$$= \int \sec x \tan x\,dx = \sec x + C.$$

例 3 求：

(1) $\displaystyle\int \frac{1}{2x}\,dx = \frac{1}{2}\int \frac{1}{x}\,dx = \frac{1}{2}\ln|x| + C.$

(2) $\displaystyle\int 2^x\,dx = \frac{2^x}{\ln 2} + C.$

例 4 求函數 $f(x)$ 使得 $f'(x) + \sin x = 0$ 且 $f(0) = 2$.

解答 由 $f'(x) = -\sin x$，可得 $f(x) = -\displaystyle\int \sin x\,dx = \cos x + C.$

依題意，$f(0) = 1 + C = 2$，可得 $C = 1$，

故 $f(x) = \cos x + 1.$

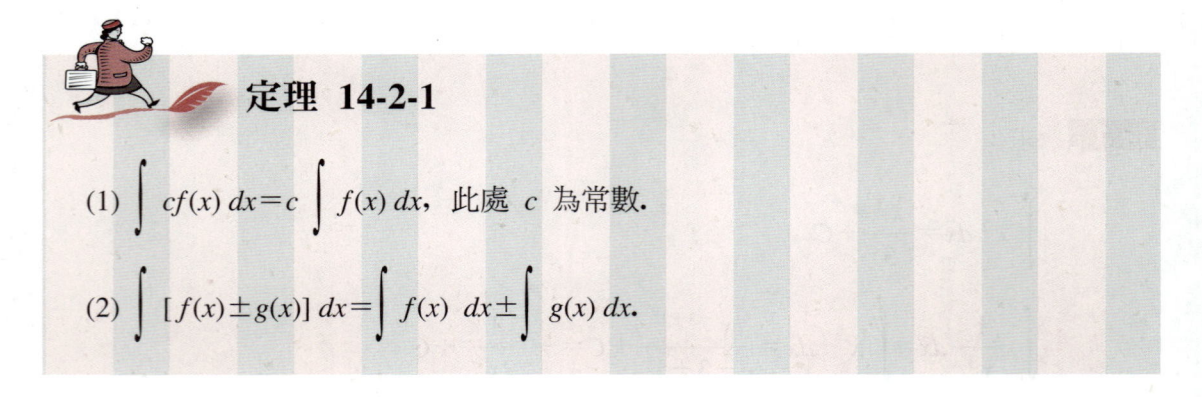

定理 14-2-1

(1) $\displaystyle\int cf(x)\,dx = c\int f(x)\,dx$，此處 c 為常數。

(2) $\displaystyle\int [f(x) \pm g(x)]\,dx = \int f(x)\,dx \pm \int g(x)\,dx.$

定理 14-2-1 可以推廣如下：

$$\int [c_1 f_1(x) \pm c_2 f_2(x) \pm \cdots \pm c_n f_n(x)]\,dx$$
$$= c_1\int f_1(x)\,dx \pm c_2\int f_2(x)\,dx \pm \cdots \pm c_n\int f_n(x)\,dx$$

此處 c_1, c_2, $\cdots$, c_n 均為常數.

例 5 求 $\int (3x^6 - 5x^2 + 7x + 1)\,dx$.

解答
$$\int (3x^6 - 5x^2 + 7x + 1)\,dx = 3\int x^6\,dx - 5\int x^2\,dx + 7\int x\,dx + \int 1\,dx$$
$$= \frac{3}{7}x^7 - \frac{5}{3}x^3 + \frac{7}{2}x^2 + x + C.$$

註：有時候，為了積分式子 $\int f(x)\,dx$ 的簡潔起見，dx 納入 $f(x)$ 中.

例如，$\int 1\,dx$ 可寫成 $\int dx$，同樣地，$\int \frac{1}{x}\,dx$ 可寫成 $\int \frac{dx}{x}$，

$\int \frac{1}{x^2}\,dx$ 可寫成 $\int \frac{dx}{x^2}$，$\int \frac{1}{\sqrt{x+1}}\,dx$ 可寫成 $\int \frac{dx}{\sqrt{x+1}}$，

等等.

例 6 求 $\int \frac{x^{-1} - x^{-2} + x^{-3}}{x^2}\,dx$.

解答
$$\int \frac{x^{-1} - x^{-2} + x^{-3}}{x^2}\,dx = \int \frac{x^{-1}}{x^2}\,dx - \int \frac{x^{-2}}{x^2}\,dx + \int \frac{x^{-3}}{x^2}\,dx$$
$$= \int x^{-3}\,dx - \int x^{-4}\,dx + \int x^{-5}\,dx$$
$$= -\frac{1}{2}x^{-2} + \frac{1}{3}x^{-3} - \frac{1}{4}x^{-4} + C.$$

定理 14-2-2　不定積分一般乘冪公式

若 $f(x)$ 為可微分函數，則

$$\int [f(x)]^r f'(x)\, dx = \frac{[f(x)]^{r+1}}{r+1} + C, \quad 此處\ r \neq -1.$$

例 7　求 $\displaystyle\int \frac{x^2}{(x^3-1)^2}\, dx$.

解答　視 $f(x) = x^3 - 1$，則 $f'(x) = 3x^2$.

$$\int \frac{x^2}{(x^3-1)^2}\, dx = \frac{1}{3}\int (x^3-1)^{-2}(3x^2)\, dx$$

$$= -\frac{1}{3(x^3-1)} + C.$$

一、不定積分在幾何上的應用

當我們瞭解不定積分的意義與計算之後，我們再來探討有關不定積分的幾何意義. 函數 $f(x)$ 的反導函數 $F(x)$ 的圖形稱為函數 $f(x)$ 的**積分曲線** (integral curve)，其方程式以 $y = F(x)$ 表示之. 由於 $F'(x) = f(x)$，因此對於積分曲線上的點而言，在 x 處的切線斜率，等於函數 $f(x)$ 在 x 處的函數值. 如果我們將該條積分曲線沿 y-軸方向上下平移，且平移的寬度為 C 時，則我們可得到另外一條積分曲線 $y = F(x) + C$. 函數 $f(x)$ 的每一條積分曲線皆可由這種方法得到. 因此，不定積分的圖形，就是這樣得到的. 全部積分曲線所成的曲線族，稱為**積分曲線族** (family of integral curves). 另外，如果我們在每一條積分曲線上橫坐標相同的點處作切線，則這些切線必定會互相平行，如圖 14-2-1 所示.

图 14-2-1

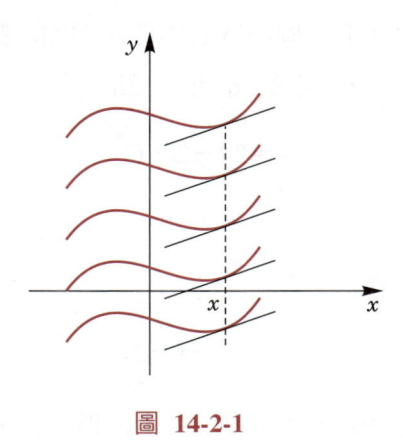

例 8 設某曲線族的切線斜率為 $3x^2-1$，求此曲線族的方程式．

解答 由題意知

$$\frac{dy}{dx}=3x^2-1,\ \text{即},\ dy=(3x^2-1)\,dx,$$

可得

$$y=\int(3x^2-1)\,dx=x^3-x+C$$

其中 C 為不定積分常數，故所求曲線族的方程式為 $y=x^3-x+C$，其圖形如圖 14-2-2 所示．

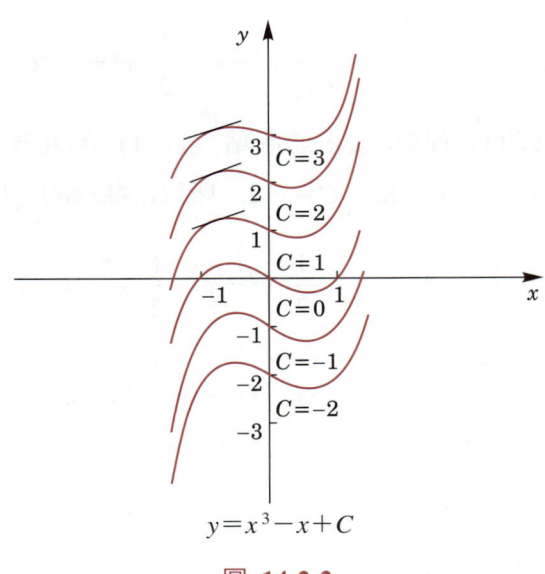

$y=x^3-x+C$

图 14-2-2

在例題 8 中，若我們附加上一個特殊的條件，例如，該曲線通過點 (2, 4)，則我們就可以計算出滿足 $y = x^3 - x + C$ 中的 C 值，即，

$$4 = 2^3 - 2 + C$$

可得 $C = -2$.

故通過點 (2, 4) 的曲線為

$$y = x^3 - x - 2$$

此一附加的特殊條件用以決定不定積分常數 C 者，稱為**初期條件** (initial condition).

例 9 已知某曲線族的切線斜率為 $\dfrac{x+1}{y-1}$，求該曲線族的方程式，並求通過點 (1, 1) 的曲線的方程式.

解答 因 $\dfrac{dy}{dx} = \dfrac{x+1}{y-1}$，故

$$(y-1)\,dy = (x+1)\,dx$$

$$\int (y-1)\,dy = \int (x+1)\,dx$$

可得

$$\frac{1}{2}y^2 - y = \frac{1}{2}x^2 + x + C$$

此為曲線族的方程式. 欲求通過點 (1, 1) 的曲線方程式，可用該點代入上式，可得 $0 = 2 + C$，即，$C = -2$. 所以，曲線的方程式為

$$\frac{1}{2}y^2 - y = \frac{1}{2}x^2 + x - 2$$

即，

$$(x+1)^2 - (y-1)^2 = 4.$$

二、不定積分在物理上的應用

若沿著直線運動的某質點在時間 t 的位置函數為 $s=s(t)$，則該質點在時間 t 的速度為 $v=\dfrac{ds}{dt}=s'(t)$，而加速度為 $a=\dfrac{dv}{dt}=s''(t)$。反之，如果已知在時間 t 的速度 (或加速度) 及某一特定時刻的位置，則其運動方程式可由不定積分求得。現舉例說明如下：

例10 設某質點沿著直線運動，其加速度為 $a(t)=6t+2$ 厘米/秒^2，初速為 $v(0)=6$ 厘米/秒，最初位置為 $s(0)=9$ 厘米，求它的位置函數 $s(t)$。

解答 因 $v'(t)=a(t)=6t+2$，故

$$v(t)=\int a(t)\,dt=\int (6t+2)\,dt=3t^2+2t+C_1$$

以 $v(0)=6$ 代入，可得 $C_1=6$，故

$$v(t)=3t^2+2t+6 \text{ (厘米／秒)}$$

因

$$s'(t)=v(t)=3t^2+2t+6$$

故

$$s(t)=\int v(t)\,dt=\int (3t^2+2t+6)\,dt=t^3+t^2+6t+C_2$$

以 $s(0)=9$ 代入，可得 $C_2=9$，故所求位置函數為

$$s(t)=t^3+t^2+6t+9 \text{ (厘米)}.$$

例11 若一球以初速 56 呎/秒 (忽略空氣阻力) 垂直上拋，則該球所到達的最大高度為何？

解答 假設以地面為原點，向上的方向為正。
由 $a(t)=v'(t)=-32$，可得 $v(t)=-32t+C_1$，
依題意，$v(0)=56$，可得 $C_1=56$，故 $v(t)=-32t+56$，
因而 $s(t)=-16t^2+56t+C_2$

依題意，$s(0)=0$，可得 $C_2=0$，故 $s(t)=-16t^2+56t$.

該球到達最高點時，$v(t)=0$，即，$56-32t=0$，可得 $t=\dfrac{7}{4}$，

故最大高度為 $s\left(\dfrac{7}{4}\right)=-16\left(\dfrac{7}{4}\right)^2+56\left(\dfrac{7}{4}\right)=49$ (呎).

例12 某電路中的電流為 $I(t)=t^3+3t^2$ 安培，求 2 秒末通過某一點的電量. (假設最初電量為零)

解答 $Q(t)=\displaystyle\int I(t)\,dt=\int (t^3+3t^2)\,dt=\dfrac{t^4}{4}+t^3+C$

當 $t=0$ 時，$Q=0$，可得 $C=0$. 於是，$Q(t)=\dfrac{t^4}{4}+t^3$.

以 $t=2$ 代入，可得 $Q(2)=12$ (庫侖).

習題 14-2

求 1～9 題的積分.

1. $\displaystyle\int x^3\sqrt{x}\,dx$

2. $\displaystyle\int (x^{2/3}-4x^{-1/5}+4)\,dx$

3. $\displaystyle\int (1+x^2)(2-x)\,dx$

4. $\displaystyle\int (\sec x-\tan x)^2\,dx$

5. $\displaystyle\int \dfrac{1}{1-\sin x}\,dx$

6. $\displaystyle\int \sec x\,(\sec x+\tan x)\,dx$

7. $\displaystyle\int x\sec^2 x^2\,dx$

8. $\displaystyle\int \dfrac{\cos x}{\sec x+\tan x}\,dx$

9. $\displaystyle\int (1+\sin^2\theta\csc\theta)\,d\theta$

10. 求函數 $f(x)$ 使得 $f''(x)=x+\cos x$ 且 $f(0)=1$, $f'(0)=2$.

11. 求 $\int \left(1+\dfrac{1}{x}\right)^3 \dfrac{1}{x^2}\, dx$.

12. 已知某曲線族的切線斜率為 $\dfrac{5-x}{y-3}$, 求其方程式, 並求通過點 $(2, -1)$ 的曲線的方程式.

13. 設一球自離地面 144 呎高處垂直拋下 (忽略空氣阻力), 若 2 秒後到達地面, 則其初速為何?

14. 若 C 與 F 分別表示攝氏與華氏溫度計的刻度, 則 F 對 C 的變化率為 $\dfrac{dF}{dC}=\dfrac{9}{5}$. 若在 $C=0$ 時, $F=32$, 試利用反微分求出以 C 表 F 的通式.

15. 某溶液的溫度 T 的變化率為 $\dfrac{dT}{dt}=\dfrac{1}{4}t+10$, 其中 t 表時間 (以分計), T 表攝氏溫度的度數. 若在 $t=0$ 時, 溫度 T 為 5°C, 求溫度 T 在時間 t 的公式.

16. 設 F 為 f 的反導函數, 試證:
    (1) 若 F 為偶函數, 則 f 為奇函數.
    (2) 若 F 為奇函數, 則 f 為偶函數.

§14-3 微積分基本定理

利用黎曼和的極限計算一個定積分的工作即使在最簡單的情形下也是困難多了. 本節中介紹一個不需利用和的極限而可以求出定積分的原理, 由於它在計算定積分中之重要性且因為它表示出微分與積分的關連, 該定理稱為 微積分基本定理 (fundamental theorem of Calculus), 是微積分學的精髓; 此定理被牛頓與萊布尼茲分別提出, 而這二位突出的數學家被公認為是微積分的發明者.

定理 14-3-1　微積分基本定理

設函數 f 在 $[a, b]$ 為連續.

第 I 部分：若令 $F(x) = \int_a^x f(t)\, dt$, $x \in [a, b]$，則 $F'(x) = f(x)$.

第 II 部分：若令 $F'(x) = f(x)$, $x \in [a, b]$，則

$$\int_a^b f(x)\, dx = F(b) - F(a).$$

證：I. 若 x 與 $x+h$ 在 $[a, b]$ 中，則

$$F(x+h) - F(x) = \int_a^{x+h} f(t)\, dt - \int_a^x f(t)\, dt$$

$$= \int_a^{x+h} f(t)\, dt + \int_x^a f(t)\, dt$$

$$= \int_x^{x+h} f(t)\, dt$$

對 $h \neq 0$,

$$\frac{F(x+h) - F(x)}{h} = \frac{1}{h} \int_x^{x+h} f(t)\, dt$$

若 $h > 0$，則依積分的均值定理，在 $(x, x+h)$ 中存在一數 c（與 h 有關）使得

$$\int_x^{x+h} f(t)\, dt = h f(c)$$

因此，

$$\frac{F(x+h) - F(x)}{h} = f(c)$$

因 f 在 $[x, x+h]$ 為連續，可得

$$\lim_{h\to 0^+} f(c) = \lim_{c\to x^+} f(c) = f(x)$$

故
$$\lim_{h\to 0^+} \frac{F(x+h)-F(x)}{h} = \lim_{h\to 0^+} f(c) = f(x)$$

若 $h < 0$，則我們可以類似的方法證明

$$\lim_{h\to 0^-} \frac{F(x+h)-F(x)}{h} = f(x)$$

故
$$F'(x) = \lim_{h\to 0} \frac{F(x+h)-F(x)}{h} = f(x)$$

II. 令 $G(x) = \int_a^x f(t)\,dt$，則 $G'(x) = f(x)$. 因 $F'(x) = f(x)$，故 $G'(x) = F'(x)$.

依定理 13-2-3，$F(x)$ 與 $G(x)$ 僅相差一常數 C，於是，$G(x) = F(x) + C$，即，

$$\int_a^x f(t)\,dt = F(x) + C$$

若令 $x = a$ 並利用 $\int_a^a f(t)\,dt = 0$，則 $0 = F(a) + C$，即，$C = -F(a)$.

因此，
$$\int_a^x f(t)\,dt = F(x) - F(a)$$

以 $x = b$ 代入上式，可得

$$\int_a^b f(t)\,dt = F(b) - F(a)$$

因 t 為啞變數，故以 x 代 t 即可得出所要的結果.

若 $F'(x) = f(x)$，我們通常寫成

$$\int_a^b f(x)\,dx = F(x)\Big|_a^b = F(b) - F(a)$$

符號 $F(x)\Big|_a^b$ 有時記為 $F(x)\Big|_{x=a}^{x=b}$ 或 $[F(x)]_a^b$.

例 1 求 $\dfrac{d}{dx}\displaystyle\int_x^2 \sqrt{t+1}\,dt$.

解答 $\dfrac{d}{dx}\displaystyle\int_x^2 \sqrt{t+1}\,dt = \dfrac{d}{dx}\left(-\int_2^x \sqrt{t+1}\,dt\right) = -\dfrac{d}{dx}\int_2^x \sqrt{t+1}\,dt$

$\qquad\qquad\qquad\qquad\qquad = -\sqrt{x+1}$.

例 2 求 $\displaystyle\lim_{x\to 1} \dfrac{\displaystyle\int_1^x \dfrac{\sin t}{t}\,dt}{x-1}$.

解答 因所予極限為不定型 $\dfrac{0}{0}$，依羅必達法則，

$$\lim_{x\to 1} \dfrac{\displaystyle\int_1^x \dfrac{\sin t}{t}\,dt}{x-1} = \lim_{x\to 1} \dfrac{\dfrac{d}{dx}\left(\displaystyle\int_1^x \dfrac{\sin t}{t}\,dt\right)}{\dfrac{d}{dx}(x-1)}$$

$$= \lim_{x\to 1} \dfrac{\dfrac{\sin x}{x}}{1} = \sin 1.$$

利用連鎖法則可將微積分基本定理的第 I 部分推廣如下：

1. 若函數 g 為可微分，且函數 f 在 $[a, g(x)]$ 為連續，則

$$\dfrac{d}{dx}\left(\int_a^{g(x)} f(t)\,dt\right) = f(g(x))\dfrac{d}{dx}g(x). \qquad\qquad\text{(14-3-1)}$$

2. 若函數 g 與 h 均為可微分，函數 f 在 $[g(x), a]$ 與 $[a, h(x)]$ 為連續，則

$$\dfrac{d}{dx}\int_{g(x)}^{h(x)} f(t)\,dt = f(h(x))\dfrac{d}{dx}h(x) - f(g(x))\dfrac{d}{dx}g(x). \qquad\text{(14-3-2)}$$

例 3 求 $\dfrac{d}{dx}\left(\displaystyle\int_3^{\sin x}\dfrac{1}{1+t^2}\,dt\right)$.

解答 $\dfrac{d}{dx}\left(\displaystyle\int_3^{\sin x}\dfrac{1}{1+t^2}\,dt\right)=\dfrac{1}{1+\sin^2 x}\dfrac{d}{dx}\sin x=\dfrac{\cos x}{1+\sin^2 x}$.

例 4 求 $\dfrac{d}{dx}\left(\displaystyle\int_{x^2}^{x^3}\sin^2 t\,dt\right)$.

解答 $\dfrac{d}{dx}\left(\displaystyle\int_{x^2}^{x^3}\sin^2 t\,dt\right)=\dfrac{d}{dx}\left(\displaystyle\int_{x^2}^{0}\sin^2 t\,dt\right)+\dfrac{d}{dx}\left(\displaystyle\int_{0}^{x^3}\sin^2 t\,dt\right)$

$\qquad\qquad\qquad\quad=\dfrac{d}{dx}\left(\displaystyle\int_0^{x^3}\sin^2 t\,dt\right)-\dfrac{d}{dx}\left(\displaystyle\int_0^{x^2}\sin^2 t\,dt\right)$

$\qquad\qquad\qquad\quad=\sin^2(x^3)\dfrac{d}{dx}(x^3)-\sin^2(x^2)\dfrac{d}{dx}(x^2)$

$\qquad\qquad\qquad\quad=\sin^2(x^3)(3x^2)-\sin^2(x^2)(2x)$

$\qquad\qquad\qquad\quad=3x^2\sin^2(x^3)-2x\sin^2(x^2)$.

例 5 計算 $\displaystyle\int_0^3 (x^3-4x+2)\,dx$.

解答 $\displaystyle\int_0^3 (x^3-4x+2)\,dx=\left(\dfrac{x^4}{4}-2x^2+2x\right)\Big|_0^3=\dfrac{81}{4}-18+6=\dfrac{33}{4}$.

例 6 求 $\displaystyle\int_1^4 \dfrac{x^2-1}{\sqrt{x}}\,dx$.

解答 $\displaystyle\int_1^4 \dfrac{x^2-1}{\sqrt{x}}\,dx=\int_1^4 (x^{3/2}-x^{-1/2})\,dx=\left(\dfrac{2}{5}x^{5/2}-2x^{1/2}\right)\Big|_1^4$

$\qquad\qquad\qquad\quad=\dfrac{64}{5}-4-\left(\dfrac{2}{5}-2\right)=\dfrac{52}{5}$.

例 7 若 $f(x)=2x-x^2-x^3$，計算 $\int_{-1}^{1} |f(x)|\,dx$.

解答 $f(x)=x(1-x)(2+x)$

若 $-1 \le x < 0$，則 $f(x) < 0$；若 $0 \le x \le 1$，則 $f(x) \ge 0$。因此，

$$\int_{-1}^{1} |f(x)|\,dx = -\int_{-1}^{0} f(x)\,dx + \int_{0}^{1} f(x)\,dx$$

$$= \int_{-1}^{0} (x^3+x^2-2x)\,dx + \int_{0}^{1} (2x-x^2-x^3)\,dx$$

$$= \left(\frac{1}{4}x^4+\frac{1}{3}x^3-x^2\right)\Big|_{-1}^{0} + \left(x^2-\frac{1}{3}x^3-\frac{1}{4}x^4\right)\Big|_{0}^{1}$$

$$= -\left(\frac{1}{4}-\frac{1}{3}-1\right)+\left(1-\frac{1}{3}-\frac{1}{4}\right)=\frac{3}{2}.$$

習 題 14-3

1. 令 $F(x)=\int_{x}^{0} \dfrac{\cos t}{t^2+2}\,dt$，求 $F'(0)$.

2. 若 $\int_{0}^{x} f(t)\,dt = x\cos \pi x$，求 $f(2)$.

3. 若 $F(x)=\int_{x}^{2} f(t)\,dt$，$f(t)=\int_{1}^{2t} \dfrac{\sin u}{u}\,du$，求 $F''\left(\dfrac{\pi}{4}\right)$.

4. 求 $\lim\limits_{x \to 0} \dfrac{1}{x^3} \int_{0}^{x} \sin t^2\,dt$.

5. 求 $\dfrac{d}{dx} \int_{x^2}^{x^3} \dfrac{1}{1+t^3}\,dt$.

計算 6～11 題的積分.

6. $\displaystyle\int_0^3 (x-1)(x+1)^2\, dx$

7. $\displaystyle\int_1^3 x\left(\sqrt{x}+\dfrac{1}{\sqrt{x}}\right)^2 dx$

8. $\displaystyle\int_0^{\pi/2} (\cos\theta + 2\sin\theta)\, d\theta$

9. $\displaystyle\int_{\pi/6}^{\pi/2} \dfrac{\sin 2x}{\sin x}\, dx$

10. $\displaystyle\int_0^8 |x^2 - 6x + 8|\, dx$

11. $\displaystyle\int_1^2 \dfrac{x+1}{x^2}\, dx$

§14-4　利用代換求積分

在本節中，我們將討論求積分的一種方法，稱為 **u-代換** (u-substitution)，它通常可用來將複雜的積分轉換成比較簡單者.

若 F 為 f 的反導函數，g 為 x 的可微分函數，則由連鎖法則可得

$$\dfrac{d}{dx} F(g(x)) = F'(g(x))\, g'(x) = f(g(x))\, g'(x)$$

於是，得到積分公式

$$\int f(g(x))\, g'(x)\, dx = F(g(x)) + C,\ \text{其中}\ F' = f$$

在上式中，若令 $u = g(x)$，則 $du = g'(x)\, dx$，可得下面的定理.

定理 14-4-1　不定積分代換定理

若 F 為 f 的反導函數，$u = g(x)$，則

$$\int f(g(x))\, g'(x)\, dx = \int f(u)\, du = F(u) + C = F(g(x)) + C.$$

註：在作代換 $u = g(x)$，$du = g'(x)\, dx$ 之後，整個積分必須以 u 表示，沒有出現 x；否

則，對 u 作另外的選取．

例 1 求 $\int 3x^2 \sqrt{x^3+2}\, dx$．

解答 令 $u = x^3+2$，則 $du = 3x^2\, dx$，故

$$\int 3x^2 \sqrt{x^3+2}\, dx = \int \sqrt{u}\, du = \frac{2}{3} u^{3/2} + C = \frac{2}{3}(x^3+2)^{3/2} + C.$$

例 2 求 $\int \dfrac{\cos \sqrt{x}}{\sqrt{x}}\, dx$．

解答 令 $u = \sqrt{x}$，則 $du = \dfrac{1}{2\sqrt{x}}\, dx$，$2\, du = \dfrac{1}{\sqrt{x}}\, dx$，故

$$\int \frac{\cos \sqrt{x}}{\sqrt{x}}\, dx = 2 \int \cos u\, du = 2 \sin u + C$$

$$= 2 \sin \sqrt{x} + C.$$

例 3 求 $\int \sin(x+5)\, dx$．

解答 方法 1：$\int \sin(x+5)\, dx = \int \sin u\, du$ （令 $u = x+5$）

$$= -\cos u + C$$

$$= -\cos(x+5) + C$$

方法 2：$\int \sin(x+5)\, dx = \int \sin(x+5)\, d(x+5)$ （$d(x+5) = dx$）

$$= \int \sin u\, du$$ （令 $u = x+5$）

$$= -\cos u + C$$

$$= -\cos(x+5) + C.$$

例 4 求 $\int \sin^2 x \, dx$.

解答
$$\begin{aligned}
\int \sin^2 x \, dx &= \int \frac{1-\cos 2x}{2} \, dx && \left(\sin^2 x = \frac{1-\cos 2x}{2}\right)\\
&= \frac{1}{2}\int dx - \frac{1}{2}\int \cos 2x \, dx \\
&= \frac{x}{2} - \frac{1}{4}\int \cos 2x \, d(2x) \\
&= \frac{x}{2} - \frac{1}{4}\int \cos u \, du && (\diamondsuit \ u = 2x)\\
&= \frac{x}{2} - \frac{\sin u}{4} + C = \frac{x}{2} - \frac{\sin 2x}{4} + C.
\end{aligned}$$

例 5 求 $\int \tan x \, dx$.

解答
$$\begin{aligned}
\int \tan x \, dx &= \int \frac{\sin x}{\cos x} \, dx \\
&= -\int \frac{1}{u} \, du && (\diamondsuit \ u = \cos x)\\
&= -\ln|u| + C \\
&= -\ln|\cos x| + C \\
&= \ln|\sec x| + C'.
\end{aligned}$$

例 6 求 $\int \sec x \, dx$.

解答
$$\begin{aligned}
\int \sec x \, dx &= \int \sec x \cdot \frac{\sec x + \tan x}{\sec x + \tan x} \, dx \\
&= \int \frac{\sec^2 x + \sec x \tan x}{\sec x + \tan x} \, dx
\end{aligned}$$

$$= \int \frac{1}{u} \, du \qquad (\text{令 } u = \sec x + \tan x)$$
$$= \ln |u| + C$$
$$= \ln |\sec x + \tan x| + C.$$

例 7 求 $\int e^x \sin(1+e^x) \, dx$.

解答 $\int e^x \sin(1+e^x) \, dx = \int \sin u \, du \qquad (\text{令 } u = 1+e^x)$

$$= -\cos u + C = -\cos(1+e^x) + C.$$

定理 14-4-2 定積分代換定理

設函數 g 在 $[a, b]$ 具有連續的導函數，f 在 $g(a)$ 至 $g(b)$ 為連續。令 $u = g(x)$，則

$$\int_a^b f(g(x)) g'(x) \, dx = \int_{g(a)}^{g(b)} f(u) \, du.$$

例 8 求 $\int_0^2 2x(x^2+2)^3 \, dx$.

解答 方法 1：令 $u = x^2 + 2$，則 $du = 2x \, dx$.
當 $x = 0$ 時，$u = 2$；當 $x = 2$ 時，$u = 6$.

於是，$\int_0^2 2x(x^2+2)^3 \, dx = \int_2^6 u^3 \, du = \left. \frac{u^4}{4} \right|_2^6 = 324 - 4 = 320$

方法 2：$\int 2x(x^2+2)^3 \, dx = \int u^3 \, du = \frac{u^4}{4} + C \qquad (\text{令 } u = x^2+2)$

$$= \frac{(x^2+2)^4}{4} + C$$

於是，$\int_0^2 2x(x^2+2)^3\,dx = \dfrac{(x^2+2)^4}{4}\bigg|_0^2 = 324 - 4 = 320.$

例 9 求 $\int_0^{\pi/8} \sin^5 2\theta \cos 2\theta\, d\theta.$

解答 令 $u = \sin 2\theta$，則 $du = 2\cos 2\theta\, d\theta$ 或 $\dfrac{1}{2}du = \cos 2\theta\, d\theta.$

當 $\theta = 0$ 時，$u = 0$；當 $\theta = \dfrac{\pi}{8}$ 時，$u = \dfrac{\sqrt{2}}{2}$. 於是，

$$\int_0^{\pi/8}\sin^5 2\theta \cos 2\theta\, d\theta = \frac{1}{2}\int_0^{\sqrt{2}/2} u^5\, du = \frac{u^6}{12}\bigg|_0^{\sqrt{2}/2} = \frac{1}{96}.$$

例 10 求 $\int_{-1}^{0} \dfrac{x}{x^2+5}\, dx.$

解答 令 $u = x^2 + 5$，則 $du = 2x\, dx$ 或 $\dfrac{1}{2}du = x\, dx.$

當 $x = -1$ 時，$u = 6$；當 $x = 0$ 時，$u = 5$. 於是，

$$\int_{-1}^{0}\frac{x}{x^2+5}\,dx = \frac{1}{2}\int_6^5 \frac{1}{u}\,du = \frac{1}{2}\ln|u|\bigg|_6^5$$

$$= \frac{1}{2}(\ln 5 - \ln 6) = \frac{1}{2}\ln\frac{5}{6}.$$

定理 14-4-3　對稱定理

設函數 f 在 $[-a, a]$ 為連續.

(1) 若 f 為偶函數，則

$$\int_{-a}^{a} f(x)\,dx = 2\int_0^a f(x)\,dx$$

(2) 若 f 為奇函數，則

$$\int_{-a}^{a} f(x)\,dx = 0.$$

例11 求 $\displaystyle\int_{-2}^{2} x\sqrt{x^2+1}\,dx.$

解答 令 $f(x) = x\sqrt{x^2+1}$，則 $f(-x) = -x\sqrt{x^2+1} = -f(x)$，

可知 f 為奇函數，故 $\displaystyle\int_{-2}^{2} x\sqrt{x^2+1}\,dx = 0.$

例12 求 $\displaystyle\int_{-\pi/2}^{\pi/2} \frac{\sin x}{x^2+2}\,dx.$

解答 令 $f(x) = \dfrac{\sin x}{x^2+2}$，

則 $f(-x) = \dfrac{\sin(-x)}{(-x)^2+2} = -\dfrac{\sin x}{x^2+2} = -f(x)$

可知 f 為奇函數，故 $\displaystyle\int_{-\pi/2}^{\pi/2} \frac{\sin x}{x^2+2} = 0.$

定理 14-4-4　週期函數的定積分

若 f 為週期 p 的週期函數，則

$$\int_{a+p}^{b+p} f(x)\,dx = \int_{a}^{b} f(x)\,dx.$$

證：令 $u = x - p$，則 $du = dx$，可得

$$\int_{a+p}^{b+p} f(x)\,dx = \int_{a}^{b} f(u+p)\,du$$

由於 f 為週期函數，以 $f(u)$ 取代 $f(u+p)$，故

$$\int_{a+p}^{b+p} f(x)\,dx = \int_a^b f(u+p)\,du = \int_a^b f(u)\,du = \int_a^b f(x)\,dx.$$

例13 求 $\displaystyle\int_0^{2\pi} |\sin x|\,dx$.

解答 $f(x)=|\sin x|$ 為週期 π 的週期函數，其圖形如圖 14-4-1 所示.

$$\int_0^{2\pi} |\sin x|\,dx = \int_0^{\pi} |\sin x|\,dx + \int_{\pi}^{2\pi} |\sin x|\,dx$$

$$= \int_0^{\pi} |\sin x|\,dx + \int_0^{\pi} |\sin x|\,dx = 2\int_0^{\pi} \sin x\,dx$$

$$= -2\cos x \Big|_0^{\pi} = -2(-1-1) = 4.$$

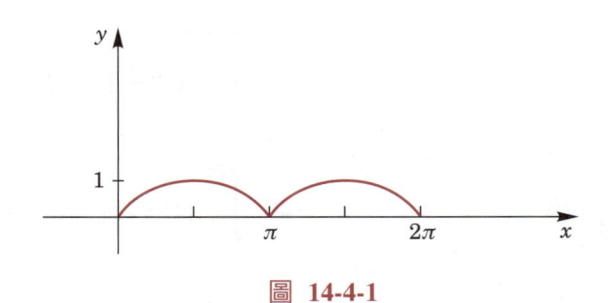

圖 14-4-1

習題 14-4

求 1～20 題的積分.

1. $\displaystyle\int \frac{x}{\sqrt{x+1}}\,dx$

2. $\displaystyle\int (x+1)\sqrt{2-x}\,dx$

3. $\displaystyle\int \sqrt[n]{ax+b}\ dx\ (a\neq 0)$

4. $\displaystyle\int \frac{\sin\sqrt{x}}{\sqrt{x}}\ dx$

5. $\displaystyle\int \cos(\pi x-3)\ dx$

6. $\displaystyle\int \cot x\ dx$

7. $\displaystyle\int \csc x\ dx$

8. $\displaystyle\int \sin(\sin\theta)\cos\theta\ d\theta$

9. $\displaystyle\int \tan^2 x\ \sec^2 x\ dx$

10. $\displaystyle\int \tan x\ \sec^3 x\ dx$

11. $\displaystyle\int \sqrt{e^x}\ dx$

12. $\displaystyle\int 2^{5x}\ dx$

13. $\displaystyle\int_1^3 \frac{x+2}{\sqrt{x^2+4x+7}}\ dx$

14. $\displaystyle\int_1^2 \frac{dx}{x^2-6x+9}$

15. $\displaystyle\int_1^4 \frac{\sqrt{x}}{(9-x\sqrt{x})^2}\ dx$

16. $\displaystyle\int_0^{\ln 2} e^{-3x}\ dx$

17. $\displaystyle\int_1^e \frac{\ln x}{x}\ dx$

18. $\displaystyle\int_{-2}^2 \sqrt{2+|x|}\ dx$

19. $\displaystyle\int_{-1}^1 \frac{\tan x}{x^4+x^2+1}\ dx$

20. $\displaystyle\int_0^{2\pi} |\sin 2x|\ dx$

21. 若 $\displaystyle\int_0^3 f(x)\ dx=6$，求 $\displaystyle\int_0^1 f(3x)\ dx$．

22. 若 $\displaystyle\int_1^2 f(x)\ dx=3$，求 $\displaystyle\int_{1/2}^1 \frac{1}{x^2} f\!\left(\frac{1}{x}\right) dx$．

23. 求 $f(x)=\sin^2 x$ 在 $[0,\pi]$ 上的平均值．

24. (1) 試證：若 m 與 n 均為正整數，則

$$\int_0^1 x^m(1-x)^n\ dx = \int_0^1 x^n(1-x)^m\ dx.$$

(2) 計算 $\displaystyle\int_0^1 x(1-x)^6 \, dx$.

25. 試證：若 n 為正整數，則

$$\int_0^{\pi/2} \sin^n x \, dx = \int_0^{\pi/2} \cos^n x \, dx.$$

第 15 章

積分的方法

- 15-1 不定積分的基本公式
- 15-2 分部積分法
- 15-3 三角函數乘冪積分法
- 15-4 三角代換法
- 15-5 部分分式法
- 15-6 瑕積分

⇐ 本章摘要 ⇒

1. 分部積分法公式：

若 $u=f(x)$ 及 $v=g(x)$ 均為可微分函數，則

$$\int f(x)\,g'(x)\,dx = f(x)\,g(x) - \int f'(x)\,g(x)\,dx$$

即，

$$\int u\,dv = uv - \int v\,du$$

2. 計算 $\int \sin^m x \cos^n x\,dx$：

(1) $\int \sin^m x \cos^{2k+1} x\,dx$ （令 $u=\sin x$，則 $du=\cos x\,dx$.）

$$= \int u^m (1-u^2)^k\,du$$

(2) $\int \sin^{2k+1} x \cos^n x\,dx$ （令 $u=\cos x$，則 $du=-\sin x\,dx$.）

$$= -\int (1-u^2)^k u^n\,du$$

(3) $\int \sin^{2m} x \cos^{2n} x\,dx$ $\left(\sin^2 x = \dfrac{1-\cos 2x}{2},\ \cos^2 x = \dfrac{1+\cos 2x}{2}\right)$

$$= \frac{1}{2^{m+n}} \int (1-\cos 2x)^m (1+\cos 2x)^n\,dx$$

3. 計算 $\int \tan^m x \sec^n x\,dx$：

(1) $\int \tan^m x \sec^{2k} x\,dx$ （令 $u=\tan x$，則 $du=\sec^2 x\,dx$.）

$$= \int \tan^m x (1+\tan^2 x)^{k-1} \sec^2 x\,dx = \int u^m (1+u^2)^{k-1}\,du$$

(2) $\int \tan^{2k+1} x \sec^n x \, dx$ (令 $u = \sec x$，則 $du = \sec x \tan x \, dx$.)

$$= \int (\sec^2 x - 1)^k \sec^{n-1} x \sec x \tan x \, dx = \int (u^2 - 1)^k u^{n-1} \, du$$

(3) $\int \tan^{2k} x \sec^{2m+1} x \, dx = \int (\sec^2 x - 1)^k \sec^{2m+1} x \, dx$

將乘積 $(\sec^2 x - 1)^k \sec^{2m+1} x$ 展開，然後利用降冪公式

$$\int \sec^n x \, dx = \frac{1}{n-1} \tan x \sec^{n-2} x + \frac{n-2}{n-1} \int \sec^{n-2} x \, dx \quad (n \neq 1)$$

以及公式 $\int \sec x \, dx = \ln |\sec x + \tan x| + C$ 繼續計算.

4. 若被積分函數含有 $\sqrt{a^2 - x^2}$、$\sqrt{a^2 + x^2}$ 或 $\sqrt{x^2 - a^2}$ $(a > 0)$，則利用下列三角代換可消去根號.

根　式	代　換	θ 的範圍
$\sqrt{a^2 - x^2}$	$x = a \sin \theta$	$-\frac{\pi}{2} \leq \theta \leq \frac{\pi}{2}$
$\sqrt{a^2 + x^2}$	$x = a \tan \theta$	$-\frac{\pi}{2} < \theta < \frac{\pi}{2}$
$\sqrt{x^2 - a^2}$	$x = a \sec \theta$	$0 \leq \theta < \frac{\pi}{2}$ 或 $\pi \leq \theta < \frac{3\pi}{2}$

5. 積分區間為無限的積分：

(1) $\int_a^\infty f(x) \, dx = \lim\limits_{t \to \infty} \int_a^t f(x) \, dx$

(2) $\int_{-\infty}^b f(x) \, dx = \lim\limits_{t \to -\infty} \int_t^b f(x) \, dx$

(3) $\int_{-\infty}^\infty f(x) \, dx = \lim\limits_{s \to -\infty} \int_s^c f(x) \, dx + \lim\limits_{t \to \infty} \int_c^t f(x) \, dx$ $(c \in \mathbb{R})$

6. 不連續被積分函數的積分：

(1) 若 f 在 $[a, b)$ 為連續且當 $x \to b^-$ 時，$|f(x)| \to \infty$，則

$$\int_a^b f(x)\,dx = \lim_{t \to b^-} \int_a^t f(x)\,dx.$$

(2) 若 f 在 $(a, b]$ 為連續且當 $x \to a^+$ 時，$|f(x)| \to \infty$，則

$$\int_a^b f(x)\,dx = \lim_{t \to a^+} \int_t^b f(x)\,dx.$$

(3) 若 f 在 $[a, c) \cup (c, b]$ 為連續且當 $x \to c$ 時，$|f(x)| \to \infty$，則

$$\int_a^b f(x)\,dx = \int_a^c f(x)\,dx + \int_c^b f(x)\,dx.$$

§15-1　不定積分的基本公式

在本節中，我們將複習前面學過的積分公式. 我們以 u 為積分變數而不以 x 為積分變數，重新敘述那些積分公式，因為當使用代換時，若出現該形式，則可立即獲得結果. 今列出一些基本公式，如下：

$$\int u^r \, du = \frac{u^{r+1}}{r+1} + C \quad (r \neq -1) \tag{15-1-1}$$

$$\int \frac{du}{u} = \ln |u| + C \tag{15-1-2}$$

$$\int e^u \, du = e^u + C \tag{15-1-3}$$

$$\int a^u \, du = \frac{a^u}{\ln a} + C \quad (a > 0, \ a \neq 1) \tag{15-1-4}$$

$$\int \sin u \, du = -\cos u + C \tag{15-1-5}$$

$$\int \cos u \, du = \sin u + C \tag{15-1-6}$$

$$\int \tan u \, du = -\ln |\cos u| + C = \ln |\sec u| + C \tag{15-1-7}$$

$$\int \cot u \, du = \ln |\sin u| + C = -\ln |\csc u| + C \tag{15-1-8}$$

$$\int \sec u \, du = \ln |\sec u + \tan u| + C \tag{15-1-9}$$

$$\int \csc u \, du = \ln |\csc u - \cot u| + C \tag{15-1-10}$$

$$\int \sec^2 u \, du = \tan u + C \tag{15-1-11}$$

$$\int \csc^2 u \, du = -\cot u + C \tag{15-1-12}$$

$$\int \sec u \, \tan u \, du = \sec u + C \tag{15-1-13}$$

$$\int \csc u \, \cot u \, dt = -\csc u + C \tag{15-1-14}$$

$$\int \frac{du}{\sqrt{a^2 - u^2}} = \sin^{-1} \frac{u}{a} + C \quad (a > 0) \tag{15-1-15}$$

$$\int \frac{du}{a^2 + u^2} = \frac{1}{a} \tan^{-1} \frac{u}{a} + C \quad (a \neq 0) \tag{15-1-16}$$

$$\int \frac{du}{u\sqrt{u^2 - a^2}} = \frac{1}{a} \sec^{-1} \frac{u}{a} + C \quad (a > 0) \tag{15-1-17}$$

例 1 求 $\int \dfrac{\sin x}{2 + \cos x} dx$.

解答 令 $u = 2 + \cos x$,則 $du = -\sin x \, dx$,

故 $\int \dfrac{\sin x}{2 + \cos x} dx = -\int \dfrac{du}{u} = -\ln |u| + C$

$\qquad\qquad\qquad\qquad = -\ln |2 + \cos x| + C = -\ln (2 + \cos x) + C.$

例 2 求 $\int_1^4 \dfrac{e^{\sqrt{x}}}{\sqrt{x}} dx$.

解答 令 $u = \sqrt{x}$,則 $du = \dfrac{dx}{2\sqrt{x}}$,$\dfrac{dx}{\sqrt{x}} = 2 \, du$.

當 $x = 1$ 時,$u = 1$;當 $x = 4$ 時,$u = 2$

所以,$\int_1^4 \dfrac{e^{\sqrt{x}}}{\sqrt{x}} dx = \int_1^2 2e^u \, du = 2 \int_1^2 e^u \, du = 2e^u \Big|_1^2$

$\qquad\qquad\qquad = 2(e^2 - e) = 2e(e - 1).$

例 3 求 $\displaystyle\int \frac{dx}{1+e^x}$.

解答 $\displaystyle\int \frac{dx}{1+e^x} = \int \frac{e^{-x}}{1+e^{-x}} dx$

令 $u = 1+e^{-x}$，則 $du = -e^{-x}\, dx$.

$$\int \frac{dx}{1+e^x} = \int \frac{e^{-x}}{1+e^{-x}}\, dx = -\int \frac{du}{u}$$

$$= -\ln|u| + C' = -\ln(1+e^{-x}) + C' = x - \ln(1+e^x) + C.$$

習題 15-1

求下列各積分.

1. $\displaystyle\int x^2 \cos(1-x^3)\, dx$

2. $\displaystyle\int \frac{2^{1/x}}{x^2}\, dx$

3. $\displaystyle\int \frac{dx}{\sqrt{x}\,\sqrt{1-x}}$

4. $\displaystyle\int \frac{dx}{(x+1)\sqrt{x}}$

5. $\displaystyle\int \frac{\sec^2 x}{\sqrt{2-\tan x}}\, dx$

6. $\displaystyle\int \frac{(\ln x)^n}{x}\, dx$

7. $\displaystyle\int_e^{e^4} \frac{dx}{x\sqrt{\ln x}}$

8. $\displaystyle\int \frac{dx}{x(\ln x)^2}$

9. $\displaystyle\int \frac{e^x}{\sqrt{e^x-1}}\, dx$

10. $\displaystyle\int \frac{3^{\tan x}}{\cos^2 x}\, dx$

11. $\displaystyle\int_0^{\pi/6} \frac{\sec^2 x}{\sqrt{1-\tan^2 x}}\, dx$

§15-2　分部積分法

若 f 與 g 均為可微分函數，則

$$\frac{d}{dx}[f(x)\,g(x)] = f'(x)\,g(x) + f(x)\,g'(x)$$

積分上式可得

$$\int [f'(x)\,g(x) + f(x)\,g'(x)]\,dx = f(x)\,g(x)$$

或

$$\int f'(x)\,g(x)\,dx + \int f(x)\,g'(x)\,dx = f(x)\,g(x)$$

上式可整理成

$$\int f(x)\,g'(x)\,dx = f(x)\,g(x) - \int f'(x)\,g(x)\,dx$$

若令 $u = f(x)$ 且 $v = g(x)$，則 $du = f'(x)\,dx$，$dv = g'(x)\,dx$，故上面的公式可寫成

$$\int u\,dv = uv - \int v\,du \tag{15-2-1}$$

在利用公式 (15-2-1) 時，如何選取 u 及 dv，並無一定的步驟可循，通常儘量將可積分的部分視為 dv，而其他式子視為 u。基於此理由，利用公式 (15-2-1) 求不定積分的方法稱為**分部積分法** (integration by parts)。對於定積分所對應的公式為

$$\int_a^b f(x)\,g'(x)\,dx = f(x)\,g(x)\Big|_a^b - \int_a^b f'(x)\,g(x)\,dx \tag{15-2-2}$$

現在，我們提出可利用分部積分法計算的一些積分型：

1. $\int x^n e^{ax}\,dx$，$\int x^n \sin ax\,dx$，$\int x^n \cos ax\,dx$，其中 n 為正整數。

　此處，令 $u = x^n$，$dv = $ 剩下部分。

例 1 求 $\int xe^x \, dx$.

解答 令 $u=x$, $dv=e^x \, dx$, 則 $du=dx$, $v=\int e^x \, dx = e^x$,

故 $\int xe^x \, dx = xe^x - \int e^x \, dx = xe^x - e^x + C$.

註：在上面例題中，我們由 dv 計算 v 時，省略積分常數，而寫成 $v=\int e^x \, dx = e^x$. 假使我們放入一個積分常數，而寫成 $v=\int e^x \, dx = e^x + C_1$，則常數 C_1 最後將抵消. 在分部積分法中總是如此，因此，我們由 dv 計算 v 時，通常省略積分常數.

讀者應注意，欲成功地利用分部積分法，必須選取適當的 u 與 dv，使得新積分較原積分容易. 例如，假使我們在例題 1 中令 $u=e^x$, $dv=x \, dx$, 則 $du=e^x \, dx$, $v=\frac{1}{2}x^2$, 故

$$\int xe^x \, dx = \frac{1}{2}x^2 e^x - \frac{1}{2}\int x^2 e^x \, dx$$

上式右邊的積分比原積分複雜，這是由於 dv 的選取不當所致.

例 2 求 $\int x \sin x \, dx$.

解答 令 $u=x$, $dv=\sin x \, dx$, 則 $du=dx$, $v=-\cos x$,

故 $\int x \sin x \, dx = -x \cos x + \int \cos x \, dx$

$\qquad\qquad\qquad = -x \cos x + \sin x + C$.

2. $\int x^m (\ln x)^n \, dx$, $m \neq -1$, n 為正整數.

此處，令 $u=(\ln x)^n$, $dv=x^m \, dx$.

例 3 求 $\int \ln x \, dx$.

解答 令 $u = \ln x$, $dv = dx$, 則 $du = \dfrac{dx}{x}$, $v = x$,

故 $\int \ln x \, dx = x \ln x - \int x \cdot \dfrac{dx}{x} = x \ln x - x + C.$

例 4 求 $\int x \ln x \, dx$.

解答 令 $u = \ln x$, $dv = x \, dx$, 則 $du = \dfrac{dx}{x}$, $v = \dfrac{x^2}{2}$,

故 $\int x \ln x \, dx = \dfrac{x^2}{2} \ln x - \int \dfrac{x}{2} dx = \dfrac{x^2}{2} \ln x - \dfrac{x^2}{4} + C.$

另外，若 $p(x)$ 為 n 次多項式，且 $F_1(x), F_2(x), F_3(x), \cdots, F_{n+1}(x)$ 為 $f(x)$ 之依次的積分，則我們可以重複地利用分部積分法證得

$$\int p(x) f(x) \, dx = p(x) F_1(x) - p'(x) F_2(x) + p''(x) F_3(x) - \cdots$$
$$+ (-1)^n p^{(n)}(x) F_{n+1}(x) + C \qquad \text{(15-2-3)}$$

上式等號右邊的結果可用下面的處理方式去獲得.

首先，列出下表：

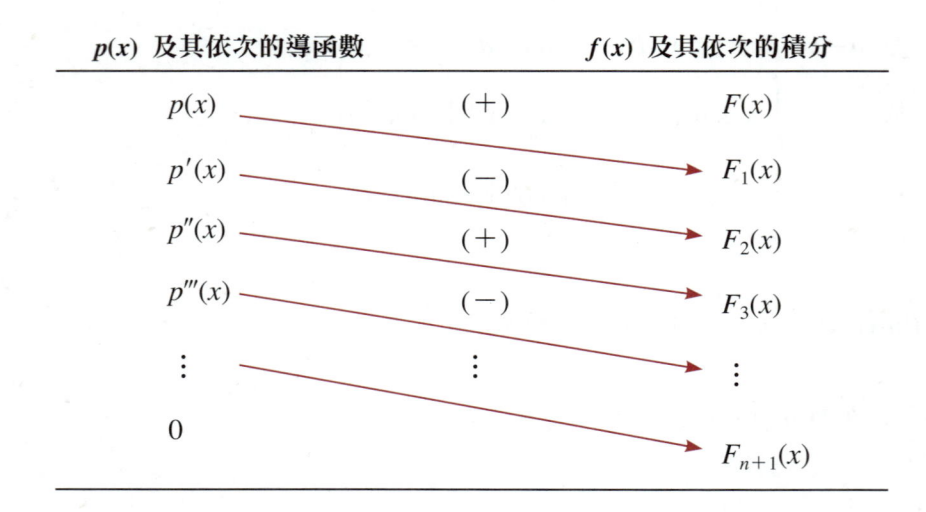

$p(x)$ 及其依次的導函數		$f(x)$ 及其依次的積分
$p(x)$	$(+)$	$F(x)$
$p'(x)$	$(-)$	$F_1(x)$
$p''(x)$	$(+)$	$F_2(x)$
$p'''(x)$	$(-)$	$F_3(x)$
$\vdots$	$\vdots$	$\vdots$
0		$F_{n+1}(x)$

表中 $p(x) \xrightarrow{(+)} F_1(x)$ 表示 $p(x)$ 與 $F_1(x)$ 相乘並取正號，其餘類推，依序求出乘積，再相加而得.

例 5 求 $\int x^2 e^x \, dx$.

解答

x^2	$(+)$	e^x
$2x$	$(-)$	e^x
2	$(+)$	e^x
0		e^x

$$\int x^2 e^x \, dx = x^2 e^x - 2xe^x + 2e^x + C.$$

例 6 求 $\int x^3 \cos x \, dx$.

解答

x^3	$(+)$	$\cos x$
$3x^2$	$(-)$	$\sin x$
$6x$	$(+)$	$-\cos x$
6	$(-)$	$-\sin x$
0		$\cos x$

$$\int x^3 \cos x \, dx = x^3 \sin x + 3x^2 \cos x - 6x \sin x - 6 \cos x + C.$$

3. $\int e^{ax} \sin bx \, dx$, $\int e^{ax} \cos bx \, dx$

此處，令 $u=e^{ax}$, $dv=$剩下部分；或令 $dv=e^{ax}dx$, $u=$剩下部分.

例 7 求 $\int e^x \sin x \, dx$.

解答 令 $u=e^x$, $dv=\sin x \, dx$, 則 $du=e^x dx$, $v=-\cos x$,

故 $$\int e^x \sin x \, dx = -e^x \cos x + \int e^x \cos x \, dx$$

其次，對上式右邊的積分再利用分部積分法。

令 $u=e^x$, $dv=\cos x \, dx$, 則 $du=e^x dx$, $v=\sin x$,

故 $$\int e^x \cos x \, dx = e^x \sin x - \int e^x \sin x \, dx$$

可得 $$\int e^x \sin x \, dx = -e^x \cos x + e^x \sin x - \int e^x \sin x \, dx$$

$$2\int e^x \sin x \, dx = -e^x \cos x + e^x \sin x$$

故 $$\int e^x \sin x \, dx = \frac{1}{2} e^x (\sin x - \cos x) + C.$$

分部積分法有時可用來求出積分的**降冪公式** (reduction formula)，這些公式能用來將含有乘冪項的積分以較低次乘冪項的積分表示.

例 8 求 $\int \sin^n x \, dx$ 的降冪公式，此處 $n \geq 2$.

解答 令 $u=\sin^{n-1} x$, $dv=\sin x \, dx$, 則

$$du=(n-1)\sin^{n-2} x \cos x \, dx, \quad v=-\cos x,$$

故 $$\int \sin^n x \, dx = -\cos x \sin^{n-1} x + (n-1)\int \sin^{n-2} x \cos^2 x \, dx$$

$$= -\cos x \sin^{n-1} x + (n-1)\int \sin^{n-2} x\, dx - (n-1)\int \sin^n x\, dx$$

可得 $\int \sin^n x\, dx + (n-1)\int \sin^n x\, dx = -\cos x \sin^{n-1} x + (n-1)\int \sin^{n-2} x\, dx$

即, $\int \sin^n x\, dx = -\dfrac{1}{n}\cos x \sin^{n-1} x + \dfrac{n-1}{n}\int \sin^{n-2} x\, dx \ (n \geq 2)$.

例 9 利用例題 8 的 降冪公式求 $\int_0^{\pi/2} \sin^4 x\, dx$.

解答
$$\int_0^{\pi/2} \sin^n x\, dx = -\dfrac{\cos x \sin^{n-1} x}{n}\bigg|_0^{\pi/2} + \dfrac{n-1}{n}\int_0^{\pi/2} \sin^{n-2} x\, dx$$

$$= \dfrac{n-1}{n}\int_0^{\pi/2} \sin^{n-2} x\, dx$$

故 $\int_0^{\pi/2} \sin^4 x\, dx = \dfrac{3}{4}\int_0^{\pi/2} \sin^2 x\, dx = \dfrac{3}{4}\cdot\dfrac{1}{2}\int_0^{\pi/2} dx$

$$= \dfrac{3}{4}\cdot\dfrac{1}{2}\cdot\dfrac{\pi}{2} = \dfrac{3\pi}{16}.$$

下面公式留給讀者去證明.

$$\int \cos^n x\, dx = \dfrac{1}{n}\cos^{n-1} x \sin x + \dfrac{n-1}{n}\int \cos^{n-2} x\, dx \ (n \geq 2).$$

習 題 15-2

求下列各積分.

1. $\int xe^{-x}\, dx$
2. $\int xe^{2x}\, dx$

3. $\int x \sin 2x \, dx$

4. $\int x^3 \ln x \, dx$

5. $\int e^{2x} \cos 3x \, dx$

6. $\int x \tan^2 x \, dx$

7. $\int_0^1 \ln(1+x) \, dx$

8. $\int_0^1 e^{\sqrt{x}} \, dx$

9. $\int_0^1 x^3 e^{-x^2} \, dx$

10. $\int_0^1 \dfrac{x^3}{\sqrt{x^2+1}} \, dx$

11. $\int \cos(\ln x) \, dx$

§ 15-3　三角函數乘冪積分法

在本節裡，我們將利用三角恆等式去求被積分函數含有三角函數乘冪的積分．

$\int \sin^m x \cos^n x \, dx$ 型

(1) 若 m 為正奇數，則保留一個因子 $\sin x$，並利用 $\sin^2 x = 1 - \cos^2 x$，可得

$$\int \sin^m x \cos^n x \, dx = \int \sin^{m-1} x \cos^n x \sin x \, dx$$

$$= \int (1 - \cos^2 x)^{(m-1)/2} \cos^n x \sin x \, dx$$

然後以 $u = \cos x$ 代換．

(2) 若 n 為正奇數，則保留一個因子 $\cos x$，並利用 $\cos^2 x = 1 - \sin^2 x$，可得

$$\int \sin^m x \cos^n x \, dx = \int \sin^m x \cos^{n-1} x \cos x \, dx$$

$$= \int \sin^m x (1 - \sin^2 x)^{(n-1)/2} \cos x \, dx$$

然後以 $u = \sin x$ 代換.

(3) 若 m 與 n 均為正偶數，則利用半角公式

$$\sin^2 x = \frac{1}{2}(1-\cos 2x), \quad \cos^2 x = \frac{1}{2}(1+\cos 2x)$$

有時候，利用公式 $\sin x \cos x = \frac{1}{2} \sin 2x$ 是很有幫助的.

例 1 求 $\displaystyle\int \sin^3 x \cos^2 x \, dx$.

解答 令 $u = \cos x$，則 $du = -\sin x \, dx$，並將 $\sin^3 x$ 寫成 $\sin^3 x = \sin^2 x \sin x$. 於是，

$$\begin{aligned}\int \sin^3 x \cos^2 x \, dx &= \int \sin^2 x \cos^2 x \sin x \, dx \\ &= \int (1-\cos^2 x)\cos^2 x \sin x \, dx \\ &= \int (1-u^2) u^2 (-du) \\ &= \int (u^4 - u^2) \, du \\ &= \frac{1}{5} u^5 - \frac{1}{3} u^3 + C \\ &= \frac{1}{5} \cos^5 x - \frac{1}{3} \cos^3 x + C\end{aligned}$$

例 2 求 $\displaystyle\int \sin^2 x \cos^5 x \, dx$.

解答 令 $u = \sin x$，則 $du = \cos x \, dx$，於是，

$$\int \sin^2 x \cos^5 x \, dx = \int \sin^2 x (1-\sin^2 x)^2 \cos x \, dx$$

$$= \int u^2(1-u^2)^2 \, du$$

$$= \int (u^2 - 2u^4 + u^6) \, du$$

$$= \frac{1}{3} u^3 - \frac{2}{5} u^5 + \frac{1}{7} u^7 + C$$

$$= \frac{1}{3} \sin^3 x - \frac{2}{5} \sin^5 x + \frac{1}{7} \sin^7 x + C.$$

對於形如：

(1) $\int \sin mx \cos nx \, dx$

(2) $\int \sin mx \sin nx \, dx$ 與

(3) $\int \cos mx \cos nx \, dx$

等的積分，我們可以利用恆等式

$$\sin \alpha \cos \beta = \frac{1}{2} [\sin(\alpha+\beta) + \sin(\alpha-\beta)]$$

$$\sin \alpha \sin \beta = \frac{1}{2} [\cos(\alpha-\beta) - \cos(\alpha+\beta)]$$

$$\cos \alpha \cos \beta = \frac{1}{2} [\cos(\alpha+\beta) + \cos(\alpha-\beta)]$$

例 3 若 m 及 n 均為正整數，證明

$$\int_{-\pi}^{\pi} \sin mx \sin nx \, dx = \begin{cases} 0, & \text{若 } m \neq n \\ \pi, & \text{若 } m = n. \end{cases}$$

解答 若 $m \neq n$，

$$\int_{-\pi}^{\pi} \sin mx \sin nx \, dx = -\frac{1}{2} \int_{-\pi}^{\pi} [\cos(m+n)x - \cos(m-n)x] \, dx$$

$$= -\frac{1}{2} \left[\frac{1}{m+n} \sin(m+n)x - \frac{1}{m-n} \sin(m-n)x \right]_{-\pi}^{\pi}$$

$$= 0$$

若 $m = n$,

$$\int_{-\pi}^{\pi} \sin mx \sin nx \, dx = -\frac{1}{2} \int_{-\pi}^{\pi} (\cos 2mx - 1) \, dx$$

$$= -\frac{1}{2} \left(\frac{1}{2m} \sin 2mx - x \right) \Big|_{-\pi}^{\pi} = -\frac{1}{2}(-2\pi) = \pi. ✎$$

$\int \tan^m x \sec^n x \, dx$ 型

(1) 若 n 為正偶數，則保留一個因子 $\sec^2 x$，並利用 $\sec^2 x = 1 + \tan^2 x$，可得

$$\int \tan^m x \sec^n x \, dx = \int \tan^m x \sec^{n-2} x \sec^2 x \, dx$$

$$= \int \tan^m x (1 + \tan^2 x)^{(n-2)/2} \sec^2 x \, dx$$

然後以 $u = \tan x$ 代換.

(2) 若 m 為正奇數，則保留一個因子 $\sec x \tan x$，並利用 $\tan^2 x = \sec^2 x - 1$，可得

$$\int \tan^m x \sec^n x \, dx = \int \tan^{m-1} x \sec^{n-1} x \sec x \tan x \, dx$$

$$= \int (\sec^2 x - 1)^{(m-1)/2} \sec^{n-1} x \sec x \tan x \, dx$$

然後以 $u = \sec x$ 代換.

(3) 若 m 為正偶數且 n 為正奇數，則將被積分函數化成 $\sec x$ 之乘冪的和. $\sec x$ 的乘冪需利用分部積分法.

例 4 求 $\int \tan^6 x \sec^4 x \, dx$.

解答 令 $u = \tan x$，則 $du = \sec^2 x \, dx$，

故
$$\int \tan^6 x \sec^4 x \, dx = \int \tan^6 x \sec^2 x \sec^2 x \, dx$$
$$= \int \tan^6 x (1 + \tan^2 x) \sec^2 x \, dx$$
$$= \int u^6 (1 + u^2) \, du$$
$$= \int (u^6 + u^8) \, du$$
$$= \frac{1}{7} u^7 + \frac{1}{9} u^9 + C$$
$$= \frac{1}{7} \tan^7 x + \frac{1}{9} \tan^9 x + C.$$

例 5 求 $\int_0^{\pi/3} \tan^5 x \sec^3 x \, dx$.

解答 令 $u = \sec x$，則 $du = \sec x \tan x \, dx$.

當 $x = 0$ 時，$u = 1$；當 $x = \frac{\pi}{3}$ 時，$u = 2$，故

$$\int_0^{\pi/3} \tan^5 x \sec^3 x \, dx = \int_0^{\pi/3} (\sec^2 x - 1)^2 \sec^2 x \sec x \tan x \, dx$$
$$= \int_1^2 (u^2 - 1)^2 u^2 \, du$$
$$= \int_1^2 (u^6 - 2u^4 + u^2) \, du$$
$$= \left(\frac{1}{7} u^7 - \frac{2}{5} u^5 + \frac{1}{3} u^3 \right) \Big|_1^2$$

$$= \left(\frac{128}{7} - \frac{64}{5} + \frac{8}{3}\right) - \left(\frac{1}{7} - \frac{2}{5} + \frac{1}{3}\right)$$

$$= \frac{848}{105}.$$

例 6 求 $\int \sec^3 x \, dx$.

解答 令 $u = \sec x$, $dv = \sec^2 x \, dx$, 則 $du = \sec x \tan x \, dx$, $v = \tan x$,

可得
$$\int \sec^3 x \, dx = \sec x \tan x - \int \sec x \tan^2 x \, dx$$

$$= \sec x \tan x - \int \sec x (\sec^2 x - 1) \, dx$$

$$= \sec x \tan x - \int \sec^3 x \, dx + \int \sec x \, dx$$

即, $2 \int \sec^3 x \, dx = \sec x \tan x + \int \sec x \, dx$

故 $\int \sec^3 x \, dx = \frac{1}{2} (\sec x \tan x + \ln|\sec x + \tan x|) + C$.

$\int \tan^n x \, dx$ 與 $\int \cot^n x \, dx$ 型 (其中 n 為正整數且 $n \geq 2$)

$$\int \tan^n x \, dx = \int \tan^{n-2} x \tan^2 x \, dx = \int \tan^{n-2} x (\sec^2 x - 1) \, dx$$

$$= \int \tan^{n-2} x \sec^2 x \, dx - \int \tan^{n-2} x \, dx$$

$$= \int \tan^{n-2} x \, d(\tan x) - \int \tan^{n-2} x \, dx$$

$$= \frac{\tan^{n-1} x}{n-1} - \int \tan^{n-2} x \, dx \quad (n \geq 2)$$

同理,
$$\int \cot^n x \, dx = -\frac{\cot^{n-1} x}{n-1} - \int \cot^{n-2} x \, dx \quad (n \geq 2)$$

以上兩公式分別稱為 $\int \tan^n x \, dx$ 與 $\int \cot^n x \, dx$ 的**降冪公式**.

例 7 求 $\int \tan^3 x \, dx$.

解答
$$\int \tan^3 x \, dx = \int \tan x \, \tan^2 x \, dx = \int \tan x \, (\sec^2 x - 1) \, dx$$
$$= \int \tan x \, \sec^2 x \, dx - \int \tan x \, dx$$
$$= \frac{1}{2} \tan^2 x - \ln |\sec x| + C.$$

形如 $\int \cot^m x \, \csc^n x \, dx$ 的積分可用類似的方法計算.

習題 15-3

求下列各積分.

1. $\int \sin^3 x \, \cos^3 x \, dx$
2. $\int \sin^2 x \, \cos^3 x \, dx$
3. $\int \sin^2 2\theta \, \cos^3 2\theta \, d\theta$
4. $\int \cos^3 2x \, dx$
5. $\int \tan^3 x \, \sec^4 x \, dx$
6. $\int \cot^3 x \, \csc^3 x \, dx$

7. $\displaystyle\int \tan^3 4x \, \sec^4 4x \, dx$

8. $\displaystyle\int \frac{\sec x}{\cot^5 x} dx$

9. $\displaystyle\int \sin 2x \, \cos 5x \, dx$

10. $\displaystyle\int_0^3 \cos\frac{2\pi x}{3} \cos\frac{5\pi x}{3} dx$

§ 15-4　三角代換法

若被積分函數含有 $\sqrt{a^2-x^2}$ 或 $\sqrt{a^2+x^2}$ 或 $\sqrt{x^2-a^2}$（此處 $a>0$），即，根號內是平方和或平方差的形式，則利用下表列出的三角代換可消去根號．

式　子	三角代換	恆等式
$\sqrt{a^2-x^2}$	$x=a\sin\theta$, $-\dfrac{\pi}{2}\le\theta\le\dfrac{\pi}{2}$	$1-\sin^2\theta=\cos^2\theta$
$\sqrt{a^2+x^2}$	$x=a\tan\theta$, $-\dfrac{\pi}{2}<\theta<\dfrac{\pi}{2}$	$1+\tan^2\theta=\sec^2\theta$
$\sqrt{x^2-a^2}$	$x=a\sec\theta$, $0\le\theta<\dfrac{\pi}{2}$ 或 $\pi\le\theta<\dfrac{3\pi}{2}$	$\sec^2\theta-1=\tan^2\theta$

例 1　求 $\displaystyle\int \frac{dx}{\sqrt{a^2-x^2}}$ $(a>0)$．

解答　令 $x=a\sin\theta\left(-\dfrac{\pi}{2}<\theta<\dfrac{\pi}{2}\right)$，則 $dx=a\cos\theta\, d\theta$，可得

$$\int \frac{dx}{\sqrt{a^2-x^2}} = \int \frac{a\cos\theta}{a\cos\theta} d\theta = \int d\theta = \theta + C = \sin^{-1}\frac{x}{a} + C.$$

例 2　求 $\displaystyle\int \sqrt{1-x^2}\, dx$．

解答　令 $x=\sin\theta\left(-\dfrac{\pi}{2}\le\theta\le\dfrac{\pi}{2}\right)$，則 $dx=\cos\theta\, d\theta$，可得

$$\int \sqrt{1-x^2}\, dx = \int \sqrt{1-\sin^2\theta}\, \cos\theta\, d\theta = \int \sqrt{\cos^2\theta}\, \cos\theta\, d\theta$$

$$= \int \cos^2\theta\, d\theta = \frac{1}{2}\int (1+\cos 2\theta)\, d\theta$$

$$= \frac{1}{2}\left(\theta + \frac{1}{2}\sin 2\theta\right) + C = \frac{1}{2}(\theta + \sin\theta\, \cos\theta) + C.$$

現在，需要還原到原積分變數 x. 我們可以利用一個簡單的幾何方法. 因 $\sin\theta = x$，故可作出銳角 θ 使其對邊是 x，並且斜邊是 1 的直角三角形，如圖 15-4-1 所示. 參考該三角形，可知

$$\cos\theta = \sqrt{1-x^2}$$

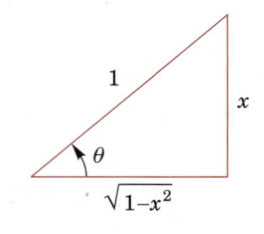

圖 15-4-1

故 $\int \sqrt{1-x^2}\, dx = \dfrac{1}{2}(\sin^{-1} x + x\sqrt{1-x^2}) + C.$

例 3 求 $\int \dfrac{dx}{\sqrt{9+x^2}}$.

解答 令 $x = 3\tan\theta$ $\left(-\dfrac{\pi}{2} < \theta < \dfrac{\pi}{2}\right)$，則 $dx = 3\sec^2\theta\, d\theta$，可得

$$\int \frac{dx}{\sqrt{9+x^2}} = \int \frac{3\sec^2\theta}{3\sec\theta} = \int \sec\theta\, d\theta$$

$$= \ln|\sec\theta + \tan\theta| + C'$$

參考圖 15-4-2，可知

$$\sec\theta = \frac{\sqrt{9+x^2}}{3},\quad \tan\theta = \frac{x}{3}$$

故 $\int \dfrac{dx}{\sqrt{9+x^2}} = \ln\left|\dfrac{\sqrt{9+x^2}}{3} + \dfrac{x}{3}\right| + C'$

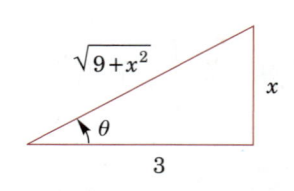

圖 15-4-2

$$= \ln |\sqrt{9+x^2}+x| + C,$$

其中 $C = C' - \ln 3$.

例 4 求 $\displaystyle\int \frac{dx}{\sqrt{4x^2-9}}$.

解答 首先，$\sqrt{4x^2-9} = \sqrt{4\left(x^2-\dfrac{9}{4}\right)} = 2\sqrt{x^2-\left(\dfrac{3}{2}\right)^2}$

令 $x = \dfrac{3}{2} \sec\theta \left(0 < \theta < \dfrac{\pi}{2}\right)$，則 $dx = \dfrac{3}{2} \sec\theta \tan\theta \, d\theta$.

$$\sqrt{4x^2-9} = \sqrt{9\sec^2\theta - 9} = 3|\tan\theta| = 3\tan\theta$$

於是，

$$\int \frac{dx}{\sqrt{4x^2-9}} = \int \frac{3/2 \ \sec\theta \tan\theta}{3 \tan\theta} d\theta = \frac{1}{2}\int \sec\theta \, d\theta$$

$$= \frac{1}{2} \ln|\sec\theta + \tan\theta| + C'$$

$$= \frac{1}{2} \ln\left|\frac{2x}{3} + \frac{\sqrt{4x^2-9}}{3}\right| + C'$$

$$= \frac{1}{2} \ln|2x + \sqrt{4x^2-9}| + C,$$

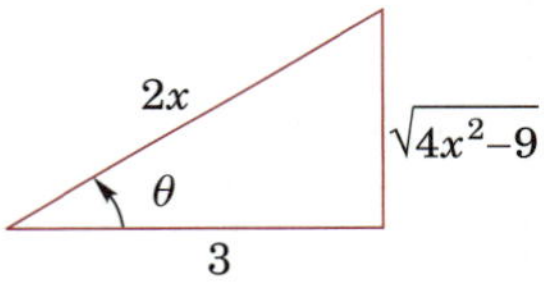

圖 15-4-3

此處 $C = -\dfrac{1}{2} \ln 3 + C'$.

若被積分函數中含有二次式 ax^2+bx+c ($b \neq 0$) 的積分無法利用前面幾節的方法完成，則常常可先配方，如下：

$$ax^2+bx+c = a\left(x^2 + \frac{b}{a}x\right) + c$$

$$= a\left(x^2 + \frac{b}{a}x + \frac{b^2}{4a^2}\right) + c - \frac{b^2}{4a}$$

$$= a\left(x + \frac{b}{2a}\right)^2 + c - \frac{b^2}{4a}$$

於此，代換 $u = x + \dfrac{b}{2a}$ 將 $ax^2 + bx + c$ 化成 $au^2 + d$（此處 $d = c - \dfrac{b^2}{4a}$），即，平方和或平方差，然後利用積分的基本公式或三角代換完成積分.

例 5 求 $\displaystyle\int \frac{dx}{x^2 + 6x + 10}$.

解答 配方可得

$$x^2 + 6x + 10 = (x+3)^2 + 1$$

所以，

$$\int \frac{dx}{x^2 + 6x + 10} = \int \frac{dx}{(x+3)^2 + 1} = \int \frac{d(x+3)}{(x+3)^2 + 1}$$

$$= \tan^{-1}(x+3) + C.$$

例 6 求 $\displaystyle\int \frac{x}{\sqrt{3 - 2x - x^2}}\, dx$.

解答

$$\int \frac{x}{\sqrt{3 - 2x - x^2}}\, dx = \int \frac{x}{\sqrt{4 - (x+1)^2}}\, dx$$

令 $x + 1 = 2\sin\theta \left(-\dfrac{\pi}{2} < \theta < \dfrac{\pi}{2}\right)$,

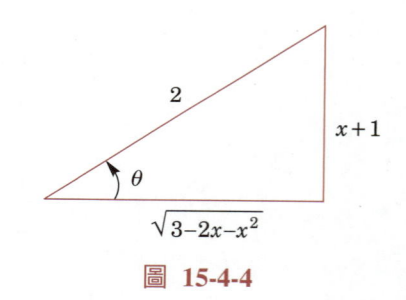

圖 15-4-4

則 $dx = 2\cos\theta\, d\theta$. 所以,

$$\int \frac{x}{\sqrt{3 - 2x - x^2}}\, dx = \int \frac{2\sin\theta - 1}{2\cos\theta}\, 2\cos\theta\, d\theta$$

$$= \int (2\sin\theta - 1)\, d\theta$$

$$= -2\cos\theta - \theta + C$$
$$= -\sqrt{3-2x-x^2} - \sin^{-1}\left(\frac{x+1}{2}\right) + C.$$

習題 15-4

求 1～12 題中的積分.

1. $\displaystyle\int \frac{x^2}{\sqrt{4-x^2}}\, dx$

2. $\displaystyle\int \frac{dx}{x^2\sqrt{16-x^2}}$

3. $\displaystyle\int_0^5 \frac{dx}{\sqrt{25+x^2}}$

4. $\displaystyle\int \frac{x^2}{\sqrt{1+x^2}}\, dx$

5. $\displaystyle\int \frac{\sqrt{x^2-9}}{x}\, dx$

6. $\displaystyle\int \frac{dx}{x^2\sqrt{x^2-16}}$

7. $\displaystyle\int \frac{dx}{x^2+4x+5}$

8. $\displaystyle\int \frac{2x+6}{x^2+4x+8}\, dx$

9. $\displaystyle\int_1^2 \frac{dx}{\sqrt{4x-x^2}}$

10. $\displaystyle\int \frac{dx}{\sqrt{x^2-6x+10}}$

11. $\displaystyle\int \frac{\cos\theta}{\sin^2\theta - 6\sin\theta + 12}\, d\theta$

12. $\displaystyle\int \frac{dx}{x^4+2x^2+1}$

13. 以三角代換或代換 $u = x^2+4$ 可計算積分 $\displaystyle\int \frac{x}{x^2+4}\, dx$. 利用此兩種方法求之，並說明所得結果是相同的.

§ 15-5　部分分式法

在代數裡，我們學過將兩個或更多的分式合併為一個分式．例如，

$$\frac{1}{x}+\frac{2}{x-1}+\frac{3}{x+2}=\frac{(x-1)(x+2)+2x(x+2)+3x(x-1)}{x(x-1)(x+2)}$$

$$=\frac{6x^2+2x-2}{x^3+x^2-2x}$$

然而，上式的左邊比右邊容易積分．於是，若我們知道如何從上式的右邊開始而獲得左邊，則將是很有幫助的．處理這個問題的方法稱為**部分分式法** (method of partial fractions)．

若多項式 $P(x)$ 的次數小於多項式 $Q(x)$ 的次數，則有理函數 $\dfrac{P(x)}{Q(x)}$ 稱為**真有理函數** (proper rational function)；否則，它稱為**假有理函數** (improper rational function)．在理論上，實係數多項式恆可分解成實係數的一次因式與實係數的二次質因式的乘積．因此，若 $\dfrac{P(x)}{Q(x)}$ 為真有理函數，則

$$\frac{P(x)}{Q(x)}=F_1(x)+F_2(x)+\cdots+F_k(x)$$

此處每一 $F_i(x)$ 的形式為下列其中之一：

$$\frac{A}{(ax+b)^m} \quad \text{或} \quad \frac{Ax+B}{(ax^2+bx+c)^n}$$

其中 m 與 n 均為正整數，而 ax^2+bx+c 為二次質因式，換句話說，$ax^2+bx+c=0$ 沒有實根，即，$b^2-4ac<0$．和 $F_1(x)+F_2(x)+\cdots+F_k(x)$ 稱為 $\dfrac{P(x)}{Q(x)}$ 的**部分分式分解** (partial fraction decomposition)，而每一 $F_i(x)$ 稱為**部分分式** (partial fraction)．

若 $\dfrac{P(x)}{Q(x)}$ 為真有理函數，則可化成部分分式分解的形式，方法如下：

1. 先將 $Q(x)$ 完完全全地分解為一次因式 $px+q$ 與二次質因式 ax^2+bx+c 的乘積，然後集中所有的重複因式，因此，$Q(x)$ 表為形如 $(px+q)^m$ 與 $(ax^2+bx+c)^n$ 之不同因式的乘積，其中 m 與 n 均為正整數.

2. 再應用下列的規則：

   規則 1. 對於形如 $(px+q)^m$ 的每一個因式，此處 $m \geq 1$，部分分式分解含有 m 個部分分式的和，其形式為

   $$\frac{A_1}{px+q}+\frac{A_2}{(px+q)^2}+\cdots+\frac{A_m}{(px+q)^m}$$

   其中 A_1, A_2, $\cdots$, A_m 均為待定常數.

   規則 2. 對於形如 $(ax^2+bx+c)^n$，此處 $n \geq 1$，且 $b^2-4ac < 0$，部分分式分解含有 n 個部分分式的和，其形式為

   $$\frac{A_1x+B_1}{ax^2+bx+c}+\frac{A_2x+B_2}{(ax^2+bx+c)^2}+\cdots+\frac{A_nx+B_n}{(ax^2+bx+c)^n}$$

   其中 A_1, A_2, $\cdots$, A_n 均為待定係數；B_1, B_2, $\cdots$, B_n 也均為待定常數.

例 1 求 $\displaystyle\int \frac{dx}{x^2+x-2}$.

解答 因 $x^2+x-2=(x-1)(x+2)$，故令

$$\frac{1}{x^2+x-2}=\frac{A}{x-1}+\frac{B}{x+2}$$

我們以 $(x-1)(x+2)$ 乘上式等號的兩邊，得到

$$1=A(x+2)+B(x-1) \cdots\cdots\cdots\cdots\cdots\cdots\cdots\cdots\cdots\cdots\cdots\cdots (*)$$

即， $1=(A+B)x+(2A-B)$

比較上式等號兩邊同次項的係數，可知

$$\begin{cases} A+B=0 \\ 2A-B=1 \end{cases}$$

解得：$A = \dfrac{1}{3}$, $B = -\dfrac{1}{3}$. 於是，

$$\frac{1}{x^2+x-2} = \frac{\frac{1}{3}}{x-1} + \frac{-\frac{1}{3}}{x+2}$$

所以，
$$\int \frac{dx}{x^2+x-2} = \frac{1}{3}\int \frac{dx}{x-1} - \frac{1}{3}\int \frac{dx}{x+2}$$
$$= \frac{1}{3}\int \frac{d(x-1)}{x-1} - \frac{1}{3}\int \frac{d(x+2)}{x+2}$$
$$= \frac{1}{3}\ln|x-1| - \frac{1}{3}\ln|x+2| + C$$
$$= \frac{1}{3}\ln\left|\frac{x-1}{x+2}\right| + C.$$

在例題 1 中，因式全部為一次式且不重複，利用使各因式為零的值代 x，可求出 A、B 與 C 的值。若在 (*) 式中令 $x=1$，可得 $1=3A$ 或 $A=\dfrac{1}{3}$. 在 (*) 式中令 $x=-2$，可得 $1=-3B$ 或 $B=-\dfrac{1}{3}$.

例 2 計算 $\displaystyle\int \frac{dx}{x^2-a^2}$，此處 $a \neq 0$.

解答 令 $\dfrac{1}{x^2-a^2} = \dfrac{A}{x-a} + \dfrac{B}{x+a}$，則

$$1 = A(x+a) + B(x-a) = (A+B)x + (A-B)a$$

可知，
$$\begin{cases} A+B=0 \\ A-B=\dfrac{1}{a} \end{cases}$$

解得：$A=\dfrac{1}{2a}$，$B=-\dfrac{1}{2a}$．於是，

$$\dfrac{1}{x^2-a^2}=\dfrac{\dfrac{1}{2a}}{x-a}+\dfrac{-\dfrac{1}{2a}}{x+a}$$

所以，$\displaystyle\int\dfrac{dx}{x^2-a^2}=\dfrac{1}{2a}\int\dfrac{dx}{x-a}-\dfrac{1}{2a}\int\dfrac{dx}{x+a}$

$$=\dfrac{1}{2a}\ln|x-a|-\dfrac{1}{2a}\ln|x+a|$$

$$=\dfrac{1}{2a}\ln\left|\dfrac{x-a}{x+a}\right|+C.$$

利用例題 2 的結果，若 u 為 x 的可微分函數，則有下面的積分公式：

$$\int\dfrac{du}{u^2-a^2}=\dfrac{1}{2a}\ln\left|\dfrac{u-a}{u+a}\right|+C \quad (a\neq 0)$$

$$\int\dfrac{du}{a^2-u^2}=\dfrac{1}{2a}\ln\left|\dfrac{u+a}{u-a}\right|+C \quad (a\neq 0)$$

(15-5-1)

例 3 計算 $\displaystyle\int\dfrac{dx}{(x-1)(x+2)(x-3)}$．

解答 令 $\dfrac{1}{(x-1)(x+2)(x-3)}=\dfrac{A}{x-1}+\dfrac{B}{x+2}+\dfrac{C}{x-3}$，則

$$1=A(x+2)(x-3)+B(x-1)(x-3)+C(x-1)(x+2)\cdots\cdots(*)$$

以 $x=1$ 代入 (*) 式，可得 $1=-6A$，即，$A=-\dfrac{1}{6}$．

以 $x=-2$ 代入 (*) 式，可得 $1=15B$，即，$B=\dfrac{1}{15}$．

以 $x=3$ 代入 (*) 式，可得 $1=10C$，即，$C=\dfrac{1}{10}$.

於是，

$$\dfrac{1}{(x-1)(x+2)(x-3)}=\dfrac{-\dfrac{1}{6}}{x-1}+\dfrac{\dfrac{1}{15}}{x+2}+\dfrac{\dfrac{1}{10}}{x-3}$$

所以，

$$\int\dfrac{dx}{(x-1)(x+2)(x-3)}=-\dfrac{1}{6}\int\dfrac{dx}{x-1}+\dfrac{1}{15}\int\dfrac{dx}{x+2}+\dfrac{1}{10}\int\dfrac{dx}{x-3}$$

$$=-\dfrac{1}{6}\ln|x-1|+\dfrac{1}{15}\ln|x+2|$$

$$+\dfrac{1}{10}\ln|x-3|+K，此處 K 為任意常數.$$

例 4 計算 $\int\dfrac{x+2}{x^3-2x^2}\,dx$.

解答 因 $x^3-2x^2=x^2(x-2)$，故令

$$\dfrac{x+2}{x^3-2x^2}=\dfrac{A}{x}+\dfrac{B}{x^2}+\dfrac{C}{x-2}$$

可得

$$x+2=Ax(x-2)+B(x-2)+Cx^2$$
$$=(A+C)x^2+(-2A+B)x-2B$$

比較對應項的係數，可知

$$\begin{cases} A+C=0 \\ -2A+B=1 \\ -2B=2 \end{cases}$$

解得：$A=-1$，$B=-1$，$C=1$. 於是，

$$\frac{x+2}{x^3-2x^2} = \frac{-1}{x} + \frac{-1}{x^2} + \frac{1}{x-2}$$

所以，

$$\int \frac{x+2}{x^3-2x^2} = -\int \frac{dx}{x} - \int \frac{dx}{x^2} + \int \frac{dx}{x-2}$$

$$= -\ln|x| + \frac{1}{x} + \ln|x-2| + K.$$

例 5 計算 $\int \frac{x^2}{(x+2)^3} dx$.

解答 方法 1：令 $\frac{x^2}{(x+2)^3} = \frac{A}{x+2} + \frac{B}{(x+2)^2} + \frac{C}{(x+2)^3}$，則

$$x^2 = A(x+2)^2 + B(x+2) + C$$
$$= Ax^2 + (4A+B)x + (4A+2B+C)$$

可知
$$\begin{cases} A=1 \\ 4A+B=0 \\ 4A+2B+C=0 \end{cases}$$

解得：$A=1$，$B=-4$，$C=4$. 於是，

$$\frac{x^2}{(x+2)^3} = \frac{1}{x+2} + \frac{-4}{(x+2)^2} + \frac{4}{(x+2)^3}$$

所以，

$$\int \frac{x^2}{(x+2)^3} dx = \int \frac{dx}{x+2} - 4\int \frac{dx}{(x+2)^2} + 4\int \frac{dx}{(x+2)^3}$$

$$= \ln|x+2| + \frac{4}{x+2} - \frac{2}{(x+2)^2} + K$$

方法 2：令 $u=x+2$，則 $x=u-2$，可得

$$\frac{x^2}{(x+2)^3} = \frac{(u-2)^2}{u^3} = \frac{u^2-4u+4}{u^3} = \frac{1}{u} - \frac{4}{u^2} + \frac{4}{u^3}$$

$$= \frac{1}{x+2} - \frac{4}{(x+2)^2} + \frac{4}{(x+2)^3}$$

所以,

$$\int \frac{x^2}{(x+2)^3}\, dx = \int \frac{dx}{x+2} - 4\int \frac{dx}{(x+2)^2} + 4\int \frac{dx}{(x+2)^3}$$

$$= \ln|x+2| + \frac{4}{x+2} - \frac{2}{(x+2)^2} + K.$$

例 6 計算 $\int \dfrac{\cos\theta}{\sin^2\theta + 4\sin\theta - 5}\, d\theta$.

解答 令 $x = \sin\theta$, 則 $dx = \cos\theta\, d\theta$, 可得

$$\int \frac{\cos\theta}{\sin^2\theta + 4\sin\theta - 5}\, d\theta = \int \frac{dx}{x^2+4x-5}$$

因
$$\int \frac{dx}{x^2+4x-5} = \int \left(\frac{-1/6}{x+5} + \frac{1/6}{x-1} \right) dx$$

$$= -\frac{1}{6}\int \frac{dx}{x+5} + \frac{1}{6}\int \frac{dx}{x-1}$$

$$= -\frac{1}{6}\ln|x+5| + \frac{1}{6}\ln|x-1| + C$$

$$= \frac{1}{6}\ln\left|\frac{x-1}{x+5}\right| + C$$

故 $\int \dfrac{\cos\theta}{\sin^2\theta + 4\sin\theta - 5}\, d\theta = \dfrac{1}{6}\ln\left|\dfrac{\sin\theta-1}{\sin\theta+5}\right| + C.$

習題 15-5

求下列各積分.

1. $\displaystyle\int \frac{x}{x^2-5x+6}\,dx$

2. $\displaystyle\int \frac{5x-4}{x^2-4x}\,dx$

3. $\displaystyle\int \frac{dx}{x(x^2-1)}$

4. $\displaystyle\int \frac{2x^2+4x-8}{x^3-4x}\,dx$

5. $\displaystyle\int \frac{x^3}{x^2-3x+2}\,dx$

6. $\displaystyle\int \frac{2x^2+3}{x(x-1)^2}\,dx$

7. $\displaystyle\int \frac{2x^2-2x-1}{x^3-x^2}\,dx$

8. $\displaystyle\int \frac{2x^2+3x+3}{(x+1)^3}\,dx$

9. $\displaystyle\int \frac{dx}{x^3+x}$

10. $\displaystyle\int \frac{x^3-3x^2+2x-3}{x^2+1}\,dx$

11. $\displaystyle\int \frac{\sec^2\theta}{\tan^3\theta-\tan^2\theta}\,d\theta$

12. $\displaystyle\int \frac{dx}{e^x-e^{-x}}$

§15-6 瑕積分

在第三篇第 14 章中，我們所涉及到的定積分具有兩個重要的假設：

1. 區間 $[a,b]$ 必須為有限.
2. 被積分函數 f 在 $[a,b]$ 必須為連續，或者，若不連續，也得在 $[a,b]$ 中為有界.

若不合乎此等假設之一者，就稱為 **瑕積分** (improper integral)(或**廣義積分**).

一、積分區間為無限的積分

因函數 $f(x)=\dfrac{1}{x^2}$ 在 $[1,\infty)$ 為連續且非負值，故在 f 的圖形下方由 1 到 t 的

面積 $A(t)$ 為

$$A(t) = \int_1^t \frac{1}{x^2}\, dx = -\frac{1}{x}\bigg|_1^t = 1 - \frac{1}{t}$$

其圖形如圖 15-6-1 所示.

無論我們選擇多大的 t 值，$A(t) < 1$，且

$$\lim_{t \to \infty} A(t) = \lim_{t \to \infty} \left(1 - \frac{1}{t}\right) = 1$$

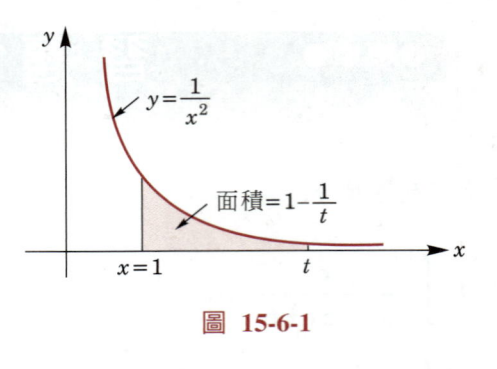

圖 15-6-1

上式的極限可以解釋為位於 f 的圖形下方與 x-軸上方以及 $x = 1$ 右方的無界區域的面積，並以符號 $\int_1^\infty \frac{1}{x^2}\, dx$ 來表示此數值，故

$$\int_1^\infty \frac{1}{x^2}\, dx = \lim_{t \to \infty} \int_1^t \frac{1}{x^2}\, dx = 1$$

因此，我們有下面的定義.

定義 15-6-1

(1) 對每一數 $t \geq a$，若 $\int_a^t f(x)\, dx$ 存在，則定義

$$\int_a^\infty f(x)\, dx = \lim_{t \to \infty} \int_a^t f(x)\, dx$$

(2) 對每一數 $t \leq b$，若 $\int_t^b f(x)\, dx$ 存在，則定義

$$\int_{-\infty}^b f(x)\, dx = \lim_{t \to -\infty} \int_t^b f(x)\, dx.$$

以上各式若極限存在，則稱該瑕積分為收斂 (convergent) 或收斂瑕積分 (convergent improper integral)，而極限值即為積分的值. 若極限不存在，則稱該瑕積分為發散 (divergent) 或發散瑕積分 (divergent improper integral).

(3) 若 $\int_c^{\infty} f(x)\,dx$ 與 $\int_{-\infty}^{c} f(x)\,dx$ 均為收斂，則稱瑕積分 $\int_{-\infty}^{\infty} f(x)\,dx$ 為收斂或收斂瑕積分，定義為

$$\int_{-\infty}^{\infty} f(x)\,dx = \int_{-\infty}^{c} f(x)\,dx + \int_{c}^{\infty} f(x)\,dx$$

若上式等號右邊任一積分發散，則稱 $\int_{-\infty}^{\infty} f(x)\,dx$ 為發散或發散瑕積分.

上述的瑕積分皆稱為**第一類型瑕積分** (improper integral of first kind).

例 1 計算 $\int_1^{\infty} \dfrac{dx}{x^3}$.

解答
$$\int_1^{\infty} \dfrac{dx}{x^3} = \lim_{t \to \infty} \int_1^{t} \dfrac{dx}{x^3} = \lim_{t \to \infty} \left(-\dfrac{1}{2x^2} \bigg|_1^t \right)$$
$$= \lim_{t \to \infty} \left(-\dfrac{1}{2t^2} + \dfrac{1}{2} \right) = \dfrac{1}{2}.$$

例 2 計算 $\int_2^{\infty} \dfrac{2}{x^2-1}\,dx$.

解答
$$\int_2^{\infty} \dfrac{2}{x^2-1}\,dx = \lim_{t \to \infty} \int_2^{t} \dfrac{2}{x^2-1}\,dx$$
$$= \lim_{t \to \infty} \left(\ln \left| \dfrac{x-1}{x+1} \right| \bigg|_2^t \right) \quad \left(\int \dfrac{dx}{x^2-1}\,dx = \dfrac{1}{2} \ln \left| \dfrac{x-1}{x+1} \right| + C \right)$$
$$= \lim_{t \to \infty} \left(\ln \left| \dfrac{t-1}{t+1} \right| - \ln \dfrac{1}{3} \right)$$

$$= -\ln \frac{1}{3} = \ln 3. \qquad \left(\lim_{t \to \infty} \ln \left| \frac{t-1}{t+1} \right| = 0 \right)$$

例 3 計算 $\int_0^\infty \cos x \, dx$.

解答
$$\int_0^\infty \cos x \, dx = \lim_{t \to \infty} \int_0^t \cos x \, dx$$
$$= \lim_{t \to \infty} \left(\sin x \Big|_0^t \right) = \lim_{t \to \infty} \sin t \quad \text{不存在}$$

故所予瑕積分發散.

例 4 計算 $\int_{-\infty}^0 xe^x \, dx$.

解答
$$\int_{-\infty}^0 xe^x \, dx = \lim_{t \to -\infty} \int_t^0 xe^x \, dx$$

利用分部積分法，令 $u = x$, $dv = e^x \, dx$, 則 $du = dx$, $v = e^x$, 所以

$$\int_t^0 xe^x \, dx = xe^x \Big|_t^0 - \int_t^0 e^x \, dx = -te^t - 1 + e^t$$

我們知道當 $t \to -\infty$ 時, $e^t \to 0$, 利用羅必達法則可得

$$\lim_{t \to -\infty} te^t = \lim_{t \to -\infty} \frac{t}{e^{-t}} = \lim_{t \to -\infty} \frac{1}{-e^{-t}} = \lim_{t \to -\infty} (-e^t) = 0$$

故 $\int_{-\infty}^0 xe^x \, dx = \lim_{t \to -\infty} (-te^t - 1 + e^t) = -1$.

例 5 計算 $\int_{-\infty}^\infty \frac{1}{1+x^2} \, dx$.

解答 令 $c = 0$, 則

$$\int_{-\infty}^{\infty} \frac{1}{1+x^2}\, dx = \int_{-\infty}^{0} \frac{1}{1+x^2}\, dx + \int_{0}^{\infty} \frac{1}{1+x^2}\, dx$$

$$\int_{0}^{\infty} \frac{1}{1+x^2}\, dx = \lim_{t \to \infty} \int_{0}^{t} \frac{dx}{1+x^2} = \lim_{t \to \infty} \left(\tan^{-1} x \Big|_{0}^{t} \right)$$

$$= \lim_{t \to \infty} (\tan^{-1} t - \tan^{-1} 0) = \lim_{t \to \infty} \tan^{-1} t = \frac{\pi}{2}$$

$$\int_{-\infty}^{0} \frac{1}{1+x^2}\, dx = \lim_{t \to -\infty} \int_{t}^{0} \frac{1}{1+x^2}\, dx = \lim_{t \to -\infty} \left(\tan^{-1} x \Big|_{t}^{0} \right)$$

$$= \lim_{t \to -\infty} (\tan^{-1} 0 - \tan^{-1} t) = 0 - \left(-\frac{\pi}{2} \right) = \frac{\pi}{2}$$

故 $$\int_{-\infty}^{\infty} \frac{1}{1+x^2}\, dx = \frac{\pi}{2} + \frac{\pi}{2} = \pi.$$

二、不連續被積分函數的積分

若函數 f 在閉區間 $[a, b]$ 為連續，則定積分 $\int_{a}^{b} f(x)\, dx$ 存在．若 f 在區間內某一數的值為無限，則仍有可能求得積分值．例如，我們假設 f 在半開區間 $[a, b)$ 為連續且不為負值而 $\lim_{x \to b^-} f(x) = \infty$．若 $a < t < b$，則在 f 的圖形下方由 a 到 t 的面積 $A(t)$ 為

$$A(t) = \int_{a}^{t} f(x)\, dx$$

如圖 15-6-2 所示．當 $t \to b^-$ 時，若 $A(t)$ 趨近一個定數 A，則

$$\int_{a}^{b} f(x)\, dx = \lim_{t \to b^-} \int_{a}^{t} f(x)\, dx$$

若 $\lim_{x \to b^-} \int_{a}^{t} f(x)\, dx$ 存在，則此極限可解釋為在 f 的圖形下方且在 x-軸上方以及 $x = a$ 與 $x = b$ 之間的無界區域的面積．

圖 15-6-2

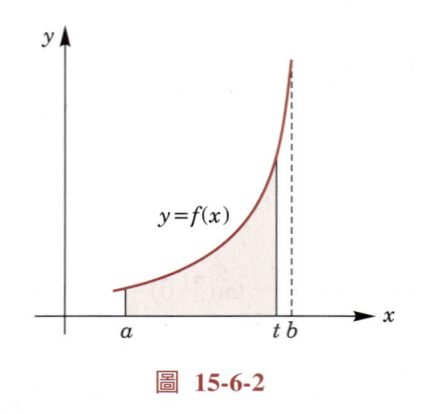

定義 15-6-2

(1) 若 f 在 $[a, b)$ 為連續且當 $x \to b^-$ 時，$|f(x)| \to \infty$，則定義

$$\int_a^b f(x)\,dx = \lim_{t \to b^-} \int_a^t f(x)\,dx$$

(2) 若 f 在 $(a, b]$ 為連續且當 $x \to a^+$ 時，$|f(x)| \to \infty$，則定義

$$\int_a^b f(x)\,dx = \lim_{t \to a^+} \int_t^b f(x)\,dx$$

以上各式若極限存在，則稱該瑕積分為**收斂**或**收斂瑕積分**，而極限值即為積分的值. 若極限不存在，則稱該瑕積分為**發散**或**發散瑕積分**.

(3) 若 $x \to c$ 時，$|f(x)| \to \infty$，且 $\int_a^c f(x)\,dx$ 與 $\int_c^b f(x)\,dx$ 均為收斂，則稱瑕積分 $\int_a^b f(x)\,dx$ 為**收斂**或**收斂瑕積分**，定義為

$$\int_a^b f(x)\,dx = \int_a^c f(x)\,dx + \int_c^b f(x)\,dx$$

若上式等號右邊任一積分發散，則稱 $\int_a^b f(x)\,dx$ 為**發散**或**發散瑕積分**.

上述的瑕積分皆稱為**第二類型瑕積分** (improper integral of second kind).

例 6 計算 $\displaystyle\int_0^1 \frac{dx}{\sqrt{1-x}}$.

解答 當 $x \to 1^-$ 時，$\dfrac{1}{\sqrt{1-x}} \to \infty$.

$$\int_0^1 \frac{dx}{\sqrt{1-x}} = \lim_{t \to 1^-} \int_0^t \frac{dx}{\sqrt{1-x}} = \lim_{t \to 1^-} \left(-2\sqrt{1-x} \,\Big|_0^t \right)$$

$$= \lim_{t \to 1^-} (-2\sqrt{1-t} + 2) = 2.$$

例 7 計算 $\displaystyle\int_0^{\pi/2} \frac{\sin x}{1-\cos x}\, dx$.

解答
$$\int_0^{\pi/2} \frac{\sin x}{1-\cos x}\, dx = \lim_{t \to 0^+} \int_t^{\pi/2} \frac{\sin x}{1-\cos x}\, dx$$

$$= \lim_{t \to 0^+} \int_t^{\pi/2} \frac{d(1-\cos x)}{1-\cos x}$$

$$= \lim_{t \to 0^+} \left(\ln|1-\cos x| \,\Big|_t^{\pi/2} \right)$$

$$= \lim_{t \to 0^+} (-\ln|1-\cos t|)$$

$$= -\lim_{t \to 0^+} \ln|1-\cos t| = -(-\infty) = \infty.$$

故所予積分發散.

例 8 $\displaystyle\int_0^3 \frac{dx}{x-1}$ 是否收斂？

解答 被積分函數在 $x=1$ 無定義. 令 $c=1$，則

$$\int_0^3 \frac{dx}{x-1} = \int_0^1 \frac{dx}{x-1} + \int_1^3 \frac{dx}{x-1}$$

欲使左邊的積分收斂，必須右邊的兩個積分均收斂．對右邊第一個積分利用定義 15-6-2(1)，可得

$$\int_0^1 \frac{dx}{x-1} = \lim_{t \to 1^-} \int_0^t \frac{dx}{x-1} = \lim_{t \to 1^-} \left(\ln|x-1| \Big|_0^t \right)$$

$$= \lim_{t \to 1^-} (\ln|t-1| - \ln|-1|)$$

$$= \lim_{t \to 1^-} \ln(1-t) = -\infty$$

因 $\int_0^1 \frac{dx}{x-1}$ 發散，故原積分發散．

由於例題 8 中的被積分函數在 [0，3] 中不連續，故不能應用微積分基本定理求之．因此，

$$\int_0^3 \frac{dx}{x-1} = \ln|x-1| \Big|_0^3 = \ln 2 - \ln 1 = \ln 2$$

是錯誤的．

習 題 15-6

下列何者為收斂積分？發散積分？收斂積分的值為何？

1. $\int_1^\infty \frac{dx}{x^{4/3}}$

2. $\int_0^\infty \frac{dx}{4x^2+1}$

3. $\int_{-\infty}^2 \frac{dx}{5-2x}$

4. $\int_1^\infty \frac{\ln x}{x} dx$

5. $\int_3^\infty \frac{dx}{x^2-1}$

6. $\int_0^\infty xe^{-x} dx$

7. $\displaystyle\int_{-\infty}^{0} \frac{dx}{x^2-3x+2}$

8. $\displaystyle\int_{-\infty}^{\infty} \cos^2 x \, dx$

9. $\displaystyle\int_{0}^{1} \frac{\ln x}{x} \, dx$

10. $\displaystyle\int_{0}^{1/2} \frac{dx}{x(\ln x)^2}$

11. $\displaystyle\int_{0}^{2} \frac{dx}{(x-1)^2}$

12. $\displaystyle\int_{0}^{4} \frac{dx}{x^2-x-2}$

13. $\displaystyle\int_{-1}^{1} \ln |x| \, dx$

14. $\displaystyle\int_{0}^{\pi/2} \frac{dx}{1-\cos x}$

15. $\displaystyle\int_{0}^{\pi} \frac{\cos x}{\sqrt{1-\sin x}} \, dx$

16. (1) 試證：瑕積分 $\displaystyle\int_{-\infty}^{\infty} x \, dx$ 發散.

(2) 試證：$\displaystyle\lim_{t\to\infty} \int_{-t}^{t} x \, dx = 0.$

第 16 章

積分的應用

16-1 平面區域的面積

16-2 體　積

16-3 弧　長

16-4 旋轉曲面的面積

16-5 平面區域的力矩與形心

本章摘要

1. 設 f 與 g 在 $[a, b]$ 均為連續，且 $f(x) \geq g(x)$ 對 $[a, b]$ 中所有 x 均成立，則由兩曲線 $y=f(x)$、$y=g(x)$ 與兩直線 $x=a$、$x=b$ 所圍成區域的面積為

$$A = \int_a^b [f(x) - g(x)] \, dx.$$

2. 介於兩曲線 $y=f(x)$、$y=g(x)$ 與兩直線 $x=a$、$x=b$ 之間的區域面積為

$$A = \int_a^b |f(x) - g(x)| \, dx.$$

3. 若一區域是由兩曲線 $x=f(y)$、$x=g(y)$ 與兩直線 $y=c$、$y=d$ 所圍成，此處 f 與 g 在 $[c, d]$ 均為連續，且 $f(y) \geq g(y)$ 對 $c \leq y \leq d$ 均成立，則其面積為

$$A = \int_c^d [f(y) - g(y)] \, dy.$$

4. 薄片法求體積：
   (1) 若一有界立體夾在兩平面 $x=a$ 與 $x=b$ 之間，且在 $[a, b]$ 中每一 x 處垂直於 x-軸之截面的面積為 $A(x)$，則該立體的體積為

   $$V = \int_a^b A(x) \, dx$$

   倘若 $A(x)$ 為可積分。

   (2) 若一有界立體夾在兩平面 $y=c$ 與 $y=d$ 之間，且在 $[c, d]$ 中每一 y 處垂直於 y-軸之截面的面積為 $A(y)$，則該立體的體積為

   $$V = \int_c^d A(y) \, dy$$

   倘若 $A(y)$ 為可積分。

第十六章　積分的應用　➲ 551

5. 圓盤法求體積：

(1) 由連續曲線 $y=f(x) \geq 0$、x-軸與直線 $x=a$、$x=b$ $(a<b)$ 所圍成區域繞 x-軸旋轉所得旋轉體的體積為

$$V=\int_a^b \pi y^2 \, dx = \pi \int_a^b [f(x)]^2 \, dx.$$

(2) 由連續曲線 $x=g(y) \geq 0$、y-軸與兩直線 $y=c$、$y=d$ $(c<d)$ 所圍成區域繞 y-軸旋轉所得旋轉體的體積為

$$V=\int_c^d \pi x^2 \, dy = \pi \int_c^d [g(y)]^2 \, dy.$$

6. 墊圈法求體積：

(1) 兩連續函數 $f(x) \geq g(x) \geq 0$ 與 $x=a$、$x=b$ $(a<b)$ 所圍成區域 R 繞 x-軸旋轉所得旋轉體的體積為

$$V=\pi \int_a^b \{[f(x)]^2 - [g(x)]^2\} \, dx.$$

(2) 兩連續函數 $f(y) \geq g(y)$ 與 $y=c$、$y=d$ $(c>d)$ 所圍成區域 R 繞 y-軸旋轉所得旋轉體的體積為

$$V=\pi \int_c^d \{[f(y)]^2 - [g(y)]^2\} \, dy.$$

7. 圓柱殼法求體積：

(1) 設函數 f 在 $[a, b]$ 為連續，此處 $0 \leq a < b$，則由 f 的圖形、x-軸、兩直線 $x=a$ 與 $x=b$ 所圍成區域繞 y-軸旋轉所得旋轉體的體積為

$$V=\int_a^b 2\pi x \, f(x) \, dx.$$

該公式可記憶為：$V=\int_a^b 2\pi \cdot (\text{平均半徑}) \cdot (\text{高度}) \cdot dx$ (dx 為圓柱殼的微小厚度).

(2) 設函數 g 在 $[c, d]$ 為連續，此處 $0 \leq c < d$，則由 g 的圖形、y-軸、兩直線 $y=c$ 與 $y=d$ 所圍成區域繞 x-軸旋轉所得旋轉體的體積為

$$V=\int_c^d 2\pi y\, g(y)\, dy.$$

8. 弧長：

(1) 若 f 在 $[a, b]$ 為平滑函數 (即，f' 在 $[a, b]$ 為連續)，則曲線 $y=f(x)$ ($a \leq x \leq b$) 的弧長為

$$L=\int_a^b \sqrt{1+[f'(x)]^2}\, dx = \int_a^b \sqrt{1+\left(\frac{dy}{dx}\right)^2}\, dx.$$

(2) 若 g 在 $[c, d]$ 為平滑函數 (即，g' 在 $[c, d]$ 為連續)，則曲線 $x=g(y)$ ($c \leq y \leq d$) 的弧長為

$$L=\int_c^d \sqrt{1+[g'(y)]^2}\, dy = \int_c^d \sqrt{1+\left(\frac{dx}{dy}\right)^2}\, dy.$$

9. 旋轉曲面的面積：

(1) 令 f 在 $[a, b]$ 為平滑且非負值函數，則曲線 $y=f(x)$ 在 $x=a$ 與 $x=b$ 之間的部分繞 x-軸旋轉所得旋轉曲面的面積為

$$A=\int_a^b 2\pi f(x) \sqrt{1+[f'(x)]^2}\, dx.$$

(2) 若 g 在 $[c, d]$ 為平滑且非負值函數，則曲線 $x=g(y)$ 由 $y=c$ 到 $y=d$ 的部分繞 y-軸旋轉所得旋轉曲面的面積為

$$A=\int_c^d 2\pi g(y) \sqrt{1+[g'(y)]^2}\, dy.$$

(3) 令 f 在 $[a, b]$ 為平滑且非負值函數 $(a \geq 0)$，則曲線 $y=f(x)$ 由 $x=a$ 到 $x=b$ 的部分繞 y-軸旋轉所得旋轉曲面的面積為

$$A = \int_a^b 2\pi x \sqrt{1+[f'(x)]^2}\, dx.$$

10. 平面區域的力矩與形心：

(1) 假設具有均勻密度 ρ 的薄片佔有 xy-平面上的某區域 $R = \{(x, y) \mid a \leq x \leq b,\ 0 \leq y \leq f(x)\}$，則

    R 對 x-軸的**力矩**為

    $$M_x = \rho \int_a^b \frac{1}{2} [f(x)]^2\, dx$$

    R 對 y-軸的**力矩**為

    $$M_y = \rho \int_a^b x f(x)\, dx$$

    薄片的**質心**坐標為：$\bar{x} = \dfrac{M_y}{m} = \dfrac{\int_a^b x f(x)\, dx}{\int_a^b f(x)\, dx}$

    $$\bar{y} = \dfrac{M_x}{m} = \dfrac{\int_a^b \frac{1}{2}[f(x)]^2\, dx}{\int_a^b f(x)\, dx}$$

    此處　　　　　$m = \rho A,\quad A = \int_a^b f(x)\, dx.$

    注意：均勻薄片的質心坐標僅與它的形狀有關而與密度 ρ 無關．點 $(\bar{x}, \bar{y})$ 視為平面區域的**形心**．

(2) 設 f 與 g 在 $[a, b]$ 為連續函數，當 $x \in [a, b]$ 時，$f(x) \geq g(x)$，則區域 $R = \{(x, y) \mid a \leq x \leq b, g(x) \leq y \leq f(x)\}$ 的形心 $(\bar{x}, \bar{y})$ 為：

$$\bar{x} = \frac{\int_a^b x[f(x)-g(x)]\,dx}{A}, \quad \bar{y} = \frac{\frac{1}{2}\int_a^b \{[f(x)]^2-[g(x)]^2\}\,dx}{A}$$

此處
$$A = \int_a^b [f(x)-g(x)]\,dx.$$

11. 帕卜定理：

若區域 R 位於平面上一直線的一側且繞該直線旋轉一圈，則所得旋轉體的體積等於 R 的面積乘上其形心繞行的距離。

§16-1　平面區域的面積

到目前為止，我們已定義並計算位於函數圖形下方的區域面積．在本節裡，我們將利用積分來討論求面積的各種方法．

一、曲線與 x-軸所圍成區域的面積

若函數 $y=f(x)$ 在 $[a, b]$ 為連續，且對每一 $x \in [a, b]$ 恆有 $f(x) \geq 0$，則由曲線 $y=f(x)$、x-軸與直線 $x=a$ 及 $x=b$ 所圍成平面區域的面積為

$$A = \int_a^b f(x)\,dx \qquad (16\text{-}1\text{-}1)$$

如圖 16-1-1 所示．

假設對每一 $x \in [a, b]$ 恆有 $f(x) \leq 0$，則由曲線 $y=f(x)$、x-軸與直線 $x=a$ 及 $x=b$ 所圍成平面區域的面積為

$$A = -\int_a^b f(x)\,dx \qquad (16\text{-}1\text{-}2)$$

但有時，若 $f(x)$ 在 $[a, b]$ 內一部分為正值，一部分為負值，即，曲線一部分在 x-軸的上方，一部分在 x-軸的下方，如圖 16-1-2 所示，則面積為

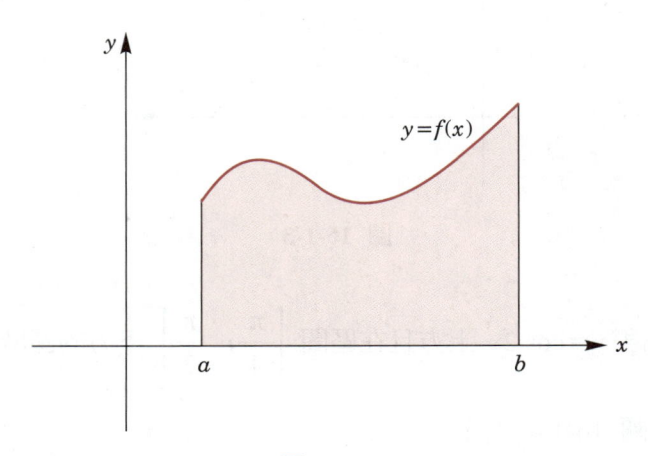

圖 16-1-1

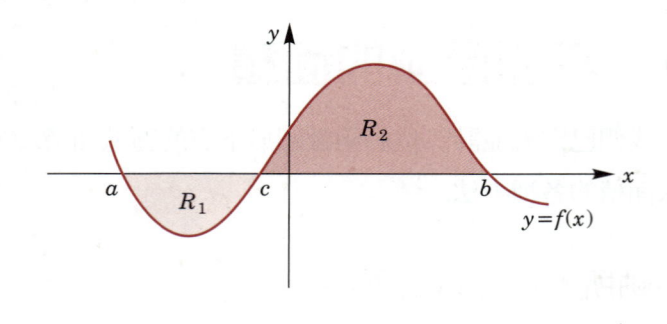

圖 16-1-2

$$A=\int_a^b |f(x)|\,dx = -\int_a^c f(x)\,dx + \int_c^b f(x)\,dx \qquad (16\text{-}1\text{-}3)$$

其中 $-\int_a^c f(x)\,dx$ 表區域 R_1 的面積，$\int_c^b f(x)\,dx$ 表區域 R_2 的面積．

例 1 求在曲線 $y=\sin x$ 下方且在區間 $[0, \pi]$ 上方的區域面積．

解答 區域如圖 16-1-3 所示．

面積為 $A=\displaystyle\int_0^\pi \sin x\,dx = -\cos x \Big|_0^\pi = 1+1=2.$

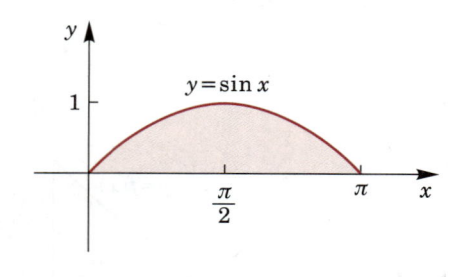

圖 16-1-3

例 2 求在曲線 $y=\cos 2x$ 上方且在區間 $\left[\dfrac{\pi}{4}, \dfrac{\pi}{2}\right]$ 下方的區域面積．

解答 區域如圖 16-1-4 所示．

面積為 $A = \int_{\pi/4}^{\pi/2} (-\cos 2x)\, dx = -\dfrac{1}{2} \sin 2x \Big|_{\pi/4}^{\pi/2} = \dfrac{1}{2}$.

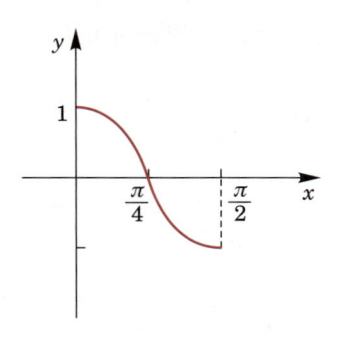

圖 16-1-4

例 3 求曲線 $\sqrt{x} + \sqrt{y} = \sqrt{a}$ $(a > 0)$ 與兩坐標軸所圍成區域的面積.

解答 區域如圖 16-1-5 所示.

對 $\sqrt{x} + \sqrt{y} = \sqrt{a}$ 解 y，可得 $y = (\sqrt{a} - \sqrt{x})^2 = a - 2\sqrt{ax} + x$，所求的面積為

$$A = \int_0^a (a - 2\sqrt{ax} + x)\, dx = \left(ax - \dfrac{4\sqrt{a}}{3} x^{3/2} + \dfrac{x^2}{2} \right) \Big|_0^a$$

$$= a^2 - \dfrac{4a^2}{3} + \dfrac{a^2}{2} = \dfrac{a^2}{6}.$$

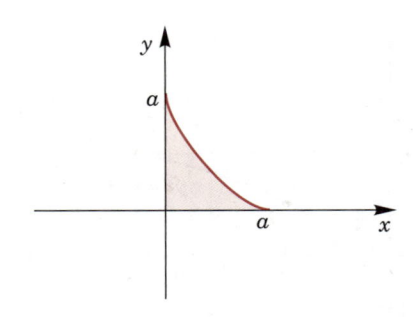

圖 16-1-5

二、曲線與 y-軸所圍成區域的面積

若函數 $x=f(y)$ 在 $[c, d]$ 為連續，且對每一 $y \in [c, d]$ 恆有 $f(y) \geq 0$，則由曲線 $x=f(y)$、y-軸與直線 $y=c$ 及 $y=d$ 所圍成平面區域（見圖 16-1-6）的面積為

$$A=\int_c^d f(y)\, dy. \tag{16-1-4}$$

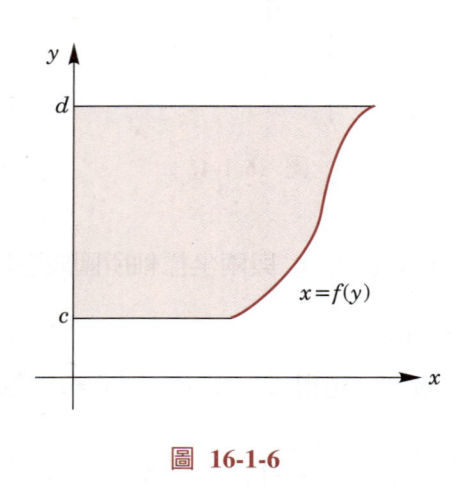

圖 16-1-6

例 4 求由曲線 $y^2=x-1$、y-軸與兩直線 $y=-2$、$y=2$ 所圍成區域的面積.

解答 區域如圖 16-1-7 所示，所求的面積可以表示為函數 $x=f(y)=y^2+1$ 的定積分，故面積為

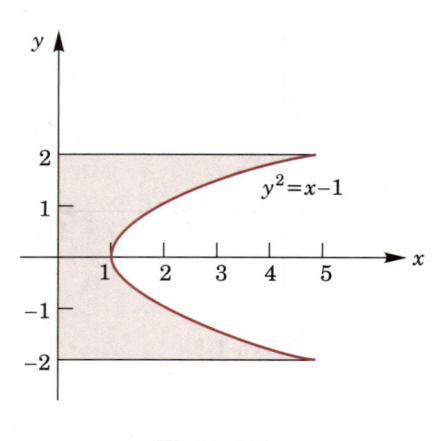

圖 16-1-7

$$A = \int_{-2}^{2} (y^2+1)\,dy = \left(\frac{y^3}{3}+y\right)\bigg|_{-2}^{2}$$

$$= \frac{8}{3}+2-\left(-\frac{8}{3}-2\right) = \frac{28}{3}.$$

三、兩曲線間所圍成區域的面積

設一平面區域是由兩連續曲線 $y=f(x)$、$y=g(x)$ 與兩直線 $x=a$、$x=b$ $(a<b)$ 所圍成,且對任一 $x \in [a,\ b]$ 均有 $f(x) \geq g(x)$,如圖 16-1-8 所示.

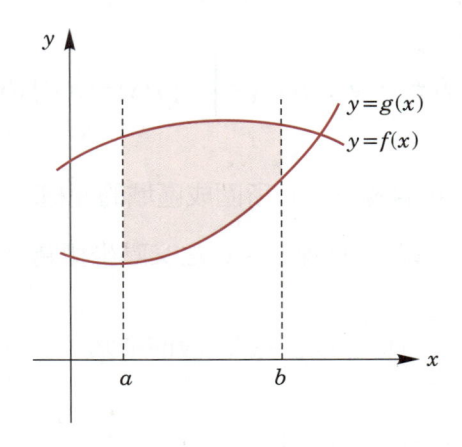

圖 16-1-8

我們利用 $a=x_0 < x_1 < x_2 < \cdots < x_n=b$ 將 $[a,\ b]$ 分成相等長度 $\Delta x=(b-a)/n$ 的 n 個子區間,並取 $[x_{i-1},\ x_i]$ 中的點 x_i^*,則每一個長條形之面積近似於 $[f(x_i^*)-g(x_i^*)]\Delta x$,如圖 16-1-9 所示.

這些 n 個長條形面積的和為

$$\sum_{i=1}^{n} [f(x_i^*)-g(x_i^*)]\,\Delta x$$

因 $f(x)$ 與 $g(x)$ 在 $[a,\ b]$ 均為連續,可知 $f(x)-g(x)$ 在 $[a,\ b]$ 亦連續,故平面區域的面積為

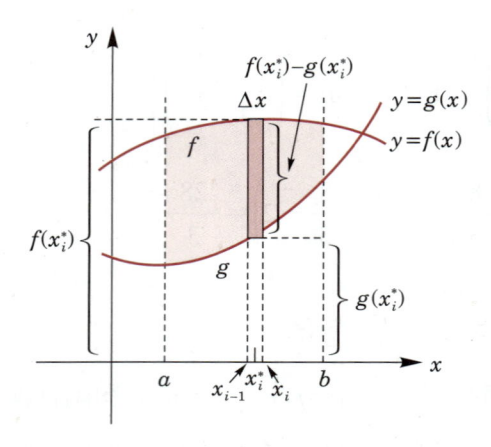

圖 16-1-9

$$A = \lim_{n \to \infty} \sum_{i=1}^{n} [f(x_i^*) - g(x_i^*)] \Delta x = \int_a^b [f(x) - g(x)] \, dx. \qquad (16\text{-}1\text{-}5)$$

例 5　求曲線 $y = 2 - x^2$ 與直線 $y = x$ 所圍成區域的面積.

解答　先求得曲線 $y = 2 - x^2$ 與直線 $y = x$ 之交點坐標為 $(-2, -2)$ 與 $(1, 1)$，如圖 16-1-10 所示.

因對任一 $x \in [-2, 1]$，$x \leq 2 - x^2$，故面積為

$$\begin{aligned}
A &= \int_{-2}^{1} [(2 - x^2) - x] \, dx = \int_{-2}^{1} (2 - x^2 - x) \, dx \\
&= \left(2x - \frac{x^3}{3} - \frac{x^2}{2}\right)\Bigg|_{-2}^{1} = \left(2 - \frac{1}{3} - \frac{1}{2}\right) - \left(-4 + \frac{8}{3} - 2\right) = \frac{9}{2}.
\end{aligned}$$

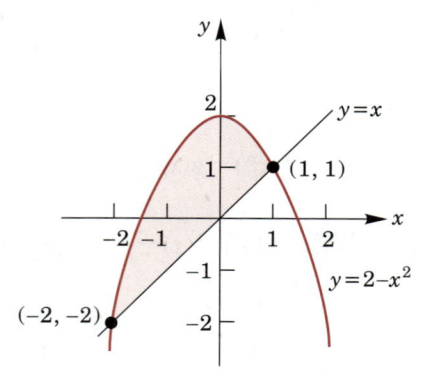

圖 16-1-10

例 6 求兩拋物線 $y=x^2$ 與 $y=2x-x^2$ 所圍成區域的面積.

解答 此兩拋物線的交點為 $(0, 0)$ 與 $(1, 1)$，而區域如圖 16-1-11 所示. 所求的面積為

$$A = \int_0^1 [(2x-x^2)-x^2]\,dx = \int_0^1 (2x-2x^2)\,dx$$

$$= \left(x^2 - \frac{2}{3}x^3\right)\bigg|_0^1 = 1 - \frac{2}{3}$$

$$= \frac{1}{3}.$$

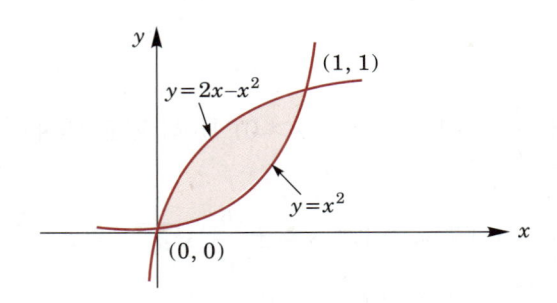

圖 16-1-11

例 7 作代換

求半徑為 r 之圓區域的面積.

解答 圓區域如圖 16-1-12 所示. 所求的面積為

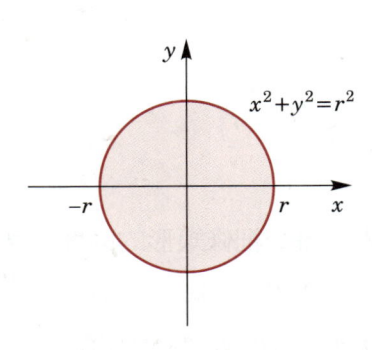

圖 16-1-12

$$A = 4\int_0^r \sqrt{r^2-x^2}\,dx$$

令 $x = r\sin\theta$, $0 \le \theta \le \dfrac{\pi}{2}$, 則 $dx = r\cos\theta\,d\theta$,

故 $A = 4\displaystyle\int_0^{\pi/2} \sqrt{r^2 - r^2\sin^2\theta}\, r\cos\theta\, d\theta$

$= 4\displaystyle\int_0^{\pi/2} r^2\cos^2\theta\, d\theta = 4r^2 \int_0^{\pi/2} \dfrac{1+\cos 2\theta}{2}\, d\theta$

$= 2r^2 \displaystyle\int_0^{\pi/2} (1+\cos 2\theta)\, d\theta = 2r^2 \left(\theta + \dfrac{1}{2}\sin 2\theta\right)\Big|_0^{\pi/2} = \pi r^2$.

例 8 求橢圓 $\dfrac{x^2}{a^2} + \dfrac{y^2}{b^2} = 1$ $(a > 0,\ b > 0)$ 所圍成區域的面積.

解答 對 $\dfrac{x^2}{a^2} + \dfrac{y^2}{b^2} = 1$ 解 y, 可得 $y = \pm\dfrac{b}{a}\sqrt{a^2 - x^2}$.

因橢圓對稱於 x-軸, 故所求的面積為

$A = 2\displaystyle\int_{-a}^{a} \dfrac{b}{a}\sqrt{a^2 - x^2}\, dx$

$= \dfrac{2b}{a}\displaystyle\int_{-a}^{a} \sqrt{a^2 - x^2}\, dx$

$= \dfrac{2b}{a} \cdot \dfrac{\pi a^2}{2}$

$= \pi ab$.

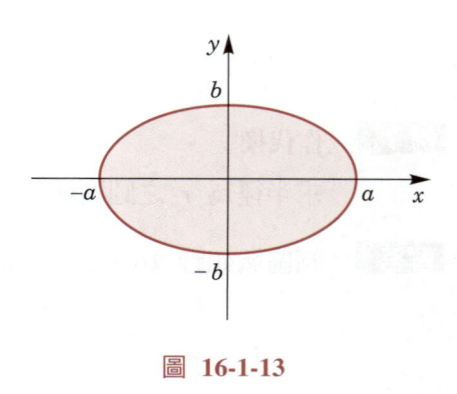

圖 16-1-13

讀者應注意 $f(x) - g(x)$ 表示每一細條矩形的高度, 甚至於當 $g(x)$ 的圖形位於 x-軸的下方亦是. 此時由於 $g(x) < 0$, 所以減去 $g(x)$ 等於加上一個正數. 倘若 $f(x)$ 及 $g(x)$ 均為負的時候, $f(x) - g(x)$ 亦為細條矩形的高度.

如果 $f(x) \ge g(x)$ 對某些 x 成立, 而 $g(x) \ge f(x)$ 對某些 x 成立, 則將所予區域

第十六章　積分的應用 ⇨ 563

R 分割成許多子區域 R_1, R_2, $\cdots$, R_n, 面積分別為 A_1, A_2, $\cdots$, A_n, 如圖 16-1-14 所示. 最後, 我們定義區域 R 的面積 A 為子區域 R_1, R_2, $\cdots$, R_n 的面積和：

$$A = A_1 + A_2 + \cdots + A_n$$

因

$$|f(x) - g(x)| = \begin{cases} f(x) - g(x), & 若\ f(x) \geq g(x) \\ g(x) - f(x), & 若\ g(x) \geq f(x) \end{cases}$$

所以, 區域 R 的面積為

$$A = \int_a^b |f(x) - g(x)|\, dx \qquad (16\text{-}1\text{-}6)$$

可是, 當我們計算 (16-1-6) 式中的積分時, 仍然需要將它分成對應 A_1, A_2, $\cdots$, A_n 的積分.

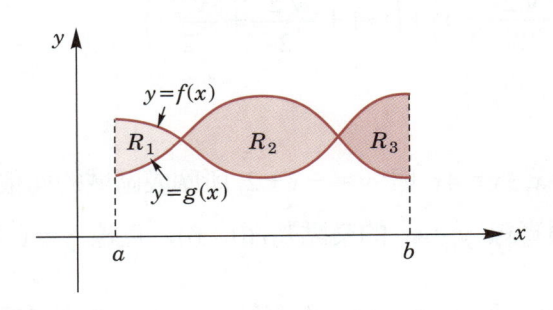

圖 16-1-14

例 9　求由兩曲線 $y = \sin x$、$y = \cos x$ 與兩直線 $x = 0$、$x = \dfrac{\pi}{2}$ 所圍成區域的面積.

解答　此兩曲線的交點為 $\left(\dfrac{\pi}{4}, \dfrac{\sqrt{2}}{2}\right)$, 區域如圖 16-1-15 所示. 當 $0 \leq x \leq \dfrac{\pi}{4}$ 時, $\cos x \geq \sin x$; 當 $\dfrac{\pi}{4} \leq x \leq \dfrac{\pi}{2}$ 時, $\sin x \geq \cos x$. 因此, 所求的面積為

$$A = \int_0^{\pi/2} |\cos x - \sin x|\, dx$$

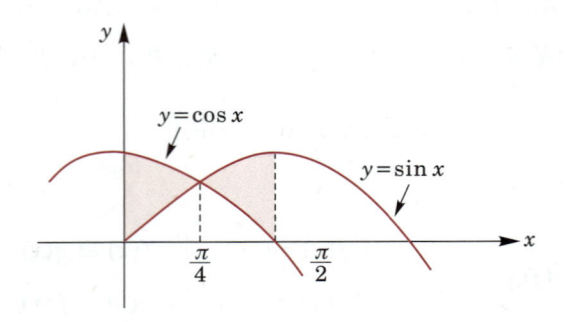

圖 16-1-15

$$= \int_0^{\pi/4} (\cos x - \sin x)\, dx + \int_{\pi/4}^{\pi/2} (\sin x - \cos x)\, dx$$

$$= (\sin x + \cos x)\Big|_0^{\pi/4} + (-\cos x - \sin x)\Big|_{\pi/4}^{\pi/2}$$

$$= \left(\frac{\sqrt{2}}{2} + \frac{\sqrt{2}}{2} - 1\right) + \left(-1 + \frac{\sqrt{2}}{2} + \frac{\sqrt{2}}{2}\right)$$

$$= 2(\sqrt{2} - 1).$$

例10 求三直線 $y=x$、$y=4x$ 與 $y=-x+2$ 所圍成區域的面積.

解答 直線 $y=x$ 與直線 $y=4x$ 的交點為 $(0,0)$，直線 $y=x$ 與直線 $y=-x+2$ 的交點為 $(1,1)$，而直線 $y=4x$ 與直線 $y=-x+2$ 的交點為 $\left(\dfrac{2}{5},\ \dfrac{8}{5}\right)$，如圖 16-1-16 所示. 故所求的面積為

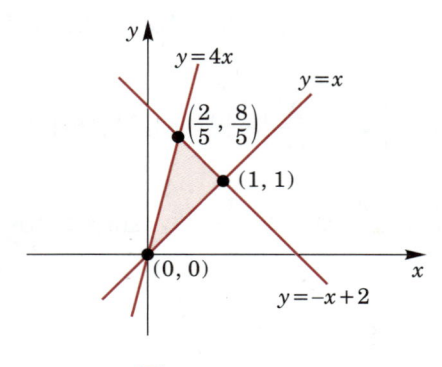

圖 16-1-16

$$A = \int_0^{2/5} (4x-x)\,dx + \int_{2/5}^1 (-x+2-x)\,dx$$

$$= \int_0^{2/5} 3x\,dx + \int_{2/5}^1 (-2x+2)\,dx = \frac{3}{2}x^2\Big|_0^{2/5} + (-x^2+2x)\Big|_{2/5}^1$$

$$= \frac{6}{25} + 1 - \frac{16}{25} = \frac{3}{5}.$$

例11 求由曲線 $y^2 = 3-x$ 與直線 $y = x-1$ 所圍成區域的面積.

解答 先求得曲線 $y^2 = 3-x$ 與直線 $y = x-1$ 之交點坐標為 $(-1, -2)$ 與 $(2, 1)$，如圖 16-1-17 所示.

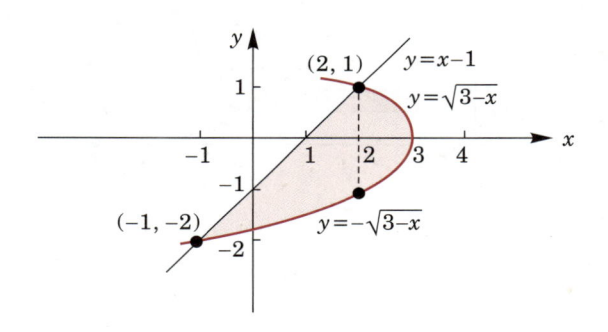

圖 16-1-17

面積為 $A = \int_{-1}^2 [x-1-(-\sqrt{3-x})]\,dx + \int_2^3 [\sqrt{3-x}-(-\sqrt{3-x})]\,dx$

$$\underbrace{}_{\substack{\text{上邊界}\\y=f(x)}} \underbrace{\phantom{-\sqrt{3-x}}}_{\substack{\text{下邊界}\\y=g(x)}} \qquad \underbrace{\phantom{\sqrt{3-x}}}_{\substack{\text{上邊界}\\y=f(x)}} \underbrace{\phantom{-\sqrt{3-x}}}_{\substack{\text{下邊界}\\y=g(x)}}$$

$$= \int_{-1}^2 (x-1+\sqrt{3-x})\,dx + 2\int_2^3 \sqrt{3-x}\,dx$$

$$= \left[\frac{x^2}{2} - x - \frac{2}{3}(3-x)^{3/2}\right]_{-1}^2 - \left[\frac{4}{3}(3-x)^{3/2}\right]_2^3$$

$$= \frac{19}{6} + \frac{4}{3} = \frac{9}{2}.$$

有一個比較簡易的方法可解例題 11，我們不用視 y 為 x 的函數，而是視 x 為 y 的函數．一般而言，若一區域是由兩曲線 $x=f(y)$、$x=g(y)$ 與兩直線 $y=c$、$y=d$ 所圍成，此處 f 與 g 在 $[c, d]$ 均為連續，且 $f(y) \geq g(y)$ 對 $c \leq y \leq d$ 均成立，如圖 16-1-18 所示，則其面積為

$$A = \lim_{n \to \infty} \sum_{i=1}^{n} [f(y_i^*) - g(y_i^*)] \Delta y = \int_c^d [f(y) - g(y)]\, dy \qquad (16\text{-}1\text{-}7)$$

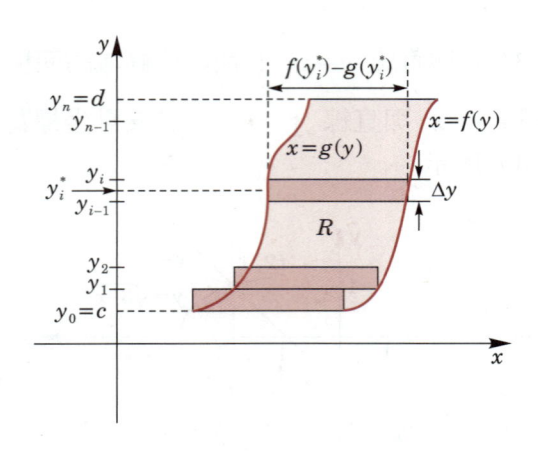

圖 16-1-18

例12 試對 y 積分求例題 11 的面積．

解答 曲線 $x = 3 - y^2$ 與直線 $x = y + 1$ 的交點為 $(-1, -2)$ 與 $(2, 1)$，且對任一 $y \in [-2, 1]$，$y + 1 \leq 3 - y^2$，如圖 16-1-19 所示．

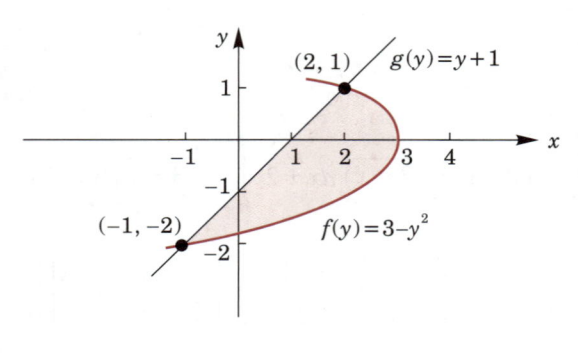

圖 16-1-19

故面積為

$$A = \int_{-2}^{1} [\underbrace{(3-y^2)}_{\substack{右邊界 \\ x=f(y)}} - \underbrace{(y+1)}_{\substack{左邊界 \\ x=g(y)}}] \, dy = \int_{-2}^{1} (-y^2 - y + 2) \, dy$$

$$= \left(-\frac{y^3}{3} - \frac{y^2}{2} + 2y\right)\Big|_{-2}^{1}$$

$$= \left(-\frac{1}{3} - \frac{1}{2} + 2\right) - \left(\frac{8}{3} - 2 - 4\right)$$

$$= \frac{9}{2}.$$

習題 16-1

在 1～10 題中，繪出所予方程式圖形所圍成的區域，並求其面積．

1. $y=\sqrt{x}$，$y=-x$，$x=1$，$x=4$
2. $y=4-x^2$，$y=-4$
3. $x=y^2$，$x-y=-2$，$y=-2$，$y=3$
4. $y=x^3$，$y=x^2$
5. $x+y=3$，$x^2+y=3$
6. $x=y^2$，$x-y-2=0$
7. $y=\sqrt{x}$，$y=-x+6$，$y=1$
8. $y=2+|x-1|$，$y=-\frac{1}{5}x+7$
9. $y=\sin x$，$y=\cos x$，$x=0$，$x=2\pi$
10. $y=e^{-x}$，$xy=1$，$x=1$，$x=2$
11. 求一垂直線 $x=k$ 使得由曲線 $x=\sqrt{y}$ 與兩直線 $x=2$、$y=0$ 所圍成區域分成兩等分．

§16-2 體積

在本節中，我們將利用定積分求三維空間中立體的體積.

我們定義**柱體** (cylinder)(或稱**正柱體**) 為沿著與平面區域垂直的直線或軸移動該區域所生成的立體. 在柱體中，與其軸垂直的所有截面的大小與形狀均相同. 若一柱體是由將面積 A 的平面區域移動距離 h 而生成的 (圖 16-2-1)，則柱體的體積 V 為 $V=Ah$.

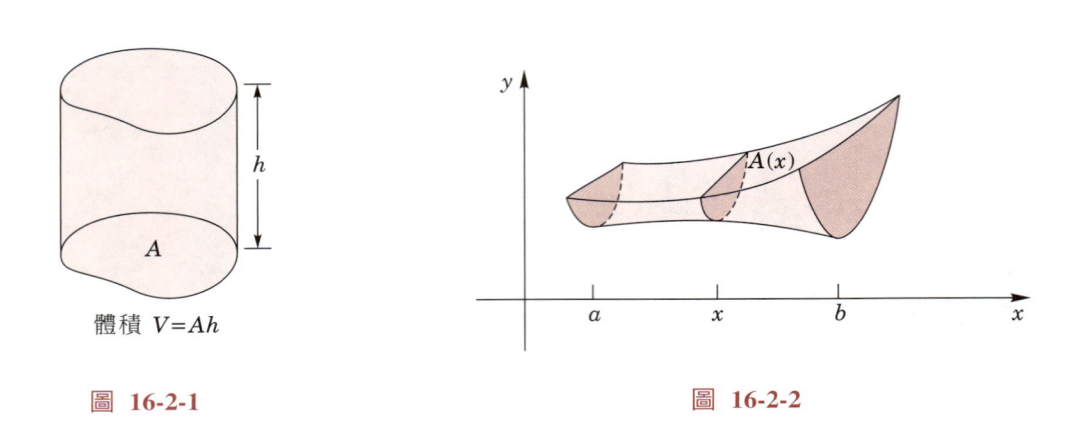

體積 $V=Ah$

圖 16-2-1

圖 16-2-2

一、薄片法 (slicing method)

不是柱體也不是由有限個柱體所組成的立體體積可由所謂"薄片法"求得. 我們假設立體 S 沿著 x-軸延伸而左邊界與右邊界分別為在 $x=a$ 與 $x=b$ 處垂直於 x-軸的平面，如圖 16-2-2 所示. 因 S 並非假定為一柱體，故與 x-軸垂直的截面會改變，我們以 $A(x)$ 表示在 x 處的截面面積.

我們在區間 $[a, b]$ 中插入一些點 $x_1, x_2, \cdots, x_{n-1}$，使得 $a=x_0 < x_1 < x_2 < \cdots < x_{n-1} < x_n = b$，而將 $[a, b]$ 分成相等長度 $\Delta x=(b-a)/n$ 的 n 個子區間，並通過每一分點作出垂直於 x-軸的平面，如圖 16-2-3 所示，這些平面將立體 S 截成 n 個薄片 $S_1, S_2, \cdots, S_n$，我們現在考慮典型的薄片 S_i. 一般而言，此薄片可能不是柱體，因它的截面會改變. 然而，若薄片很薄，則截面不會改變很多. 所以若我們在第 i 個子區間 $[x_{i-1}, x_i]$ 中任取一點 x_i^*，則薄片 S_i 的每一截面大約與在 x_i^* 處的截面相同，而我們以厚為 Δx 且截面面積為 $A(x_i^*)$ 的柱體近似薄片 S_i. 於是，薄片 S_i 的體積 V_i 約為 $A(x_i^*)\Delta x$，即，

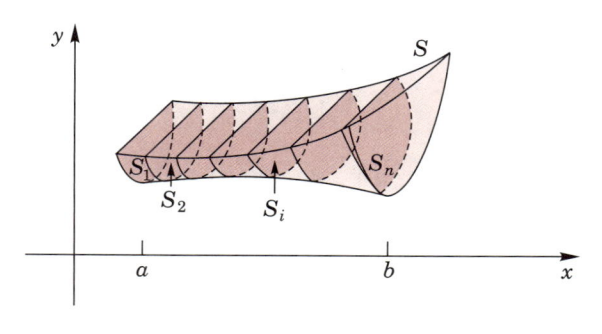

圖 16-2-3

$$V_i \approx A(x_i^*)\,\Delta x$$

而整個立體 S 的體積 V 約為 $\sum_{i=1}^{n} A(x_i^*)\,\Delta x$，即，

$$V \approx \sum_{i=1}^{n} A(x_i^*)\,\Delta x$$

於是，
$$V = \lim_{n \to \infty} \sum_{i=1}^{n} A(x_i^*)\,\Delta x$$

因上式右邊正好是定積分 $\int_a^b A(x)\,dx$，故我們有下面的定義.

定義 16-2-1

若一有界立體夾在兩平面 $x=a$ 與 $x=b$ 之間，且在 $[a, b]$ 中每一 x 處垂直於 x-軸之截面的面積為 $A(x)$，則該立體的**體積** (volume) 為

$$V = \int_a^b A(x)\,dx$$

倘若 $A(x)$ 為可積分.

對垂直於 y-軸的截面有一個類似的結果.

定義 16-2-2

若一有界立體夾在兩平面 $y=c$ 與 $y=d$ 之間,且在 $[c, d]$ 中每一 y 處垂直於 y-軸之截面的面積為 $A(y)$,則該立體的體積為

$$V=\int_c^d A(y)\,dy$$

倘若 $A(y)$ 為可積分.

例 1 求高為 h 且底是邊長為 a 之正方形的正角錐的體積.

解答 如圖 16-2-4(a) 所示,我們將原點 O 置於角錐的頂點且 x-軸沿著它的中心軸. 在 x 處垂直於 x-軸的平面截交角錐所得截面為一正方形區域,而令 s 表示此正方形一邊的長,則由相似三角形 (圖 16-2-4(b)) 可知

$$\frac{s}{a}=\frac{x}{h} \quad \text{或} \quad s=\frac{a}{h}x$$

於是,在 x 處之截面的面積為

$$A(x)=s^2=\frac{a^2}{h^2}x^2$$

故角錐的體積為

$$V=\int_0^h A(x)\,dx=\int_0^h \frac{a^2}{h^2}x^2\,dx=\frac{a^2}{3h^2}x^3\Big|_0^h=\frac{1}{3}a^2 h.$$

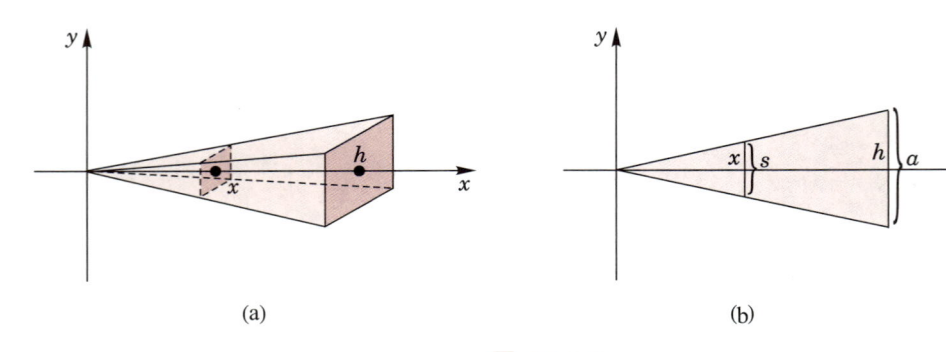

(a)   (b)

圖 16-2-4

例 2 試證：半徑為 r 之球的體積為 $V = \dfrac{4}{3}\pi r^3$.

解答 若我們將球心置於原點，如圖 16-2-5 所示，則在 x 處垂直於 x-軸的平面截交該球所得截面為一圓區域，其半徑為 $y = \sqrt{r^2 - x^2}$，故截面的面積為

$$A(x) = \pi y^2 = \pi(r^2 - x^2)$$

所以，球的體積為

$$V = \int_{-r}^{r} A(x)\, dx = \int_{-r}^{r} \pi(r^2 - x^2)\, dx = 2\pi \int_{0}^{r} (r^2 - x^2)\, dx$$

$$= 2\pi \left(r^2 x - \dfrac{x^3}{3} \right) \bigg|_{0}^{r} = \dfrac{4}{3}\pi r^3.$$

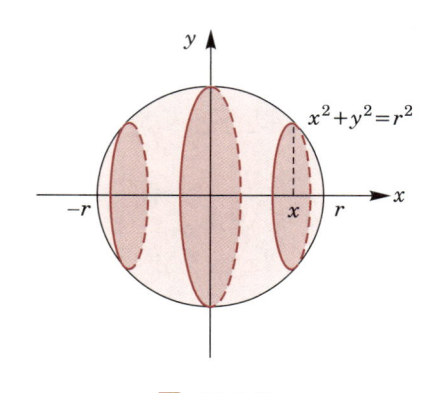

圖 16-2-5

平面上一區域繞此平面上一直線（區域位於直線的一側）旋轉一圈所得的立體稱為**旋轉體** (solid of revolution)，而此立體稱為由該區域所產生，該直線稱為**旋轉軸** (axis of revolution)。若 f 在 $[a, b]$ 為非負值且連續的函數，則由 f 的圖形、x-軸、兩直線 $x = a$ 與 $x = b$ 所圍成區域（圖 16-2-6(a)）繞 x-軸旋轉所產生的立體如圖 16-2-6(b) 所示．例如，若 f 為常數函數，則區域為矩形，而所產生的立體為一正圓柱．若 f 的圖形是直徑兩端點在點 $(a, 0)$ 與點 $(b, 0)$ 的半圓，其中 $b > a$，則旋轉體為直徑 $b - a$ 的球．若已知區域為一直角三角形，其底在 x-軸上，兩頂點在點 $(a, 0)$ 與 $(b, 0)$，且直角位在此兩點中的一點，則產生正圓錐體．

(a)

(b)

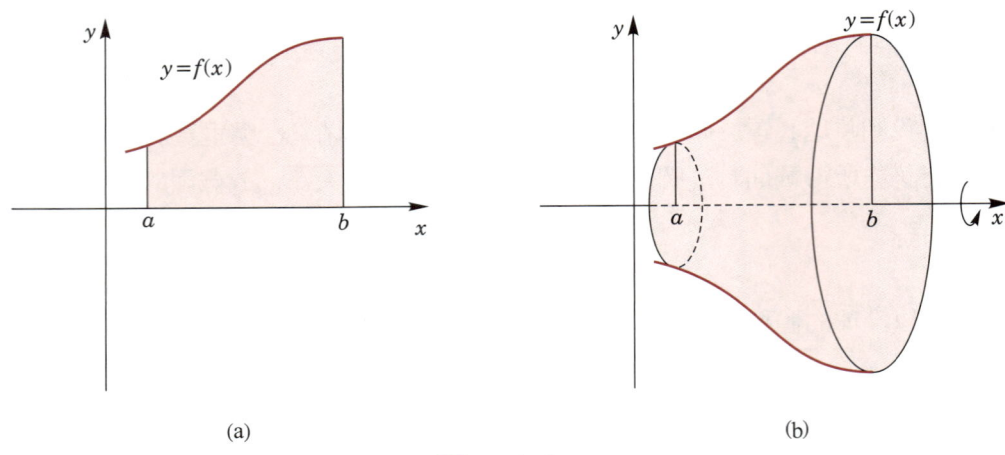

圖 16-2-6

二、圓盤法 (disk method)

令函數 f 在 $[a, b]$ 為連續，則由 f 的圖形、x-軸與兩直線 $x=a$、$x=b$ 所圍成區域繞 x-軸旋轉時，生成具有圓截面的立體。因在 x 處之截面的半徑為 $f(x)$，故截面的面積為 $A(x)=\pi[f(x)]^2$。所以，由定義 16-2-1 可知旋轉體的體積為

$$V = \int_a^b \pi[f(x)]^2 \, dx \qquad (16\text{-}2\text{-}1)$$

因截面為圓盤形，故此公式的應用稱為圓盤法。

例 3 求在曲線 $y=\sqrt{x}$ 下方且在區間 $[1, 4]$ 上方的區域繞 x-軸旋轉所得旋轉體的體積。

解答 區域如圖 16-2-7 所示，體積為

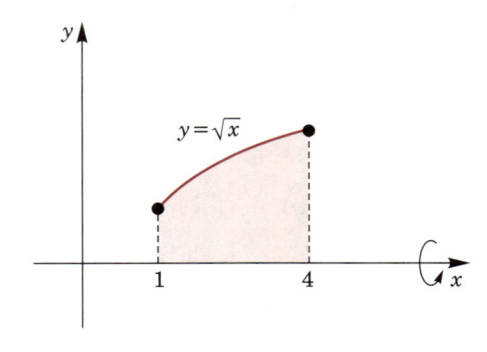

圖 16-2-7

$$V = \int_1^4 \pi(\sqrt{x})^2\, dx = \int_1^4 \pi x\, dx = \frac{\pi x^2}{2}\Big|_1^4 = 8\pi - \frac{\pi}{2} = \frac{15\pi}{2}$$

公式 (16-2-1) 中的函數 f 不必為非負，若 f 對某一 x 的值為負，如圖 16-2-8(a) 所示，且由 f 的圖形、x-軸與兩直線 $x=a$、$x=b$ 所圍成區域繞 x-軸旋轉，則得圖 16-2-8(b) 所示的立體。此立體與在 $y=|f(x)|$ 的圖形下方由 a 到 b 所圍成區域繞 x-軸旋轉所產生的立體相同。因 $|f(x)|^2 = [f(x)]^2$，故其體積與式 (16-2-1) 中的公式相同.

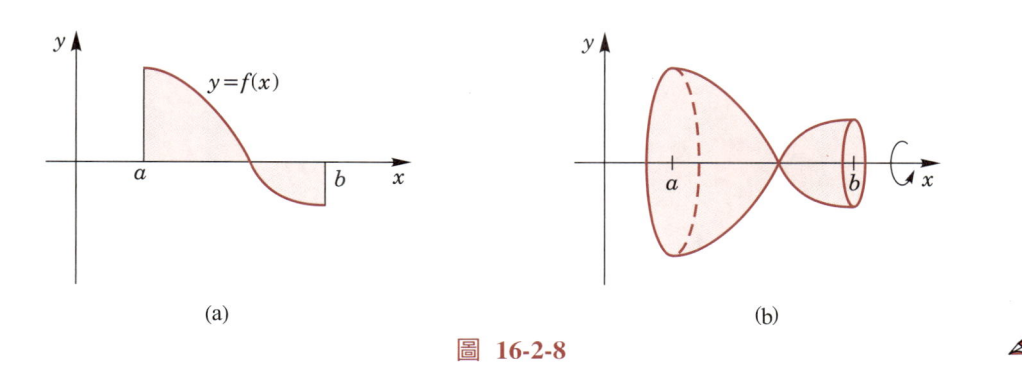

圖 16-2-8

例 4 求由 $y=x^3$、x-軸、$x=-1$ 與 $x=2$ 等圖形所圍成區域繞 x-軸旋轉所得旋轉體的體積.

解答 區域如圖 16-2-9 所示.

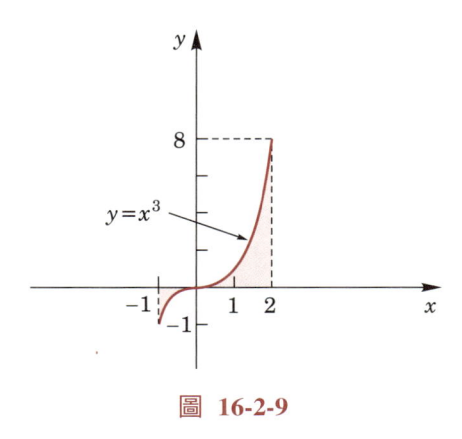

圖 16-2-9

體積為

$$V=\int_{-1}^{2} \pi (x^3)^2 \, dx = \pi \int_{-1}^{2} x^6 \, dx = \frac{\pi}{7} x^7 \Big|_{-1}^{2}$$

$$= \frac{\pi}{7}(128+1) = \frac{129\pi}{7}.$$

公式 (16-2-1) 僅適用於旋轉軸是 x-軸的情形，如圖 16-2-6 所示．若由 $x=g(y)$ 的圖形、y-軸與兩直線 $y=c$、$y=d$ 所圍成區域繞 y-軸旋轉，如圖 16-2-10 所示．則由定義 16-2-2 可得所產生旋轉體的體積為

$$V=\int_{c}^{d} \pi [g(y)]^2 \, dy. \tag{16-2-2}$$

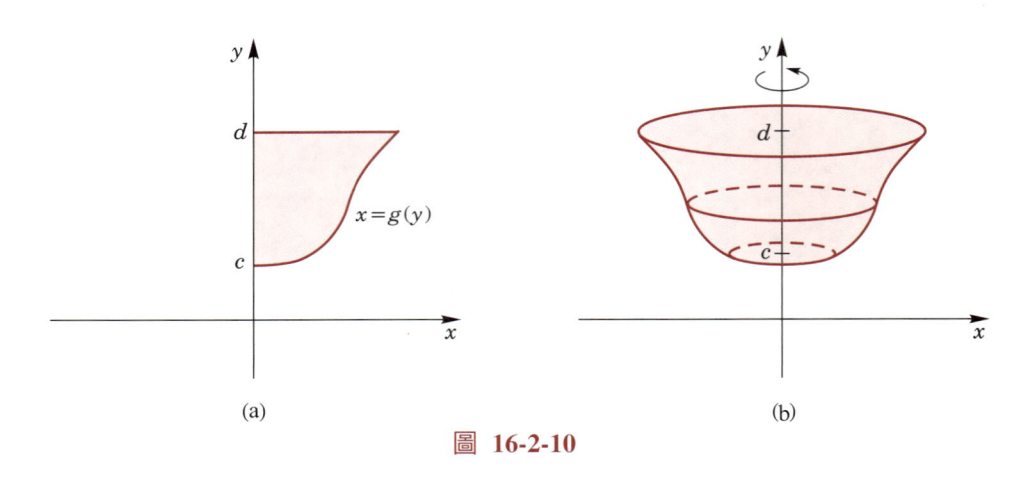

(a)   (b)

圖 16-2-10

例 5 求由 $y=\sqrt{x}$、$y=2$ 與 $x=0$ 等圖形所圍成區域繞 y-軸旋轉所得旋轉體的體積．

解答 圖形如圖 16-2-11 所示．

我們首先必須改寫 $y=\sqrt{x}$ 為 $x=y^2$．令 $g(y)=y^2$，可得體積為

$$V=\int_{0}^{2} \pi(y^2)^2 \, dy = \pi \int_{0}^{2} y^4 \, dy = \frac{\pi}{5} y^5 \Big|_{0}^{2}$$

$$= \frac{32\pi}{5}.$$

(a)　　　(b)

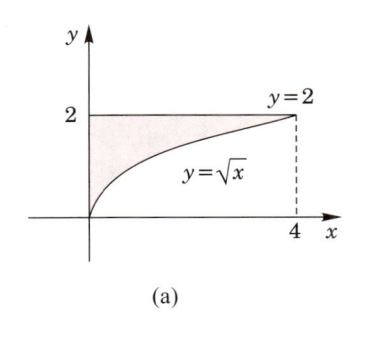

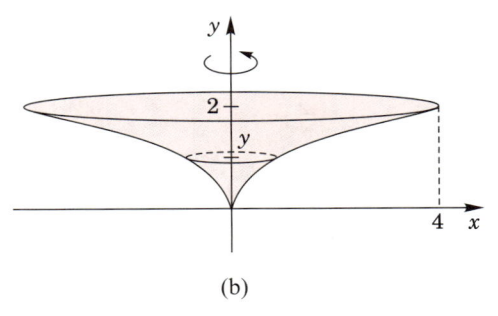

圖 16-2-11

例 6　導出底半徑為 r 且高為 h 的正圓錐體的體積公式.

解答　我們以 $(0, 0)$、$(0, h)$ 與 (r, h) 為三頂點的三角形區域如圖 16-2-12 所示，繞 y-軸旋轉可得該正圓錐體. 利用相似三角形，

$$\frac{x}{r} = \frac{y}{h} \quad \text{或} \quad x = \frac{r}{h} y$$

於是，在 y 處之截面的面積為

$$A(y) = \pi x^2 = \frac{\pi r^2}{h^2} y^2$$

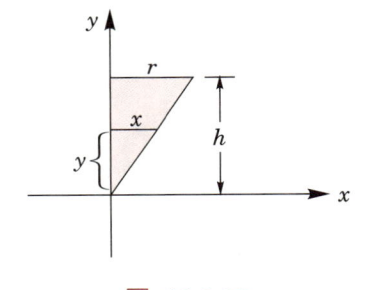

圖 16-2-12

故體積為　$V = \frac{\pi r^2}{h^2} \int_0^h y^2 \, dy = \frac{1}{3} \pi r^2 h.$

三、墊圈法 (washer method)

我們現在考慮更一般的旋轉體. 假設 f 與 g 在 $[a, b]$ 均為非負值且連續的函數使得對 $a \leq x \leq b$ 恆有 $g(x) \leq f(x)$，並令 R 為這些函數的圖形，兩直線 $x = a$ 與 $x = b$ 所圍成的區域 (圖 16-2-13(a)). 當此區域繞 x-軸旋轉時，生成具有環形或墊圈形截面的立體 (圖 16-2-13(b))，因在 x 處的截面之內半徑為 $g(x)$ 而外半徑為 $f(x)$，故其面積為

$$A(x) = \pi [f(x)]^2 - \pi [g(x)]^2 = \pi \{[f(x)]^2 - [g(x)]^2\}$$

所以，由定義 16-2-1 可得立體的體積為

(a)

(b)

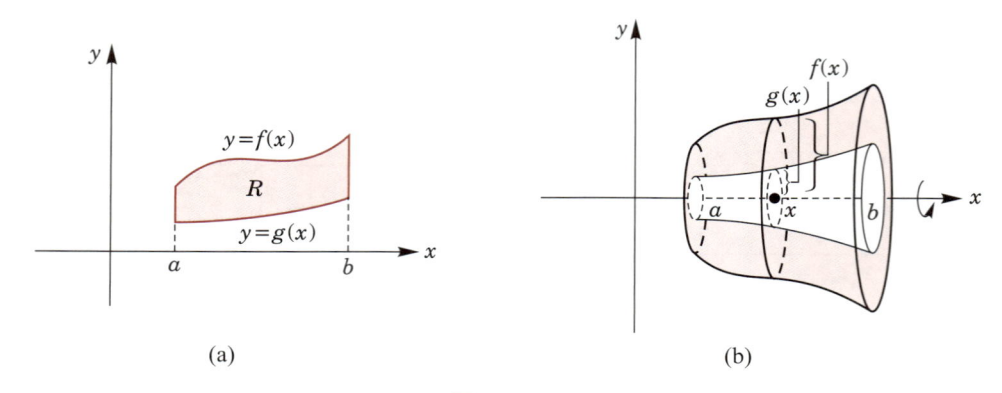

圖 16-2-13

$$V=\int_a^b \pi\{[f(x)]^2-[g(x)]^2\}\,dx \qquad (16\text{-}2\text{-}3)$$

此公式的應用稱為**墊圈法**.

例 7 求由拋物線 $y=x^2$ 與直線 $y=x$ 所圍成區域如圖 16-2-14 所示，繞 x-軸旋轉所得旋轉體的體積.

(a)

(b)

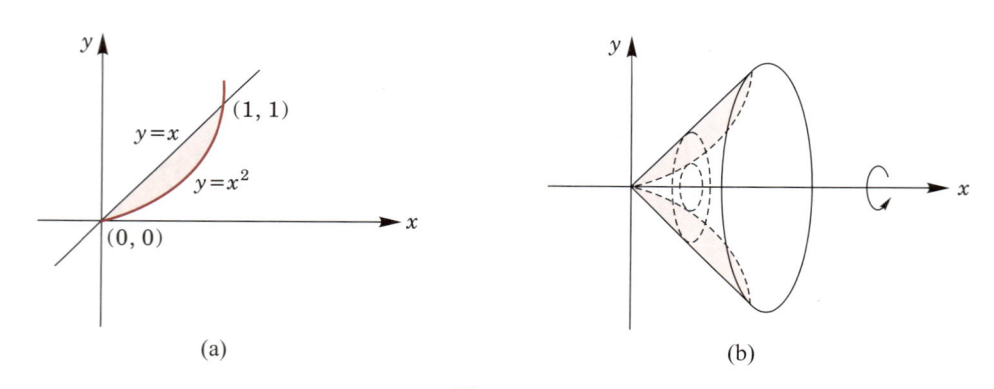

圖 16-2-14

解答 $y=x^2$ 與 $y=x$ 的交點為 $(0,0)$ 與 $(1,1)$. 因在 x 處的截面為環形，其內半徑為 x^2 而外半徑為 x，故截面的面積為

$$A(x)=\pi x^2-\pi(x^2)^2=\pi(x^2-x^4)$$

可得體積為

$$V = \int_0^1 \pi(x^2 - x^4)\,dx = \pi\left(\frac{x^3}{3} - \frac{x^5}{5}\right)\bigg|_0^1$$
$$= \pi\left(\frac{1}{3} - \frac{1}{5}\right) = \frac{2\pi}{15}.$$

經由互換 x 與 y 的地位，同樣可以去求一區域繞 y-軸或平行 y-軸的直線旋轉所產生立體的體積，如下例所示.

例 8 求例題 7 的區域繞 y-軸所得旋轉體的體積.

解答 圖 16-2-15 指出垂直於 y-軸的截面為環形，其內半徑為 y 而外半徑為 $\sqrt{y}$，故截面的面積為

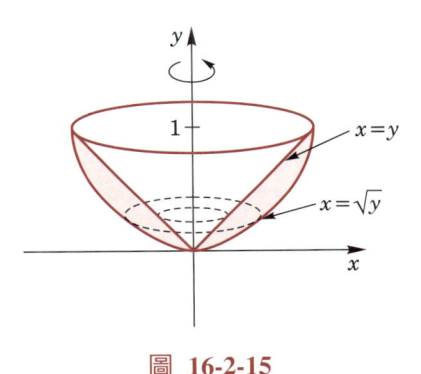

圖 16-2-15

$$A(y) = \pi(\sqrt{y})^2 - \pi y^2 = \pi(y - y^2)$$

所以，體積為

$$V = \int_0^1 \pi(y - y^2)\,dy = \pi\left(\frac{y^2}{2} - \frac{y^3}{3}\right)\bigg|_0^1 = \frac{\pi}{6}.$$

四、圓柱殼法 (cylindrical shell method)

求旋轉體體積的另一方法在某些情形下較前面所討論的方法簡單，稱為**圓柱殼法**.

一圓柱殼是介於兩個同心正圓柱之間的立體（圖 16-2-16）. 內半徑為 r_1 且外半徑為 r_2，以及高為 h 的圓柱殼體積為

圖 16-2-16

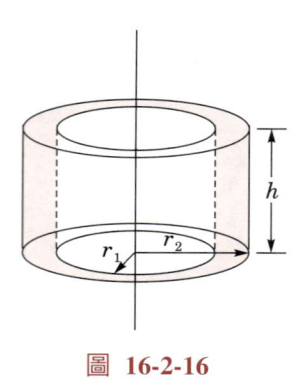

$$V = \pi r_2^2 h - \pi r_1^2 h = \pi(r_2^2 - r_1^2)h = \pi(r_2+r_1)(r_2-r_1)h$$
$$= 2\pi\left(\frac{r_2+r_1}{2}\right)h(r_2-r_1)$$

若令 $\Delta r = r_2 - r_1$（殼的厚度），$r = \frac{1}{2}(r_1+r_2)$（殼的平均半徑），則圓柱殼的體積變成

$$V = 2\pi rh\ \Delta r$$

即，　　　　　　殼的體積 $= 2\pi$（平均半徑）(高度)(厚度)

設 S 為由連續曲線 $y = f(x) \geq 0$ 與 $y = 0$、$x = a$、$x = b$ 等圖形所圍成區域 R（圖 16-2-17）繞 y-軸旋轉所產生的立體，該立體的體積近似於圓柱殼體積之和。一典型圓柱殼的平均半徑為 $x_i^* = \frac{1}{2}(x_{i-1}+x_i)$，高為 $f(x_i^*)$，厚為 Δx，其體積為

$$\Delta V_i = 2\pi\text{（平均半徑）}\cdot\text{（高度）}\cdot\text{（厚度）} = 2\pi x_i^* f(x_i^*)\ \Delta x$$

所以，S 的體積 V 近似於 $\sum_{i=1}^{n} \Delta V_i$，即，

$$V \approx \sum_{i=1}^{n} \Delta V_i = \sum_{i=1}^{n} 2\pi x_i^* f(x_i^*)\ \Delta x$$

所得旋轉體的體積為

$$V = \lim_{n\to\infty} \sum_{i=1}^{n} 2\pi x_i^* f(x_i^*)\ \Delta x = \int_a^b 2\pi x\ f(x)\ dx$$

第十六章　積分的應用 ➲ **579**

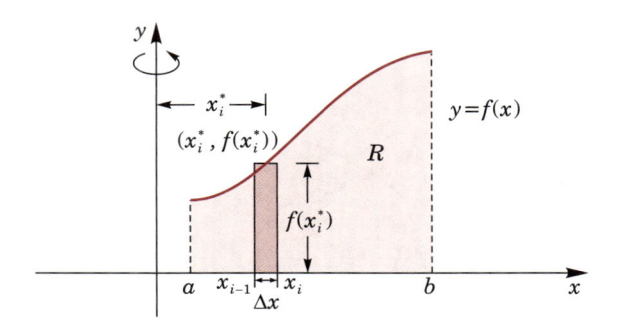

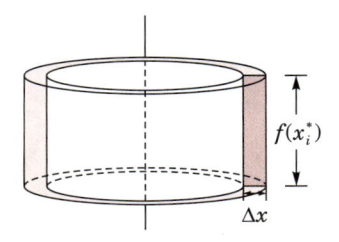

圖 16-2-17

依此，我們有下面的定義.

定義 16-2-3

令函數 $y=f(x)$ 在 $[a, b]$ 為連續，此處 $0 \leq a < b$，則由 f 的圖形、x-軸與兩直線 $x=a$、$x=b$ 所圍成區域繞 y-軸旋轉所得旋轉體的體積為

$$V = \int_a^b 2\pi x \, f(x) \, dx.$$

例 9　求在 $y=\sqrt{x}$、$x=1$、$x=4$ 等圖形與 x-軸之間所圍成區域繞 y-軸旋轉所得旋轉體的體積.

解答　區域如圖 16-2-18 所示.

體積為 $V = \int_1^4 2\pi x \sqrt{x} \, dx = 2\pi \int_1^4 x^{3/2} \, dx = \dfrac{4\pi}{5} x^{5/2} \Big|_1^4$

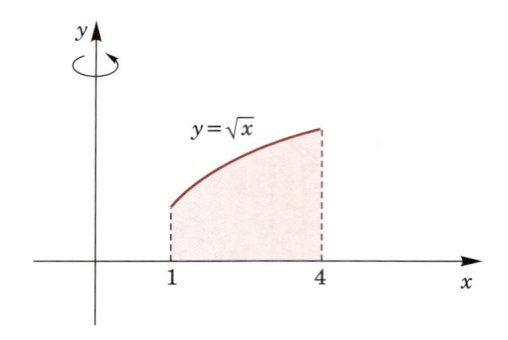

$$= \frac{4\pi}{5}(32-1) = \frac{124\pi}{5}.$$

例10 求在曲線 $y = e^{-x^2}$ 下方且在區間 $[0, \infty)$ 上方的區域繞 y-軸旋轉所得旋轉體的體積.

解答 區域如圖 16-2-19 所示.

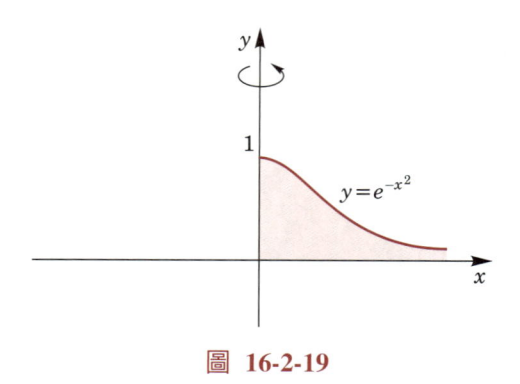

圖 16-2-19

體積為 $V = \displaystyle\int_0^\infty 2\pi x e^{-x^2}\, dx = \lim_{t \to \infty} \int_0^t 2\pi x e^{-x^2}\, dx$

$\displaystyle = -\pi \lim_{t \to \infty} \int_0^t e^{-x^2}\, d(-x^2) = -\pi \lim_{t \to \infty} \left(e^{-x^2} \Big|_0^t \right)$

$\displaystyle = -\pi \lim_{t \to \infty} (e^{-t^2} - 1) = \pi.$

第十六章 積分的應用 ⊃ 581

一般，在兩曲線 $y=f(x)$ 與 $y=g(x)$ 之間由 a 到 b 的區域（此處 $f(x) \geq g(x)$ 且 $0 \leq a < b$）繞 y-軸旋轉所得旋轉體的體積為

$$V = \int_a^b 2\pi x \, [f(x) - g(x)] \, dx. \tag{16-2-4}$$

例11 求由 $y=x$ 與 $y=x^2$ 等圖形所圍成區域繞 y-軸旋轉所得旋轉體的體積．

解答 區域如圖 16-2-20 所示．

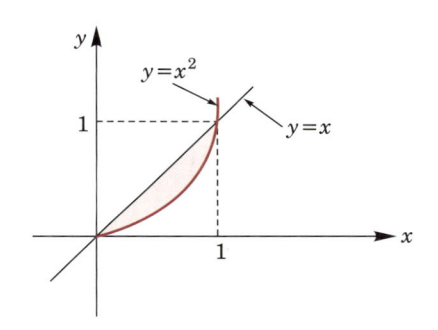

圖 16-2-20

體積為 $V = \int_0^1 2\pi x \, (x - x^2) \, dx = 2\pi \int_0^1 (x^2 - x^3) \, dx$

$$= 2\pi \left(\frac{x^3}{3} - \frac{x^4}{4} \right) \bigg|_0^1 = \frac{\pi}{6}.$$

定義 16-2-4

令函數 $x = g(y)$ 在 $[c, d]$ 為連續，此處 $0 \leq c < d$，則由 g 的圖形、y-軸與兩直線 $y=c$、$y=d$ 所圍成區域繞 x-軸旋轉所得旋轉體的體積為

$$V = \int_c^d 2\pi y \, g(y) \, dy.$$

例12 求由拋物線 $y=x^2$ 與 y-軸、直線 $y=4$ 所圍成區域繞 x-軸旋轉所得旋轉體的體積.

解答 區域如圖 16-2-21 所示.

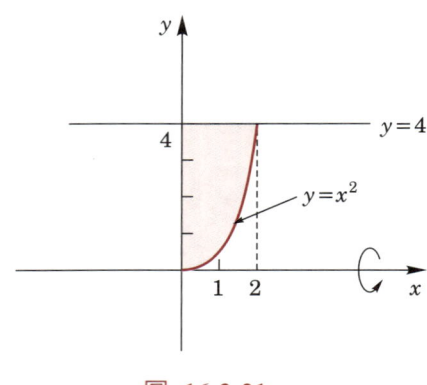

圖 16-2-21

體積為 $V = \displaystyle\int_0^4 2\pi\, y\sqrt{y}\, dy = 2\pi \int_0^4 y^{3/2}\, dy$

$\qquad\qquad = \dfrac{4\pi}{5} y^{5/2} \Big|_0^4 = \dfrac{128\pi}{5}.$

習題 16-2

在 1～4 題中，求由所予方程式的圖形所圍成區域繞 x-軸旋轉所得旋轉體的體積.

1. $y = \dfrac{1}{x}$, $y=0$, $x=1$, $x=2$
2. $y=\sin x$, $y=\cos x$, $x=0$, $x=\dfrac{\pi}{4}$
3. $y=x^2+1$, $y=x+3$
4. $y=x^2$, $y=x^3$

在 5〜7 題中，求由所予方程式的圖形所圍成區域繞 y-軸旋轉所得旋轉體的體積.

5. $y=\dfrac{2}{x}$, $y=1$, $y=2$, $x=0$
6. $x=\sqrt{4-y^2}$, $x=0$, $y=1$, $y=2$
7. $y=x^2$, $x=y^2$

在 8〜9 題中，利用圓柱殼法求由所予方程式的圖形所圍成區域繞 x-軸旋轉所得旋轉體的體積.

8. $y^2=x$, $y=1$, $x=0$
9. $y=x^2$, $x=1$, $y=0$

在 10〜11 題中，利用圓柱殼法求由所予方程式的圖形所圍成區域繞 y-軸旋轉所得旋轉體的體積.

10. $y=\sqrt{x}$, $y=0$, $x=1$, $x=4$
11. $x=y^2$, $y=x^2$
12. 利用圓柱殼法求頂點為 $(0, 0)$、$(0, r)$ 與 $(h, 0)$ 的三角形區域繞 x-軸旋轉所得正圓錐體的體積，此處 $r>0$, $h>0$.

§ 16-3 弧　長

欲解某些科學上的問題，考慮函數圖形的長度是絕對必要的. 例如，一拋射體沿著一拋物線方向運動，我們希望決定它在某指定時間區間內所經過的距離. 同理，求一條易彎曲的扭曲電線的長度，只需將它拉直而用直尺（或距離公式）求其長度；然而，求一條不易彎曲的扭曲電線的長度，必須利用其他方法. 我們將看出，定義圖形之長度的關鍵是將圖形分成許多小段，然後，以線段近似每一小段. 其次，我們將所有如此線段的長度的和取極限，可得一個定積分. 欲保證積分存在，我們必須對函數加以限制.

若函數 f 的導函數 f' 在某區間為連續，則稱 $y=f(x)$ 的圖形在該區間為一平滑曲線 (smooth curve)(或 f 為平滑函數 (smooth function)). 在本節裡，我們將弧長的討論限制在平滑曲線.

若函數 f 在 $[a, b]$ 為平滑，則如圖 16-3-1 所示，我們考慮由 $a=x_0<x_1<x_2<$

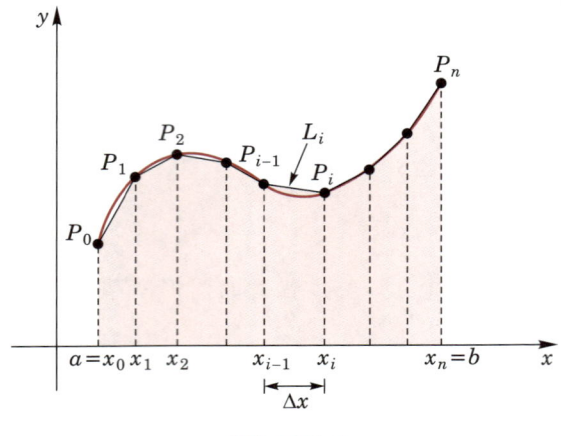

圖 16-3-1

⋯ < $x_n = b$ 將 $[a, b]$ 分成相等長度 $\Delta x = (b-a)/n$ 的 n 個子區間，且令點 P_i 的坐標為 $(x_i, f(x_i))$。若以線段連接這些點，則可得一條多邊形路徑，它可視為曲線 $y = f(x)$ 的近似。假使再增加點數，那麼多邊形路徑的長將趨近曲線的長。

在多邊形路徑的第 i 個線段的長 L_i 為

$$L_i = \sqrt{(\Delta x_i)^2 + [f(x_i) - f(x_{i-1})]^2} \tag{16-3-1}$$

利用均值定理，在 x_{i-1} 與 x_i 之間存在一數 x_i^* 使得

$$f(x_i) - f(x_{i-1}) = f'(x_i^*) \, \Delta x$$

於是，(16-3-1) 式可改寫成

$$L_i = \sqrt{1 + [f'(x_i^*)]^2} \, \Delta x$$

這表示整個多邊路徑的長為

$$\sum_{i=1}^{n} L_i = \sum_{i=1}^{n} \sqrt{1 + [f'(x_i^*)]^2} \, \Delta x$$

於是，

$$L = \lim_{n \to \infty} \sum_{i=1}^{n} \sqrt{1 + [f'(x_i^*)]^2} \, \Delta x \tag{16-3-2}$$

因 (16-3-2) 式的右邊正是定積分 $\int_a^b \sqrt{1+[f'(x)]^2}\,dx$，故我們有下面的定義．

定義 16-3-1

若 f 在 $[a, b]$ 為平滑函數，則曲線 $y=f(x)$ 由 $x=a$ 到 $x=b$ 的**弧長** (arclength) 為

$$L=\int_a^b \sqrt{1+[f'(x)]^2}\,dx=\int_a^b \sqrt{1+\left(\frac{dy}{dx}\right)^2}\,dx.$$

例 1 求曲線 $y=\dfrac{1}{3}(x^2+2)^{3/2}$ 由 $x=0$ 到 $x=1$ 的長度．

解答
$$\frac{dy}{dx}=\frac{1}{2}(x^2+2)^{1/2}(2x)=x\sqrt{x^2+2},$$

$$1+\left(\frac{dy}{dx}\right)^2=1+x^2(x^2+2)=(x^2+1)^2.$$

所以，長度為
$$L=\int_0^1 \sqrt{1+\left(\frac{dy}{dx}\right)^2}=\int_0^1 (x^2+1)\,dx$$
$$=\frac{x^3}{3}+x\bigg|_0^1=\frac{4}{3}.$$

例 2 求曲線 $x^{2/3}+y^{2/3}=a^{2/3}$ $(a>0)$ 的長度．

解答 因圖形對稱於 x-軸與 y-軸（如圖 16-3-2 所示），故只需求出在第一象限內的長度，然後乘上 4 倍，即為所要求的長度．

$$y=(a^{2/3}-x^{2/3})^{3/2}$$

$$\frac{dy}{dx}=\frac{3}{2}(a^{2/3}-x^{2/3})^{1/2}\left(-\frac{2}{3}x^{-1/3}\right)$$
$$=-x^{-1/3}(a^{2/3}-x^{2/3})^{1/2}$$

図 16-3-2

$$1+\left(\frac{dy}{dx}\right)^2 = 1+x^{-2/3}(a^{2/3}-x^{2/3})$$
$$= 1+a^{2/3}x^{-2/3}-1$$
$$= a^{2/3}x^{-2/3}$$

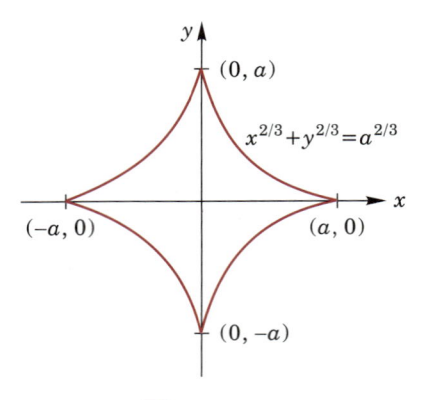

所以，長度為

$$L = 4\int_0^a \sqrt{1+\left(\frac{dy}{dx}\right)^2}\, dx = 4a^{1/3}\int_0^a x^{-1/3}\, dx$$
$$= 4a^{1/3}\lim_{t\to 0^+}\int_t^a x^{-1/3}\, dx = 6a^{1/3}\lim_{t\to 0^+}\left(x^{2/3}\Big|_t^a\right)$$
$$= 6a.$$

例 3. 求半徑為 r 之圓的周長．

解答
$$L = 4\int_0^r \sqrt{1+\left(\frac{dy}{dx}\right)^2}\, dx$$
$$= 4\int_0^r \frac{r}{\sqrt{r^2-x^2}}\, dx$$
$$= 4\lim_{t\to r^-}\int_0^t \frac{r}{\sqrt{r^2-x^2}}\, dx$$

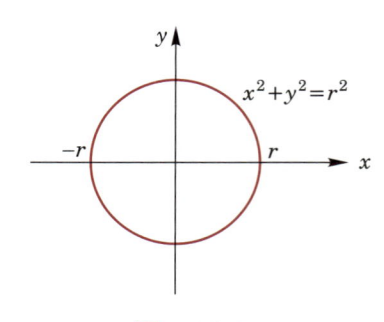

図 16-3-3

令 $x = r \sin\theta$, $0 \leq \theta < \dfrac{\pi}{2}$, 則 $dx = r \cos\theta\, d\theta$,

故 $\quad L = 4 \lim\limits_{t \to r^-} \displaystyle\int_0^{\sin^{-1}(t/r)} \dfrac{r}{r \cos\theta}\, r \cos\theta\, d\theta$

$\qquad\qquad = 4r \lim\limits_{t \to r^-} \displaystyle\int_0^{\sin^{-1}(t/r)} d\theta$

$\qquad\qquad = 4r \lim\limits_{t \to r^-} \sin^{-1}\left(\dfrac{t}{r}\right)$

$\qquad\qquad = 4r \left(\dfrac{\pi}{2}\right) = 2\pi r.$

例 4 求曲線 $y = \displaystyle\int_1^x \sqrt{t^3 - 1}\, dt$ ($1 \leq x \leq 4$) 的長度.

解答 $y = \displaystyle\int_1^x \sqrt{t^3 - 1}\, dt$

$\Rightarrow \dfrac{dy}{dx} = \sqrt{x^3 - 1}$ 　　　　　(利用微積分基本定理第 I 部分)

$\Rightarrow 1 + \left(\dfrac{dy}{dx}\right)^2 = 1 + (x^3 - 1) = x^3$

所以, 長度為 $L = \displaystyle\int_1^4 \sqrt{1 + \left(\dfrac{dy}{dx}\right)^2}\, dx = \int_1^4 x^{3/2}\, dx$

$\qquad\qquad\qquad = \dfrac{2}{5} x^{5/2} \Big|_1^4 = \dfrac{2}{5}(32 - 1)$

$\qquad\qquad\qquad = \dfrac{62}{5}.$

定義 16-3-2

令函數 g 定義為 $x=g(y)$, 此處 g 在 $[c, d]$ 為平滑函數, 則曲線 $x=g(y)$ 由 $y=c$ 到 $y=d$ 的弧長為

$$L=\int_c^d \sqrt{1+[g'(y)]^2}\, dy=\int_c^d \sqrt{1+\left(\frac{dx}{dy}\right)^2}\, dy.$$

習題 16-3

1. 求曲線 $y=2x^{3/2}-1$ 由 $x=0$ 到 $x=1$ 的弧長.

2. 求曲線 $x=\dfrac{1}{3}(y^2+2)^{3/2}$ 由 $y=0$ 到 $y=1$ 的弧長.

在 3~4 題中, 求所予方程式的圖形上由 A 點到 B 點的弧長.

3. $(y+1)^2=(x-4)^3$; $A(4,-1)$, $B(8, 7)$.

4. $y=5-\sqrt{x^3}$; $A(0, 5)$, $B(4, -3)$.

5. 求曲線 $y=\ln \sin x$ 由 $x=\dfrac{\pi}{6}$ 到 $x=\dfrac{\pi}{3}$ 的長度.

6. 求曲線 $y=\displaystyle\int_0^x \tan t\, dt \left(0\leq x\leq \dfrac{\pi}{6}\right)$ 的長度.

§16-4　旋轉曲面的面積

在同一平面上, 若一平面曲線 C 繞一直線旋轉, 則會產生一**旋轉曲面** (surface of revolution). 例如, 若一圓繞其直徑旋轉, 則可獲得一個球面. 假使 C 是相當規則, 則可求得曲面的面積公式.

圖 16-4-1　　　　　　　　　　　　圖 16-4-2

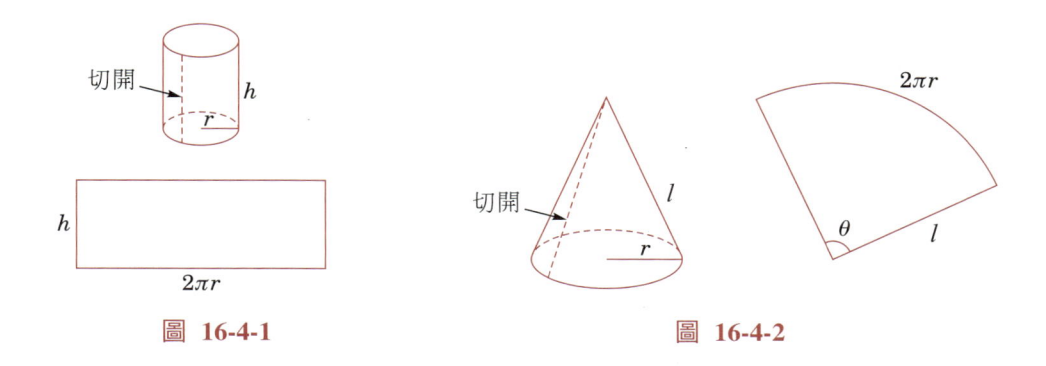

首先，我們以某些簡單的曲面開始．底半徑為 r 且高為 h 的正圓柱的側表面積為 $A=2\pi rh$，因為我們可將圓柱切開並展開（見圖 16-4-1），而獲得具有尺寸為 $2\pi r$ 與 h 的矩形．

同樣地，我們將底半徑為 r 且斜高為 l 的正圓錐面沿著虛線切開，如圖 16-4-2 所示，並將它放平形成半徑為 l 且圓心角為 $\theta=2\pi r/l$ 的扇形．因半徑為 l 且圓心角為 θ 之扇形的面積為 $\dfrac{1}{2}l^2\theta$，故

$$A=\dfrac{1}{2}l^2\theta=\dfrac{1}{2}l^2\left(\dfrac{2\pi r}{l}\right)=\pi rl$$

所以，圓錐的側表面積為 $A=\pi rl$．

圖 16-4-3 所示者為斜高 l 且上半徑 r_1，下半徑 r_2 的圓錐台，側表面積為

$$A=\pi r_2(l_1+l)-\pi r_1 l_1=\pi[(r_2-r_1)l_1+r_2 l]$$

由相似三角形可得

$$\dfrac{l_1}{r_1}=\dfrac{l_1+l}{r_2}$$

即　　　　$r_2 l_1=r_1 l_1+r_1 l$

或　　　　$(r_2-r_1)l_1=r_1 l$

可得　　　$A=\pi(r_1+r_2)l$

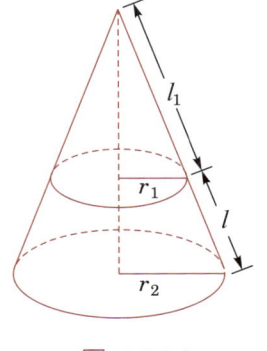

圖 16-4-3

(a)　　　　　　　　　　　　　　(b)

圖 16-4-4

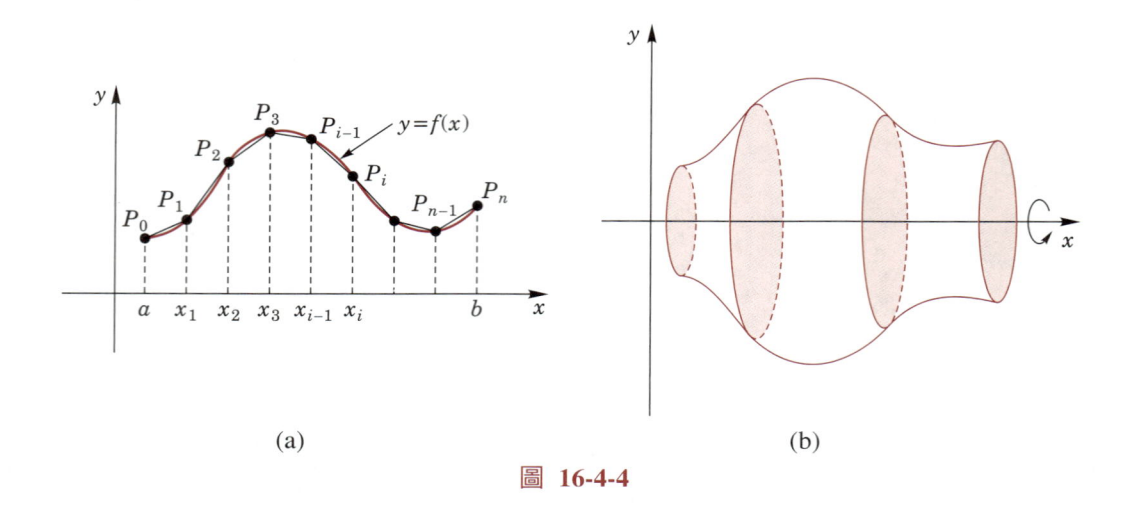

　　現在，我們考慮由曲線 $y=f(x)$ ($a \le x \le b$) (圖 16-4-4(a)) 繞 x-軸旋轉所得的旋轉曲面 (圖 16-4-4(b))，此處 f 為正值函數且有連續的導函數．為了定義此曲面的面積，我們利用類似於求弧長的方法．考慮由 $a=x_0 < x_1 < x_2 < \cdots < x_n = b$ 將 $[a, b]$ 分成相等長度 $\Delta x = (b-a)/a$ 的 n 個子區間，並令 $y_i = f(x_i)$ 使得 $P_i(x_i, y_i)$ 位於該曲線上．曲面在 x_{i-1} 與 x_i 之間的部分可由線段 $P_{i-1}P_i$ 繞 x-軸旋轉所得的曲面來近似，因此，第 i 個圓錐台的側表面積為

$$A_i = \pi \, [f(x_{i-1}) + f(x_i)] \sqrt{(\Delta x_i)^2 + [f(x_i) - f(x_{i-1})]^2}$$

依均值定理，在 $[x_{i-1}, x_i]$ 中存在一數 x_i^* 使得

$$f'(x_i^*) = \frac{f(x_i) - f(x_{i-1})}{x_i - x_{i-1}}$$

或

$$f(x_i) - f(x_{i-1}) = f'(x_i^*) \, \Delta x$$

於是，

$$A_i = \pi \, [f(x_{i-1}) + f(x_i)] \sqrt{1 + [f'(x_i^*)]^2} \, \Delta x$$

依 f 的連續性，當 $\Delta x \to 0$ 時，$f(x_i) \approx f(x_i^*)$，且 $f(x_{i-1}) \approx f(x_i^*)$．所以，

$$A_i \approx 2\pi f(x_i^*) \sqrt{1 + [f'(x_i^*)]^2} \, \Delta x$$

整個旋轉曲面的面積為

$$A \approx \sum_{i=1}^{n} 2\pi f(x_i^*) \sqrt{1+[f'(x_i^*)]^2} \, \Delta x$$

當 $n \to \infty$ 時，可得該旋轉曲面的面積為

$$\lim_{n \to \infty} \sum_{i=1}^{n} 2\pi f(x_i^*) \sqrt{1+[f'(x_i^*)]^2} \, \Delta x = \int_a^b 2\pi f(x) \sqrt{1+[f'(x)]^2} \, dx$$

於是，我們有下面的定義.

定義 16-4-1

令 f 在 $[a, b]$ 為平滑且非負值函數，則曲線 $y=f(x)$ 在 $x=a$ 與 $x=b$ 之間的部分繞 x-軸旋轉所得旋轉曲面的面積為

$$A = \int_a^b 2\pi f(x) \sqrt{1+[f'(x)]^2} \, dx.$$

例 1 求曲線 $y=2\sqrt{x}$ $(1 \leq x \leq 2)$ 繞 x-軸旋轉所得旋轉曲面的面積.

解答 因 $\dfrac{dy}{dx} = \dfrac{1}{\sqrt{x}}$，可得

$$\sqrt{1+\left(\dfrac{dy}{dx}\right)^2} = \sqrt{1+\left(\dfrac{1}{\sqrt{x}}\right)^2} = \sqrt{1+\dfrac{1}{x}} = \dfrac{\sqrt{x+1}}{\sqrt{x}},$$

故旋轉曲面的面積為

$$A = \int_1^2 2\pi \cdot 2\sqrt{x} \, \dfrac{\sqrt{x+1}}{\sqrt{x}} \, dx = 4\pi \int_1^2 \sqrt{x+1} \, dx$$

$$= \dfrac{8\pi}{3} (x+1)^{3/2} \bigg|_1^2 = \dfrac{8\pi}{3} (3\sqrt{3} - 2\sqrt{2}).$$

對於曲線 $x=g(y)$ 而言，若 g 在 $[c, d]$ 為平滑且非負值函數，則曲線 $x=g(y)$ 由 $y=c$ 到 $y=d$ 的部分繞 y-軸旋轉所得旋轉曲面的面積為

$$A=\int_c^d 2\pi g(y) \sqrt{1+[g'(y)]^2}\, dx. \tag{16-4-1}$$

定義 16-4-2

令 f 在 $[a, b]$ 為平滑且非負值函數 $(a \geq 0)$，則曲線 $y=f(x)$ 由 $x=a$ 到 $x=b$ 的部分繞 y-軸旋轉所得旋轉曲面的面積為

$$A=\int_a^b 2\pi x \sqrt{1+[f'(x)]^2}\, dx.$$

例 2 求曲線 $y=x^2$ 由 $x=0$ 到 $x=\sqrt{6}$ 的部分繞 y-軸旋轉所得旋轉曲面的面積.

解答 旋轉曲面的面積為

$$A=\int_0^{\sqrt{6}} 2\pi x\sqrt{1+4x^2}\, dx = \frac{\pi}{6}(1+4x^2)^{3/2}\Big|_0^{\sqrt{6}} = \frac{62\pi}{3}.$$

例 3 求半徑為 r 之球的表面積.

解答 方法 1：將圓的上半部繞 x-軸旋轉，可得球的表面積.

若 $y=f(x)=\sqrt{r^2-x^2}$，$-r \leq x \leq r$，則 $\dfrac{dy}{dx} = \dfrac{-x}{\sqrt{r^2-x^2}}$，

故
$$\begin{aligned}
A &= 2\pi \int_{-r}^r \sqrt{r^2-x^2}\sqrt{1+\left(\frac{-x}{\sqrt{r^2-x^2}}\right)^2}\, dx \\
&= 2\pi \int_{-r}^r \sqrt{r^2-x^2}\sqrt{\frac{r^2}{\sqrt{r^2-x^2}}}\, dx \\
&= 2\pi \int_{-r}^r r\, dx = 2\pi r \int_{-r}^r dx = 4\pi r^2.
\end{aligned}$$

方法 2：將圓的右半部繞 y-軸旋轉，亦可得球的表面積.

若 $x=g(y)=\sqrt{r^2-y^2}$, $-r \leq y \leq r$, 則 $\dfrac{dx}{dy}=\dfrac{-y}{\sqrt{r^2-y^2}}$,

故 $\quad A = 2\pi \displaystyle\int_{-r}^{r} \sqrt{r^2-y^2}\ \sqrt{1+\left(\dfrac{-y}{\sqrt{r^2-y^2}}\right)^2}\ dy$

$\qquad\quad = 2\pi \displaystyle\int_{-r}^{r} \sqrt{r^2-y^2}\ \dfrac{r}{\sqrt{r^2-y^2}}\ dy$

$\qquad\quad = 2\pi r \displaystyle\int_{-r}^{r} dy = 2\pi r \int_{-r}^{r} dy = 4\pi r^2.$

習題 16-4

在 1～4 題中，求由所予曲線繞 x-軸旋轉所得旋轉曲面的面積.

1. $y=\sqrt{x}$, $1 \leq x \leq 4$
2. $x=\sqrt[3]{y}$, $1 \leq y \leq 8$
3. $y=\sqrt{4-x^2}$, $-1 \leq x \leq 1$
4. $y=\sin x$, $0 \leq x \leq \pi$

在 5～8 題中，求由所予曲線繞 y-軸旋轉所得旋轉曲面的面積.

5. $x=2\sqrt{1-y}$, $-1 \leq y \leq 0$
6. $x=y^3$, $0 \leq y \leq 1$
7. $x=\sqrt{9-y^2}$, $-2 \leq y \leq 2$
8. $x=|y-11|$, $0 \leq y \leq 2$
9. 試證：底半徑為 r 且高為 h 的正圓錐體的側表面積為 $\pi r\sqrt{r^2+h^2}$.

§16-5　平面區域的力矩與形心

本節的主要目的是在找出任意形狀的薄片上的一點，使該薄片在該點能保持水平平衡，此點稱為薄片的**質心** (center of mass)(或**重心** (center of gravity))。

首先，我們考慮簡單的情形，如圖 16-5-1 所示，其中兩質點 m_1 與 m_2 附在質量可忽略的細桿的兩端，而與支點的距離分別為 d_1 及 d_2。若 $m_1d_1=m_2d_2$，則此細桿會平衡。

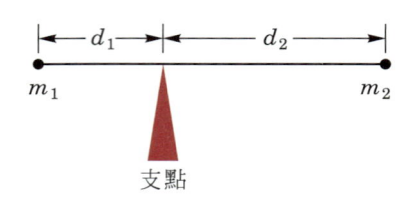

圖 16-5-1

現在，假設細桿沿著 x-軸，m_1 在 x_1，m_2 在 x_2，質心在 $\bar{x}$，如圖 16-5-2 所示。我們得知 $d_1=\bar{x}-x_1$，$d_2=x_2-\bar{x}$，於是，

$$m_1(\bar{x}-x_1)=m_2(x_2-\bar{x})$$

$$m_1\bar{x}+m_2\bar{x}=m_1x_1+m_2x_2$$

$$\bar{x}=\frac{m_1x_1+m_2x_2}{m_1+m_2}$$

數 m_1x_1 與 m_2x_2 分別稱為質量 m_1 與 m_2 的**力矩** (moment) (對原點)。

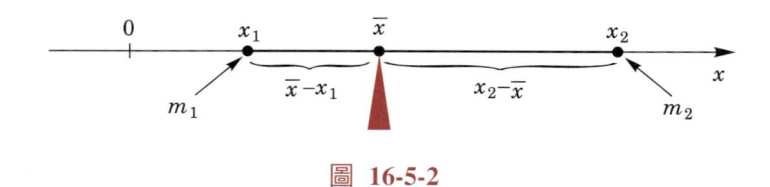

圖 16-5-2

定義 16-5-1

令質量為 $m_1, m_2, \cdots, m_n$ 的 n 個質點分別位於 x-軸上坐標為 $x_1, x_2, \cdots, x_n$ 的點.

(1) 系統對原點的**力矩**定義為

$$M = \sum_{i=1}^{n} m_i x_i$$

(2) 系統的**質心**（或**重心**）為坐標 $\bar{x}$ 的點使得

$$\bar{x} = \frac{\sum_{i=1}^{n} m_i x_i}{\sum_{i=1}^{n} m_i} = \frac{M}{m}$$

此處 $m = \sum_{i=1}^{n} m_i$ 為系統的總質量.

定義 16-5-1(2) 中的式子可改寫成 $m\bar{x} = M$，這說明了若總質量視為集中在質心 $\bar{x}$，則它的力矩與系統的力矩相同.

例 1 設質量為 5 單位、8 單位與 12 單位的物體置於 x-軸上坐標分別為 -4、2 與 3 的點，求該系統的質心.

解答 質心的坐標 $\bar{x}$ 為

$$\bar{x} = \frac{5(-4) + 8(2) + 12(3)}{5 + 8 + 12} = \frac{32}{25}.$$

在定義 16-5-1 中的概念可以推廣到二維的情形.

定義 16-5-2

令質量為 $m_1, m_2, \cdots, m_n$ 的 n 個質點分別位於 xy-平面上的點 (x_1, y_1), (x_2, y_2), $\cdots$, (x_n, y_n)。

(1) 系統對 x-軸的**力矩**為

$$M_x = \sum_{i=1}^n m_i y_i$$

系統對 y-軸的**力矩**為

$$M_y = \sum_{i=1}^n m_i x_i$$

(2) 系統的**質心**（或**重心**）為點 $(\bar{x}, \bar{y})$ 使得

$$\bar{x} = \frac{M_y}{m}, \qquad \bar{y} = \frac{M_x}{m}$$

此處 $m = \sum_{i=1}^n m_i$ 為總質量。

因 $m\bar{x} = M_y$、$m\bar{y} = M_x$，故質心 $(\bar{x}, \bar{y})$ 為質量 m 的單一質點與系統有相同力矩的點。

例 2 設質量為 3、4 與 8 的質點分別置於點 $(-1, 1)$、$(2, -1)$ 與 $(3, 2)$，求系統的力矩與質心。

解答 $M_x = 3(1) + 4(-1) + 8(2) = 15$，$M_y = 3(-1) + 4(2) + 8(3) = 29$

因 $m = 3 + 4 + 8 = 15$，

故 $$\bar{x} = \frac{M_y}{m} = \frac{29}{15}, \qquad \bar{y} = \frac{M_x}{m} = \frac{15}{15} = 1$$

於是，質心為 $\left(\dfrac{29}{15}, 1\right)$。

其次，我們考慮具有均勻密度 ρ 的薄片，它佔有平面的某區域 R. 我們希望找出薄片的質心，稱為 R 的**形心** (centroid). 我們將使用下面的**對稱原理** (symmetry principle)：若 R 對稱於直線 L，則 R 的形心位於 L 上. 於是，矩形區域的形心是它的中心. 若區域在 xy-平面上，則我們假定區域的質量能集中在質心而使得它對 x-軸與 y-軸的力矩並沒有改變.

首先，我們考慮圖 16-5-3(a) 所示的區域 R，即，R 位於曲線 $y=f(x)$ 下方且在 x-軸上方與兩直線 $x=a$、$x=b$ 之間，此處 f 在 $[a, b]$ 為連續. 我們利用 $a=x_0 < x_1 < x_2 < \cdots < x_n = b$ 將 $[a, b]$ 分成相等長度 $\Delta x = (b-a)/n$ 的 n 個子區間，並選取 x_i^* 為第 i 個子區間的中點，即，$x_i^* = (x_{i-1}+x_i)/2$，這決定了 R 的多邊形近似，如圖 16-5-3(b) 所示. 第 i 個近似矩形的形心是它的中心 $C_i\left(x_i^*, \dfrac{1}{2}f(x_i^*)\right)$，它的面積為 $f(x_i^*)\Delta x$，質量為 $\rho f(x_i^*)\Delta x$，於是，R_i 對 x-軸的力矩為

$$M_x(R_i) = (\rho f(x_i^*)\Delta x)\,\frac{1}{2}f(x_i^*) = \rho \cdot \frac{1}{2}[f(x_i^*)]^2\,\Delta x$$

將這些力矩相加，再取極限，可得 R 對 x-軸的力矩為

$$M_x = \lim_{n\to\infty} \sum_{i=1}^{n} \rho \cdot \frac{1}{2}[f(x_i^*)]^2\,\Delta x = \rho \int_a^b \frac{1}{2}[f(x)]^2\,dx \qquad \text{(16-5-1)}$$

同理，R_i 對 y-軸的力矩為

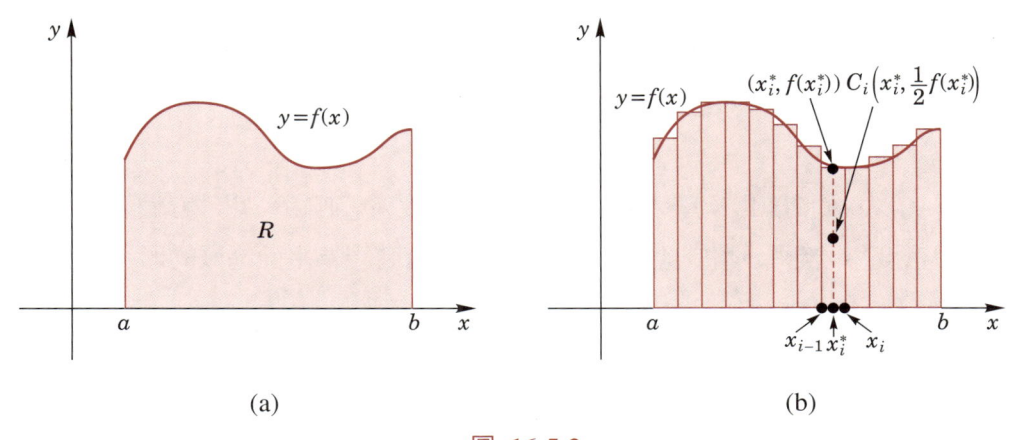

圖 **16-5-3**

$$M_y(R_i) = (\rho f(x_i^*) \Delta x) \; x_i^* = \rho x_i^* \; f(x_i^*) \Delta x$$

將這些力矩相加，再取極限，可得 R 對 y-軸的力矩為

$$M_y = \lim_{n \to \infty} \sum_{i=1}^{n} \rho x_i^* \; f(x_i^*) \Delta x = \rho \int_a^b x \, f(x) \, dx \tag{16-5-2}$$

正如質點所組成的系統一樣，薄片的質心坐標 $\bar{x}$ 與 $\bar{y}$ 定義為使得 $m\bar{x} = M_y$, $m\bar{y} = M_x$，但

$$m = \rho A = \rho \int_a^b f(x) \, dx$$

故

$$\bar{x} = \frac{M_y}{m} = \frac{\rho \int_a^b x f(x) \, dx}{\rho \int_a^b f(x) \, dx} = \frac{\int_a^b x f(x) \, dx}{\int_a^b f(x) \, dx}$$

$$= \frac{1}{A} \int_a^b x f(x) \, dx$$

$$\bar{y} = \frac{M_x}{m} = \frac{\rho \int_a^b \frac{1}{2} [f(x)]^2 \, dx}{\rho \int_a^b f(x) \, dx} = \frac{\int_a^b \frac{1}{2} [f(x)]^2 \, dx}{\int_a^b f(x) \, dx} \tag{16-5-3}$$

$$= \frac{1}{A} \int_a^b \frac{1}{2} [f(x)]^2 \, dx$$

依式 (16-5-3)，我們得知均勻薄片的質心坐標與密度 ρ 無關，即，它們僅與薄片的形狀有關而與密度 ρ 無關。基於此理由，點 $(\bar{x}, \bar{y})$ 有時視為平面區域的形心。

例 3 求由拋物線 $y = x^2$、x-軸與直線 $x = 1$ 所圍成區域的形心。

解答 圖形如圖 16-5-4 所示。區域的面積為

第十六章　積分的應用　599

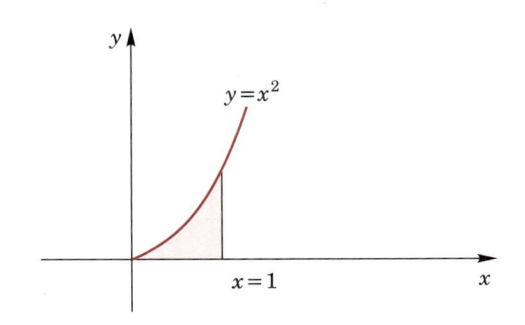

圖 16-5-4

$$A=\int_0^1 x^2\, dx=\frac{1}{3}x^3\Big|_0^1=\frac{1}{3}$$

可得

$$\bar{x}=\frac{1}{\frac{1}{3}}\int_0^1 x^3\, dx=\frac{3}{4}x^4\Big|_0^1=\frac{3}{4}$$

$$\bar{y}=\frac{1}{\frac{1}{3}}\int_0^1 \frac{1}{2}x^4\, dx=\frac{3}{10}x^5\Big|_0^1=\frac{3}{10}$$

故形心的坐標為 $\left(\dfrac{3}{4},\ \dfrac{3}{10}\right)$.

例 4　求半徑為 r 的半圓形區域的形心.

解答　圖形如圖 16-5-5 所示．依對稱原理，形心必定位於 y-軸上，故 $\bar{x}=0$. 又半圓區域的面積為 $A=\pi r^2/2$，可得

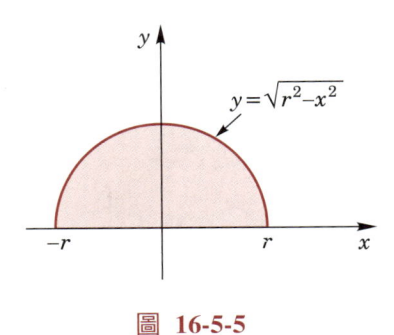

圖 16-5-5

$$\bar{y} = \frac{1}{\pi r^2} \int_{-r}^{r} (r^2 - x^2)\, dx = \frac{1}{\pi r^2} \left(r^2 x - \frac{x^3}{3} \right) \Big|_{-r}^{r} = \frac{4r}{3\pi}$$

故形心位於點 $\left(0,\ \dfrac{4r}{3\pi}\right)$.

令區域 R 位於兩曲線 $y=f(x)$ 與 $y=g(x)$ 之間，如圖 16-5-6 所示，其中 $f(x) \geq g(x)$ ($a \leq x \leq b$)。若 R 的形心為 $(\bar{x},\ \bar{y})$，則參考 (16-5-3) 式，可知

$$\bar{x} = \frac{1}{A} \int_{a}^{b} x\,[f(x) - g(x)]\, dx$$

$$\bar{y} = \frac{1}{A} \int_{a}^{b} \frac{1}{2} \{[f(x)]^2 - [g(x)]^2\}\, dx.$$

(16-5-4)

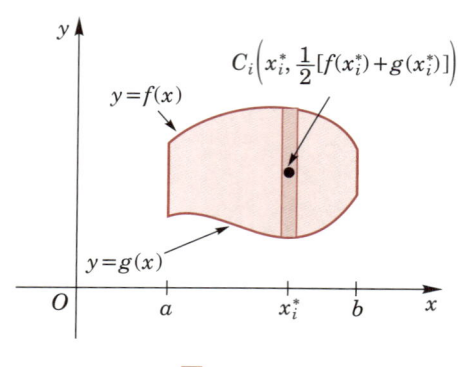

圖 16-5-6

例 5 求由拋物線 $y = x^2$ 與直線 $y = x$ 所圍成區域的形心.

解答 拋物線與直線的交點為 $(0,\ 0)$ 與 $(1,\ 1)$，如圖 16-5-7 所示. 區域的面積為

$$A = \int_{0}^{1} (x - x^2)\, dx = \left(\frac{1}{2} x^2 - \frac{1}{3} x^3 \right) \Big|_{0}^{1} = \frac{1}{6}$$

可得

$$\bar{x} = \frac{1}{1/6} \int_{0}^{1} x\,(x - x^2)\, dx = 6 \int_{0}^{1} (x^2 - x^3)\, dx$$

$$= 6 \left(\frac{1}{3} x^3 - \frac{1}{4} x^4 \right) \Big|_{0}^{1} = \frac{1}{2}$$

第十六章　積分的應用 ◗ 601

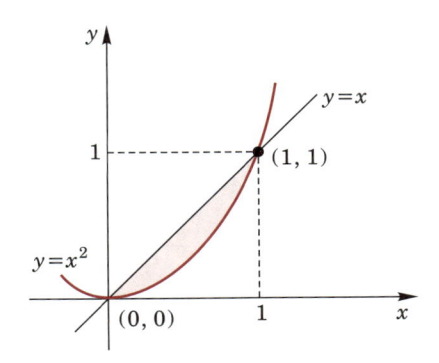

圖 16-5-7

$$\bar{y} = \frac{1}{1/6}\int_0^1 \frac{1}{2}(x^2 - x^4)\,dx = 3\int_0^1 (x^2 - x^4)\,dx$$

$$= 3\left(\frac{1}{3}x^3 - \frac{1}{5}x^5\right)\Big|_0^1 = \frac{2}{5}$$

故形心為 $\left(\dfrac{1}{2},\ \dfrac{2}{5}\right)$。

我們也可利用形心去求旋轉體的體積．下面定理是以希臘數學家帕卜命名，稱為**帕卜定理** (theorem of Pappus)．

定理 16-5-1　帕卜定理

若一區域 R 位於平面上一直線的一側且繞該直線旋轉一圈，則所得旋轉體的體積等於 R 的面積乘上其形心繞行的距離．

例 6　求直線 $y = \dfrac{1}{2}x - 1$、$x = 4$ 與 x-軸所圍成三角形區域繞直線 $y = x$ 旋轉所得旋轉體的體積．

解答　三角形區域如圖 16-5-8 所示．

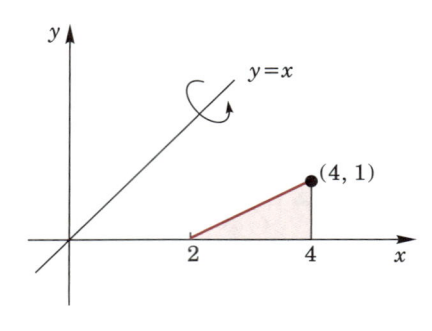

圖 16-5-8

區域的形心為 $\left(\dfrac{2+4+4}{3}, \dfrac{0+0+1}{3}\right) = \left(\dfrac{10}{3}, \dfrac{1}{3}\right)$,

面積為 $A = \dfrac{1}{2}(2)(1) = 1$

形心到直線 $y = x$ 的距離為

$$d = \dfrac{\left|\dfrac{10}{3} - \dfrac{1}{3}\right|}{\sqrt{1+1}} = \dfrac{3}{\sqrt{2}}$$

(利用點到直線之間的距離公式)

體積為

$$V = 2\pi\, dA = 2\pi \left(\dfrac{3}{\sqrt{2}}\right)(1) = \dfrac{6\pi}{\sqrt{2}} = 3\sqrt{2}\,\pi.$$

習題 16-5

1. 設質量為 2、7 與 5 單位的三質點分別位於三點 $A(4, -1)$、$B(-2, 0)$ 與 $C(-8, -5)$,求系統的力矩 M_x、M_y 與質心.

在 2～5 題中,求所予方程式的圖形所圍成區域的形心.

2. $y=x^3$, $y=0$, $x=1$

3. $y=\sin x$, $y=0$, $x=0$, $x=\dfrac{\pi}{2}$

4. $y=x^2$, $y=x^3$

5. $y=1-x^2$, $y=x-1$

6. 求在第一象限中由圓 $x^2+y^2=a^2$ $(a>0)$ 與兩坐標軸所圍成區域的形心.

7. 求頂點為 $(1, 1)$、$(4, 1)$ 與 $(3, 2)$ 的三角形區域繞 x-軸旋轉所得旋轉體的體積.

第四篇

多變數微積分與無窮級數

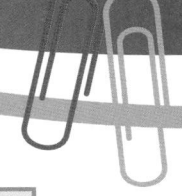

- 偏導函數
- 二重積分
- 無窮級數

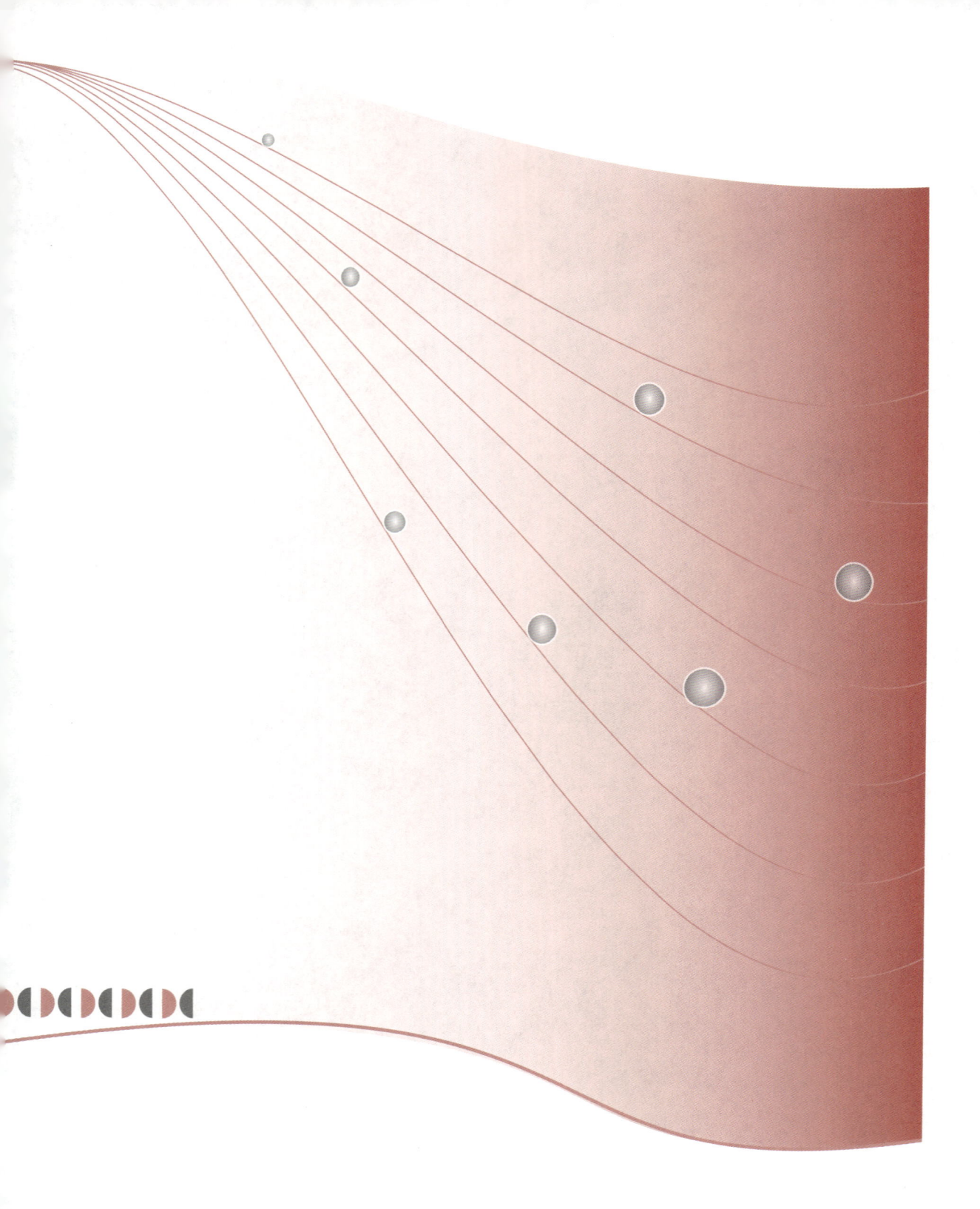

第 17 章

偏導函數

17-1　二變數函數的極限與連續

17-2　偏導函數

17-3　全微分

17-4　連鎖法則

17-5　二變數函數的極值

← 本章摘要 →

1. 二變數函數的極限定理：

令 f 與 g 均為二變數函數，$\lim_{(x,y)\to(a,b)} f(x,y) = L$，$\lim_{(x,y)\to(a,b)} g(x,y) = M$，此處 L 與 M 均為實數，則

(1) $\lim_{(x,y)\to(a,b)} [cf(x,y)] = c \lim_{(x,y)\to(a,b)} f(x,y) = cL$，$c$ 為常數．

(2) $\lim_{(x,y)\to(a,b)} [f(x,y) \pm g(x,y)] = \lim_{(x,y)\to(a,b)} f(x,y) \pm \lim_{(x,y)\to(a,b)} g(x,y) = L \pm M$

(3) $\lim_{(x,y)\to(a,b)} [f(x,y) g(x,y)] = [\lim_{(x,y)\to(a,b)} f(x,y)][\lim_{(x,y)\to(a,b)} g(x,y)] = LM$

(4) $\lim_{(x,y)\to(a,b)} \dfrac{f(x,y)}{g(x,y)} = \dfrac{\lim_{(x,y)\to(a,b)} f(x,y)}{\lim_{(x,y)\to(a,b)} g(x,y)} = \dfrac{L}{M}$，$M \neq 0$

(5) $\lim_{(x,y)\to(a,b)} [f(x,y)]^{m/n} = [\lim_{(x,y)\to(a,b)} f(x,y)]^{m/n} = L^{m/n}$（$m$ 與 n 皆為整數）．

2. 二變數函數連續的意義：

若 $\lim_{(x,y)\to(a,b)} f(x,y) = f(a,b)$，則稱函數 $f(x,y)$ 在點 (a,b) 為 連續．

3. 偏導函數的定義：

函數 $f(x,y)$ 的 一階偏導函數 f_x 與 f_y 分別定義如下：

$$f_x(x,y) = \lim_{h\to 0} \frac{f(x+h,y) - f(x,y)}{h}$$

$$f_y(x,y) = \lim_{h\to 0} \frac{f(x,y+h) - f(x,y)}{h}.$$

4. 高階偏導函數：

函數 $f(x,y)$ 的偏導函數 f_x 與 f_y 的偏導函數 $(f_x)_x$、$(f_x)_y$、$(f_y)_x$、$(f_y)_y$，稱為 f 的 二階偏導函數，以下列符號表示之．

$$(f_x)_x = f_{xx} = \frac{\partial f_x}{\partial x} = \frac{\partial}{\partial x}\left(\frac{\partial f}{\partial x}\right) = \frac{\partial^2 f}{\partial x^2}$$

$$(f_x)_y = f_{xy} = \frac{\partial f_x}{\partial y} = \frac{\partial}{\partial y}\left(\frac{\partial f}{\partial x}\right) = \frac{\partial^2 f}{\partial y\, \partial x}$$

$$(f_y)_x = f_{yx} = \frac{\partial f_y}{\partial x} = \frac{\partial}{\partial x}\left(\frac{\partial f}{\partial y}\right) = \frac{\partial^2 f}{\partial x\, \partial y}$$

$$(f_y)_y = f_{yy} = \frac{\partial f_y}{\partial y} = \frac{\partial}{\partial y}\left(\frac{\partial f}{\partial y}\right) = \frac{\partial^2 f}{\partial y^2}$$

5. 設 $z=f(x, y)$，則 $dz=df=f_x(x, y)\,dx+f_y(x, y)\,dy$ 稱為 z 的**全微分**。

6. 連鎖法則：

    (1) 若 $z=f(x, y)$ 為 x 與 y 的可微分函數，x 與 y 均為 t 的可微分函數，則 $\dfrac{dz}{dt}=\dfrac{df}{dt}=\dfrac{\partial f}{\partial x}\dfrac{dx}{dt}+\dfrac{\partial f}{\partial y}\dfrac{dy}{dt}$。

    (2) 若 $z=f(x, y)$ 為 x 與 y 的可微分函數，x 與 y 均為 u 與 v 的可微分函數，則

    $$\frac{\partial z}{\partial u}=\frac{\partial f}{\partial u}=\frac{\partial f}{\partial x}\frac{\partial x}{\partial u}+\frac{\partial f}{\partial y}\frac{\partial y}{\partial u}$$

    $$\frac{\partial z}{\partial v}=\frac{\partial f}{\partial v}=\frac{\partial f}{\partial x}\frac{\partial x}{\partial v}+\frac{\partial f}{\partial y}\frac{\partial y}{\partial v}$$

7. 隱函數微分法：

    (1) 若方程式 $F(x, y)=0$ 定義 y 為 x 的可微分函數，則

    $$\frac{dy}{dx}=-\frac{\dfrac{\partial F}{\partial x}}{\dfrac{\partial F}{\partial y}}\quad\left(\text{其中 } \frac{\partial F}{\partial y}\neq 0\right).$$

    (2) 若方程式 $F(x, y, z)=0$ 定義 z 為二變數 x 與 y 的可微分函數，則

$$\frac{\partial z}{\partial x} = -\frac{\frac{\partial F}{\partial x}}{\frac{\partial F}{\partial z}}, \quad \frac{\partial z}{\partial y} = -\frac{\frac{\partial F}{\partial y}}{\frac{\partial F}{\partial z}} \left(\text{其中} \ \frac{\partial F}{\partial z} \neq 0\right).$$

8. 函數 $z = f(x, y)$ 的相對極值存在的必要條件：

    假設函數 $f(x, y)$ 在點 (a, b) 具有相對極值，且偏導數 $f_x(a, b)$ 與 $f_y(a, b)$ 均存在，則 $f_x(a, b) = f_y(a, b) = 0$。

9. 函數 $z = f(x, y)$ 的極值存在的充分條件：

    設 $f(x, y)$ 的二階偏導函數在以點 (a, b) 為圓心的某圓區域均為連續，$\Delta = f_{xx}(a, b) f_{yy}(a, b) - [f_{xy}(a, b)]^2$。

    (1) 若 $\Delta > 0$ 且 $f_{xx}(a, b) > 0$，則 $f(a, b)$ 為 f 的相對極小值。

    (2) 若 $\Delta > 0$ 且 $f_{xx}(a, b) < 0$，則 $f(a, b)$ 為 f 的相對極大值。

    (3) 若 $\Delta < 0$，則 f 在 (a, b) 無相對極值，(a, b) 為 f 的鞍點。

    (4) 若 $\Delta = 0$，則無法確定 $f(a, b)$ 是否為 f 的相對極值。

§17-1　二變數函數的極限與連續

我們知道，在平面上，任何一點可用實數序對 (a, b) 表示，此處 a 為 x-坐標，b 為 y-坐標．在三維空間中，我們將用有序三元組表出任意點．

首先，我們選取一個定點 O (稱為原點) 與三條互相垂直且通過 O 的有向直線 (稱為坐標軸)，標為 x-軸、y-軸與 z-軸，此三個坐標軸決定一個右手坐標系 (此為我們所使用者)，如圖 17-1-1 所示；它們也決定三個坐標平面，如圖 17-1-2 所示．xy-平面包含 x-軸與 y-軸，yz-平面包含 y-軸與 z-軸，而 xz-平面包含 x-軸與 z-軸；這三個平面將空間分成八個立體區域，稱為卦限 (octant)．

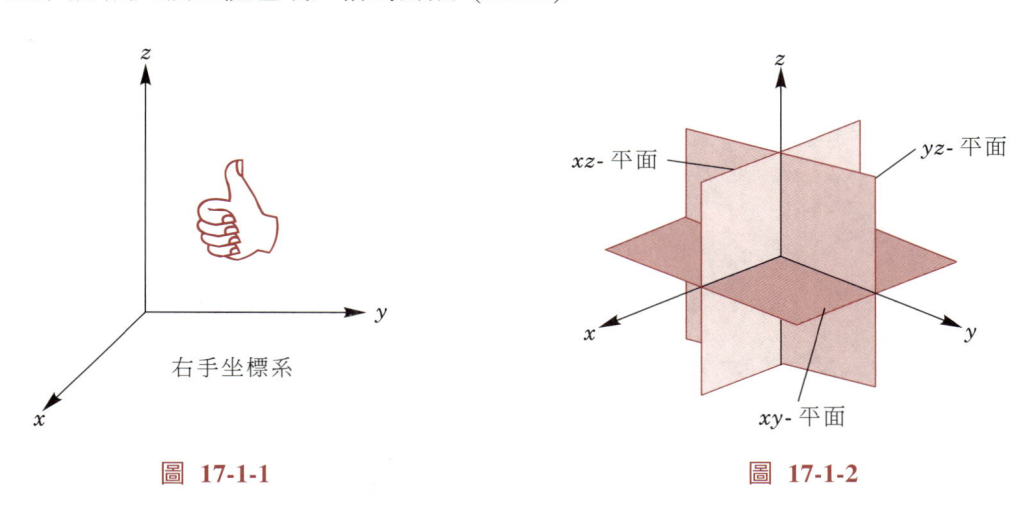

圖 17-1-1　　　　圖 17-1-2

若 P 為三維空間中任一點，令 a 為自 P 至 yz-平面的 (有向) 距離，b 為自 P 至 xz-平面的距離，c 為自 P 至 xy-平面的距離．我們用有序實數三元組表示點 P，稱 a、b 與 c 為 P 的坐標；a 為 x-坐標、b 為 y-坐標、c 為 z-坐標．因此，欲找出點 (a, b, c) 的位置，首先自原點 O 出發，沿 x-軸移動 a 單位，然後平行 y-軸移動 b 單位，再平行 z-軸移動 c 單位，如圖 17-1-3 所示．點 P(a, b, c) 決定了一個矩形體框格，如圖 17-1-4 所示．若自 P 對 xy-平面作垂足，則得到 Q(a, b, 0)，稱為 P 在 xy-平面上的投影 (projection)；同理，R(0, b, c) 與 S(a, 0, c) 分別為 P 在 yz-平面與 xz-平面上的投影．

所有有序實數三元組構成的集合是笛卡兒積 (Cartesian product) $IR \times IR \times IR = \{(x, y, z) | x, y, z \in IR\}$，記為 IR^3，稱為三維直角坐標系 (three-dimensional rectangular

图 17-1-3

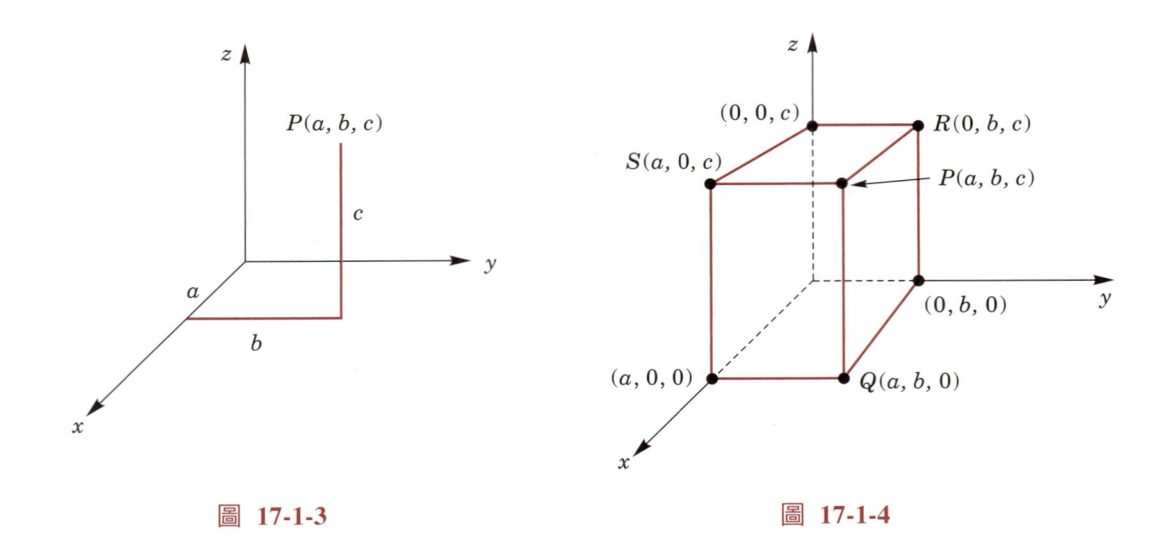

图 17-1-4

system). 在三維空間中的點與有序實數三元組作一一對應.

假設 $P_1(x_1, y_1, z_1)$ 與 $P_2(x_2, y_2, z_2)$ 為三維空間中的兩點，則依畢氏定理，P_1 與 P_2 之間的距離為

$$d(P_1, P_2) = \sqrt{(x_2-x_1)^2 + (y_2-y_1)^2 + (z_2-z_1)^2}$$

我們利用空間中兩點之間的距離公式可知，由動點 (x, y, z) 到某一定點 $C(h, k, l)$ 之距離為 r 的所有點所成的集合為一**球面** (sphere)，其方程式為

$$(x-h)^2 + (y-k)^2 + (z-l)^2 = r^2 \tag{17-1-1}$$

而當 $(h, k, l) = (0, 0, 0)$，也就是說，球心在原點時，其球面方程式為

$$x^2 + y^2 + z^2 = r^2 \tag{17-1-2}$$

在平面上，利用描點可獲得曲線大致的形狀；然而，對三維空間中的曲面，一般言之，描點並非有幫助，因為需要太多的點以獲得曲面的概略圖形. 如果利用曲面與一些選取好的平面所相交的曲線去建構該曲面的形狀會更好. 一平面與一曲面所相交的曲線稱為該曲面在平面上的**軌跡** (trace).

在三維空間中，含 x、y 與 z 的二次方程式

$$Ax^2 + By^2 + Cz^2 + Dxy + Exz + Fyz + Gx + Hy + Iz + J = 0 \tag{17-1-3}$$

(其中 A、B 及 C 不全為零) 所表示的曲面稱為二次曲面 (quadric surface). 我們僅給出幾種二次曲面的標準式如下：

一、橢球面 (ellipsoid)

$$\frac{x^2}{a^2}+\frac{y^2}{b^2}+\frac{z^2}{c^2}=1 \quad (a>0,\ b>0,\ c>0) \tag{17-1-4}$$

此曲面在三坐標平面上的軌跡均為橢圓. 例如，我們在式 (17-1-4) 中令 $z=0$，可得在 xy-平面上的軌跡為橢圓 $\frac{x^2}{a^2}+\frac{y^2}{b^2}=1$. 同理，可得在 xz-平面與 yz-平面上的軌跡也為橢圓. 式 (17-1-4) 的圖形如圖 17-1-5 所示.

若 $a=b=c$，則式 (17-1-4) 表示的橢球面化成半徑為 a 且球心在原點的球面.

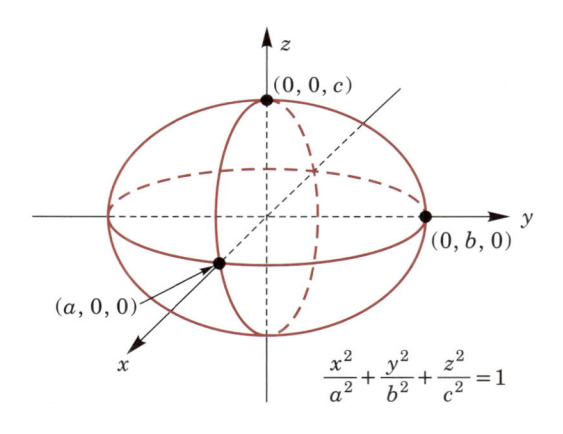

圖 17-1-5

二、橢圓錐面 (elliptic cone)

$$z^2=\frac{x^2}{a^2}+\frac{y^2}{b^2} \quad (a>0,\ b>0) \tag{17-1-5}$$

此曲面在 xy-平面上的軌跡為原點，在 yz-平面上的軌跡為一對相交直線 $z=\pm\frac{y}{b}$，在

xz-平面上的軌跡為一對相交直線 $z=\pm\dfrac{x}{a}$，在平行於 xy-平面之平面上的軌跡均為橢圓. (何故？)(17-1-5) 式的圖形如圖 17-1-6 所示.

若 $a=b$，則橢圓錐面在平行於 xy-平面的平面上的所有軌跡均為圓，故曲面為**圓錐面** (circular cone).

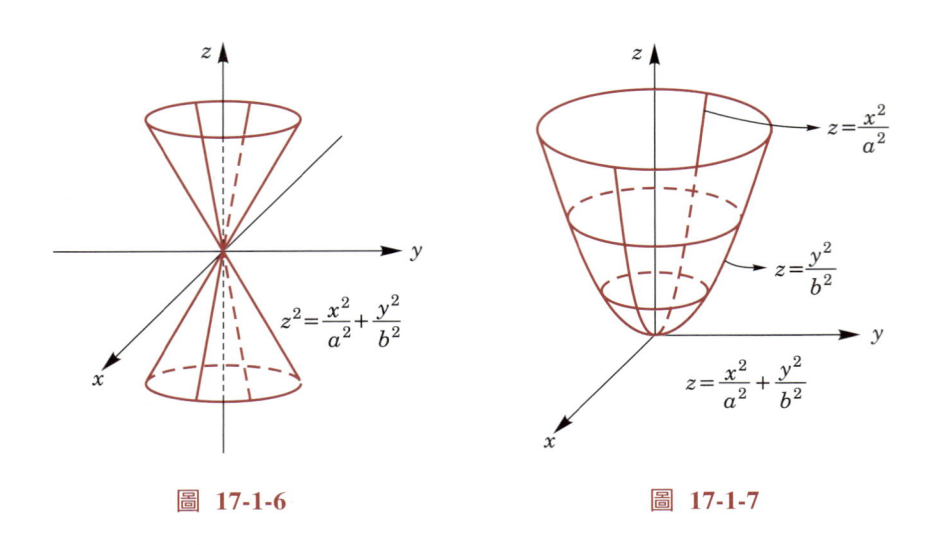

圖 17-1-6

圖 17-1-7

三、橢圓拋物面 (elliptic paraboloid)

$$z=\dfrac{x^2}{a^2}+\dfrac{y^2}{b^2} \quad (a>0,\ b>0) \tag{17-1-6}$$

此曲面在 xy-平面上的軌跡為原點，在 yz-平面上的軌跡為拋物線 $z=\dfrac{y^2}{b^2}$，在 xz-平面上的軌跡為拋物線 $z=\dfrac{x^2}{a^2}$，在平行於 xy-平面之平面上的軌跡均為橢圓，在平行於其他坐標平面之平面上的軌跡均為拋物線. 又因 $z\geq 0$，故曲面位於 xy-平面的上方，圖形如圖 17-1-7 所示.

若 $a=b$，則在平行於 xy-平面的平面上的所有軌跡均為圓，故曲面為**圓拋物面** (circular paraboloid).

四、雙曲拋物面 (hyperbolic paraboloid)

$$z = \frac{y^2}{b^2} - \frac{x^2}{a^2} \quad (a > 0, \ b > 0) \tag{17-1-7}$$

此曲面在 xy-平面上的軌跡為一對交於原點的直線 $\frac{y}{b} = \pm \frac{x}{a}$，在 yz-平面上的軌跡為拋物線 $z = \frac{y^2}{b^2}$，在 xz-平面上的軌跡為開口向下的拋物線 $z = -\frac{x^2}{a^2}$，在平行於 xy-平面之平面上的軌跡為**雙曲線**，在平行於其他坐標平面之平面上的軌跡為拋物線. 讀者應注意，原點為此曲面在 yz-平面上之軌跡的最低點且為在 xz-平面上之軌跡的最高點，此點稱為曲面的**鞍點** (saddle point). 圖形如圖 17-1-8 所示.

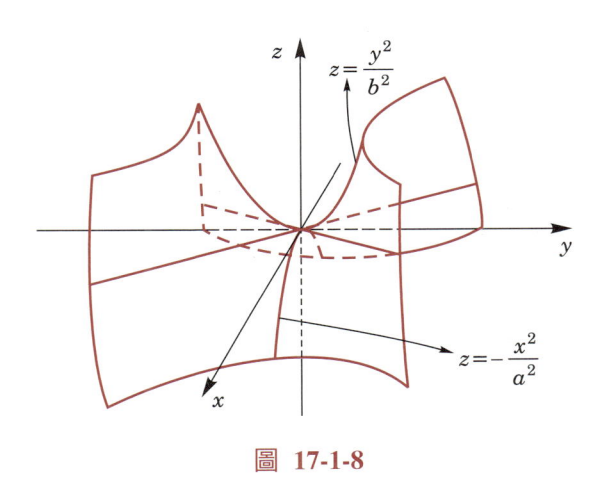

圖 17-1-8

五、拋物柱面 (parabolic cylinder)

$$x^2 = 4ay \tag{17-1-8}$$

此曲面是由平行於 z-軸的直線 L 且沿著拋物線 $x^2 = 4ay$ 移動所形成者，如圖 17-1-9 所示.

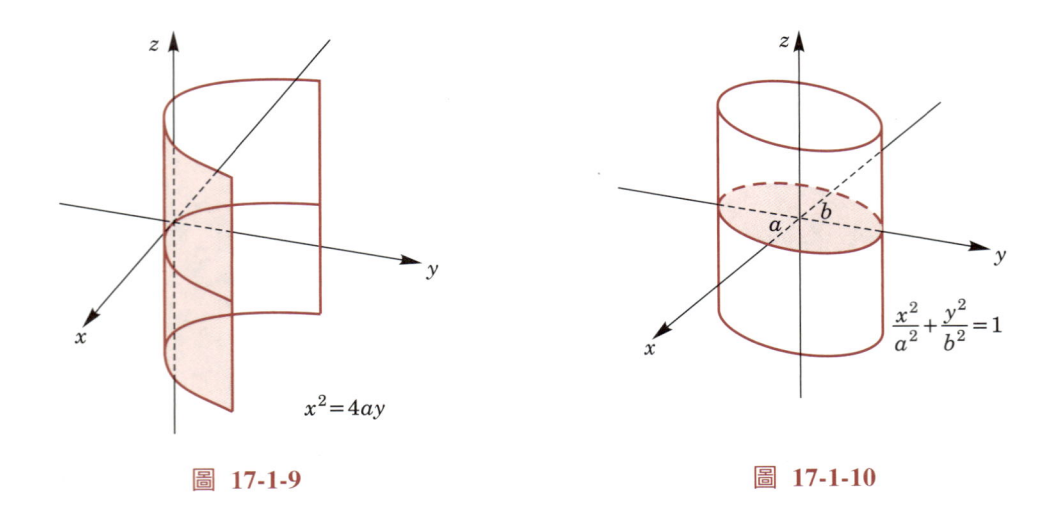

圖 17-1-9　　　　　　　　　　　　　圖 17-1-10

六、橢圓柱面 (elliptic cylinder)

$$\frac{x^2}{a^2}+\frac{y^2}{b^2}=1 \quad (a>0, b>0) \tag{17-1-9}$$

此曲面是由平行於 z-軸的直線 L 且沿著橢圓 $\frac{x^2}{a^2}+\frac{y^2}{b^2}=1$ 移動所形成者，如圖 17-1-10 所示.

若 $a=b$，則在平行於 xy-平面的平面上的所有軌跡均為圓，故曲面為**圓柱面** (circular cylinder).

許多函數與二個或更多個自變數有關. 例如，正圓柱的體積 V 與它的底半徑 r 以及高度 h 有關. 事實上，$V=\pi r^2 h$，我們稱 V 為二變數 r 與 h 的函數，寫成 $V(r, h)=\pi r^2 h$；矩形體盒子的體積 V 與長 l、寬 w 及高 h 有關，V 是三變數 l、w 與 h 的函數. 在本節中，我們考慮二變數的函數.

定義 17-1-1

二變數函數 (function of two variables) f 是由二維空間 $I\!R^2$ 的某集合 A 映到 $I\!R$ (可視為 z-軸) 中的某集合 B 的一種對應關係，其中對集合 A 中的每一元素 (x, y)，在 B 中僅有唯一的實數 z 與其對應，以符號

$$z = f(x, y)$$

表示之. 集合 A 稱為函數 f 的**定義域**，$f(A)$ 稱為 f 的**值域**.

圖 17-1-11 為二變數函數的圖示.

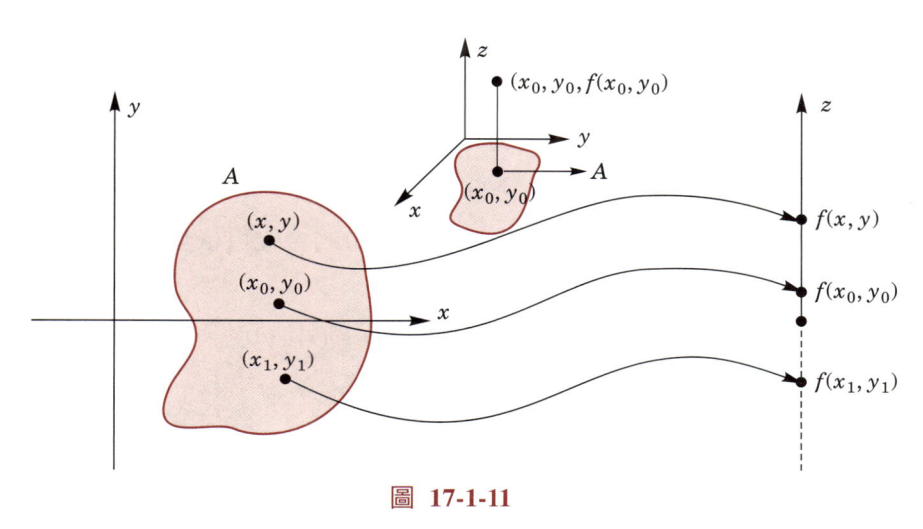

圖 **17-1-11**

同理，我們可以定義三變數函數如下：

$$f : I\!R^3 \to I\!R$$

可表成

$$w = f(x, y, z).$$

例 1 確定函數 $f(x, y) = \sqrt{9 - x^2 - y^2}$ 的定義域與值域，並計算 $f(2, 2)$.

解答 欲使 $\sqrt{9 - x^2 - y^2}$ 的值有意義，必須是

$$9 - x^2 - y^2 \geq 0 \quad 或 \quad x^2 + y^2 \leq 9$$

故 f 的定義域為 $\{(x, y) \mid x^2 + y^2 \leq 9\}$，值域為 $[0, 3]$.

$$f(2, 2) = \sqrt{9 - 2^2 - 2^2} = 1.$$

二變數函數或三變數函數的四則運算的定義，比照單變數函數四則運算的定義. 例如，若 f 與 g 均為二變數 x 與 y 的函數，則 $f+g$、$f-g$ 與 fg 定義為：

1. $(f+g)(x, y) = f(x, y) + g(x, y)$
2. $(f-g)(x, y) = f(x, y) - g(x, y)$
3. $(fg)(x, y) = f(x, y)g(x, y)$
4. $(cf)(x, y) = cf(x, y)$，c 為常數.

    $f+g$、$f-g$ 與 fg 等函數的定義域為 f 與 g 的交集，cf 的定義域為 f 的定義域.

5. $\left(\dfrac{f}{g}\right)(x, y) = \dfrac{f(x, y)}{g(x, y)}$

此商的定義域是由同時在 f 與 g 的定義域內使 $g(x, y) \neq 0$ 的有序數對所組成.

我們也可定義二變數函數的合成，例如，已知 $g: \mathbb{R}^2 \to \mathbb{R}$，$f: \mathbb{R} \to \mathbb{R}$，則合成函數 $f \circ g: \mathbb{R}^2 \to \mathbb{R}$ 為二變數函數．同理，三變數函數的合成可依類似的方式定義.

例 2 設 $g(x, y) = x + 2y$，且 $f(x) = \sqrt{x}$，求 $(f \circ g)(x, y)$

解答 $(f \circ g)(x, y) = f(g(x, y)) = f(x + 2y) = \sqrt{x + 2y}$.

對於單變數函數 f 而言，$f(x)$ 的圖形定義為方程式 $y = f(x)$ 的圖形．同理，若 f 為二變數函數，則我們定義 $f(x, y)$ 的圖形為 $z = f(x, y)$ 的圖形，它是三維空間中的曲面 (包括平面).

例 3 作函數 $f(x, y) = 1 - x - \dfrac{1}{2}y$ 的圖形.

解答 所予函數的圖形為方程式

$$z = 1 - x - \dfrac{1}{2}y$$

或

$$x + \dfrac{1}{2}y + z = 1$$

的圖形，其為一平面．描出該平面與各坐標軸的交點，並用線段將它們連接起來，可作出該平面的三角形部分的圖形，如圖 17-1-12 所示.

第十七章　偏導函數　● **619**

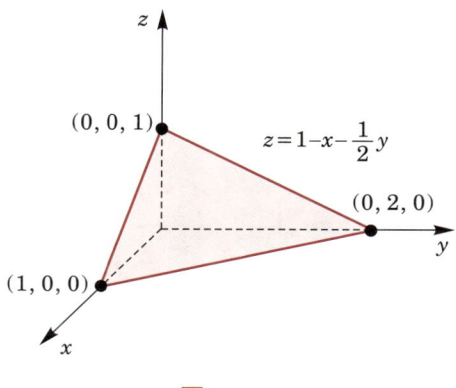

圖 **17-1-12**

例 4　作函數 $f(x, y) = \sqrt{9 - x^2 - y^2}$ 的圖形.

解答　所予函數的圖形為方程式

$$z = \sqrt{9 - x^2 - y^2}$$

的圖形，其圖形為半徑等於 3 且球心在原點的上半球面，如圖 17-1-13 所示.

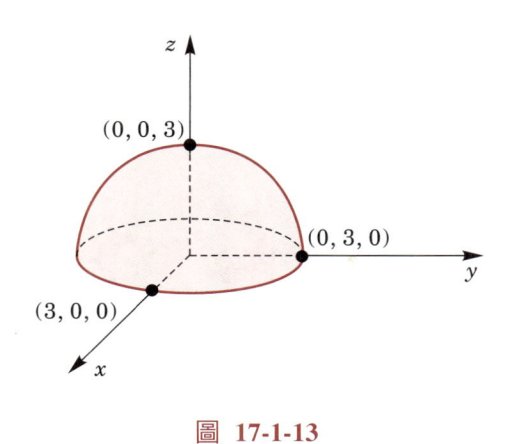

圖 **17-1-13**

二變數函數的極限與連續，可由單變數函數的極限與連續觀念推廣而得. 對單變數函數 f 而言，敘述

$$\lim_{x \to a} f(x) = L$$

意指"當 x 充分靠近（但異於）a 時，$f(x)$ 的值任意地靠近 L."同理，對二變數函數 f 而言，直觀的定義如下：

定義 17-1-2　直觀的定義

當點 (x, y) 趨近點 (a, b) 時，$f(x, y)$ 的極限為 L，記為：

$$\lim_{(x, y) \to (a, b)} f(x, y) = L$$

其意義為："當點 (x, y) 充分靠近（但異於）點 (a, b) 時，$f(x, y)$ 的值任意地靠近 L."

單變數函數的一些極限性質可推廣到二變數函數.

定理 17-1-1　唯一性

若 $\lim_{(x, y) \to (a, b)} f(x, y) = L_1$ 且 $\lim_{(x, y) \to (a, b)} f(x, y) = L_2$，則 $L_1 = L_2$.

定理 17-1-2

若 $\lim_{(x, y) \to (a, b)} f(x, y) = L$，$\lim_{(x, y) \to (a, b)} g(x, y) = M$，此處 L 與 M 均為實數，則

(1) $\lim_{(x, y) \to (a, b)} [c f(x, y)] = c \lim_{(x, y) \to (a, b)} f(x, y) = cL$ （c 為常數）

(2) $\lim_{(x, y) \to (a, b)} [f(x, y) \pm g(x, y)] = \lim_{(x, y) \to (a, b)} f(x, y) \pm \lim_{(x, y) \to (a, b)} g(x, y) = L \pm M$

(3) $\lim_{(x, y) \to (a, b)} [f(x, y) g(x, y)] = [\lim_{(x, y) \to (a, b)} f(x, y)][\lim_{(x, y) \to (a, b)} g(x, y)] = LM$

(4) $\lim\limits_{(x,y)\to(a,b)} \dfrac{f(x, y)}{g(x, y)} = \dfrac{\lim\limits_{(x,y)\to(a,b)} f(x, y)}{\lim\limits_{(x,y)\to(a,b)} g(x, y)} = \dfrac{L}{M}, \ M \neq 0$

(5) $\lim\limits_{(x,y)\to(a,b)} [f(x, y)]^{m/n} = [\lim\limits_{(x,y)\to(a,b)} f(x, y)]^{m/n} = L^{m/n}$ (m 與 n 皆為整數)，倘若 $L^{m/n}$ 為實數．

如同單變數函數，定理 17-1-2 的 (2) 與 (3) 能夠分別推廣到有限個函數的情形，即，

1. 和的極限為各極限的和；

2. 積的極限為各極限的積．

像單變數一樣，我們可得到

$$\lim_{(x,y)\to(a,b)} c = c \ (c \text{ 為常數})$$

$$\lim_{(x,y)\to(a,b)} x = a$$

$$\lim_{(x,y)\to(a,b)} y = b$$

例 5 試求 $\lim\limits_{(x,y)\to(1,3)} (5x^3y^2 - 2)$

$$\begin{aligned}
\lim_{(x,y)\to(1,3)} (5x^3y^2 - 2) &= \lim_{(x,y)\to(1,3)} 5x^3y^2 - \lim_{(x,y)\to(1,3)} 2 \\
&= 5(\lim_{(x,y)\to(1,3)} x)^3 (\lim_{(x,y)\to(1,3)} y)^2 - 2 \\
&= 5(1^3)(3^2) - 2 = 43.
\end{aligned}$$

讀者可以回憶，在單變數函數的情形，$f(x)$ 在 $x = a$ 處的極限存在，若且唯若 $\lim\limits_{x \to a^-} f(x) = \lim\limits_{x \to a^+} f(x) = L$．但有關二變數函數的極限情況，就比較複雜，因為點 (x, y) 趨近點 (a, b) 就不像單一變數 x 趨近 a 那麼容易．事實上，在 xy-平面上，點 (x, y) 能沿著無窮多的不同曲線趨近點 (a, b)，如圖 17-1-14 所示．

(a) 沿著通過點 (a, b) 的水平與垂直線

(b) 沿著通過點 (a, b) 的每條直線

(c) 沿著通過點 (a, b) 的每條曲線

圖 17-1-14

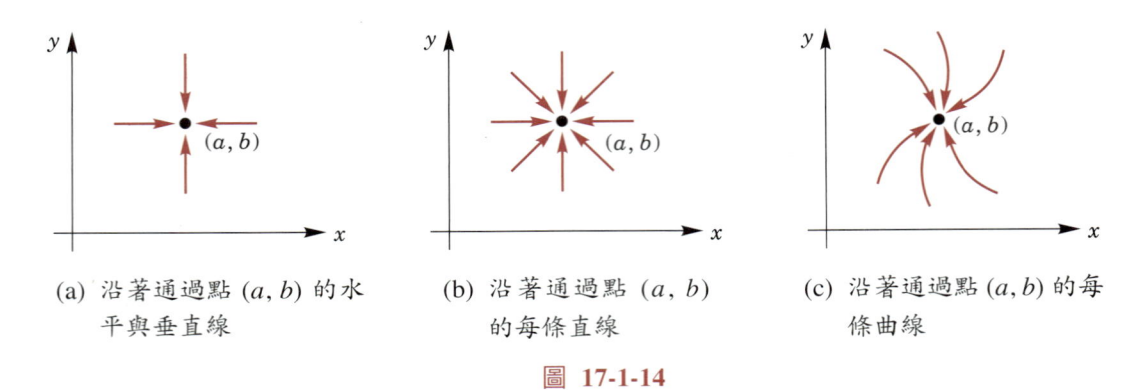

如果在坐標平面上，點 (x, y) 沿著無數條不同曲線（稱為**路徑**(path)）. 趨近點 (a, b) 時，所求得 $f(x, y)$ 的極限值均為 L，我們稱極限存在且

$$\lim_{(x, y) \to (a, b)} f(x, y) = L$$

反之，若點 (x, y) 沿著兩條以上不同的路徑趨近點 (a, b)，所得的極限值不同，則 $\lim_{(x, y) \to (a, b)} f(x, y)$ 不存在.

例 6 試證：$\lim_{(x, y) \to (0, 0)} \dfrac{x - y}{x + y}$ 不存在.

解答 若點 (x, y) 沿著 x-軸趨近點 $(0, 0)$，則

$$\lim_{(x, y) \to (0, 0)} \frac{x - y}{x + y} = \lim_{x \to 0} \frac{x - 0}{x + 0} = 1$$

若點 (x, y) 沿著 y-軸趨近點 $(0, 0)$，則

$$\lim_{(x, y) \to (0, 0)} \frac{x - y}{x + y} = \lim_{y \to 0} \frac{0 - y}{0 + y} = -1 \neq 1$$

故 $\lim_{(x, y) \to (0, 0)} \dfrac{x - y}{x + y}$ 不存在.

註：沿著特定曲線（含直線）計算極限以說明極限 $\lim_{(x, y) \to (a, b)} f(x, y)$ 不存在，是一個很

有用的技巧，因為僅需要沿著兩條不同的曲線所求出的極限不相等即可．然而，此方法對證明極限存在是毫無用處的，因為我們不可能檢查所有可能的曲線．

例 7 若 $f(x, y) = \dfrac{xy}{x^2+y^2}$，試問 $\lim\limits_{(x,y)\to(0,0)} f(x, y)$ 是否存在？

解答 若點 (x, y) 沿著直線 $y=x$ 趨近點 $(0, 0)$，則

$$\lim_{(x,y)\to(0,0)} \frac{xy}{x^2+y^2} = \lim_{x\to 0} \frac{x^2}{x^2+x^2} = \frac{1}{2}$$

若點 (x, y) 沿著直線 $y=-x$ 趨近點 $(0, 0)$，則

$$\lim_{(x,y)\to(0,0)} \frac{xy}{x^2+y^2} = \lim_{x\to 0} \frac{-x^2}{x^2+x^2} = -\frac{1}{2}$$

故 $\lim\limits_{(x,y)\to(0,0)} f(x, y)$ 不存在．

二變數函數的連續性定義與單變數函數的連續性定義是類似的．

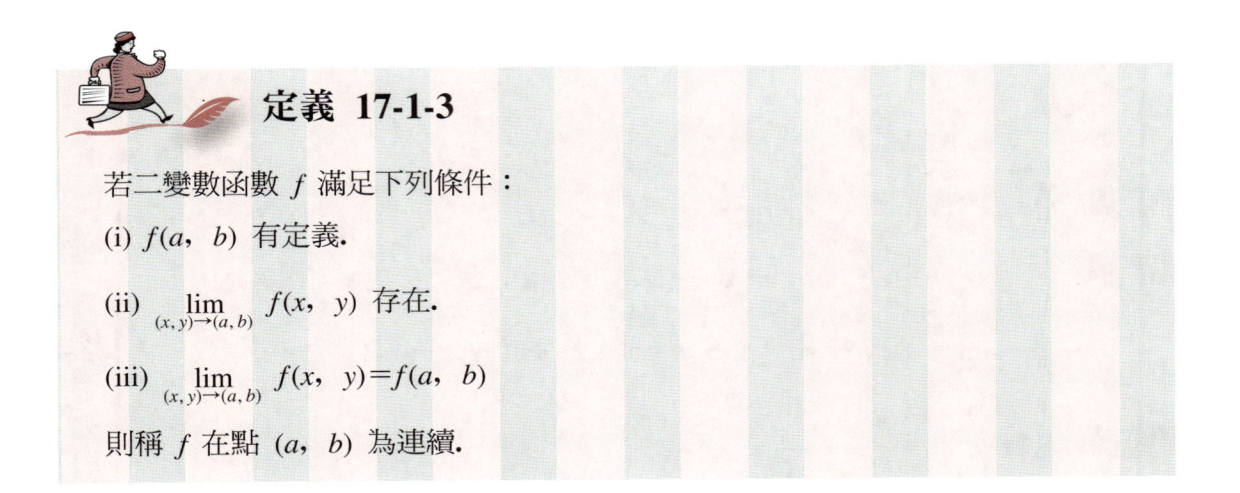

定義 17-1-3

若二變數函數 f 滿足下列條件：

(i) $f(a, b)$ 有定義．

(ii) $\lim\limits_{(x,y)\to(a,b)} f(x, y)$ 存在．

(iii) $\lim\limits_{(x,y)\to(a,b)} f(x, y) = f(a, b)$

則稱 f 在點 (a, b) 為連續．

若二變數函數在區域 R 的每一點為連續，則稱該函數在區域 R 為連續．

正如單變數函數一樣，連續的二變數函數的和、差與積也是連續，而連續函數的商是連續，其中分母為零除外．

若 $z=f(x, y)$ 為 x 與 y 的連續函數，且 $w=g(z)$ 為 z 的連續函數，則合成函數 $w=g(f(x, y))=h(x, y)(h=g \circ f)$ 為連續．

例 8 討論 $f(x, y)=\ln(x-y-3)$ 的連續性．

解答 由自然對數函數的定義域得知，必須 $x-y-3>0$，即

$$x-y>3$$

因自然對數函數在其定義域內處處均為連續，故知 f 在 $\{(x, y)|x-y>3\}$ 為連續．

二變數的多項式函數是由形如 $cx^m y^n$ (c 為常數，m 與 n 均為非負整數) 的項相加而得，二變數的有理函數是兩個二變數的多項式函數之商．例如，

$$f(x, y)=x^3+2x^2y-xy^2+y+6$$

為多項式函數，而

$$g(x, y)=\frac{3xy+2}{x^2+y^2}$$

為有理函數．又，所有二變數的多項式函數在 $I\!R^2$ 為連續，二變數的有理函數在其定義域為連續．

例 9 計算 $\lim\limits_{(x, y)\to(1, 2)}(x^2y^2+xy^2+3x-y)$．

解答 因 $f(x, y)=x^2y^2+xy^2+3x-y$ 為處處連續，故直接代換可求得極限：

$$\lim\limits_{(x, y)\to(1, 2)}(x^2y^2+xy^2+3x-y)=(1^2)(2^2)+(1)(2^2)+(3)(1)-2=9.$$

例 10 計算 $\lim\limits_{(x, y)\to(-1, 2)}\dfrac{xy}{x^2+y^2}$．

解答 因 $f(x, y)=\dfrac{xy}{x^2+y^2}$ 在點 $(-1, 2)$ 為連續 (何故？)，故

$$\lim\limits_{(x, y)\to(-1, 2)}\frac{xy}{x^2+y^2}=\frac{(-1)(2)}{(-1)^2+2^2}=-\frac{2}{5}.$$

例11 求 $\lim_{(x,y)\to(0,0)} \dfrac{\sin(x^2+y^2)}{x^2+y^2}$.

解答 令 $z=x^2+y^2$，則

$$\lim_{(x,y)\to(0,0)} \frac{\sin(x^2+y^2)}{x^2+y^2} = \lim_{z\to 0^+} \frac{\sin z}{z} = 1.$$

習題 17-1

在 1～7 題中，確定各函數 f 的定義域，並計算 $f\left(0, \dfrac{1}{2}\right)$.

1. $f(x, y) = \sqrt{x+y}$

2. $f(x, y) = \sqrt{x} + \sqrt{y}$

3. $f(x, y) = \dfrac{xy}{2x-y}$

4. $f(x, y) = \sqrt{1+x} - e^{x/y}$

5. $f(x, y) = \ln(1-x^2-y^2)$

6. $f(x, y) = \dfrac{\sqrt{1-x^2-y^2}}{y}$

7. $f(x, y) = \sin^{-1}(y-x)$

8. 若 $g(x, y) = \sqrt{x^2+2y^2}$ 且 $f(x) = x^2$，求 $(f \circ g)(x, y)$.

在 9～14 題中的極限是否存在？若存在，則求其極限值.

9. $\lim_{(x,y)\to(1,1)} \dfrac{x^3-y^3}{x^2-y^2}$

10. $\lim_{(x,y)\to(-1,2)} \dfrac{x+y^3}{(x-y+1)^2}$

11. $\lim_{(x,y)\to(4,-2)} x\sqrt[3]{2x+y^3}$

12. $\lim_{(x,y)\to(0,0)} \dfrac{\tan(x^2+y^2)}{x^2+y^2}$

13. $\lim_{(x,y)\to(0,0)} \dfrac{x-y}{x^2+y^2}$

14. $\lim_{(x,y)\to(0,0)} \dfrac{e^y \sin x}{x}$

討論各函數 f 的連續性.

15. $f(x, y) = \ln(x+y-1)$

16. $f(x, y) = \dfrac{1}{\sqrt{2-x^2-y^2}}$

§17-2　偏導函數

單變數函數 $y=f(x)$ 的導函數定義為

$$\frac{dy}{dx}=f'(x)=\lim_{h\to 0}\frac{f(x+h)-f(x)}{h}$$

可解釋為 y 對 x 的瞬時變化率.

在本節中，我們首先研究二變數函數的偏導函數 (partial derivative).

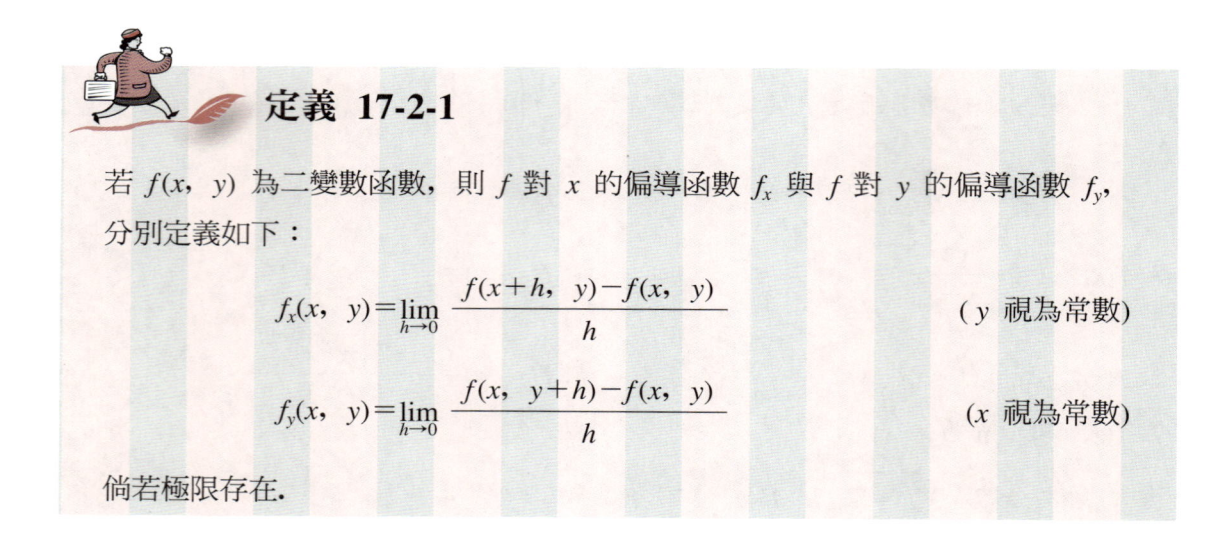

定義 17-2-1

若 $f(x, y)$ 為二變數函數，則 f 對 x 的偏導函數 f_x 與 f 對 y 的偏導函數 f_y，分別定義如下：

$$f_x(x, y)=\lim_{h\to 0}\frac{f(x+h, y)-f(x, y)}{h} \quad (y\text{ 視為常數})$$

$$f_y(x, y)=\lim_{h\to 0}\frac{f(x, y+h)-f(x, y)}{h} \quad (x\text{ 視為常數})$$

倘若極限存在.

欲求 $f_x(x, y)$，我們視 y 為常數而依一般的方法，將 $f(x, y)$ 對 x 微分；同理，欲求 $f_y(x, y)$，可視 x 為常數而將 $f(x, y)$ 對 y 微分. 例如，若 $f(x, y)=3xy^2$，則 $f_x(x, y)=3y^2$，$f_y(x, y)=6xy$. 求偏導函數的過程稱為偏微分 (partial differentiation).

其他偏導函數的記號為

$$f_x=\frac{\partial f}{\partial x},\ f_y=\frac{\partial f}{\partial y}$$

若 $z=f(x, y)$，則寫成

$$f_x(x, y)=\frac{\partial}{\partial x}f(x, y)=\frac{\partial z}{\partial x}=z_x$$

$$f_y(x, y) = \frac{\partial}{\partial y} f(x, y) = \frac{\partial z}{\partial y} = z_y$$

而偏導數 $f_x(x_0, y_0)$ 可記為 $\left.\dfrac{\partial f}{\partial x}\right|_{x=x_0, y=y_0}$ 或 $\left.\dfrac{\partial f}{\partial x}\right|_{(x_0, y_0)}$.

定理 17-2-1

若 $u=u(x, y)$、$v=v(x, y)$，且 u 與 v 的偏導函數均存在，r 為實數，則

(1) $\dfrac{\partial}{\partial x}(u \pm v) = \dfrac{\partial u}{\partial x} \pm \dfrac{\partial v}{\partial x}$ $\dfrac{\partial}{\partial y}(u \pm v) = \dfrac{\partial u}{\partial y} \pm \dfrac{\partial v}{\partial y}$ (加(減)法法則)

(2) $\dfrac{\partial}{\partial x}(cu) = c\dfrac{\partial u}{\partial x}$ $\dfrac{\partial}{\partial y}(cu) = c\dfrac{\partial u}{\partial y}$ (c 為常數) (常數倍法則)

(3) $\dfrac{\partial}{\partial x}(uv) = u\dfrac{\partial v}{\partial x} + v\dfrac{\partial u}{\partial x}$ $\dfrac{\partial}{\partial y}(uv) = u\dfrac{\partial v}{\partial y} + v\dfrac{\partial u}{\partial y}$ (乘法法則)

(4) $\dfrac{\partial}{\partial x}\left(\dfrac{u}{v}\right) = \dfrac{v\dfrac{\partial u}{\partial x} - u\dfrac{\partial v}{\partial x}}{v^2}$ $\dfrac{\partial}{\partial y}\left(\dfrac{u}{v}\right) = \dfrac{v\dfrac{\partial u}{\partial y} - u\dfrac{\partial v}{\partial y}}{v^2}$ (除法法則)

(5) $\dfrac{\partial}{\partial x}(u^r) = ru^{r-1}\dfrac{\partial u}{\partial x}$ $\dfrac{\partial}{\partial y}(u^r) = ru^{r-1}\dfrac{\partial u}{\partial y}$ (冪法則)

例 1 已知函數 $f(x, y) = x^2 - xy^2 + y^3$，求 $f_x(1, 3)$ 與 $f_y(1, 3)$.

解答 $\dfrac{\partial f}{\partial x} = \dfrac{\partial}{\partial x}(x^2 - xy^2 + y^3) = 2x - y^2$ (視 y 為常數，對 x 微分)

$\dfrac{\partial f}{\partial y} = \dfrac{\partial}{\partial y}(x^2 - xy^2 + y^3) = -2xy + 3y^2$ (視 x 為常數，對 y 微分)

$f_x(1, 3) = \left.\dfrac{\partial f}{\partial x}\right|_{(1, 3)} = 2 - 9 = -7$

$f_y(1, 3) = \left.\dfrac{\partial f}{\partial y}\right|_{(1, 3)} = -6 + 27 = 21.$

例 2 若 $z = x^2 \sin(xy^2)$，求 $\dfrac{\partial z}{\partial x}$ 與 $\dfrac{\partial z}{\partial y}$．

解答
$$\dfrac{\partial z}{\partial x} = \dfrac{\partial}{\partial x}[x^2 \sin(xy^2)] = x^2 \dfrac{\partial}{\partial x}\sin(xy^2) + \sin(xy^2)\dfrac{\partial}{\partial x}(x^2)$$
$$= x^2 \cos(xy^2) y^2 + \sin(xy^2)(2x)$$
$$= x^2 y^2 \cos(xy^2) + 2x \sin(xy^2)$$

$$\dfrac{\partial z}{\partial y} = \dfrac{\partial}{\partial y}[x^2 \sin(xy^2)] = x^2 \dfrac{\partial}{\partial y}\sin(xy^2) + \sin(xy^2)\dfrac{\partial}{\partial y}(x^2)$$
$$= x^2 \cos(xy^2)(2xy) + \sin(xy^2) \cdot 0$$
$$= 2x^3 y \cos(xy^2).$$

例 3 根據理想氣體定律，氣體的壓力 P、絕對溫度 T 與體積 V 的關係為 $P = \dfrac{kT}{V}$．假設對於某氣體，$k = 10$．

(1) 若溫度為 $80°K$ 且體積保持固定在 50 立方吋，求壓力（磅/平方吋）對溫度的變化率．

(2) 若體積為 50 立方吋且溫度保持固定在 $80°K$，求體積對壓力的變化率．

解答 (1) 依題意，$P = \dfrac{10T}{V}$，可得 $\dfrac{\partial P}{\partial T} = \dfrac{10}{V}$，

故 $\left.\dfrac{\partial P}{\partial T}\right|_{T=80,\ V=50} = \dfrac{10}{50} = \dfrac{1}{5}$．

(2) 依題意，$V = \dfrac{10T}{P}$，可得 $\dfrac{\partial V}{\partial P} = -\dfrac{10T}{P^2}$．

當 $V = 50$ 且 $T = 80$ 時，$P = \dfrac{800}{50} = 16$．

因此，$\left.\dfrac{\partial V}{\partial P}\right|_{T=80,\ P=16} = -\dfrac{800}{256} = -\dfrac{25}{8}$．

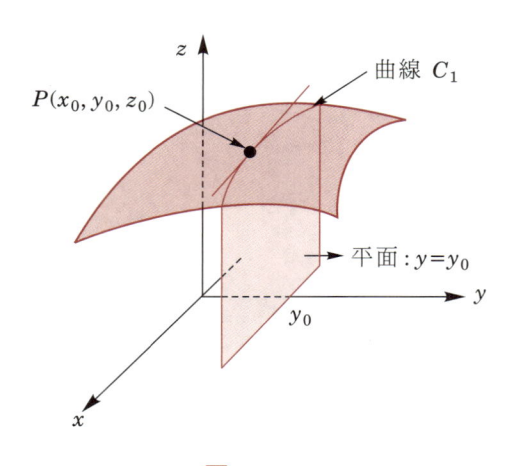

圖 17-2-1

就單變數函數 $y=f(x)$ 而言，在幾何上，$f'(x_0)$ 意指曲線 $y=f(x)$ 在點 (x_0, y_0) 之切線的斜率．今討論二變數函數 $z=f(x, y)$ 之偏導數的幾何意義．

已知曲面 $z=f(x, y)$，若平面 $y=y_0$ 與曲面相交所成的曲線 C_1 通過 P 點，如圖 17-2-1 所示，則

$$f_x(x_0, y_0)=\lim_{h\to 0}\frac{f(x_0+h, y_0)-f(x_0, y_0)}{h}$$

代表曲線 C_1 在 $P(x_0, y_0, z_0)$ 沿著 x 方向之切線的斜率．又 C_1 通過 P 點且在平面 $y=y_0$ 上，故它在 P 點之切線的方程式為

$$\begin{cases} y=y_0 \\ z-z_0=f_x(x_0, y_0)(x-x_0). \end{cases} \qquad (17\text{-}2\text{-}1)$$

同理，若平面 $x=x_0$ 與曲面相交所成的曲線 C_2 通過 P 點，如圖 17-2-2 所示，則

$$f_y(x_0, y_0)=\lim_{h\to 0}\frac{f(x_0, y_0+h)-f(x_0, y_0)}{h}$$

代表曲線 C_2 在 $P(x_0, y_0, z_0)$ 沿著 y 方向之切線的斜率．又 C_2 通過 P 點且在平面 $x=x_0$ 上，故它在 P 點之切線的方程式為

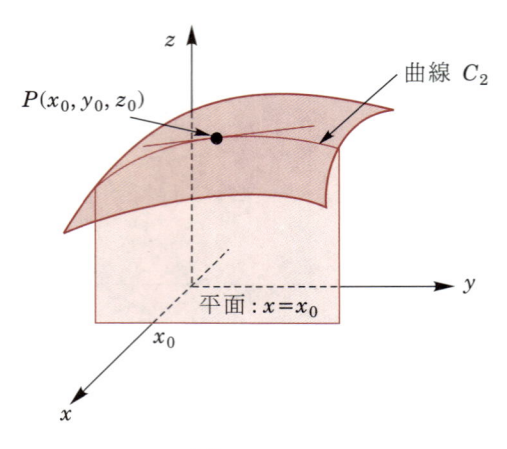

圖 17-2-2

$$\begin{cases} x = x_0 \\ z - z_0 = f_y(x_0, y_0)(y - y_0). \end{cases} \quad (17\text{-}2\text{-}2)$$

例 4 求曲面 $z = f(x, y) = x^2 - 9y^2$ 與

(1) 平面 $x = 3$

(2) 平面 $y = 1$

相交的曲線在點 $(3, 1, 0)$ 之切線的方程式.

解答 (1) 因 $f_y(x, y) = -18y$，可知切線在點 $(3, 1, 0)$ 沿著 y 方向的斜率為 $f_y(3, 1) = -18$，故切線方程式為

$$\begin{cases} x = 3 \\ z - 0 = -18(y - 1) \end{cases}$$

即，$\begin{cases} x = 3 \\ 18y + z = 18 \end{cases}$

(2) 因 $f_x(x, y) = 2x$，可知切線在點 $(3, 1, 0)$ 沿著 x 方向的斜率為 $f_x(3, 1) = 6$，故切線方程式為

$$\begin{cases} y = 1 \\ z - 0 = 6(x - 3) \end{cases}$$

即, $\begin{cases} y=1 \\ 6x-z=18. \end{cases}$

由於一階偏導函數 f_x 與 f_y 皆為 x 與 y 的函數，所以，可以再對 x 或 y 微分。f_x 與 f_y 的偏導函數稱為 f 的**二階偏導函數** (second partial derivative)，如下所示：

$$(f_x)_x = f_{xx} = \frac{\partial f_x}{\partial x} = \frac{\partial}{\partial x}\left(\frac{\partial f}{\partial x}\right) = \frac{\partial^2 f}{\partial x^2}$$

$$(f_x)_y = f_{xy} = \frac{\partial f_x}{\partial y} = \frac{\partial}{\partial y}\left(\frac{\partial f}{\partial x}\right) = \frac{\partial^2 f}{\partial y\,\partial x}$$

$$(f_y)_x = f_{yx} = \frac{\partial f_y}{\partial x} = \frac{\partial}{\partial x}\left(\frac{\partial f}{\partial y}\right) = \frac{\partial^2 f}{\partial x\,\partial y}$$

$$(f_y)_y = f_{yy} = \frac{\partial f_y}{\partial y} = \frac{\partial}{\partial y}\left(\frac{\partial f}{\partial y}\right) = \frac{\partial^2 f}{\partial y^2}$$

讀者應注意，在 f_{xy} 中的 x 與 y 的順序是先對 x 作偏微分，再對 y 作偏微分。但在 $\dfrac{\partial^2 f}{\partial x\,\partial y}$ 中，是先對 y 作偏微分，再對 x 作偏微分。

例 5 求 $f(x,\ y)=xy^2+x^3y$ 的二階偏導函數。

解答 $\dfrac{\partial f}{\partial x}=y^2+3x^2y,\quad \dfrac{\partial f}{\partial y}=2xy+x^3$

$$\frac{\partial^2 f}{\partial x^2}=\frac{\partial}{\partial x}\left(\frac{\partial f}{\partial x}\right)=\frac{\partial}{\partial x}(y^2+3x^2y)=6xy$$

$$\frac{\partial^2 f}{\partial y^2}=\frac{\partial}{\partial y}\left(\frac{\partial f}{\partial y}\right)=\frac{\partial}{\partial y}(2xy+x^3)=2x$$

$$\frac{\partial^2 f}{\partial x\,\partial y}=\frac{\partial}{\partial x}\left(\frac{\partial f}{\partial y}\right)=\frac{\partial}{\partial x}(2xy+x^3)=2y+3x^2$$

$$\frac{\partial^2 f}{\partial y\,\partial x}=\frac{\partial}{\partial y}\left(\frac{\partial f}{\partial x}\right)=\frac{\partial}{\partial y}(y^2+3x^2y)=2y+3x^2.$$

下面定理給出函數的**混合二階偏導函數** (mixed second partial derivative) 相等的充分條件，其證明省略．

定理 17-2-2

若 f、f_x、f_y、f_{xy} 與 f_{yx} 在開區域 R 均為連續，則對 R 中每一點 (x, y)，

$$f_{xy}(x, y) = f_{yx}(x, y)$$

恆成立．

有關三階或更高階的偏導函數可仿照二階的情形，依此類推．例如：

$$f_{xxx} = \frac{\partial}{\partial x}\left(\frac{\partial^2 f}{\partial x^2}\right) = \frac{\partial^3 f}{\partial x^3}, \qquad f_{xxy} = \frac{\partial}{\partial y}\left(\frac{\partial^2 f}{\partial x^2}\right) = \frac{\partial^3 f}{\partial y \, \partial x^2},$$

$$f_{xyy} = \frac{\partial}{\partial y}\left(\frac{\partial^2 f}{\partial y \, \partial x}\right) = \frac{\partial^3 f}{\partial y^2 \, \partial x}, \qquad f_{yyy} = \frac{\partial}{\partial y}\left(\frac{\partial^2 f}{\partial y^2}\right) = \frac{\partial^3 f}{\partial y^3}.$$

例 6 若 $f(x, y) = x \ln y + ye^x$，求 f_{xxy} 與 f_{yyx}．

解答
$$f_x = \frac{\partial}{\partial x}(x \ln y + ye^x) = \ln y + ye^x$$

$$f_{xx} = \frac{\partial}{\partial x}(\ln y + ye^x) = ye^x$$

$$f_{xxy} = \frac{\partial}{\partial y}(ye^x) = e^x$$

$$f_y = \frac{\partial}{\partial y}(x \ln y + ye^x) = \frac{x}{y} + e^x$$

$$f_{yy} = \frac{\partial}{\partial y}\left(\frac{x}{y} + e^x\right) = -\frac{x}{y^2}$$

$$f_{yyx} = \frac{\partial}{\partial x}\left(-\frac{x}{y^2}\right) = -\frac{1}{y^2}.$$

對於三變數函數 $f(x, y, z)$ 而言，欲求 $f_x(x, y, z)$，我們視 y 與 z 為常數而將 $f(x, y, z)$ 對 x 微分；欲求 $f_y(x, y, z)$，可視 x 與 z 為常數而將 $f(x, y, z)$ 對 y 微分；欲求 $f_z(x, y, z)$，可視 x 與 y 為常數而將 $f(x, y, z)$ 對 z 微分.

例 7 若 $f(x, y, z) = x^3yz^2 + 2xy + z$，試求 $f_x(x, y, z)$、$f_y(x, y, z)$、$f_z(x, y, z)$ 與 $f_z(-1, 1, 2)$.

解答
$f_x(x, y, z) = 3x^2yz^2 + 2y$
$f_y(x, y, z) = x^3z^2 + 2x$
$f_z(x, y, z) = 2x^3yz + 1$
$f_z(-1, 1, 2) = 2(-1)^3(1)(2) + 1 = -3.$

習題 17-2

1. 若 $f(x, y) = \sqrt{3x^2 + y^2}$，求 $f_x(1, -1)$ 與 $f_y(-1, 1)$.

2. 若 $f(x, y) = \sin(xy) + xe^y$，求 $f_{xy}(0, 3)$ 與 $f_{yy}(2, 0)$.

3. 已知 $f(x, y) = \int_x^y e^{t^2}\, dt$，求 f_x 與 f_y.

4. 已知 $f(x, y, z) = xe^z - ye^x + ze^{-y}$，求 $f_{xy}(1, -1, 0)$、$f_{yz}(0, 1, 0)$ 與 $f_{zx}(0, 0, 1)$.

5. 某質點沿著曲面 $z = x^2 + 3y^2$ 與平面 $x = 2$ 相交的曲線移動，當該質點在點 $(2, 1, 7)$ 時，z 對 y 的變化率為何？

6. 電阻分別為 R_1 歐姆與 R_2 歐姆的兩個電阻器並聯後的總電阻為 R（以歐姆計），其關係如下：

$$\frac{1}{R} = \frac{1}{R_1} + \frac{1}{R_2}$$

若 $R_1 = 10$ 歐姆、$R_2 = 15$ 歐姆，求 R 對 R_2 的變化率.

7. 求曲面 $z = x^2 + 4y^2$ 與

    (1) 平面 $x = -1$ (2) 平面 $y = 1$

    相交的曲線在點 $(-1, 1, 5)$ 之切線的方程式.

8. 求上半球面 $z = \sqrt{9 - x^2 - y^2}$ 與平面 $x = 1$ 相交的曲線在點 $(1, 2, 2)$ 之切線的方程式.

9. 在絕對溫度 T、壓力 P 與體積 V 的情況下，理想氣體定律為：$PV = nRT$，此處 n 是氣體的莫耳數，R 是氣體常數，試證：$\dfrac{\partial P}{\partial V} \dfrac{\partial V}{\partial T} \dfrac{\partial T}{\partial P} = -1$.

10. 電阻分別為 R_1 與 R_2 的兩個電阻器並聯後的總電阻 R（以歐姆計）為 $R = \dfrac{R_1 R_2}{R_1 + R_2}$，試證：$\left(\dfrac{\partial^2 R}{\partial R_1{}^2}\right)\left(\dfrac{\partial^2 R}{\partial R_2{}^2}\right) = \dfrac{4R^2}{(R_1 + R_2)^4}$.

11. 試證下列函數滿足

    $$\dfrac{\partial^2 f}{\partial x^2} + \dfrac{\partial^2 f}{\partial y^2} = 0$$ (此方程式稱為**拉普拉斯方程式** (Laplace equation))

    (1) $f(x, y) = e^x \sin y + e^y \cos x$ (2) $f(x, y) = \tan^{-1} \dfrac{y}{x}$

◣ § 17-3　全微分

若 f 為二變數 x 與 y 的函數，x 與 y 的增量分別為 Δx 與 Δy，則 Δz 代表因變數的對應增量，亦即，

$$\Delta z = f(x + \Delta x, y + \Delta y) - f(x, y) \qquad (17\text{-}3\text{-}1)$$

於是，如果 (x, y) 變化到 $(x + \Delta x, y + \Delta y)$，則 Δz 就稱為函數 f 的增量，如圖 17-3-1 所示.

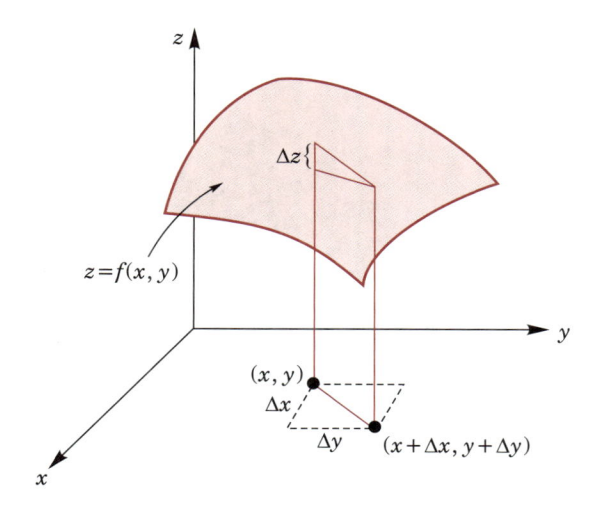

圖 17-3-1

例 1 設 $z=f(x, y)=x^2-xy$，若 (x, y) 自 $(1, 1)$ 變化至 $(1.5, 0.6)$，則 $f(x, y)$ 的變化量為何？

解答
$$\begin{aligned}\Delta z &= f(x+\Delta x, y+\Delta y)-f(x, y)\\ &=(x+\Delta x)^2-(x+\Delta x)(y+\Delta y)-x^2+xy\\ &=(2x-y)\Delta x-x(\Delta y)+(\Delta x)^2-(\Delta x)(\Delta y)\end{aligned}$$

$f(x, y)$ 的變化量可用 $x=1$、$y=1$、$\Delta x=0.5$、$\Delta y=-0.4$ 代入上式而獲得，

故 $\Delta z=(2-1)(0.5)-(1)(-0.4)+(0.5)^2-(0.5)(-0.4)$
$=1.35.$

定理 17-3-1

若 $z=f(x, y)$ 且 f、f_x 與 f_y 在包含點 (x, y) 的開區域 R 內連續，則

$$\Delta z=f_x(x, y)\Delta x+f_y(x, y)\Delta y+\varepsilon_1\Delta x+\varepsilon_2\Delta y$$

其中 ε_1 與 ε_2 均為 Δx 與 Δy 的函數，當 $(\Delta x, \Delta y)\to(0, 0)$ 時，$\varepsilon_1\to 0$，$\varepsilon_2\to 0.$

在定理 17-3-1 中，當 $\Delta x \to 0$，$\Delta y \to 0$ 時，$\Delta z \approx f_x(x, y)\Delta x + f_y(x, y)\Delta y$.

定義 17-3-1

令 $z = f(x, y)$ 且偏導函數 f_x 與 f_y 均存在，則

(1) 自變數的微分為

$$dx = \Delta x, \quad dy = \Delta y$$

(2) 因變數 z 的**全微分** (total differential) 為

$$dz = f_x(x, y)\, dx + f_y(x, y)\, dy = \frac{\partial z}{\partial x} dx + \frac{\partial z}{\partial y} dy$$

當 $dx = \Delta x \approx 0$、$dy = \Delta y \approx 0$ 時，$\Delta z - dz \approx 0$，即，$dz \approx \Delta z$。

例 2 設 $z = f(x, y) = x^3 + xy - y^2$，求全微分 dz. 若 x 由 2 變到 2.05 且 y 由 3 變到 2.96，計算 Δz 與 dz 的值.

解答

$$\begin{aligned} dz &= \frac{\partial z}{\partial x} dx + \frac{\partial z}{\partial y} dy \\ &= (3x^2 + y)\, dx + (x - 2y)\, dy \end{aligned}$$

取 $x = 2$、$y = 3$、$dx = \Delta x = 0.05$、$dy = \Delta y = -0.04$，可得

$$\begin{aligned} \Delta z &= f(2.05, 2.96) - f(2, 3) \\ &= [(2.05)^3 + (2.05)(2.96) - (2.96)^2] - (8 + 6 - 9) \\ &= 0.921525 \end{aligned}$$

$$\begin{aligned} dz &= f_x(2, 3)(0.05) + f_y(2, 3)(-0.04) \\ &= [3(2^2) + 3](0.05) + [2 - 2(3)](-0.04) \\ &= 0.91. \end{aligned}$$

例 3 試利用微分求 $\sqrt{(2.95)^2+(4.03)^2}$ 的近似值.

解答 令 $f(x, y) = \sqrt{x^2+y^2}$，則 $f_x(x, y) = \dfrac{x}{\sqrt{x^2+y^2}}$、$f_y(x, y) = \dfrac{y}{\sqrt{x^2+y^2}}$.

取 $x=3$、$y=4$、$dx=\Delta x=-0.05$、$dy=\Delta y=0.03$，可得

$$\begin{aligned}
\sqrt{(2.95)^2+(4.03)^2} &= f(2.95, 4.03) \approx f(3, 4) + dz \\
&= f(3, 4) + f_x(3, 4)\, dx + f_y(3, 4)\, dy \\
&= 5 + \frac{3}{5}(-0.05) + \frac{4}{5}(0.03) \\
&= 4.994.
\end{aligned}$$

對於單變數函數，"可微分"一詞的意義為導數存在. 至於二變數函數，我們會合理地猜測，若 $f_x(x_0, y_0)$ 與 $f_y(x_0, y_0)$ 均存在，則二變數函數 f 在 (x_0, y_0) 為可微分. 很不幸地，此條件不夠強，因為有些二變數函數在一點有偏導數，但在該點為不連續. 例如，函數

$$f(x, y) = \begin{cases} 0, & \text{若 } x>0 \text{ 且 } y>0 \\ 1, & \text{其他} \end{cases}$$

在點 $(0, 0)$ 為不連續，但在點 $(0, 0)$ 有偏導數. 明確地說，

$$\begin{aligned}
f_x(0, 0) &= \lim_{h\to 0} \frac{f(h, 0) - f(0, 0)}{h} \\
&= \lim_{h\to 0} \frac{1-1}{h} = 0 \\
f_y(0, 0) &= \lim_{h\to 0} \frac{f(0, h) - f(0, 0)}{h} \\
&= \lim_{h\to 0} \frac{1-1}{h} = 0
\end{aligned}$$

這些事實從圖 17-3-2 看來很顯然.

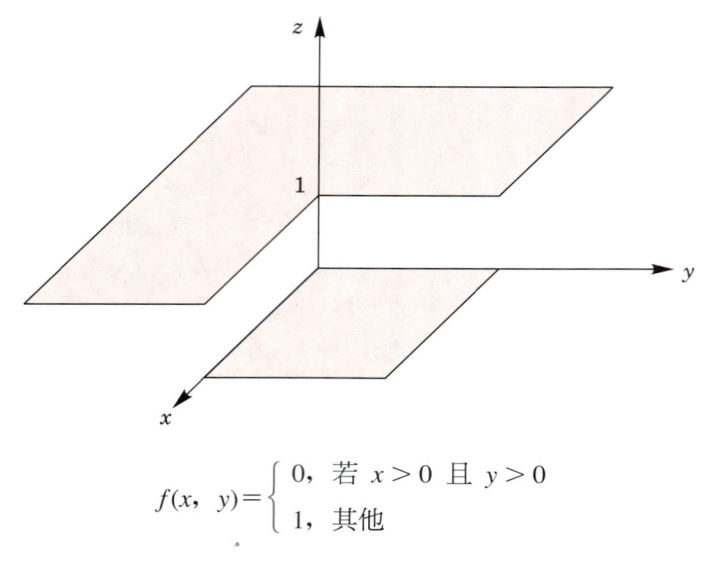

$$f(x, y) = \begin{cases} 0, & \text{若 } x > 0 \text{ 且 } y > 0 \\ 1, & \text{其他} \end{cases}$$

圖 17-3-2

定義 17-3-2

令 $z = f(x, y)$. 若 Δz 可以表成

$$\Delta z = f_x(a, b) \Delta x + f_y(a, b) \Delta y + \varepsilon_1 \Delta x + \varepsilon_2 \Delta y,$$

則 f 在點 (a, b) 為**可微分**, 此處 ε_1 與 ε_2 均為 Δx 與 Δy 的函數, 當 $(\Delta x, \Delta y) \to (0, 0)$ 時, $\varepsilon_1 \to 0$, $\varepsilon_2 \to 0$.

若二變數函數 f 在區域 R 的每一點均為可微分, 則稱 f 在區域 R 為可微分.

定理 17-3-2

若二變數函數 f 的偏導函數 f_x 與 f_y 在區域 R 均為連續, 則 f 在 R 為可微分.

例如, $f(x, y) = x^2 y^3$ 為可微分函數, 因為偏導函數 $f_x = 2xy^3$ 與 $f_y = 3x^2 y^2$ 在 xy-

平面有定義且處處連續.

定理 17-3-3

若二變數函數 f 在點 (a, b) 為可微分，則 f 在點 (a, b) 為連續.

例 4 已知一正圓柱體的底半徑與高分別測得 10 厘米與 15 厘米，可能的測量誤差皆為 ± 0.05 厘米，利用全微分求該圓柱體體積之最大誤差的近似值.

解答 底半徑為 r 且高為 h 的正圓柱的體積為

$$V = \pi r^2 h$$

因而，

$$dV = \frac{\partial V}{\partial r} dr + \frac{\partial V}{\partial h} dh = 2\pi r h \, dr + \pi r^2 \, dh$$

現在，取 $r=10$、$h=15$、$dr=dh=\pm 0.05$，圓柱體體積之誤差 ΔV 近似於 dV.

所以，
$$|\Delta V| \approx |dV| = |300\pi(\pm 0.05) + 100\pi(\pm 0.05)|$$
$$\leq |300\pi(\pm 0.05)| + |100\pi(\pm 0.05)|$$
$$= 20\pi$$

(利用三角不等式)

於是，最大誤差約為 20π 立方厘米.

例 5 若測得某正圓柱體之半徑的誤差至多為 2%，高的誤差至多為 4%，則利用全微分估計所計算體積的最大百分誤差.

解答 令 r、h 與 V 分別為正圓柱體的真正半徑、高度與體積，又令 Δr、Δh 與 ΔV 分別為這些量的誤差. 已知

$$\left|\frac{\Delta r}{r}\right| \leq 0.02 \quad \text{與} \quad \left|\frac{\Delta h}{h}\right| \leq 0.04$$

我們要求 $\left|\dfrac{\Delta V}{V}\right|$ 的最大值. 因圓柱體體積為 $V=\pi r^2 h$, 故

$$dV=\dfrac{\partial V}{\partial r}dr+\dfrac{\partial V}{\partial h}dh=2\pi rh\,dr+\pi r^2\,dh$$

若取 $dr=\Delta r$ 與 $dh=\Delta h$, 則

$$\dfrac{\Delta V}{V}\approx\dfrac{dV}{V}$$

但

$$\dfrac{dV}{V}=\dfrac{2\pi rh\,dr+\pi r^2\,dh}{\pi r^2 h}=\dfrac{2dr}{r}+\dfrac{dh}{h}$$

可得

$$\left|\dfrac{dV}{V}\right|=\left|\dfrac{2dr}{r}+\dfrac{dh}{h}\right|\leq 2\left|\dfrac{dr}{r}\right|+\left|\dfrac{dh}{h}\right|$$

$$\leq 2(0.02)+0.04=0.08$$

於是, 體積的最大百分誤差為 8%.

微分與可微分性可以類似的方法, 推廣到多於二個變數的函數. 例如, 若 $w=f(x, y, z)$, 則 w 的 **增量** 為

$$\Delta w=f(x+\Delta x, y+\Delta y, z+\Delta z)-f(x, y, z)$$

全微分 dw 定義為

$$dw=\dfrac{\partial w}{\partial x}dx+\dfrac{\partial w}{\partial y}dy+\dfrac{\partial w}{\partial z}dz \qquad (17\text{-}3\text{-}2)$$

若 $dx=\Delta x\approx 0$、$dy=\Delta y\approx 0$、$dz=\Delta z\approx 0$, 且 f 有連續的偏導函數, 則 dw 可以用來近似 Δw.

可微分性可用類似於定義 17-3-2 中的式子來定義.

例 6 若 $w = xy + yz + xz$，求 dw.

解答 $dw = \dfrac{\partial w}{\partial x} dx + \dfrac{\partial w}{\partial y} dy + \dfrac{\partial w}{\partial z} dz$

$= (y+z)\, dx + (x+z)\, dy + (y+x)\, dz$

習題 17-3

在 1～3 題中，求 dz.

1. $z = x \sin y + \dfrac{y}{x}$

2. $z = \tan^{-1} \dfrac{x}{y}$

3. $z = \tan^{-1}(xy)$

在 4～5 題中，求 dw.

4. $w = \sqrt{x} + \sqrt{y} + \sqrt{z}$

5. $w = x^2 e^{yz} + y \ln z$

6. 若 (x, y) 由 $(-2, 3)$ 變到 $(-2.02, 3.01)$，利用全微分求 $f(x, y) = x^2 - 3xy^2 - 2y^3$ 之變化量的近似值.

7. 利用全微分求 $\sqrt{5(0.98)^2 + (2.01)^2}$ 的近似值.

8. 兩電阻 R_1 與 R_2 並聯後的總電阻為

$$R = \dfrac{R_1 R_2}{R_1 + R_2}$$

假設測得 R_1 與 R_2 分別為 200 歐姆與 400 歐姆，每一個測量的最大誤差為 2%，利用全微分估計所計算 R 值的最大百分誤差.

9. 設 $f(x, y) = \begin{cases} \dfrac{xy}{x^2 + y^2}, & \text{若 } (x, y) \neq (0, 0) \\ 0, & \text{若 } (x, y) = (0, 0) \end{cases}$

試證：$f_x(0, 0)$ 與 $f_y(0, 0)$ 均存在. f 在點 $(0, 0)$ 是否可微分？

§17-4　連鎖法則

在單變數函數中，我們曾藉 f 與 g 的導函數以表示合成函數 $f(g(t))$ 的導函數如下：

$$\frac{d}{dt}f(g(t))=f'(g(t))\,g'(t)$$

若令 $y=f(x)$ 且 $x=g(t)$，則依連鎖法則得，

$$\frac{dy}{dt}=\frac{dy}{dx}\,\frac{dx}{dt}.$$

同理，二變數函數的合成函數也可利用連鎖法則求出偏導函數。

定理 17-4-1　連鎖法則

若 z 為 x 與 y 的可微分函數，x 與 y 均為 t 的可微分函數，則 z 為 t 的可微分函數，且

$$\frac{dz}{dt}=\frac{\partial z}{\partial x}\,\frac{dx}{dt}+\frac{\partial z}{\partial y}\,\frac{dy}{dt}.$$

定理 17-4-1 中的公式可用下面 "樹形圖" (圖 17-4-1) 來幫助記憶.

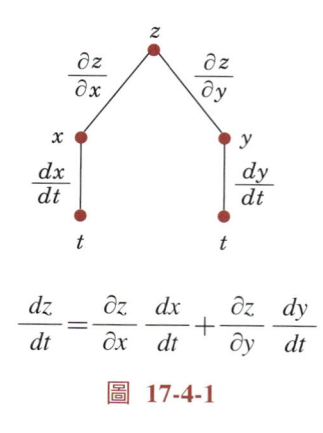

$$\frac{dz}{dt}=\frac{\partial z}{\partial x}\,\frac{dx}{dt}+\frac{\partial z}{\partial y}\,\frac{dy}{dt}$$

圖 17-4-1

第十七章　偏導函數　◯ 643

同理，若 w 為三個自變數 x、y 與 z 的可微分函數，x、y 與 z 又均為 t 的可微分函數，則 w 為 t 的可微分函數，且

$$\frac{dw}{dt}=\frac{\partial w}{\partial x}\frac{dx}{dt}+\frac{\partial w}{\partial y}\frac{dy}{dt}+\frac{\partial w}{\partial z}\frac{dz}{dt} \tag{17-4-1}$$

公式 (17-4-1) 的 "樹形圖" (圖 17-4-2) 如下：

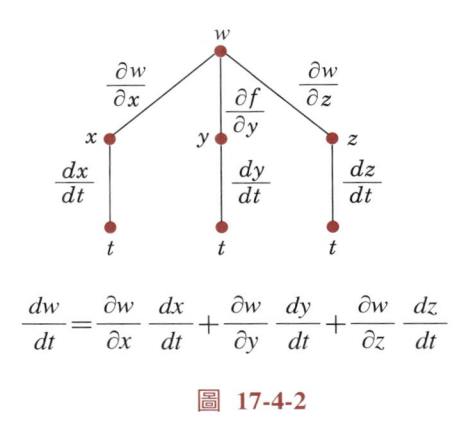

$$\frac{dw}{dt}=\frac{\partial w}{\partial x}\frac{dx}{dt}+\frac{\partial w}{\partial y}\frac{dy}{dt}+\frac{\partial w}{\partial z}\frac{dz}{dt}$$

圖 17-4-2

例 1　若 $z=xy$、$x=(t+1)^2$、$y=(t+2)^3$，求 $\dfrac{dz}{dt}$。

解答　因 $z=xy$，可得 $\dfrac{\partial z}{\partial x}=y$、$\dfrac{\partial z}{\partial y}=x$，

又 $\dfrac{dx}{dt}=2(t+1)$，$\dfrac{dy}{dt}=3(t+2)^2$，

故
$$\begin{aligned}\frac{dz}{dt}&=\frac{\partial z}{\partial x}\frac{dx}{dt}+\frac{\partial z}{\partial y}\frac{dy}{dt}\\&=2y(t+1)+3x(t+2)^2\\&=2(t+2)^3(t+1)+3(t+1)^2(t+2)^2\\&=(t+1)(t+2)^2(5t+7).\end{aligned}$$

例 2 已知 $z=\sqrt{xy+y}$、$x=\cos\theta$、$y=\sin\theta$,求 $\dfrac{dz}{d\theta}\bigg|_{\theta=\pi/2}$.

解答
$$\frac{dz}{d\theta}=\frac{\partial z}{\partial x}\frac{dx}{d\theta}+\frac{\partial z}{\partial y}\frac{dy}{d\theta}$$

$$=\frac{y}{2\sqrt{xy+y}}(-\sin\theta)+\frac{x+1}{2\sqrt{xy+y}}(\cos\theta)$$

當 $\theta=\dfrac{\pi}{2}$ 時,$x=\cos\dfrac{\pi}{2}=0$,$y=\sin\dfrac{\pi}{2}=1$

所以, $\dfrac{dz}{d\theta}\bigg|_{\theta=\pi/2}=\dfrac{1}{2}(-1)+\dfrac{1}{2}(0)=-\dfrac{1}{2}$.

例 3 設一正圓錐的高為 100 厘米,每秒鐘縮減 1 厘米,其底半徑為 50 厘米,每秒鐘增加 0.5 厘米,求其體積的變化率.

解答 設正圓錐的高為 y,底半徑為 x,體積為 V,則

$$V=\frac{1}{3}\pi x^2 y$$

$\dfrac{\partial V}{\partial x}=\dfrac{2}{3}\pi xy$、$\dfrac{\partial V}{\partial y}=\dfrac{1}{3}\pi x^2$,可得

$$\frac{dV}{dt}=\frac{\partial V}{\partial x}\frac{dx}{dt}+\frac{\partial V}{\partial y}\frac{dy}{dt}$$

$$=\left(\frac{2}{3}\pi xy\right)\left(\frac{dx}{dt}\right)+\left(\frac{1}{3}\pi x^2\right)\left(\frac{dy}{dt}\right)$$

依題意,$x=50$、$y=100$、$\dfrac{dx}{dt}=0.5$、$\dfrac{dy}{dt}=-1$,代入上式可得

$$\frac{dV}{dt}=\frac{2}{3}\pi(50)(100)(0.5)+\frac{1}{3}\pi(50)^2(-1)=\frac{2500\pi}{3}$$

即,體積每秒增加 $\dfrac{2500\pi}{3}$ 立方厘米.

定理 17-4-2

若 z 為 x 與 y 的可微分函數，x 與 y 均為 u 與 v 的可微分函數，則 z 為 u 與 v 的可微分函數，且

$$\frac{\partial z}{\partial u} = \frac{\partial z}{\partial x}\frac{\partial x}{\partial u} + \frac{\partial z}{\partial y}\frac{\partial y}{\partial u}$$

$$\frac{\partial z}{\partial v} = \frac{\partial z}{\partial x}\frac{\partial x}{\partial v} + \frac{\partial z}{\partial y}\frac{\partial y}{\partial v}.$$

定理 17-4-2 中的公式可用下面"樹形圖"來幫助記憶.

$$\frac{\partial z}{\partial u} = \frac{\partial z}{\partial x}\frac{\partial x}{\partial u} + \frac{\partial z}{\partial y}\frac{\partial y}{\partial u} \qquad \frac{\partial z}{\partial v} = \frac{\partial z}{\partial x}\frac{\partial x}{\partial v} + \frac{\partial z}{\partial y}\frac{\partial y}{\partial v}$$

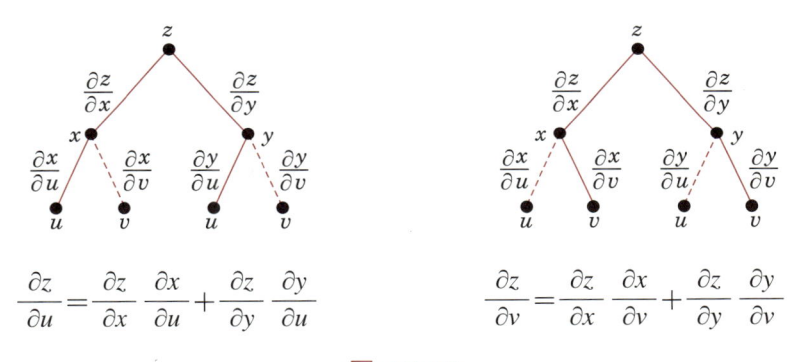

圖 17-4-3

同理，若 w 為自變數 $x_1, x_2, \cdots, x_n$ 的可微分函數，每一個 x_i 為 m 個變數 $t_1, t_2, \cdots, t_m$ 的可微分函數，則 w 為 $t_1, t_2, \cdots, t_m$ 的可微分函數，且

$$\frac{\partial w}{\partial t_i} = \frac{\partial w}{\partial x_1}\frac{\partial x_1}{\partial t_i} + \frac{\partial w}{\partial x_2}\frac{\partial x_2}{\partial t_i} + \cdots + \frac{\partial w}{\partial x_n}\frac{\partial x_n}{\partial t_i}, \quad 1 \leq i \leq m \qquad (17\text{-}4\text{-}2)$$

例 4 若 $z = xy + y^2$、$x = u \sin v$、$y = v \sin u$，求 $\dfrac{\partial z}{\partial u}$ 與 $\dfrac{\partial z}{\partial v}$.

解答
$$\frac{\partial z}{\partial u} = \frac{\partial z}{\partial x}\frac{\partial x}{\partial u} + \frac{\partial z}{\partial y}\frac{\partial y}{\partial u}$$

$$= y\ \sin v + (x+2y)v\ \cos u$$
$$= v\ \sin u\ \sin v + v(u\ \sin v + 2v\ \sin u)\cos u$$

$$\frac{\partial z}{\partial v} = \frac{\partial z}{\partial x}\frac{\partial x}{\partial v} + \frac{\partial z}{\partial y}\frac{\partial y}{\partial v}$$
$$= yu\ \cos v + (x+2y)\sin u$$
$$= uv\ \sin u\ \cos v + (u\ \sin v + 2v\ \sin u)\sin u.$$

定理 17-4-3

若方程式 $F(x, y) = 0$ 定義 y 為 x 的可微分函數，則

$$\frac{dy}{dx} = -\frac{\dfrac{\partial F}{\partial x}}{\dfrac{\partial F}{\partial y}}\left(\text{其中 } \frac{\partial F}{\partial y} \neq 0\right).$$

證：因方程式 $F(x, y) = 0$ 定義 y 為 x 的可微分函數，故將其等號兩邊對 x 微分，可得

$$\frac{\partial F}{\partial x}\frac{dx}{dx} + \frac{\partial F}{\partial y}\frac{dy}{dx} = 0$$

即，
$$\frac{\partial F}{\partial x} + \frac{\partial F}{\partial y}\frac{dy}{dx} = 0$$

若 $\dfrac{\partial F}{\partial y} \neq 0$，則

$$\frac{dy}{dx} = -\frac{\dfrac{\partial F}{\partial x}}{\dfrac{\partial F}{\partial y}}.$$

例 5 若 $y=f(x)$ 為滿足方程式 $2x^3+xy+y^3=1$ 的可微分函數，求 $\dfrac{dy}{dx}$。

解答 令 $F(x, y)=2x^3+xy+y^3-1$，則 $F(x, y)=0$。

又 $\dfrac{\partial F}{\partial x}=6x^2+y$，$\dfrac{\partial F}{\partial y}=x+3y^2$，

故 $\dfrac{dy}{dx}=-\dfrac{\dfrac{\partial F}{\partial x}}{\dfrac{\partial F}{\partial y}}=-\dfrac{6x^2+y}{x+3y^2}$。

定理 17-4-4

若方程式 $F(x, y, z)=0$ 定義 z 為二變數 x 與 y 的可微分函數，則

$$\dfrac{\partial z}{\partial x}=-\dfrac{\dfrac{\partial F}{\partial x}}{\dfrac{\partial F}{\partial z}},\quad \dfrac{\partial z}{\partial y}=-\dfrac{\dfrac{\partial F}{\partial y}}{\dfrac{\partial F}{\partial z}}\quad \left(\text{其中 } \dfrac{\partial F}{\partial z}\neq 0\right).$$

證：因方程式 $F(x, y, z)=0$ 定義 z 為二變數 x 與 y 的可微分函數，故將其等號兩邊對 x 偏微分，可得

$$\dfrac{\partial F}{\partial x}\dfrac{\partial x}{\partial x}+\dfrac{\partial F}{\partial y}\dfrac{\partial y}{\partial x}+\dfrac{\partial F}{\partial z}\dfrac{\partial z}{\partial x}=0$$

但 $\dfrac{\partial x}{\partial x}=1$，$\dfrac{\partial y}{\partial x}=0$，

於是，$\dfrac{\partial F}{\partial x}+\dfrac{\partial F}{\partial z}\dfrac{\partial z}{\partial x}=0$

若 $\dfrac{\partial F}{\partial z} \neq 0$，則

$$\dfrac{\partial z}{\partial x} = -\dfrac{\dfrac{\partial F}{\partial x}}{\dfrac{\partial F}{\partial z}}, \quad 同理, \quad \dfrac{\partial z}{\partial y} = -\dfrac{\dfrac{\partial F}{\partial y}}{\dfrac{\partial F}{\partial z}}.$$

例 6 若 $z = f(x, y)$ 為滿足方程式 $ye^{xz} + xe^{yz} - y^2 + 3x = 5$ 的可微分函數，求 $\dfrac{\partial z}{\partial x}$ 與 $\dfrac{\partial z}{\partial y}$。

解答 令 $F(x, y, z) = ye^{xz} + xe^{yz} - y^2 + 3x - 5$，則 $F(x, y, z) = 0$。

又

$$\dfrac{\partial F}{\partial x} = yze^{xz} + e^{yz} + 3$$

$$\dfrac{\partial F}{\partial y} = e^{xz} + xze^{yz} - 2y$$

$$\dfrac{\partial F}{\partial z} = xye^{xz} + xye^{yz}$$

可得，

$$\dfrac{\partial z}{\partial x} = -\dfrac{\dfrac{\partial F}{\partial x}}{\dfrac{\partial F}{\partial z}} = -\dfrac{yze^{xz} + e^{yz} + 3}{xy(e^{xz} + e^{yz})}$$

$$\dfrac{\partial z}{\partial y} = -\dfrac{\dfrac{\partial F}{\partial y}}{\dfrac{\partial F}{\partial z}} = -\dfrac{e^{xz} + xze^{yz} - 2y}{xy(e^{xz} + e^{yz})}.$$

習題 17-4

1. 若 $z=\sqrt{x^2+y^2}$, $x=e^{2t}$, $y=e^{-2t}$, 求 $\left.\dfrac{dz}{dt}\right|_{t=0}$.

2. 若 $z=x\cos y+y\sin x$, $x=uv^2$, $y=u+v$, 求 $\dfrac{\partial z}{\partial u}$ 與 $\dfrac{\partial z}{\partial v}$.

3. 若 $z=\ln(x^2+y^2)$, $x=re^\theta$, $y=\tan(r\theta)$, 求 $\left.\dfrac{\partial z}{\partial \theta}\right|_{r=1,\,\theta=0}$.

4. 若 $w=x\sin(yz^2)$, $x=\cos t$, $y=t^2$, $z=e^t$, 求 $\left.\dfrac{dw}{dt}\right|_{t=0}$.

5. 若 $w=xy+yz+zx$, $x=st$, $y=e^{st}$, $z=t^2$, 求 $\left.\dfrac{\partial w}{\partial s}\right|_{s=0,\,t=1}$ 與 $\left.\dfrac{\partial w}{\partial t}\right|_{s=0,\,t=1}$.

在 6～7 題中，若 $y=f(x)$ 為滿足所予方程式的可微分函數，求 $\dfrac{dy}{dx}$.

6. $x\sin y+y\cos x=1$

7. $xy+e^{xy}=3$

在 8～9 題中，若 $z=f(x,\,y)$ 為滿足所予方程式的可微分函數，求 $\dfrac{\partial z}{\partial x}$ 與 $\dfrac{\partial z}{\partial y}$.

8. $x^2y+z^2+\cos(yz)=4$

9. $xyz+\ln(x+y+z)=0$

§17-5　二變數函數的極值

在第二篇第 13 章中，我們已學會了如何求解單變數函數的極值問題，在本節中，我們將討論二變數函數的極值問題.

定義 17-5-1

令 f 為二變數 x 與 y 的函數.
(1) 若存在以 (a, b) 為圓心的一圓使得

$$f(a, b) \geq f(x, y)$$

對該圓內所有點 (x, y) 均成立, 則稱 f 在點 (a, b) 有**相對極大值** (或**局部極大值**).

(2) 若存在以 (a, b) 為圓心的一圓使得

$$f(a, b) \leq f(x, y)$$

對該圓內所有點 (x, y) 均成立, 則稱 f 在點 (a, b) 有**相對極小值** (或**局部極小值**).

定義 17-5-2

令 f 為二變數函數, 點 (a, b) 在 f 的定義域內.
(1) 若 $f(a, b) \geq f(x, y)$ 對 f 的定義域內所有點 (x, y) 均成立, 則稱 $f(a, b)$ 為 f 的**絕對極大值**.
(2) 若 $f(a, b) \leq f(x, y)$ 對 f 的定義域內所有點 (x, y) 均成立, 則稱 $f(a, b)$ 為 f 的**絕對極小值**.

在第二篇第 13 章裡, 我們曾經討論過單變數函數 f 在可微分之處 c 有相對極值的必要條件為 $f'(c)=0$. 對二變數函數 $f(x, y)$ 而言, 也有這樣的類似結果. 假設 $f(x, y)$ 在點 (a, b) 有相對極大值, 且 $f_x(a, b)$ 與 $f_y(a, b)$ 均存在, 則 $f_x(a, b)=0$、$f_y(a, b)=0$. 在幾何上, 曲面 $z=f(x, y)$ 與平面 $x=a$ 的交線 C_1 在點 (a, b) 有水平切線; 曲面 $z=f(x, y)$ 與平面 $y=b$ 的交線 C_2 在點 (a, b) 有水平切線 (見圖 17-5-1).

第十七章　偏導函數　○ **651**

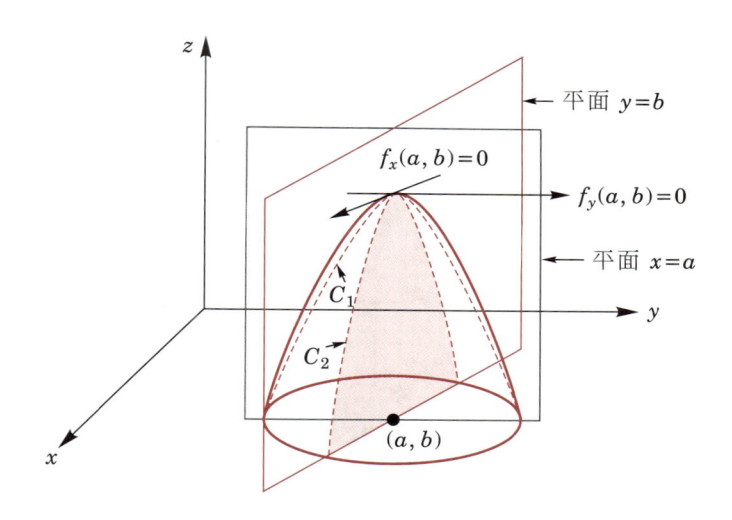

圖 17-5-1

定理 17-5-1

假設函數 $f(x, y)$ 在點 (a, b) 具有相對極大值或相對極小值，且偏導數 $f_x(a, b)$ 與 $f_y(a, b)$ 均存在，則

$$f_x(a, b) = f_y(a, b) = 0.$$

若函數 f 在點 (a, b) 恆有 $f_x(a, b) = f_y(a, b) = 0$，或 $f_x(a, b)$ 與 $f_y(a, b)$ 之中有一者不存在，則稱 (a, b) 為函數 f 的<u>臨界點</u>。但在臨界點處並不一定有極值發生。使函數 f 沒有相對極值的臨界點稱為 f 的<u>鞍點</u>。

例 1　若 $f(x, y) = 4 - x^2 - y^2$，求 f 的相對極值．

解答　$f_x(x, y) = -2x$，$f_y(x, y) = -2y$．

令 $f_x(x, y) = 0$ 且 $f_y(x, y) = 0$，可得 $x = 0$，$y = 0$．而 $f(0, 0) = 4$ 為 f 僅有的極值．若 $(x, y) \neq (0, 0)$，則 $f(x, y) = 4 - (x^2 + y^2) < 4$，故 f 在點 $(0, 0)$ 有相對極大值 4，但 4 也是絕對極大值．圖形如圖 17-5-2 所示．

圖 17-5-2

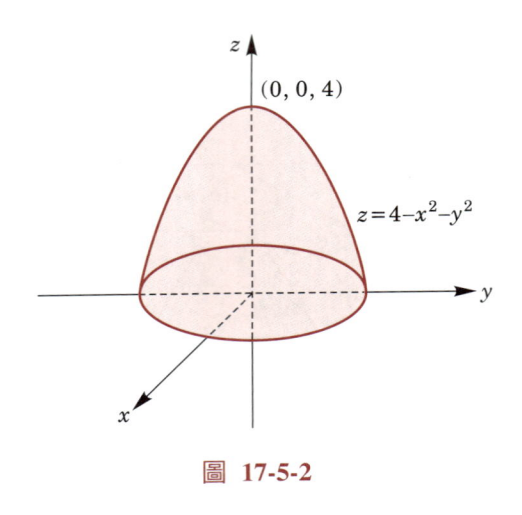

例 2 若 $f(x, y) = y^2 - x^2$，求 f 的相對極值.

解答 由 $f_x(x, y) = -2x = 0$ 與 $f_y(x, y) = 2y = 0$，可得 $x = 0$，$y = 0$. 然而，f 在點 $(0, 0)$ 無相對極值. 若 $y \neq 0$，則 $f(0, y) = y^2 > 0$；並且，若 $x \neq 0$，則 $f(x, 0) = -x^2 < 0$. 因此，在 xy-平面上圓心為 $(0, 0)$ 的任一圓內，存在一些點（在 y-軸上）使 f 的值為正，且存在一些點（在 x-軸上）使 f 的值為負. 因此，$f(0, 0) = 0$ 不是 $f(x, y)$ 在圓內的最大值也不是最小值，其圖形為雙曲拋物面，如圖 17-5-3 所示.

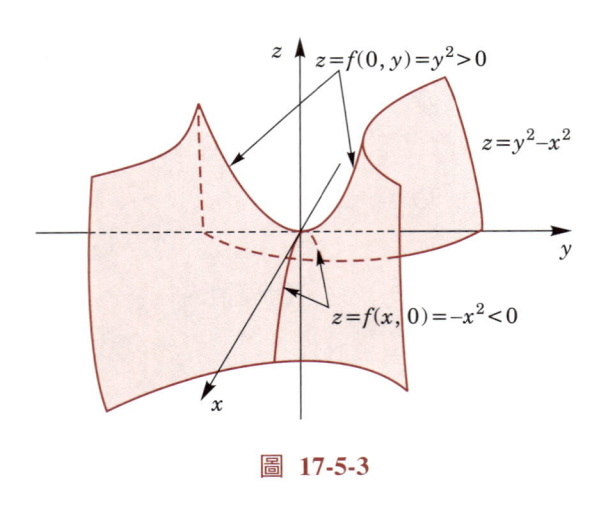

圖 17-5-3

在定理 17-5-1 中，$f_x(a, b) = f_y(a, b) = 0$ 係 f 在 (a, b) 有相對極值的必要條件，至於充分條件可由下述定理得知.

定理 17-5-2　二階偏導數檢驗法
(second partial derivative test)

設二變數函數 f 的二階偏導函數在以臨界點 (a, b) 為圓心的某圓區域均為連續，令

$$\Delta = f_{xx}(a, b) f_{yy}(a, b) - [f_{xy}(a, b)]^2$$

(1) 若 $\Delta > 0$ 且 $f_{xx}(a, b) > 0$，則 $f(a, b)$ 為 f 的相對極小值.
(2) 若 $\Delta > 0$ 且 $f_{xx}(a, b) < 0$，則 $f(a, b)$ 為 f 的相對極大值.
(3) 若 $\Delta < 0$，則 f 在點 (a, b) 無相對極值，(a, b) 為 f 的鞍點.
(4) 若 $\Delta = 0$，則無法確定 $f(a, b)$ 是否為 f 的相對極值.

例 3　求 $f(x, y) = x^3 - 4xy + 2y^2$ 的相對極值.

解答　$f_x(x, y) = 3x^2 - 4y$，$f_y(x, y) = -4x + 4y$.

令 $f_x(x, y) = 0$ 且 $f_y(x, y) = 0$，
解方程組

$$\begin{cases} 3x^2 - 4y = 0 \\ -4x + 4y = 0 \end{cases}$$

得 $x = 0$ 或 $\dfrac{4}{3}$. 所以，臨界點為 $(0, 0)$ 與 $\left(\dfrac{4}{3}, \dfrac{4}{3}\right)$.

$$f_{xx}(x, y) = 6x,\ f_{yy}(x, y) = 4,\ f_{xy}(x, y) = -4$$

令　　$\Delta = f_{xx}(x, y) f_{yy}(x, y) - [f_{xy}(x, y)]^2$

(i) 若 $x = 0$，$y = 0$，則 $\Delta = 24(0) - 16 = -16 < 0$
　　所以，點 $(0, 0)$ 為 f 的鞍點.

(ii) 若 $x = \dfrac{4}{3}$，$y = \dfrac{4}{3}$，則

$$\Delta = 24\left(\frac{4}{3}\right) - 16 = 32 - 16 = 16 > 0$$

且

$$f_{xx}\left(\frac{4}{3}, \frac{4}{3}\right) = 6\left(\frac{4}{3}\right) = 8 > 0$$

於是，

$$f\left(\frac{4}{3}, \frac{4}{3}\right) = -\frac{32}{27} \text{ 為 } f \text{ 的相對極小值.}$$

例 4 求原點到曲面 $z^2 = x^2y + 4$ 的最短距離.

解答 設 $P(x, y, z)$ 為曲面上任一點，則原點至 P 之距離的平方為 $d^2 = x^2 + y^2 + z^2$，我們欲求 P 點的坐標使得 d^2 (d 亦是) 為最小值.

因 P 點在曲面上，故其坐標滿足曲面方程式. 將 $z^2 = x^2y + 4$ 代入 $d^2 = x^2 + y^2 + z^2$ 中，且令

$$d^2 = f(x, y) = x^2 + y^2 + x^2y + 4$$

則

$$f_x(x, y) = 2x + 2xy, \quad f_y(x, y) = 2y + x^2$$

$$f_{xx}(x, y) = 2 + 2y, \quad f_{yy}(x, y) = 2, \quad f_{xy}(x, y) = 2x$$

欲求臨界點，我們可令 $f_x(x, y) = 0$ 且 $f_y(x, y) = 0$，得到

$$\begin{cases} 2x + 2xy = 0 \\ 2y + x^2 = 0 \end{cases}$$

解得：

$$\begin{cases} x = 0 \\ y = 0 \end{cases}, \quad \begin{cases} x = \sqrt{2} \\ y = -1 \end{cases}, \quad \begin{cases} x = -\sqrt{2} \\ y = -1 \end{cases}$$

(1) $\Delta = f_{xx}(0, 0) f_{yy}(0, 0) - [f_{xy}(0, 0)]^2 = 4 > 0$，且 $f_{xx}(0, 0) = 2 > 0$
所以 $(0, 0)$ 會產生最小距離，以 $(0, 0)$ 代入而求出 $d^2 = 4$. 故原點與已知曲面之間最短距離為 2.

(2) $\Delta = f_{xx}(\pm\sqrt{2}, -1) f_{yy}(\pm\sqrt{2}, -1) - [f_{xy}(\pm\sqrt{2}, -1)]^2 = -8 < 0$.
故 $f(x, y)$ 在 $(\sqrt{2}, -1)$ 與 $(-\sqrt{2}, -1)$ 無相對極值，而 $(\sqrt{2}, -1)$ 與 $(-\sqrt{2}, -1)$ 為 f 的鞍點.

習題 17-5

在 1～4 題中，求函數 f 的相對極值．若沒有，則指出何點為鞍點．

1. $f(x, y) = x^2 + 4y^2 - 2x + 8y - 5$
2. $f(x, y) = xy$
3. $f(x, y) = x^2 + y^3 - 6y$
4. $f(x, y) = x^3 + y^3 - 6xy + 1$
5. 求點 $(2, 1, -1)$ 到平面 $4x - 3y + z = 5$ 的最短距離．
6. 求三正數 x、y 與 z 使其和為 32 且使 $P = xy^2z$ 的值為最大．

第 18 章

二重積分

18-1 二重積分

18-2 二重積分的應用

⇐ 本章摘要 ⇒

1. 令 f 為定義在區域 R 的二變數函數. 若 $\lim\limits_{n\to\infty}\sum\limits_{i=1}^{n} f(x_i, y_i)\Delta A$ 存在, 則稱此極限為 f 在 R 的**二重積分**, 記成

$$\iint_R f(x, y)\, dA$$

定義為

$$\iint_R f(x, y)\, dA = \lim_{n\to\infty}\sum_{i=1}^{n} f(x_i, y_i)\Delta A.$$

2. 若二變數函數 f 與 g 在區域 R 均為連續, 則

   (1) $\iint_R c\, f(x, y)\, dA = c\iint_R f(x, y)\, dA$, c 為任意常數.

   (2) $\iint_R [f(x, y) \pm g(x, y)]\, dA = \iint_R f(x, y)\, dA \pm \iint_R g(x, y)\, dA$

   (3) $\iint_R f(x, y)\, dA = \iint_{R_1} f(x, y)\, dA + \iint_{R_2} f(x, y)\, dA$, $R = R_1 \cup R_2$,

   R_1 與 R_2 不重疊.

3. 富比尼定理：

   若函數 f 在矩形區域 $R = \{(x, y)\,|\, a \leq x \leq b,\ c \leq y \leq d\}$ 為連續, 則

$$\iint_R f(x, y)\, dA = \int_a^b \left[\int_c^d f(x, y)\, dy\right] dx = \int_c^d \left[\int_a^b f(x, y)\, dx\right] dy$$

4. (1) 設 $R = \{(x, y)\,|\, a \leq x \leq b,\ g_1(x) \leq y \leq g_2(x)\}$ 為連續, 其中 g_1 及 g_2 在 $[a, b]$ 均為連續, 則

$$\iint_R f(x, y)\, dA = \int_a^b \int_{g_1(x)}^{g_2(x)} f(x, y)\, dy\, dx$$

(2) 設 $R=\{(x, y) | h_1(y) \leq x \leq h_2(y), c \leq y \leq d\}$ 為連續，其中 h_1 及 h_2 在 $[c, d]$ 均為連續，則

$$\iint_R f(x, y)\, dA = \int_c^d \int_{h_1(y)}^{h_2(y)} f(x, y)\, dx\, dy$$

5. (1) 設一薄片 T 的形狀為 xy-平面上一區域 R，則

    T 的質量：$m = \iint_R \rho(x, y)\, dA$，$\rho(x, y)$ 為在點 (x, y) 的密度

    T 對 x-軸的力矩：$M_x = \iint_R y\rho(x, y)\, dA$

    T 對 y-軸的力矩：$M_y = \iint_R x\rho(x, y)\, dA$

    T 的質心在點 $(\bar{x}, \bar{y})$，其中 $\bar{x} = \dfrac{M_y}{m}$，$\bar{y} = \dfrac{M_x}{m}$。

(2) 設一薄片 T 如上，則

    T 對 x-軸的轉動慣量：$I_x = \iint_R y^2 \rho(x, y)\, dA$

    T 對 y-軸的轉動慣量：$I_y = \iint_R x^2 \rho(x, y)\, dA$

    T 對原點的轉動慣量：$I_O = \iint_R (x^2 + y^2)\, \rho(x, y)\, dA$

    $I_O = I_x + I_y$。

§ 18-1 二重積分

我們可將單變數函數的定積分觀念推廣到二個或更多個變數的函數的積分．在本章中，我們將討論二變數函數的積分，稱為**二重積分**，它是在 xy-平面上的某區域中進行．往後，我們假設所涉及到的平面區域為包含整個邊界（此為封閉曲線）的有界區域．

今考慮利用許許多多等距的水平線及等距的垂直線，將 xy-平面上的一區域 R 任意地分成許多小區域，如圖 18-1-1 所示，並令那些完完全全落在 R 內部的等面積小矩形區域分別標以 $R_1, R_2, \cdots, R_i, \cdots, R_n$，如圖 18-1-1 所示的陰影部分，而符號 ΔA 用來表示各 R_i 的面積．

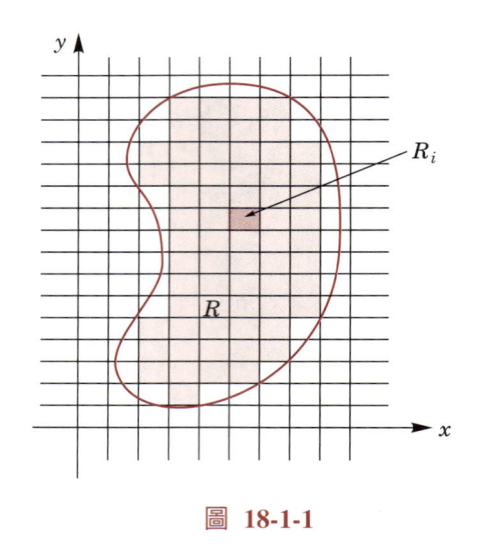

圖 18-1-1

定義 18-1-1

令 f 為定義在區域 R 的二變數函數，對 R_i 中任一點 (x_i, y_i)，作出**黎曼和** $\sum_{i=1}^{n} f(x_i, y_i) \Delta A$，若 $\lim_{n \to \infty} \sum_{i=1}^{n} f(x_i, y_i) \Delta A$ 存在，則 f 在 R 的**二重積分** (double integral)，記成

$$\iint_R f(x, y) \, dA$$

定義為

$$\iint_R f(x, y) \, dA = \lim_{n \to \infty} \sum_{i=1}^{n} f(x_i, y_i) \Delta A.$$

若定義 18-1-1 的極限存在，則稱 f 在區域 R 為**可積分**．此外，若 f 在 R 為連

續，則 f 在 R 為可積分.

例 1 令 R 是由頂點為 $(0, 0)$、$(4, 0)$、$(0, 8)$ 與 $(4, 8)$ 之矩形所圍成的區域，且 R_i 由具有 x-截距為 $0, 2, 4$ 的垂直線與具有 y-截距為 $0, 2, 4, 6, 8$ 的水平線所決定. 若取 (x_i, y_i) 為 R_i 的中心點，求 $f(x, y) = x^2 + 2y$ 在區域 R 之二重積分的近似值.

解答 區域 R 如圖 18-1-2 所示.

R_i 的中心點坐標與函數在中心點的函數值分別為：

$(x_1, y_1) = (1, 1)$, $\quad f(x_1, y_1) = 3$

$(x_2, y_2) = (1, 3)$, $\quad f(x_2, y_2) = 7$

$(x_3, y_3) = (1, 5)$, $\quad f(x_3, y_3) = 11$

$(x_4, y_4) = (1, 7)$, $\quad f(x_4, y_4) = 15$

$(x_5, y_5) = (3, 1)$, $\quad f(x_5, y_5) = 11$

$(x_6, y_6) = (3, 3)$, $\quad f(x_6, y_6) = 15$

$(x_7, y_7) = (3, 5)$, $\quad f(x_7, y_7) = 19$

$(x_8, y_8) = (3, 7)$, $\quad f(x_8, y_8) = 23$

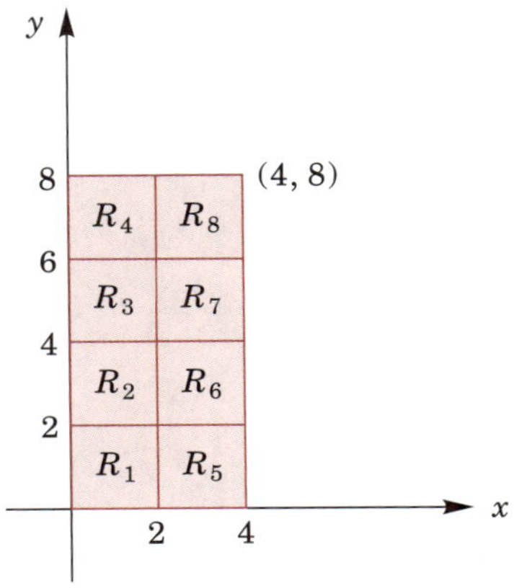

則 $\iint\limits_R f(x, y)\, dA \approx \sum_{i=1}^{8} f(x_i, y_i)\, \Delta A$

圖 18-1-2

因每一個小正方形的面積為 $\Delta A = 4$，$i = 1, 2, 3, \cdots, 8$，故

$$\sum_{i=1}^{8} f(x_i, y_i)\, \Delta A = 4 \sum_{i=1}^{8} f(x_i, y_i)$$

$$= 4(3 + 7 + 11 + 15 + 11 + 15 + 19 + 23)$$

$$= 416$$

所以，$\iint\limits_R f(x, y)\, dA \approx 416.$

定理 18-1-1

若二變數函數 f 與 g 在區域 R 均為連續，則

(1) $\iint\limits_{R} c f(x, y) \, dA = c \iint\limits_{R} f(x, y) \, dA$，此處 c 為常數.

(2) $\iint\limits_{R} [f(x, y) \pm g(x, y)] \, dA = \iint\limits_{R} f(x, y) \, dA \pm \iint\limits_{R} g(x, y) \, dA$.

(3) 若對整個 R 均有 $f(x, y) \geq 0$，則 $\iint\limits_{R} f(x, y) \, dA \geq 0$.

(4) 若對整個 R 均有 $f(x, y) \geq g(x, y)$，則

$$\iint\limits_{R} f(x, y) \, dA \geq \iint\limits_{R} g(x, y) \, dA.$$

(5) $\iint\limits_{R} f(x, y) \, dA = \iint\limits_{R_1} f(x, y) \, dA + \iint\limits_{R_2} f(x, y) \, dA$.

此處 R 為二個不重疊區域 R_1 與 R_2 的聯集.

例 2 設 $R = \{(x, y) \mid 1 \leq x \leq 4, \ 0 \leq y \leq 2\}$，且

$$f(x, y) = \begin{cases} -1, & 1 \leq x \leq 4, \ 0 \leq y < 1 \\ 2, & 1 \leq x \leq 4, \ 1 \leq y \leq 2 \end{cases}$$

計算 $\iint\limits_{R} f(x, y) \, dA$.

解答 R 如圖 18-1-3 所示.

第十八章 二重積分 ● 663

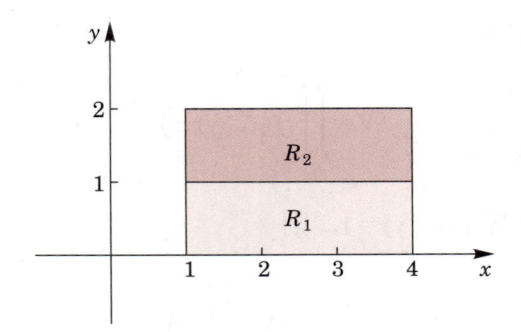

圖 18-1-3

$$\iint_R f(x, y)\, dA = \iint_{R_1} f(x, y)\, dA + \iint_{R_2} f(x, y)\, dA$$

$$= \iint_{R_1} (-1)\, dA + \iint_{R_2} 2\, dA$$

$$= (-1)(3) + (2)(3) = 3.$$

在整個區域 R 中，若 $f(x, y) \geq 0$，如圖 18-1-4 所示，則直立矩形柱體的體積 $\Delta V_i = f(x_i, y_i)\, \Delta A$，故所有直立矩形柱體體積的和 $\sum_{i=1}^{n} f(x_i, y_i)\, \Delta A$ 為介於曲面 $z = f(x, y)$ 與平面區域 R 之間的立體體積 V 的近似值. 當 $n \to \infty$ 時, 若黎曼和的極限

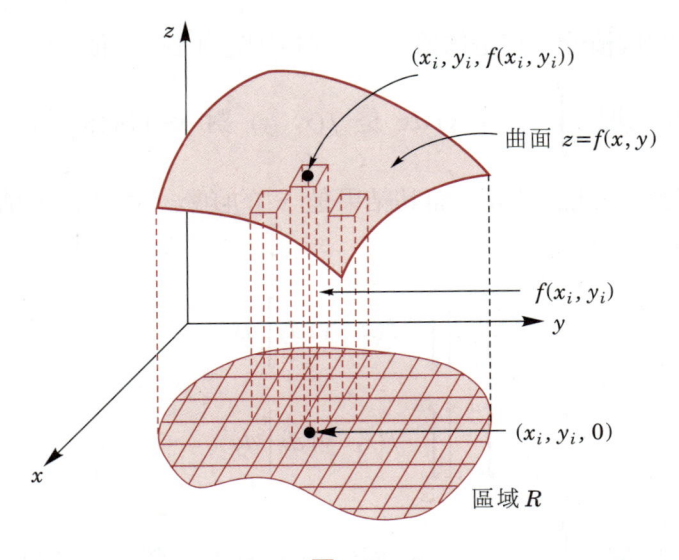

圖 18-1-4

存在，則其代表立體的體積，即，

$$V = \iint_R f(x, y)\, dA$$

在整個區域 R 中，若 $f(x, y) = 1$，則

$$\iint_R 1\, dA = \iint_R dA$$

代表在區域 R 上方且具有一定高度 1 之立體的體積．在數值上，此與區域 R 的面積相同．於是，

$$R\ \text{的面積} = \iint_R dA.$$

除了在非常簡單的情形之外，我們無法利用定義 18-1-1 去求二重積分的值．在本節裡，我們將討論如何使用微積分基本定理去計算二重積分．

首先，我們僅討論 R 是矩形區域的情形．

針對偏微分的逆過程，我們可以定義 **偏積分** (partial integration)．假設二變數函數 $f(x, y)$ 在矩形區域 $R = \{(x, y) \mid a \leq x \leq b,\ c \leq y \leq d\}$ 為連續．符號 $\int_c^d f(x, y)\, dy$ 是 $f(x, y)$ 對 y 的偏積分，它是依據使 x 保持固定並對 y 積分的方式去計算，而其結果是 x 的函數；同理，$\int_a^b f(x, y)\, dx$ 是 $f(x, y)$ 對 x 的偏積分，它是依據使 y 保持固定並對 x 積分的方式去計算，而其結果是 y 的函數．基於這種情形，我們可以考慮下列的計算類型：

$$\int_a^b \left[\int_c^d f(x, y)\, dy \right] dx$$

$$\int_c^d \left[\int_a^b f(x, y)\, dx \right] dy$$

在第一個式子中，內積分 $\int_c^d f(x, y)\, dy$ 產生 x 的函數，然後在區間 $[a, b]$ 中再求定

積分；在第二個式子中，內積分 $\int_a^b f(x, y)\,dx$ 產生 y 的函數，然後在區間 $[c, d]$ 中再求定積分．這兩個式子均稱為**疊積分** (repeated integral) 或**累次積分** (iterated integral)，通常省略方括號而寫成

$$\int_a^b \int_c^d f(x, y)\,dy\,dx = \int_a^b \left[\int_c^d f(x, y)\,dy\right] dx \tag{18-1-1}$$

$$\int_c^d \int_a^b f(x, y)\,dx\,dy = \int_c^d \left[\int_a^b f(x, y)\,dx\right] dy \tag{18-1-2}$$

例 3 計算 (1) $\int_0^3 \int_1^2 xy^2\,dy\,dx$ (2) $\int_1^2 \int_0^3 xy^2\,dx\,dy$

解答 (1) $\int_0^3 \int_1^2 xy^2\,dy\,dx = \int_0^3 \left.\frac{1}{3}xy^3\right|_1^2 dx = \int_0^3 \frac{7}{3}x\,dx$

$$= \left.\frac{7}{6}x^2\right|_0^3 = \frac{21}{2}$$

(2) $\int_1^2 \int_0^3 xy^2\,dx\,dy = \int_1^2 \left.\frac{1}{2}x^2y^2\right|_0^3 dy = \int_1^2 \frac{9}{2}y^2\,dy$

$$= \left.\frac{3}{2}y^3\right|_1^2 = \frac{21}{2}.$$

例 4 計算 $\int_0^{\pi/2} \int_0^{\pi/2} \sin(x+y)\,dy\,dx.$

解答 $\int_0^{\pi/2} \int_0^{\pi/2} \sin(x+y)\,dy\,dx = -\int_0^{\pi/2} \left.\cos(x+y)\right|_0^{\pi/2} dx$

$$= \int_0^{\pi/2} \left[\cos x - \cos\left(x+\frac{\pi}{2}\right)\right] dx$$

$$= \int_0^{\pi/2} (\cos x + \sin x)\,dx$$

$$=(\sin x - \cos x)\Big|_0^{\pi/2}$$

$$=(1-0)-(0-1)=2$$

例 5 試證：若 $f(x, y) = g(x)h(y)$，此處 g 與 h 均為連續函數，則

$$\int_a^b \int_c^d f(x, y)\, dy\, dx = \left(\int_a^b g(x)\, dx\right)\left(\int_c^d h(y)\, dy\right).$$

解答
$$\int_a^b \int_c^d f(x, y)\, dy\, dx = \int_a^b \int_c^d g(x) h(y)\, dy\, dx$$

$$= \int_a^b g(x)\left[\int_c^d h(y)\, dy\right] dx \qquad (\text{視 } g(x) \text{ 為常數})$$

$$= \left(\int_c^d h(y)\, dy\right)\left(\int_a^b g(x)\, dx\right)$$

$$= \left(\int_a^b g(x)\, dx\right)\left(\int_c^d h(y)\, dy\right).$$

例 6 試計算 $\int_0^{\ln 3} \int_0^{\ln 2} e^{x+y}\, dy\, dx$.

解答
$$\int_0^{\ln 3} \int_0^{\ln 2} e^{x+y}\, dy\, dx = \left(\int_0^{\ln 3} e^x\, dx\right)\left(\int_0^{\ln 2} e^y\, dy\right)$$

$$= \left(e^x \Big|_0^{\ln 3}\right)\left(e^y \Big|_0^{\ln 2}\right)$$

$$= (e^{\ln 3} - 1)(e^{\ln 2} - 1)$$

$$= (2)(1) = 2.$$

定理 18-1-2 富比尼定理 (Fubini's theorem)

若函數 f 在矩形區域 $R=\{(x,\ y)\,|\,a\le x\le b,\ c\le y\le d\}$ 為連續，則

$$\iint_R f(x,\ y)\,dA = \int_a^b \int_c^d f(x,\ y)\,dy\,dx = \int_c^d \int_a^b f(x,\ y)\,dx\,dy.$$

例 7 計算 $\displaystyle\iint_R xy^2\,dA$，此處 $R=\{(x,\ y)\,|\,-3\le x\le 2,\ 0\le y\le 1\}$。

解答 方法 1：$\displaystyle\iint_R xy^2\,dA = \int_{-3}^{2}\int_0^1 xy^2\,dy\,dx = \int_{-3}^{2} \left.\frac{1}{3}xy^3\right|_0^1 dx$

$$= \int_{-3}^{2} \frac{x}{3}\,dx = \left.\frac{x^2}{6}\right|_{-3}^{2} = -\frac{5}{6}$$

方法 2：$\displaystyle\iint_R xy^2\,dA = \int_0^1 \int_{-3}^{2} xy^2\,dx\,dy = \int_0^1 \left.\frac{1}{2}x^2 y^2\right|_{-3}^{2} dy$

$$= \int_0^1 \left(-\frac{5}{2}y^2\right)dy = \left.-\frac{5}{6}y^3\right|_0^1 = -\frac{5}{6}.$$

例 8 求在平面 $z=4-x-y$ 下方且在矩形區域 $R=\{(x,\ y)\,|\,0\le x\le 1,\ 0\le y\le 2\}$ 上方之立體的體積。

解答 方法 1：體積 $\displaystyle V = \iint_R z\,dA = \int_0^2 \int_0^1 (4-x-y)\,dx\,dy$

$$= \int_0^2 \left.\left(4x - \frac{x^2}{2} - xy\right)\right|_0^1 dy = \int_0^2 \left(\frac{7}{2} - y\right)dy$$

$$= \left.\left(\frac{7}{2}y - \frac{y^2}{2}\right)\right|_0^2 = 5.$$

到目前為止，我們僅說明如何計算在矩形區域上的疊積分．現在，我們將計算在非矩形區域上的疊積分：

$$\int_a^b \int_{g_1(x)}^{g_2(x)} f(x, y)\, dy\, dx = \int_a^b \left[\int_{g_1(x)}^{g_2(x)} f(x, y)\, dy \right] dx \tag{18-1-3}$$

$$\int_c^d \int_{h_1(y)}^{h_2(y)} f(x, y)\, dx\, dy = \int_c^d \left[\int_{h_1(y)}^{h_2(y)} f(x, y)\, dx \right] dy. \tag{18-1-4}$$

例 9 計算 $\int_0^2 \int_x^{x^2} xy^2\, dy\, dx$．

解答
$$\int_0^2 \int_x^{x^2} xy^2\, dy\, dx = \int_0^2 \left(\int_x^{x^2} xy^2\, dy \right) dx = \int_0^2 \left. \frac{1}{3} xy^3 \right|_x^{x^2} dx$$

$$= \int_0^2 \left(\frac{x^7}{3} - \frac{x^4}{3} \right) dx = \left. \left(\frac{x^8}{24} - \frac{x^5}{15} \right) \right|_0^2$$

$$= \frac{32}{3} - \frac{32}{15} = \frac{128}{15}.$$

例 10 計算 $\int_0^\pi \int_0^{\cos y} x\, \sin y\, dx\, dy$．

解答
$$\int_0^\pi \int_0^{\cos y} x\, \sin y\, dx\, dy = \int_0^\pi \left(\int_0^{\cos y} x\, \sin y\, dx \right) dy$$

$$= \int_0^\pi \left. \frac{1}{2} x^2 \sin y \right|_0^{\cos y} dy$$

$$= \frac{1}{2} \int_0^\pi \cos^2 y\, \sin y\, dy$$

$$= -\frac{1}{2} \int_0^\pi \cos^2 y\, d(\cos y)$$

$$= \left. -\frac{1}{6} \cos^3 y \right|_0^\pi = \frac{1}{3}.$$

例11 計算 $\int_0^2 \int_{x^2}^{2x} (2y-x)\, dy\, dx$ 的值，並描繪疊積分的積分區域．

解答 $\int_0^2 \int_{x^2}^{2x} (2y-x)\, dy\, dx = \int_0^2 (y^2-xy)\Big|_{x^2}^{2x} dx = \int_0^2 (2x^2-x^4+x^3)\, dx$

$$= \left(\frac{2}{3}x^3 - \frac{1}{5}x^5 + \frac{1}{4}x^4\right)\Big|_0^2 = \frac{44}{15}$$

疊積分的積分區域為

$$R=\{(x,\ y)\,|\,0 \leq x \leq 2,\ x^2 \leq y \leq 2x\}$$

如圖 18-1-5 所示．

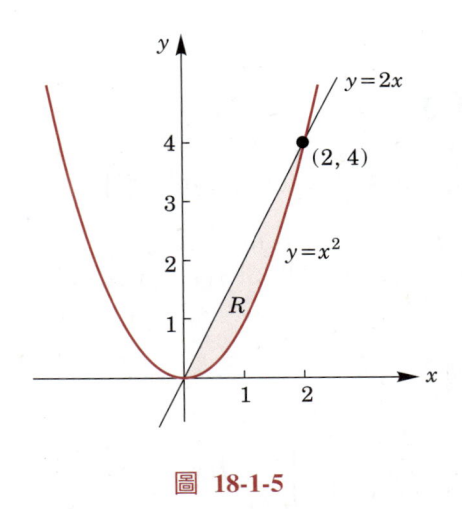

圖 18-1-5

　　如果我們想直接由定義 18-1-1 計算二重積分的值，並非一件容易的事．現在，我們將討論如何利用疊積分計算二重積分的值．在討論疊積分與二重積分之關係前，我們先討論如圖 18-1-6 所示之 xy-平面上的各型區域．若區域 R 為

$$R=\{(x,\ y)\,|\,a \leq x \leq b,\ g_1(x) \leq y \leq g_2(x)\}$$

其中函數 $g_1(x)$ 與 $g_2(x)$ 均為 x 的連續函數，則我們稱它為**第 I 型區域** (region of type I)．又若 $R=\{(x,\ y)\,|\,h_1(y) \leq x \leq h_2(y),\ c \leq y \leq d\}$，其中 $h_1(y)$ 與 $h_2(y)$ 均為 y 的連續函數，則稱它為**第 II 型區域** (region of type II)．

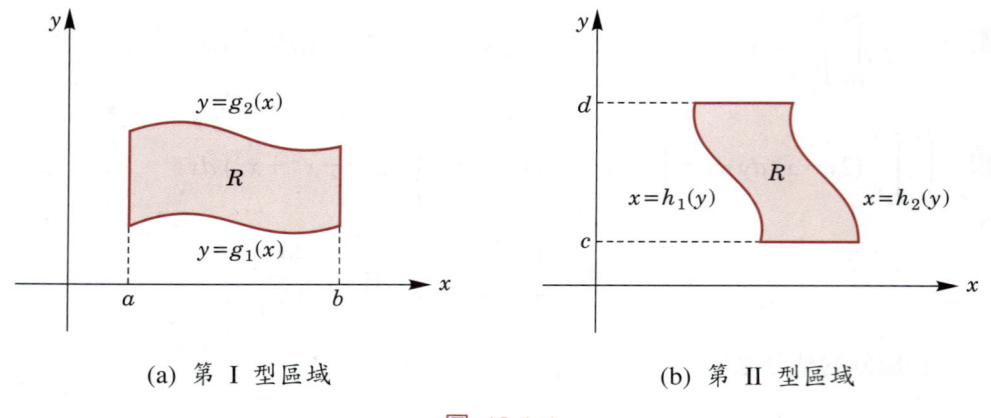

(a) 第 I 型區域

(b) 第 II 型區域

圖 18-1-6

下面定理使我們能夠利用疊積分計算在第 I 型與第 II 型區域上的二重積分.

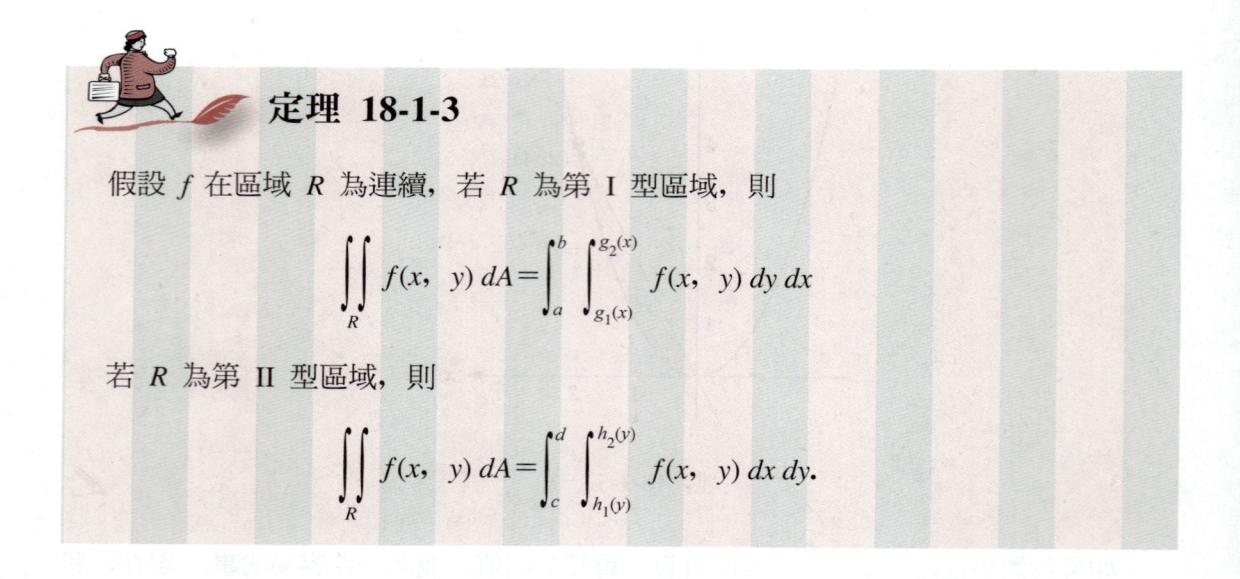

定理 18-1-3

假設 f 在區域 R 為連續，若 R 為第 I 型區域，則

$$\iint_R f(x, y) \, dA = \int_a^b \int_{g_1(x)}^{g_2(x)} f(x, y) \, dy \, dx$$

若 R 為第 II 型區域，則

$$\iint_R f(x, y) \, dA = \int_c^d \int_{h_1(y)}^{h_2(y)} f(x, y) \, dx \, dy.$$

欲應用定理 18-1-3，通常從區域 R 的平面圖形開始（不需要作 $f(x, y)$ 的圖形）. 對第 I 型區域，我們可以求得

$$\iint_R f(x, y) \, dA = \int_a^b \int_{g_1(x)}^{g_2(x)} f(x, y) \, dy \, dx$$

中的積分界限如下：

步驟 1：我們在任一點 x 畫出穿過區域 R 的一條垂直線 (圖 18-1-7(a))，此直線交 R 的邊界兩次，最低交點在曲線 $y=g_1(x)$ 上，而最高交點在曲線 $y=g_2(x)$ 上，這些交點決定了 y 的積分界限。

步驟 2：將在步驟 1 所畫出的直線先向左移動 (圖 18-1-7(b))，然後向右移動 (圖 18-1-7(c))，直線與區域 R 相交的最左邊位置為 $x=a$，而相交的最右邊位置為 $x=b$，由此可得 x 的積分界限。

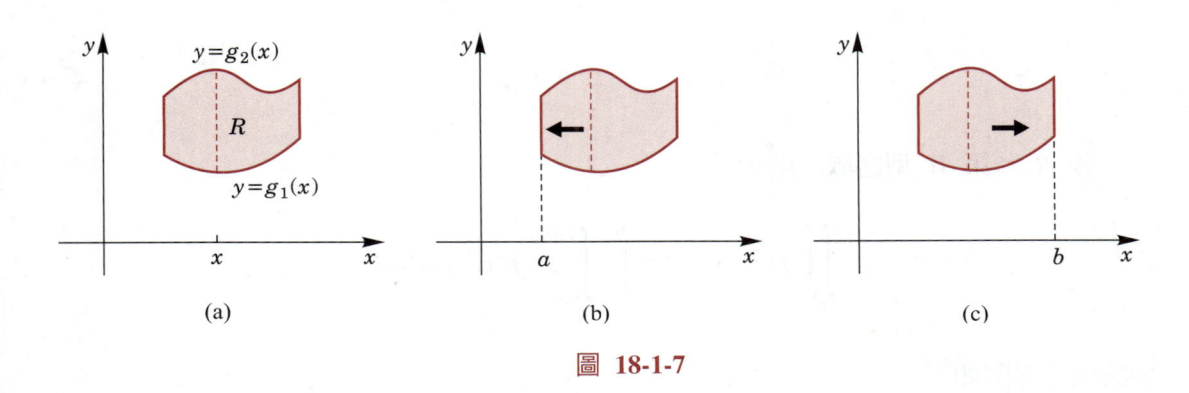

圖 18-1-7

例12 求 $\iint\limits_R xy\,dA$，其中 R 是由曲線 $y=\sqrt{x}$ 與直線 $y=\dfrac{x}{2}$、$x=1$、$x=4$ 所圍成的區域。

解答 如圖 18-1-8 所示，R 為第 I 型區域。於是，

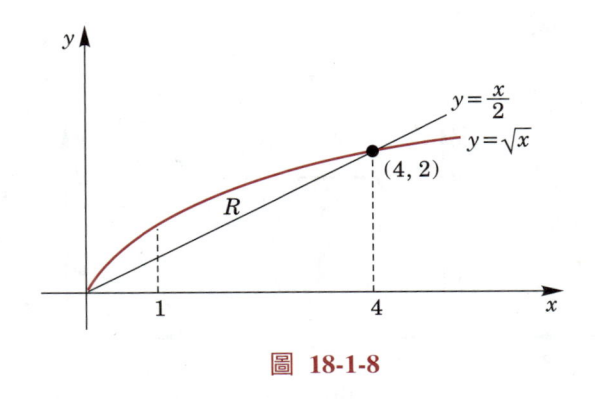

圖 18-1-8

$$\iint_R xy\, dA = \int_1^4 \int_{x/2}^{\sqrt{x}} xy\, dy\, dx = \int_1^4 \frac{1}{2} xy^2 \Big|_{x/2}^{\sqrt{x}} dx$$

$$= \int_1^4 \left(\frac{x^2}{2} - \frac{x^3}{8} \right) dx = \left(\frac{x^3}{6} - \frac{x^4}{32} \right) \Big|_1^4$$

$$= \frac{32}{3} - 8 - \left(\frac{1}{6} - \frac{1}{32} \right)$$

$$= \frac{81}{32}.$$

若 R 為第 II 型區域，則求得

$$\iint_R f(x, y)\, dA = \int_c^d \int_{h_1(y)}^{h_2(y)} f(x, y)\, dx\, dy$$

中的積分界限如下：

步驟 1：我們在任一點 y 畫出穿過區域 R 的一條水平線（圖 18-1-9(a)），此直線交 R 的邊界兩次，最左邊的交點在曲線 $x = h_1(y)$ 上，而最右邊的交點在曲線 $x = h_2(y)$ 上，這些交點決定了 x 的積分界限。

步驟 2：將在步驟 1 所畫出的直線先向下移動（圖 18-1-9(b)），然後向上移動（圖 18-1-9(c)），直線與區域 R 相交的最低位置為 $y = c$，而相交的最高位置為 $y = d$，由此可得 y 的積分界限。

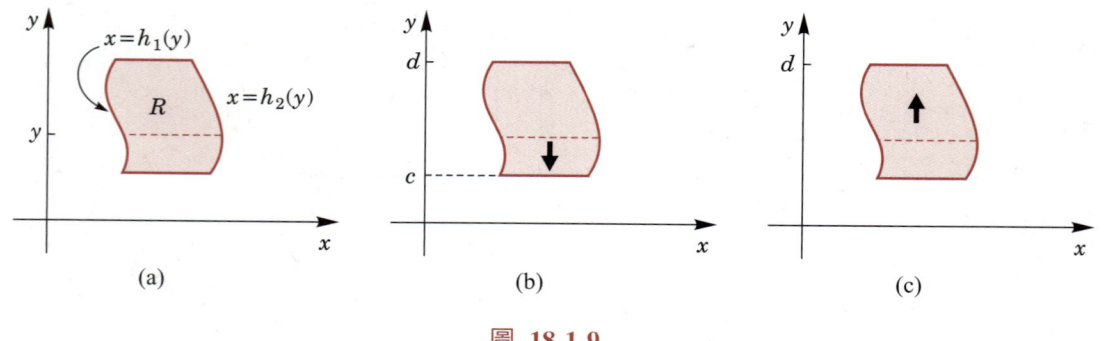

圖 18-1-9

例13 求 $\iint_R (4x+y^2)\, dA$，其中 R 是由直線 $y=-x+1$、$y=x+1$ 與 $y=3$ 所圍成的三角形區域.

解答 區域 R 如圖 18-1-10 所示，我們視 R 為第 II 型區域. 於是，

$$\iint_R (4x+y^2)\, dA = \int_1^3 \int_{1-y}^{y-1} (4x+y^2)\, dx\, dy = \int_1^3 (2x^2+xy^2)\Big|_{1-y}^{y-1} dy$$

$$= \int_1^3 2(y^3-y^2)\, dy = 2\left(\frac{y^4}{4}-\frac{y^3}{3}\right)\Big|_1^3$$

$$= 2\left(\frac{81}{4}-9-\frac{1}{4}+\frac{1}{3}\right)=\frac{68}{3}.$$

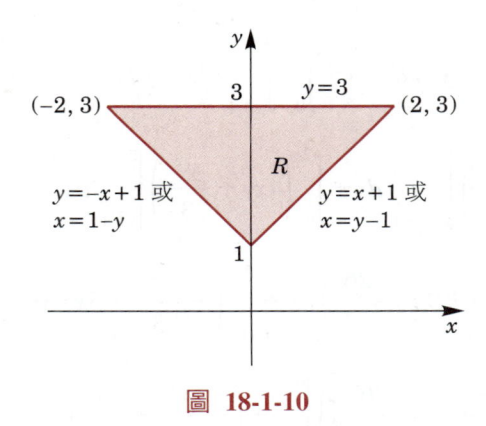

圖 18-1-10

註：欲在第 II 型區域上積分，左邊界與右邊界必須分別表為 $x=h_1(y)$ 與 $x=h_2(y)$，這就是我們在上面例題中分別改寫邊界方程式 $y=-x+1$ 與 $y=x+1$ 為 $x=1-y$ 與 $x=y-1$ 的理由.

在例題 13 中，若我們視 R 為第 I 型區域，則 R 的上邊界是直線 $y=3$ 而下邊界是由在原點左邊的直線 $y=-x+1$ 與在原點右邊的直線 $y=x+1$ 等兩部分所組成. 欲完成積分，我們需要將 R 分成兩部分，如圖 18-1-11 所示，而寫成

圖 18-1-11

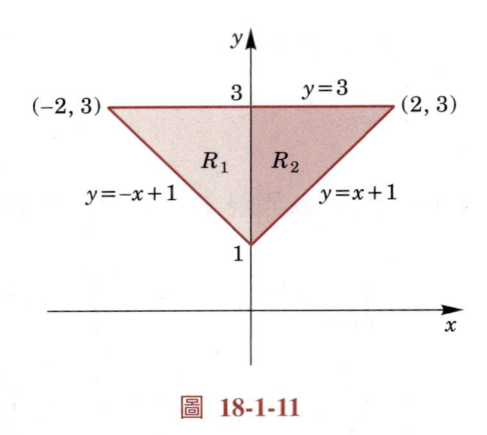

$$\iint_R (4x+y^2)\,dA = \iint_{R_1}(4x+y^2)\,dA + \iint_{R_2}(4x+y^2)\,dA$$

$$= \int_{-2}^{0}\int_{-x+1}^{3}(4x+y^2)\,dy\,dx + \int_{0}^{2}\int_{x+1}^{3}(4x+y^2)\,dy\,dx$$

$$= \int_{-2}^{0}\left(4xy+\frac{y^3}{3}\right)\Big|_{-x+1}^{3}dx + \int_{0}^{2}\left(4xy+\frac{y^3}{3}\right)\Big|_{x+1}^{3}dx$$

$$= \int_{-2}^{0}\left(\frac{x^3}{3}+3x^2+9x+\frac{26}{3}\right)dx + \int_{0}^{2}\left(-\frac{x^3}{3}-5x^2+7x+\frac{26}{3}\right)dx$$

$$= \left(\frac{x^4}{12}+x^3+\frac{9}{2}x^2+\frac{26}{3}x\right)\Big|_{-2}^{0} + \left(-\frac{x^4}{12}-\frac{5}{3}x^3+\frac{7}{2}x^2+\frac{26}{3}x\right)\Big|_{0}^{2}$$

$$= 6+\frac{50}{3} = \frac{68}{3}$$

雖然二重積分可利用定理 18-1-3 來計算．一般而言，選擇 $dy\,dx$ 或 $dx\,dy$ 的積分順序往往與 $f(x, y)$ 的形式及區域 R 有關，有時，所予二重積分的計算非常地困難，或甚至不可能；然而，若顛倒 $dy\,dx$ 或 $dx\,dy$ 的積分順序，或許可能求得易於計算之等值的二重積分．

第十八章 二重積分 ⇨ 675

例14 計算 $\int_0^1 \int_{2x}^2 e^{y^2}\, dy\, dx$.

解答 因所予積分順序為 $dy\, dx$，故區域 R 為第 I 型區域：$y=2x$ 至 $y=2$；$x=0$ 至 $x=1$. 今變換積分順序成 $dx\, dy$，則 x 自 0 至 $\dfrac{y}{2}$；y 自 0 至 2，如圖 18-1-12 所示.

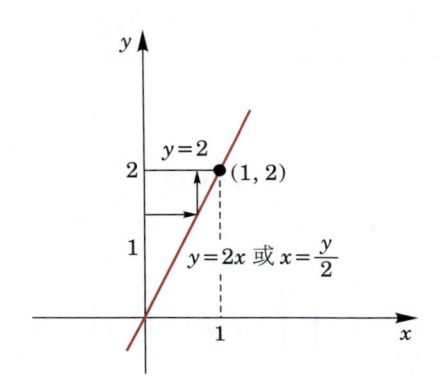

圖 18-1-12

所以，
$$\int_0^1 \int_{2x}^2 e^{y^2}\, dy\, dx = \int_0^2 \int_0^{y/2} e^{y^2}\, dx\, dy = \int_0^2 x e^{y^2}\Big|_0^{y/2}\, dy$$

$$= \int_0^2 \frac{1}{2} y e^{y^2}\, dy = \frac{1}{4} \int_0^2 e^{y^2}\, d(y^2)$$

$$= \frac{1}{4} e^{y^2}\Big|_0^2 = \frac{1}{4}(e^4 - 1).$$

例15 求由拋物線 $y=x^2$ 與直線 $y=2x$ 所圍成區域的面積.

解答 我們同樣可以視區域 R 為第 I 型 (圖 18-1-13(a)) 或第 II 型 (圖 18-1-13(b)). 視 R 為第 I 型，可得

(a)　　　　　(b)

圖 18-1-13

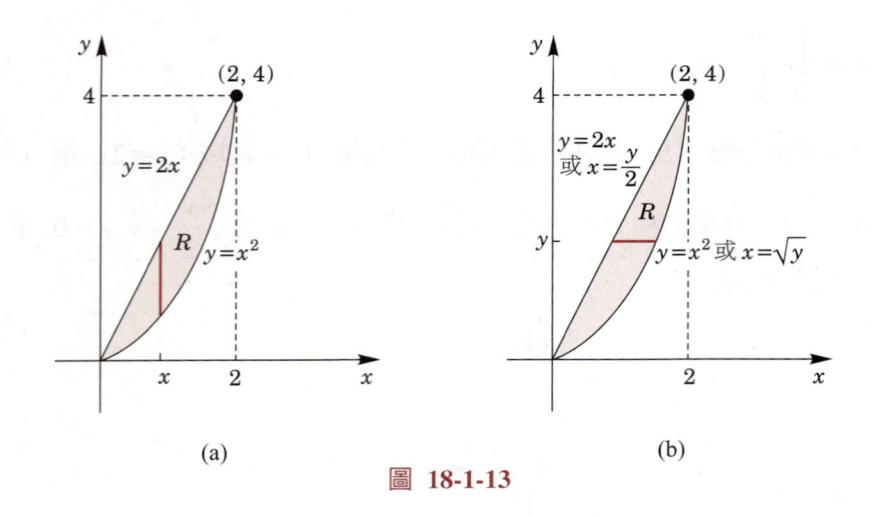

$$R \text{ 的面積} = \iint_R dA = \int_0^2 \int_{x^2}^{2x} dy\, dx = \int_0^2 y\Big|_{x^2}^{2x} dx$$

$$= \int_0^2 (2x - x^2)\, dx = \left(x^2 - \frac{x^3}{3}\right)\Big|_0^2 = \frac{4}{3}$$

視 R 為第 II 型可得

$$R \text{ 的面積} = \iint_R dA = \int_0^4 \int_{y/2}^{\sqrt{y}} dx\, dy = \int_0^4 x\Big|_{y/2}^{\sqrt{y}} dy$$

$$= \int_0^4 \left(\sqrt{y} - \frac{y}{2}\right) dy = \left(\frac{2}{3}y^{3/2} - \frac{y^2}{4}\right)\Big|_0^4 = \frac{4}{3}.$$

例16 求由各坐標平面與平面 $4x + 2y + z = 4$ 所圍成四面體的體積.

解答 四面體的上界為平面 $z = 4 - 4x - 2y$, 而下界為圖 18-1-14 所示的三角形區域 R, 它是由 x-軸、y-軸與直線 $y = 2 - 2x$ (在 $z = 4 - 4x - 2y$ 中令 $z = 0$) 所圍成, 故視 R 為第 I 型區域, 可得體積為

$$V = \iint_R (4 - 4x - 2y)\, dA$$

第十八章　二重積分 ● 677

$$= \int_0^1 \int_0^{2-2x} (4-4x-2y)\,dy\,dx$$

$$= \int_0^1 (4y-4xy-y^2)\Big|_0^{2-2x} dx$$

$$= \int_0^1 (4-8x+4x^2)\,dx$$

$$= \left(4x-4x^2+\frac{4}{3}x^3\right)\Big|_0^1 = \frac{4}{3}.$$

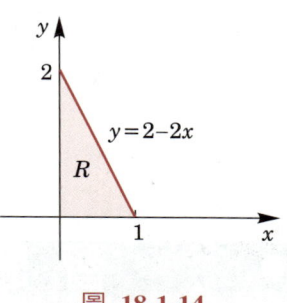

圖 18-1-14

例17　求由圓柱面 $x^2+y^2=4$ 與兩平面 $y+z=5$、$z=0$ 所圍成立體的體積．

解答　如圖 18-1-15 所示，該立體的上界為平面 $z=5-y$，而下界為位於圓 $x^2+y^2=4$ 內部的區域 R，視 R 為第 I 型區域，可得體積為

$$V = \iint_R z\,dA = \int_{-2}^{2}\int_{-\sqrt{4-x^2}}^{\sqrt{4-x^2}} (5-y)\,dy\,dx$$

$$= \int_{-2}^{2} \left(5y-\frac{y^2}{2}\right)\Big|_{-\sqrt{4-x^2}}^{\sqrt{4-x^2}} dx$$

$$= \int_{-2}^{2} 10\sqrt{4-x^2}\,dx$$

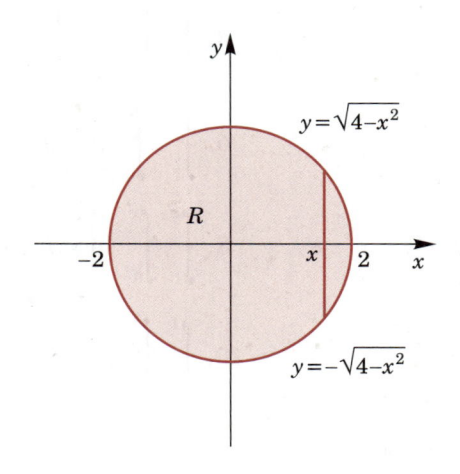

圖 18-1-15

$= (10) \cdot (2\pi) = 20\pi.$ $\left(\int_{-2}^{2} \sqrt{4-x^2}\, dx = \text{半徑為 2 的半圓區域面積} \right)$

習題 18-1

1. 令 R 是由頂點為 $(0, 0)$、$(4, 4)$、$(8, 4)$ 與 $(12, 0)$ 之梯形所圍成的區域，且 R_i 由具有 x-截距為 $0, 2, 4, 6, 8, 10, 12$ 的垂直線與具有 y-截距為 $0, 2, 4$ 的水平線所決定．若 $f(x, y) = xy$，取 (x_i, y_i) 為 R_i 的中心點，求黎曼和．

2. 設 $R = \{(x, y) \mid 1 \le x \le 4,\ 0 \le y \le 2\}$，且

$$f(x, y) = \begin{cases} 2, & 1 \le x < 3,\ 0 \le y < 1 \\ 1, & 1 \le x < 3,\ 1 \le y \le 2 \\ 3, & 3 \le x \le 4,\ 0 \le y \le 2 \end{cases}$$

計算 $\iint_R f(x, y)\, dA$．

計算 3～10 題中的疊積分．

3. $\displaystyle\int_{-1}^{2} \int_{1}^{4} (x + 3x^2 y)\, dx\, dy$

4. $\displaystyle\int_{1}^{2} \int_{0}^{1} \frac{1}{(x+y)^2}\, dx\, dy$

5. $\displaystyle\int_{0}^{1} \int_{0}^{\pi/2} (\sin x + e^y)\, dx\, dy$

6. $\displaystyle\int_{1}^{2} \int_{0}^{x} e^{y/x}\, dy\, dx$

7. $\displaystyle\int_{0}^{\pi/2} \int_{0}^{\sin y} e^x \cos y\, dx\, dy$

8. $\displaystyle\int_{1}^{e} \int_{0}^{x} \ln x\, dy\, dx$

9. $\displaystyle\int_{0}^{1} \int_{y}^{1} \frac{1}{1+y^2}\, dx\, dy$

10. $\displaystyle\int_{0}^{1} \int_{0}^{1} xy e^{x^2+y^2}\, dy\, dx$

在 11～15 題中，求二重積分的值．

11. $\iint\limits_R (2x+y)\,dA$; $R=\{(x,\ y)\,|\,-1 \leq x \leq 2,\ -1 \leq y \leq 4\}$

12. $\iint\limits_R (y-xy^2)\,dA$; $R=\{(x,\ y)\,|\,-y \leq x \leq y+1,\ 0 \leq y \leq 1\}$

13. $\iint\limits_R xy^2\,dA$; R 為具有三頂點 $(0,\ 0)$、$(3,\ 1)$ 與 $(-2,\ 1)$ 的三角形區域.

14. $\iint\limits_R \dfrac{y}{1+x^2}\,dA$; R 是由曲線 $y=\sqrt{x}$、x-軸與直線 $x=4$ 所圍成的區域.

15. $\iint\limits_R x\cos y\,dA$; R 是由拋物線 $y=x^2$、x-軸與直線 $x=1$ 所圍成的區域.

在 16～17 題中，顛倒積分的順序計算疊積分.

16. $\displaystyle\int_0^1 \int_{3y}^3 e^{x^2}\,dx\,dy$

17. $\displaystyle\int_0^1 \int_y^1 \dfrac{\sin x}{x}\,dx\,dy$

在 18～20 題中，利用二重積分求各方程式的圖形所圍成區域的面積.

18. $y=x$, $y=3x$, $x+y=4$

19. $y=x^2$, $y=8-x^2$

20. $y=\ln |x|$, $y=0$, $y=1$

21. 求由各坐標平面與平面 $x=5$、$y+2z-4=0$ 所圍成立體的體積.

22. 求由各坐標平面與平面 $z=6-2x-3y$ 所圍成四面體的體積.

23. 求圓柱面 $x^2+y^2=9$、xy-平面與平面 $z=3-x$ 所圍成立體的體積.

24. 求上界為平面 $z=x+2y+2$ 且下界為 xy-平面以及側面為平面 $y=0$、拋物柱面 $y=1-x^2$ 的立體的體積.

25. 求拋物柱面 $y^2=x$、xy-平面與平面 $x+z=1$ 所圍成立體的體積.

26. 求在第一卦限中由各坐標平面、平面 $x+2y-4=0$ 與平面 $x+8y-4z=0$ 所圍成立體的體積.

27. 求兩圓柱體 $x^2+y^2 \leq r^2$ 與 $y^2+z^2 \leq r^2$ 所共有立體的體積 $(r>0)$.

§ 18-2　二重積分的應用

若我們考慮一均勻 (即, 密度為常數) 薄片, 則其質量 m 為 ρA, 此處 A 為該薄片的面積且 ρ 為其面積密度 (即, 每單位面積的質量). 一般, 由於物質並非均勻, 故面積密度是可變的. 假設一薄片可用 xy-平面上某一區域 R 來表示, 且其面積密度函數 $\rho = \rho(x, y)$ 在 R 為連續. 欲求該薄片的總質量 m, 我們可使用二重積分.

首先, 令 $R_1, R_2, \cdots, R_i, \cdots, R_n$ 為 R 內部 n 個等面積 ΔA 的小矩形區域, 在區域 R_i 內, 選取一點 (x_i, y_i), 則對應於 R_i 的小薄片之質量的近似值為

$$(\text{面積密度}) \cdot (\text{面積}) = \rho(x_i, y_i) \Delta A$$

將所有質量相加, 薄片的總質量近似於

$$\sum_{i=1}^{n} \rho(x_i, y_i) \Delta A$$

若 $n \to \infty$, 則薄片的總質量 m 為

$$m = \lim_{n \to \infty} \sum_{i=1}^{n} \rho(x_i, y_i) \Delta A = \iint_R \rho(x, y) \, dA \qquad (18\text{-}2\text{-}1)$$

由 (18-2-1) 式可知, 若面積密度 ρ 為常數, 則

$$m = \iint_R \rho \, dA = \rho \iint_R dA = \rho A$$

若一質量 m 的質點置於距定軸 L 的距離為 d, 則對該軸的**力矩** M_L 為

$$M_L = md$$

令一非均勻密度的薄片具有平面區域 R 的形狀, 並假設在點 (x, y) 的面積密度 $\rho(x, y)$ 在 R 為連續. 令 $R_1, R_2, \cdots, R_i, \cdots, R_n$ 為 R 內部 n 個等面積 ΔA 的小矩形區域, 在 R_i 內選取一點 (x_i, y_i), 如圖 18-2-1 所示. 若假設對應於 R_i 的小薄片的質量集中在點 (x_i, y_i), 則其對 x-軸的力矩為乘積 $y_i \rho(x_i, y_i) \Delta A$. 若將這些力矩相加, 且取當 $n \to \infty$ 時的極限, 則整個薄片對 x-軸的**力矩** M_x 為

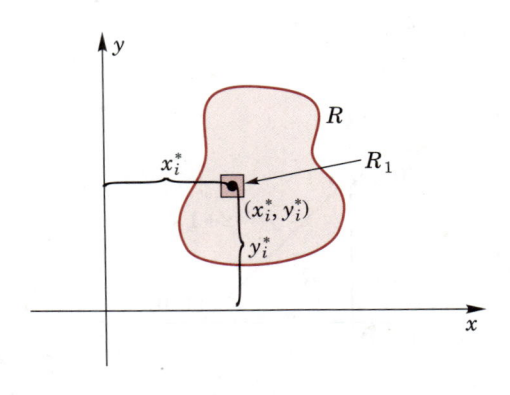

圖 **18-2-1**

$$M_x = \lim_{n \to \infty} \sum_{i=1}^{n} y_i \rho(x_i, y_i) \Delta A = \iint_R y \rho(x, y) \, dA \qquad (18\text{-}2\text{-}2)$$

同理，整個薄片對 y-軸的**力矩**（或稱**第一力矩**） M_y 為

$$M_y = \lim_{n \to \infty} \sum_{i=1}^{n} x_i \rho(x_i, y_i) \Delta A = \iint_R x \rho(x, y) \, dA \qquad (18\text{-}2\text{-}3)$$

若我們定義薄片的**質心**的坐標為

$$\bar{x} = \frac{M_y}{m}, \quad \bar{y} = \frac{M_x}{m}$$

則

$$\bar{x} = \frac{\iint_R x \rho(x, y) \, dA}{\iint_R \rho(x, y) \, dA}, \quad \bar{y} = \frac{\iint_R y \rho(x, y) \, dA}{\iint_R \rho(x, y) \, dA} \qquad (18\text{-}2\text{-}4)$$

讀者應注意，若 $\rho(x, y)$ 為常數，則薄片的質心稱為**形心**.

例 1 求具有三頂點 $(0, 0)$、$(0, 1)$ 與 $(1, 0)$ 且密度為 $\rho(x, y) = xy$ 的三角形薄片的質心.

解答 參考圖 18-2-2，薄片的質量為

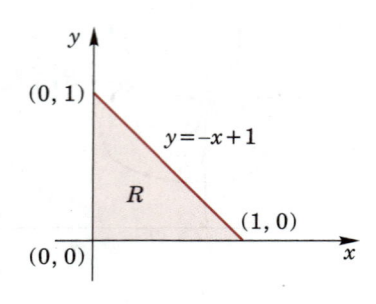

圖 18-2-2

$$m = \iint_R \rho(x, y)\, dA = \iint_R xy\, dA = \int_0^1 \int_0^{-x+1} xy\, dy\, dx$$

$$= \int_0^1 \frac{1}{2} xy^2 \Big|_0^{-x+1} dx = \int_0^1 \left(\frac{x^3}{2} - x^2 + \frac{x}{2} \right) dx$$

$$= \left(\frac{x^4}{8} - \frac{x^3}{3} + \frac{x^2}{4} \right) \Big|_0^1 = \frac{1}{24}$$

$$M_y = \iint_R x\rho(x, y)\, dA = \iint_R x^2 y\, dA = \int_0^1 \int_0^{-x+1} x^2 y\, dy\, dx$$

$$= \int_0^1 \frac{1}{2} x^2 y^2 \Big|_0^{-x+1} dx = \int_0^1 \left(\frac{x^4}{2} - x^3 + \frac{x^2}{2} \right) dx$$

$$= \left(\frac{x^5}{10} - \frac{x^4}{4} + \frac{x^3}{6} \right) \Big|_0^1 = \frac{1}{60}$$

$$M_x = \iint_R y\rho(x, y)\, dA = \iint_R xy^2\, dA = \int_0^1 \int_0^{-x+1} xy^2\, dy\, dx$$

$$= \int_0^1 \frac{1}{3} xy^3 \Big|_0^{-x+1} dx = \int_0^1 \left(-\frac{x^4}{3} + x^3 - x^2 + \frac{x}{3} \right) dx$$

$$=\left(-\frac{x^5}{15}+\frac{x^4}{4}-\frac{x^3}{3}+\frac{x^2}{6}\right)\Big|_0^1=\frac{1}{60}$$

因此，

$$\bar{x}=\frac{M_y}{m}=\frac{\frac{1}{60}}{\frac{1}{24}}=\frac{2}{5}, \quad \bar{y}=\frac{M_x}{m}=\frac{\frac{1}{60}}{\frac{1}{24}}=\frac{2}{5}$$

於是，薄片的質心為 $\left(\frac{2}{5},\frac{2}{5}\right)$.

例 2 一薄片係位於第一象限內在 $y=\sin x$ 與 $y=\cos x$ 等圖形之間由 $x=0$ 到 $x=\frac{\pi}{4}$ 的區域，密度為 $\rho(x,y)=y$，求此薄片的質心.

解答 由圖 18-2-3 可知

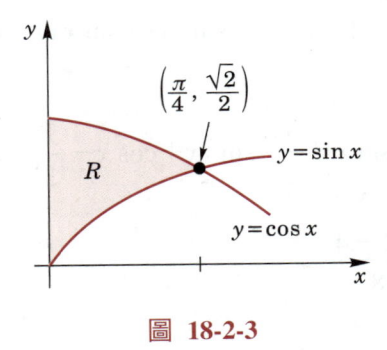

圖 18-2-3

$$m=\iint_R y\,dA=\int_0^{\pi/4}\int_{\sin x}^{\cos x} y\,dy\,dx=\int_0^{\pi/4}\frac{y^2}{2}\Big|_{\sin x}^{\cos x}dx$$

$$=\frac{1}{2}\int_0^{\pi/4}(\cos^2 x-\sin^2 x)\,dx=\frac{1}{2}\int_0^{\pi/4}\cos 2x\,dx$$

$$=\frac{1}{4}\sin 2x\Big|_0^{\pi/4}=\frac{1}{4}$$

現在，

$$M_y = \iint_R xy\, dA = \int_0^{\pi/4} \int_{\sin x}^{\cos x} xy\, dy\, dx$$

$$= \int_0^{\pi/4} \frac{1}{2} xy^2 \Big|_{\sin x}^{\cos x} dx = \frac{1}{2} \int_0^{\pi/4} x \cos 2x\, dx$$

$$= \left(\frac{1}{4} x \sin 2x + \frac{1}{8} \cos 2x \right) \Big|_0^{\pi/4} = \frac{\pi - 2}{16}$$

同理，

$$M_x = \iint_R y^2\, dA = \int_0^{\pi/4} \int_{\sin x}^{\cos x} y^2\, dy\, dx$$

$$= \frac{1}{3} \int_0^{\pi/4} (\cos^3 x - \sin^3 x)\, dx$$

$$= \frac{1}{3} \int_0^{\pi/4} [\cos x (1 - \sin^2 x) - \sin x (1 - \cos^2 x)]\, dx$$

$$= \frac{1}{3} \left(\sin x - \frac{1}{3} \sin^3 x + \cos x - \frac{1}{3} \cos^3 x \right) \Big|_0^{\pi/4}$$

$$= \frac{5\sqrt{2} - 4}{18}$$

因此，

$$\bar{x} = \frac{M_y}{m} = \frac{\dfrac{\pi - 2}{16}}{\dfrac{1}{4}} = \frac{\pi - 2}{4}$$

$$\bar{y} = \frac{M_x}{m} = \frac{\dfrac{5\sqrt{2} - 4}{18}}{\dfrac{1}{4}} = \frac{10\sqrt{2} - 8}{9}$$

於是，薄片的質心為 $\left(\dfrac{\pi-2}{4},\ \dfrac{10\sqrt{2}-8}{9}\right)$.

若一質量 m 的質點置於距定軸 L 的距離為 d，則其對該軸的**轉動慣量** (moment of inertia)(或稱**第二力矩**) I_L 定義為

$$I_L = md^2$$

若一可變面積密度 $\rho(x,\ y)$ 的薄片可藉 xy-平面上一區域 R 表示，則其對 x-軸的轉動慣量為

$$I_x = \lim_{n\to\infty}\sum_{i=1}^{n} \underbrace{[\rho(x_i,\ y_i)\,\Delta A]}_{\text{質量}}\underbrace{(y_i^2)}_{\substack{\text{距離的}\\\text{平方}}} = \iint\limits_{R} y^2 \rho(x,\ y)\,dA \tag{18-2-5}$$

同理，對 y-軸的轉動慣量定義為

$$I_y = \lim_{n\to\infty}\sum_{i=1}^{n} \underbrace{[\rho(x_i,\ y_i)\,\Delta A]}_{\text{質量}}\underbrace{(x_i^2)}_{\substack{\text{距離的}\\\text{平方}}} = \iint\limits_{R} x^2 \rho(x,\ y)\,dA \tag{18-2-6}$$

若我們將 $\rho(x_i,\ y_i)\,\Delta A$ 乘以自原點至點 $(x_i,\ y_i)$ 之距離的平方和 $x_i^2 + y_i^2$，且將這種項的和取極限，則可得薄片對原點的轉動慣量 I_O. 因此，

$$I_O = \lim_{n\to\infty}\sum_{i=1}^{n} \underbrace{[\rho(x_i,\ y_i)\,\Delta A]}_{\text{質量}}\underbrace{(x_i^2 + y_i^2)}_{\substack{\text{距離的}\\\text{平方}}} = \iint\limits_{R} (x^2 + y^2)\,\rho(x,\ y)\,dA \tag{18-2-7}$$

注意，$I_O = I_x + I_y$.

例 3 半徑為 a 的半圓形薄片的圓心位在原點，A 點的坐標為 $(-a,\ 0)$，B 點的坐標為 $(a,\ 0)$. 若在薄片上一點的密度與由該點到 $\overline{AB}$ 的距離成正比，求此薄片對通過 A 與 B 之直線的轉動慣量.

解答 如圖 18-2-4 所示，在點 $(x,\ y)$ 的密度為 $\rho(x,\ y) = ky$，$k > 0$.

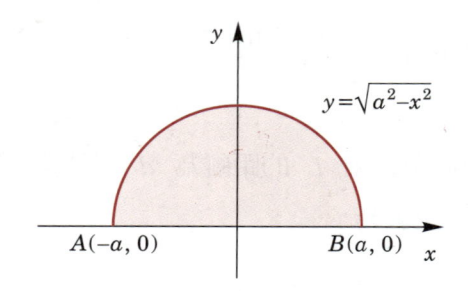

所求轉動慣量為

$$I_x = \int_{-a}^{a} \int_{0}^{\sqrt{a^2-x^2}} y^2 (ky)\ dy\ dx = k \int_{-a}^{a} \left.\frac{y^4}{4}\right|_{0}^{\sqrt{a^2-x^2}} dx$$

$$= \frac{k}{4} \int_{-a}^{a} (a^4 - 2a^2 x^2 + x^4)\ dx$$

$$= \frac{4ka^5}{15}.$$

習 題 18-2

在 1～5 題中，求薄片的質量 m 與質心 $(\bar{x}, \bar{y})$，其中該薄片具有所予方程式的圖形所圍成區域 R 的形狀與所指定的密度。

1. $x=0$, $x=4$, $y=0$, $y=3$；$\rho(x, y) = y+1$.
2. $y=0$, $y=\sin x$, $(0 \le x \le \pi)$；$\rho(x, y) = y$.
3. $x=1$, $x=3$, $y=0$, $y=2$；$\rho(x, y) = xy^2$.
4. $\dfrac{x^2}{4} + \dfrac{y^2}{16} = 1\ (0 \le y \le 4)$, $y=0$；$\rho(x, y) = |x|y$.
5. $y=x^2$, $y=4$；在點 $P(x, y)$ 的密度與由 P 到 y-軸的距離成正比。
6. 若一薄片係由方程式 $y = \sqrt[3]{x}$、$x=8$ 與 $y=0$ 等圖形所圍成的區域且密度為 $\rho(x, y) = y^2$，求此薄片的 I_x, I_y 與 I_O.